- 全书从实际工作的角度出发，通过37个小案例全面系统地介绍了效果图表现中各种常用模型、材质和灯光效果的特质及其表现的要点，以及16个大型案例的室内家装、工装空间表现和室外简约别墅表现的效果图速成技法
- 随书附赠1张近4.5GB的海量DVD，内容包括书中所使用的场景文件、贴图和最终文件，以及近300分钟的视频教学文件，同时还赠送3ds Max快捷键索引、常用物体折射率表和效果图常用尺寸

深度

配1张DVD光盘

3ds Max/VRay 效果图速成技法全揭秘

- 深度探求技术核心　跟进最新技术热点　提升专业实战技能
- 打造更高出版品质　“深度”品牌给您绝对不一样的知识

曹茂鹏　瞿颖健　编著

兵器工业出版社

北京希望电子出版社
Beijing Hope Electronic Press
www.bhp.com.cn

内 容 简 介

本书是一本全面介绍使用中文版 3ds Max/VRay 制作效果图的图书。全书完全针对初学者，循序渐进，从易到难，使读者掌握所学知识，并完全可以应对工作。

本书从效果图设计所应用到的基础理论和知识入手，使读者在学习 3ds Max 之前，学会基础的知识，并结合大量的经典案例（37 个小案例+16 个大型综合案例），细致地讲解了 3ds Max/VRay 制作效果图的完整流程。

本书共分 22 章，第 1 章为效果图必学理论，作为全书的铺垫；第 2~6 章为基础，全面、细致地讲解了 3ds Max 制作效果图的每一个模块的应用，并结合理论使读者更易吸收；第 7~22 章为综合，将室内外设计所能遇到的几乎所有的风格、表现技法完全展现，并全面讲解每一个综合实例的灯光、材质、渲染、后期处理知识，让读者通过反复的练习，可以达到掌握技术更全面、水平提升速度更快的目的。

本书适合 3ds Max 室内外设计的初、中级读者学习使用，也可以作为大中专院校相关专业及 3ds Max 三维设计培训班的教材，同时还适合读者自学、查阅。

本书附带一张 DVD 教学光盘，内容包括本书部分实例的场景文件、源文件、贴图以及视频教学录像，同时还提供了 3ds Max 快捷键索引、常用物体折射率表、效果图常用尺寸附表，供读者使用。

图书在版编目（CIP）数据

3ds Max/VRay 效果图速成技法全揭秘 / 曹茂鹏，瞿颖健编著. —北京：兵器工业出版社，2011.8

ISBN 978-7-80248-632-4

I.①3… II. ①曹… ②瞿… III. ①三维动画软件，3ds Max、VRay IV. ①TP391.41

中国版本图书馆 CIP 数据核字（2011）第 139849 号

出版发行：兵器工业出版社　北京希望电子出版社
邮编社址：100089　北京市海淀区车道沟 10 号
100085　北京市海淀区上地三街 9 号
嘉华大厦 C 座 611
电　　话：（010）82702660（发行）（010）82702675（邮购）
经　　销：各地新华书店　软件连锁店
印　　刷：北京广益印刷有限公司
版　　次：2011 年 8 月第 1 版第 1 次印刷

封面设计：深度文化
责任编辑：宋丽华　韩宜波
责任校对：小　亚
开　　本：787mm×1092mm　1/16
印　　张：24（全彩印刷）
印　　数：1－3500
字　　数：528 千字
定　　价：75.00 元（配 1 张 DVD 光盘）

PM: Economic pact with
Japan a model for region

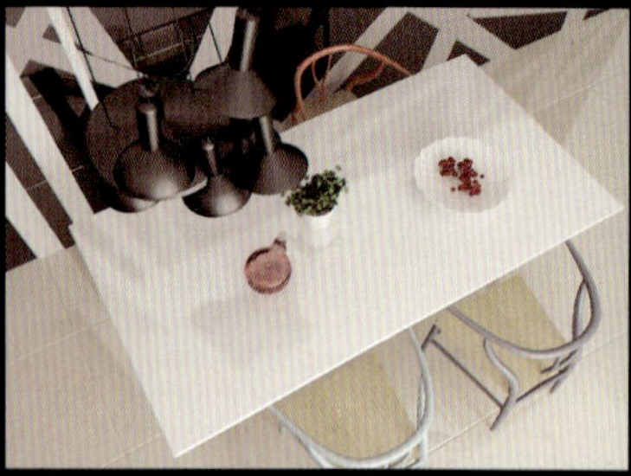

第 9 章　简约之美——简约风格客厅

第 10 章　低调奢华——现代风格卫生间

第 11 章　舒适大气——现代风格卧室

第 12 章　玲珑精致——紧凑型书房

第 22 章　别具一格——简约别墅夜景

前 言

3ds Max 是应用最为广泛的三维软件，而在室内外设计中最为普遍，其以其强大的建模、灯光、材质、动画、渲染等功能著称。

Autodesk 公司推出两个版本，分别为 3ds Max Design（建筑类、设计类专业人员使用）和 3ds Max（娱乐类专业人员使用），这两种版本功能差别不大。本书采用 3ds Max Design 版本制作和编写，请读者注意。

本书的写作方式新颖，内容全面，章节安排合理。具体章节内容介绍如下。

第 1 章：效果图制作必学知识大公开。主要讲解了效果图制作中必学的理论知识，包括光、影之间的关系，构图技巧，色彩与风格，室内人体工程学，室内风水学等。

第 2 章：效果图建模大解密——模型的制作。主要讲解了室内外设计中，常用模型的制作方法、技巧，包括几何体组合、二维图形组合、二维图形转换为三维模型、复合模型、添加修改器、VRay 对象、多边形建模等。

第 3 章：效果图点睛之笔——灯光的制作。主要讲解了室内外灯光的表现技法，包括光度学灯光、标准灯光、VRay 灯光的使用方法。

第 4 章：效果图制作基本功——材质设置全面接触。主要讲解了室内外常用材质和贴图的调节、使用方法。

第 5 章：效果图渲染利器完全解析——VRay 渲染器设置。主要讲解了 VRay 渲染器的参数，并讲解了灯光、材质、渲染综合运用制作的流程。

第 6 章：效果图的“化妆师”——后期处理。主要讲解了效果图的后期修饰方法、技巧，并用实例全面诠释了 Photoshop 后期处理的重要性。

第 7 ~ 17 章：在这 11 章中，以 11 个大型综合案例讲解了室内家装空间表现，涵盖了几乎所有常用的室内空间及风格，案例包括休息室、餐厅、简约风格客厅、卫生间、现代风格卧室、书房、厨房、欧式客厅日景、新古典风格客厅、更衣室和儿童房空间。

第 18 ~ 21 章：在这 4 章中，以 4 个大型综合案例讲解了室内工装空间表现，案例包括接待大厅、办公室日景、会议室和健身馆。

第 22 章：本章主要讲解了室外简约别墅的表现技法，以夜晚灯光的综合表现、室外常用材质的制作技巧为重点。

本书附带一张DVD教学光盘，内容包括本书部分实例的场景文件、效果文件、贴图，并包含本书中所有实例的视频教学录像，同时精心准备了3ds Max快捷键索引、常用物体折射率表、效果图常用尺寸附表等，供读者使用。

本书技术实用、讲解清晰，不仅适合3ds Max室内外设计的初、中级读者学习使用，也可以作为大中专院校相关专业及3ds Max三维设计培训班的教材，还适合读者自学、查阅。

本书由亿瑞设计策划，曹茂鹏、瞿颖健编写。参与本书编写和整理的还有杨建超、马啸、于燕香、王萍、董辅川、李路、瞿吉业、杨春明、高歌、韩雷、李燕舞、曹子龙、曹诗雅、丁仁雯、孙芳、曹明、孙雅娜 曹玮、曹爱德、张健霞、瞿玉珍、杨力、杨宗香、瞿学严等。

由于水平有限，书中难免存在错误和不妥之处，敬请广大读者批评和指正。

编著者

目录

第1章 效果图制作必学知识大公开

第2章 效果图建模大解密——模型的制作

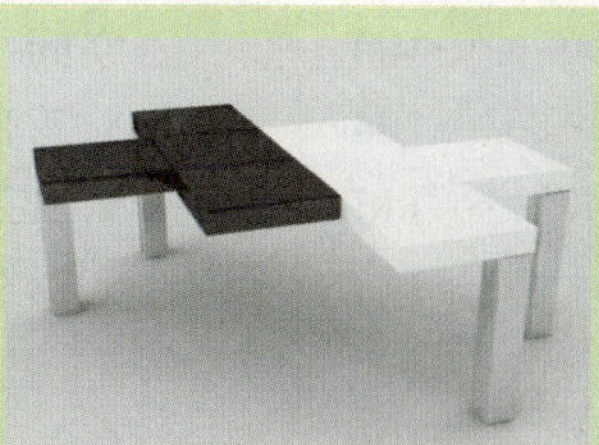

第3章　效果图点睛之笔——灯光的制作

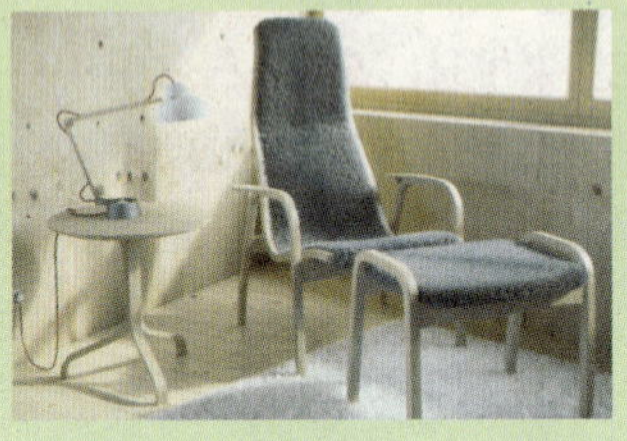

第4章　效果图制作基本功——材质设置全面接触

第5章　效果图渲染利器完全解析——VRay渲染器设置

第6章　效果图的“化妆师”——后期处理

第7章　温馨舒适——美式新古典风格客厅

第8章　追求个性——现代结构风格餐厅

第9章　简约之美——简约风格客厅

第10章　低调奢华——现代风格卫生间

第11章 舒适大气——现代风格卧室

第12章 玲珑精致——紧凑型书房

第13章　异国情调——美式田园风格

第14章　欧陆风情——欧式客厅日景

第15章 贵族奢华——新古典风格客厅

第16章 简约时尚——现代风格更衣室

第17章 儿时的梦——可爱风格儿童房

第18章 气派宏大——接待大厅

第19章　精巧雅致——办公室日景

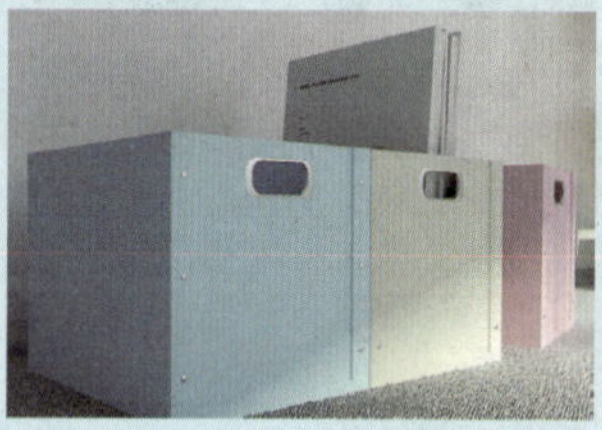

第20章　宽敞明亮——多功能会议室

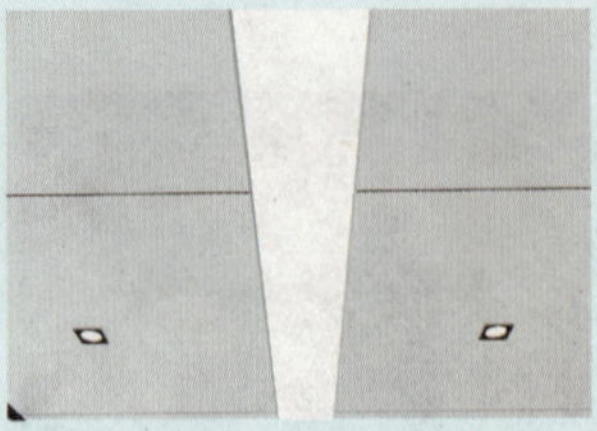

第21章 商业空间——现代简约健身馆

第22章 别具一格——简约别墅夜景

第1章

效果图制作必学知识大公开

本章学习要点

- 光与影
- 构图技巧
- 色彩与风格
- 室内人体工程学
- 室内风水学

1.1 光与影

光是人类眼睛可以看见的一种电磁波，也称可见光谱。如果在现实中没有灯光，我们将看不到缤纷的世界，更看不到绚丽的色彩，因此光是非常重要的。在效果图制作中，灯光同样重要，没有灯光或灯光设置不合理，最终效果都会不真实。在真实世界中光的分类很多，主要有自然光、人造光等，同样将现实的光的产生应用于效果图制作中非常有必要。

光在传播过程中遇到不透明物体时，在背光面的后方形成没有光线到达的黑暗区域，称为不透明物体的影。影可分为本影和半影。在本影区内看不到光源发出的光，在半影区内看到光源发出的部分光。本影区的大小与光源的发光面大小及不透明物体的大小有关。发光体越大，遮挡物越小，本影区就越小。

光与影有着密切不可分离的关系。

1.1.1 光

无论是黑白胶片，还是彩色胶片，如果把摄影师的照相机比做“画笔”，那么光线就是他的“油彩”。摄影师用光来涂抹照片，就像画家挑选油彩一样，会仔细地选择所要用的光。光主要包括自然光和人造光。

1. 自然光

自然光，又称天然光。不直接显示偏振现象的光。它包括垂直于光波传播方向的所有可能的振动方向，所以不显示出偏振性。从普通光源直接发出的天然光是无数偏振光的无规则集合，所以直接观察时不能发现光波强度偏于哪一个方向。这种沿着各个方向振动的光波强度都相同的光叫做自然光。自然光随着一天时间的变化产生不同的效果，如清晨、中午、下午、黄昏、夜晚等。同时根据天气的变化，还可以分为天空光、薄云遮日、乌云密布等。

1）清晨

清晨，即天亮到太阳刚出来不久的一段时间。通常指早上5:00~6:30这段时间，此时太阳开始升起。一天之计在于晨，清晨的第一缕阳光都是形容清晨的，效果如图1-1所示。

图1-1 清晨效果

2）中午

中午，又名正午，指24小时制的12:00或12小时制的中午12:00时，为一天的正中。

此时阳光直射非常强烈，物体产生的阴影也会比较实，效果如图 1-2 所示。

图 1-2 中午效果

3）下午

下午，与上午相对，指从正午 12:00 后到日落的一段时间。太阳在这段时间逐渐落下，逼近黄昏，效果如图 1-3 所示。

图 1-3 下午效果

4）黄昏

黄昏，指日落以后到天还没有完全黑的这段时间。也指昏黄，光色较暗，效果如图 1-4 所示。

图 1-4 黄昏效果

5）夜晚

夜晚指下午 6 点到次日的早晨 5 点这一段时间。在这段时间内，天空通常为黑色（是由地球自转引起的）。在夜晚，气温通常会逐渐降低，在半夜达到最低，效果如图 1-5 所示。

图 1-5　夜晚效果

6）天空光

天空光主要是指太阳光在地球大气层中反复反射及空间介质的作用，形成柔和漫散射光。在日出和日落的时候，越靠近地面的天空光越明亮，离地面越远，天空光越暗。地面景物在这种散射光的照明下，普遍照度很低，很难表现物体的细微之处，效果如图 1-6 所示。

7）薄云遮日

薄云遮日主要是指当太阳光被薄薄的云层遮挡时，便失去了直射光的性质，但仍有一定的方向性，效果如图 1-7 所示。

图 1-6　天空光效果

图 1-7　薄云遮日效果

8）乌云密布

浓云遮日的雨天或阴天、下雪天，太阳光被厚厚的乌云遮挡，经大气层反射形成阴沉的漫射光，完全失去了方向性，光线分布均匀，效果如图 1-8 所示。

光的基本方向可以根据相机、被摄体和光源所处的方位，从任何角度捕捉到被摄体。当主光源很强时（如明亮的阳光），从相机来看光落在被摄体不同部位，会产生出不同的效果。可分为 5 种基本类型的光线：正面光、前侧光、后测光、正测光和逆光。

1）正面光

摄影者背对太阳，即由摄影机后面射来的光线，亦称顺光。因为被摄体的所有部分都沐浴在直射光中，面对相机部分到处有光，所得结果是一张缺乏影调层次的影像，如图 1-9 所示。

图 1-8　乌云密布效果

图 1-9　正面光

2）前侧光

光线从被摄体的侧前方射来，与被摄体成 45° 左右的角度时，称为前侧光，也称斜侧光。这种光线比较符合人们日常的视觉习惯，在前侧光的照明下，被摄体大部分受光，投影落在斜侧面，有明显的影调对比，明暗面的比例也比较适中，可较好地表现被摄体的立体形态和表面质感。这种光线在人物摄影中使用比较普遍，在运用时，可以前侧光为主光，正面有辅助光补助，以取得轮廓线条清晰，影调层次丰富，明暗反差和谐的效果，从而较好地表现人物的外形特征和内心情绪，如图 1-10 所示。

3）后侧光

当光线与被摄体成 135° 左右的角度时，称为后侧光。此时被摄物的 1/3 面积受光，2/3 的面积在暗处，明暗对比强烈，投影很有表现力，能表现被摄物的轮廓，如图 1-11 所示。

图 1-10　前侧光

图 1-11　后侧光

4）正侧光

当光线与被摄体成 90° 左右的角度时，称为正侧光。在正侧光的照明下，投影落在侧面，景物的明暗阶调各占一半，能比较突出地表现被摄景物的立体感、表面质感和空间纵深感，造型效果好。特别是在拍摄浮雕、石刻、水纹、沙漠以及各种表面结构粗糙的物体时，利用正侧光照明，可获得鲜明的质感。如采用正侧光拍摄风光照片，画面层次丰富，立体感和空间感很强，若景物光对比太大，应注意画面反差的调节。一般来说，90° 的侧光不宜拍人像，因为正侧光会使人的脸部形成一半明一半暗的阴阳脸，很不美观。但有时用正侧光也可以较好地表现人物的性格特征和精神面貌，如图 1-12 所示。

图 1-12　正侧光

5）逆光

逆光是一种由于被摄主体恰好处于光源和照相机之间的状况，这种状况极易造成使被摄主体曝光不充分。在一般情况下，摄影者应尽量避免在逆光条件下拍摄物体，但有时逆光产生的特殊效果也不失为一种艺术摄影的技法，如图 1-13 所示。

图 1-13　逆光

2. 室内光与人造光

人工光源主要是指各种灯具发出的光。这种光源是商品拍摄中主要使用的光源。它的发光强度稳定，光源的位置和灯光的照射角度可以根据自己的需要进行调节。一般来讲，布光至少需要两种类型的光源，一种是主光，一种是辅助光。在此基础上还可以根据需要打轮廓光。

1）室内住宅灯光

室内住宅灯光主要用来照亮居住的空间，一般以自然、舒服为主，如图 1-14 所示。

图 1-14　室内灯光

>>> 技巧与提示

通常情况下，白炽灯产生的光影比较硬，为了得到一个柔和的光影，经常使用灯罩来让光照变得更加柔和。

2）酒店等工装商业场景灯光

酒店照明把气氛的营造放在很重要的地位，大堂一般情况下都会安装吊灯，无论是用高级水晶灯还是用吸顶灯，都可以使餐厅变得更加高雅和气派，但其造价比较高。合理的灯光设置，使得装修较好的场所档次提升。灯光舒适、有层次，使得消费者更加喜欢并接受。如图 1-15 所示为酒店常用的灯光效果。

图 1-15　酒店灯光

如图 1-16 所示为理发店的灯光布置，主要为了烘托出干净、简约、时尚的效果。这样人们去理发店理发会有干净、清新的感受。

如图 1-17 所示为专卖店灯光的布置，讲究明亮、清晰的效果。

图 1-16　理发店灯光

图 1-17　专卖店灯光

3）KTV、酒吧、舞台等灯光

KTV、酒吧、舞台等灯光相对较为复杂，颜色使用较为大胆、另类，一般都会凸显该类场所的个性和特点。在一般室内住宅中常使用白色、黄色等暖色调的灯光，给人以舒适、柔和的感觉，而 KTV、酒吧、舞台则多使用蓝色、粉色、绿色、紫色等强烈的颜色，给人以刺激、不一样的感受，因此人们可以尽情的举杯欢唱、释放压力。如图 1-18 所示为 KTV 的灯光效果。

一流的酒吧，必须要有好的装修、设计，更为重要的是灯光的设计，因为在较为暗的环境中如何使用灯光为场景制作气氛尤为重要。如图 1-19 所示为酒吧的灯光效果。

图 1-18　KTV 灯光

图 1-19　酒吧灯光

舞台灯光多为聚焦演唱者、观众为目的，因此多以聚光灯为主，灯光颜色搭配也比较大胆，色彩丰富、绚丽，同样舞台还可以搭配雾气等效果来烘托气氛。如图 1-20 所示为舞台灯光效果。

4）混合灯光

很多情况下自然光和人造光在一起，这样被统称为混合灯光，比如在图 1-21 中，夜晚室外的灯光效果，既有强烈刺眼、色彩斑斓的人造光，又有迷人夜色的自然光，两种混合到一起，产生出人与自然的和谐之美。

图 1-20　舞台灯光

图 1-21　混合灯光

5）烛光和火光

烛光和火光的照射范围相对较小，但是照亮的中心非常亮，因此把握好这类光的特点非常重要。比如在图 1-22 中，可以观察到烛光本身的色彩非常丰富，产生的光影也比较柔和。

6）其他灯光

还有很多物体可以发出光照效果，如电脑显示器、电视、手机屏幕等，如图 1-23 所示。

图 1-22 烛光

图 1-23 电视灯光

1.1.2 影

影是由于物体遮住了光线的传播，不能穿过不透明物体而形成的较暗区域，就是我们常说的影子。它是一种光学现象，影子不是一个实体，只是一个投影。影子的形成需要光和不透明物体两个必要条件，如图 1-24 所示。

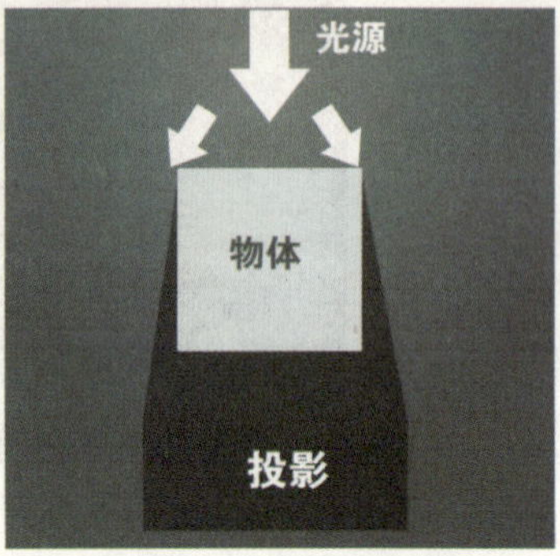

图 1-24 影的原理

1. 影的分类

影子的产生，与光的强度、角度等都有直接的关系。因此会产生出不同的阴影效果，如边缘实的影子、边缘虚化的影子、柔和的影子、广告中的无影、全息投影等。

1）边缘实的影子

在正午时阳光直射会产生强烈的阴影效果，当然在夜晚有时也会产生边缘实的阴影，如图 1-25 所示。

2）边缘虚化的影子

在光照较为柔和时相对应产生的阴影效果也会比较虚化。如图 1-26 所示为边缘虚化的阴影效果。

图 1-25 边缘实的影子

图 1-26 边缘虚化的影子

3）柔和的影子

在光照非常柔和时会产生非常微弱、柔和的阴影，几乎看不到，此时会给人以非常柔和、干净的感觉，如图 1-27 所示。

4）广告中的无影

在很多广告中，为了凸显产品的干净，因此很多情况下不使用阴影，因此会有些假，这种方法在效果图中不太常用，如图 1-28 所示。

图 1-27　柔和的影子

图 1-28　无影子

5）全息投影

全息投影技术是利用干涉和衍射原理记录并再现物体真实的三维图像的记录和再现的技术。全息投影技术在舞美中的应用，不仅可以产生立体的空中幻像，还可以使幻像与表演者产生互动，一起完成表演，产生令人震撼的演出效果，如图 1-29 所示。

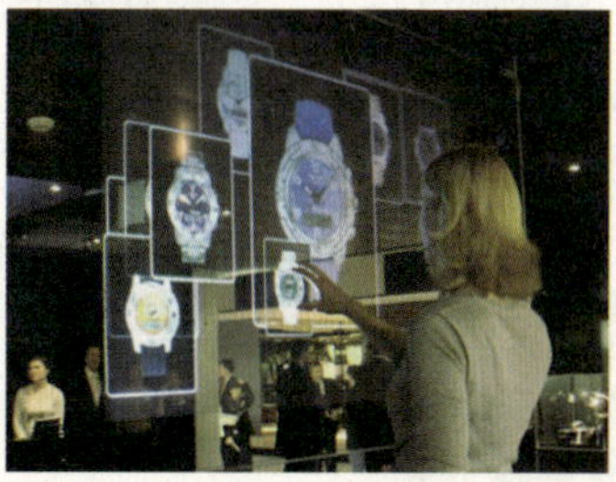

图 1-29　全息投影

1.2 构图技巧

与摄影一样，因为静帧效果图最终呈现在客户面前的是一幅图像，所以如何突出画面的主体，取得画面的平衡和协调就尤为重要。而要达到这一目的，在构图时必须遵循一定的原则和规律。构图的法则就是多样统一，也称有机统一，也就是说在统一中求变化，在变化中求统一。

1.2.1 比例和尺度

一切造型艺术，都存在着比例关系和谐的问题。和谐的比例可以给人美感，最经典的比例关系理论是黄金分割。由于黄金分割计算方法过于复杂，人们将其进行了简化，形成了“三分法”构图原则。三分法构图是指把画面横分三份，每一份中心都可放置主体形态，这种构图适宜多形态平行焦点的主体。也可表现大空间，小对象，也可反相选择。这种画面构图，表现鲜明，构图简练，可用于近景等不同景别。即把画面的长和宽都做三等份分割，形成 9 个相同的长方形，在横竖线交叉的地方会生成 4 个交叉点，这些点就是画面的关键位置，如图 1-30 所示。

图 1-30　三分法

和比例相关的另一个概念是尺度。要使室内空间协调，给人以美感，室内各物体的尺度应符合其真实情况。如图 1-31 所示为正常比例和错误比例的效果对比。

图 1-31 比例对比

1.2.2 主角与配角

任何一个画面都应该有主角、有核心、有配景，而不能一律对待，否则就会使画面失去统一和主题，变得松散，如图 1-32 所示。

图 1-32 主角与配角

1.2.3 均衡与稳定

室内构图中的均衡与稳定并不是追求绝对的对称，而是画面的视觉均衡。过多的运用对称会使人感到呆板，缺乏活力。而均衡是为了打破较呆板的局面，它既有"均"的一面，又有灵活的一面。均衡的范围包括构图中形象的对比，大与小、动与静、明与暗、高与低、虚与实等的对比。结构的均衡是指画面中各部分的景物要有呼应、有对照，达到平衡和稳定。画面结构的均衡，除了大小、轻重以外，还包括明暗、线条、空间、影调等，如图 1-33 所示。

图 1-33 均衡与稳定

1.2.4 韵律与节奏

韵律是指有条理性、重复性和连续性为特征的美的形式。韵律美按其形式特点可以分为 3 种不同的类型，即连续韵律、渐变韵律和起伏韵律。合理的把握韵律和节奏会得到不错的画面效果，如图 1-34 所示。

图 1-34 韵律与节奏

1.3 色彩与风格

没有难看的颜色，只有不和谐的配色。在一所房子中，色彩的使用还蕴藏着健康的学问。太强烈刺激的色彩，易使人产生烦躁的感觉或影响人的心理健康，把握一些基本原则，家庭装饰的用色并不难。室内的装修风格非常多，合理地把握这些风格的大体特征加以应用，并时刻把握最新、最流行的装修风格，对于设计师是非常有必要的。

1.3.1 常用室内色彩搭配

色环其实就是在彩色光谱中所见的长条形的色彩序列，只是将首尾连接在一起，使红色连接到另一端的紫色，色环通常包括 12 种不同的颜色。如图 1-35 所示为色环。

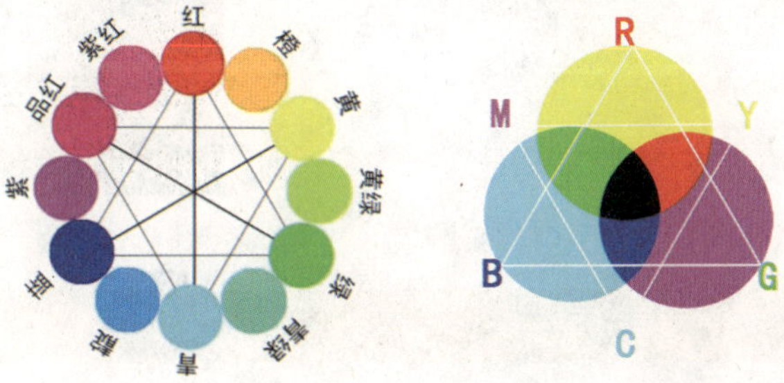

图 1-35 色环

如果能将色彩运用和谐，可以更加随心所欲地装扮自己的爱家。

1. 黑 + 白 + 灰 = 永恒经典

一般人在居家中，不太敢尝试过于大胆的颜色，认为还是使用白色比较安全。黑加白可以营造出强烈的视觉效果，而近年来流行的灰色融入其中，缓和黑与白的视觉冲突感觉，从而营造出另外一种不同的风味。3 种颜色搭配出来的空间中，充满冷调的现代与未来感。在这种色彩情境中，会由简单而产生出理性、秩序与专业感，如图 1-36 所示。

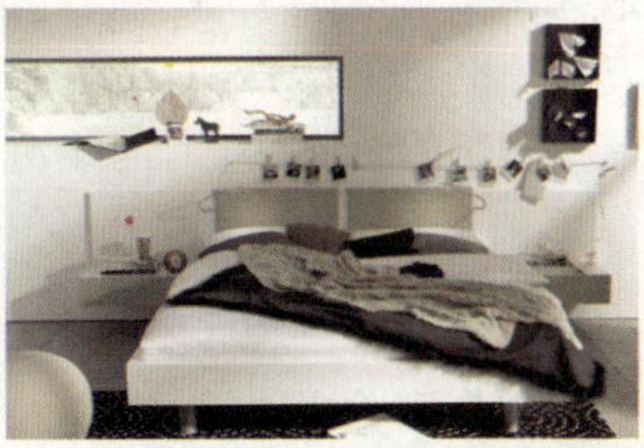

图 1-36 黑 + 白 + 灰

2. 银蓝 + 敦煌橙 = 现代 + 传统

以蓝色系与橘色系为主的色彩搭配，表现出现代与传统，古与今的交汇，碰撞出兼具超现实与复古风味的视觉感受。蓝色系与橘色系原本属于强烈的对比色系，只是在双方的色度上有些变化，这两种色彩能给予空间一种新的生命，如图 1-37 所示。

图 1-37　银蓝 + 敦煌橙

3. 蓝+白=浪漫温情

无论是淡蓝还是深蓝，都可把白色的清凉与无瑕表现出来，这样的白令人感到十分的自由，令人心胸开阔，似乎像海天一色的开阔自在。蓝色与白色合理的搭配给人以放松、清净的感觉，如地中海风格主要就是以蓝色与白色进行搭配，如图 1-38 所示。

图 1-38　蓝 + 白

4. 黄+绿=新生的喜悦

黄色和绿色的配色方案，搅动新生的喜悦，使用鹅黄色搭配紫蓝色或嫩绿色是一种很好的配色方案。鹅黄色是一种清新、鲜嫩的颜色，代表的是新生命的喜悦。如果绿色是让人内心感觉平静的色调，可以中和黄色的轻快感，让空间稳重下来。所以，这样的配色方法是十分适合年轻夫妻使用的方式，如图 1-39 所示。

图 1-39　黄 + 绿

1.3.2　色彩心理

色彩心理学家认为，不同颜色对人的情绪和心理的影响有所差别。色彩心理是客观世界的主观反映。不同波长的光作用于人的视觉器官而产生色感时，必然导致人产生某种带有情感的心理活动。事实上，色彩生理和色彩心理过程是同时交叉进行的，它们之间既相互联系，又相互制约。在有一定的生理变化时，就会产生一定的心理活动；在有一定的心理活动时，也会产生一定的生理变化。比如，红色能使人生理上脉搏加快，血压升高，心理上具有温暖的感觉。长时间红光的刺激，会使人心理上产生烦躁不安，在生理上欲求相应的绿色来补充平衡。因此色彩的美感与生理上的满足和心理上的快感有关。

1. 色彩心理与年龄有关

根据实验心理学的研究，人随着年龄上的变化，生理结构也发生变化，色彩所产生的心理影响随之有别。有人做过统计：儿童大多喜爱鲜艳的颜色。婴儿喜爱红色和黄色，4～9 岁儿童最喜爱红色，9 岁的儿童喜爱绿色，7～15 岁的小学生中男生的色彩爱好次序是绿、红、青、黄、白、黑；女生的爱好次序是绿、红、白、青、黄、黑。随着年龄的增长，人们的色彩喜好逐渐向复色过渡，逐渐向黑色靠近。因此，随着年龄愈近成熟，所喜爱色彩愈倾向成熟色。这是因为儿童刚走入这个大千世界，脑子思维一片空白，什么都是新鲜的，需要简单的、新鲜的、强烈刺激的色彩，他们神经细胞产生得快，补充得快，对一切都有新鲜感。而随着年龄的增长，成年人的阅历也增长，脑神经记忆库已经被其他刺激占去了许多，色彩感觉相应会成熟和柔和些，如图 1-40 所示。

图 1-40　色彩与年龄变化

2. 色彩心理与职业有关

体力劳动者喜爱鲜艳色彩，脑力劳动者喜爱调和色彩；农牧区喜爱极鲜艳的，成补色关系的色彩；高级知识分子则喜爱复色、淡雅色、黑色等较成熟的色彩。

3. 色彩心理与社会心理有关

由于不同时代在社会制度、意识形态、生活方式等方面的不同，人们的审美意识和审美感受也不同。古典时代认为不和谐的配色在现代却被认为是新颖的美的配色。所谓反传统的配色在装饰色彩史上的例子是举不胜举的。一个时期的色彩的审美心理受社会心理的影响很大，所谓“流行色”就是社会心理的一种产物，时代的潮流，现代科技的新成果，新的艺术流派的产生，甚至自然界某种异常现象所引起的社会心理都可能对色彩心理发生作用。当一些色彩被赋予时代精神的象征意义，符合了人们的认识、理想、兴趣、爱好、欲望时，那么这些具有特殊感染力的色彩会流行开来。比如，20 世纪 60 年代初，宇宙飞船的上天，给人类开拓了进入新的宇宙空间的新纪元，这个标志着新的科学时代的重大事件曾轰动世界，各国人民都期待着宇航员从太空中带回新的趣闻。色彩研究家抓住了人们的心理，发布了所谓“流行宇宙色”，结果在一个时期内流行于全世界。这种宇宙色的特点是浅淡明快的高短调，抽象，无复色。不到一年，又开始流行低长调、成熟色，暗中透亮，几何形的格子花布。但一年后，又开始流行低短调，复色抽象，形象模糊，似是而非的时代色。这就是动态平衡的审美欣赏的循环。现代世界，由于工业的高速发展，产生了空气环境的污染等问题，生态平衡遭到破坏。

4. 共同的色彩感情

虽然色彩引起的复杂感情是因人而异的，但由于人类生理构造和生活环境等方面存在着共性，因此对大多数人来说，无论是单一色，或者是混合色，在色彩的心理方面，也存在着共同的色彩情感。根据实验心理学家的研究，主要有 7 个方面，即色彩的冷暖、色彩的轻重感、色彩的软硬感、色彩的强弱感、色彩的明快感与忧郁感、色彩的兴奋感与沉静感、色彩的华丽感与朴素感。

正确地应用色彩美学，还有助于改善居住条件。宽敞的居室采用暖色装修，可以避免房间给人以空旷感；房间小的住户可以采用冷色装修，在视觉上让人感觉大些。人口少而感到寂寞的家庭居室，配色宜选暖色，人口多而觉喧闹的家庭居室宜用冷色。同一家庭，在色彩上也有侧重，卧室装饰色调暖些，有利于增进夫妻情感的和谐；书房用淡蓝色装饰，使人能够集中精力学习、研究；餐厅里，红棕色的餐桌，有利于增进食欲。对不同的气候条件，运用不同的色彩也可在一定程度上改变环境气氛。在严寒的北方，人们希望室内墙壁、地板、家具、窗帘选用暖色装饰会有温暖的感觉；反之，南方气候炎热潮湿，采用青、绿、蓝色等冷色装饰居室，感觉上会比较凉爽些。

研究由色彩引起的共同感情，对于装饰色彩的设计和应用具有十分重要的意义。

（1）恰当地使用色彩装饰在工作上能减轻疲劳，提高工作效率。

（2）办公室冬天的朝北房间，使用暖色能增加温暖感。

（3）住宅采用明快的配色，能给人以宽敞、舒适的感觉。

（4）娱乐场所采用华丽、兴奋的色彩能增强欢乐、愉快、热烈的气氛。

（5）学校、医院采用明洁的配色能为学生、病员创造安静、清洁、卫生、幽静的环境。

1.3.3 风格

由于国家、地域的不同，人文生活习性的不同，因此会产生出丰富的装修风格，并且都是多年来累积出的适合人类居住的风格。不同的风格有不同的特点，同时不同的风格针对不同的人群，因此我们选择时下热门的几种经典装修风格，将其特点一一说明。

1. 现代风格

现代装饰艺术将现代抽象艺术的创作思想及其成果引入室内装饰设计中。现代风格极力反对从古罗马到洛可可等一系列旧的传统样式，力求创造出适应工业时代精神，独具新意的简化装饰，设计简朴、通俗、清新，更接近人们生活。其装饰特点由曲线和非对称线条构成，如花梗、花蕾、葡萄藤、昆虫翅膀以及自然界各种优美、波状的形体图案等，体现在墙面、栏杆、窗棂和家具等装饰上。线条有的柔美雅致，有的遒劲而富于节奏感，整个立体形式都与有条不紊的、有节奏的曲线融为一体。大量使用铁制构件，将玻璃、瓷砖等新工艺，以及铁艺制品、陶艺制品等综合运用于室内。注意室内外沟通，竭力给室内装饰艺术引入新意，如图 1-41 所示。

图 1-41　现代风格

2. 田园风格

自然界的景点，景观移置运用在室内，室内室外情景交融，有整体回归自然的感觉，如图 1-42 所示。

图 1-42　田园风格

3. 中式风格

以宫廷建筑为代表的中国古典建筑的室内装饰设计艺术风格，气势恢弘、壮丽华贵、高空间、大进深、雕梁画栋、金壁辉煌，造型讲究对称，色彩讲究对比，装饰材料以木材为主，图案多为龙、凤、龟、狮等，精雕细琢、瑰丽奇巧。但中国古典风格的装修造价较高，且缺乏现代气息，只能在家居中点缀使用，如图 1-43 所示。

图 1-43　中式风格

4. 欧式古典风格

人们在不断满足现代生活要求的同时，又萌发出一种向往传统、怀念古老饰品、珍爱有艺术价值的传统家具陈设的情绪。于是，曲线优美、线条流动的巴洛克和洛可可风格的家具常用来作为居室的陈设，再配以相同格调的壁纸、帘幔、地毯、家具外罩等装饰织物，给室内增添端庄、典雅的贵族气氛，如图 1-44 所示。

图 1-44 欧式古典风格

5. 地中海风格

整体色调深，自然界材质的肌理效果运用在室内，陈设品古朴、自然。设计中运用欧式风格，如图 1-45 所示。

图 1-45 地中海风格

6. 乡村风格

乡村风格主要表现为尊重民间的传统习惯、风土人情，注重保持民间特色，注意运用地方建筑材料或传说故事等作为装饰主题，在室内环境中力求表现悠闲、舒畅的田园生活情趣，创造自然、质朴、高雅的空间气氛，如图 1-46 所示。

图 1-46 乡村风格

7. 洛可可风格

洛可可风格的总体特征是轻盈、华丽、精致、细腻。室内装饰造型高耸纤细，不对称，频繁地使用形态方向多变的如“C”、“S”或涡旋形曲线、弧线，并常用大镜面作装饰，大量运用花环、花束、弓箭及贝壳图案纹样。善用金色和象牙白，色彩明快、柔和、清淡却豪华富丽。室内装修造型优雅，制作工艺、结构、线条具有婉转、柔和等特点，以创造轻松、明朗、亲切的空间环境，如图 1-47 所示。

图 1-47 洛可可风格

1.4 室内人体工程学

1.4.1 概论

人体工程学是一门重要的学科，不仅要求设计师会运用，随着效果图整体水平的提高，效果图表现师也需要了解这门学科。

人体工程学可以简单概括为人在工作学习和娱乐环境中对人的生理和心理及行为的影响。

为了让人的生理和心理及行为达到一个最合适的状态，就要求环境的尺寸、光线、色彩等因素来适合人们。

1.4.2 作用

研究室内人体工程学主要有以下4方面的作用。

1. 确定人在室内活动所需空间的主要依据

根据人体工程学中的有关计测数据，从人的尺度、动作域、心理空间以及人际交往的空间等，确定空间范围。

2. 确定家具、设施的形体、尺度及其使用范围的主要依据

家具设施为人所使用，因此它们的形体、尺度必须以人体尺度为主要依据；同时，人们为了使用这些家具和设施，其周围必须留有活动和使用的最小余地，这些要求都由人体工程科学地予以解决。室内空间越小，停留时间越长，对这方面内容测试的要求也就越高，例如车厢、船舱、机舱等交通工具内部空间的设计。

3. 提供适应人体的室内物理环境的最佳参数

室内物理环境主要有室内热环境、声环境、光环境、重力环境、辐射环境等，室内设计有了上述要求的科学的参数后，在设计时才会有正确的决策。

4. 对视觉要素的计测为室内视觉环境设计提供科学依据

人眼的视力、视野、光觉、色觉是视觉的要素，人体工程学通过计测得到的数据，对室内光照设计、室内色彩设计、视觉最佳区域等提供了科学的依据。

1.5 室内风水学

室内风水学是风水学的一部分，包括客厅风水、餐厅风水、厨房风水和卧室风水等，涉及室内布局和物件摆放。很多情况下，错误的布局，可能会影响我们的生活质量，从而影响我们的身心健康。

1.5.1 客厅风水

客厅不仅是待客的地方，也是家人聚会、聊天的场所，应是热闹、和气的地方。客厅中的挂书、摆设从某种程度上也是品味个性的象征。客厅的方位尤其重要，在传统“风水”中被称为“财位”，其布局及摆设是不容忽视的。客厅效果如图1-48所示。

图1-48 客厅

1. 位置

客厅是家人共用的场所，宜设在房屋中央的

位置；若因客厅宽敞而隔一部分作卧房则是最不理想的客厅。

2. 摆设

客厅沙发套数不可重复，最忌一套半，或是一方一圆两组沙发的并用。客厅中的鱼缸、盆景有“接气”的功用，使室内更富生机，而鱼种则以色彩缤纷的单数为好。

3. 布局

（1）忌无靠。“财位”背后最好是坚固的两面墙，这样可藏风聚气。

（2）应平整。“财位”处不宜是走道或开门，并且“财位”上台阶不宜有开放式窗户。

（3）忌凌乱振动。如果“财位”长期凌乱及受振动，则很难固守正财。

（4）忌受污受冲。“财位”应该保持清洁，也不宜被尖角冲射。

（5）不受压。“财位”受压会导致家财无法增长。

（6）宜亮不宜暗。“财位”明亮则家宅生气勃勃。

（7）宜坐宜卧。“财位”是一家财气所聚的方位，除了旋转生机茂盛的植物外，也可把睡床或者沙发放在财位上。

（8）宜放吉祥物。在“财位”旁摆放一些寓意吉祥的招财物件，有锦上添花的作用。

（9）忌水。“财位”好稳忌水，因此不宜在此外摆放水种植物，也不可把鱼缸摆放在财位处。

（10）植物要讲究。“财位”宜摆放生机茂盛的植物。

1.5.2 餐厅风水

餐厅最好单独一间或一个格局，如果一出厨房就是餐厅更好，这样比较方便，距离最短。一进大门就见餐桌不吉，可在餐厅间适当位置用屏风隔挡，也可调一板墙为间隔。餐厅与厨房共享一室不佳。因为炒菜时积留的油烟气会影响用餐卫生。餐厅效果如图 1-49 所示。

图 1-49 餐厅

1.5.3 厨房风水

厨房与餐厅的布置要求简单、洁净，千万不能杂乱或摆设太多装饰品。毕竟唯有浸溶于温谧的心绪，不能受外物干扰，才能愉悦用餐。厨房与餐厅的构造将会影响到人的健康，因此居住者不仅要注意餐厅内的格局及摆设布置，尤其厨房需注意保持空气的流畅及清洁卫生。厨房效果如图 1-50 所示。

图 1-50　厨房

1.5.4　卧室风水

因为人大部分时间在睡眠，所以合理的卧室风水有利于保持我们的身体健康。卧室效果如图 1-51 所示。

图 1-51　卧室

卧室布局应注意以下几点：

（1）形状适合方正，不适宜斜边或是多角形状。

（2）白天应明亮、晚间应昏暗。白天可以采光，使人精神畅快，晚间挡住户外夜光，使人容易入眠。

（3）浴厕不宜改成卧房。

（4）房门不宜对大门。

（5）房门不可正对卫生间。

（6）房门不可正对厨房或者是和厨房相邻。

（7）房门不可对镜子。

（8）镜子与落地门窗不宜对床。

（9）睡床或床头不宜对正房门。

（10）床头不可紧贴窗口。

（11）床头不可在横梁下。

（12）床头忌讳不靠墙壁。

（13）床应加高离开地面。

（14）卧房不宜摆过多的植物。

1.6　优秀作品赏析

1.6.1　日景作品点评

如图 1-52 所示为国外优秀的欧式大堂日景表现作品，精美的模型和复古的材质彰显出古典与奢华，而正午的强烈阳光对称地照射到大堂中间，更加表现出大堂的宁静和严肃的气氛。如图 1-53 所示为国外优秀的新古典风格客厅日景表现，大空间的装饰格调、材质的运用都非常不错，灯光也非常真实，并应用后期处理制作出仿真的效果。

图 1-52　大堂日景

图 1-53　客厅日景

1.6.2　夜景作品点评

如图 1-54 所示为国外优秀的剧院夜景表现作品，带有强烈设计感的模型设计，加上强烈透视感的角度，使得场景变得非常宏大，灯光的合理设置，有明有暗、有虚有实，仿佛我们都融入到了这场音乐会中。如图 1-55 所示为国外优秀的别墅夜景表现作品，模型制作非常严谨，并搭配大量植被、水流等配饰，更加突出了主体别墅的地位，同时超真实的灯光和材质设置，给人以享受恬静、魅力夜色的感受。

图 1-54　剧院夜景

图 1-55　别墅夜景

第2章

效果图建模大解密——模型的制作

本章学习要点

- 内置几何体模型的使用
- 二维图形建模的方法
- 复合对象建模的方法
- 修改器建模的方法
- VRay 对象建模的方法
- 多边形建模的方法

对于制作效果图来说，建模是第一步，也相当于盖房子的“地基”，只有“地基”打得结实，后面的工作才会更加便利。本章将介绍效果图建模过程中最常用到的内置几何体、二维图形、复合对象、修改器、VRay 对象、多边形建模等方法的使用，真正做到全面掌握建模技术。

2.1 几何体组合——创意茶几

课堂实战——创意茶几

场景文件	无
案例文件	最终文件\第2章\创意茶几\创意茶几.max
视频教学	视频\第2章\创意茶几.flv
视频长度	4分钟
难易指数	★★☆☆☆
建模方式	扩展基本体建模
技术掌握	掌握【切角长方体】工具、【选择并移动】工具的运用

使用几何体组合可以打造出非常简易的模型，因此对于相对简单的模型，这是个很好的选择，如图2-1所示。

图2-1　几何体制作的模型

本例介绍使用扩展基本体下的【切角长方体】工具来制作创意茶几模型，最终渲染和线框效果如图2-2所示。

图2-2　最终渲染和线框效果

01 启动3ds Max软件，选择菜单【自定义】|【单位设置】命令，弹出【单位设置】对话框，将【显示单位比例】和【系统单位比例】设置为“毫米”，如图2-3所示。

02 单击（创建）|（几何体）|扩展基本体|切角长方体按钮，在顶视图中创建一个切角长方体，修改参数如图2-4所示。

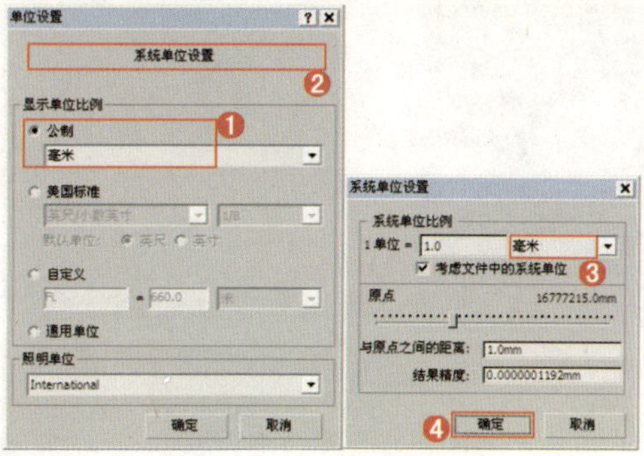

图 2-3 设置单位

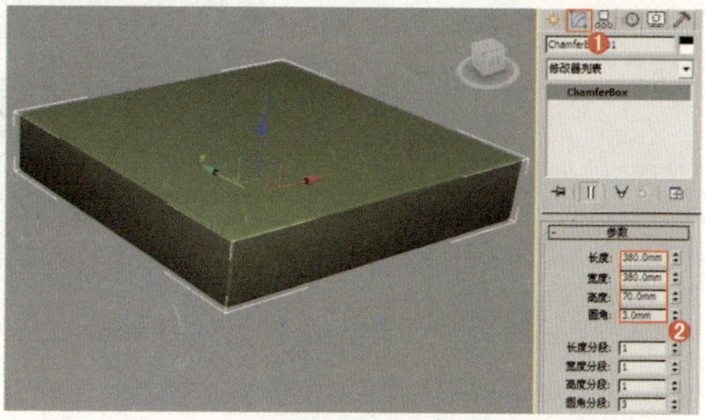

图 2-4 修改参数

03 激活顶视图，确认上一步创建的切角长方体处于选择状态，按住 Shift 键，用鼠标左键对切角长方体进行移动复制，释放鼠标会弹出【克隆选项】对话框，如图 2-5 所示。

04 继续按住 Shift 键，使用（选择并移动）工具移动复制，此时场景效果如图 2-6 所示。

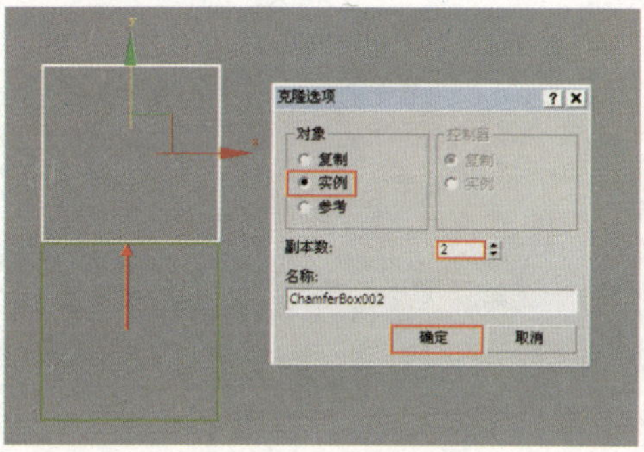

图 2-5 修改参数

图 2-6 复制切角长方体

>>> 技巧与提示

这里选择【对象】类型为【实例】，是为了以后修改更加方便，选择复制的其中任何一个切角长方体，修改其参数时，其他的切角长方体也会随之变动。

05 选择场景中的切角长方体，在【修改器列表】中单击 按钮，在弹出的【对象颜色】对话框中选择白色，如图 2-7 所示。

06 激活顶视图，使用【切角长方体】工具创建，作为创意茶几桌腿部分，并调节其参数，如图 2-8 所示。

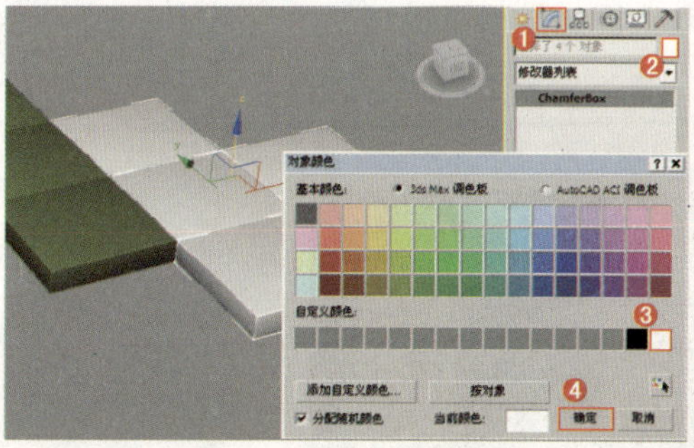

图 2-7 修改模型颜色

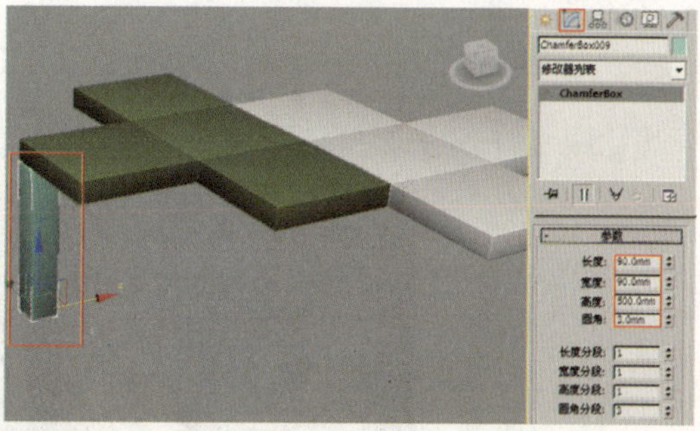

图 2-8 修改参数

07 激活顶视图，确认上一步创建的切角长方体处于选择状态，按住 Shift 键，使用（选择并移动）工具移动复制 3 个，如图 2-9 所示。

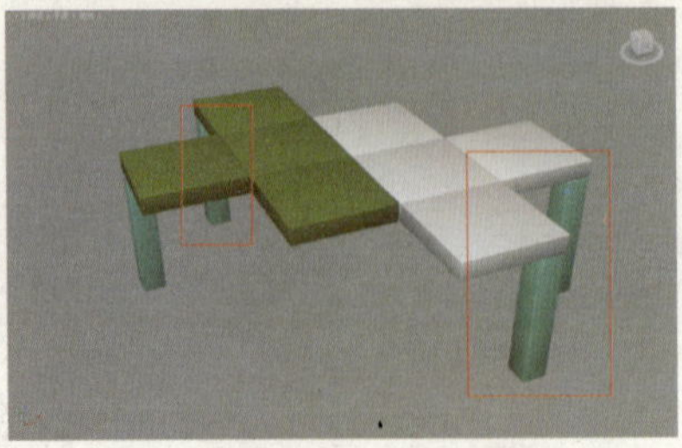

图 2-9　复制茶几腿

08 单击 | (保存)命令，将制作的模型保存为“创意茶几 .max”。

2.2 二维图形组合——中式台灯

课堂实战——中式台灯

场景文件	无
案例文件	最终文件 \ 第 2 章 \ 中式台灯 \ 中式台灯 .max
视频教学	视频 \ 第 2 章 \ 中式台灯 .flv
视频长度	4 分 11 秒
难易指数	★★☆☆☆
建模方式	图形建模
技术掌握	掌握【矩形】工具、【样条线】的可渲染命令

二维图形在模型制作中经常会用到，适合制作带有线性结构的模型，如图 2-10 所示。

图 2-10　二维图形制作的模型

本例介绍了使用【矩形】、【样条线】的可渲染命令制作中式台灯模型，最终渲染和线框效果如图 2-11 所示。

图 2-11　最终渲染和线框效果

01 启动 3ds Max 软件，选择菜单【自定义】|【单位设置】命令，弹出【单位设置】对话框，将【显示单位比例】和【系统单位比例】设置为“毫米”，如图 2-12 所示。

02 单击（创建）|（几何体）| 长方体 按钮，在顶视图中创建一个正方体，然后修改参数，如图 2-13 所示。

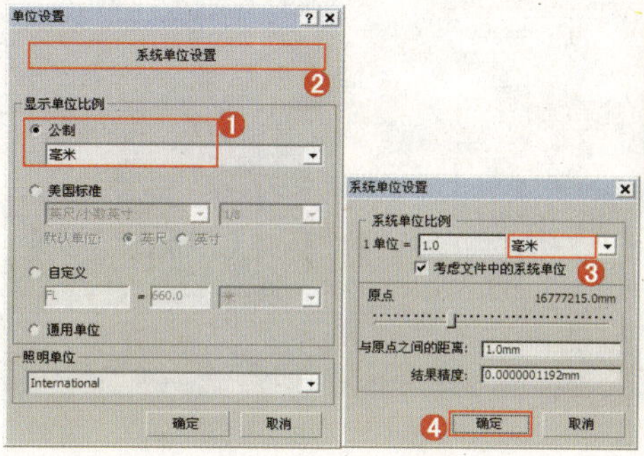

图 2-12 设置单位

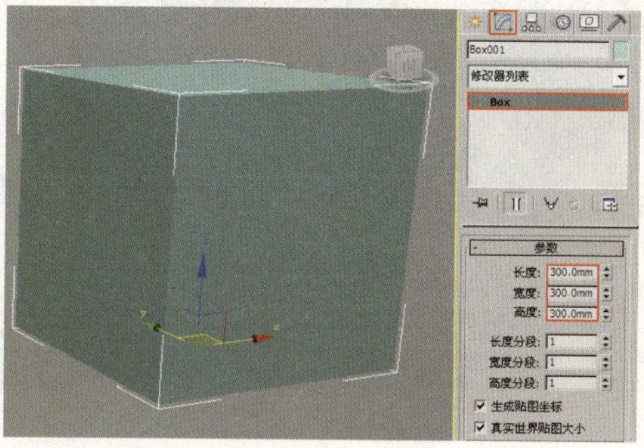

图 2-13 修改参数

03 单击（创建）|（图形）| 矩形 按钮，在前视图中创建一个矩形，然后修改参数，如图 2-14 所示。

04 确认创建的矩形处于选择状态，在【修改】命令面板下展开【渲染】卷展栏，勾选【在渲染中启用】和【在视口中启用】复选框，并勾选【矩形】单选按钮，设置【长度】为 10.0mm、【宽度】为 20.0mm，如图 2-15 所示。

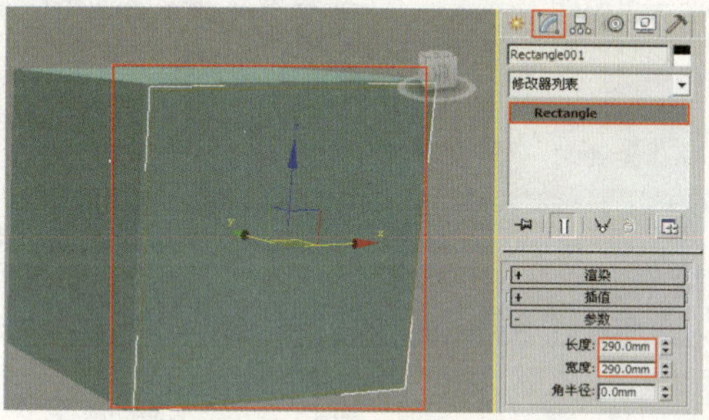

图 2-14 创建矩形

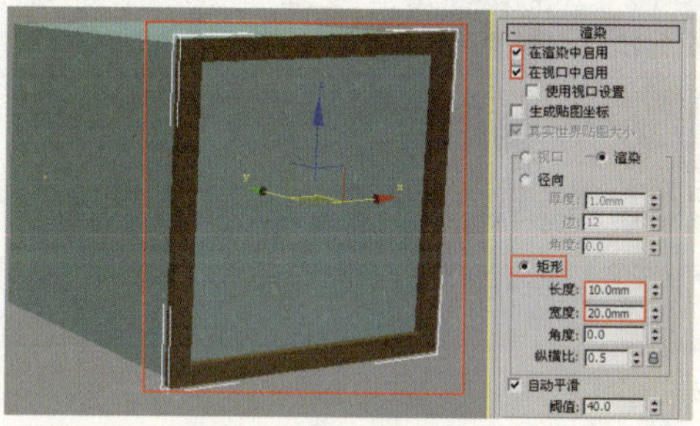

图 2-15 修改矩形可渲染参数

>>> 技巧与提示

图形下的可渲染命令可以勾选【径向】单选按钮，设置图形的厚度，在建模中经常使用到。

05 单击（创建）|（图形）| 线 按钮，在前视图中创建如图 2-16 所示线形。

06 确认创建的线形处于选择状态，在【修改】命令面板下展开【渲染】卷展栏，勾选【在渲染中启用】和【在视口中启用】复选框，并勾选【矩形】单选按钮，设置【长度】为 4.0mm、【宽度】为 5.0mm，如图 2-17 所示。

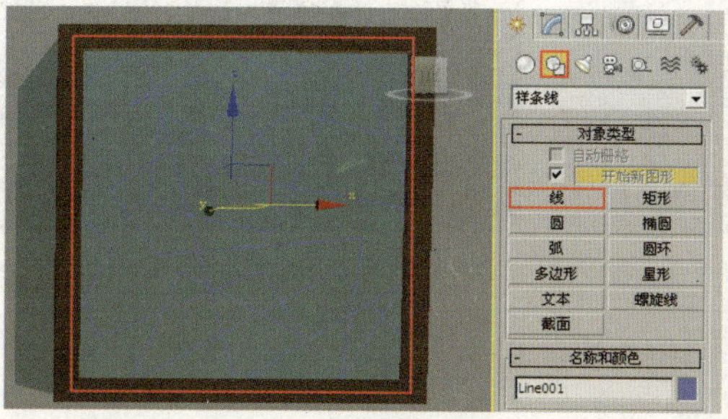

图 2-16 创建线形

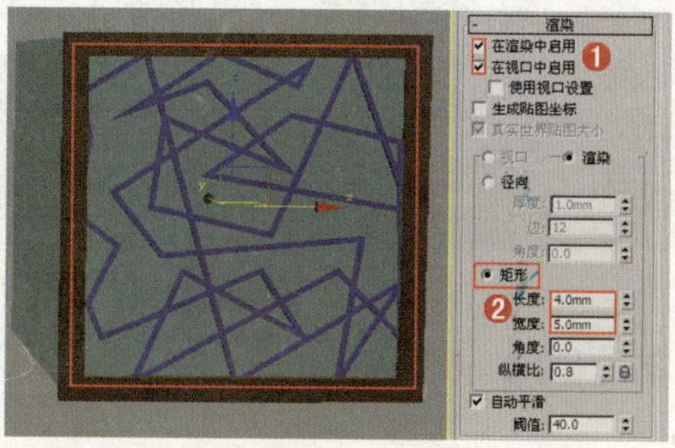

图 2-17 修改线形可渲染参数

07 激活透视图，选择如图 2-18 所示的模型，选择菜单【组】|【成组】命令，将其成组。

08 激活顶视图，选择成组的部分，按住 Shift 键，使用（选择并旋转）工具旋转复制一个，如图 2-19 所示。

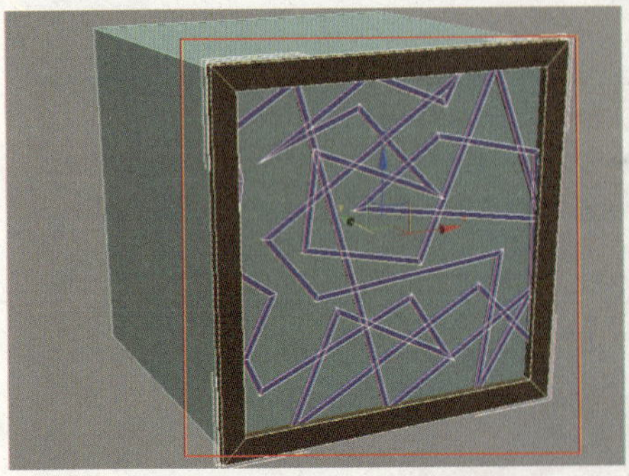

图 2-18 成组

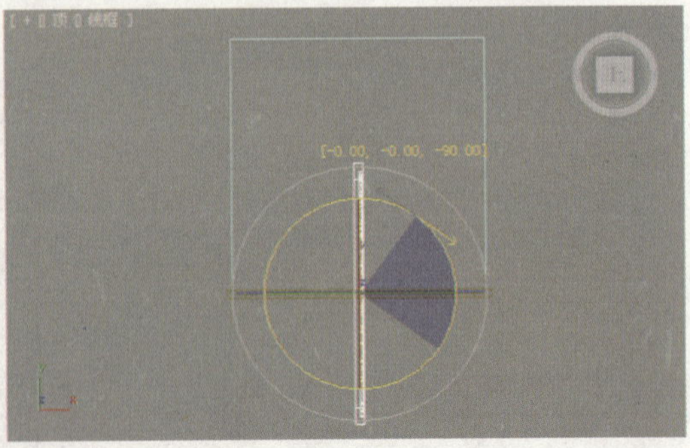

图 2-19 旋转复制

>>> 技巧与提示

在使用【选择并选择】工具时，可以开启（角度捕捉切换）工具，快捷键为 A。

09 使用（选择并移动）工具将复制的模型拖曳到如图 2-20 所示的位置。继续使用（选择并移动）和（选择并旋转）工具进行创建，创建后的模型效果如图 2-21 所示。

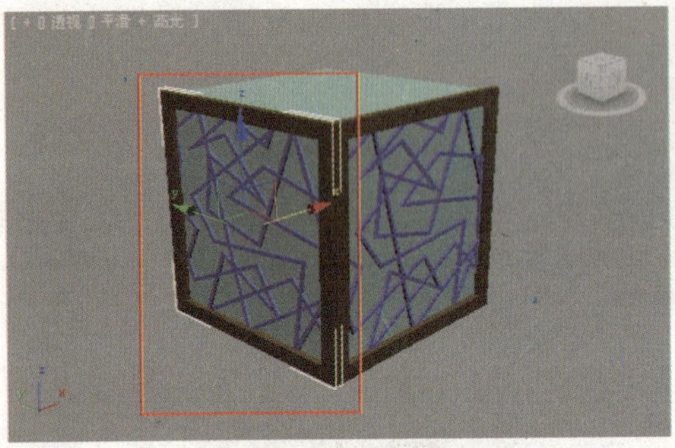

图 2-20 移动位置

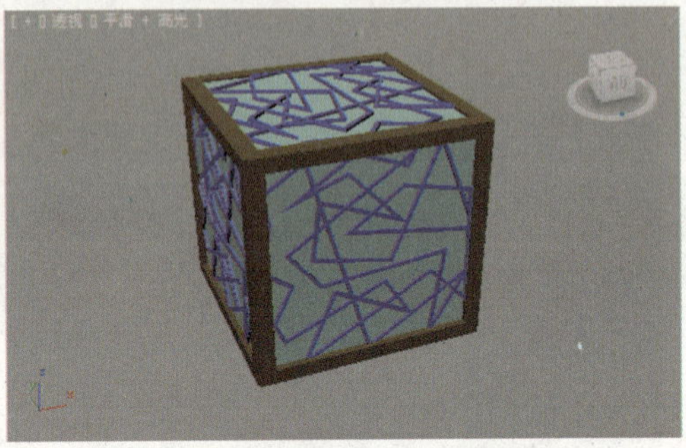

图 2-21 复制移动后的效果

10 使用同样的方法创建剩余两个台灯的模型，具体的制作方法这里就不做详述了。效果如图 2-22 所示。最终模型的渲染效果如图 2-23 所示。

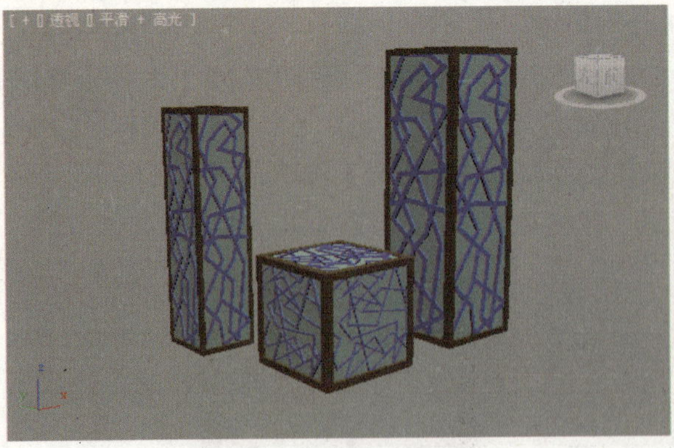

图 2-22 最终模型效果

图 2-23 最终渲染效果

11 单击 |（保存）命令，将制作的模型保存为“中式台灯.max”。

2.3 二维图形转换为三维模型——室内户型结构

课堂实战——室内户型结构

场景文件	场景文件 \ 第 2 章 \CAD 户型图 .dwg
案例文件	最终文件 \ 第 2 章 \ 室内户型结构 \ 室内户型结构 .max
视频教学	视频 \ 第 2 章 \ 室内户型结构 .flv
视频长度	4 分 12 秒
难易指数	★★☆☆☆
建模方式	样条线建模和修改器建模
技术掌握	掌握【线】工具、【矩形】工具以及加载【挤出】命令的运用

二维图形转化为三维模型的方法非常简单、快捷，可以快速打造三维的模型效果，大大提高了制作模型的效率。如图 2-24 所示为使用二维图形转化为三维模型后的效果。

图 2-24　二维图形转化为三维模型

本例介绍使用【线】和【矩形】工具并加载【挤出】命令制作室内户型结构模型，最终渲染和线框效果如图 2-25 所示。

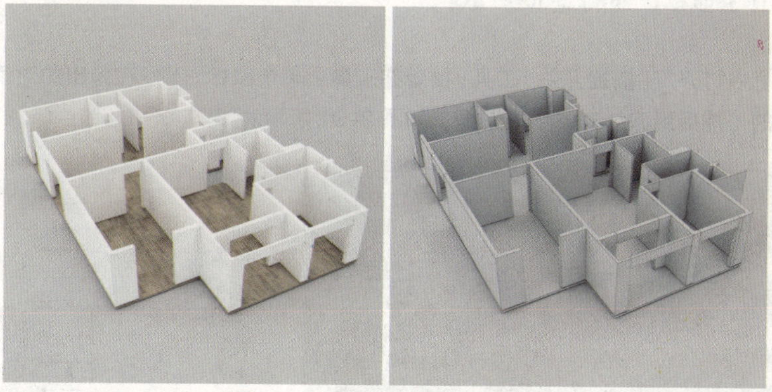

图 2-25　最终渲染和线框效果

01 启动 3ds Max 软件，选择菜单【自定义】|【单位设置】命令，弹出【单位设置】对话框，将【显示单位比例】和【系统单位比例】设置为“毫米”，如图 2-26 所示。

02 单击 | 导入 | 导入 图标，导入随书配套光盘中的“CAD 户型图 .dwg”文件，如图 2-27 所示。

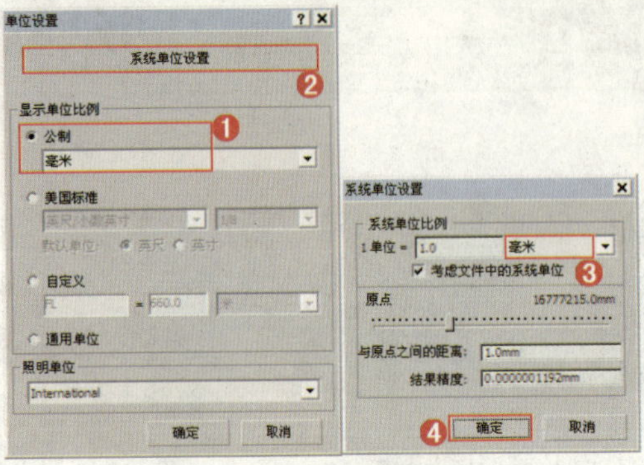

图 2-26　设置单位

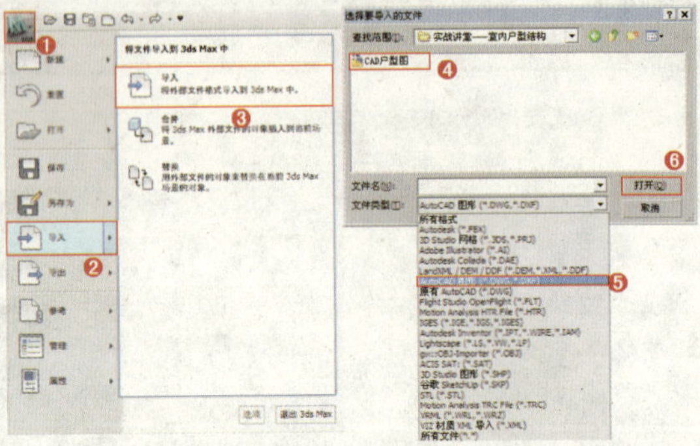

图 2-27　导入 CAD 图形

03 此时弹出【检测到代理对象】对话框，单击【是】按钮，接着弹出【AutoCAD DWG/DXF 导入选项】对话框，单击【确定】按钮，如图 2-28 所示。此时场景效果如图 2-29 所示。

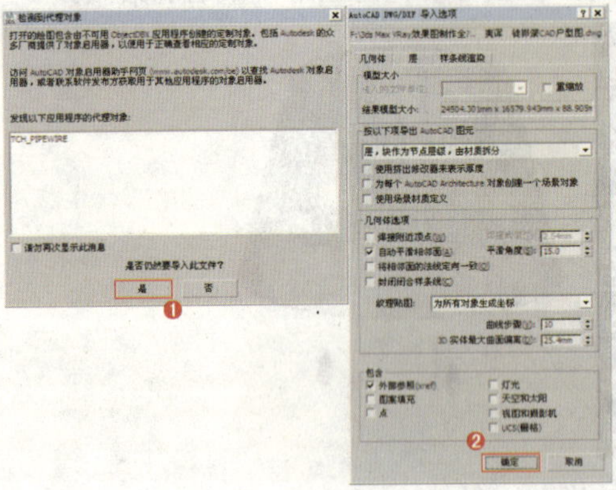

图 2-28　导入选项对话框命令

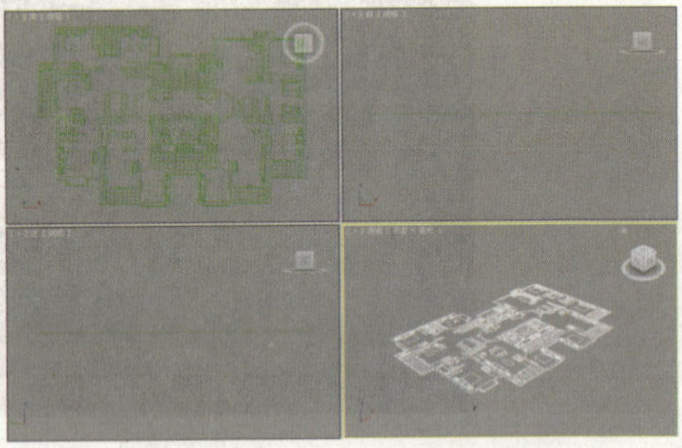

图 2-29　导入 CAD 的图形

04 确认导入的 CAD 图形处于选择的状态，单击鼠标右键，在弹出的快捷菜单中选择【冻结当前选择】命令，如图 2-30 所示。

>>> 技巧与提示

在主工具栏中打开 (捕捉开关)工具，接着在工具上单击鼠标右键，在弹出的对话框中勾选【选项】选项卡中的【捕捉到冻结对象】复选框，如图 2–31 所示。

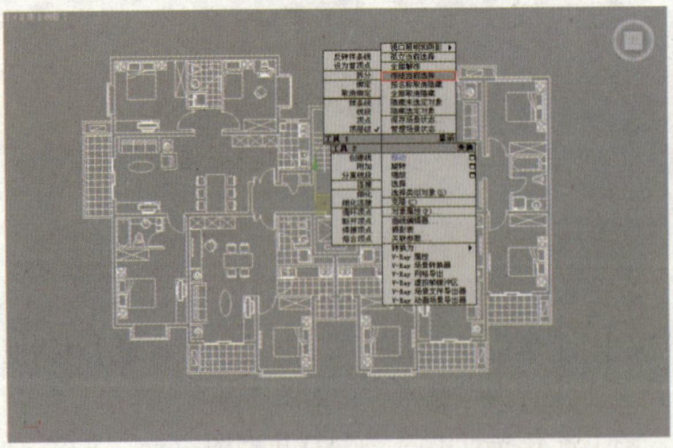

图 2-30　冻结 CAD 图形

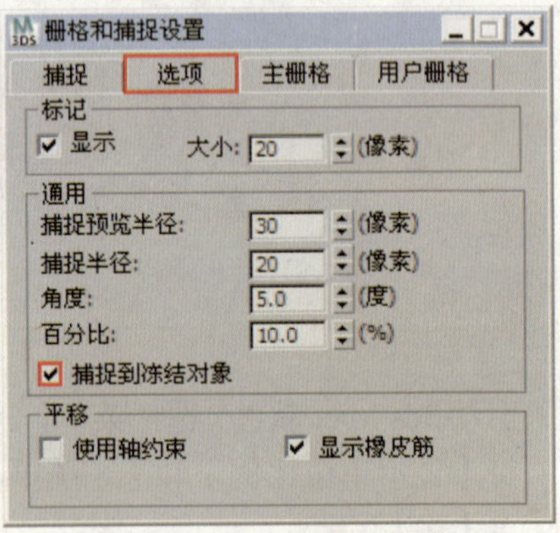

图 2-31　开启捕捉

05 激活顶视图，单击 (创建) | (图形) | 线 按钮，按照 CAD 户型图进行绘制，

如图 2-32 所示。继续进行绘制，如图 2-33 所示。

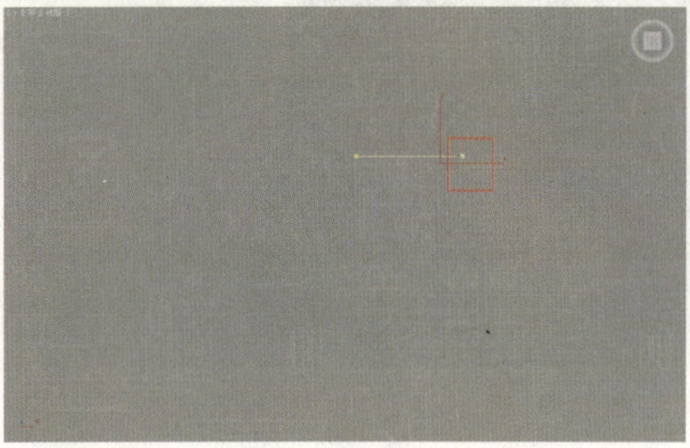

图 2-32　绘制图形

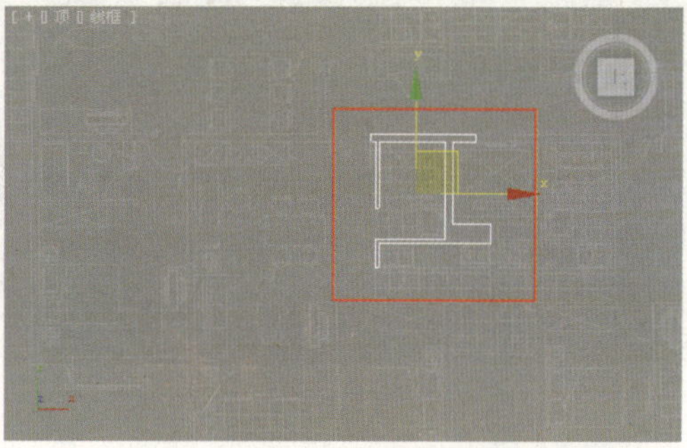

图 2-33　继续绘制图形

>>> 技巧与提示

在使用图形创建时，可以取消勾选【开始新图形】复选框，这样所绘制的图形会自动附加成一个整体，如图 2-34 所示。

06 绘制完成后的效果如图 2-35 所示。

图 2-34　取消勾选【开始新图形】复选框

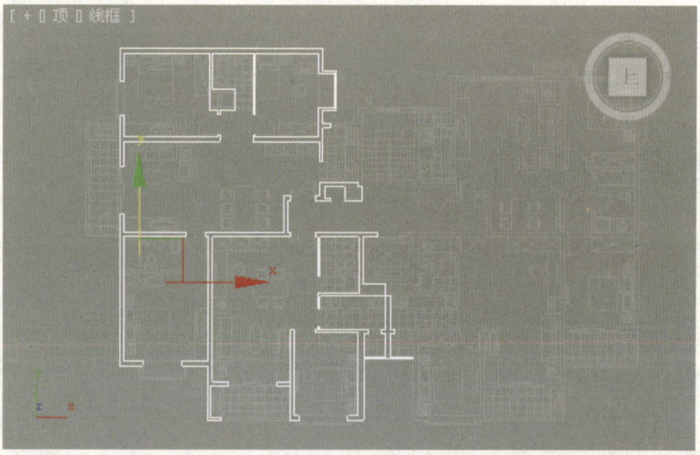

图 2-35　绘制完毕的图形

07 确认创建的图形处于选择状态，在【修改器列表】中添加一个【挤出】命令，并设置【数量】为 2800.0mm，如图 2-36 所示。

08 使用【矩形】工具绘制门框上方的墙面，如图 2-37 所示。

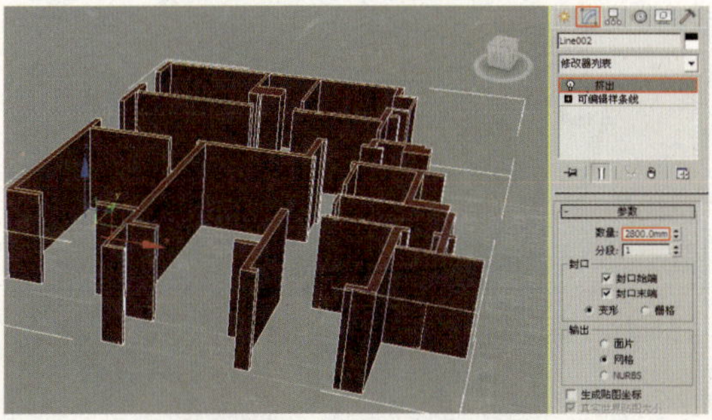

图 2-36　加载【挤出】命令修改器

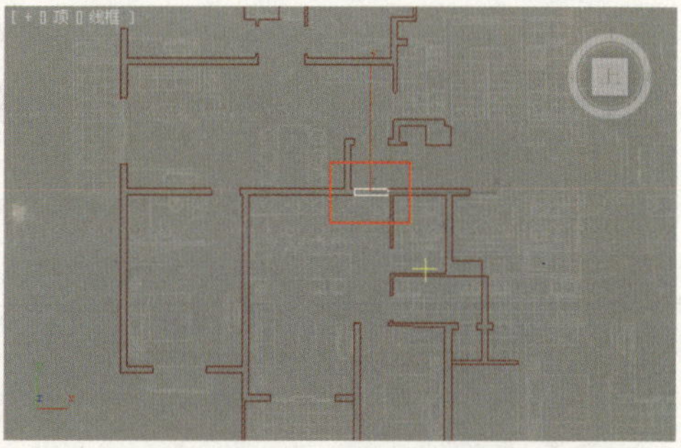

图 2-37　绘制矩形

09 如图 2-38 所示为门框上方的墙面绘制，在【修改器列表】中添加一个【挤出】命令，并设置【数量】为 –500.0mm，如图 2-39 所示。

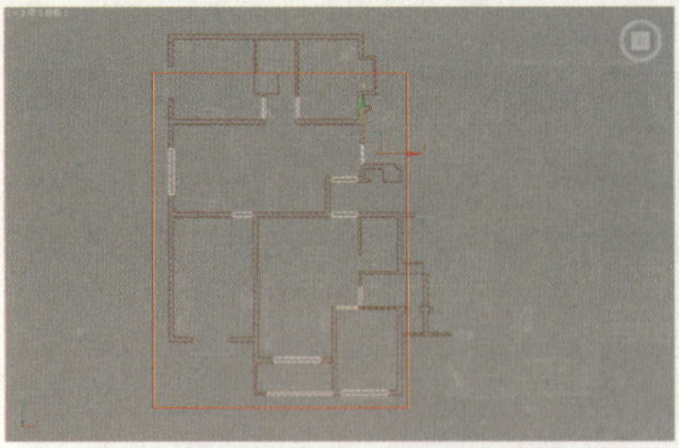

图 2-38 墙面的图形

图 2-39 加载【挤出】命令修改器

10 继续使用【样条线】工具并加载【挤出】命令制作弧形图的地面模型，此时场景效果如图 2-40 所示。

11 单击 | （保存）命令，将制作的模型保存为“室内户型结构 .max”。

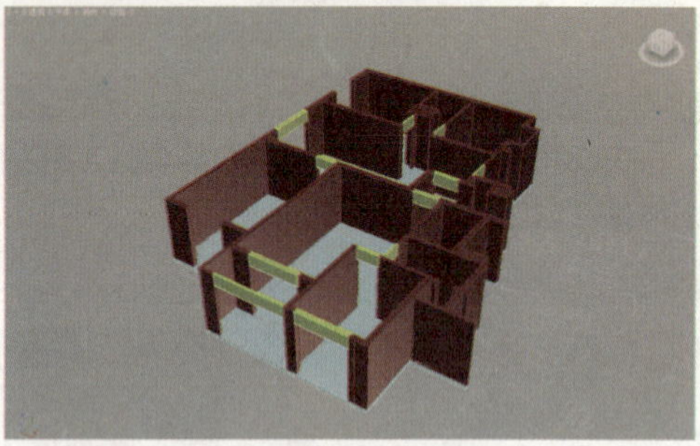

图 2-40 创建地面模型

2.4 复合模型——椅子

课堂实战——椅子

场景文件	无
案例文件	最终文件 \ 第 2 章 \ 椅子 \ 椅子 .max
视频教学	视频 \ 第 2 章 \ 椅子 .flv
视频长度	4 分 27 秒
难易指数	★★☆☆☆
建模方式	复合对象建模
技术掌握	掌握【切角长方体】工具、【挤出】命令、【布尔】、【ProBoolean】的运用

复合模型制作是一种比较特殊的方法，适用于制作特殊的模型效果，如图 2-41 所示。

图 2-41 复合模型

本例将通过【复合对象】下的【布尔】和【ProBoolean】命令来完成模型的制作，最终渲染和线框效果如图 2-42 所示。

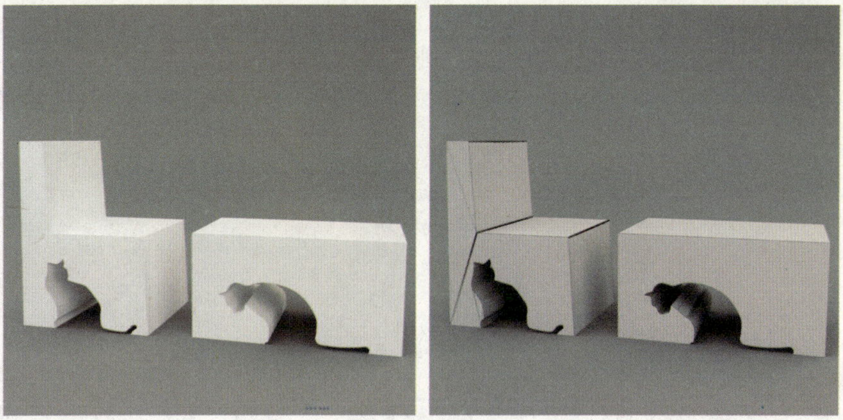

图 2-42　最终渲染和线框效果

01 启动 3ds Max 软件，选择菜单【自定义】|【单位设置】命令，弹出【单位设置】对话框，将【显示单位比例】和【系统单位比例】设置为“毫米”，如图 2-43 所示。

02 单击 （创建）| （图形）| 线 按钮，在前视图中绘制出椅子的剖面线，用户可以先绘制一个长方体作为尺寸参照，如图 2-44 所示。

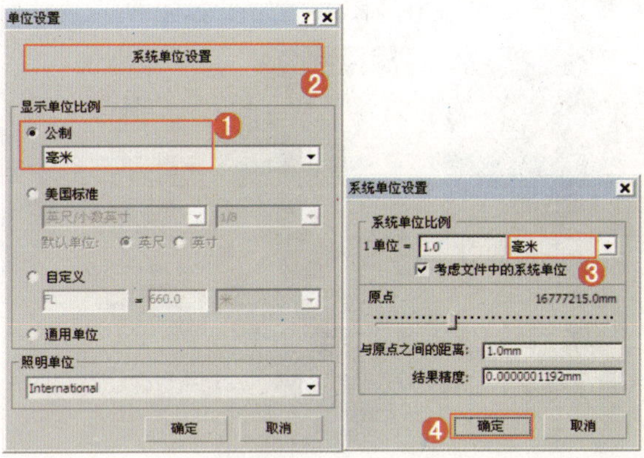

图 2-43　设置单位

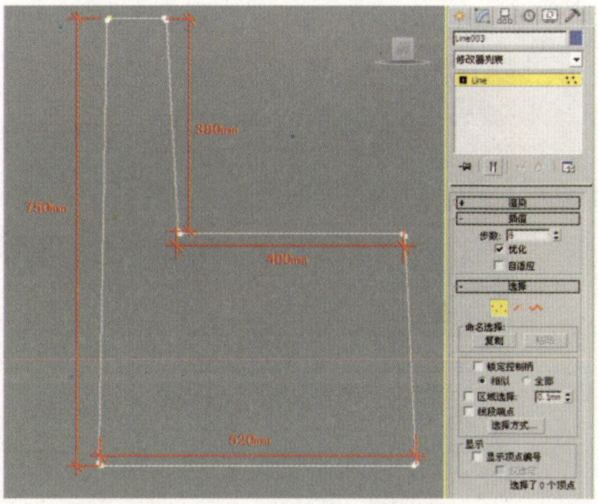

图 2-44　绘制剖面线

03 确认线形处于被选择状态，在【修改器列表】中执行【挤出】命令，为绘制的线添加一个【挤出】命令，设置【数量】为 500.0mm，如图 2-45 所示。

04 单击 | （导入）| （合并）命令，并弹出【合并文件】对话框，找到随书配套光盘中的“场景文件 \ 动物图形 .max”文件，如图 2-46 所示。

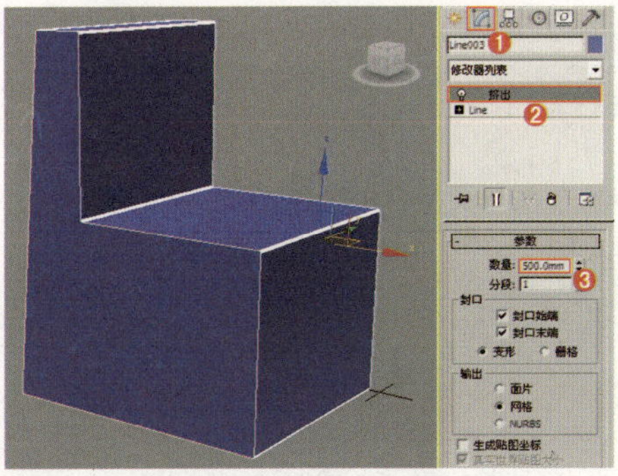

图 2-45　添加【挤出】命令修改器

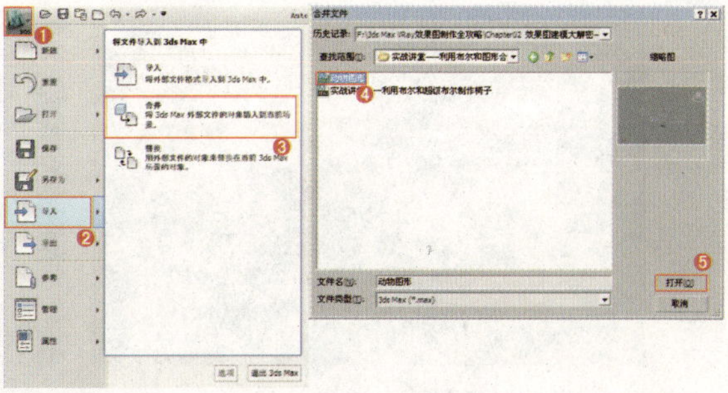

图 2-46　合并模型

05 在【合并】对话框中单击【全部】按钮，在【列出类型】选项组下取消选择【灯光】和【摄影机】选项，如图 2-47 所示。此时场景效果如图 2-48 所示。

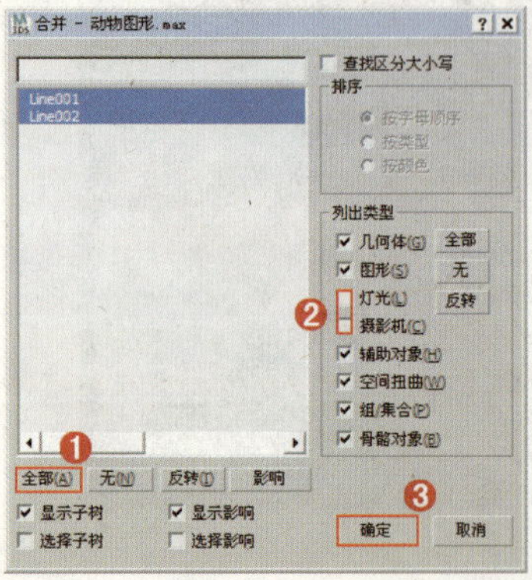

图 2-47　选项设置

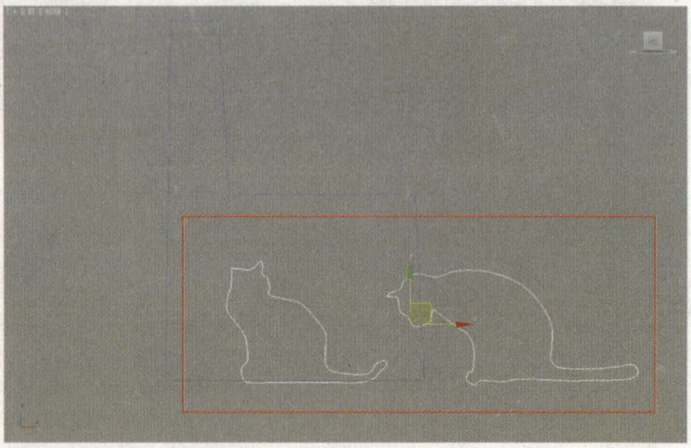

图 2-48　合并模型后的效果

06 选择合并图形中的一个线形，在【修改器列表】中执行【挤出】命令，为选择的线添加一个【挤出】命令，设置【数量】为 550.0mm，如图 2-49 所示。

07 确认椅子模型处于选择状态，单击（创建）|（几何体）| 复合对象 | 布尔 按钮，再单击 拾取操作对象 B 按钮，并拾取上一步挤出的模型，如图 2-50 所示。

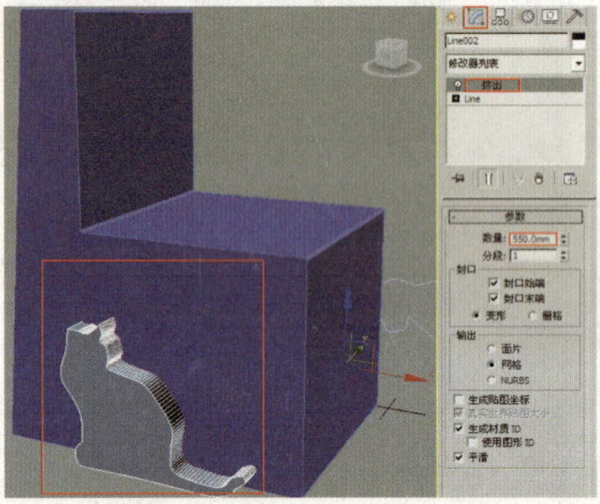

图 2-49　添加【挤出】命令修改器

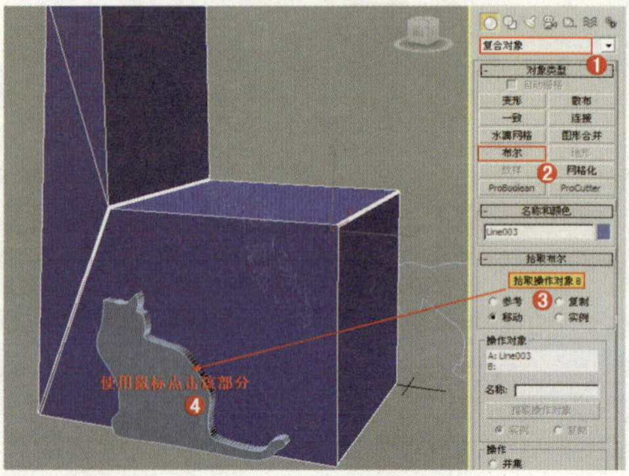

图 2-50　布尔运算

>>> 技巧与提示

在使用【布尔】或【ProBoolean】运算时比较容易出现错误，所以在使用命令之前将操作的3ds Max 文件保存一次。

08 此时布尔运算后的效果如图 2-51 所示。

09 激活顶视图，使用【长方体】工具创建一个长方体，并调节其参数，如图 2-52 所示。

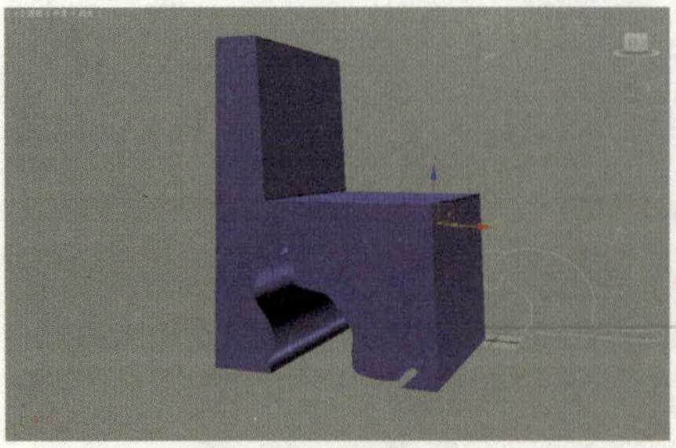

图 2-51　场景效果

图 2-52　修改长方体参数

10 选择合并图形中的线形，在【修改器列表】中执行【挤出】命令，为选择的线添加一个挤出命令，设置【数量】为 550.0mm，如图 2-53 所示。

11 确认椅子模型处于选择状态，单击 （创建）| （几何体）| 复合对象 | ProBoolean（超级布尔）按钮，再单击 开始拾取 按钮，并拾取上一步挤出的模型，如图 2-54 所示。

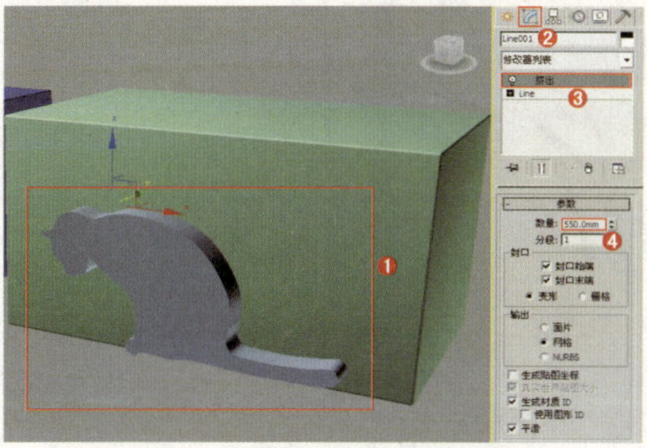

图 2-53 添加【挤出】命令修改器

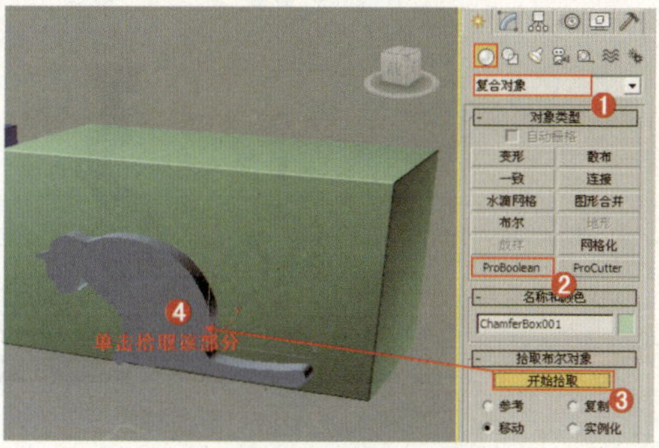

图 2-54 超级布尔运算

12 椅子最终模型效果如图 2-55 所示。

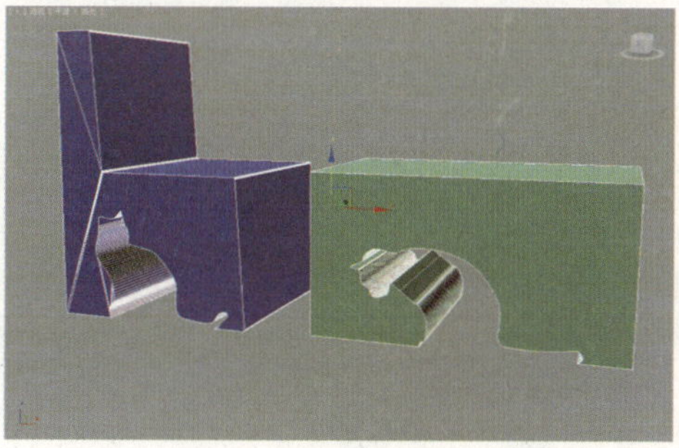

图 2-55 椅子最终模型

>>> 技巧与提示

【布尔】运算之后模型表面会出现很多凌乱的线条，而当使用【ProBoolean】运算时则不会出现这种情况。

13 单击 | （保存）命令，将制作的模型保存为“椅子 .max”。

2.5 添加修改器——水龙头

课堂实战——水龙头

场景文件	无
案例文件	最终文件 \ 第 2 章 \ 水龙水 \ 水龙头 .max
视频教学	视频 \ 第 2 章 \ 水龙头 .flv
视频长度	2 分 57 秒
难易指数	★★☆☆☆
建模方式	几何体建模、修改器建模
技术掌握	掌握【切角圆柱体】工具、【管状体】工具以及【弯曲】命令修改器的运用

利用为模型添加修改器的方法，可以制作模型变形的效果，如弯曲、扭曲等，如图 2-56 所示。

图 2-56　添加修改器制作的模型

本例将学习使用【切角圆柱体】工具、【管状体】工具、【弯曲】命令修改器来完成模型的制作，最终渲染和线框效果如图 2-57 所示。

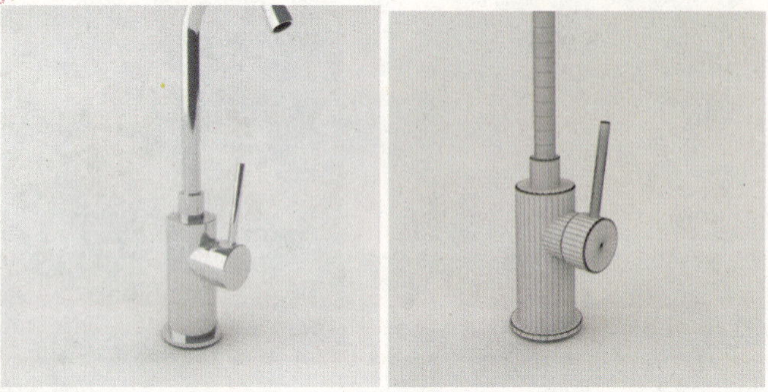

图 2-57　最终渲染和线框效果

01 启动 3ds Max 软件，选择菜单【自定义】|【单位设置】命令，弹出【单位设置】对话框，将【显示单位比例】和【系统单位比例】设置为“毫米”，如图 2-58 所示。

02 单击（创建）|（几何体）| 扩展基本体 | 切角圆柱体 按钮，在顶视图中创建一个切角圆柱体，修改参数如图 2-59 所示。

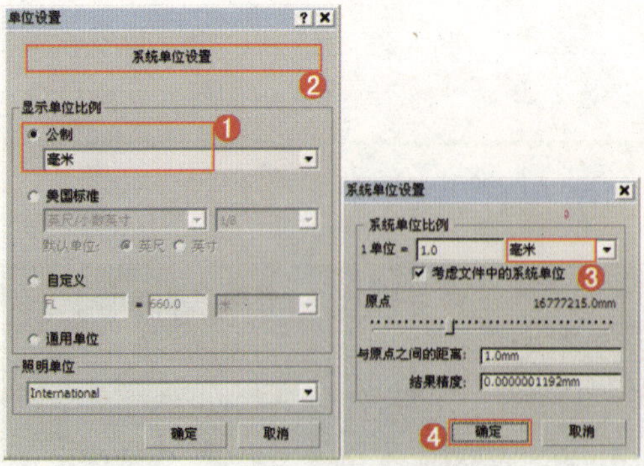

图 2-58　设置单位

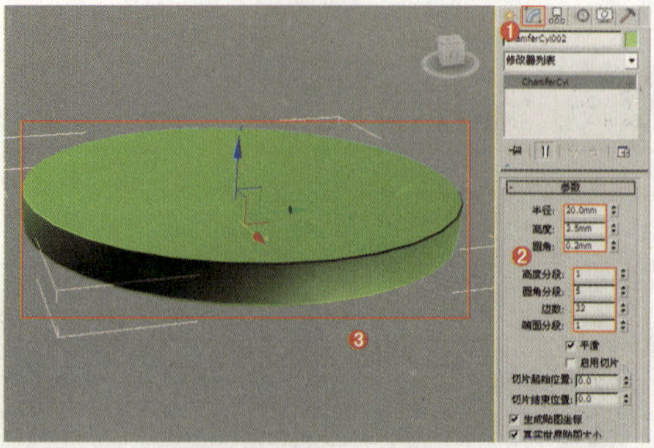

图 2-59　修改参数

03 单击（创建）|（几何体）| 扩展基本体 | 切角圆柱体 按钮，在顶视图中创建一个切角圆柱体，修改参数如图 2-60 所示。

04 继续在场景中创建切角圆柱体，并在【修改】命令面板下修改其参数，如图 2-61 所示。

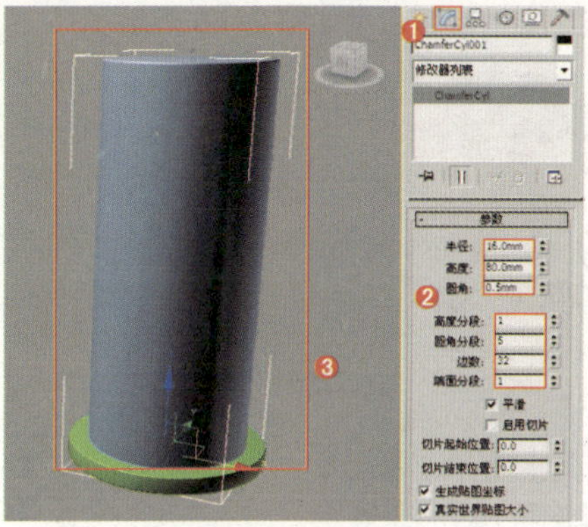

图 2-60　修改参数

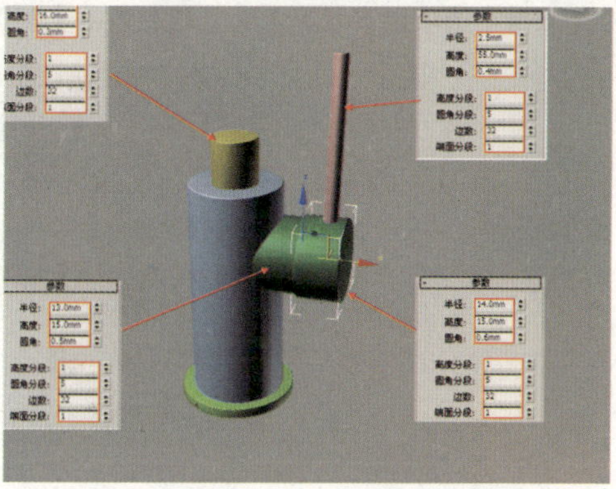

图 2-61　修改多处参数

05 单击（创建）|（几何体）| 标准基本体 | 管状体 按钮，在顶视图中创建一个管状体，修改参数如图 2-62 所示。

06 继续在视图中创建管状体，并修改其参数，此时场景效果如图 2-63 所示。

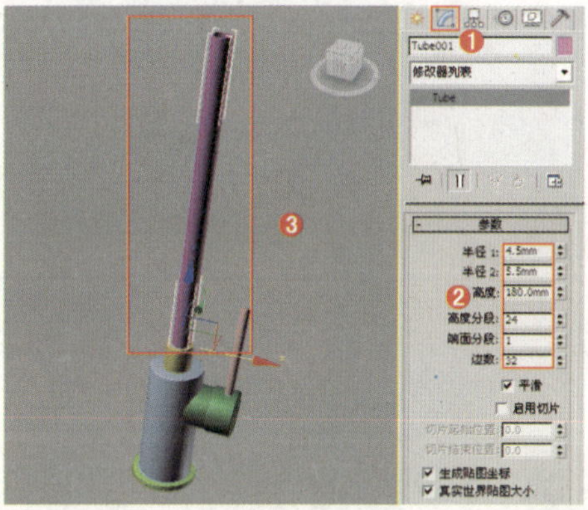

图 2-62　修改参数

图 2-63　场景效果

07 选择场景中的模型，然后选择菜单【组】|【成组】命令，将其成组，如图 2-64 所示。

08 选择成组后的模型，在【修改器列表】下加载【弯曲】命令，展开【参数】卷展栏，设置【弯曲角度】为 150.0，【弯曲轴】为 Z 轴，勾选【限制效果】复选框，设置【上限】为 80.0mm，如图 2-65 所示。

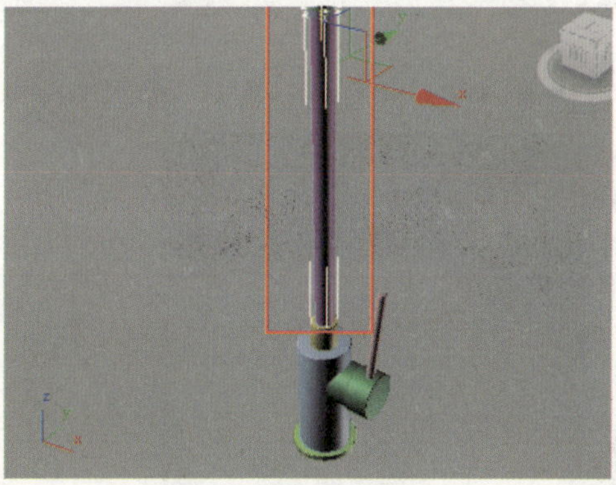

图 2-64　成组

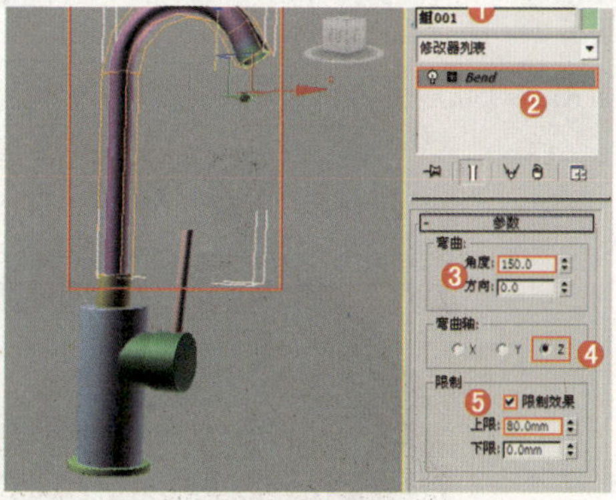

图 2-65　加载【弯曲】命令

>>> 技巧与提示

在【限制】选项组下取消勾选【限制效果】复选框，此时场景效果如图 2-66 所示。

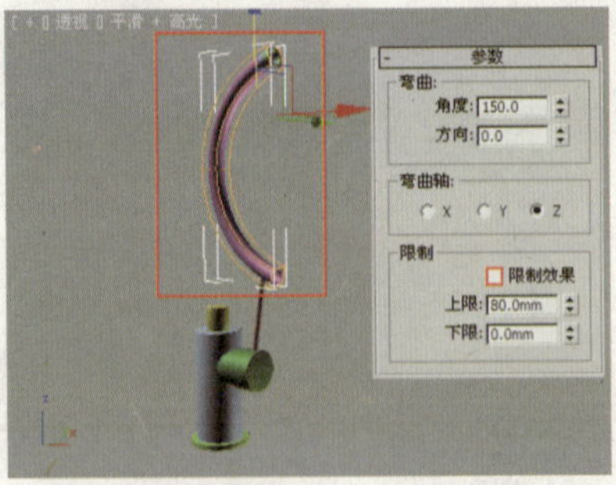

图 2-66　取消勾选【限制效果】后的效果

09 此时场景最终模型效果如图 2-67 所示。

10 单击 | （保存）命令，将制作的模型保存为“水龙头 .max”。

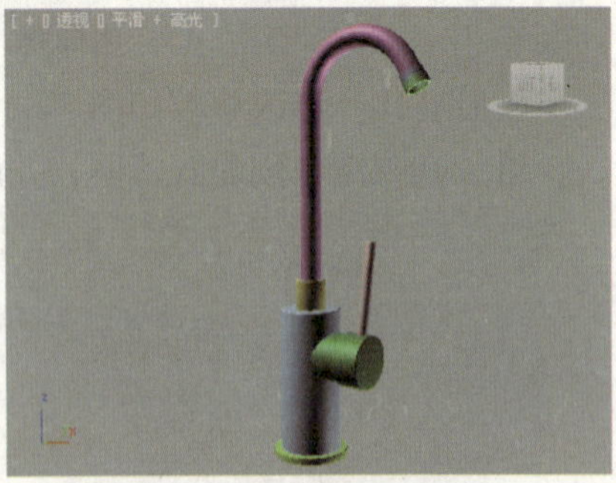

图 2-67　最终模型效果

2.6 VRay 对象——皮草

课堂实战——皮草

场景文件	场景文件 \ 第 2 章 \ 场景文件 .max
案例文件	最终文件 \ 第 2 章 \ 皮草 \ 皮草 .max
视频教学	视频 \ 第 2 章 \ 皮草 .flv
视频长度	1 分 52 秒
难易指数	★★☆☆☆
建模方式	几何体建模
技术掌握	掌握【VR 毛发】工具的运用

VRay 对象是室内建模中常用到的技术，可以快速制作大量毛发等效果，如图 2-68 所示。

图 2-68　地毯效果

本例将学习使用【VR 毛发】来完成模型的制作，最终渲染和线框效果如图 2-69 所示。

图 2-69　最终渲染和线框效果

01 启动 3ds Max 软件，单击 | （打开）| 命令，弹出【打开文件】对话框，找到随书配套光盘中的“场景文件 .max”文件，如图 2-70 所示。此时打开场景的效果如图 2-71 所示。

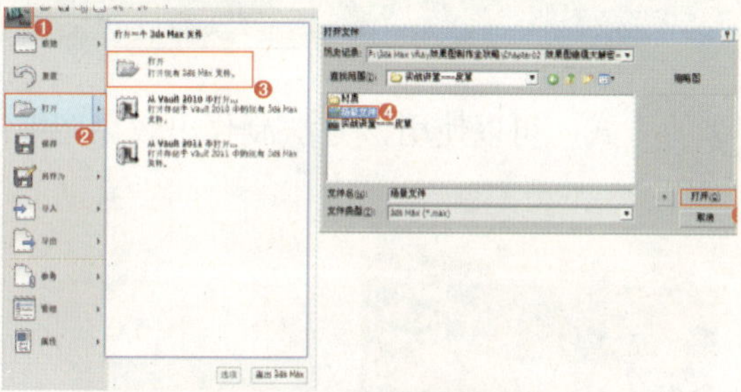

图 2-70　打开文件

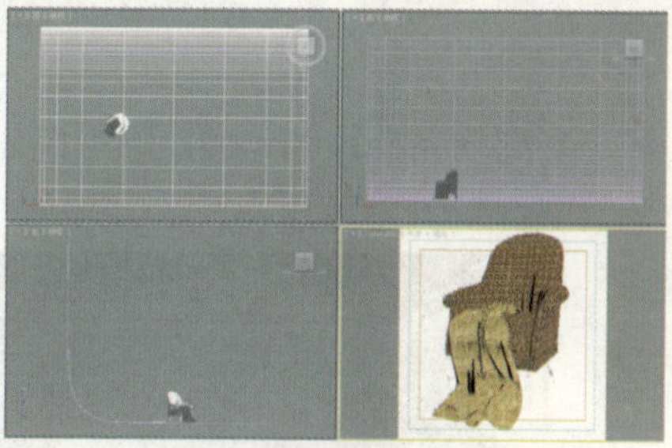

图 2-71　场景效果

02 确定沙发上的皮草模型处于选择状态，单击（创建）|（几何体）| VRay | VR毛发 按钮，创建 VRay 毛发，如图 2-72 所示。

03 在【修改】命令面板下展开【参数】卷展栏，设置【长度】为 8.0mm、【厚度】为 0.04mm、【重力】为 -3.0mm、【弯曲】为 1，在【分配】选项组下勾选【每个面】单选按钮并设置【数值】为 10，如图 2-73 所示。

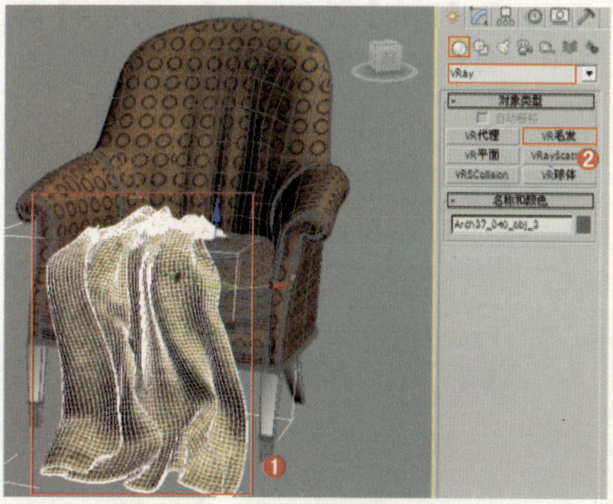

图 2-72　创建 VRay 毛发

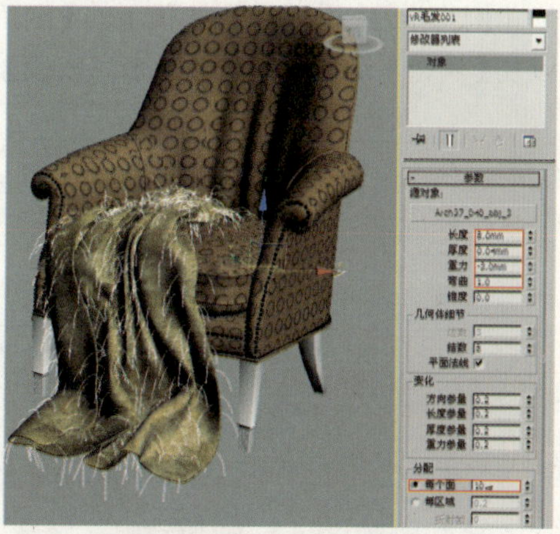

图 2-73　修改 VRay 毛发的参数

>>> 技巧与提示

VRay 毛发能够模拟真实的毛发效果，但使用 VRay 毛发时渲染速度会相对较慢一些。

04 单击 | （保存）命令，将制作的模型保存为“皮草 .max”。

2.7 多边形建模——床

课堂实战——床

场景文件	无
案例文件	最终文件 \ 第 2 章 \ 床 \ 床 .max
视频教学	视频 \ 第 2 章 \ 床 .flv
视频长度	10 分 15 秒
难易指数	★★★☆☆
建模方式	多边形建模、修改器建模、样条线建模
技术掌握	掌握多边形建模下的【倒角】、【挤出】、【切角】、【分离】、【绘制变形】等命令以及【涡轮平滑】命令修改器的运用

多边形建模是 3ds Max 建模中比较高级的方式，可以使用该方法制作出效果图中常用的很多模型，如图 2-74 所示。

图 2-74　多边形建模制作的模型

本例将学习使用多边形建模下的【倒角】、【挤出】、【切角】、【分离】、【绘制变形】等工具以及【涡轮平滑】命令修改器来完成模型的制作，最终渲染和线框效果如图 2-75 所示。

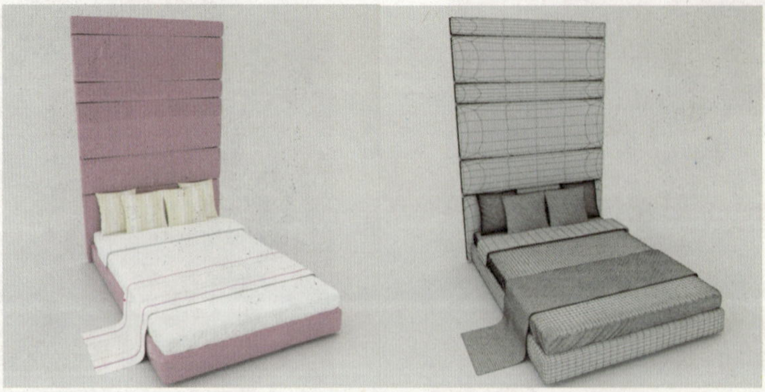

图 2-75　最终渲染和线框效果

床建模的流程图如图 2-76 所示。

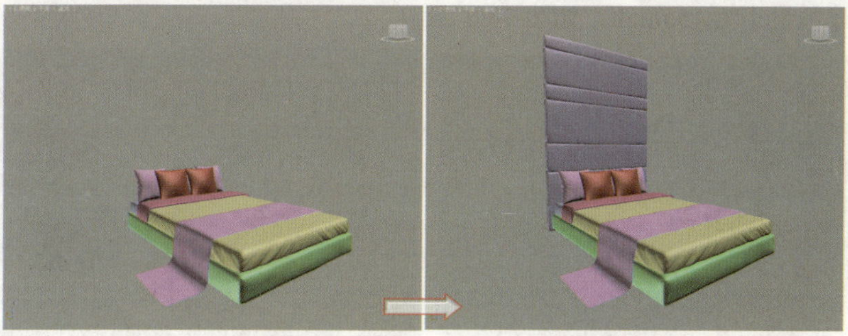

图 2-76　建模流程图

1. 制作床模型

01 启动 3ds Max 软件，选择菜单【自定义】|【单位设置】命令，弹出【单位设置】对话框，将【显示单位比例】和【系统单位比例】设置为“毫米”，如图 2-77 所示。

02 单击（创建）|（几何体）| 长方体 按钮，在顶视图中创建一个长方体，修改参数如图 2-78 所示。

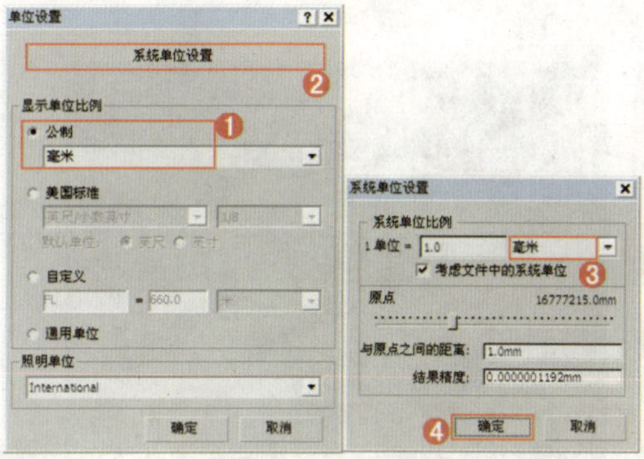

图 2-77　设置单位

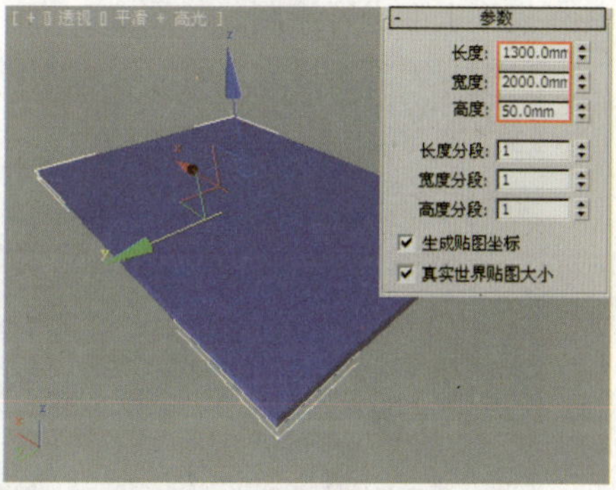

图 2-78　修改长方体参数

03 继续创建一个长方体，在【修改】命令面板下展开【参数】卷展栏，设置【长度】为 1500.0mm、【宽度】为 2100.0mm、【高度】为 200.0mm、【长度分段】为 7、【宽度分段】为 12、【高度分段】为 1，如图 2-79 所示。

04 确认创建的长方体处于选择状态，然后单击鼠标右键，在弹出的快捷菜单中选择【转换为】|【转换为可编辑多边形】命令，将其转换为可编辑多边形，如图 2-80 所示。

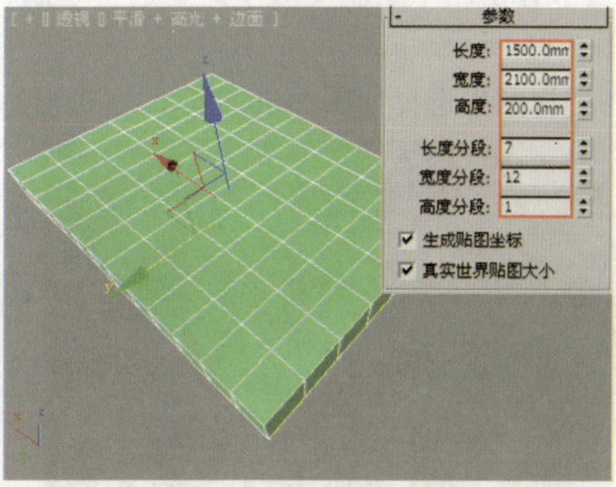

图 2-79　创建长方体

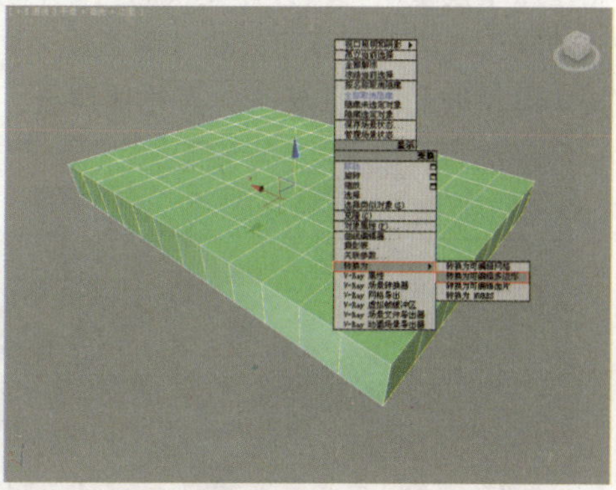

图 2-80　转换为可编辑多边形

05 按 2 键，进入 （边）子物体层级，选择如图 2-81 所示的边。接着执行【切角】命令，并设置【数量】为 15.0mm，如图 2-82 所示。

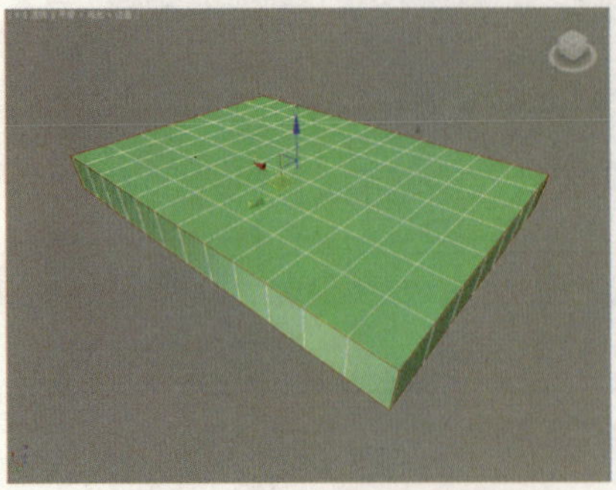
图 2-81　选择边

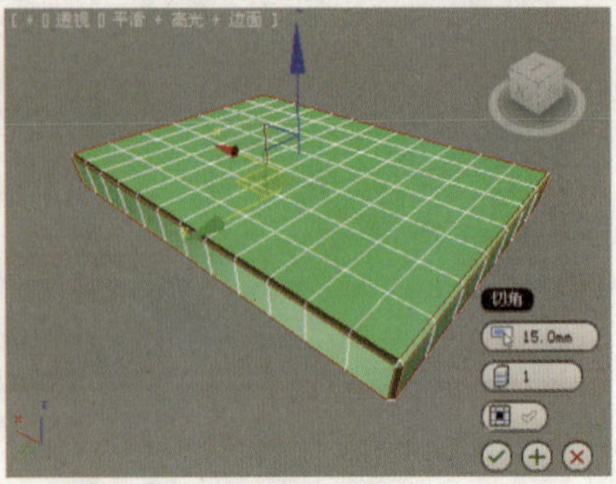

图 2-82　执行【切角】命令

06 确认切角后的模型处于选择状态，然后在【修改器列表】下添加【涡轮平滑】命令，并展开【涡轮平滑】卷展栏，设置【迭代次数】为 2，如图 2-83 所示。

07 将涡轮平滑后的模型再次转换为可编辑多边形，展开【绘制变形】卷展栏，单击【推/拉】按钮，设置【推拉值】为 10.0mm、【笔刷大小】为 200.0mm、【笔刷强度】为 0.5，并在模型上面进行绘制，如图 2-84 所示。

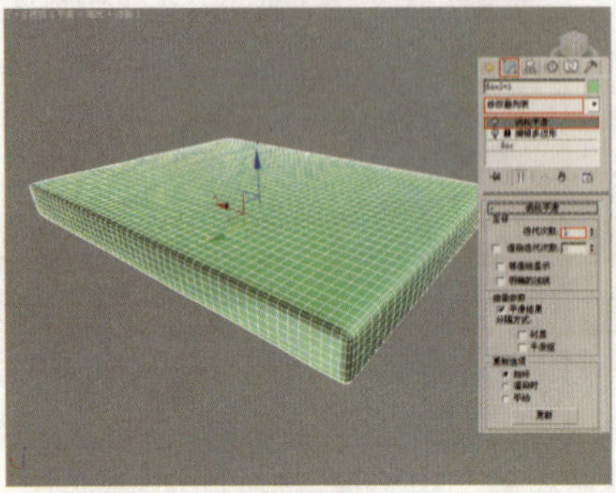
图 2-83　加载【涡轮平滑】命令

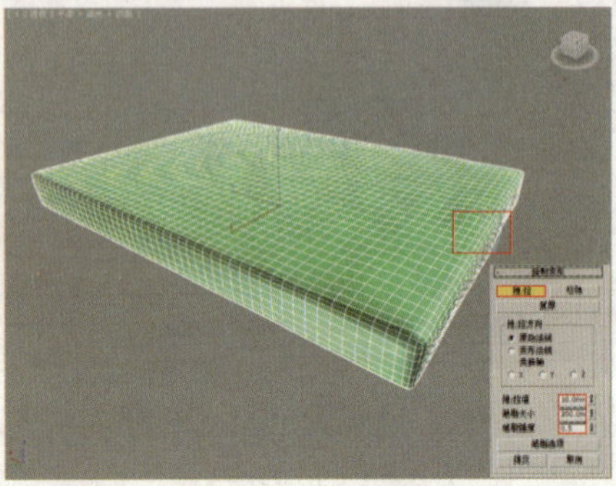
图 2-84　执行【绘制变形】命令

>>> 技巧与提示

“绘制变形”可以推、拉或者在对象曲面上拖动鼠标来影响顶点。在对象层级上，“绘制变形”可以影响选定对象中的所有顶点。在子对象层级上，它仅会影响选定顶点（或属于选定子对象的顶点）以及识别软选择。

08 制作床垫模型。将长方体转换为可编辑多边形并使用【绘制变形】命令进行绘制，具体的制作方法不再详述，此时场景效果如图 2-85 所示。

09 按 4 键，进入 （多边形）子物体层级，在透视图中选择如图 2-86 所示的多边形。

图 2-85　床垫模型效果

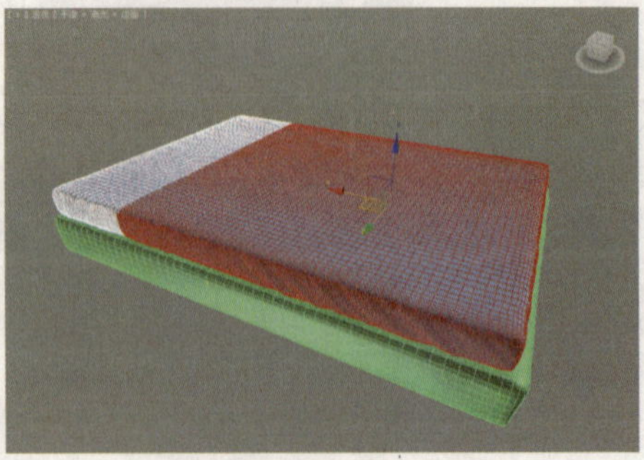
图 2-86　选择多边形

⑩ 保持选择的多边形不变，然后执行【挤出】命令，并设置【挤出类型】为“按多边形”，设置【挤出数量】为 12.0mm，如图 2-87 所示。

⑪ 展开【选择】卷展栏，进入（多边形）子物体层级下单击【扩大】按钮，选择场景中的多边形，如图 2-88 所示。

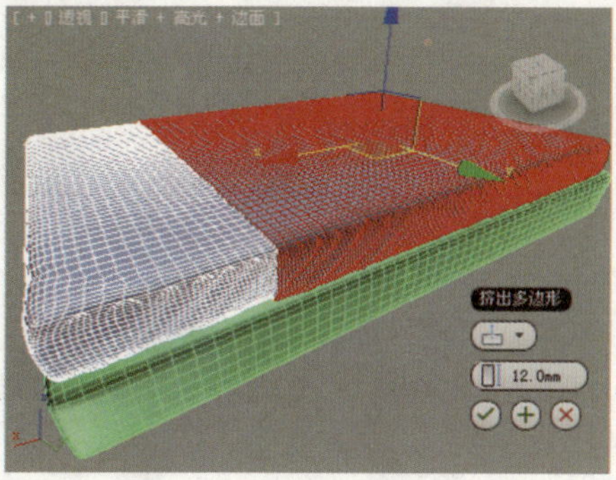

图 2-87　执行【挤出】命令

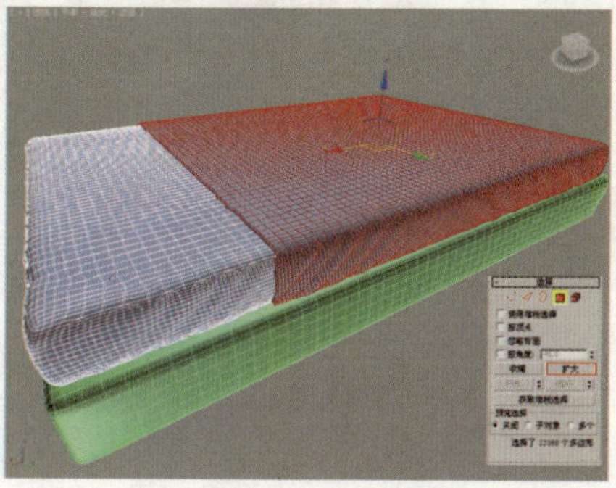

图 2-88　选择多边形

⑫ 保持选择的多边形不变，然后执行【分离】命令，将其分离出来，如图 2-89 所示。

⑬ 单击（创建）|（几何体）| 平面 按钮，在顶视图中创建一个平面，在【修改】命令面板下展开【参数】卷展栏，设置【长度】为 1690.0mm、【宽度】为 320.0mm、【长度分段】为 10、【宽度分段】为 5，如图 2-90 所示。

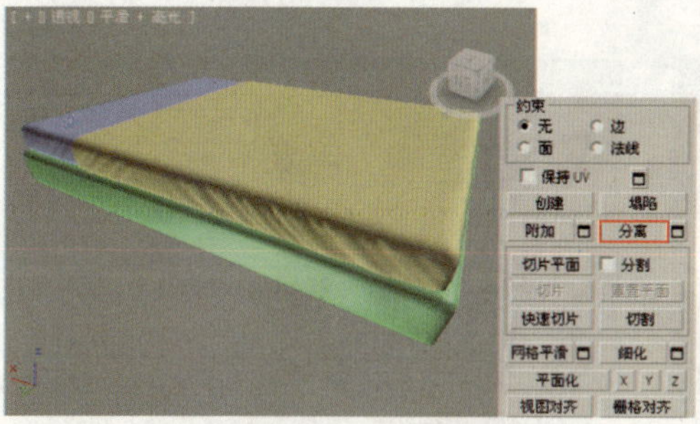

图 2-89　执行【分离】命令

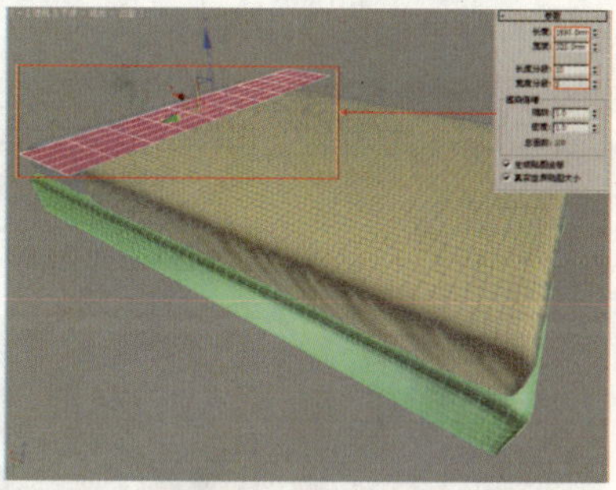

图 2-90　创建平面

⑭ 选择平面，然后将其转换为可编辑多边形，按 1 键，进入（顶点）子物体层级，选择两侧的顶点，调节后的效果如图 2-91 所示。

⑮ 选择刚创建的平面，然后在【修改器列表】下加载【壳】命令，展开【参数】卷展栏，设置【内部量】为 24.0mm，如图 2-92 所示。

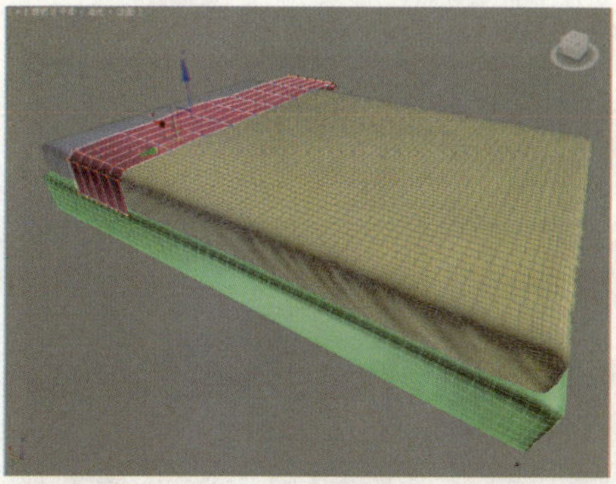

图 2-91　调节点的位置

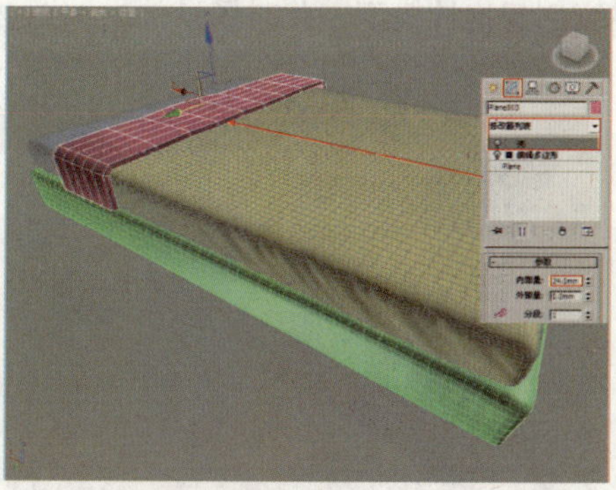

图 2-92　加载【壳】命令

16 选择上一步创建的模型，然后在【修改器列表】下加载【涡轮平滑】命令，展开【涡轮平滑】卷展栏，设置【迭代次数】为1，如图2-93所示。

17 使用同样的方法创建床单模型，具体的制作方法与制作上面部分模型的类似，此时场景效果如图2-94所示。

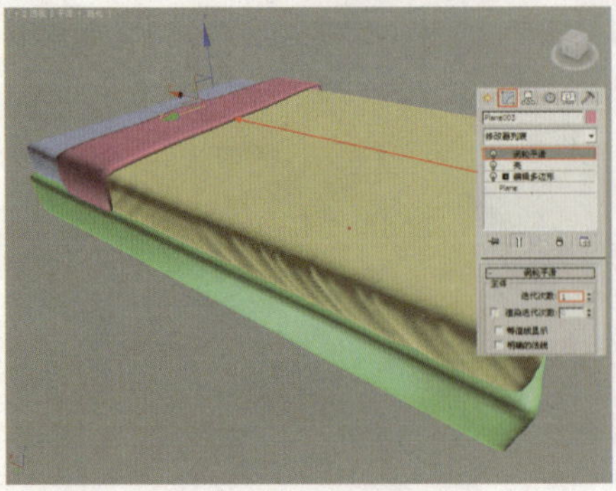
图2-93 加载【涡轮平滑】命令

图2-94 场景效果

18 单击（创建）|（几何体）| 长方体 按钮，在顶视图中创建一个长方体，展开【参数】卷展栏，设置【长度】为400.0mm、【宽度】为430.0mm、【高度】为90.0mm、【长度分段】为7、【宽度分段】为12、【高度分段】为1，如图2-95所示。

19 选择刚创建的长方体，然后在【修改器列表】下加载【FFD3×3×3】命令，调节控制点，调节后的效果如图2-96所示。

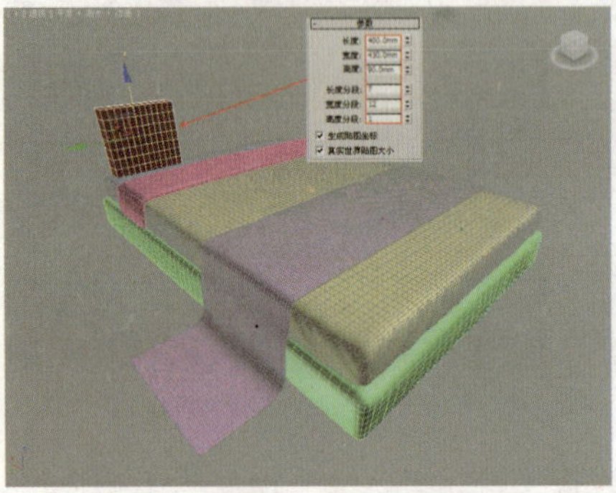
图2-95 创建长方体

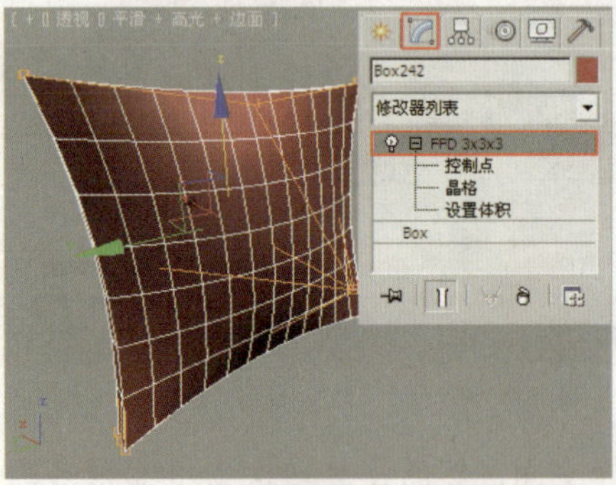

图2-96 执行【FFD3×3×3】命令

20 选择抱枕模型，然后在【修改器列表】下加载【涡轮平滑】命令，展开【涡轮平滑】卷展栏，设置【迭代次数】为2，如图2-97所示。

21 继续创建抱枕模型，此时场景效果如图2-98所示。

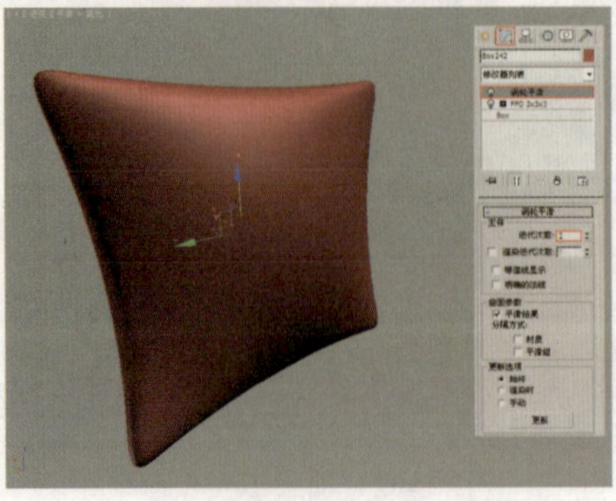
图2-97 加载【涡轮平滑】命令

图2-98 场景效果

2. 制作软包模型

01 在左视图中创建一个平面，在【修改】命令面板下展开【参数】卷展栏，设置【长度】为 2450.0mm、【宽度】为 1600.0mm、【长度分段】为 6、【宽度分段】为 1，如图 2-99 所示。

02 将平面转换为可编辑多边形，然后在顶点级别下调节点的位置，此时调节后的效果如图 2-100 所示。

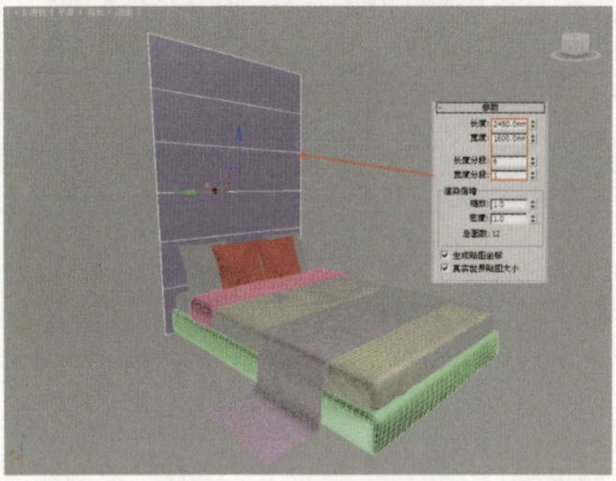

图 2-99　创建平面

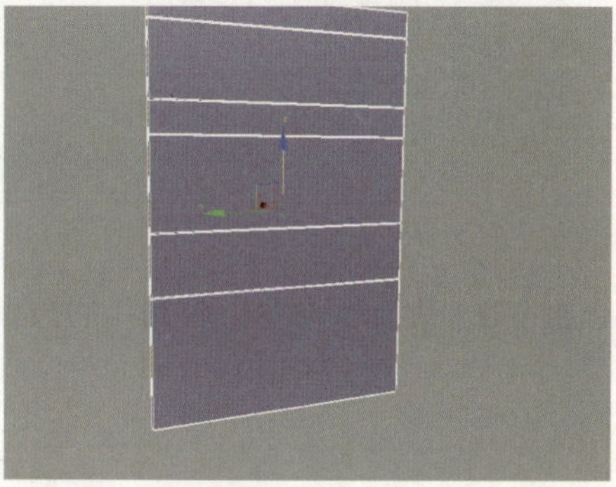

图 2-100　调节点的位置

03 按 4 键，进入 （多边形）子物体层级，在透视图中选择如图 2-101 所示的多边形。

04 保持对多边形的选择，执行【倒角】命令，并设置【倒角类型】为“本地法线”，设置【挤出数量】为 20.0mm、【轮廓量】为 –5.0mm，如图 2-102 所示。

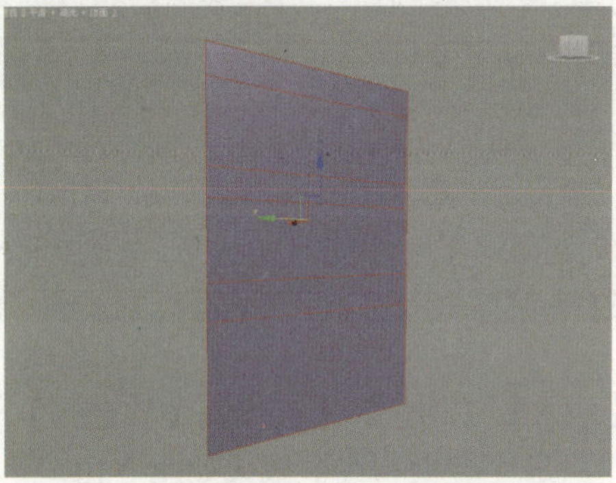

图 2-101　选择多边形

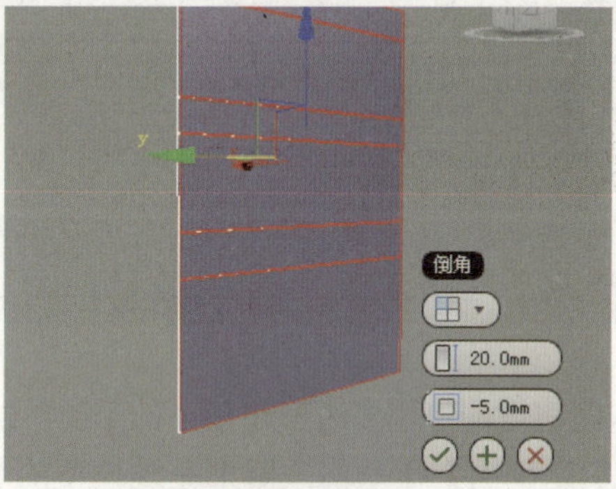

图 2-102　执行【倒角】命令

05 按 2 键，进入 （边）子物体层级，选择如图 2-103 所示的边。然后执行【切角】命令，并设置【切角数量】为 1.0mm，如图 2-104 所示。

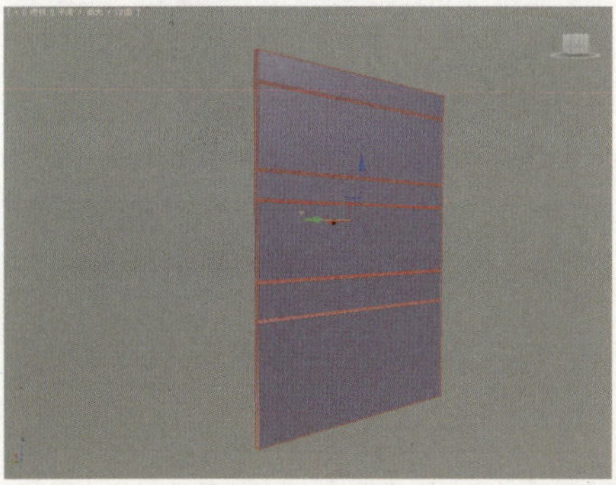

图 2-103　选择边

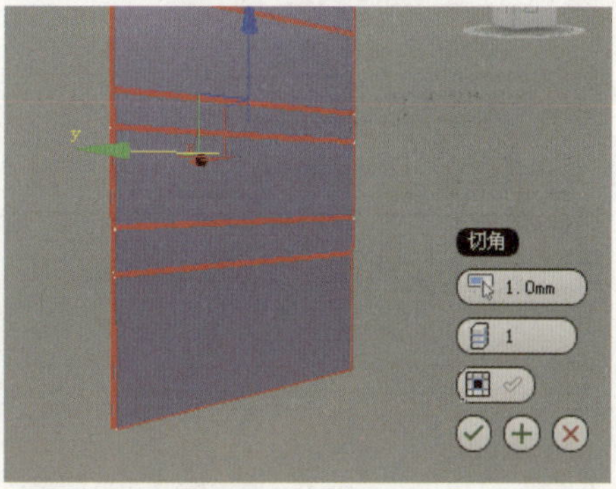

图 2-104　执行【切角】命令

06 选择软包模型，然后在【修改器列表】下加载【涡轮平滑】命令，展开【涡轮平滑】卷展栏，设置【迭代次数】为 2，如图 2-105 所示。此时软包和床最终模型效果如图 2-106 所示。

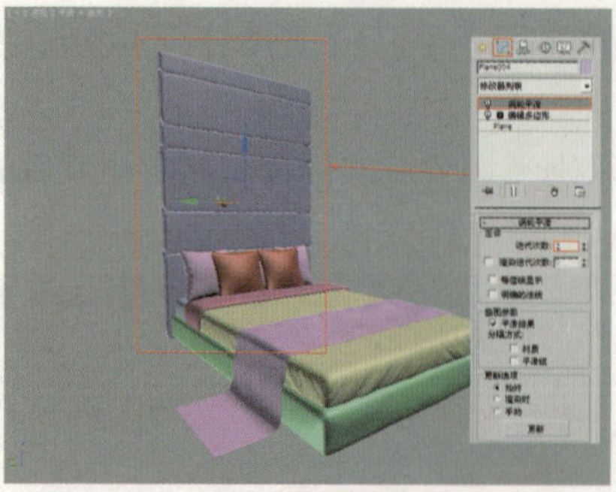

图 2-105　加载【涡轮平滑】命令

图 2-106　场景效果

07 单击 | （保存）命令，将制作的模型保存为“床 .max”。

2.8 多边形建模——简约别墅

课堂实战——简约别墅

场景文件	无
案例文件	最终文件 \ 第 2 章 \ 简约别墅 \ 简约别墅 .max
视频教学	视频 \ 第 2 章 \ 简约别墅 .flv
视频长度	6 分 52 秒
难易指数	★★★★☆
建模方式	多边形建模、修改器建模、样条线建模
技术掌握	掌握多边形建模下的【倒角】、【插入】、【切角】、【连接】、【软选择】等命令以及【倒角剖面】命令修改器的运用

本例将学习使用多边形建模下的【倒角】、【插入】、【切角】、【连接】、【软选择】等命令以及【倒角剖面】命令修改器来完成模型的制作，最终渲染和线框效果如图 2-107 所示。

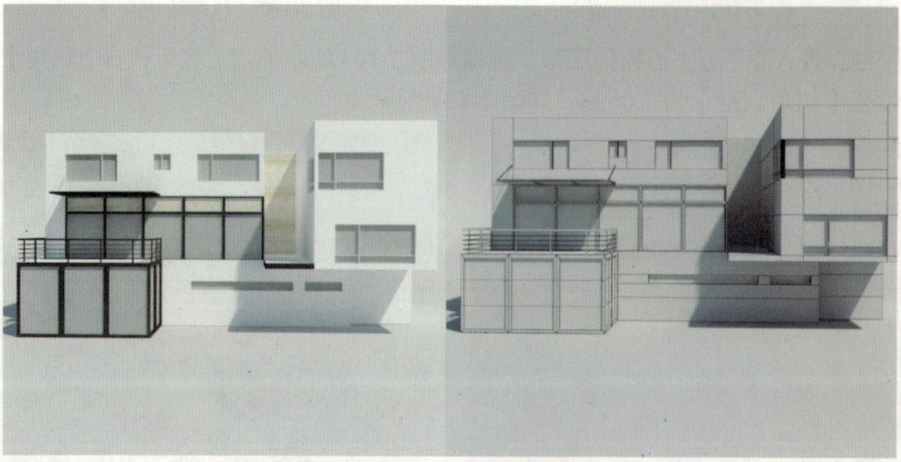

图 2-107　最终渲染和线框效果

简约别墅建模流程图如图 2-108 所示。

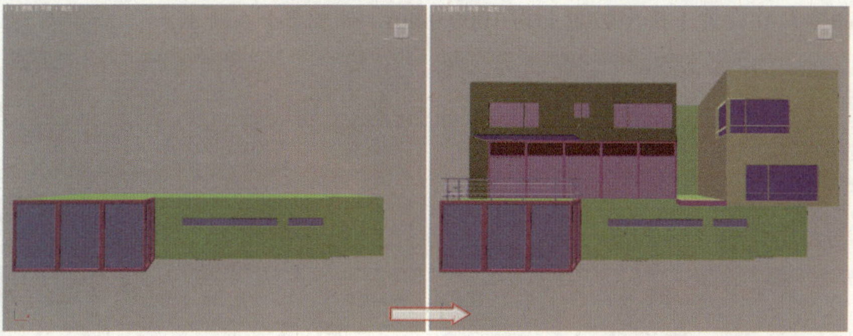

图 2-108　建模流程图

1. 制作简约别墅一层模型

01 启动 3ds Max 软件，选择菜单【自定义】|【单位设置】命令，弹出【单位设置】对话框，将【显示单位比例】和【系统单位比例】设置为“毫米”，如图 2-109 所示。

02 单击（创建）|（几何体）| 长方体 按钮，在顶视图中创建一个长方体，修改参数如图 2-110 所示。

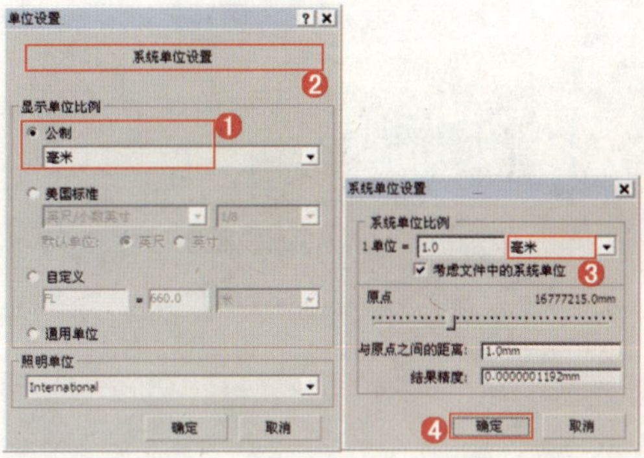

图 2-109　设置单位

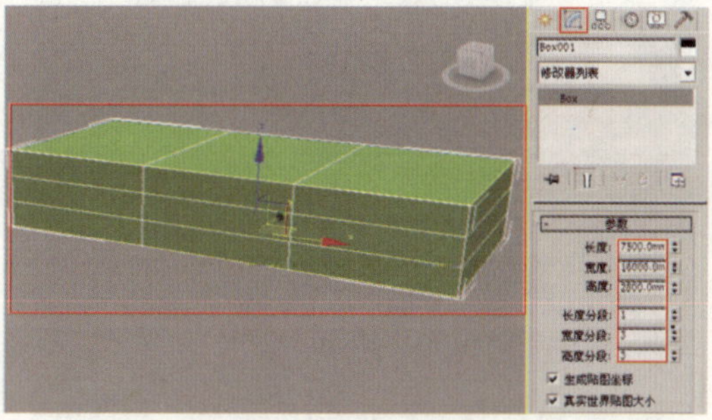

图 2-110　修改长方体参数

03 确认长方体处于选择状态，单击鼠标右键，在弹出的快捷菜单中选择【转换为】|【转换为可编辑多边形】命令，将其转换为可编辑多边形，如图 2-111 所示。

04 按 1 键，进入（顶点）子物体层级，调节点的位置，调节后的效果如图 2-112 所示。

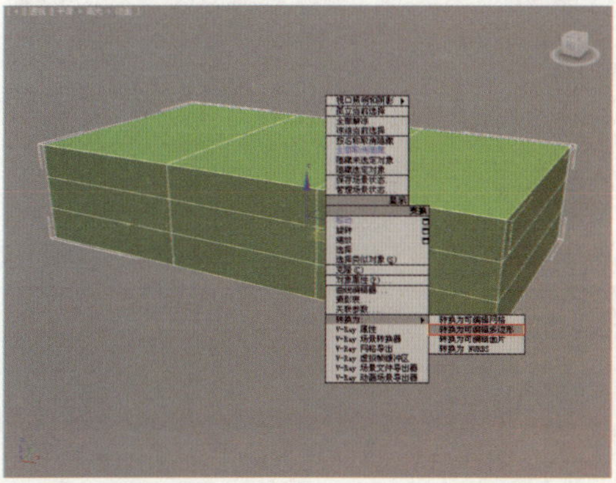

图 2-111　转换为可编辑多边形

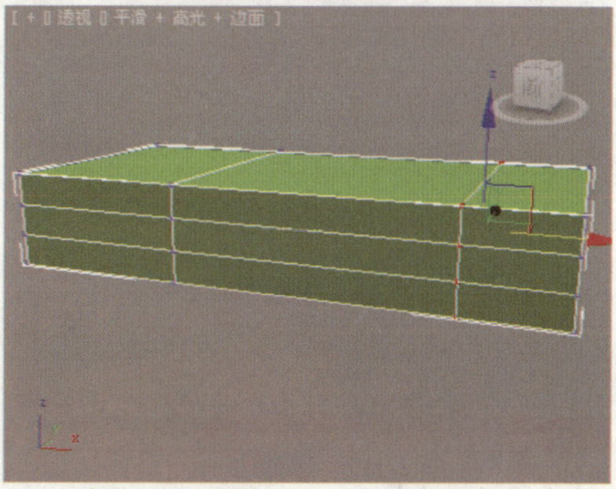

图 2-112　调节点的位置

05 按 4 键，进入■（多边形）子物体层级，选择如图 2-113 所示的多边形。接着执行【挤出】命令，并设置【挤出数量】为 1000.0mm，如图 2-114 所示。

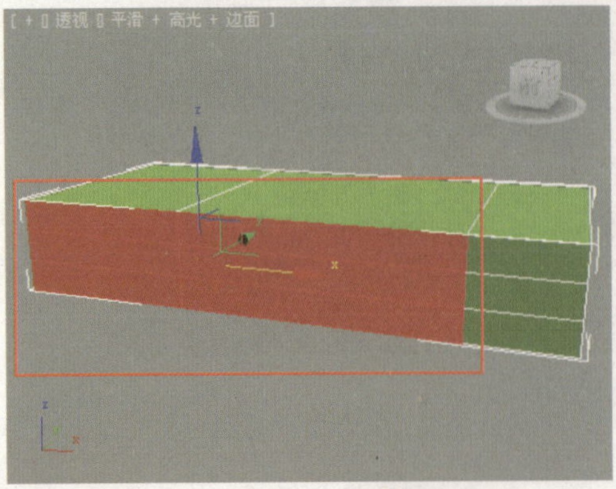

图 2-113　选择多边形

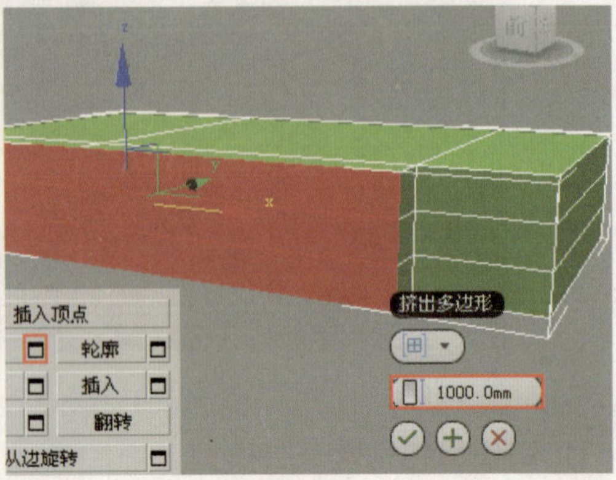

图 2-114　执行【挤出】命令

06 按 4 键，进入■（多边形）子物体层级，选择如图 2-115 所示的多边形。接着执行【挤出】命令，并设置【挤出数量】为 2500.0mm，如图 2-116 所示。

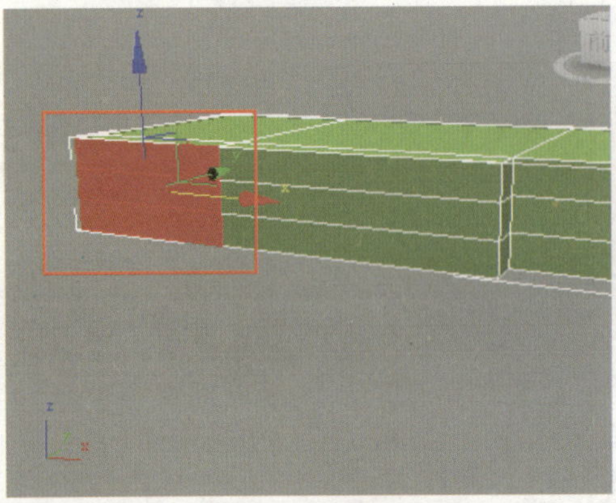

图 2-115　选择多边形

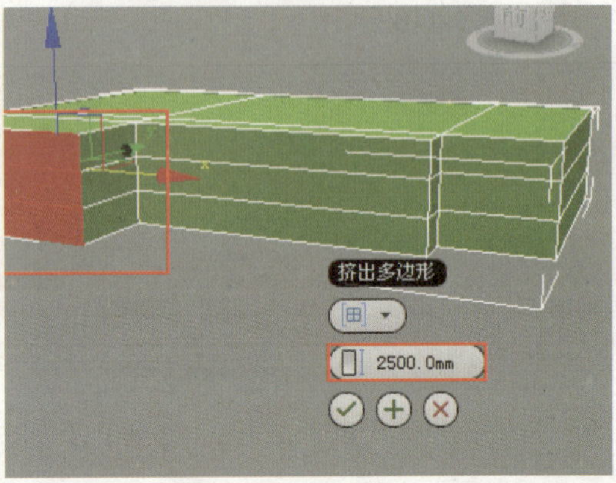

图 2-116　执行【挤出】命令

07 按 2 键，进入◁（边）子物体层级，选择如图 2-117 所示的边。执行【连接】命令，设置【分段】为 2，如图 2-118 所示。

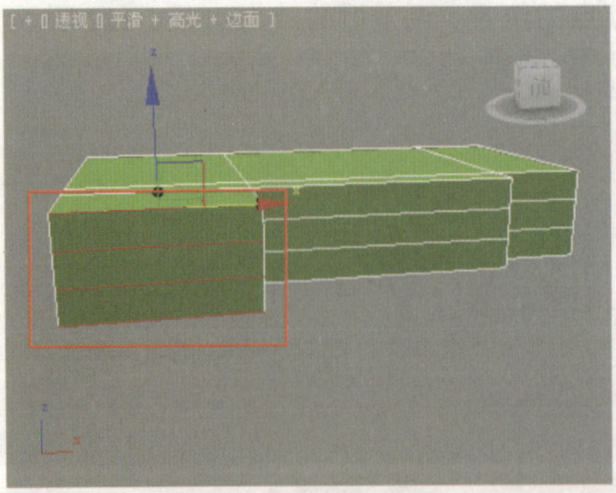

图 2-117　选择边

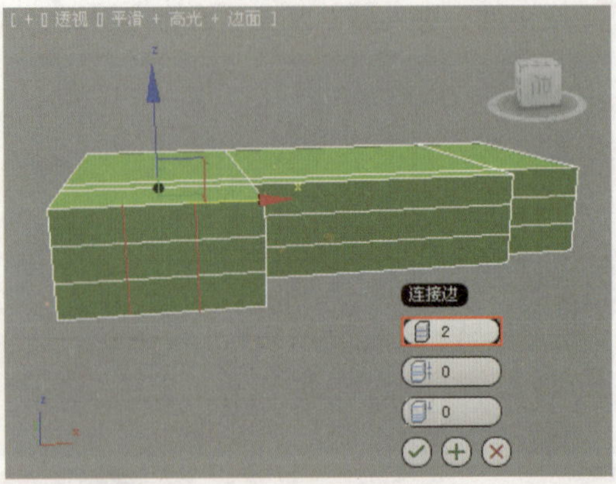

图 2-118　执行【连接】命令

08 继续执行【连接】命令，进行分段，设置【分段】为 1，如图 2-119 所示。继续进行创建，此时场景效果如图 2-120 所示。

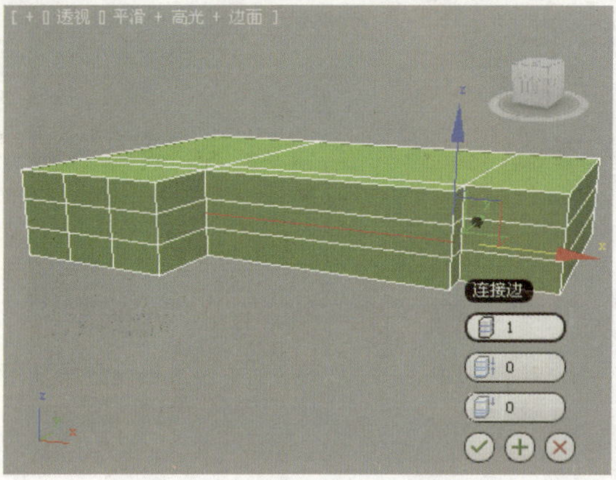

图 2-119 执行【连接】命令

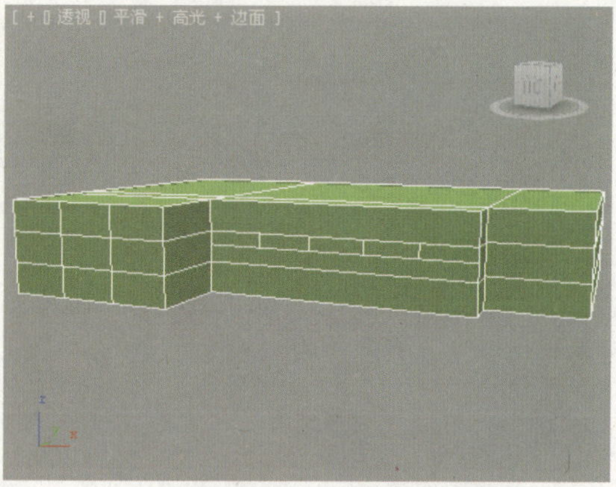

图 2-120 场景效果

09 按 1 键，进入 （顶点）子物体层级，调节点的位置，调节后的效果如图 2-121 所示。按 4 键，进入 （多边形）子物体层级，选择如图 2-122 所示的多边形。

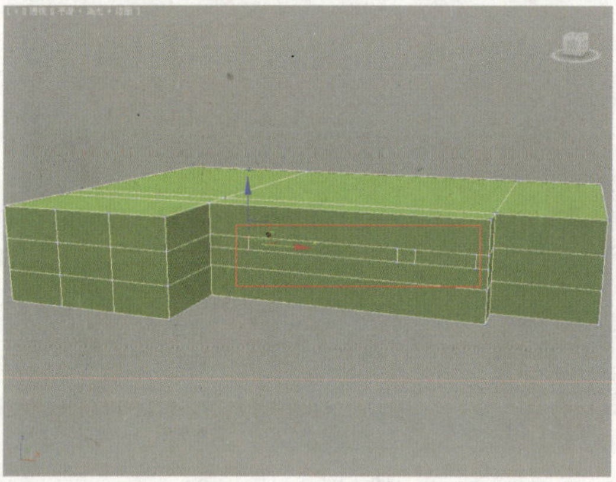

图 2-121 调节点位置

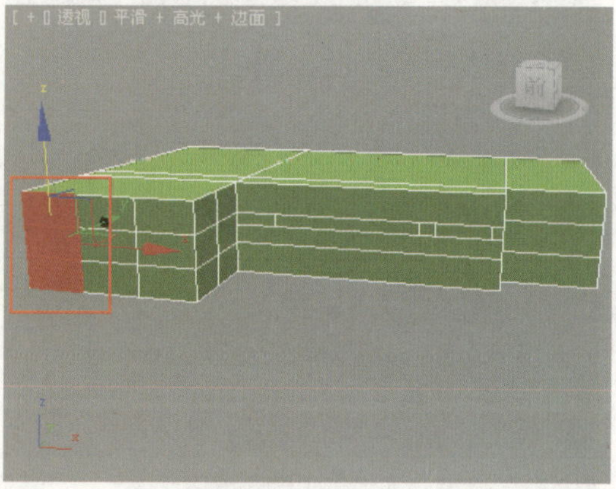

图 2-122 选择多边形

10 保持选择的多边形不变，然后执行【插入】命令，并设置【数量】为 100.0mm，如图 2-123 所示。继续执行【插入】命令，此时场景效果如图 2-124 所示。

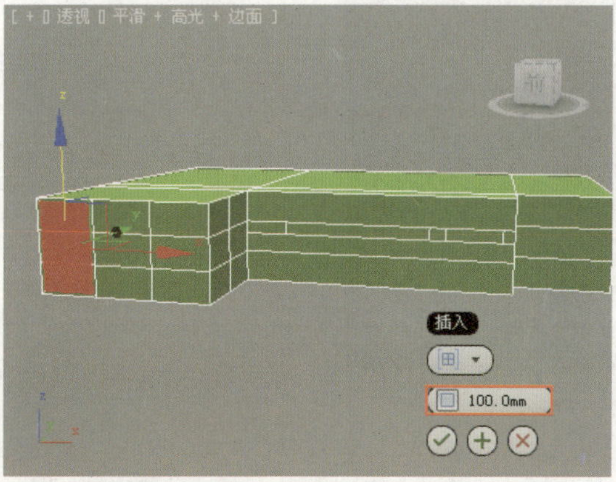

图 2-123 执行【插入】命令

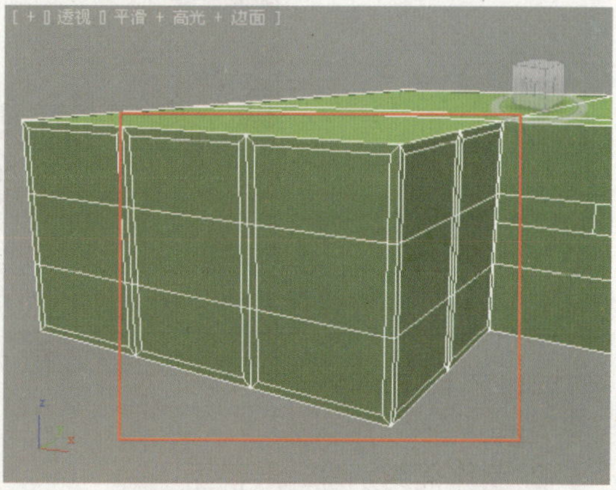

图 2-124 继续执行【插入】命令

11 按 4 键，进入 （多边形）子物体层级，选择如图 2-125 所示的多边形。执行【挤出】

命令，设置【挤出数量】为 –100.0mm，如图 2-126 所示。

图 2-125　选择多边形

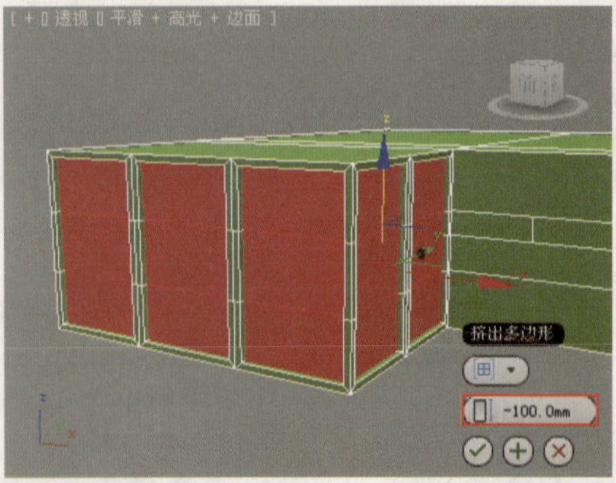

图 2-126　执行【挤出】命令

12 按 4 键，进入（多边形）子物体层级，选择如图 2-127 所示的多边形。接着执行【分离】命令，将多边形分离，如图 2-128 所示。

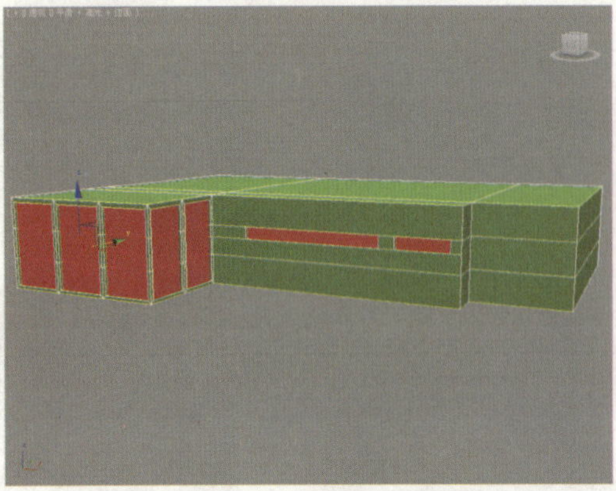

图 2-127　选择多边形

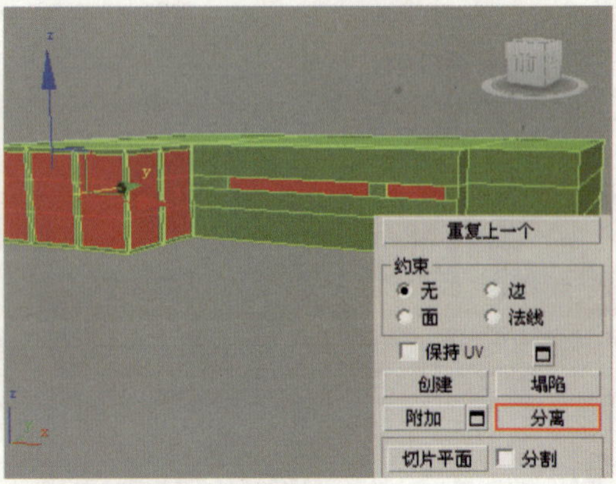

图 2-128　执行【分离】命令

13 继续使用【分离】命令进行创建，此时场景效果如图 2-129 所示。

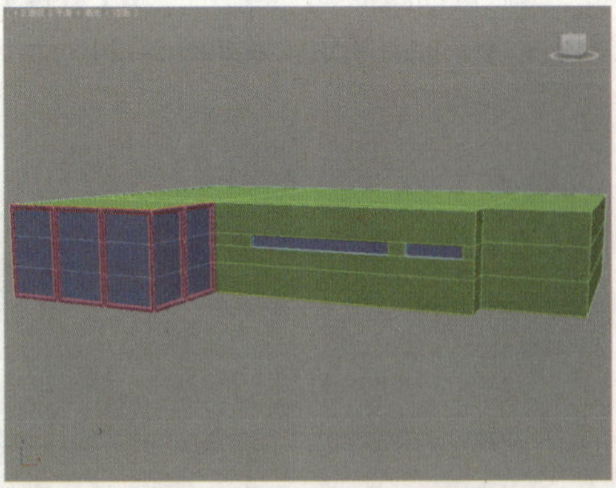

图 2-129　执行【分离】命令

2. 制作简约别墅二层模型

01 单击（创建）|（几何体）| 长方体 按钮，在顶视图中创建一个长方体，修改参数如图 2-130 所示。

02 将长方体转换为可编辑多边形，然后按 1 键，进入（顶点）子物体层级，调节点的位置，调节后的效果如图 2-131 所示。

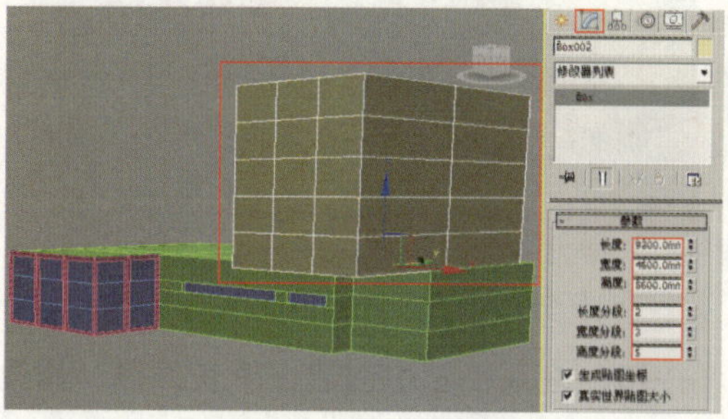

图 2-130 创建长方体

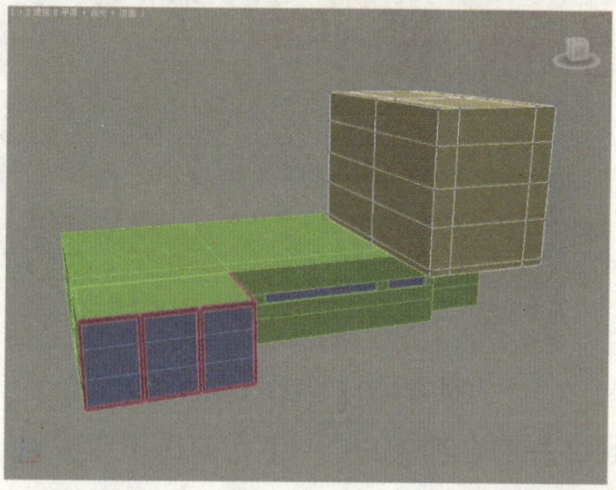

图 2-131 调节点的位置

03 按 2 键，进入（边）子物体层级，选择如图 2-132 所示的边。执行【连接】命令，设置【分段】为 1、【滑块】为 -20，如图 2-133 所示。

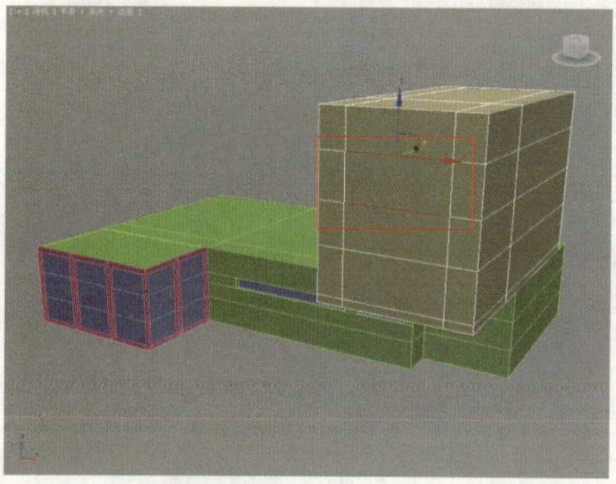

图 2-132 创建长方体

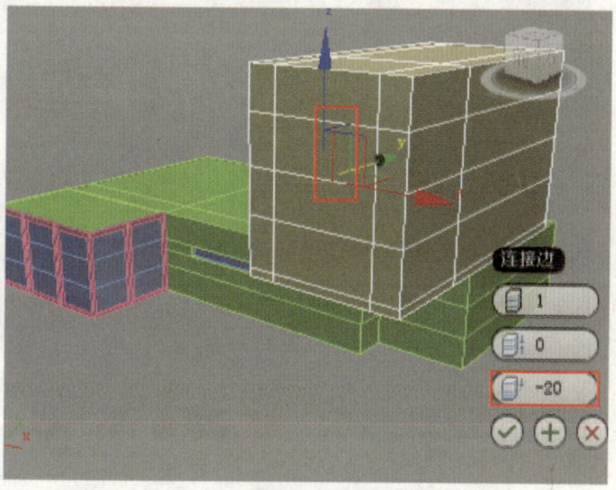

图 2-133 调节点的位置

04 在（边）子物体层级下使用【连接】命令进行增加段值，此时场景效果如图 2-134 所示。

05 按 4 键，进入（多边形）子物体层级，选择如图 2-135 所示的多边形。

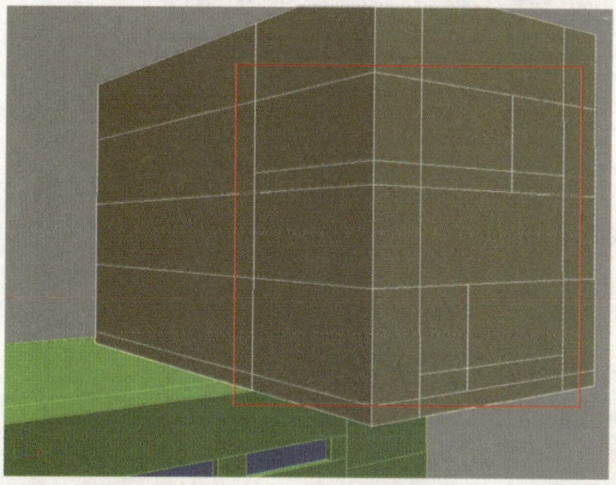

图 2-134 利用连接增加段值

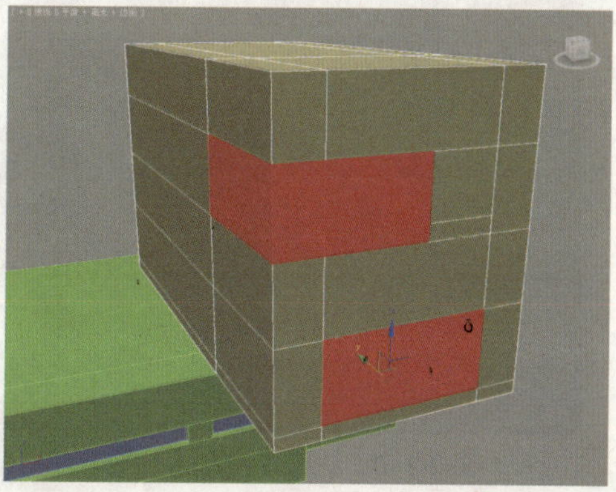

图 2-135 选择多边形

06 保持选择的多边形不变，然后执行【挤出】命令，并设置【挤出高度】为 -150.0mm，如图 2-136 所示。继续使用【分离】和【挤出】命令进行创建，效果如图 2-137 所示。

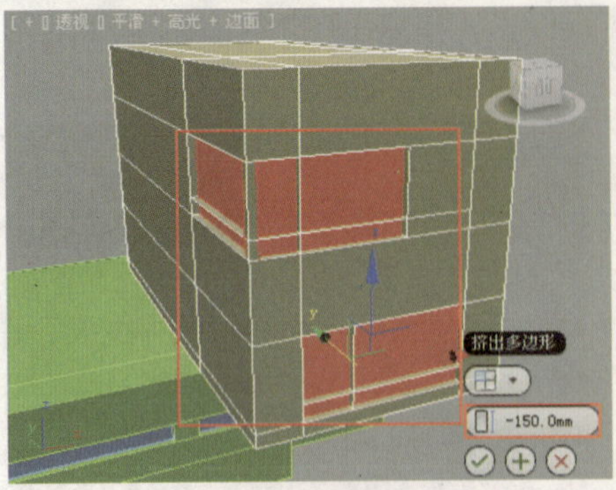

图 2-136　执行【挤出】命令

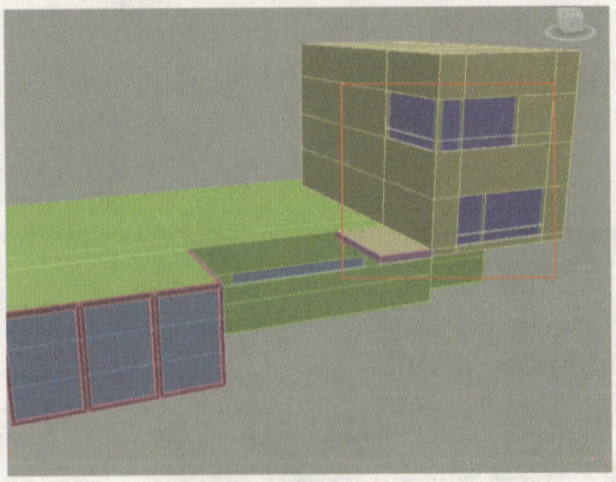

图 2-137　场景效果

07 单击（创建）|（几何体）| 长方体 按钮，在顶视图中创建一个长方体，修改参数如图 2-138 所示。

08 将长方体转换为可编辑多边形，然后按 1 键，进入（顶点）子物体层级，调节点的位置，调节后的效果如图 2-139 所示。

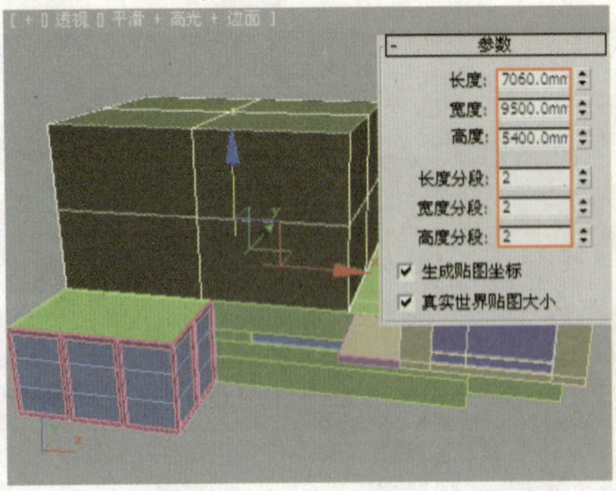

图 2-138　创建长方体

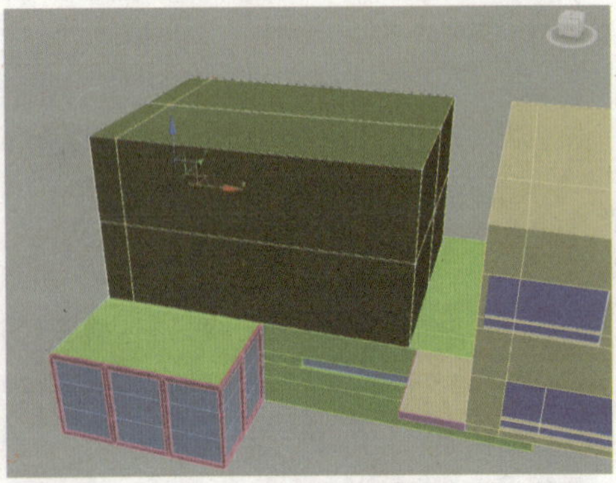

图 2-139　调节点的位置

09 在边级别下执行【连接】命令为模型增加段值，此时场景效果如图 2-140 所示。

10 按 1 键，进入（顶点）子物体层级，调节点的位置，调节后的效果如图 2-141 所示。

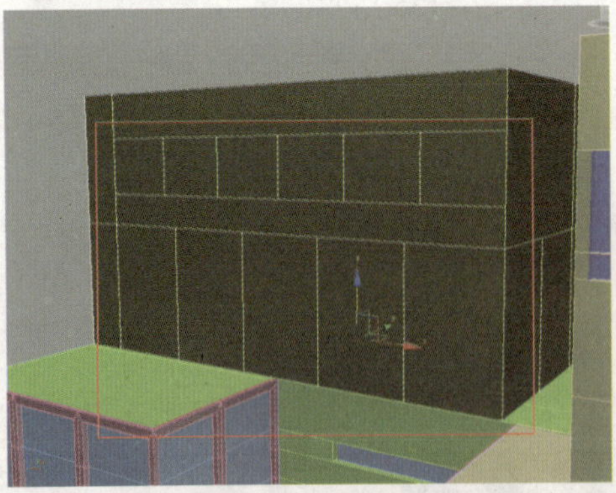

图 2-140　执行【连接】命令

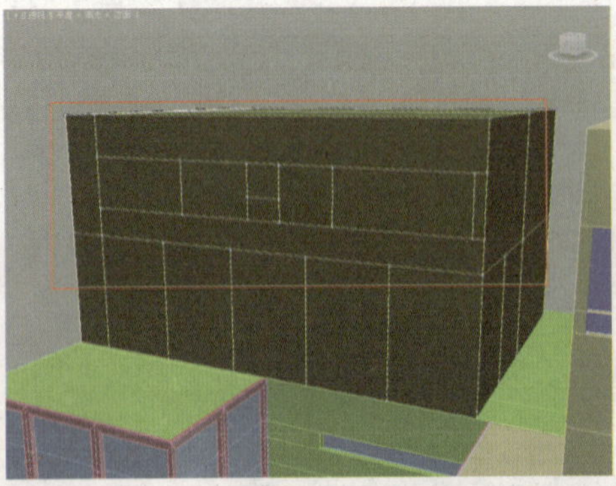

图 2-141　调节点的位置

11 继续使用【分离】、【挤出】、【插入】命令进行创建，效果如图 2-142 所示。接着使用【长方体】工具进行创建，效果如图 2-143 所示。

12 继续使用【长方体】工具创建如图 2-144 所示的部分，具体的制作方法不再详述。使用样条线可渲染功能创建拉杆模型，如图 2-145 所示。

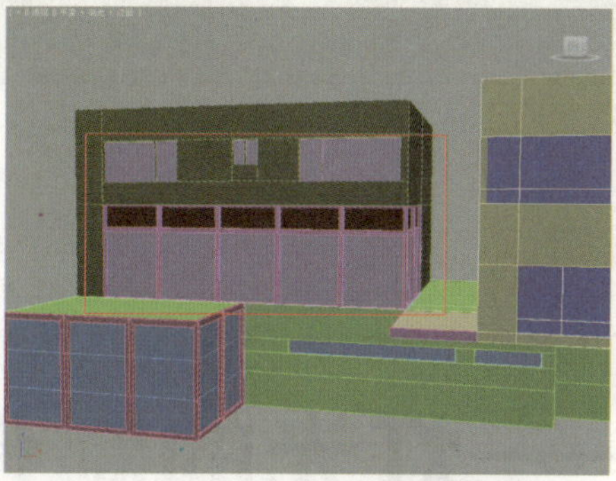

图 2-142 场景效果

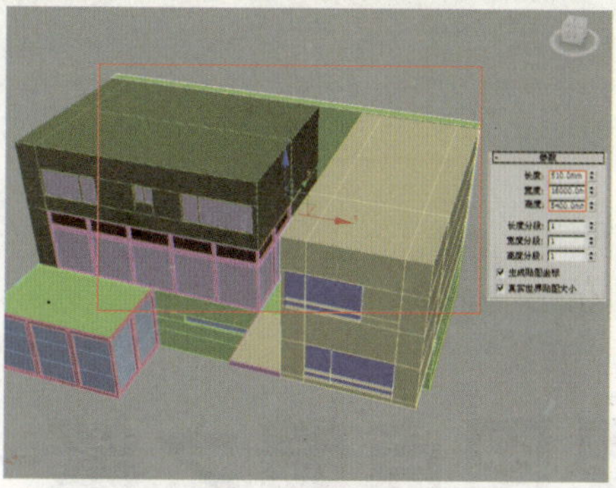

图 2-143 创建长方体

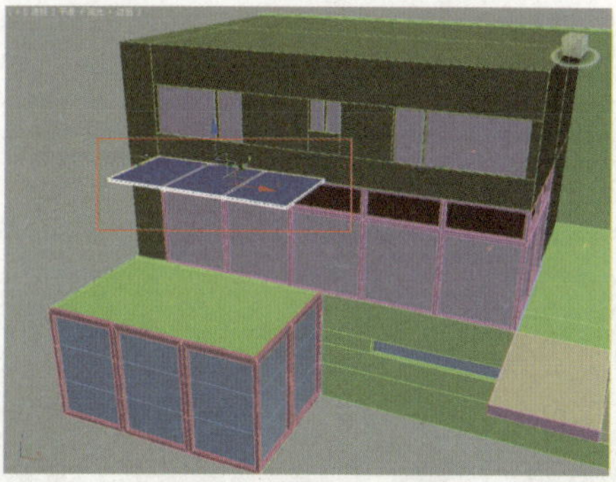

图 2-144 场景效果

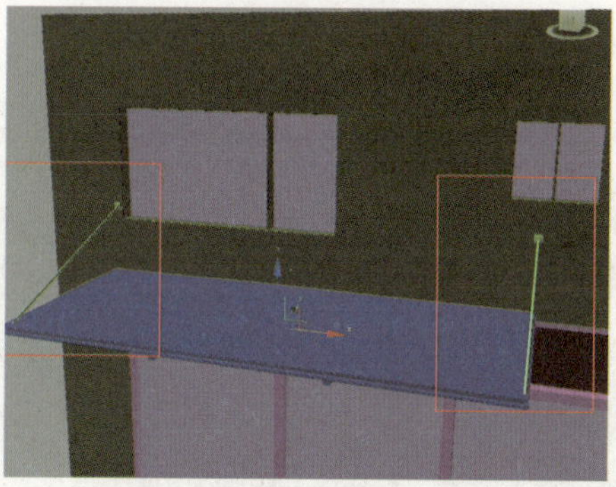

图 2-145 拉杆部分模型

13 使用【线】工具在顶视图中绘制如图 2-146 所示的样条线。单击 （创建）| （几何体）| AEC 扩展 | 栏杆 按钮，在视图中创建栏杆，接着在【修改】命令面板下调节其参数，调节后的效果如图 2-147 所示。

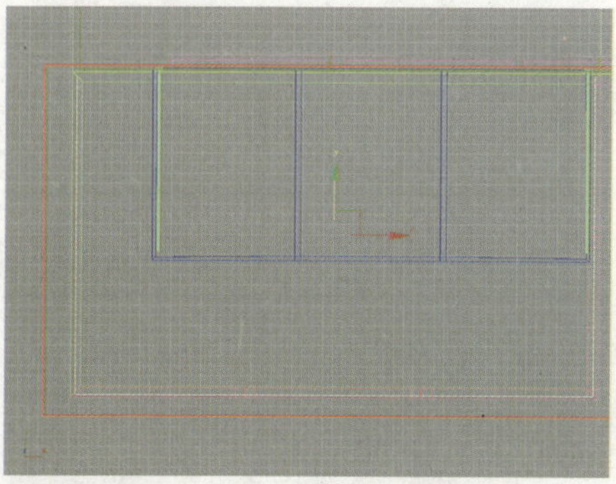

图 2-146 绘制样条线

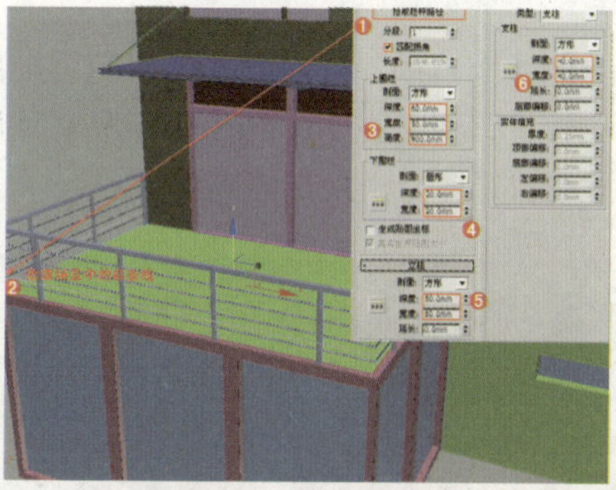

图 2-147 创建栏杆

14 最终模型效果如图 2-148 所示。

15 单击 | （保存）命令，将制作的模型保存为“简约别墅 .max”。

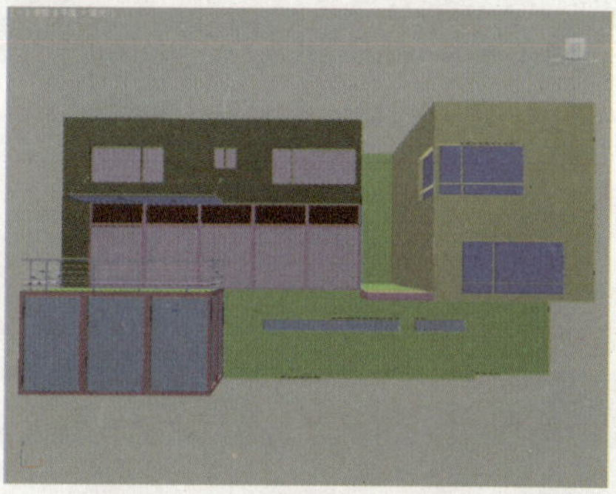

图 2-148 最终模型效果

第3章

效果图点睛之笔——灯光的制作

本章学习要点

- 光度学灯光的应用
- VRay 灯光的应用
- 标准灯光的应用

灯光的主要目的是对场景产生照明、烘托场景气氛和产生视觉冲击。灯光的种类和参数都比较少，但是在 3ds Max 制作中它是最重要的部分之一。没有真实的灯光，即使材质设置得再精彩，一切也将黯然失色。

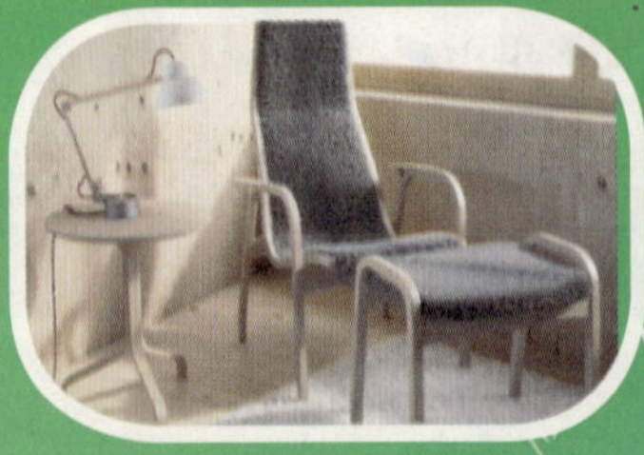

3.1 灯带效果

暗藏灯是指室内场景中一些灯槽中的灯光，使其产生一种光晕的效果，如图 3-1 所示。

图 3-1 灯带效果

课堂实战——灯带效果

场景文件	场景文件 \ 第 3 章 \ 灯带效果 .max
案例文件	最终文件 \ 第 3 章 \ 灯带效果 .max
视频教学	视频 \ 第 3 章 \ 灯带效果 .flv
视频长度	2 分 55 秒
难易指数	★★☆☆☆
灯光方式	Vray 灯光 (平面)
技术掌握	掌握 VRay 灯光 (平面) 的运用

在本例场景中，主要使用了灯罩灯光来照亮桌面。最终渲染效果如图 3-2 所示。

图 3-2 灯带渲染效果

01 打开随书配套光盘中的“场景文件 \ 第 3 章 \ 灯带效果 .max”文件，此时场景效果以及渲染效果如图 3-3 所示。

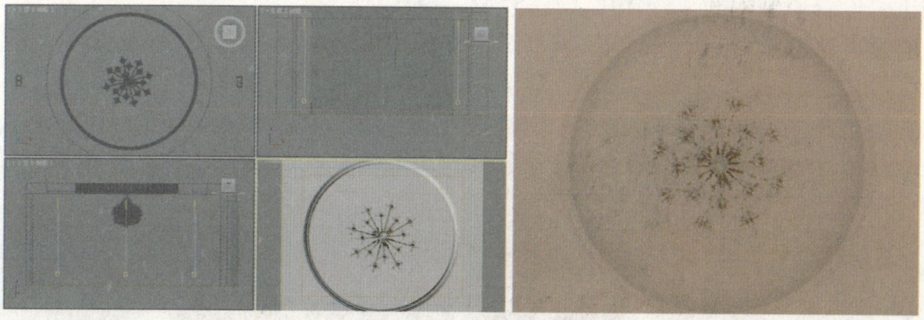

图 3-3 场景效果和渲染效果

02 单击 （创建）| （灯光）| VRay | VR灯光 按钮，在顶视图中单击并拖

曳鼠标，创建一盏 VRay 灯光，拖曳到合适的位置，如图 3-4 所示。

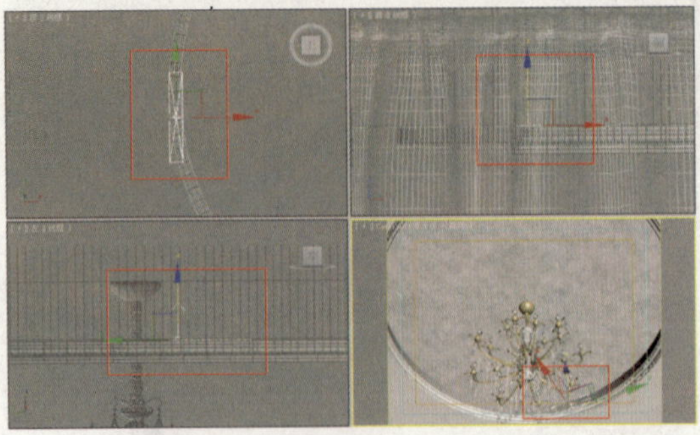

图 3-4　创建一盏 VRay 灯光

03 选择刚创建的 VRay 灯光，然后单击（层次）按钮，并单击 仅影响轴 按钮，接着将轴移动到吊灯的正中心位置，如图 3-5 所示。

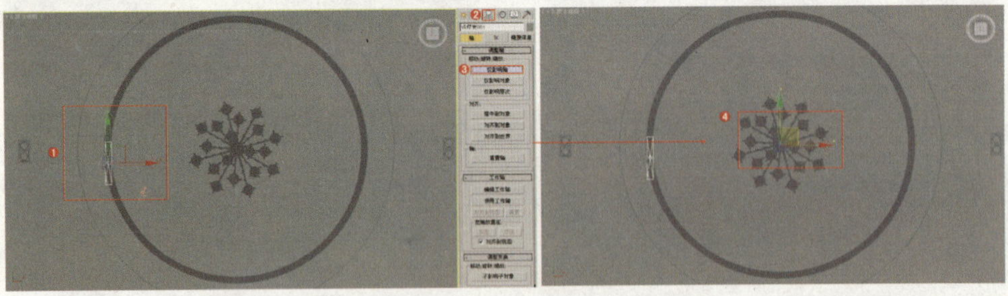

图 3-5　移动轴心

04 选择创建的 VRay 灯光，然后在【修改】命令面板下设置【类型】为“平面”，设置【倍增器】为 10.0，调节【颜色】为 R=246、G=221、B=177，设置【1/2 长】为 30.0mm、【1/2 宽】为 200.0mm，勾选【不可见】复选框，最后设置【细分】为 12，如图 3-6 所示。

05 继续选择创建的 VRay 灯光，然后单击（选择并旋转）按钮，按住 Shift 键进行适当的旋转，并设置【克隆选项】为【实例】，设置【副本数】为 19，旋转复制后的效果如图 3-7 所示。

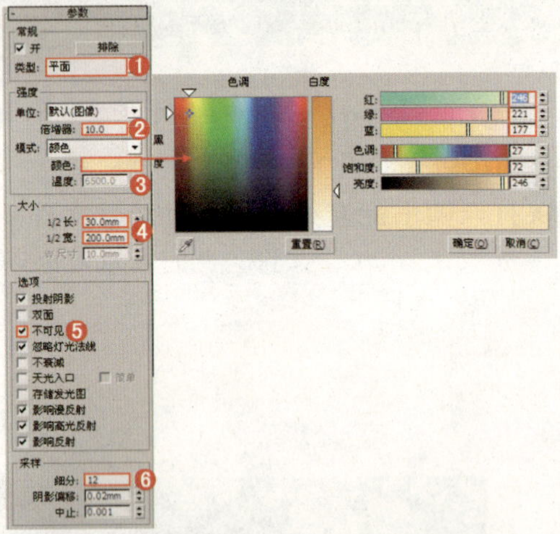

图 3-6　修改 VRay 灯光的参数

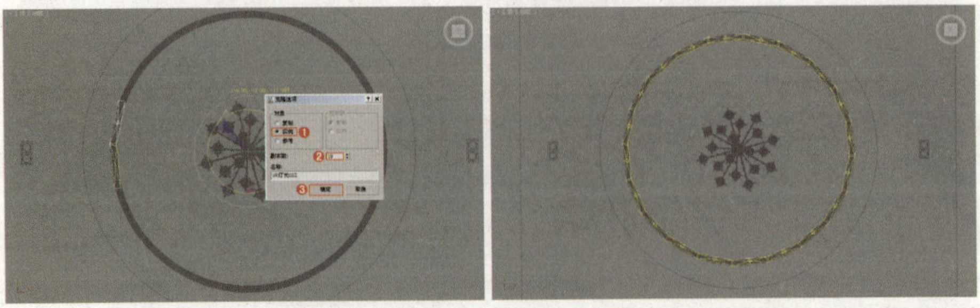

图 3-7　旋转复制剩余的 VRay 灯光

06 按 Shift+Q 组合键，快速渲染摄影机视图，其渲染的效果如图 3-8 所示。

图 3-8 最终渲染效果

3.2 灯罩灯光效果

台灯、壁灯、吊灯、水晶灯、落地灯等都有灯罩，在灯罩内都有灯泡，这类灯光的特点是发光体从中心向四周均匀照射，如图 3-9 所示。

图 3-9 灯罩灯光效果

课堂实战——灯罩灯光效果

场景文件	场景文件 \ 第 3 章 \ 灯罩灯光效果 .max
案例文件	最终文件 \ 第 3 章 \ 灯罩灯光效果 .max
视频教学	视频 \ 第 3 章 \ 灯罩灯光 .flv
视频长度	1 分 21 秒
难易指数	★★☆☆☆
灯光方式	VRay 灯光 (球体)
技术掌握	掌握 VRay 灯光 (球体) 的运用

在这个场景中，主要使用了灯罩灯光来照亮桌面。最终渲染效果如图 3-10 所示。

01 打开随书配套光盘中的“场景文件 \ 第 3 章 \ 灯罩灯光效果 .max”文件，此时场景效果以及渲染效果如图 3-11 所示。

图 3-10 最终渲染效果

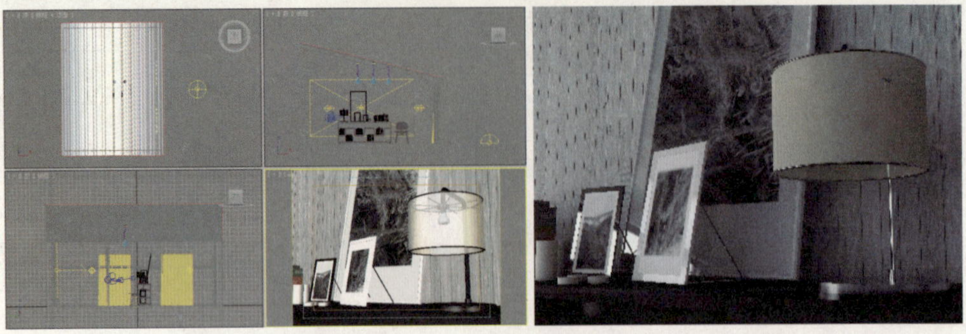

图 3-11　场景效果和渲染效果

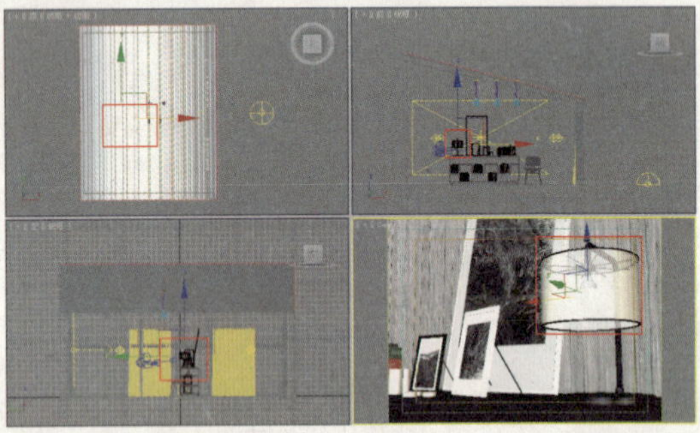

图 3-22　创建一盏 VRay 灯光

02 单击（创建）|（灯光）| VRay | VR灯光 按钮，在顶视图中单击并拖曳鼠标，创建一盏 VRay 灯光，并拖曳到合适的位置，具体位置如图 3-22 所示。

03 选择刚创建的 VRay 灯光，然后在【修改】命令面板下设置【类型】为“球体”，设置【倍增器】为 140.0，设置【颜色】为 R=235、G=174、B=119，设置【半径】为 3.0mm，勾选【不可见】复选框，最后设置【细分】为 15，如图 3-23 所示。

04 按 Shift+Q 组合键，快速渲染摄影机视图，其渲染的效果如图 3-24 所示。

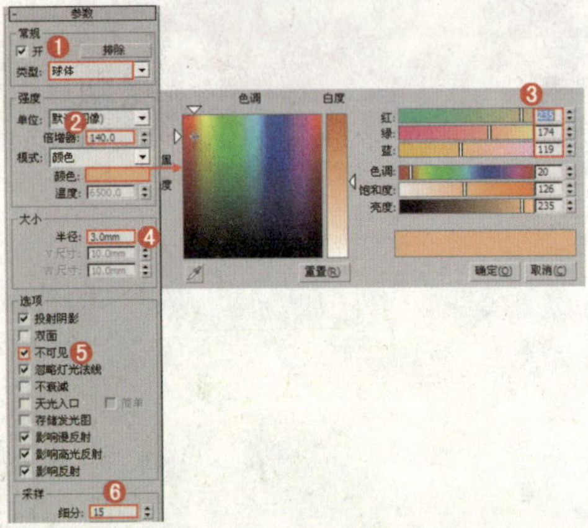

图 3-23　修改 VRay 灯光参数

图 3-24　最终渲染效果

课堂实战——夜晚壁灯效果

场景文件	场景文件 \ 第 3 章 \ 夜晚壁灯效果 .max
案例文件	最终文件 \ 第 3 章 \ 夜晚壁灯效果 .max
视频教学	视频 \ 第 3 章 \ 夜晚壁灯效果 .flv
视频长度	2 分 43 秒
难易指数	★★☆☆☆
灯光方式	光度学下的自由灯光
技术掌握	掌握自由灯光的运用

在本例走廊场景中，主要使用了壁灯来照亮整个空间。最终渲染效果如图 3-25 所示。

图 3-25 最终渲染效果

1. 创建落地灯处的光源

01 打开随书配套光盘中的“场景文件 \ 第 3 章 \ 夜晚壁灯效果 .max”文件，此时场景效果如图 3-26 所示。

02 单击 （创建） | （灯光） | 光度学 | 自由灯光 按钮，在顶视图中单击并拖曳鼠标，创建一盏自由灯光，接着按住 Shift 键，使用移动工具复制 3 个，并拖曳到合适的位置，如图 3-27 所示。

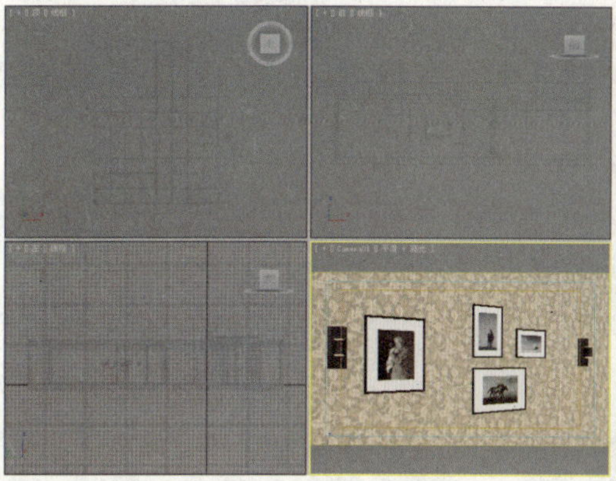

图 3-26 场景效果

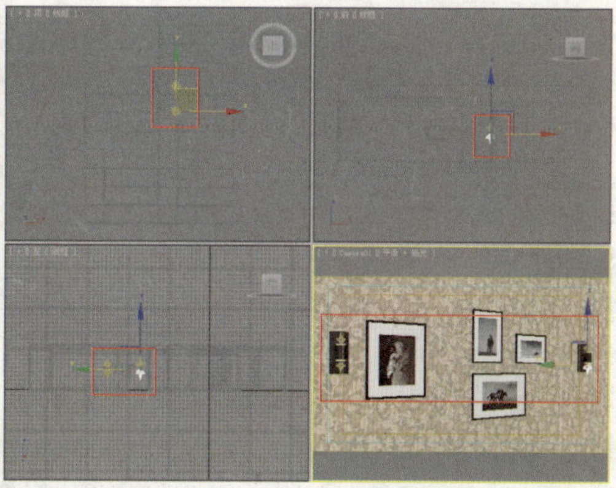

图 3-27 自由灯光的位置

03 选择创建的自由灯光，然后在【阴影】选项组下勾选【启用】复选框，设置【阴影类型】为“VRay 阴影”，设置【灯光分布（类型）】为“光度学 Web“，展开【分布（光度学 Web）】卷展栏，在通道上加载“壁灯 .ies”光域网文件。展开【强度 / 颜色 / 衰减】卷展栏，调节【过滤颜色】为 R=231、G=196、B=136，设置【强度】为 2。展开【VRay 阴影参数】卷展栏，勾选【区域阴影】复选框，设置【UVW 大小】分别为 50.0mm、【细分】为 20，如图 3-28 所示。

04 按 Shift+Q 组合键，快速渲染摄影机视图，其渲染的效果如图 3-29 所示。

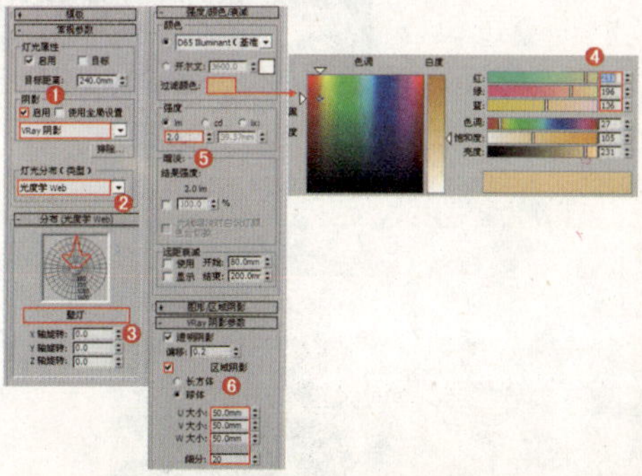

图 3-28 自由灯光的参数

图 3-29 渲染的效果

>>> 技巧与提示

不同的光域网文件可以模拟不同的灯光类型，如壁灯、筒灯、台灯等。

3.3 射灯效果

有些灯光是 3ds Max 默认的，其和 VRay 都无法达到理想的效果，这样就需要使用 3ds Max 导入 Web 灯光来制作炫彩的灯光效果，如图 3-30 所示。

图 3-30　射灯效果

课堂实战——夜晚室外射灯效果

场景文件	场景文件 \ 第 3 章 \ 夜晚室外射灯效果 .max
案例文件	最终文件 \ 第 3 章 \ 夜晚室外射灯效果 .max
视频教学	视频 \ 第 3 章 \ 夜晚室外射灯效果 .flv
视频长度	3 分 19 秒
难易指数	★★☆☆☆
灯光方式	光度学下的目标灯光、VRay 灯光
技术掌握	掌握目标灯光、VRay 灯光的运用

在本例休闲室中，使用两部分灯光照明来表现，一部分是落地灯的灯光；另一部分是壁炉和蜡烛处的灯光。最终渲染效果如图 3-31 所示。

图 3-31　最终渲染效果

1. 创建射灯的光源

01 打开随书配套光盘中的“场景文件 \ 第 3 章 \ 夜晚室外射灯效果 .max”文件，此时场景效果如图 3-32 所示。

02 单击（创建）|（灯光）| 光度学 | 目标灯光 按钮，在前视图中创建一盏目标灯光，接着使用 Shift 键 + 移动工具复制 3 盏，并分别将其拖曳到合适的位置，如图 3-33 所示。

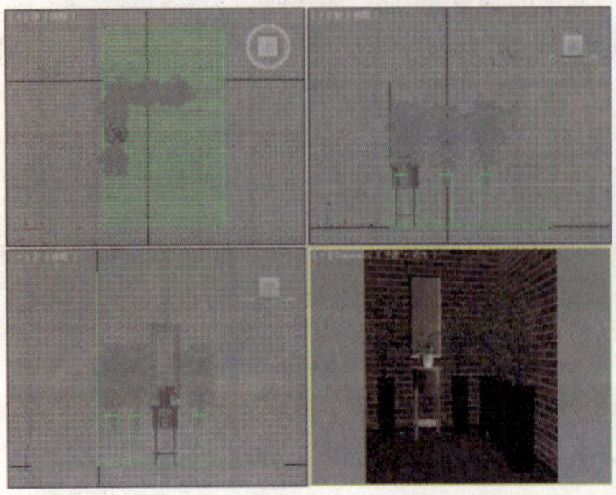

图 3-32　场景效果

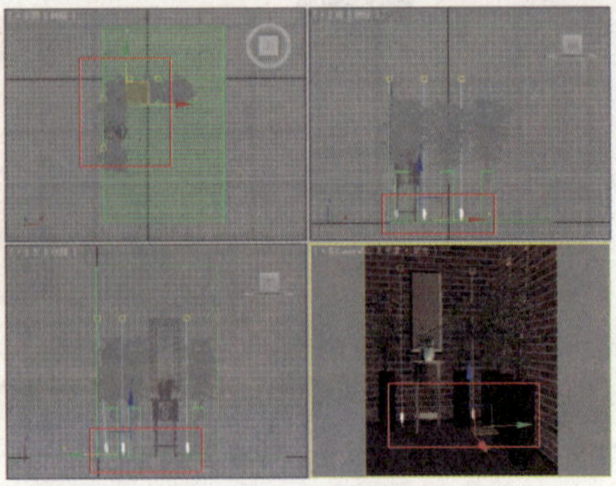

图 3-33　目标灯光的位置

03 选择刚创建的目标灯光，然后在【阴影】选项组下勾选【启用】复选框，设置【阴影类型】为“VRay 阴影”，设置【灯光分布（类型）】为“光度学 Web”，展开【分布（光度学 Web）】卷展栏，在通道上加载“21.ies”光域网文件。展开【强度 / 颜色 / 衰减】卷展栏，调节【过滤颜色】为 R=82、G=126、B=236，设置【强度】为 15000。展开【VRay 阴影参数】卷展栏，勾选【区域阴影】复选框，设置【UVW 大小】分别为 30.0mm，如图 3-34 所示。

04 按 Shift+Q 组合键，快速渲染摄影机视图，其渲染的效果如图 3-35 所示。

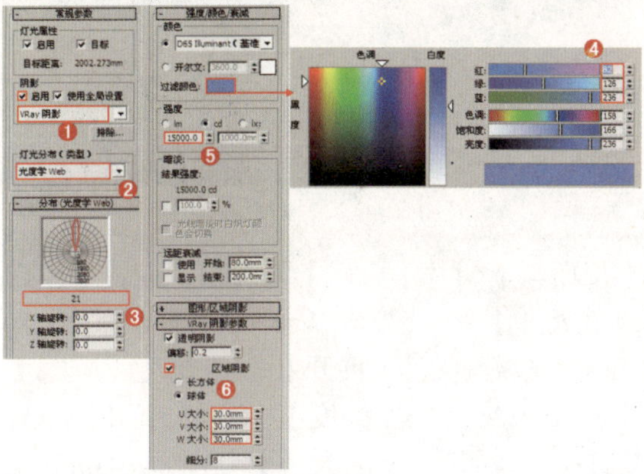

图 3-34　目标灯光的参数

图 3-35　渲染的效果

05 继续在前视图中创建目标灯光，并复制 4 盏，将其分别拖曳到合适的位置，如图 3-36 所示。

06 选择刚创建的目标灯光，然后在【阴影】选项组下勾选【启用】复选框，设置【阴影类型】为“VRay 阴影”，设置【灯光分布（类型）】为“光度学 Web”，展开【分布（光度学 Web）】卷展栏，在通道上加载“7.ies”光域网文件。展开【强度 / 颜色 / 衰减】卷展栏，调节【过滤颜色】为 R=139、G=177、B=255，设置【强度】为 30000。展开【VRay 阴影参数】卷展栏，勾选【区域阴影】复选框，设置【UVW 大小】分别为 30.0mm，如图 3-37 所示。

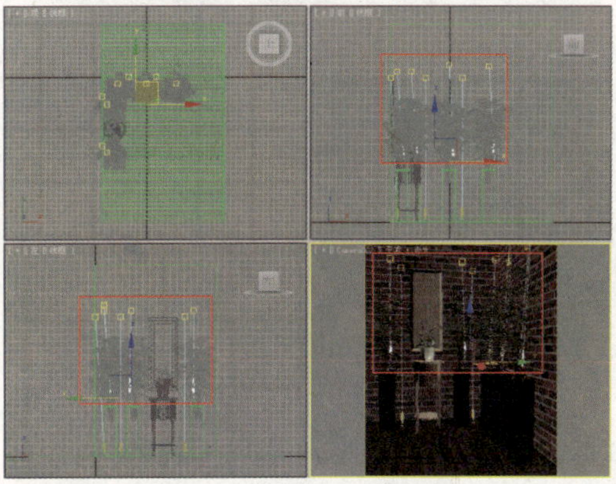

图 3-36　目标灯光的位置

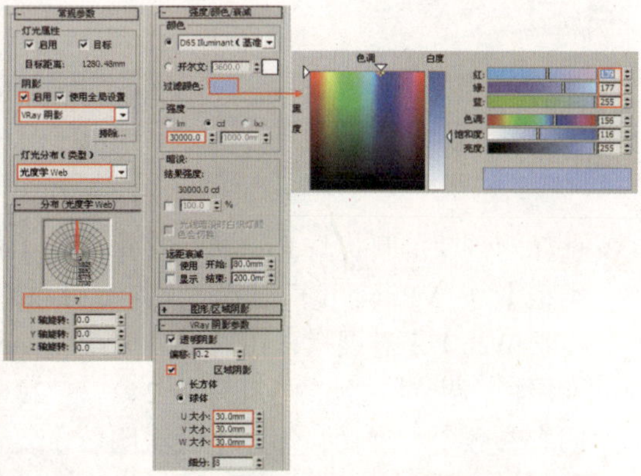

图 3-37　目标灯光的参数

07 按 Shift+Q 组合键，快速渲染摄影机视图，其渲染的效果如图 3-38 所示。

08 继续在场景中创建目标灯光，具体位置如图 3-39 所示。

图 3-38　渲染的效果

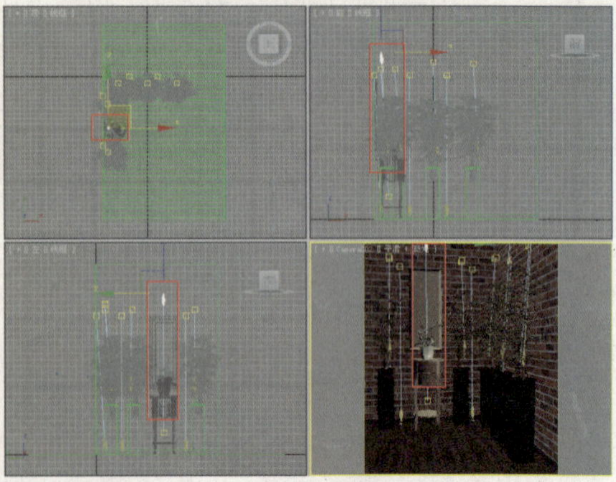

图 3-39　目标灯光的位置

09 选择刚创建的目标灯光，然后在【阴影】选项组下勾选【启用】复选框，设置【阴影类型】为“VRay 阴影”，设置【灯光分布（类型）】为“光度学 Web”，展开【分布（光度学 Web）】卷展栏，在通道上加载“21.ies”光域网文件。展开【强度 / 颜色 / 衰减】卷展栏，调节【过滤颜色】为 R=247、G = 237、B=226，设置【强度】为 8000。展开【VRay 阴影参数】卷展栏，勾选【区域阴影】复选框，设置【UVW 大小】分别为 30.0mm，如图 3-40 所示。

10 再次创建一盏目标灯光，具体的位置如图 3-41 所示。

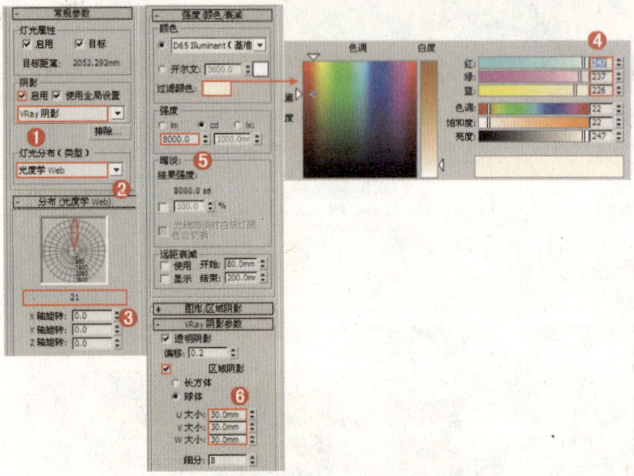

图 3-40　目标灯光的参数

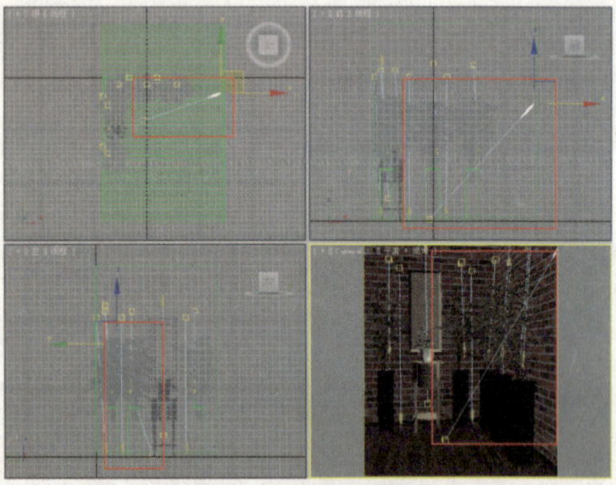

图 3-41　目标灯光的位置

11 选择刚创建的目标灯光，然后在【阴影】选项组下勾选【启用】复选框，设置【阴影类型】为“VRay 阴影”，设置【灯光分布（类型）】为“光度学 Web”，展开【分布（光度学 Web）】卷展栏，在通道上加载“7.ies”光域网文件。展开【强度 / 颜色 / 衰减】卷展栏，调节【过滤颜色】为 R=240、G=221、B=201，设置【强度】为 20000。展开【VRay 阴影参数】卷展栏，勾选【区域阴影】复选框，设置【UVW 大小】分别为 30.0mm，如图 3-42 所示。

12 按 Shift+Q 组合键，快速渲染摄影机视图，其渲染的效果如图 3-43 所示。

通过图 3-43 中的效果来看，整个场景还是比较暗淡，需要使用辅助光源进行创建。

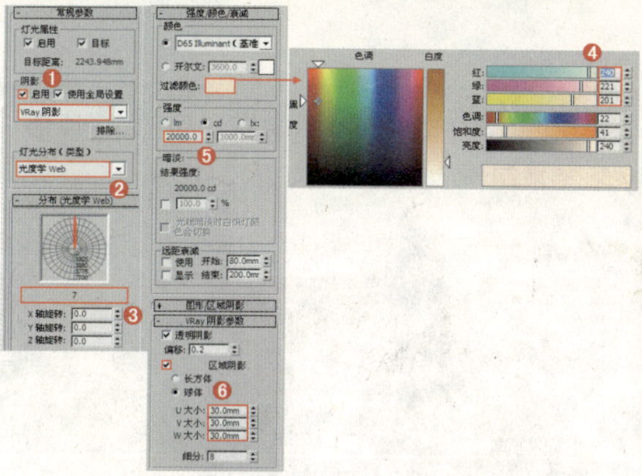

图 3-42 目标灯光的参数

图 3-43 渲染的效果

2. 创建辅助光源

01 单击（创建）|（灯光）| VRay | VR灯光按钮，在顶视图中单击并拖曳鼠标，创建一盏 VRay 灯光，然后使用旋转工具将 VRay 灯光方向旋转（可以参照前视图灯光的方向），位置如图 3-44 所示。

02 选择创建的 VRay 灯光，然后在【修改】命令面板下设置【类型】为“平面”，设置【倍增器】为 14.0，调节【颜色】为 R=251、G=240、B=230，设置【1/2 长】为 500.0mm、【1/2 宽】为 400.0mm，勾选【不可见】复选框，最后设置【细分】为 20，如图 3-45 所示。

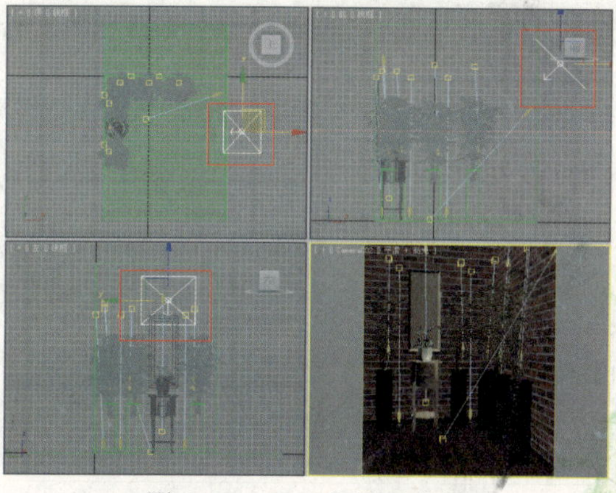

图 3-44 VRay 灯光的位置

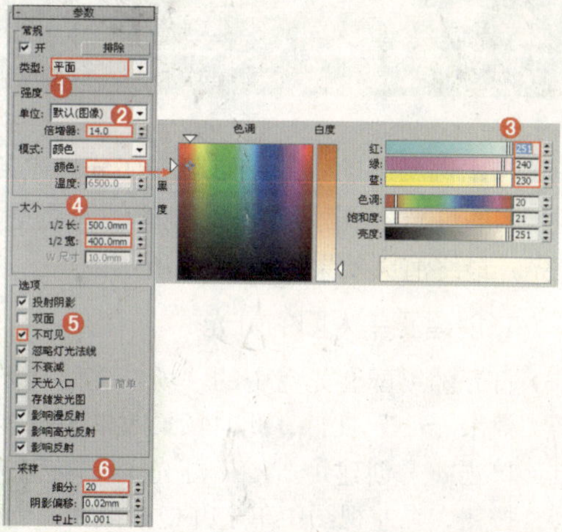

图 3-45 VRay 灯光的参数

03 按 Shift+Q 组合键，快速渲染摄影机视图，其渲染的效果如图 3-46 所示。

图 3-46 渲染的效果

3.4 阳光效果

阳光效果是效果图制作中最常制作的效果之一。制作阳光效果的思路比较简单、快捷，并且容易表现出真实的效果，常使用 VRay 阳光来制作。阳光效果如图 3-47 所示。

图 3-47 阳光效果

课堂实战——正午太阳灯光效果

场景文件	场景文件 \ 第 3 章 \ 正午太阳灯光效果 .max
案例文件	最终文件 \ 第 3 章 \ 正午太阳灯光效果 .max
视频教学	视频 \ 第 3 章 \ 正午太阳灯光效果 .flv
视频长度	4 分 43 秒
难易指数	★★☆☆☆
灯光方式	标准灯光下的目标平行光、VRay 灯光
技术掌握	掌握目标平行光、VRay 灯光的运用

在本例书房场景中，使用三部分灯光照明来表现，一部分是太阳的灯光；一部分是窗口处的辅助灯光；另一部分是落地灯灯光。最终渲染效果如图 3-48 所示。

图 3-48 最终渲染效果

1. 创建正午太阳的灯光

01 打开随书配套光盘中的“场景文件 \ 第 3 章 \ 正午太阳灯光效果 .max”文件，此时场景效果如图 3-49 所示。

02 单击（创建）|（灯光）| 标准 | 目标平行光 按钮，在左视图中单击并拖曳鼠标，创建一盏目标平行光，位置如图 3-50 所示。

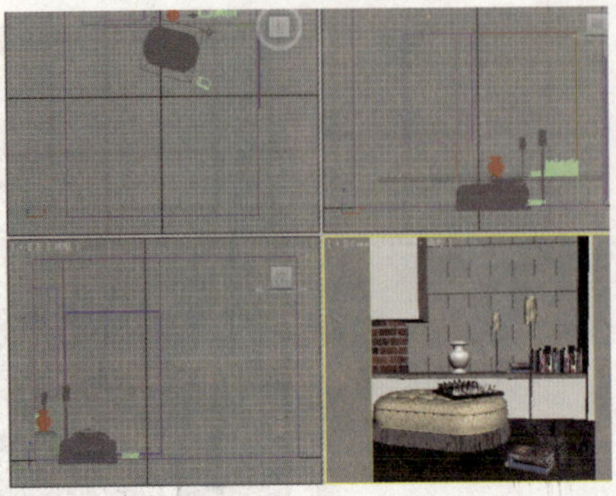

图 3-49 场景效果

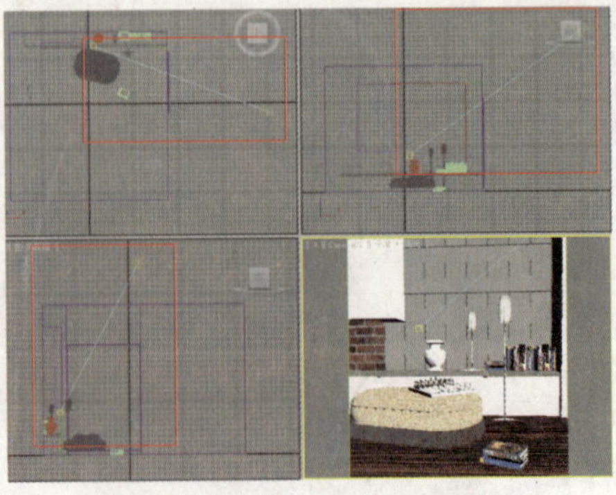

图 3-50 目标平行光的位置

03 选择目标平行光，然后展开【常规参数】卷展栏，在【阴影】选项组下勾选【启用】复选框，设置【阴影类型】为“VRya 阴影”，设置【倍增】为 29.0，在【远距衰减】选项组下勾选【使用】复选框，设置【开始】为 80.0mm、【结束】为 6200.0mm。设置【聚光区 / 光束】为 1060.0mm、【衰减区 / 区域】为 1660.0mm。勾选【区域阴影】复选框，勾选【球体】单击按钮，设置【UVW 大小】均为 30.0mm、【细分】为 20，如图 3-51 所示。

04 按 Shift+Q 组合键，快速渲染摄影机视图，其渲染的效果如图 3-52 所示。

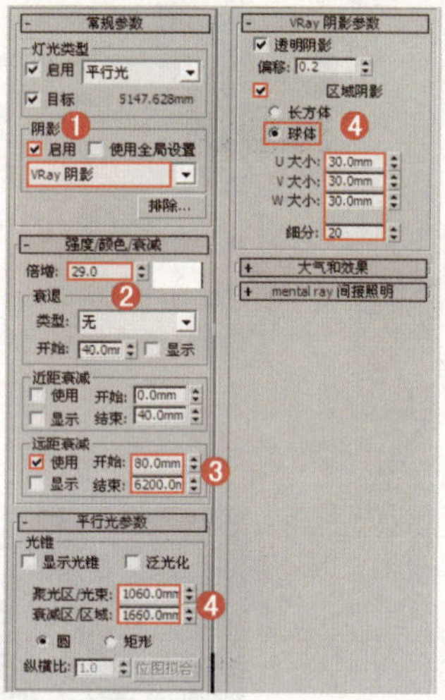

图 3-51　目标平行光的参数

图 3-52　渲染的效果

通过图 3-52 中的效果来看，整体光感不够理想，需要使用辅助光源来提亮整体空间。

2. 创建辅助光源

01 单击（创建）|（灯光）| VRay | VR灯光 按钮，在左视图中创建一盏 VRay 灯光，并使用移动工具将其拖曳到窗口处，具体的位置如图 3-53 所示。

02 选择 VRay 灯光，然后在【基本】选项组下设置【类型】为“平面”。设置【颜色】为 R=236、G=220、B=195，设置【倍增器】为 4.0，设置【1/2 长】为 970.0mm、【1/2 宽】为 680.0mm，勾选【不可见】复选框，最后设置【细分】为 20，如图 3-54 所示。

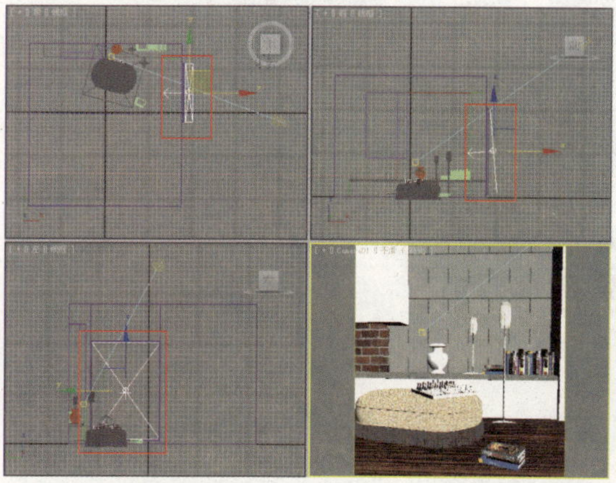

图 3-53　VRay 灯光的位置

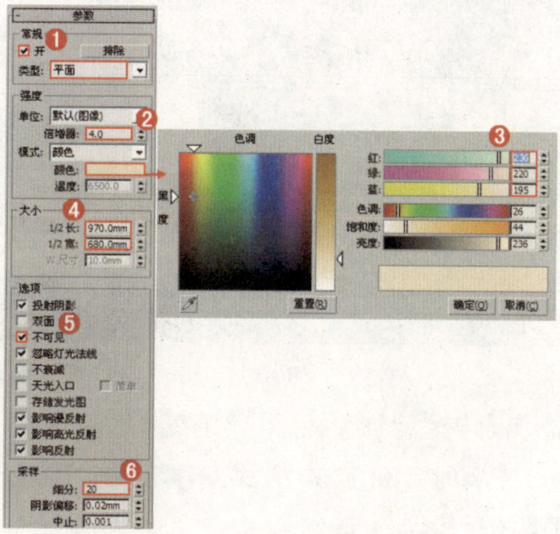

图 3-54　VRay 灯光的参数

03 继续在前视图中创建 VRay 灯光，具体位置如图 3-55 所示。接着在【修改】命令面板下设置【类型】为“平面”，设置【颜色】为 R=236、G = 220、B=195，设置【倍增器】为 1.6，设置【1/2 长】为 970.0mm、【1/2 宽】为 920.0mm，勾选【不可见】复选框，最后设置【细分】为 15，如图 3-56 所示。

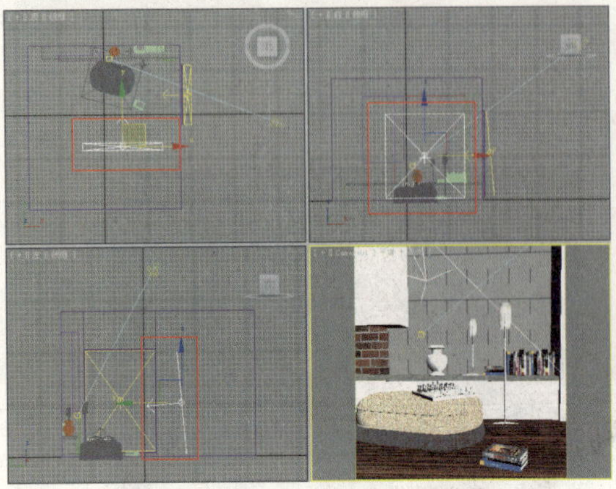

图 3-55 VRay 灯光的位置

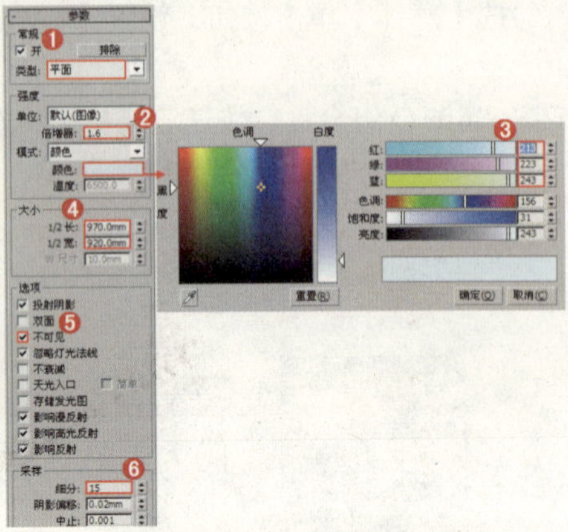

图 3-56 VRay 灯光的参数

04 按 Shift+Q 组合键，快速渲染摄影机视图，其渲染的效果如图 3-57 所示。

图 3-57 渲染的效果

3. 创建落地灯的光源

01 继续在前视图中创建两盏 VRay 灯光，具体位置如图 3-58 所示。接着在【修改】命令面板下设置【类型】为“球体”，设置【颜色】为 R=243、G=231、B=195，设置【倍增器】为 10.0，设置【半径】为 30.0mm，勾选【不可见】复选框，最后设置【细分】为 15，如图 3-59 所示。

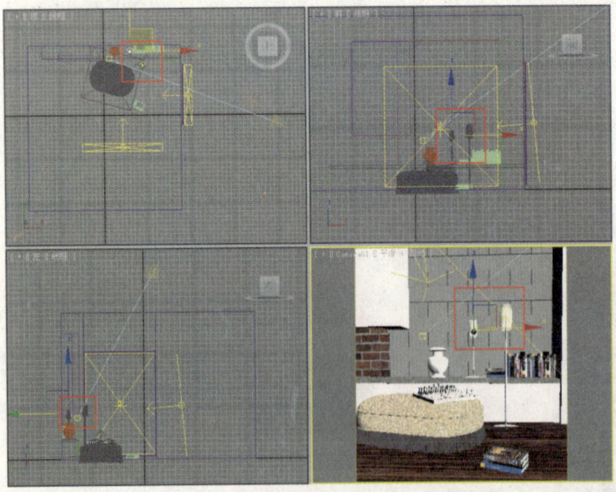

图 3-58 VRay 灯光的位置

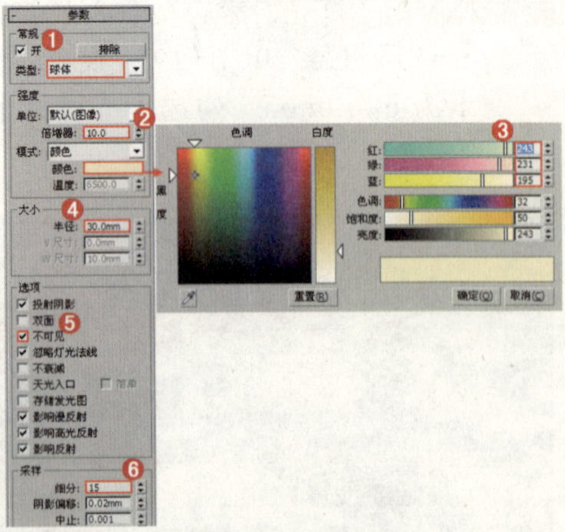

图 3-59 VRay 灯光的参数

>>> 技巧与提示

复制时采用【实例】方式，不需要修改【半径】，直接在视图中用主工具栏中的（选择并均匀缩放）工具进行修改。

02 按 Shift+Q 组合键，快速渲染摄影机视图，其渲染的效果如图 3-60 所示。

图 3-60 渲染的效果

3.5 黄昏效果

课堂实战——夕阳西下效果

场景文件	场景文件 \ 第 3 章 \ 夕阳西下效果 .max
案例文件	最终文件 \ 第 3 章 \ 夕阳西下效果 .max
视频教学	视频 \ 第 3 章 \ 夕阳西下效果 .flv
视频长度	3 分 30 秒
难易指数	★★☆☆☆
灯光方式	VRay 太阳、VRay 灯光
技术掌握	掌握 VRay 太阳、VRay 灯光的运用

在本例休闲室场景中，使用两部分灯光照明来表现，一部分是 VRay 太阳的灯光；另一部分是窗口和厨房内侧的辅助灯光。最终渲染效果如图 3-61 所示。

图 3-61 最终渲染效果

1. 创建 VRay 太阳灯光

01 打开随书配套光盘中的“场景文件 \ 第 3 章 \ 夕阳西下效果 .max”文件，此时场景效果如图 3-62 所示。

02 单击（创建）|（灯光）| VRay | VR太阳 按钮，在顶视图中单击并拖曳鼠标，创建一盏 VRay 太阳灯光，位置如图 3-63 所示。

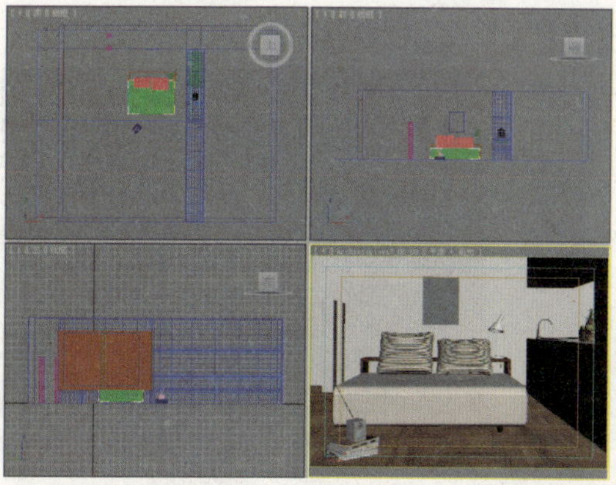

图 3-62 场景效果

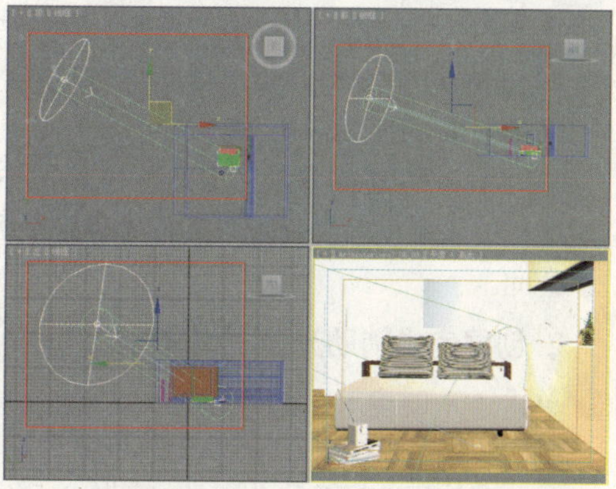

图 3-63 VRay 太阳灯光的位置

>>> 技巧与提示

在创建 VRay 太阳灯光时弹出一个提示框，单击【是】按钮，如图 3-64 所示。此时按数字键 8，弹出【环境和效果】对话框，在【环境贴图】选项下面的通道上会出现“VR 天空”程序贴图，如图 3-65 所示。

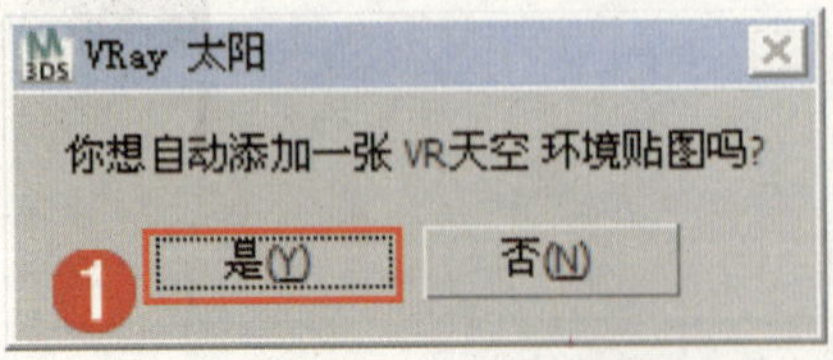

图 3-64　提示对话框

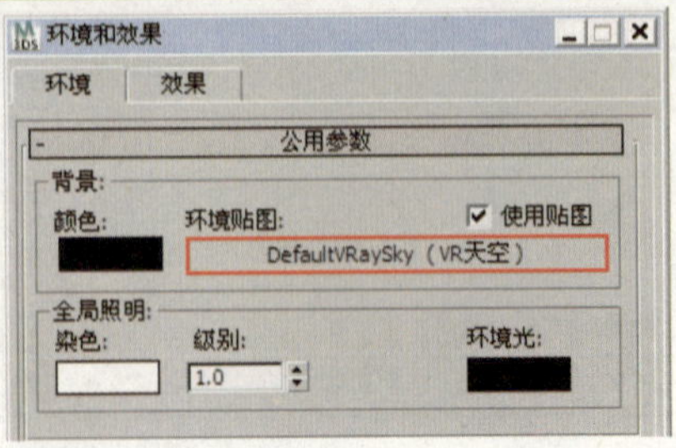

图 3-65　VRay 天空贴图

03 将【环境和效果】对话框中的“VR 天空”程序贴图拖曳到一个空白材质球上，然后展开【VRay 天空参数】卷展栏，勾选【手动太阳节点】，在【太阳节点】通道上拾取【VR 阳光 01】，设置【太阳强度倍增】为 0.05、【太阳大小倍增】为 1，如图 3-66 所示。最后设置【强度倍增】为 1.0、【大小倍增】为 5.0、【阴影细分】为 15，如图 3-67 所示。

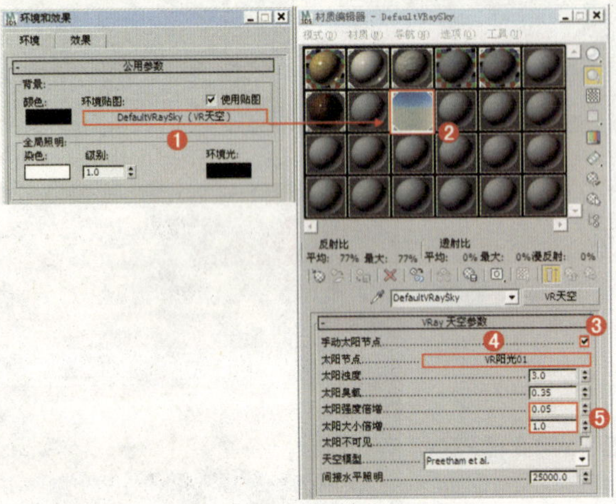

图 3-66　VRay 天空的参数

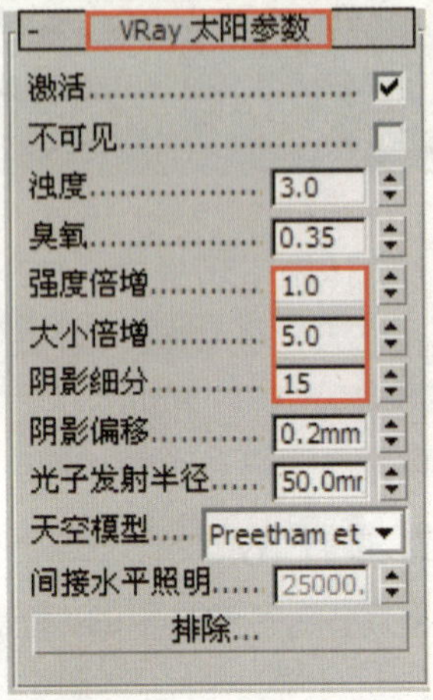

图 3-67　VRay 太阳的参数

>>> 技巧与提示

将【太阳节点】与【VRay 太阳 01】关联以后，只需要调节 VRay 太阳的垂直度就可以模拟真实的太阳光效果。降低 VRay 太阳垂直度可以模拟夕阳西下。

04 按 Shift+Q 组合键，快速渲染摄影机视图，其渲染的效果如图 3-68 所示。

通过图 3-68 中的效果来看，整体光感不够理想，出现这样的效果就需要使用灯光作为辅助光源来提亮整体空间。

图 3-68　渲染的效果

2. 创建室内辅助光源的灯光

01 单击（创建）|（灯光）| VRay | VR灯光 按钮，在左视图中创建一盏 VRay 灯光，并使用选择并移动工具将其拖曳到窗口处，具体的位置如图 3-69 所示。

02 选择 VRay 灯光，然后在【修改】命令面板下设置【类型】为“平面”，设置【颜色】

为 R=252、G=187、B=131，设置【倍增器】为 18.0，设置【1/2 长】为 90.0mm、【1/2 宽】为 45.0mm，勾选【不可见】复选框，最后设置【细分】为 15，如图 3-70 所示。

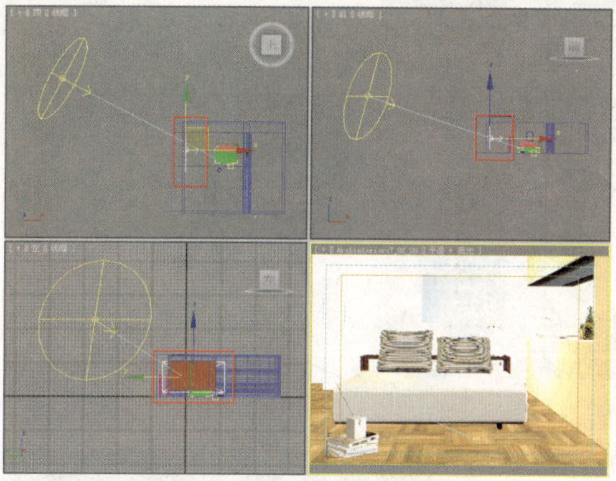

图 3-69　VRay 灯光的位置

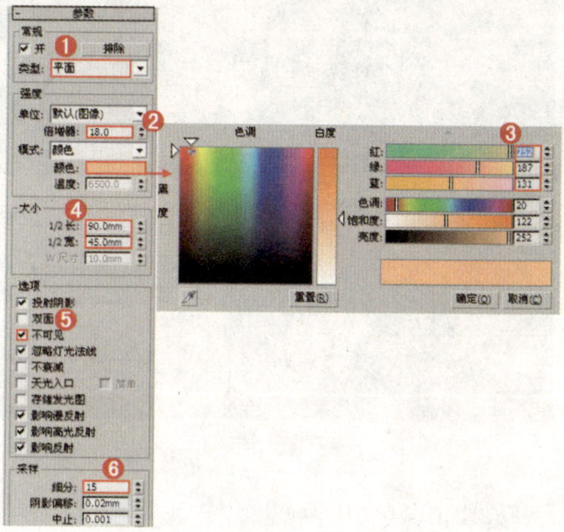

图 3-70　VRay 灯光的参数

03 继续在左视图中创建一盏 VRay 灯光，放置在厨房内侧，如图 3-71 所示。选择 VRay 灯光，然后在【修改】命令面板下设置【类型】为“平面”，设置【颜色】为 R=141、G=159、B=187，设置【倍增器】为 40.0，设置【1/2 长】为 80.0mm、【1/2 宽】为 40.0mm，勾选【不可见】复选框，最后设置【细分】为 15，如图 3-72 所示。

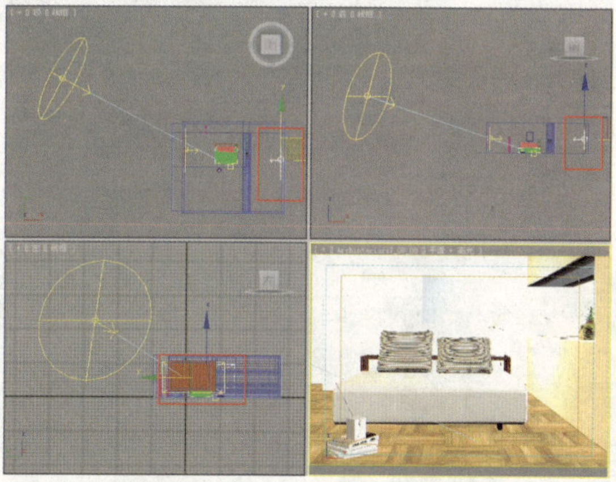

图 3-71　VRay 灯光的位置

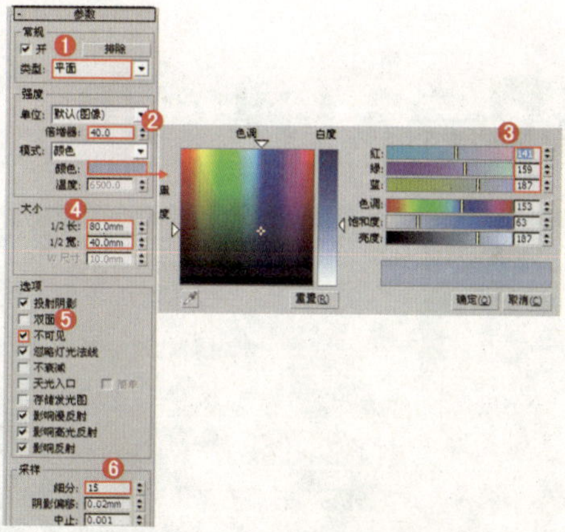

图 3-72　VRay 灯光的参数

04 按 Shift+Q 组合键，快速渲染摄影机视图，其渲染的效果如图 3-73 所示。

3. 创建沙发处台灯光源

01 继续在顶视图中创建一盏 VRay 灯光，如图 3-74 所示。选择 VRay 灯光，然后在【修改】命令面板下设置【类型】为“平面”，设置【颜色】为 R=222、G=227、B=235，然后设置【倍增器】为 150.0，设置【1/2 长】为 3.0mm、【1/2 宽】为 3.0mm，勾选【不可见】复选框，最后设置【细分】为 15，如图 3-75 所示。

图 3-73　渲染的效果

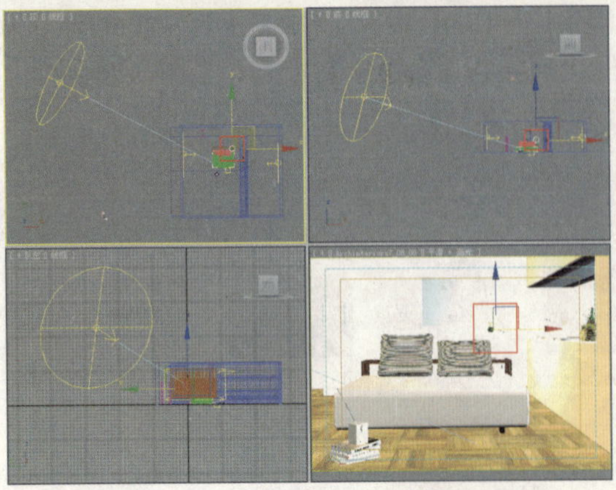

图 3-74　VRay 灯光的位置

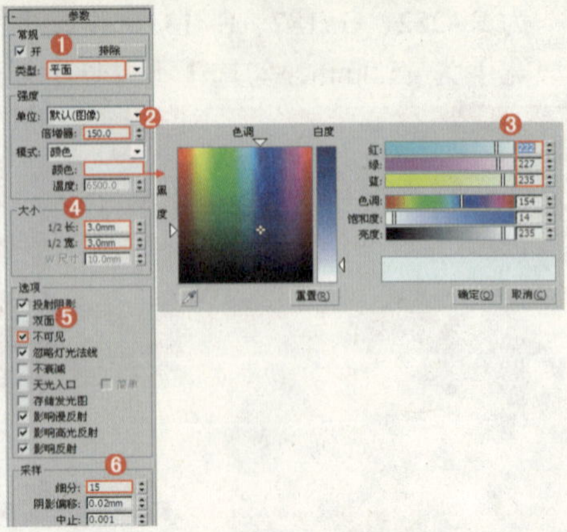

图 3-75　VRay 灯光的参数

02 按 Shift+Q 组合键，快速渲染摄影机视图，其渲染的效果如图 3-76 所示。

图 3-76　渲染的效果

3.6 完整日光效果

课堂实战——起居室白天灯光

场景文件	场景文件 \ 第 3 章 \ 起居室白天灯光 .max
案例文件	最终文件 \ 第 3 章 \ 起居室白天灯光 .max
视频教学	视频 \ 第 3 章 \ 起居室白天灯光 .flv
视频长度	5 分 06 秒
难易指数	★★★★☆
灯光方式	目标聚光灯、泛光灯、VRay 灯光
技术掌握	掌握目标聚光灯、泛光灯和 VRay 灯光的运用

在本例起居室场景中，使用三部分灯光照明来表现，一部分是室外天光光源；一部分是辅助光源的灯光；另一部分是台灯灯光，将其结合起来效果会比较丰富。最终渲染效果如图 3-77 所示。

图 3-77　最终渲染效果

1. 创建室外天光的光源

01 打开随书配套光盘中的“场景文件 \ 第 3 章 \ 起居室白天灯光 .max”文件，此时场景效果如图 3-78 所示。

02 单击 （创建）| （灯光）| VRay | VR灯光 按钮，在顶视图中单击并拖曳鼠标，创建一盏 VRay 灯光，位置如图 3-79 所示。

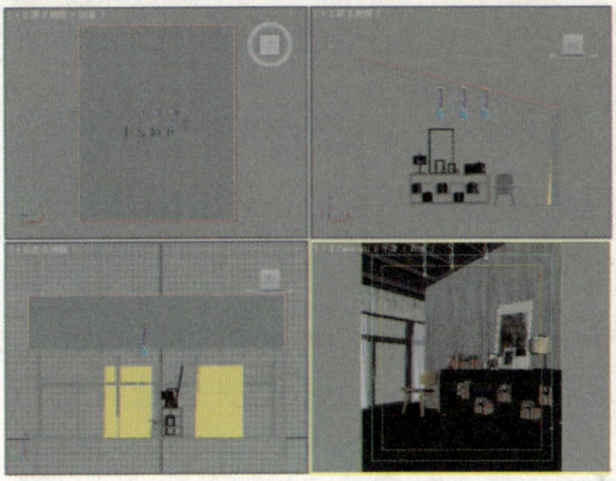

图 3-78 场景效果

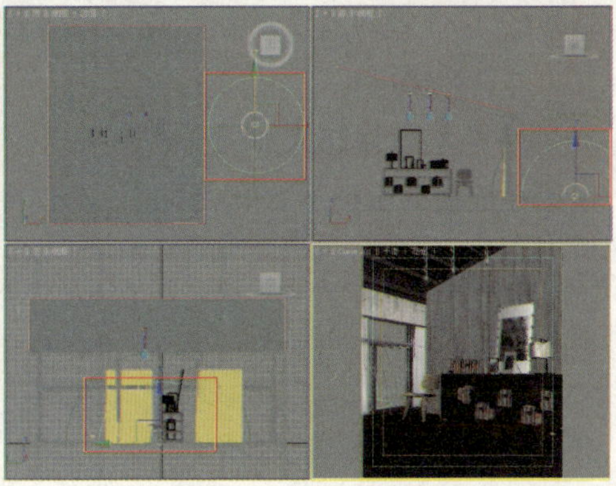

图 3-79 VRay 灯光的位置

03 选择创建的 VRay 灯光，然后在【修改】命令面板下设置【类型】为“穹顶”，设置【倍增器】为 17.0，调节【颜色】为 R=209、G=227、B=253，勾选【不可见】复选框，最后设置【细分】为 25，如图 3-80 所示。

04 按数字键 8，打开【环境和效果】对话框，在【环境贴图】选项后面的通道上加载“环境 .jpg”贴图文件，如图 3-81 所示。

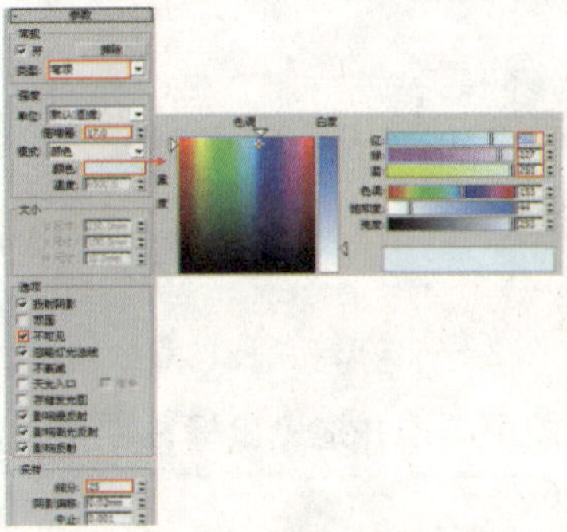

图 3-80 VRay 灯光的参数

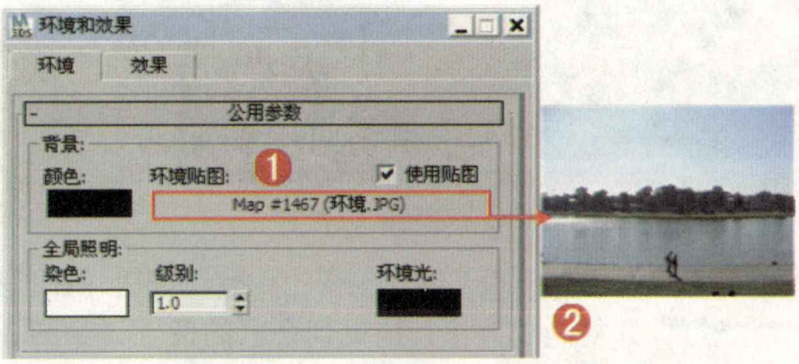

图 3-81 加载环境贴图

05 按 F10 键，打开【渲染设置】对话框，展开【V-Ray:: 环境 [无名]】卷展栏，勾选【开】复选框，调节【颜色】为 R=204、G=230、B=255，设置【倍增器】为 12.0，如图 3-82 所示。

06 按 Shift+Q 组合键，快速渲染摄影机视图，其渲染的效果如图 3-83 所示。

图 3-82 开启全局照明环境

图 3-83 渲染的效果

通过图 3-83 中的效果来看，整个场景中只是窗口处的灯光比较强烈，其他部分还需要使用灯光进行创建。

2. 创建室外天光的光源

01 继续在前视图中创建 VRay 灯光，然后将其拖曳到室内场景中，具体的位置如图 3-84 所示。

02 选择创建的 VRay 灯光，然后在【修改】命令面板下设置【类型】为“平面”，设置【倍增器】为 4.0，调节【颜色】为 R=209、G=227、B=253，设置【1/2 长】为 120.0mm、【1/2 宽】为 65.0mm，勾选【不可见】复选框，取消勾选【影响反射】复选框，最后设置【细分】为 25，如图 3-85 所示。

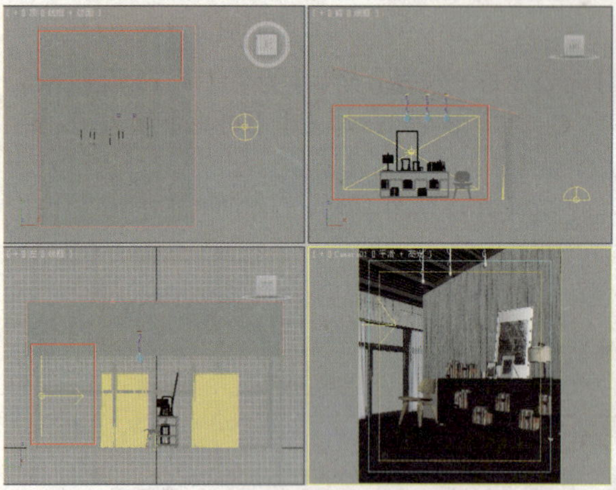

图 3-84　VRay 灯光的位置

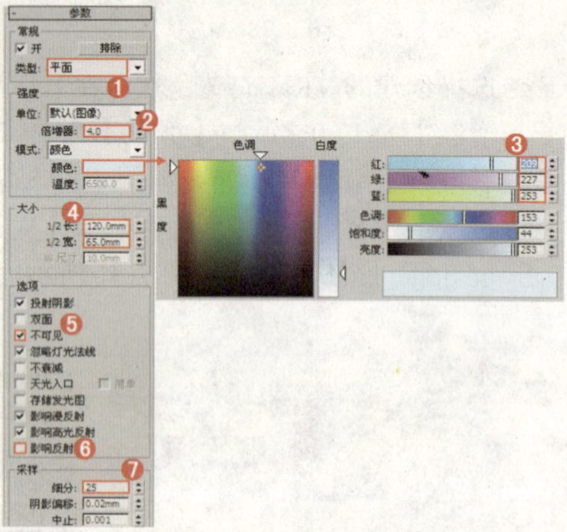

图 3-85　VRay 灯光的参数

03 单击（创建）|（灯光）| 泛光灯 按钮，在顶视图中单击并拖曳鼠标，创建一盏泛光灯，并复制 3 盏将其拖曳到合适的位置，如图 3-86 所示。

04 选择刚创建的泛光灯，然后在【修改】命令面板下展开【强度 / 颜色 / 衰减】卷展栏，设置【倍增】为 4.0，颜色为白色，勾选【使用】复选框，设置【结束】为 112.0mm，如图 3-87 所示。

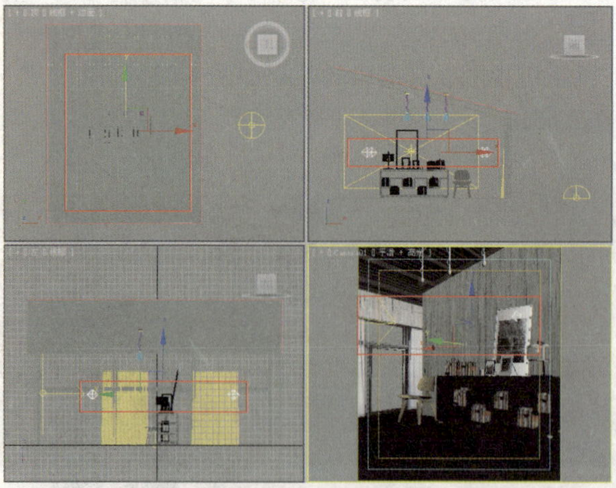

图 3-86　泛光灯的位置

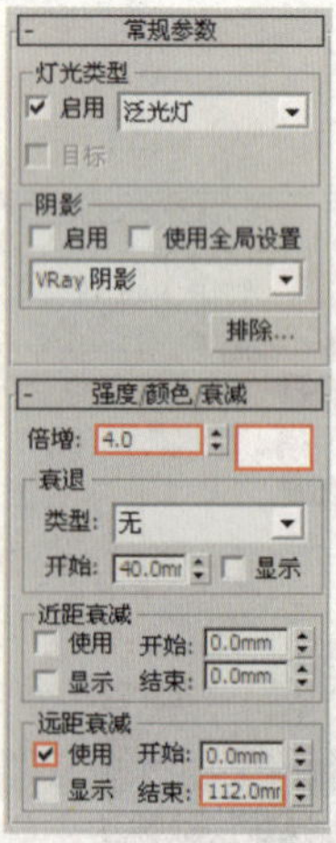

图 3-87　泛光灯的参数

05 按 Shift+Q 组合键，快速渲染摄影机视图，其渲染的效果如图 3-88 所示。

图 3-88 渲染的效果

3. 创建室内台灯的光源

01 继续在顶视图中拖曳创建一盏泛光灯，然后将其拖曳到台灯灯罩中，具体的位置如图 3-89 所示。

02 选择泛光灯，然后在【修改】命令面板下勾选【启用】复选框，设置【阴影类型】为“VRay 阴影”，展开【强度 / 颜色 / 衰减】卷展栏，设置【倍增】为 50.0，调节【颜色】为 R=220、G=183、B=144，在【远距衰减】选项组下勾选【启用】复选框，设置【结束】为 24.0mm。展开【VRay 阴影参数】卷展栏，勾选【区域阴影】复选框，设置【UVW 大小】均为 30.0mm，如图 3-90 所示。

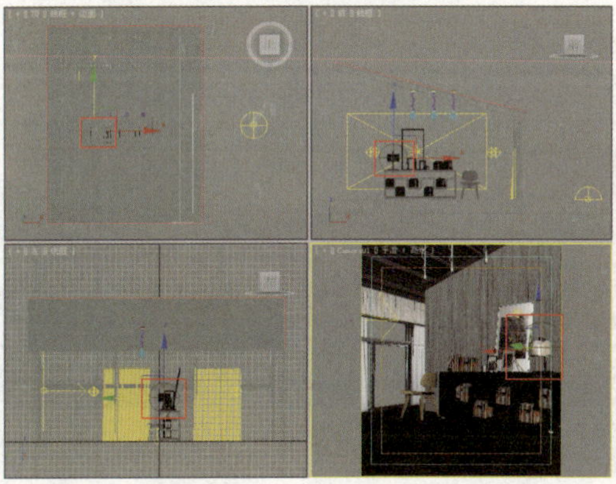

图 3-89 泛光灯的位置

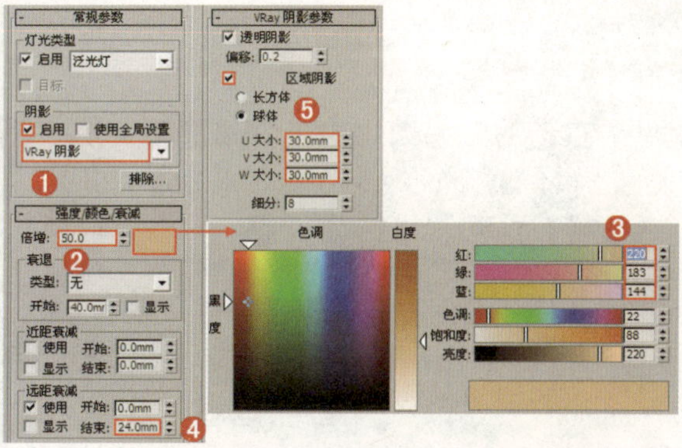

图 3-90 泛光灯的参数

03 单击（创建）|（灯光）| 目标聚光灯 按钮，在前视图中单击并拖曳鼠标，创建一盏目标聚光灯，并复制 1 盏，将其拖曳到合适的位置，如图 3-91 所示。

04 选择目标聚光灯，在【修改】命令面板下的【阴影】选项组下勾选【启用】复选框，设置【阴影类型】为“VRay 阴影”。展开【强度 / 颜色 / 衰减】卷展栏，设置【倍增】为 15.0，调节【颜色】为 R=227、G=158、B=117，在【远距衰减】选项组下勾选【使用】复选框，设置【开始】为 23.0mm、【结束】为 71.0mm，设置【聚光区 / 光束】为 0.5、【衰减区 / 区域】为 80。展开【VRay 阴影参数】卷展栏，勾选【区域阴影】复选框，设置【UVW 大小】均为 20.0mm，设置【细分】为 15，如图 3-92 所示。

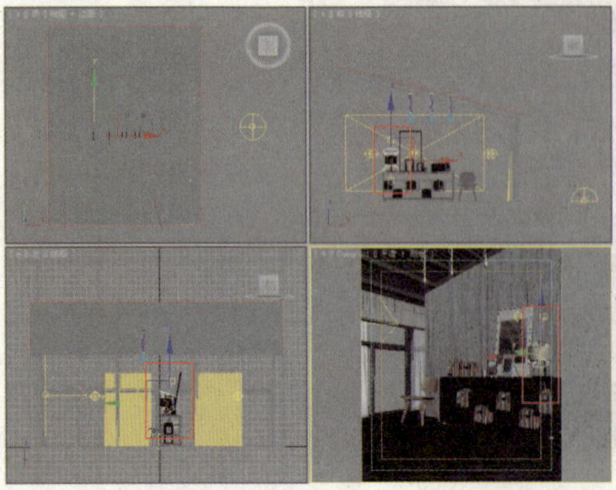

图 3-91　目标聚光灯的位置

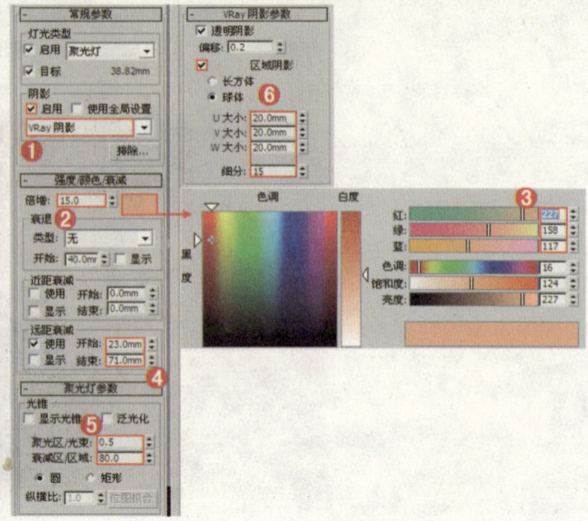

图 3-92　目标聚光灯的参数

>>> 技巧与提示

这里可以使用目标聚光灯进行创建，也可以使用光度学下的目标灯光进行创建，同样可以创建出台灯灯罩的效果。

05 按 Shift+Q 组合键，快速渲染摄影机视图，其渲染的效果如图 3-93 所示。

图 3-93　渲染的效果

3.7 完整夜景效果

夜景的效果图相对来说难度较大，需要的灯光种类较多，但是搭配合适将会出现非常迷人的效果，如图 3-94 所示。

图 3-94　夜景效果

课堂实战——客厅灯光夜晚效果

场景文件	场景文件 \ 第 3 章 \ 客厅灯光夜晚效果 .max
案例文件	最终文件 \ 第 3 章 \ 客厅灯光夜晚效果 .max
视频教学	视频 \ 第 3 章 \ 客厅灯光夜晚效果 .flv
视频长度	2 分 26 秒
难易指数	★★☆☆☆
灯光方式	光度学下的目标灯光、VRay 灯光
技术掌握	掌握目标灯光、VRay 灯光的运用

在本例客厅场景中，使用两部分灯光照明来表现，一部分是落地灯的灯光；另一部分是窗口处的灯光。最终渲染效果如图 3-95 所示。

图 3-95 最终渲染效果

1. 创建落地灯处的光源

01 打开随书配套光盘中的“场景文件\第 3 章\客厅灯光夜晚效果.max”文件，此时场景效果如图 3-96 所示。

02 单击（创建）|（灯光）| VRay | VR灯光 按钮，在顶视图中单击并拖曳鼠标，创建一盏 VRay 灯光，接着使用 Shift 键 + 移动工具将 VRay 灯光复制 1 盏并拖曳到台灯灯罩中，复制时使用【实例】方式，位置如图 3-97 所示。

图 3-96 场景效果

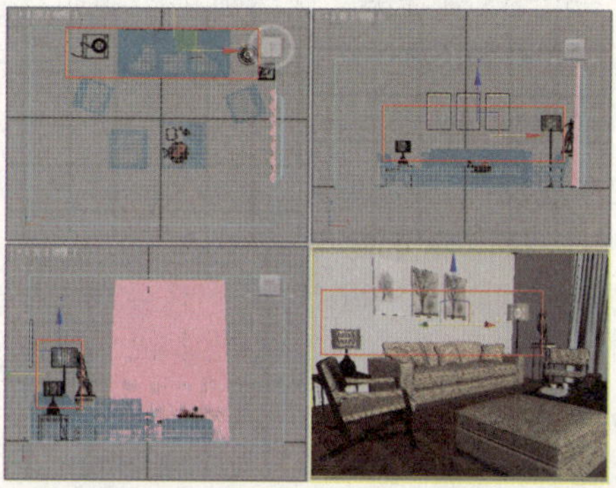

图 3-97 VRay 灯光的位置

03 选择刚创建的 VRay 灯光，在【修改】命令面板下设置【类型】为“球体”，设置【倍增器】为 150.0，设置【颜色】为 R=222、R=158、B=90，设置【半径】为 80.0mm，勾选【不可见】复选框，最后设置【细分】为 15，如图 3-98 所示。

04 按 Shift+Q 组合键，快速渲染摄影机视图，其渲染的效果如图 3-99 所示。

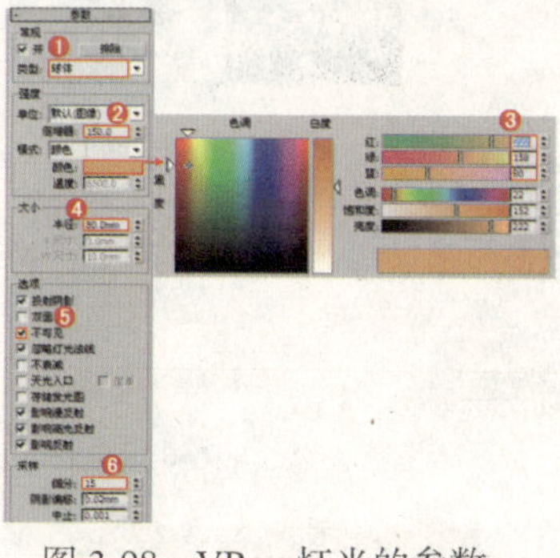

图 3-98 VRay 灯光的参数

图 3-99 渲染的效果

2. 创建落地灯上方和下方处的光源

01 单击（创建）|（灯光）| 光度学 | 目标灯光 按钮，在前视图中创建 3 盏目标灯光，然后将目标灯光的目标拖曳到灯罩的上方，具体的位置如图 3-100 所示。

02 在【阴影】选项组下勾选【启用】复选框，设置【阴影类型】为“VRay 阴影”，设置【灯光分布（类型）】为“光度学 Web”。展开【分布（光度学 Web）】卷展栏，在通道上加载“30.ies”光域网文件。展开【强度/颜色/衰减】卷展栏，调节【过滤颜色】为 R=245、G=223、B=195，设置【强度】为 4000.0、【细分】为 15，如图 3-101 所示。

图 3-100　目标灯光的位置

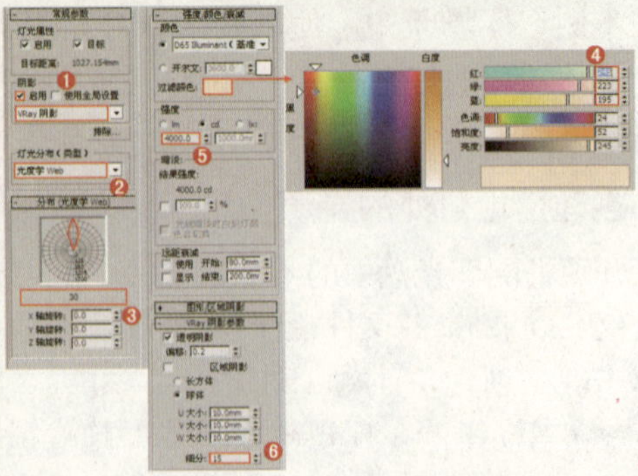

图 3-101　目标灯光的参数

03 按 Shift+Q 组合键，快速渲染摄影机视图，其渲染的效果如图 3-102 所示。

图 3-102　渲染的效果

3. 创建窗口处光源

01 在左视图中拖曳创建一盏 VRay 灯光，放置在窗口处，具体的位置如图 3-103 所示。

02 选择刚创建的 VRay 灯光，然后在【修改】命令面板下设置【类型】为“平面”，设置【倍增器】为 9.0，设置【颜色】为 R=101、G=118、B=181，设置【1/2 长】为 1200.0mm、【1/2 宽】为 980.0mm，最后设置【细分】为 15，如图 3-104 所示。

图 3-103　VRay 灯光的位置

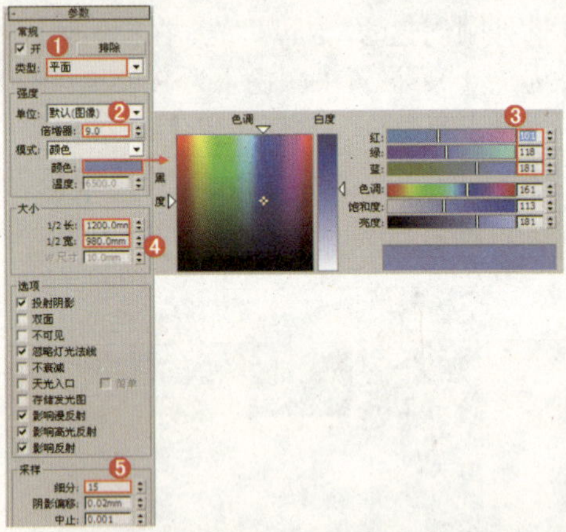

图 3-104　VRay 灯光的参数

03 按 Shift+Q 组合键，快速渲染摄影机视图，其渲染的效果如图 3-105 所示。

图 3-105　渲染的效果

第4章

效果图制作基本功——材质设置全面接触

本章学习要点

- 常用材质的设置方法
- 常用贴图的设置方法

4.1 墙面材质的设置

乳胶漆是室内装修中最为常用的材料，也是学习 3ds Max 中需要了解的最基础的材质，如图 4-1 所示。

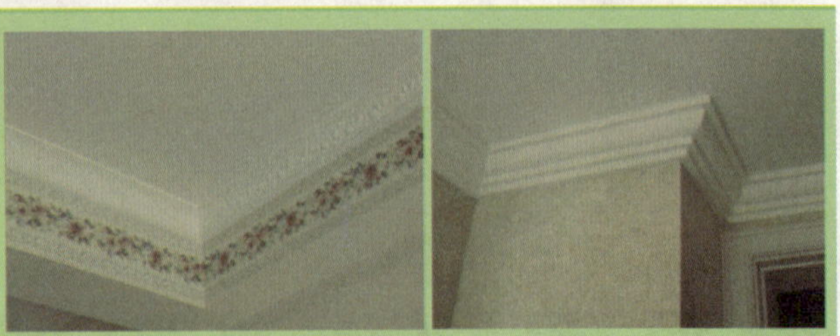

图 4-1 乳胶漆

课堂实战——乳胶漆墙面和石膏材质

场景文件	场景文件 \ 第 4 章 \ 乳胶漆墙面和石膏材质 .max
案例文件	最终文件 \ 第 4 章 \ 乳胶漆墙面和石膏材质 .max
视频教学	视频 \ 第 4 章 \ 乳胶漆墙面和石膏材质 .flv
视频长度	3 分 03 秒
难易指数	★★☆☆☆
材质类型	标准材质
技术掌握	掌握标准材质和噪波贴图的运用

在本例休闲室场景中，主要有两种材质，一种是石膏的材质；另一种是墙面乳胶漆的材质。最终渲染效果如图 4-2 所示。

在调制材质时，除了要了解材质编辑器内各个参数的作用外，重点是要知道所要调制的材质在现实生活中的一些特性。比如乳胶漆材质，它主要是用在墙顶面、天花等造型上，而墙面在大范围上看是比较平整的、颜色较白的；当靠近墙面观察，可以发现上面有很多不规则的、细小的凹凸和痕迹，这是由于粉刷的过程中使用的刷子涂抹留下的痕迹，这个痕迹是不可避免的。在调制白乳胶漆材质时，不需要考虑痕迹。

01 打开随书配套光盘中的“场景文件 \ 第 4 章 \ 乳胶漆墙面和石膏材质 .max”文件，此时场景效果如图 4-3 所示。

图 4-2 最终渲染效果

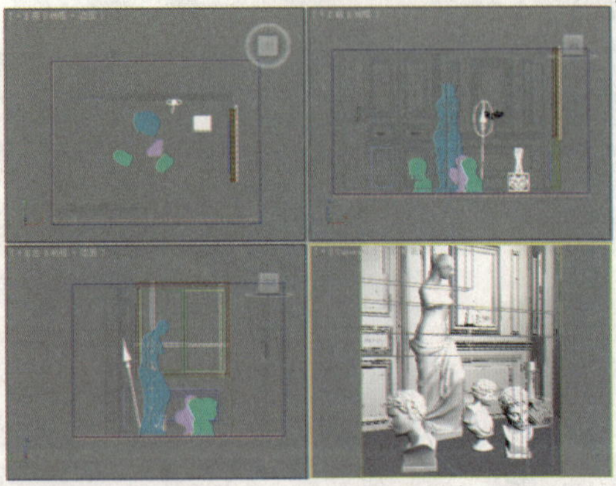

图 4-3 场景效果

02 按 M 键，打开【材质编辑器】对话框，选择一个空白材质球，单击 Arch & Design 按钮，在弹出的【材质 / 贴图浏览器】对话框中选择【标准】材质，如图 4-4 所示。

03 将材质命名为“石膏”，在【漫反射】选项组下调节漫反射颜色为 R=250、G=250、B=250，而不是纯白色的值 255，在【反射高光】选项组下设置【高光级别】为 12、【光泽度】为 0，如图 4-5 所示。

04 展开【贴图】卷展栏，勾选【凹凸】复选框，设置【数量】为 30，并在后面的通道上加载“噪波”程序贴图，展开【噪波参数】卷展栏，设置【大小】为 10.0，如图 4-6 所示。

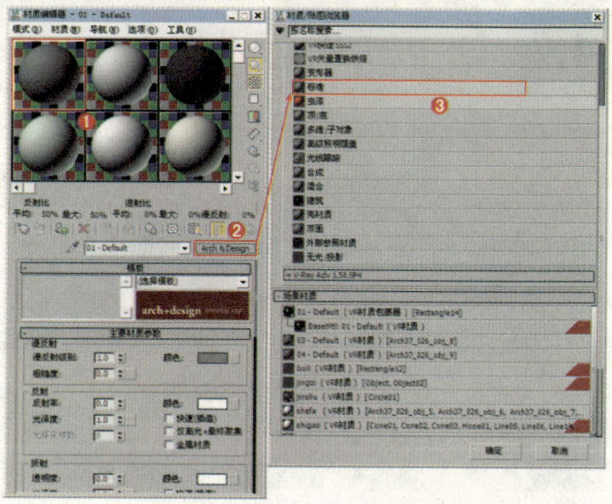

图 4-4　选择【标准】材质

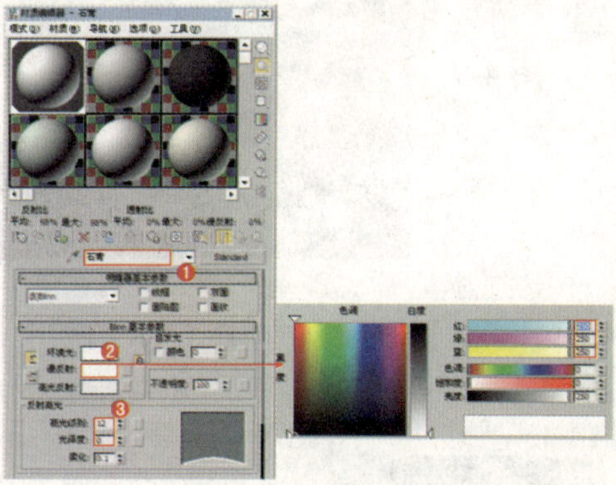

图 4-5　调制石膏材质

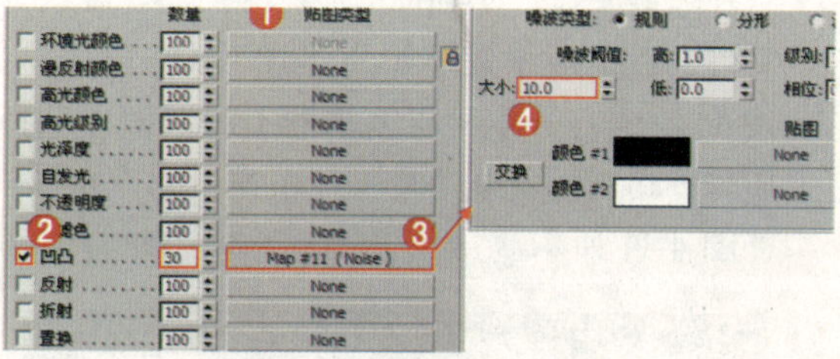

图 4-6　加载【噪波】贴图

05 将调制好的石膏材质赋予场景中的石膏造型。

>>> 技巧与提示

这里我们可以在【凹凸】后面的通道上加载“噪波”程序贴图，也可以在通道上加载黑白贴图，同样可以得到一定的凹凸效果。

06 接着制作乳胶漆墙面材质。选择一个空白材质球，将材质类型设置为【标准】材质，将材质命名为“乳胶漆”，在【漫反射】选项组下调节漫反射颜色为 R=251、G=249、B=242，这是因为墙面不可能全部反光。在【反射高光】选项组下设置【高光级别】为 8、【光泽度】为 27，如图 4-7 所示。

07 将调制好的乳胶漆材质赋予场景中的墙面造型。最终渲染效果如图 4-8 所示。

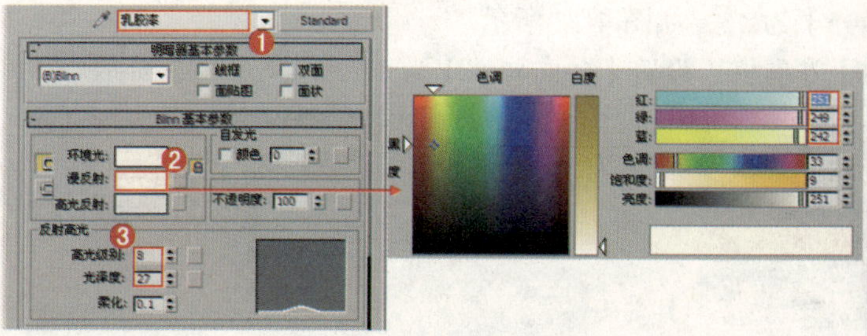

图 4-7　调制乳胶漆材质

图 4-8　渲染的效果

4.2 金属材质的设置

课堂实战——金属和磨砂金属材质

场景文件	场景文件 \ 第 4 章 \ 金属材质 .max
案例文件	最终文件 \ 第 4 章 \ 金属材质 .max
视频教学	视频 \ 第 4 章 \ 金属和磨砂金属材质 .flv
视频长度	2 分 33 秒
难易指数	★★★☆☆
材质类型	VRay 材质
技术掌握	掌握 VRay 材质的运用

在本例厨房场景中，主要有两种材质，一种是金属厨具的材质；另一种是墙面和台面材质。最终渲染效果如图 4-9 所示。

图 4-9　最终渲染效果

01 打开随书配套光盘中的“场景文件\第4章\金属材质 .max”文件，此时场景效果如图 4-10 所示。

02 按 M 键，打开【材质编辑器】对话框，选择一个空白材质球，单击 Arch & Design 按钮，在弹出的【材质 / 贴图浏览器】对话框中选择【VR 材质】，如图 4-11 所示。

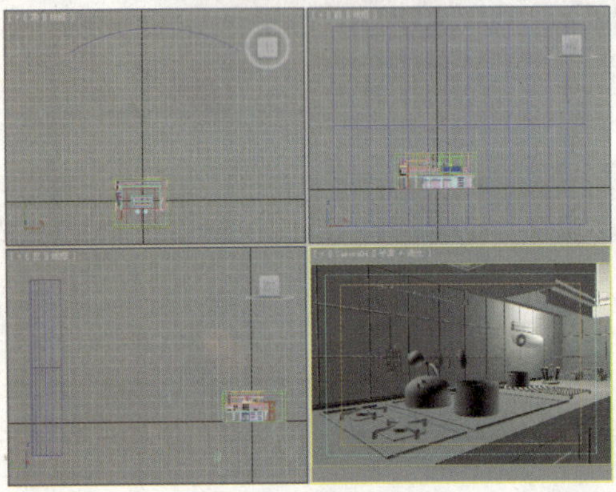

图 4-10　场景效果

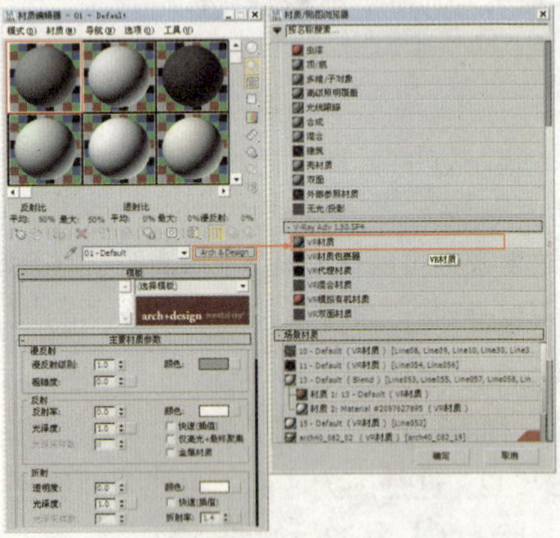

图 4-11　选择【VR 材质】

03 将材质命名为“磨砂金属”，在【漫反射】选项组下调节漫反射颜色为 R=47、G=47、B=47，在【反射】选项组下调节反射颜色为 R=213、G=213、B=213，设置【反射光泽度】为 0.85、【细分】为 15，如图 4-12 所示。

04 展开【双向反射分布函数】卷展栏，设置【各向异性】为 0.75，如图 4-13 所示。

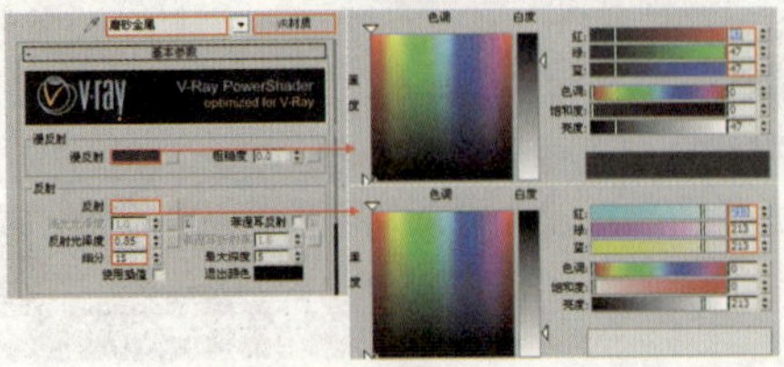

图 4-12　磨砂金属

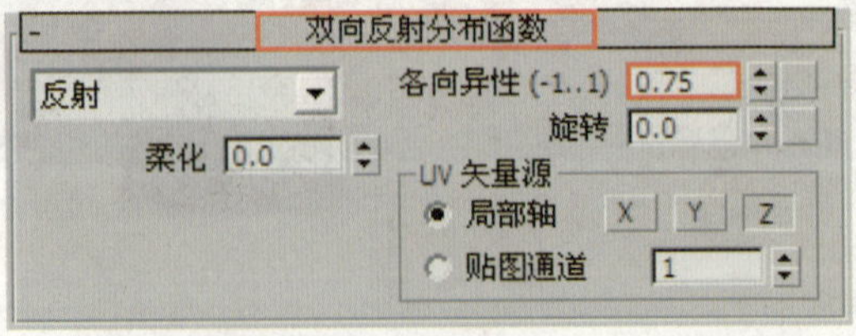

图 4-13　展开【双向反射分布函数】卷展栏

>>> 技巧与提示

调节【双向反射分布函数】卷展栏里面的参数，可以控制反射和高光的形状、大小、方向等效果。

05 将调制好的磨砂金属材质赋予场景中的茶壶模型，如图 4-14 所示。

图 4-14 将材质赋给模型

06 制作镜面金属材质。选择一个空白材质球，将材质类型设置为【VR 材质】，将材质命名为“镜面金属”，在【漫反射】选项组下调节漫反射颜色为 R=33、G=33、B=33，在【反射】选项组下调节颜色为 R=152、G=152、B=152，设置【反射光泽度】为 0.98、【细分】为 15，如图 4-15 所示。

07 将调制好的镜面金属材质赋予场景中的金属锅模型，如图 4-16 所示。

图 4-15 镜面金属材质参数

图 4-16 将材质赋予模型

08 制作金属 3 材质。选择一个空白材质球，将材质类型设置为【VR 材质】，将材质命名为“金属 3”，在【漫反射】选项组下调节漫反射颜色为 R=60、G=60、B=60，在【反射】选项组下调节颜色为 R=110、G=110、B=110，设置【反射光泽度】为 0.9、【细分】为 15，如图 4-17 所示。

09 将调制好的金属 3 材质赋予场景中的厨具模型，如图 4-18 所示。

图 4-17 金属 3 材质

图 4-18 将材质赋予模型

10 使用相同方法制作出剩余部分模型的材质，最终的渲染效果如图 4-19 所示。

图 4-19 渲染的效果

4.3 玻璃、酒水材质的设置

课堂实战——酒瓶和酒材质

场景文件	场景文件 \ 第 4 章 \ 酒瓶和酒材质 .max
案例文件	最终文件 \ 第 4 章 \ 酒瓶和酒材质 .max
视频教学	视频 \ 第 4 章 \ 酒瓶和酒材质 .flv
视频长度	4 分 11 秒
难易指数	★★★☆☆
材质类型	VRay 材质、多维 / 子对象材质
技术掌握	掌握 VRay 材质、多维 / 子对象材质的运用

在本例厨房场景中，主要有两种材质，一种是酒瓶和酒水的材质；另一种是墙面和台面材质。最终渲染效果如图 4-20 所示。

01 打开随书配套光盘中的“场景文件 \ 第 4 章 \ 酒瓶和酒材质 .max”文件，此时场景效果如图 4-21 所示。

图 4-20　最终渲染效果

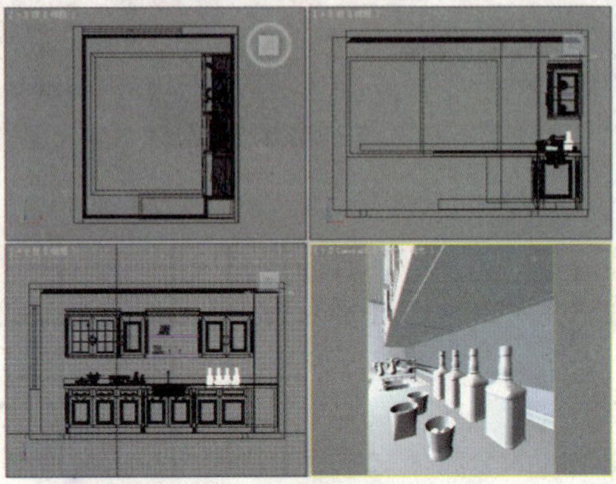

图 4-21　场景效果

02 按 M 键，打开【材质编辑器】对话框，选择一个空白材质球，单击 Arch & Design 按钮，在弹出的【材质/贴图浏览器】对话框中选择【VR 材质】，如图 4-22 所示。

03 将材质命名为“酒瓶”，在【漫反射】选项组下调节漫反射颜色为 R=67、G=35、B=9，在【反射】选项组下的【反射】后面的通道上加载“衰减”程序贴图，设置【衰减类型】为“垂直/平行”，在【折射】选项组下调节折射颜色为 R=244、G=244、B=244，设置【细分】为 24、【最大深度】为 10，调节【烟雾颜色】为 R=234、

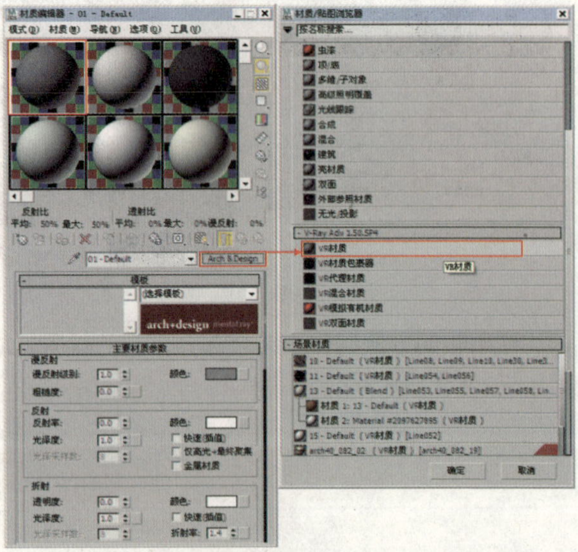

图 4-22　选择【VR 材质】

G=181、B=29，设置【烟雾倍增】为 0.4，勾选【影响阴影】复选框，如图 4-23 所示。

04 展开【贴图】卷展栏，并在【凹凸】后面的通道上加载“酒瓶凹凸.jpg”贴图文件，设置【模糊】为 0.5，设置【凹凸】为 100.0，如图 4-24 所示。

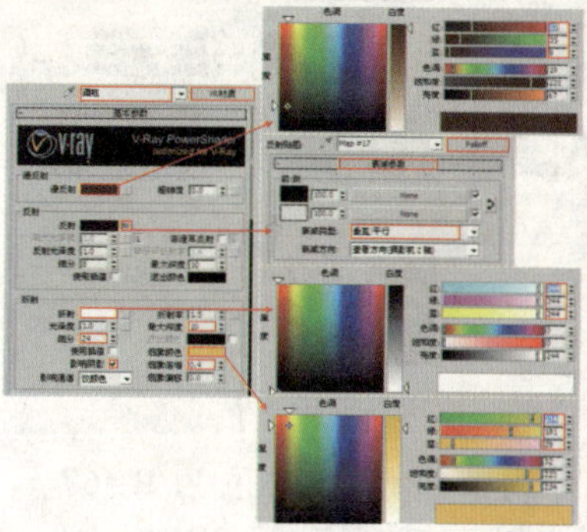

图 4-23　VRay 材质的参数

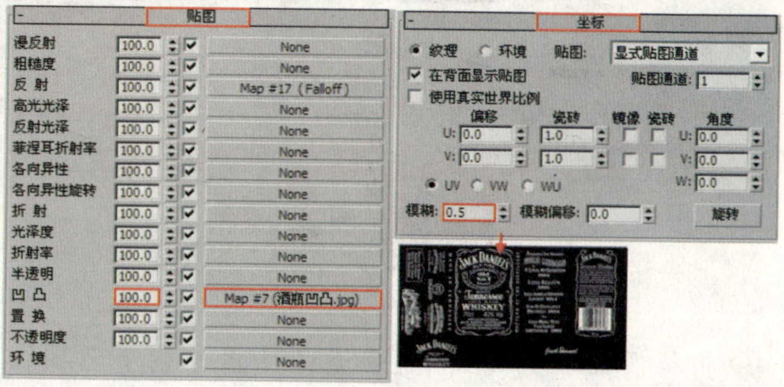

图 4-24　加载凹凸贴图

05 将调制好的酒瓶材质赋予场景中的酒瓶模型，如图 4-25 所示。

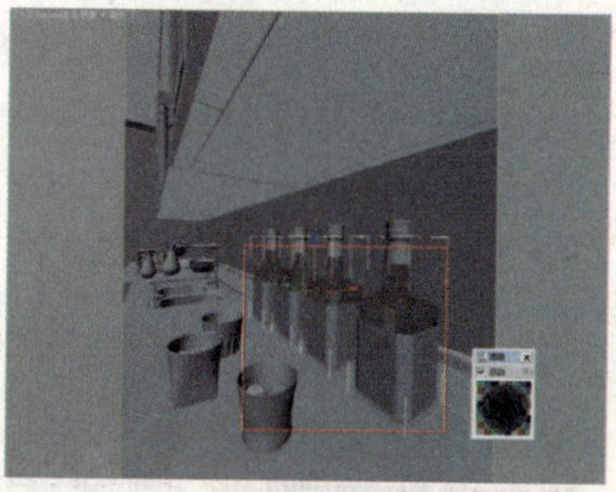

图 4-25　将酒瓶材质赋予模型

06 制作酒杯的材质。按 M 键，打开【材质编辑器】对话框，选择一个空白材质球，单击 Arch & Design 按钮，在弹出的【材质 / 贴图浏览器】对话框中选择【多维 / 子对象】材质，如图 4-26 所示。

07 将材质命名为“沙发”，展开【多维 / 子对象基本参数】卷展栏，设置【设置数量】为 3，这样子材质就设置为 3 个，如图 4-27 所示。

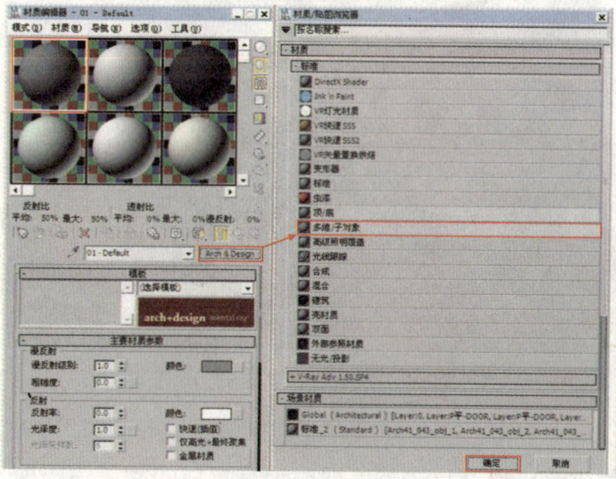

图 4-26　选择【多维 / 子对象】材质

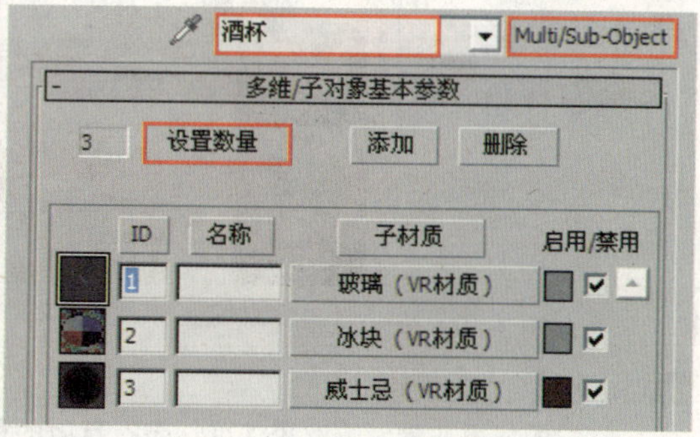

图 4-27　多维 / 子对象基本参数

08 将材质命名为“玻璃”，在【漫反射】选项组下调节漫反射颜色为 R=128、G=128、B=128，在【反射】选项组下的【反射】后面的通道上加载“衰减”程序贴图，设置【衰减类型】为“垂直 / 平行”，在【折射】选项组下调节折射颜色为 R=255、G=255、B=255，设置【细分】为 15，勾选【影响阴影】复选框，如图 4-28 所示。

09 将材质命名为“冰块”，在【漫反射】选项组下调节漫反射颜色为 R=128、G=128、B=128，在【反射】选项组下调节反射颜色为 R=39、G=39、B=39，在【折射】选项组下调节折射颜色为 R=255、G=255、B=255，设置【折射率】为 1.25，勾选【影响阴影】复选框，如图 4-29 所示。

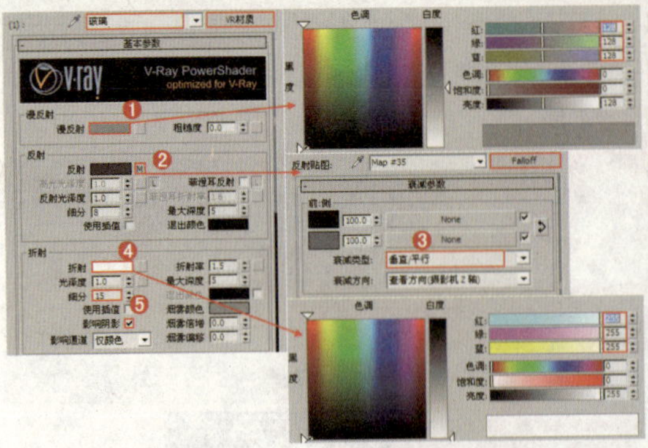

图 4-28　玻璃材质的参数

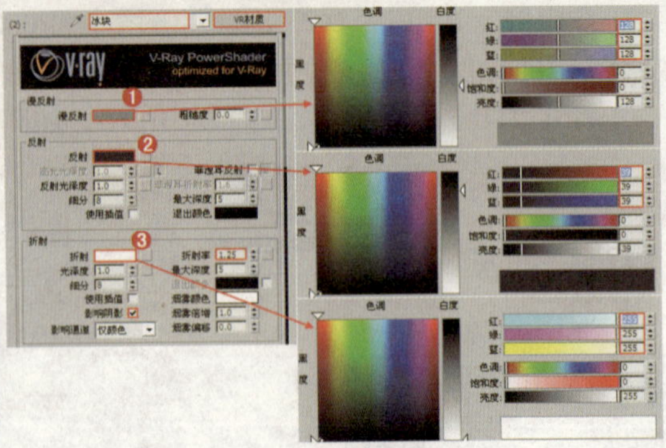

图 4-29　冰块材质的参数

⑩ 将材质命名为“威士忌”，在【漫反射】选项组下调节漫反射颜色为 R=67、G=35、B=9，在【反射】选项组下的【反射】后面的通道上加载“衰减”程序贴图，设置【衰减类型】为“垂直 / 平行”，在【折射】选项组下调节折射颜色为 R=244、G=244、B=244，设置【细分】为 24、【最大深度】为 10，调节【烟雾颜色】为 R=234、G=181、B=29，设置【烟雾倍增】为 0.4，勾选【影响阴影】复选框，如图 4-30 所示。

⑪ 将调制好的酒杯材质赋予场景中的酒杯模型，如图 4-31 所示。

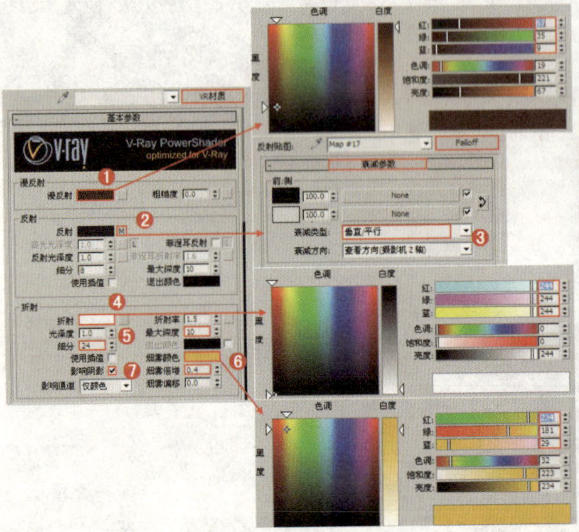

图 4-30　威士忌材质的参数

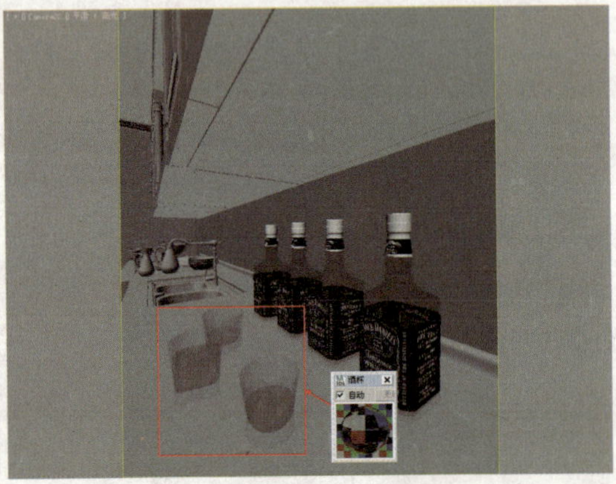

图 4-31　将酒杯材质赋予模型

>>> 技巧与提示

物体的材质非常影响渲染速度，带有反射的材质渲染速度比较慢，同时带有折射的材质渲染速度会更慢。

⑫ 使用相同的方法制作出剩余部分模型的材质，最终的渲染效果如图 4-32 所示。

图 4-32　渲染的效果

4.4 布类材质的设置

布的种类非常多，主要可以分为棉布、麻布、丝绸、呢绒、皮革、混纺、化纤等，效果如图 4-33 所示。

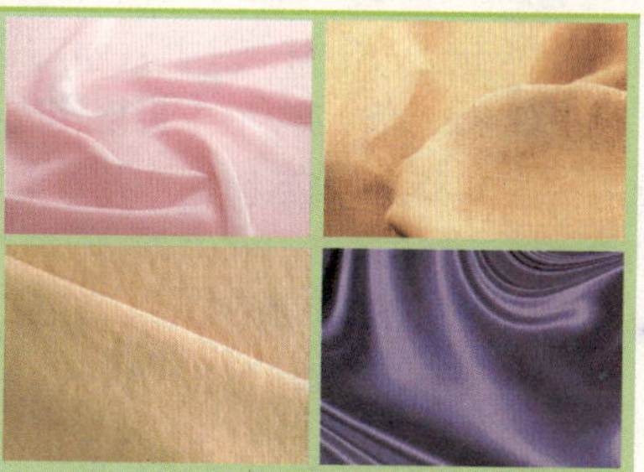

图 4-33　布的分类效果

课堂实战——花纹窗帘材质

场景文件	场景文件 \ 第 4 章 \ 花纹窗帘材质 .max
案例文件	最终文件 \ 第 4 章 \ 花纹窗帘材质 .max
视频教学	视频 \ 第 4 章 \ 花纹窗帘材质 .flv
视频长度	1 分 51 秒
难易指数	★★★☆☆
材质类型	VRay 材质、混合材质
技术掌握	掌握 VRay 材质和混合材质的运用

在本例窗帘场景中，主要有两种材质，一种是花纹窗帘材质，另一种是百叶窗的材质。最终渲染效果如图 4-34 所示。

图 4-34　最终渲染效果

01 打开随书配套光盘中的“场景文件 \ 第 4 章 \ 花纹窗帘材质 .max”文件，此时场景效果如图 4-35 所示。

02 按 M 键，打开【材质编辑器】对话框，选择一个空白材质球，单击 Standard（标准材质）按钮，在弹出的【材质 / 贴图浏览器】对话框中选择【混合】材质，如图 4-36 所示。

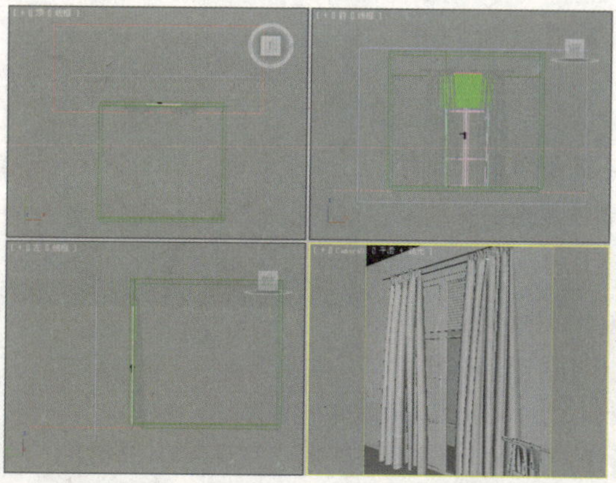

图 4-35　场景效果

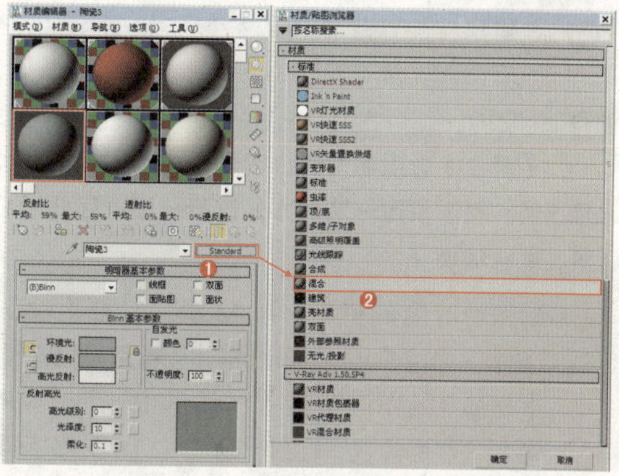

图 4-36　选择【混合】材质

03 将材质命名为“花纹窗帘”，展开【混合基本参数】卷展栏，在【材质 1】和【材质 2】后面的通道上加载【VR 材质】，如图 4-37 所示。

04 单击进入【材质 1】后面的通道中，在【漫反射】选项组下调节漫反射颜色为 R=203、G=147、B=58，在【折射】选项组下调节折射颜色为 R=72、G=72、B=72，设置【光泽度】为 0.85，勾选【影响阴影】复选框，如图 4-38 所示。

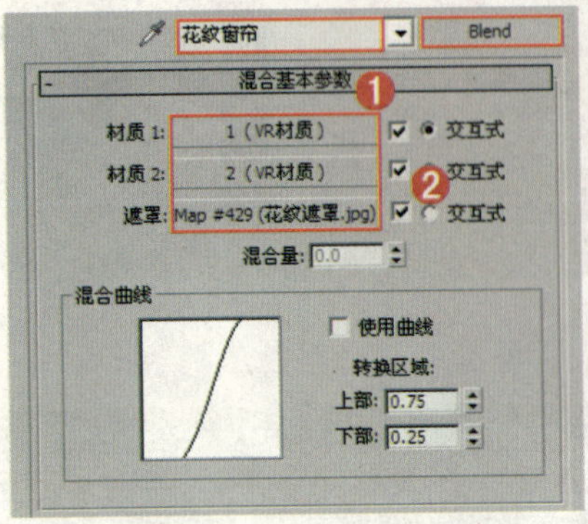

图 4-37　混合基本参数

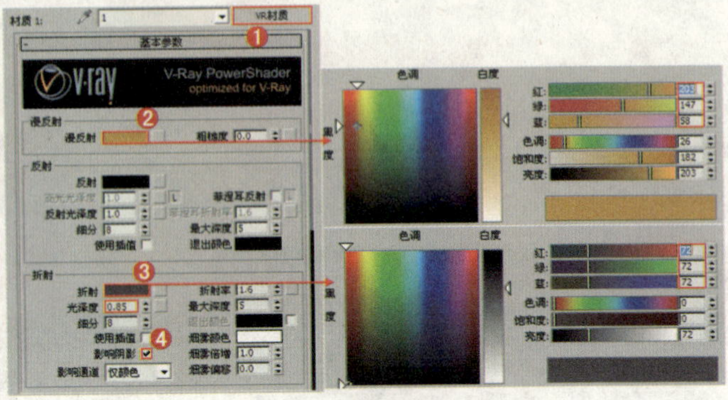

图 4-38　VRay 材质的参数

05 单击进入【材质 2】后面的通道中，在【漫反射】选项组下调节漫反射颜色为 R=248、G=244、B=230，在【折射】选项组下调节折射颜色为 R=82、G=82、B=82，设置【光泽度】为 0.7，勾选【影响阴影】复选框，如图 4-39 所示。

06 展开【混合基本参数】卷展栏，在【遮罩】后面的通道上加载“花纹遮罩.jpg”贴图文件，如图 4-40 所示。

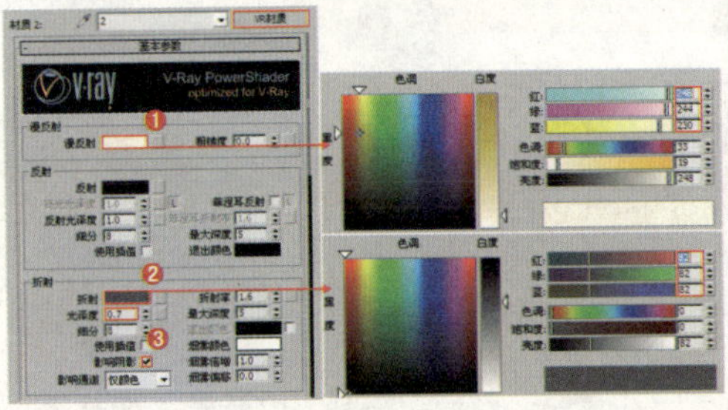

图 4-39　VRay 材质的参数

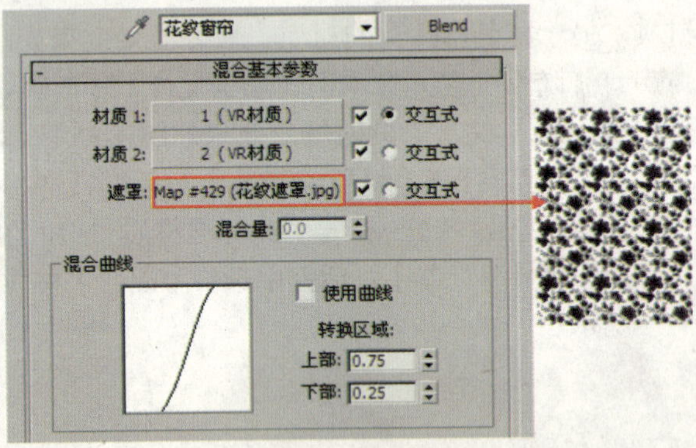

图 4-40　添加遮罩贴图

07 将调制好的花纹窗帘材质赋予场景中的窗帘模型，如图 4-41 所示。

>>> 技巧与提示

【混合】材质非常适合制作一个物体拥有两种不同材质效果，并且这两种材质按照一定的方式进行分面，因此适合制作复杂的花纹窗帘、雕花玻璃等。

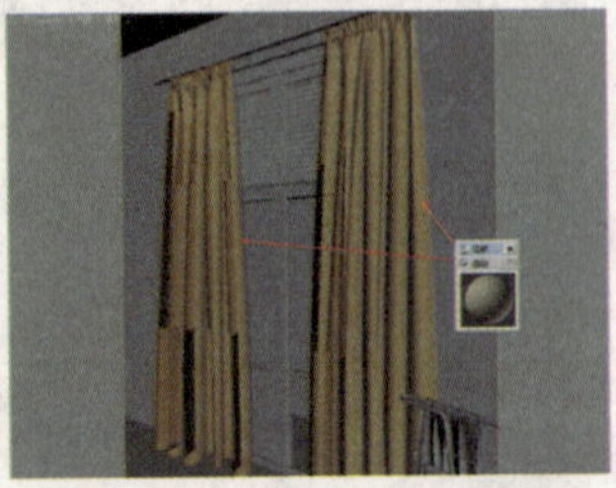

图 4-41　将材质赋予窗帘

08 制作百叶窗的材质。按 M 键，打开【材质编辑器】对话框，选择一个空白材质球，单击 Arch & Design 按钮，在弹出的【材质 / 贴图浏览器】对话框中选择【VR 材质】，如图 4-42 所示。

09 将材质命名为“百叶窗”，在【漫反射】选项组下调节漫反射颜色为 R=203、G=203、B=203，在【反射】选项组下调节反射颜色为 R=20、G=43、B=85，设置【细分】

为 20，在【折射】选项组下调节折射颜色为 R=50、G=50、B=50，最后勾选【影响阴影】复选框，如图 4-43 所示。

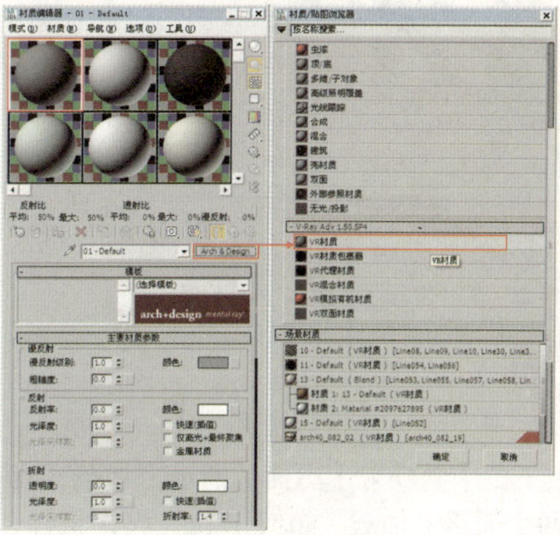

图 4-42　混合基本参数

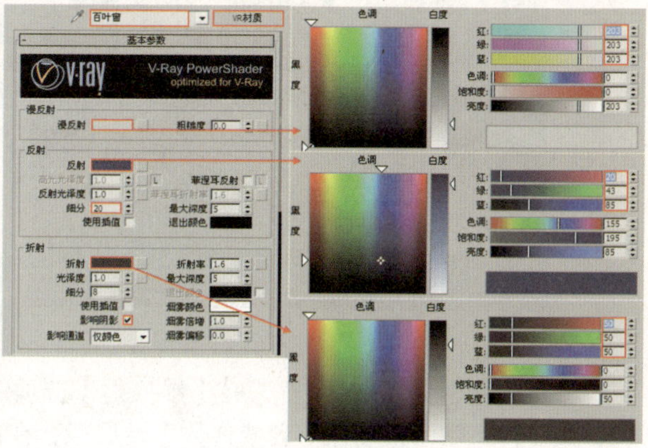

图 4-43　VRay 材质的参数

10 将调制好的百叶窗材质赋予场景中的窗帘模型，如图 4-44 所示。使用同样的方法创建出其他部分的材质，最终的渲染效果如图 4-45 所示。

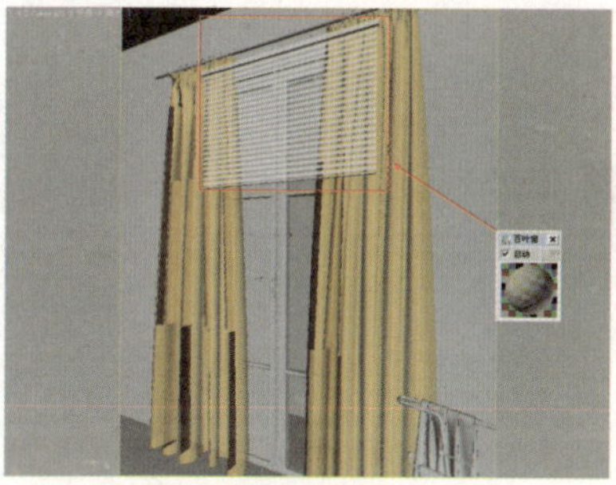

图 4-44　给模型赋予材质

图 4-45　渲染的效果

课堂实战——布纹材质

场景文件	场景文件 \ 第 4 章 \ 布纹材质 .max
案例文件	最终文件 \ 第 4 章 \ 布纹材质 .max
视频教学	视频 \ 第 4 章 \ 布纹材质 .flv
视频长度	2 分 22 秒
难易指数	★★★☆☆
材质类型	VRay 材质、Arch & Design 材质
技术掌握	掌握 VRay 材质、Arch & Design 材质以及“衰减”程序贴图的运用

在本例会客厅一角场景中，主要有两种材质，一种是布纹的材质，另一种是地板的材质。最终渲染效果如图 4-46 所示。

图 4-46　最终渲染效果

01 打开随书配套光盘中的“场景文件 \ 第 4 章 \ 布纹材质 .max”文件，此时场景效果如图 4-47 所示。

02 按 M 键，打开【材质编辑器】对话框，选择一个空白材质球，单击 Arch & Design 按钮，在弹出的【材质 / 贴图浏览器】对话框中选择【VR 材质】，如图 4-48 所示。

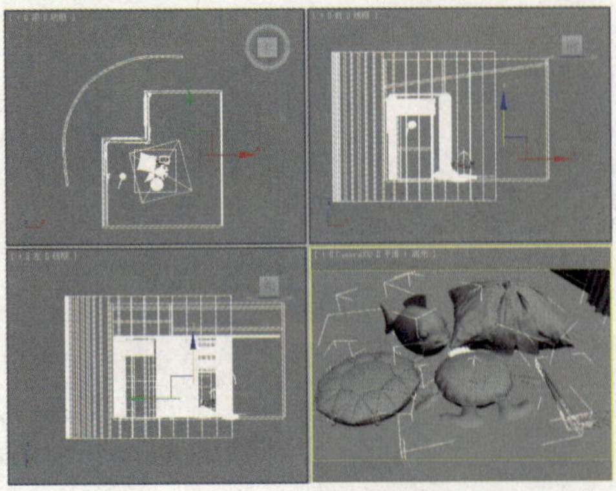

图 4-47　场景效果

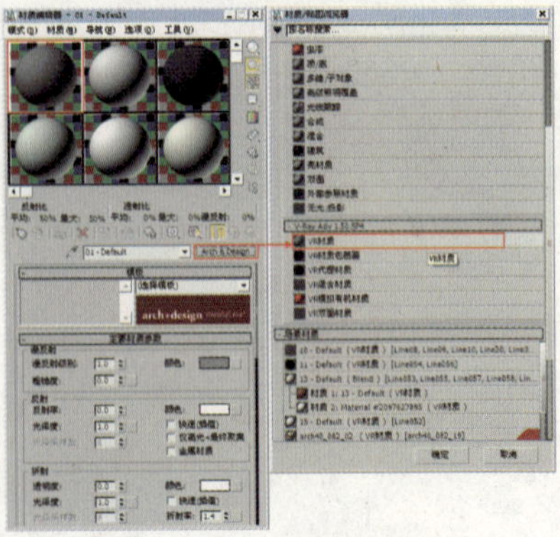

图 4-48　选择【VR 材质】

03 将材质命名为“布纹 1”，在【漫反射】选项组下的【漫反射】后面的通道上加载“衰减”程序贴图，展开【衰减参数】卷展栏，在两个通道上加载“布纹 1.jpg”贴图文件，并设置【衰减类型】为“垂直 / 平行”，接着在【反射】选项组下设置【反射光泽度】为 0.84，勾选【菲涅耳反射】复选框，设置【菲涅耳折射率】为 2.5，如图 4-49 所示。

04 展开【贴图】卷展栏，在【凹凸】后面的通道上加载一张“布纹 1 凹凸 .jpg”贴图文件，最后设置【凹凸】为 1.0，如图 4-50 所示。

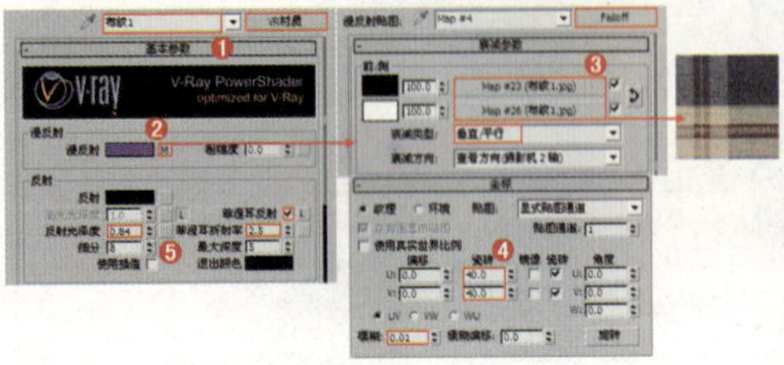

图 4-49　布纹材质

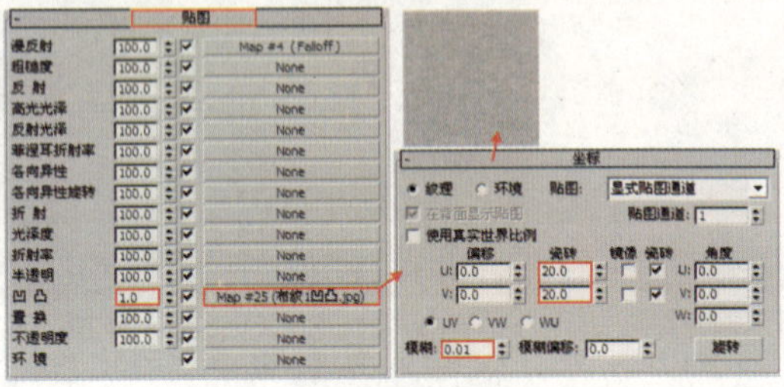

图 4-50　加载凹凸贴图

05 将调制好的布纹 1 材质赋予抱枕模型，如图 4-51 所示。

06 制作地毯的材质。选择一个空白材质球，将材质命名为“地毯”，在【漫反射】选项组下的【漫反射】后面的通道上加载一张“地毯 .jpg”贴图文件，设置【瓷砖】的 U、V 均为 6.0，如图 4-52 所示。

07 将调制好的地毯材质赋予地毯模型，如图 4-53 所示。

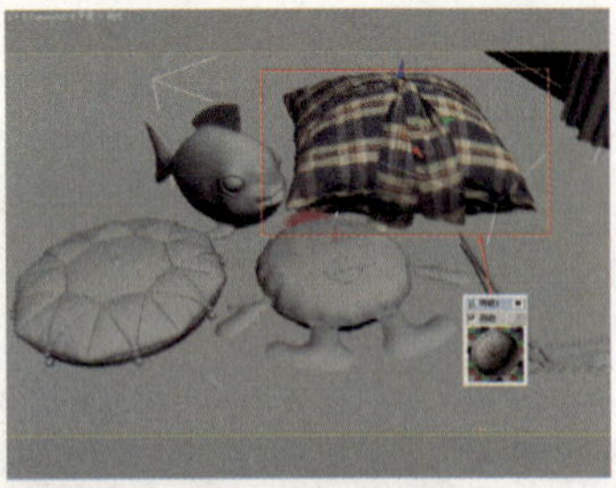

图 4-51　将材质赋予模型

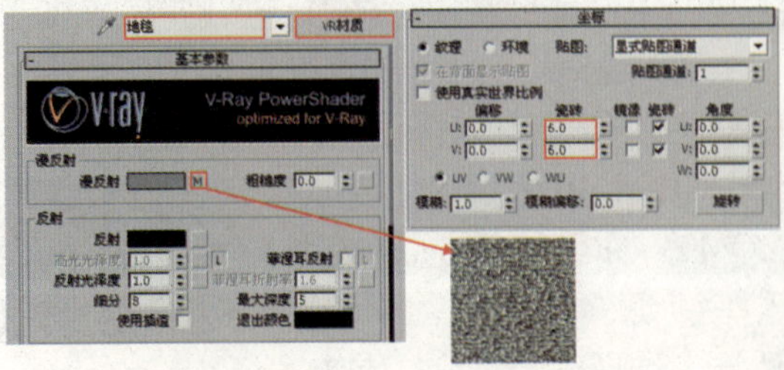

图 4-52　地毯参数

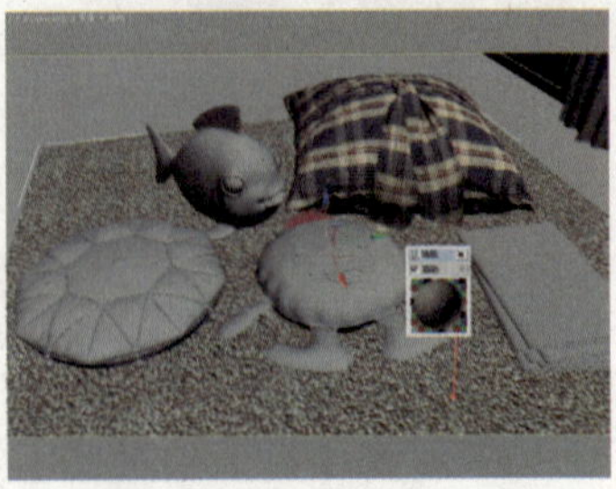

图 4-53　将材质赋给模型

08 制作布纹 2 的材质。选择一个空白材质球，将材质命名为“布纹 2”，在【漫反射】后面的通道上加载“布纹 2.jpg”贴图文件，在【反射】选项组下调节反射颜色为 R=0.435、G=0.039、B=0.141，设置【光泽度】为 0.4、【光泽采样数】为 24，如图 4-54 所示。

09 将调制好的布纹材质赋予抱枕模型，如图 4-55 所示。

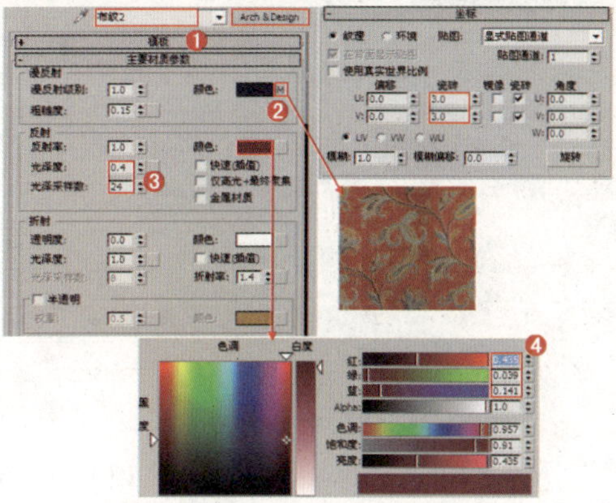

图 4-54　布纹 2 材质的参数

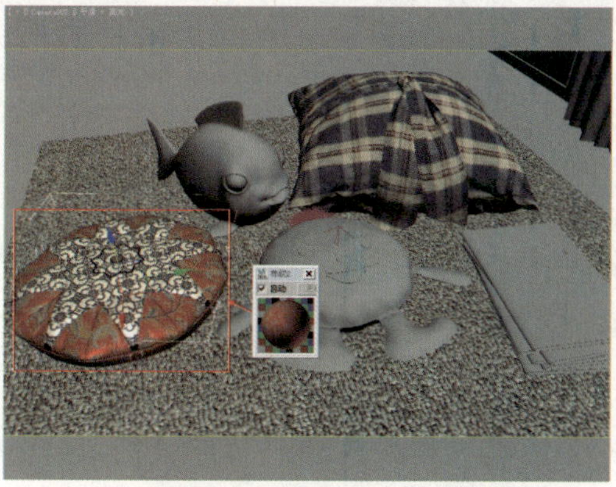

图 4-55　将材质赋予模型

10 使用相同的方法制作出剩余部分模型的材质。最终渲染效果如图 4-56 所示。

图 4-56　渲染的效果

课堂实战——绒布材质

场景文件	场景文件 \ 第 4 章 \ 绒布材质 .max
案例文件	最终文件 \ 第 4 章 \ 绒布材质 .max
视频教学	视频 \ 第 4 章 \ 绒布材质 .flv
视频长度	1 分 46 秒
难易指数	★★★☆☆
材质类型	标准材质
技术掌握	掌握标准材质、“遮罩” 程序贴图以及 “衰减” 程序贴图的运用

在本例会客厅一角场景中，主要有两种材质，一种是绒布的材质，另一种是地板和墙面的材质。最终渲染效果如图 4-57 所示。

图 4-57　最终渲染效果

01 打开随书配套光盘中的“场景文件 \ 第 4 章 \ 绒布材质 .max”文件，此时场景效果如图 4-58 所示。

02 按 M 键，打开【材质编辑器】对话框，选择一个空白材质球，单击 Arch & Design 按钮，在弹出的【材质 / 贴图浏览器】对话框中选择【标准】材质，如图 4-59 所示。

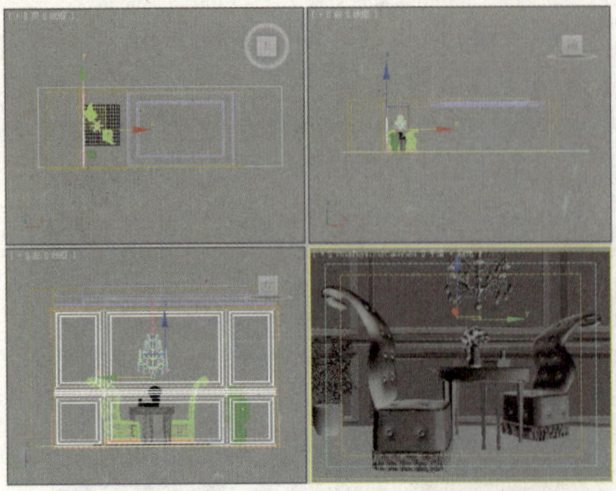

图 4-58　场景效果

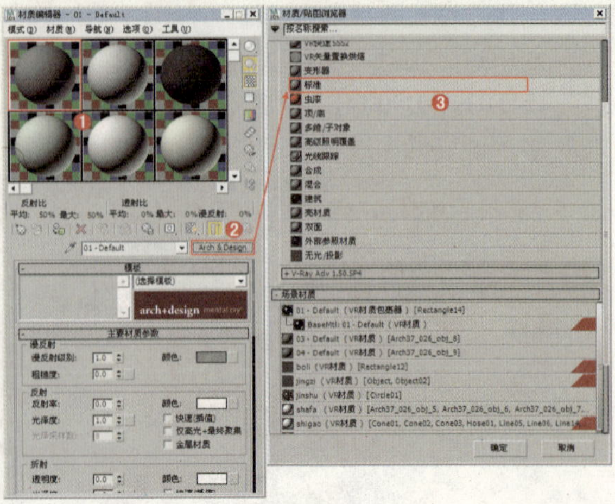

图 4-59　选择【标准】材质

03 将材质命名为“绒布”，展开【明暗器基本参数】卷展栏，设置类型为“（O）Oren-Nayar-Blinn”，在【漫反射】后面的通道上加载一张“绒布 .jpg”贴图文件，并设置【大小】为 0.5mm，如图 4-60 所示。

04 在【自发光】选项组下勾选【颜色】复选框，并在通道上加载“遮罩”程序贴图，展开【遮罩参数】卷展栏，在【贴图】和【遮罩】通道上加载“衰减”程序贴图，如图 4-61 所示。

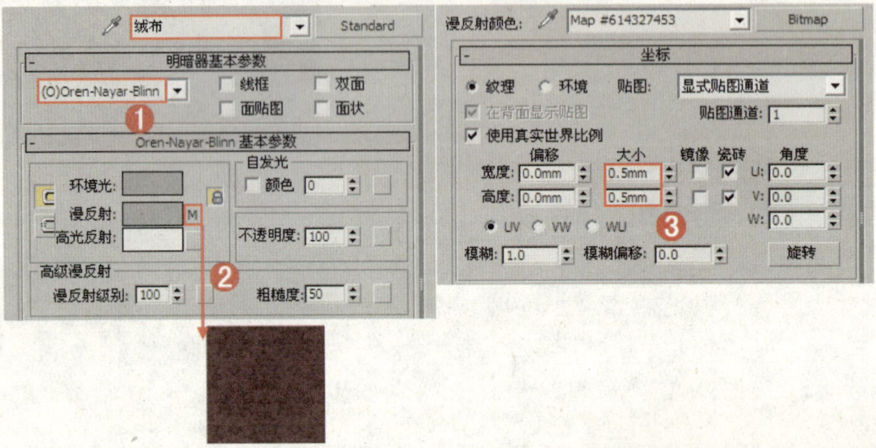

图 4-60　设置【标准】材质参数

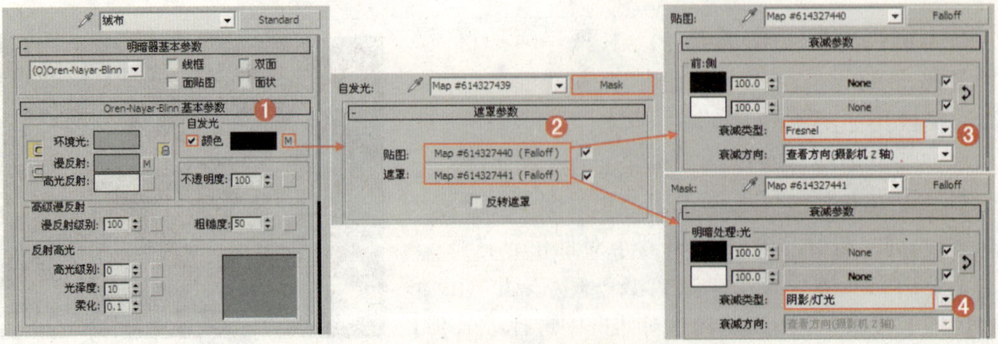

图 4-61　设置【遮罩】贴图参数

05 展开【贴图】卷展栏，将【漫反射颜色】后面通道上的贴图文件拖曳到【凹凸】通道上，最后设置【凹凸】为60，如图4-62所示。

06 将调制好的绒布材质赋予椅子模型，如图4-63所示。

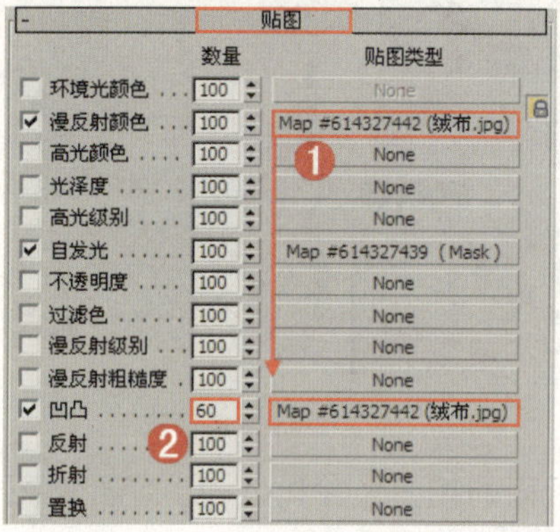

图4-62 加载凹凸贴图

图4-63 将材质赋予模型

07 使用相同的方法制作出剩余部分模型的材质。最终渲染效果如图4-64所示。

图4-64 渲染的效果

课堂实战——衣服材质

场景文件	场景文件\第4章\衣服材质.max
案例文件	最终文件\第4章\衣服材质.max
视频教学	视频\第4章\衣服材质.flv
视频长度	2分01秒
难易指数	★★☆☆☆
材质类型	标准材质、VRay材质
技术掌握	掌握标准材质、VRay材质的运用

在本例换衣间场景中，主要有两种材质，一种是衣服的材质，另一种是地板的材质。最终渲染效果如图4-65所示。

图4-65 最终渲染效果

01 打开随书配套光盘中的“场景文件\第4章\衣服材质.max”文件，此时场景效果如图4-66所示。

02 按M键，打开【材质编辑器】对话框，选择一个空白材质球，单击 Arch & Design 按钮，在弹出的【材质/贴图浏览器】对话框中选择【标准】材质，如图4-67所示。

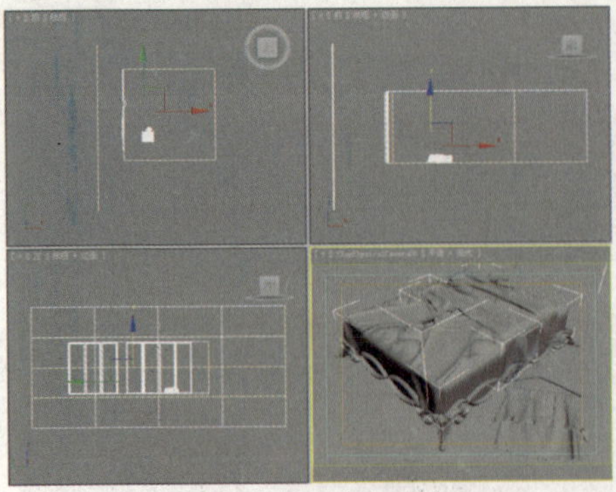

图 4-66　场景效果

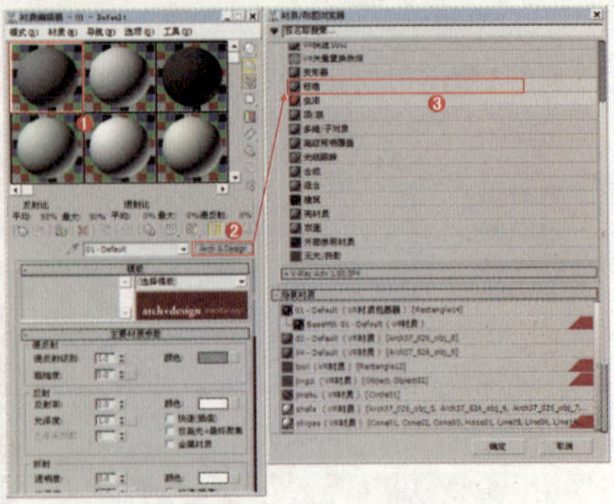

图 4-67　选择【标准】材质

03 将材质命名为“牛仔裤”，单击【漫反射】后面的按钮，并加载“牛仔裤贴图 .jpg”贴图文件，设置【模糊】为 0.01，如图 4-68 所示。

04 展开【贴图】卷展栏，将【漫反射颜色】后面的通道上的贴图文件拖曳到【凹凸】通道上，最后设置【凹凸】为 30，如图 4-69 所示。

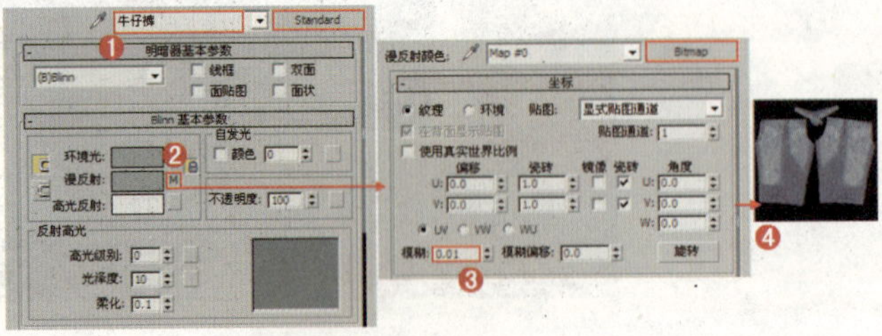

图 4-68　牛仔裤的参数

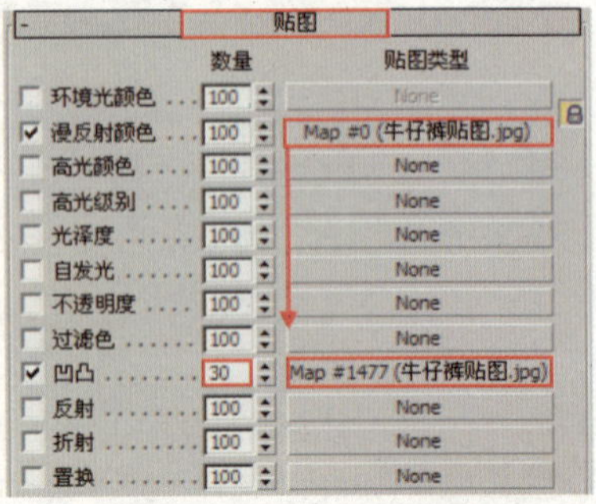

图 4-69　加载凹凸贴图

05 将调制好的牛仔裤材质赋予牛仔裤模型，如图 4-70 所示。

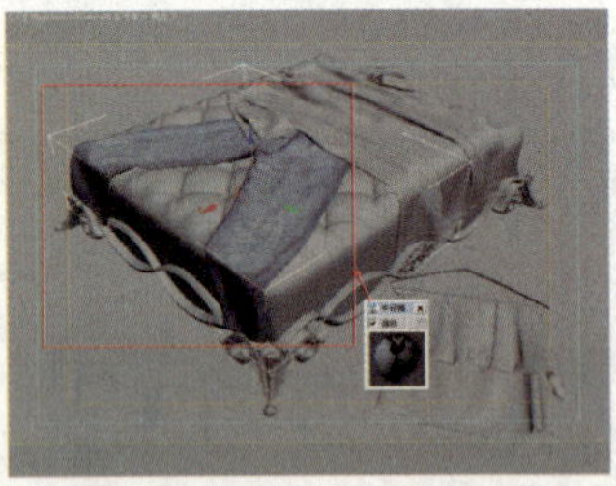

图 4-70　将材质赋予模型

06 制作衬衫的材质。选择一个空白材质球，将材质命名为“衬衫”，单击【漫反射】后面的按钮，并加载“衬衫贴图 .jpg”贴图文件，设置【模糊】为 0.01，如图 4-71 所示。

07 将调制好的衬衫材质赋予衬衫模型，如图 4-72 所示。

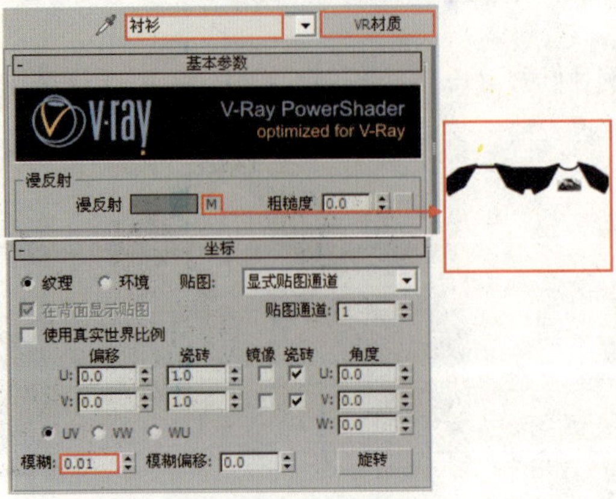

图 4-71　衬衫的参数

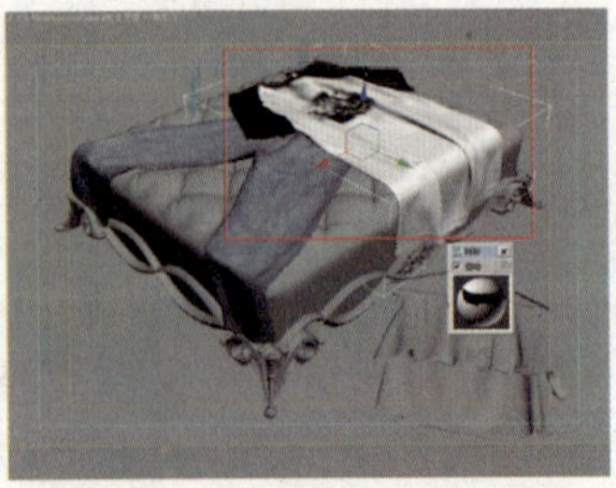

图 4-72　将材质赋予模型

08 制作木衣服架的材质。选择一个空白材质球，将材质命名为“木衣架”，单击【漫反射】后面的按钮，并加载“木纹 .jpg”贴图文件，在【反射】选项组下调节反射颜色为 R=52、G=52、B=52，设置【反射光泽度】为 0.7，如图 4-73 所示。

09 将调制好的木衣架材质赋予衣架模型，如图 4-74 所示。

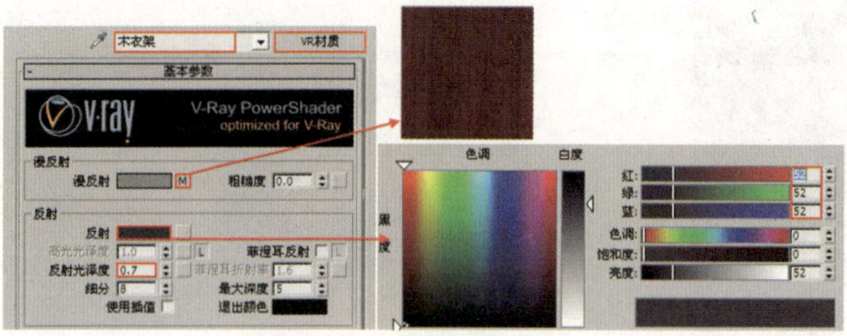

图 4-73 木衣架的参数

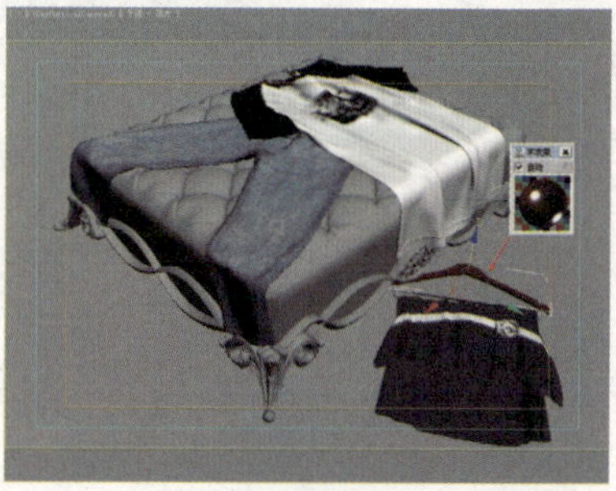

图 4-74 将材质赋予模型

10 使用相同的方法制作出剩余部分模型的材质。最终渲染效果如图 4-75 所示。

图 4-75 最终渲染效果

4.5 木材材质的设置

课堂实战——藤制材质

场景文件	场景文件 \ 第 4 章 \ 藤制材质 .max
案例文件	最终文件 \ 第 4 章 \ 藤制材质 .max
视频教学	视频 \ 第 4 章 \ 藤制材质 .flv
视频长度	1 分 54 秒
难易指数	★★★☆☆
材质类型	标准材质、VRay 材质
技术掌握	掌握标准材质、VRay 材质的运用

在本例客厅一角场景中，主要有两种材质，一种是藤制品的材质，另一种是地板和墙面的材质。最终渲染效果如图 4-76 所示。

01 打开随书配套光盘中的“场景文件 / 第 4 章 / 藤制材质 .max”文件，此时场景效果如图 4-77 所示。

02 按 M 键，打开【材质编辑器】对话框，选择一个空白材质球，单击 Arch & Design 按钮，在弹出的【材质 / 贴图浏览器】对话框中选择【标准】材质，如图 4-78 所示。

图 4-76 最终渲染效果

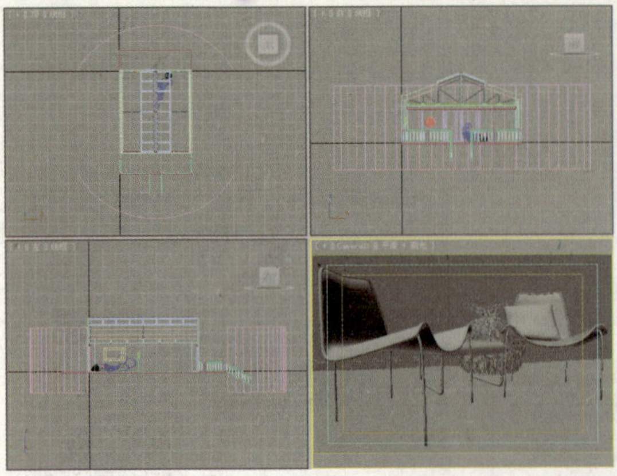

图 4-77　场景效果

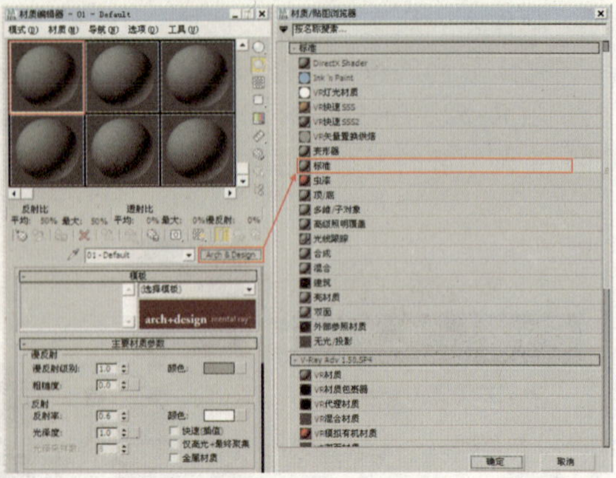

图 4-78　选择【标准】材质

03 将材质命名为“藤椅”，在【漫反射】后面的通道上加载“藤鞭.jpg”贴图文件，在【不透明度】后面的通道上加载“藤鞭黑白.jpg”贴图文件，在【反射高光】选项组下，设置【高光级别】为 61、【光泽度】为 10，如图 4-79 所示。

04 将调制好的藤椅材质赋予场景中的藤椅模型，如图 4-80 所示。

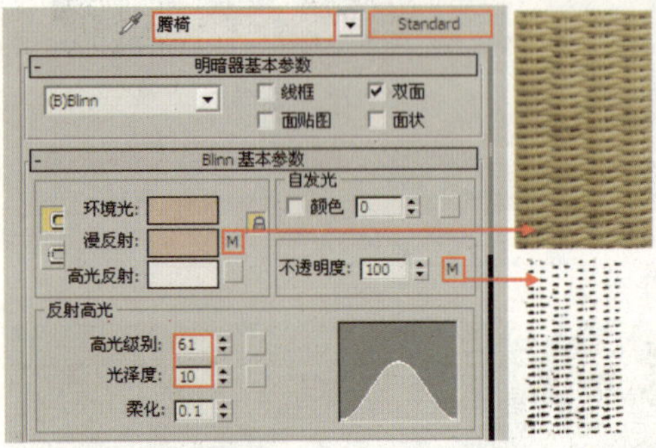

图 4-79　藤椅的材质参数

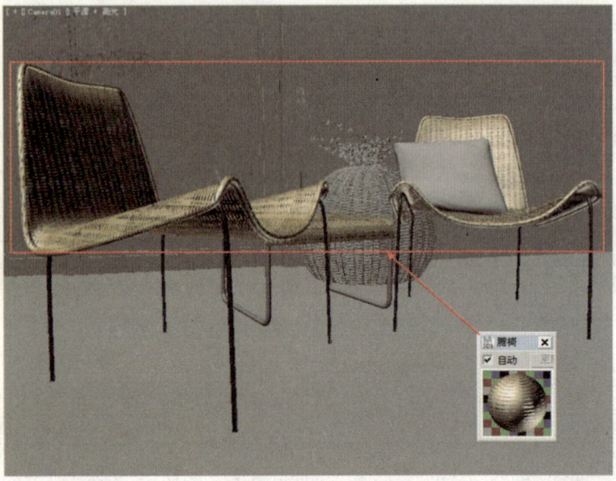

图 4-80　将材质赋予模型

>>> 技巧与提示

在这里我们使用的是【不透明度】贴图的方法，制作镂空的竹藤效果，将黑白的不透明度贴图加载到【不透明度】通道上，在渲染时会遵循“黑透白不透”的原理，贴图中黑色的区域为透明，贴图中白色区域为不透明，因此可以快速模拟镂空效果。

05 制作藤制 2 材质。按 M 键，打开【材质编辑器】对话框，选择一个空白材质球，单击 Arch & Design 按钮，在弹出的【材质/贴图浏览器】对话框中选择【VR 材质】，如图 4-81 所示。

06 将材质命名为“藤制 2”，在【漫反射】选项组下加载“藤制 2 贴图.jpg”贴图文件，在【反射】选项组下调节反射颜色为 R=15、G=15、B=15，最后设置【反射光泽度】为 0.65，如图 4-82 所示。

07 展开【贴图】卷展栏，在【凹凸】后面的通道上加载“藤制凹凸.jpg”贴图文件，最后设置【凹凸】为 50.0，如图 4-83 所示。

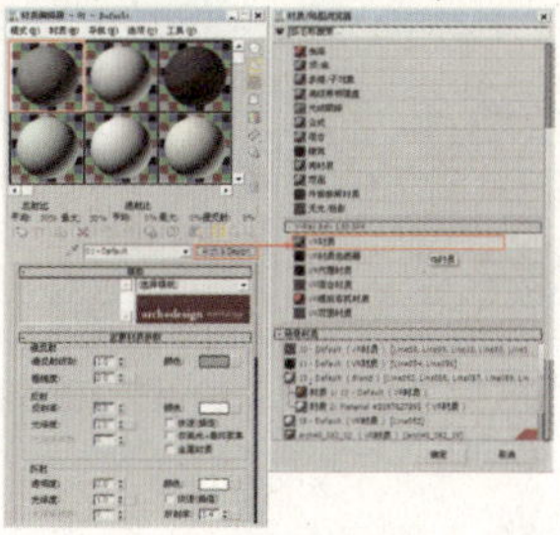

图 4-81 选择【VR 材质】

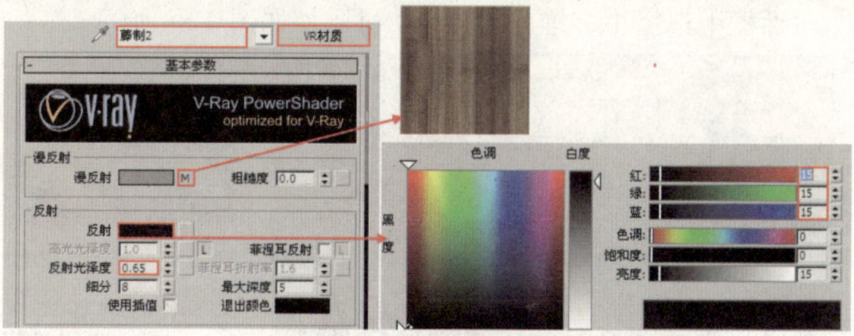

图 4-82 VRay 材质参数

08 将调制好的藤制 2 材质赋予场景中的藤制模型，如图 4-84 所示。

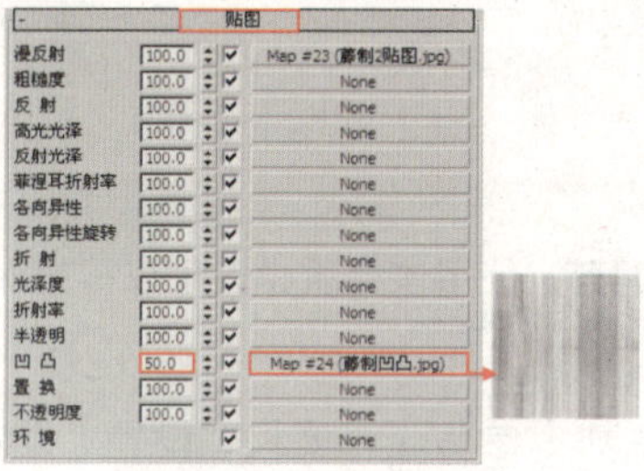

图 4-83 加载凹凸贴图

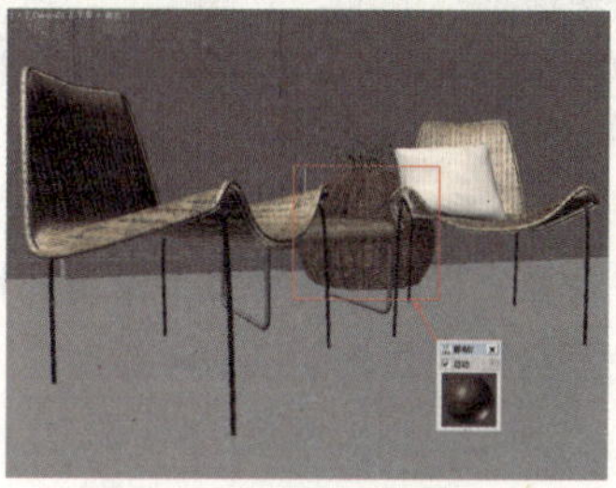

图 4-84 将材质赋予模型

09 用相同的方法制作出其他模型的材质，最终渲染效果如图 4-85 所示。

图 4-85 渲染的效果

4.6 沙发皮革材质的设置

课堂实战——沙发皮革材质

场景文件	场景文件 \ 第 4 章 \ 沙发皮革材质 .max
案例文件	最终文件 \ 第 4 章 \ 沙发皮革材质 .max
视频教学	视频 \ 第 4 章 \ 沙发皮革材质 .flv
视频长度	2 分 31 秒
难易指数	★★★☆☆
材质类型	VRay 材质、多维 / 子对象材质
技术掌握	掌握 VRay 材质、多维 / 子对象材质的运用

在本例客厅一角场景中，主要有两种材质，一种是沙发的材质，另一种是地板和墙面的材质。最终渲染效果如图 4-86 所示。

图 4-86 最终渲染效果

01 打开随书配套光盘中的“场景文件 \ 第 4 章 \ 沙发皮革材质 .max”文件，此时场景效果如图 4-87 所示。

02 按 M 键，打开【材质编辑器】对话框，选择一个空白材质球，单击 Arch & Design 按钮，在弹出的【材质 / 贴图浏览器】

对话框中选择【多维 / 子对象】材质，如图 4-88 所示。

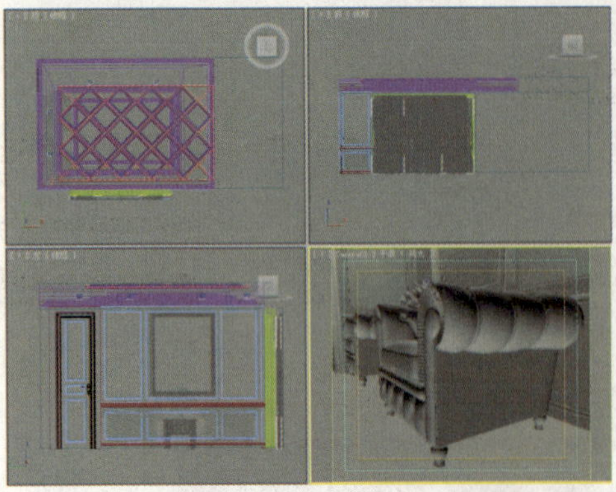

图 4-87　场景效果

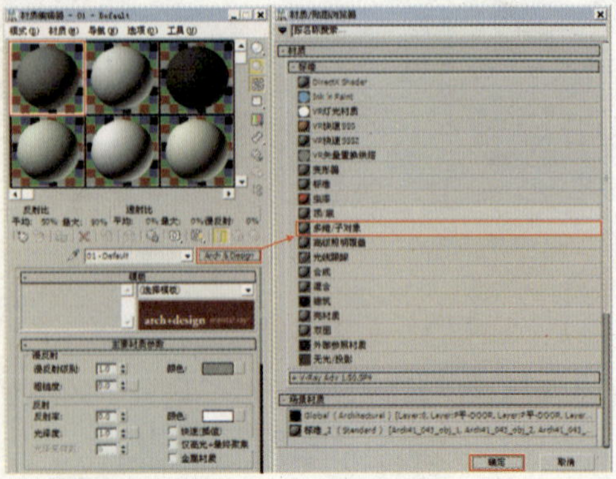

图 4-88　选择【多维 / 子对象】材质

>>> 技巧与提示

【多维 / 子对象】材质是一种较为常用的材质类型，使用该材质类型可以根据对象设置的材质 ID，将不同的材质分配到对象的子对象级别。

03 将材质命名为“沙发”，展开【多维 / 子对象基本参数】卷展栏，设置【设置数量】为 2，这样子材质就设置为 2 个，如图 4-89 所示。

04 单击进入 ID 号为 1 的后面的通道上加载【VR 材质】，并命名为“沙发皮革”，在【漫反射】选项组下的【漫反射】后面的通道上加载“皮贴图 .jpg”贴图文件，设置【模糊】为 0.01，在【反射】选项组下的【反射】后面的通道上加载“衰减”程序贴图，设置【衰减类型】为“Fresnel”，最后设置【高光光泽度】为 0.74、【反射光泽度】为 0.75、【细分】为 20，如图 4-90 所示。

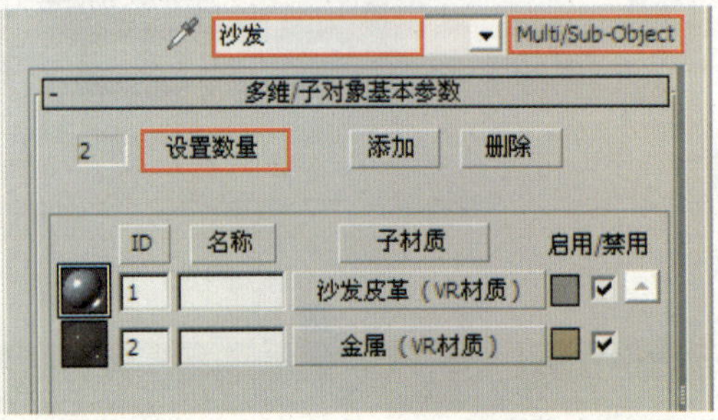

图 4-89　多维 / 子对象基本参数

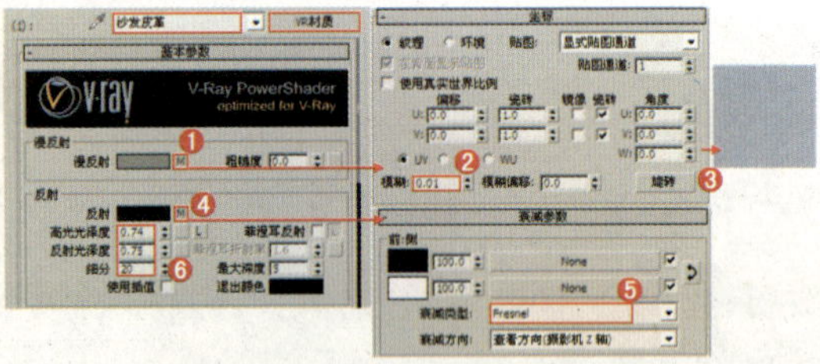

图 4-90　沙发皮革材质的参数

05 展开【贴图】卷展栏，将【漫反射】后面通道上的贴图文件拖曳到【凹凸】通道上，此时弹出【复制（实例）贴图】对话框，勾选【复制】单选按钮，如图 4-91 所示。最后设置【凹凸】为 10.0，如图 4-92 所示。

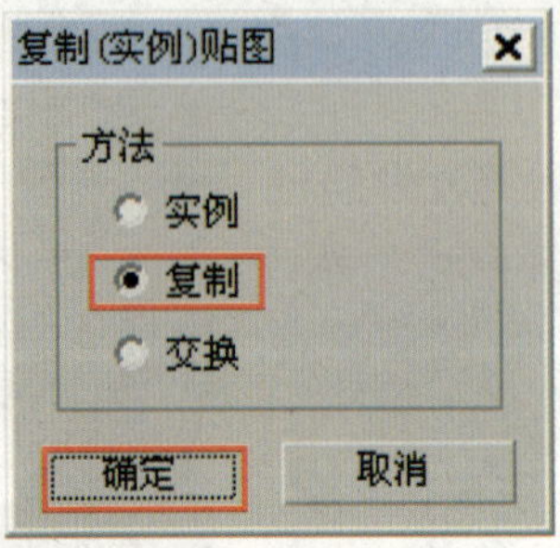

图 4-91　【复制（实例）贴图】对话框

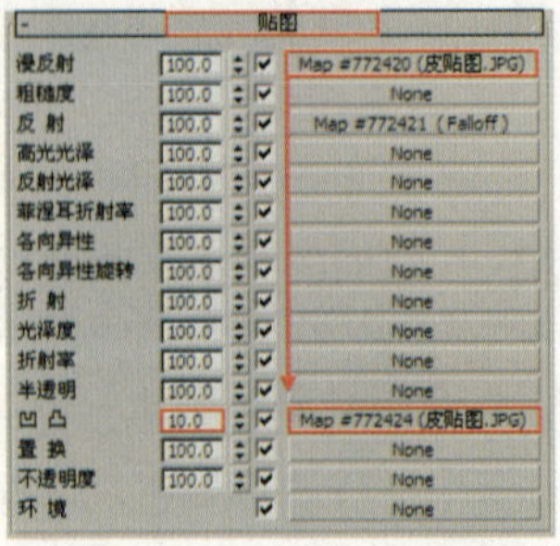

图 4-92　加载凹凸贴图

06 单击进入 ID 号为 2 的后面的通道上加载【VR 材质】，并命名为“金属”，在【漫反射】选项组下调节漫反射颜色为 R=162、G=139、B=108，在【反射】选项组下调节反射颜色为 R=205、G=205、B=205，设置【高光光泽度】为 0.89、【反射光泽度】为 0.94、【细分】为 20，如图 4-93 所示。

07 将调制好的沙发材质赋予场景中的沙发模型，如图 4-94 所示。

图 4-93　金属材质的参数

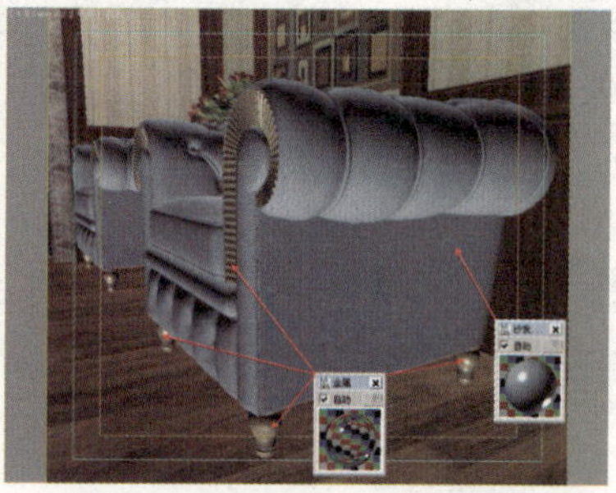

图 4-94　将材质赋予沙发模型

08 使用相同的方法制作出剩余部分模型的材质。最终的渲染效果如图 4-95 所示。

图 4-95　最终渲染效果

4.7 陶瓷材质的设置

课堂实战——陶瓷材质

场景文件	场景文件 \ 第 4 章 \ 陶瓷材质 .max
案例文件	最终文件 \ 第 4 章 \ 陶瓷材质 .max
视频教学	视频 \ 第 4 章 \ 陶瓷材质 .flv
视频长度	4 分 15 秒
难易指数	★★★☆☆
材质类型	VRay 材质、混合材质
技术掌握	掌握 VRay 材质和混合材质的运用

在本例休闲室一角场景中，主要有两种材质，一种是陶瓷材质，另一种是花纹陶瓷的材质。最终渲染效果如图 4-96 所示。

图 4-96　最终渲染效果

01 打开随书配套光盘中的“场景文件 \ 第 4 章 \ 陶瓷材质 .max”文件，此时场景效果如图 4-97 所示。

02 按 M 键，打开【材质编辑器】对话框，选择一个空白材质球，单击 Arch & Design 按钮，在弹出的【材质 / 贴图浏览器】对话框中选择【VR 材质】，如图 4-98 所示。

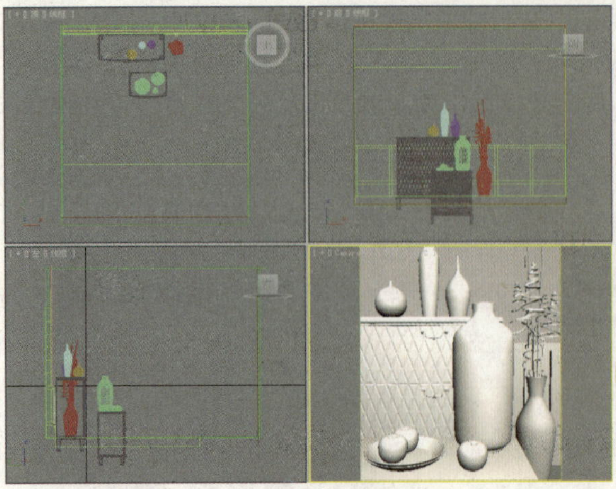

图 4-97　场景效果

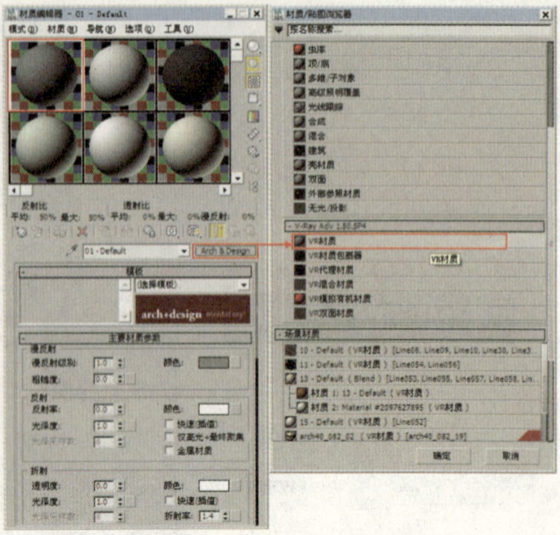

图 4-98　选择【VR 材质】

>>> 技巧与提示

在使用 VRay 材质时首先要将渲染器设置为 VRay 渲染器，这样在【材质 / 贴图浏览器】对话框中才会出现 VRay 的材质。

03 将材质命名为“陶瓷 1”，在【漫反射】选项组下调节漫反射颜色为 R=255、G=255、B=255，在【反射】选项组下加载“衰减”程序贴图，并在【衰减参数】卷展栏下设置【衰减类型】为“Fresnel”，最后设置【反射光泽度】为 0.98、【细分】为 15，如图 4-99 所示。

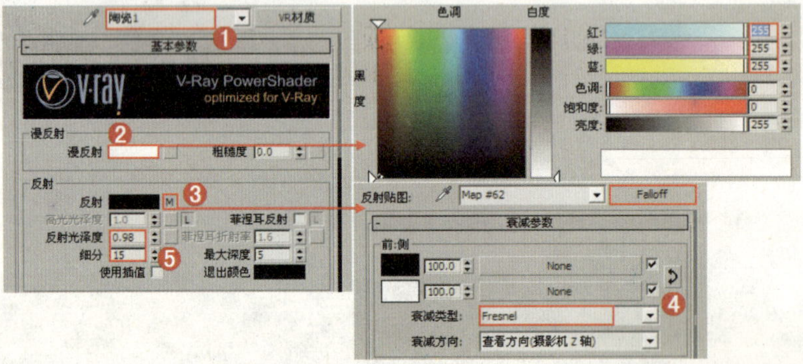

图 4-99　VRay 材质的参数

04 将调制好的陶瓷 1 材质赋予场景中的陶瓷模型，如图 4-100 所示。

05 制作陶瓷 2 的材质。选择一个空白材质球，然后设置材质类型为【VR 材质】，将材质命名为“陶瓷 2”，在【漫反射】选项组下调节漫反射颜色为 R=204、G=40、B=40，在【反射】选项组下调节反射颜色为 R=255、G=255、B=255，最后设置【反射光泽度】为 0.98、【细分】为 15，勾选【菲涅耳反射】复选框，如图 4-101 所示。

06 将调制好的陶瓷 2 材质赋予场景中的陶瓷模型，如图 4-102 所示。

图 4-100　将材质赋予模型

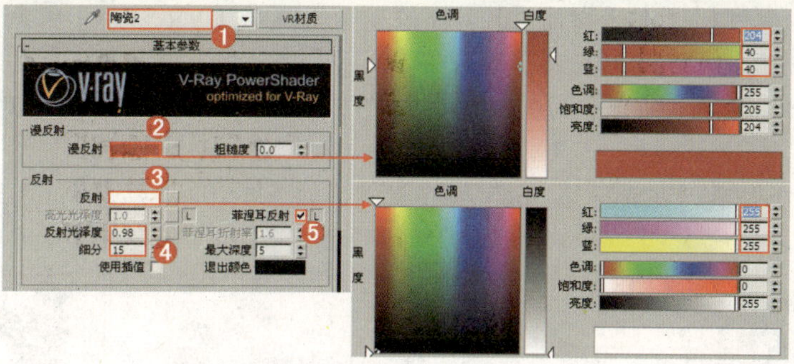

图 4-101　VRay 材质的参数

图 4-102　将材质赋予模型

07 制作陶瓷 3 的材质。选择一个空白材质球，然后设置材质类型为【VR 材质】，将材质命名为“陶瓷 3”，在【漫反射】选项组下的通道上加载“陶瓷 3.jpg”贴图文件，在【反射】选项组下调节反射颜色为 R=255、G=255、B=255，最后勾选【菲涅耳反射】复选框，如图 4-103 所示。

08 将调制好的陶瓷 3 材质赋予场景中的陶瓷模型，如图 4-104 所示。

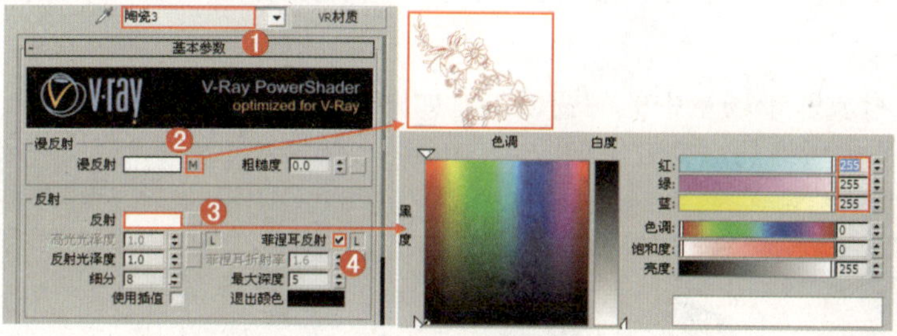

图 4-103　VRay 材质的参数

图 4-104　将材质赋予模型

09 制作花纹陶瓷的材质。按 M 键，打开【材质编辑器】对话框，选择一个空白材质球，单击 Standard （标准材质）按钮，在弹出的【材质 / 贴图浏览器】对话框中选择【混合】材质，如图 4-105 所示。

10 将材质命名为“花纹陶瓷 1”，在【材质 1】后面的通道上加载【VR 材质】，调节【漫反射】颜色为 R=26、G=100、B=8，接着在【反射】选项组下调节反射颜色为 R=255、G=255、B=255，设置【细分】为 15，最后勾选【菲涅耳反射】复选框，如图 4-106 所示。

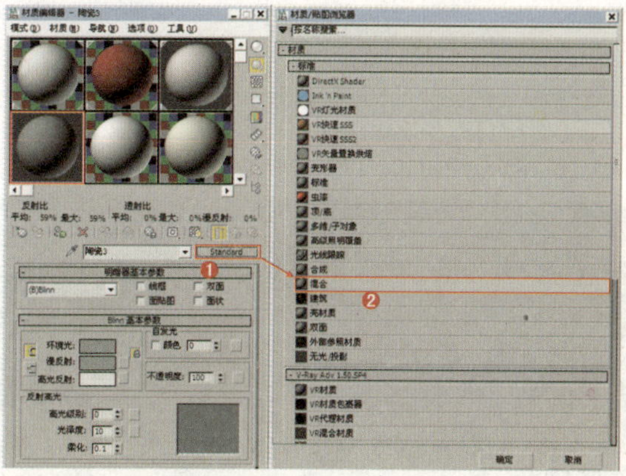

图 4-105　选择【混合】材质

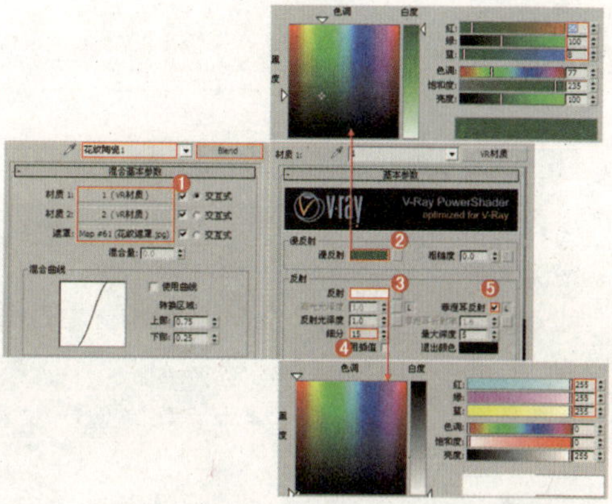

图 4-106　VRay 材质的参数

11 展开【混合基本参数】卷展栏，在【材质 2】后面的通道上加载【VR 材质】，调节【漫反射】颜色为 R=255、G=255、B=255，接着在【反射】选项组下调节反射颜色为 R=255、G=255、B=255，设置【细分】为 15，最后勾选【菲涅耳反射】复选框，如图 4-107 所示。

12 在【遮罩】后面的通道上加载“花纹遮罩 .jpg”贴图文件，如图 4-108 所示。

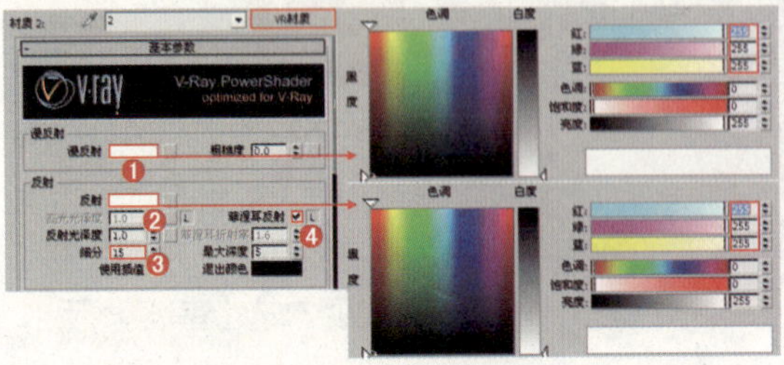

图 4-107　VRay 材质的参数

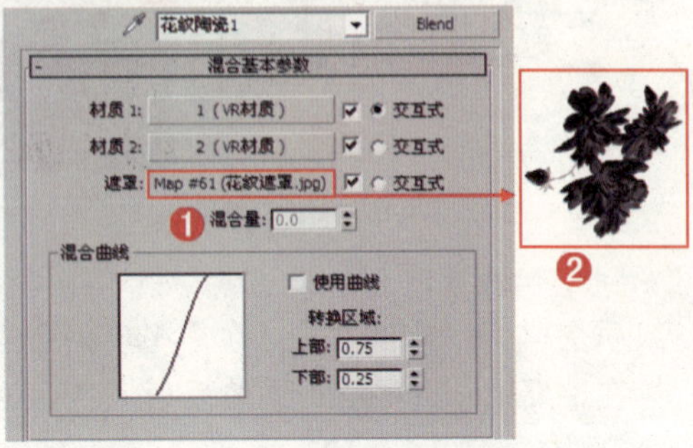

图 4-108　加载贴图文件

>>> 技巧与提示

在【遮罩】通道上加载黑白贴图，贴图中黑色部分显示材质 1，白色部分显示材质 2，这样就可以调节出更复杂的材质。

12 将调制好的花纹陶瓷 1 材质赋予场景中的陶瓷模型，如图 4-109 所示。使用同样的方法创建出其他部分的材质。最终的渲染效果如图 4-110 所示。

图 4-109　将材质赋予模型

图 4-110　渲染的效果

4.8 地砖材质的设置

课堂实战——地砖材质

场景文件	场景文件 \ 第 4 章 \ 地砖材质 .max
案例文件	最终文件 \ 第 4 章 \ 地砖材质 .max
视频教学	视频 \ 第 4 章 \ 地砖材质 .flv
视频长度	2 分 26 秒
难易指数	★★☆☆☆
材质类型	VR 材质
技术掌握	掌握 VR 材质的运用

在本例场景中，主要讲解地砖材质，最终渲染效果如图 4-111 所示。

01 打开随书配套光盘中的“场景文件 \ 第 4 章 \ 地砖材质 11.max”文件，此时场景效果如图 4-112 所示。

02 按 M 键，打开【材质编辑器】对话框，选择一个空白材质球，单击 Arch & Design 按钮，在弹出的【材质 / 贴图浏览器】对话框中选择【VR 灯光材质】，如图 4-113 所示。

图 4-111 最终渲染效果

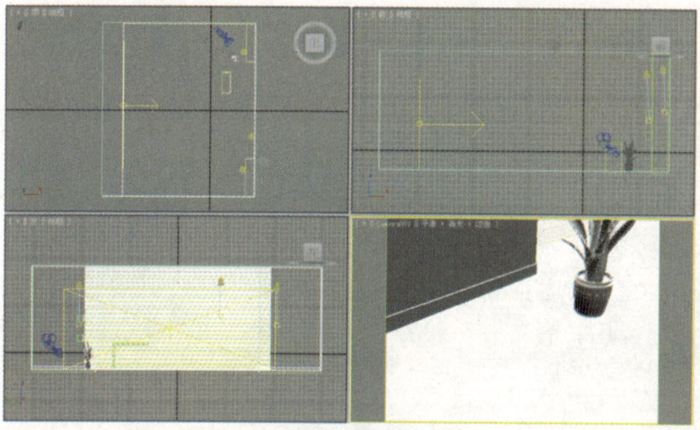

图 4-112 场景效果

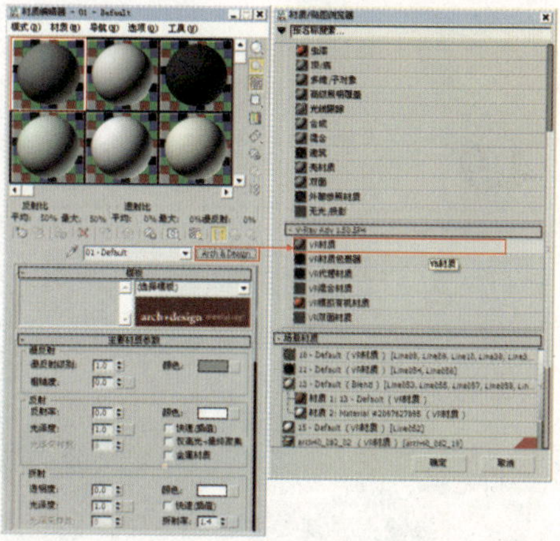

图 4-113 选择【VR 材质】

03 将材质命名为“地面”，在【漫反射】选项组下的通道上加载“地砖 .jpg”贴图文件，并设置【大小】为 4.0mm，设置【角度】的 V 为 40、W 为 45。接着在【反射】通道上加载“衰减”程序贴图，设置【衰减类型】为“垂直 / 平行”，并设置颜色为“深灰色”和“浅灰色”，最后设置【细分】为 20，如图 4-114 所示。

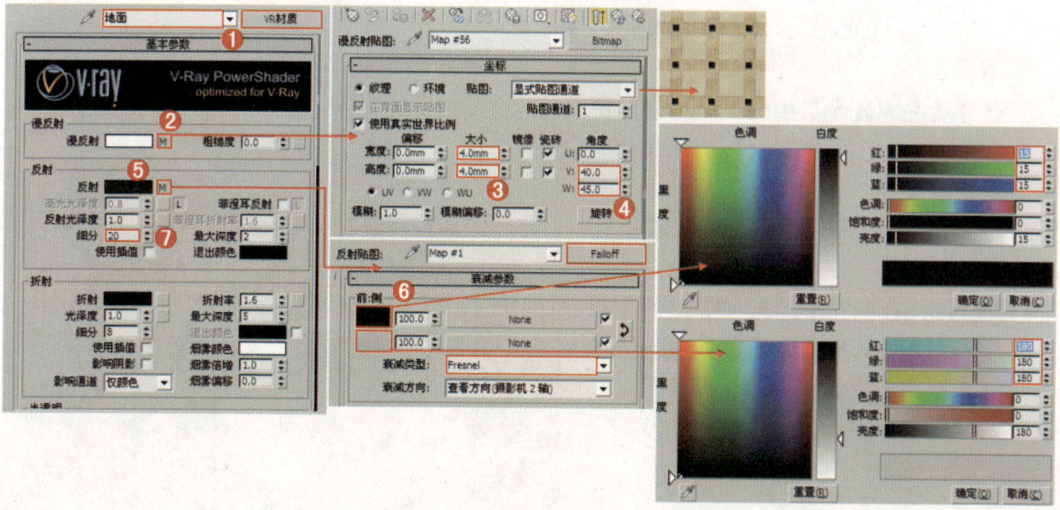

图 4-114 VRay 材质的参数

04 将调制好的地面材质赋予场景中的地面模型，如图 4-115 所示。

05 使用相同的方法制作出剩余部分模型的材质。最终的渲染效果如图 4-116 所示。

图 4-115　将材质赋予模型

图 4-116　最终渲染效果

4.9 场景背景材质的设置

课堂实战——自发光材质

场景文件	场景文件 \ 第 4 章 \ 自发光材质 .max
案例文件	最终文件 \ 第 4 章 \ 自发光材质 .max
视频教学	视频 \ 第 4 章 \ 自发光材质 .flv
视频长度	3 分 01 秒
难易指数	★★☆☆☆
材质类型	VRay 灯光材质
技术掌握	掌握 VRay 灯光材质的运用

在本例休闲室一角场景中，主要有两种材质，一种是外面自发光的材质，另一种是地板的材质。最终渲染效果如图 4-117 所示。

01 打开随书配套光盘中的“场景文件\第 4 章\自发光材质 .max”文件，此时场景效果如图 4-118 所示。

02 按 M 键，打开【材质编辑器】对话框，选择一个空白材质球，单击 Arch & Design 按钮，在弹出的【材质/贴图浏览器】对话框中选择【VR 灯光材质】，如图 4-119 所示。

图 4-117　最终渲染效果

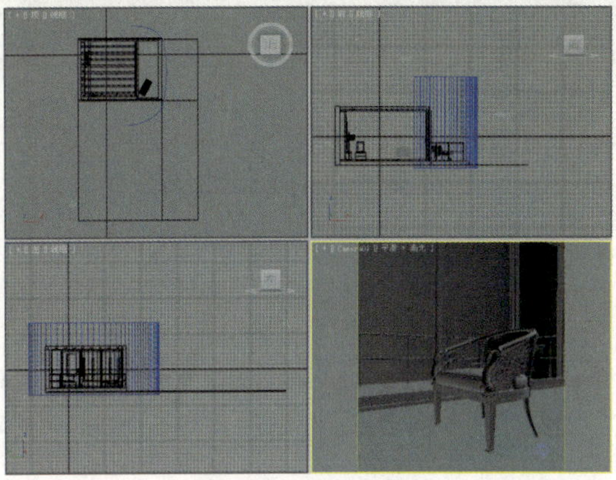

图 4-118 场景效果

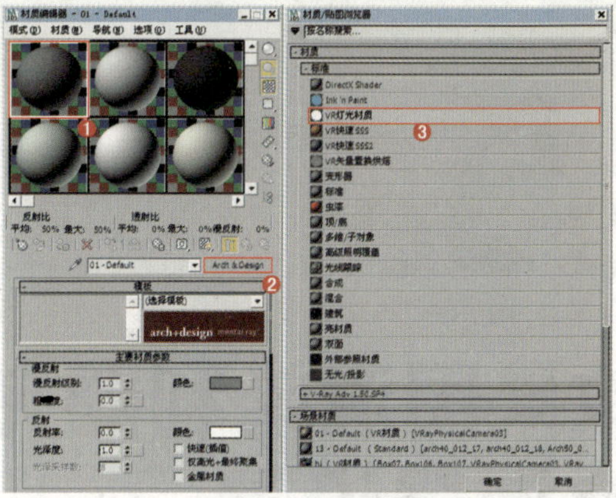

图 4-119 选择【VR 灯光材质】

03 将材质命名为“自发光”，展开【参数】卷展栏，并在后面的通道上加载“背景 .jpg”贴图文件，设置【大小】为 25.0mm，最后设置自发光强度为 1.6，如图 4-120 所示。

04 将制作好的自发光材质赋予外面环境的模型，如图 4-121 所示。

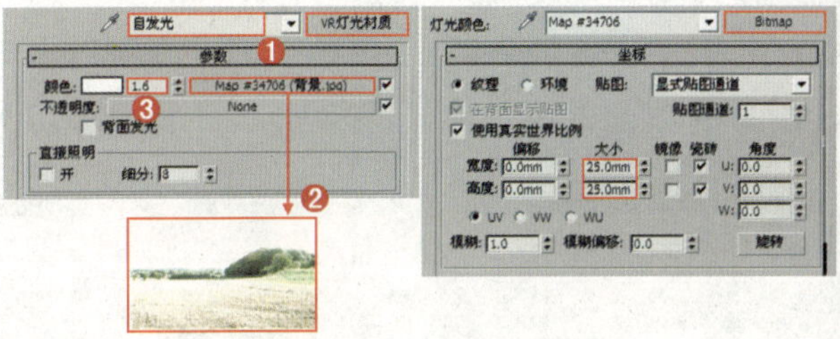

图 4-120 自发光参数

图 4-121 将材质赋予模型

>>> 技巧与提示

使用【VRay 灯光材质】可以快速模拟出背景的效果，并且可以方便地通过调节强度的数值来控制最终渲染背景的明暗程度。

05 使用相同的方法制作其他部分模型的材质。最终渲染效果如图 4-122 所示。

图 4-122 最终渲染效果

第5章

效果图渲染利器完全解析——VRay渲染器设置

本章学习要点

- 渲染器的基本常识
- VRay 渲染器的应用
- VRay 渲染器参数详解

5.1 VRay 渲染器

VRay 渲染器是由 Chaosgroup 和 Asgvis 公司出品，在中国由曼恒公司负责推广的一款高质量渲染软件。VRay 是目前业界最受欢迎的渲染引擎。由于 VRay 渲染器可以真实地模拟现实光照，并且操作简单，可控性也很强，因此被广泛应用于建筑表现、工业设计和动画制作等领域。

VRay 的渲染速度与渲染质量比较均衡，也就是说在保证较高渲染质量的前提下也具有较快的渲染速度，所以它是目前效果图制作领域最为流行的渲染器，如图 5-1 所示。

图 5-1　效果图作品

安装好 VRay 渲染器之后，若想使用该渲染器来渲染场景，可以按 F10 键打开【渲染设置】对话框，然后在【公用】选项卡下展开【指定渲染器】卷展栏，接着单击【产品级】选项后面的【选择渲染器】按钮...，最后在弹出的【选择渲染器】对话框中选择 VRay 渲染器即可，如图 5-2 所示。

VRay 渲染器参数主要包括【公用】、【V-Ray】、【间接照明】、【设置】和 Render Elements（渲染元素）5 个选项卡，如图 5-3 所示。

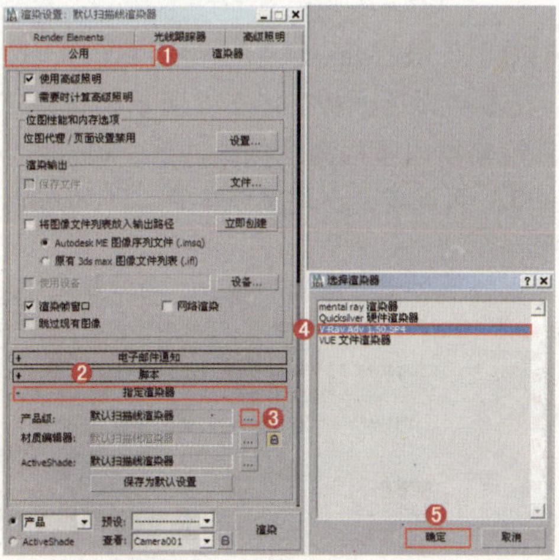

图 5-2　选择 VRay 渲染器

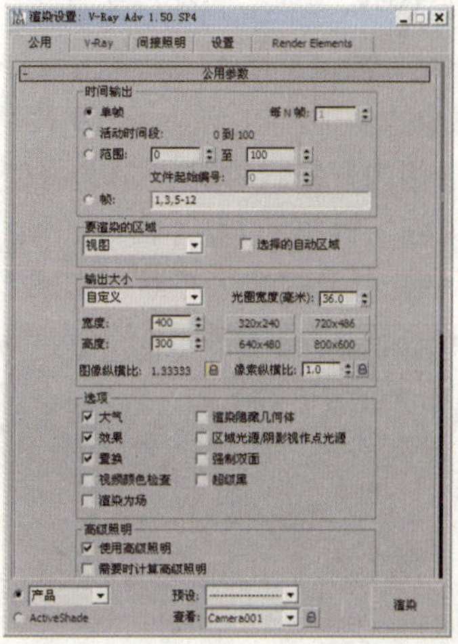

图 5-3　VRay 渲染器的参数

5.1.1 【公用】选项卡

1.【公用参数】卷展栏

“公用参数”卷展栏用来设置所有渲染器的公用参数，如图 5-4 所示。

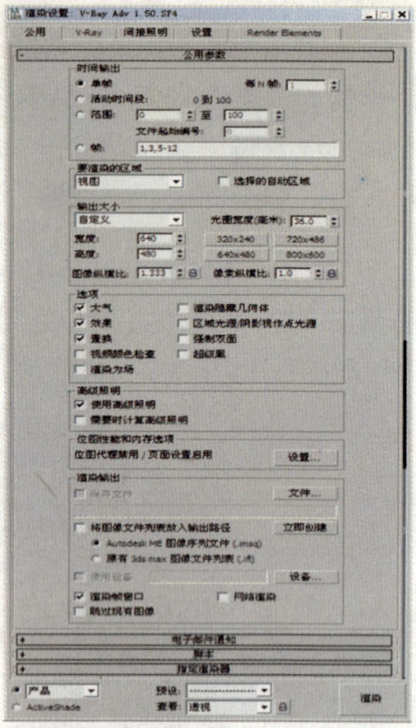

图 5-4 公用参数

- 时间输出：选择要渲染的帧。
- 输出大小：选择一个预定义的大小或在“宽度”和“高度”字段（像素为单位）中输入的另一个大小。这些控件影响图像的纵横比。
- 选项：可以控制大气、效果、置换等选项。
- 高级照明：可以控制高级照明的相关参数。
- 位图性能和内存选项：可以设置位图代理和内在的设置。
- 渲染输出：可以控制渲染输出的参数。

2.【指定渲染器】卷展栏

“指定渲染器”卷展栏显示指定给产品级和 ActiveShade 类别的渲染器，也显示“材质编辑器”中的示例窗，如图 5-5 所示。

图 5-5 指定渲染器

- 产品级：择用于渲染图形输出的渲染器。
- 材质编辑器：择用于渲染“材质编辑器”中示例的渲染器。
- ActiveShade：选择用于预览场景中照明和材质更改效果的 ActiveShade 渲染器。
- 保存为默认设置：单击该按钮可将当前渲染器指定保存为默认设置，以便下次重新启动 3ds Max 时它们处于活动状态。

5.1.2 【V-Ray】选项卡

1.【V-Ray:: 帧缓冲区】卷展栏

【V-Ray:: 帧缓冲区】卷展栏下的参数可以代替 3ds Max 自身的帧缓冲窗口。这里可以设置渲染图像的大小，以及保存渲染图像等，其参数设置面板如图 5-6 所示。

- 启用内置帧缓冲区：勾选将使用 VR 渲染器内置的内置帧缓冲器，VR 渲染器不会渲染任何数据到 MAX 自身的帧缓存窗口，而且减少占用系统内存。不勾选则自动使用 MAX 自身的帧缓冲器，如图 5–7 所示。

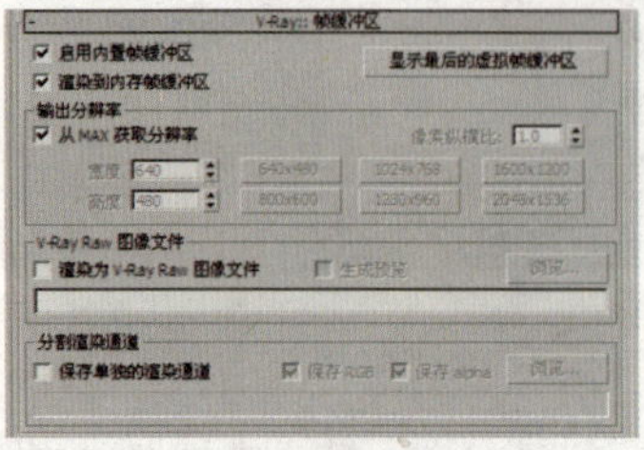

图 5-6 帧缓冲区参数

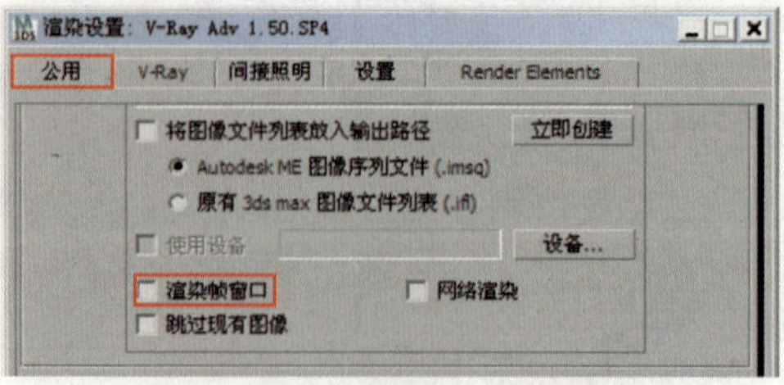

图 5-7 关闭 3ds Max 的帧缓冲窗口

>>> 技巧与提示

默认情况下进行渲染，使用的是 3ds Max 自身的帧缓冲窗口，而勾选【启用内置帧缓冲区】后，使用的是 VR 渲染器内置的内置帧缓冲器，如图 5-8 所示。

图 5-8　3ds Max 自身帧缓存窗口和 VR 内置帧窗口

- 【切换颜色显示模式】按钮：分别为【切换到 RGB 通道】、【查看红色通道】、【查看绿色通道】、【查看蓝色通道】、【切换到 alpha 通道】和【单色模式】。
- 【保存图像】按钮：将渲染后的图像保存到指定的路径中。
- 【清除图像】按钮：清除帧缓存中的图像。
- 【复制到 Max 中的帧缓存】按钮：单击该按钮可以将 VRay 帧缓存中的图像复制到 3ds Max 中的帧缓存中。
- 【跟踪鼠标渲染】按钮：强制渲染鼠标所指定的区域，这样可以快速观察到指定的渲染区域。
- 【显示校正控制器】按钮：单击该按钮会弹出【颜色校正】对话框，在该对话框中可以校正渲染图像的颜色。
- 【强制颜色箝位】按钮：单击该按钮可以对渲染图像中超出显示范围的色彩不进行警告。
- 【查看钳制颜色】按钮：单击该按钮可以查看钳制区域中的颜色。
- 【显示像素通知】按钮：单击该按钮会弹出一个与像素相关的信息通知对话框。
- 【使用色阶校正】按钮：在【颜色校正】对话框中调整明度的阈值后，单击该按钮可以将最后调整的结果显示或不显示在渲染的图像中。
- 【使用颜色曲线校正】按钮：在【颜色校正】对话框中调整好曲线的阈值后，单击该按钮可以将最后调整的结果显示或不显示在渲染的图像中。
- 【使用曝光校正】按钮：控制是否对曝光进行修正。
- 【显示 SRGB 颜色空间】按钮：SRGB 是国际通用的一种 RGB 颜色模式，还有 Adobe RGB 和 ColorMatch RGB 模式，这些 RGB 模式主要的区别就在于 Gamma 值的不同。

- 渲染到内存帧缓冲区：当勾选该选项时，可以将图像渲染到内存中，然后再由帧缓存窗口显示出来，这样可以方便用户观察渲染的过程；当关闭该选项时，不会出现渲染框，而直接保存到指定的硬盘文件夹中，这样的好处是可以节约内存资源。
- 从 Max 获取分辨率：勾选时 VR 将使用设置的 3ds Max 的分辨率。

- 像素长宽比：控制渲染图像的长宽比。
- 宽度：设置像素的宽度。
- 长度：设置像素的长度。
- 渲染为 V-Ray Raw 格式图像：控制是否将渲染后的文件保存到所指定的路径中，勾选该选项后渲染的图像将以 .vrimg 的文件格式进行保存。
- 保存单独的渲染通道：勾选该选项允许在缓存中指定的特殊通道作为一个单独的文件保存在指定的目录。
- 保存 RGB：控制是否保存 RGB 色彩。
- 保存 Alpha：控制是否保存 Alpha 通道。
- 【浏览】按钮 浏览... ：单击该按钮可以保存 RGB 和 Alpha 文件。

2.【V-Ray:: 全局开关】卷展栏

【V-Ray:: 全局开关】展卷栏下的参数主要用来对场景中的灯光、材质、置换等进行全局设置，比如是否使用默认灯光、是否开启阴影、是否开启模糊等，其参数面板如图 5-9 所示。

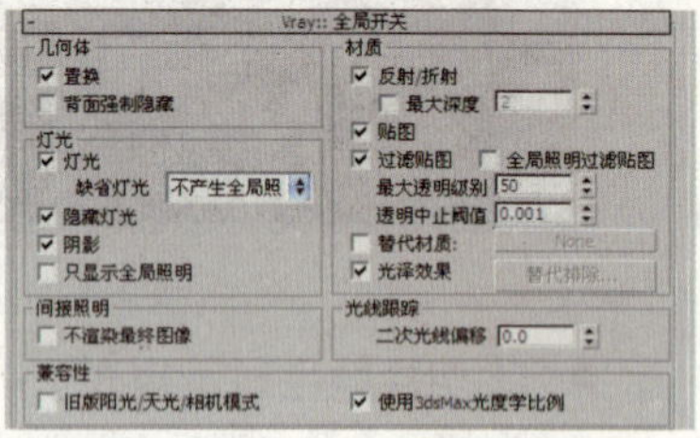

图 5-9　全局开关参数

1)【几何体】选项组

- 置换：决定是否使用 VR 置换贴图，此选项不会影响 3ds Max 自身的置换贴图。在 VRay 的置换系统中，一共有两种置换方式，分别是材质置换方式和 VRay 置换修改器方式，如图 5-10 所示。当关闭该选项时，场景中的两种置换都不会有其作用。

图 5-10　VRay 置换

- 背面强制隐藏：执行 3ds Max 中的【自定义 / 首选项】菜单命令，在弹出的对话框中【视口】选项卡下有一个【创建对象时背面消隐】选项，如图 5-11 所示。【背面强制隐藏】与【创建对象时背面消隐】选项相似，但【创建对象时背面消隐】只用于视图，对渲染没有影响，而【强制背面隐藏】是针对渲染而言的，勾选该选项后反法线的物体将不可见。

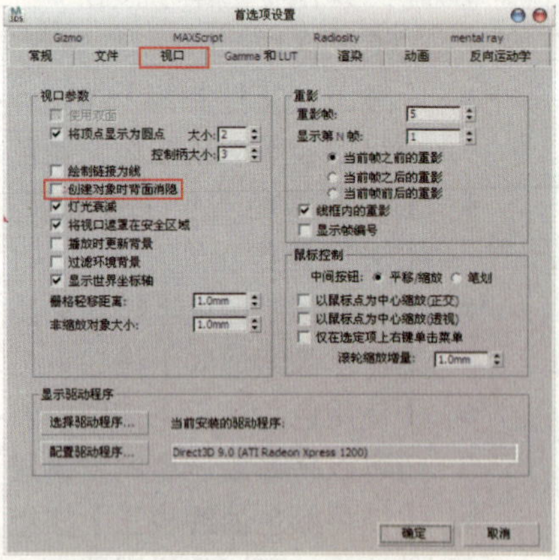

图 5-11　创建对象时背面消隐

2)【灯光】选项组

- 灯光：开启 VR 场景中的直接灯光，不包含 MAX 场景的默认灯光。如果不勾选的话，系统自动使用场景默认灯光渲染场景。
- 缺省灯光：指的是 MAX 的默认灯光。
- 隐藏灯光：勾选时隐藏的灯光也会被渲染。
- 阴影：控制场景是否产生阴影。
- 只显示全局照明：勾选时直接光照不参与在最终的图像渲染。GI 在计算全局光的时候直接光照也会参与，但是最后只显示间接光照。

3)【材质】选项组

- 反射 / 折射：控制是否开启场景中材质的反射和折射效果。

- 最大深度：控制整个场景中反射、折射的最大深度，后面的输入框数值表示反射、折射的次数。
- 贴图：控制是否让场景中的物体的程序贴图和纹理贴图渲染出来。如果关闭该选项，那么渲染出来的图像就不会显示贴图，取而代之的是漫反射通道里的颜色。
- 过滤贴图：这个选项用来控制 VRay 渲染时是否使用贴图纹理过滤。
- 全局照明过滤贴图：控制是否在全局照明中过滤贴图。
- 最大透明级别：控制透明材质被光线追踪的最大深度。值越高，被光线追踪的深度越深，效果越好，但渲染速度会变慢。
- 透明中止阈值：控制 VRay 渲染器对透明材质的追踪终止值。当光线透明度的累计比当前设定的阈值低时，将停止光线透明追踪。
- 替代材质：是否给场景赋予一个全局材质。当在后面的通道中设置了一个材质后，那么场景中所有的物体都将使用该材质进行渲染，这在测试阳光的方向时非常有用。
- 光泽效果：是否开启反射或折射模糊效果。当关闭该选项时，场景中带模糊的材质将不会渲染出反射或折射模糊效果。

4）【间接照明】选项组

- 不渲染最终图像：控制是否渲染最终图像。如果勾选该选项，VRay 将在计算完光子以后，不再渲染最终图像，这对于小光子图非常方便。

5）【光线跟踪】选项组

- 二次光线偏移：设置光线发生二次反弹的时候的偏移距离，主要用于检查建模时有无重面，并且纠正其反射出现的错误，在默认的情况下将产生黑斑，一般设为 0.001。

3.【V-Ray:: 图像采样器（反锯齿）】卷展栏

抗锯齿在渲染设置中是一个必须调整的参数，其数值的大小决定了图像的渲染精度和渲染时间，但抗锯齿与全局照明精度的高低没有关系，只作用于场景物体的图像和物体的边缘精度，其参数设置面板如图 5-12 所示。

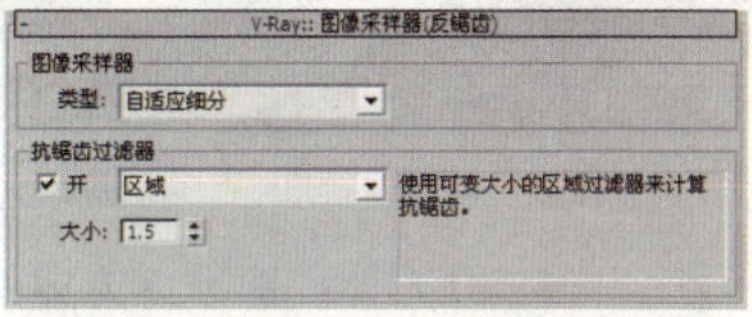

图 5-12　图像采样器（抗锯齿）参数

- 类型：用来设置【图像采样器】的类型，包括【固定】、【自适应 DMC】和【自适应细分】3 种类型。

>>> 技巧与提示

一般情况下，【固定】方式由于其速度较快而用于测试，细分值保持默认，在最终出图时选用【自适应确定性蒙特卡洛】或者【自适应细分】。对于具有大量模糊特效（比如运动模糊，景深模糊，反射模糊、折射模糊）或高细节的纹理贴图场景，使用【固定】方式是兼顾图像品质与渲染时间的最好选择。

- 开：当关闭抗锯齿过滤器时，常用于测试渲染，渲染速度非常快、质量较差，效果如图 5-13 所示。
- 抗锯齿过滤器：设置渲染场景的抗锯齿过滤器。当勾选【开启】选项以后，可以从后面的下拉列表中选择一个抗锯齿方式来对场景进行抗锯齿处理；如果不勾选【开启】选项，那么渲染时将使用纹理抗锯齿过滤器。
  - ◆ 区域：用区域大小来计算抗锯齿，效果如图 5-14 所示。

图 5-13　关闭抗锯齿过滤器效果

图 5-14　区域抗锯齿过滤器

◆ 清晰四方形：来自 Neslon Max 算法的清晰 9 像素重组过滤器，效果如图 5-15 所示。
◆ 四方形：和【清晰四方形】相似，能产生一定的模糊效果，如图 5-16 所示。

图 5-15　清晰四方形抗锯齿过滤器

图 5-16　四方形抗锯齿过滤器

◆ 立方体：基于立方体的 25 像素过滤器，能产生一定的模糊效果，如图 5-17 所示。
◆ 视频：适合于制作视频动画的一种抗锯齿过滤器，如图 5-18 所示。

图 5-17　立方体抗锯齿过滤器

图 5-18　视频抗锯齿过滤器

◆ 柔化：用于程度模糊效果的一种抗锯齿过滤器，效果如图 5-19 所示。
◆ Cook 变量：一种通用过滤器，较小的数值可以得到清晰的图像效果，如图 5-20 所示。
◆ 混合：一种用混合值来确定图像清晰或模糊的抗锯齿过滤器，如图 5-21 所示。
◆ Blackman：一种没有边缘增强效果的抗锯齿过滤器，如图 5-22 所示。

图 5-19　柔化抗锯齿过滤器

图 5-20　Cook 变量抗锯齿过滤器

图 5-21　混合抗锯齿过滤器

图 5-22　Blackman 抗锯齿过滤器

- Mitchell-Netravali：一种常用的过滤器，能产生微量模糊的图像效果，如图 5-23 所示。
- Catmull-Rom：一种具有边缘增强的过滤器，可以产生较清晰的图像效果，如图 5-24 所示。

图 5-23　Mitchell-Netravali 抗锯齿过滤器

图 5-24　Catmull-Rom 抗锯齿过滤器

- 图版匹配 /MAX R2：使用 3ds Max R2 的方法（无贴图过滤）将摄影机和场景或【无光 / 投影】元素与未过滤的背景图像相匹配，如图 5-25 所示。
- VRayLanczos/VRaySinc 过滤器：VRay 新版本中的两个新抗锯齿过滤器，可以很好地平衡渲染速度和渲染质量，如图 5-26 所示。

图 5-25　图版匹配 /MAX R2 抗锯齿过滤器

图 5-26　VRayLanczos/VRaySinc 抗锯齿过滤器

- ◆ VRay 盒子 /VRay 三角形过滤器：这也是 VRay 新版本中的抗锯齿过滤器，它们以【盒子】和【三角形】的方式进行抗锯齿。

- 大小：设置过滤器的大小。

>>> 技巧与提示

通常是测试时关闭抗锯齿过滤器，最终渲染时选用 Mitchell-Netravali 或 Catmull Rom。

4.【V-Ray:: 自适应细分图像采样器】卷展栏

【V-Ray:: 自适应细分图像采样器】是使用最多的采样器，对于模糊和细节要求不太高的场景，它可以得到速度和质量的平衡。在室内效果图的制作中，这个采样器几乎可以适用于所有场景，如图 5-27 所示。

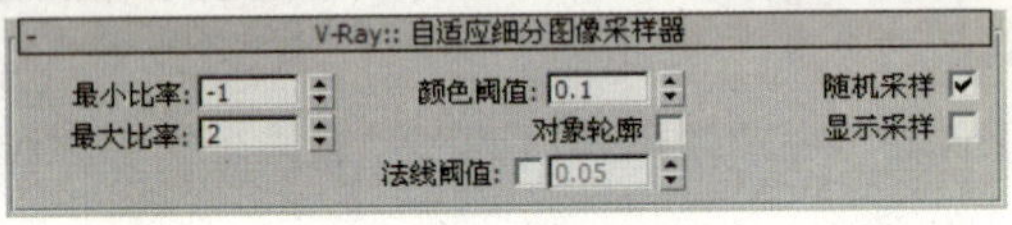

图 5-27　自适应细分图像采样器卷展栏

- 最小比率：决定每个像素使用的样本的最小数量。值为 0 意味着一个像素使用一个样本，-1 意味着每两个像素使用一个样本，-2 则意味着每 4 个像素使用一个样本，采样值越大效果越好。
- 最大比率：决定每个像素使用的样本的最大数量。值为 0 意味着一个像素使用一个样本， 1 意味着每个像素使用 4 个样本，2 则意味着每个像素使用 8 个样本，采样值越大效果越好。
- 颜色阈值：表示像素亮度对采样的敏感度的差异。值越小效果越好，所花时间也会较长；值越高效果越差边缘颗粒感越重。一般设为 0.1 可以得到清晰平滑的效果。这里的颜色指的是色彩的灰度。
- 对象轮廓：勾选的时候表示采样器强制在物体的边进行高质量超级采样而不管它是否需要进行超级采样。注意，这个选项在使用景深或运动模糊的时候会失效。
- 法线阈值：勾选将使超级采样取得好的效果。同样，在使用景深或运动模糊的时候会失效。此项决定自适应细分在物体表面法线的采样程度，当达到时就停止对物体表面进行判断，具体一点就是分辨哪些是交叉区域，哪些不是交叉区域，一般设为 0.04 即可。
- 随机采样：略微转移样本的位置以便在垂直线或水平线条附近得到更好的效果。
- 显示采样：勾选该选项后，可以看到【自适应细分】的样本分布情况。

5.【V-Ray:: 环境 [无名]】卷展栏

【V-Ray:: 环境 [无名]】卷展栏分为【全局照明环境（天光）覆盖】、【反射 / 折射环境覆盖】和【折射环境覆盖】3 个选项组，如图 5-28 所示。

1)【全局照明环境（天光）覆盖】选项组

- 开：控制是否开启 VRay 的天光。当使用这个选项以后，3ds Max 默认的天光效果将不起光照作用。如图 5-29 所示为不勾选【开】复选框和勾选【开】复选框，并设置倍增器为 1.5 的对比效果。

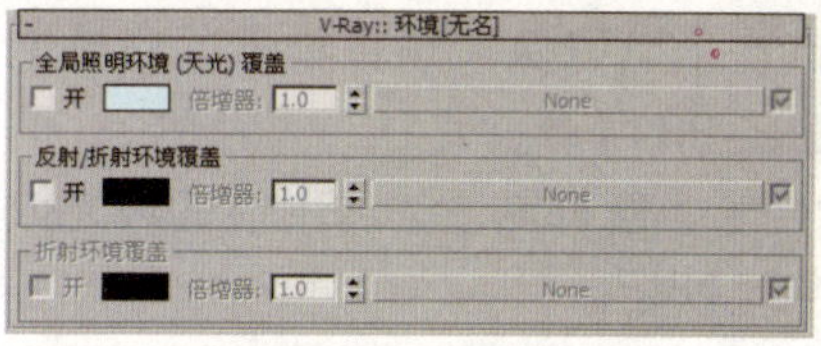

图 5-28　环境参数

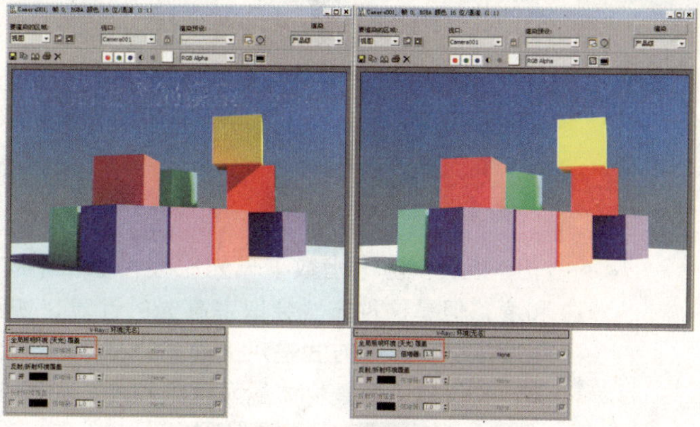

图 5-29　倍增器数值的对比效果

- 颜色：设置天光的颜色。
- 倍增器：设置天光亮度的倍增。值越高，天光的亮度越高。
- None（无）按钮：选择贴图来作为天光的光照。

2)【反射 / 折射环境覆盖】选项组

- 开：当勾选该选项后，当前场景中的反射环境将由它来控制。
- 颜色：设置反射环境的颜色。
- 倍增器：设置反射环境亮度的倍增。值越高，反射环境的亮度越高。
- None（无）按钮：选择贴图来作为反射环境。

3)【折射环境覆盖】选项组

- 开：当勾选该选项后，当前场景中的折射环境由它来控制。
- 颜色：设置折射环境的颜色。
- 倍增器：设置反射环境亮度的倍增。值越高，折射环境的亮度越高。
- None（无）按钮：选择贴图来作为折射环境。

6.【V-Ray:: 颜色贴图】卷展栏

【V-Ray:: 颜色贴图】卷展栏下的参数用来控制整个场景的色彩和曝光方式，其参数设置面板如图 5-30 所示。

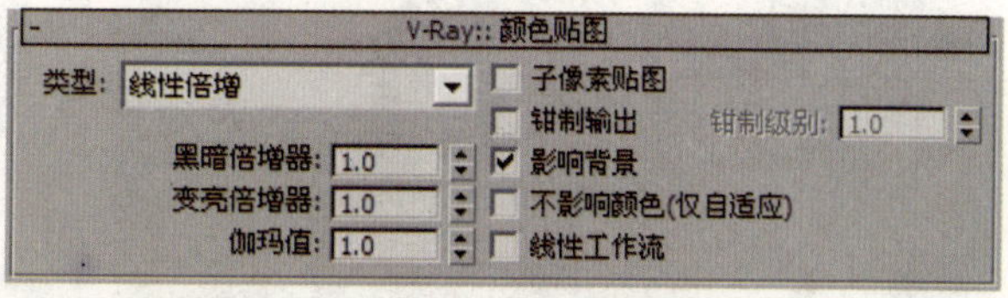

图 5-30　颜色映射参数

- 类型：提供不同的曝光模式，包括【线性倍增】、【指数】、【HSV 指数】、【强度指数】、【伽玛校正】、【亮度伽玛】和【莱因哈德】7 种模式。
  - ◆ 线性倍增：这种模式将基于最终色彩亮度来进行线性的倍增，它可能会导致靠近光源的点过分明亮，容易产生曝光效果，如图 5-31 所示。

◆ 指数：这种曝光是采用指数模式，它可以降低靠近光源处表面的曝光效果，同时场景颜色的饱和度会降低，易产生柔和效果，如图 5-32 所示。

图 5-31 线性倍增

图 5-32 指数

◆ HSV 指数：与【指数】曝光比较相似，不同点在于可以保持场景物体的颜色饱和度，但是这种方式会取消高光的计算，如图 5-33 所示。

◆ 强度指数：这种方式是对上面两种指数曝光的结合，既抑制了光源附近的曝光效果，又保持了场景物体的颜色饱和度，如图 5-34 所示。

图 5-33 HSV 指数

图 5-34 强度指数

◆ 伽玛校正：采用伽玛来修正场景中的灯光衰减和贴图色彩，其效果和【线性倍增】曝光模式类似，如图 5-35 所示。

◆ 亮度伽玛：这种曝光模式不仅拥有【伽玛校正】的优点，同时还可以修正场景灯光的亮度，如图 5-36 所示。

图 5-35 伽玛校正

图 5-36 亮度伽玛

◆ 莱因哈德：这种曝光方式可以把【线性倍增】和【指数】曝光混合起来，如图 5-37 所示。

● 子像素贴图：在实际渲染时，物体的高光区与非高光区的界限处会有明显的黑边，而开启【子像素贴图】选项后就可以缓解这种现象。如图 5-38 所示是开启与关闭【子像素贴图】选项时的对比。

图 5-37 莱因哈德

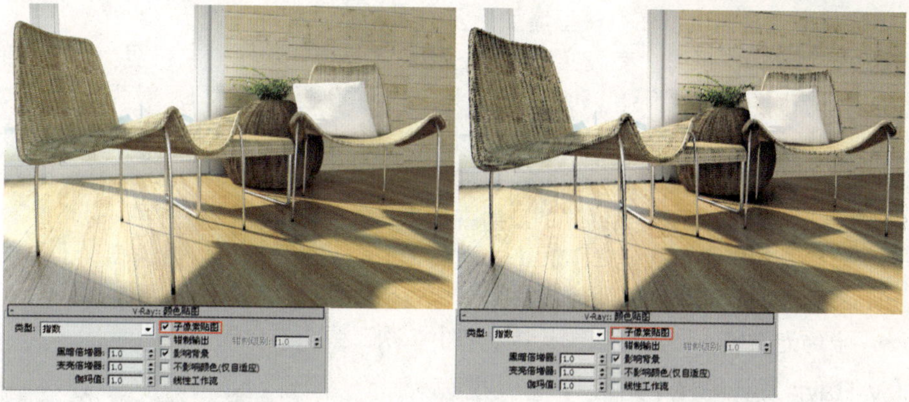

图 5-38 开启与关闭【子像素贴图】选项时的对比

● 钳制输出：当勾选该选项后，在渲染图中有些无法表现出来的色彩会通过限制来自动纠正。但是当使用 HDRI（高动态范围贴图）时，如果限制了色彩的输出会出现一些问题。
● 影响背景：控制是否让曝光模式影响背景。当关闭该选项时，背景不受曝光模式的影响。
● 不影响颜色（仅自适应）：在使用 HDRI（高动态范围贴图）和【VRay 发光材质】时，若不开启该选项，【颜色映射】卷展栏下的参数将对这些具有发光功能的材质或贴图产生影响。

5.1.3 【间接照明】选项卡

1.【V-Ray:: 间接照明（GI）】卷展栏

在 VRay 渲染器中，如果没有开启 VRay 间接照明时的效果就是直接照明效果，开启后就可以得到间接照明效果。开启 VRay 间接照明后，光线会在物体与物体间互相反弹，因此光线计算的会更准确，图像也更加真实，其参数设置面板如图 5-39 所示。

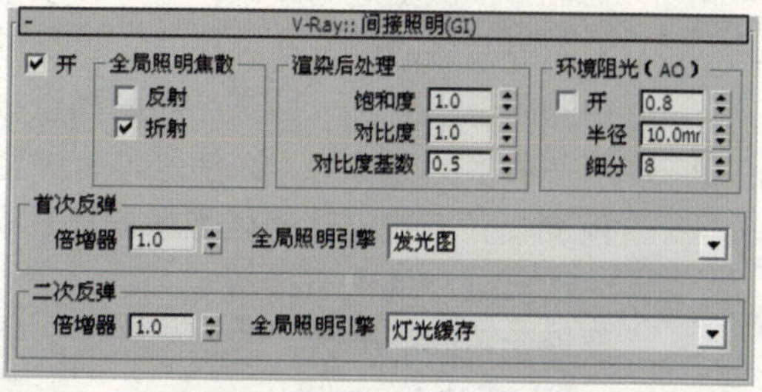

图 5-39 间接照明（GI）参数

● 开：勾选该选项后，将打开间接照明效果。
● 全局照明焦散：控制 GI 产生的反射折射的现象。它可以由天光、自发光物体等产生。但是由直接光照产生的焦散不受这里参数的控制，它是与焦散卷展栏的参数相关的。

不过，焦散需要更多的样本，否则会在 GI 计算中产生噪波。

- ◆ 反射：控制是否开启反射焦散效果。
- ◆ 折射：控制是否开启折射焦散效果。

- 渲染后处理：主要是对间接光照明进行加工和补充，一般情况下使用默认参数值。
  - ◆ 饱和度：可以用来控制色溢，降低该数值可以降低色溢效果。
  - ◆ 对比度：可使明暗对比更为强烈。亮的地方越亮，暗的地方越暗。
  - ◆ 对比度基准：主要控制明暗对比的强弱，其值越接近对比度的值，对比越弱。通常设为 0.5。
- 环境阻光（AO）：环境阻光能得到更加准确和平滑的阴影，所产生的结果类似于使用了全局光，合成环境阻光在最终渲染图片中能够在许多方面上改进最终效果，使得场景产生了深度，使得模型增加更多的细节。
- 首次反弹 / 二次反弹：在真实世界中，光线的反弹一次比一次减弱。VRay 渲染器中的全局照明有【首次反弹】和【二次反弹】，但并不是说光线只反射两次，【首次反弹】可以理解为直接照明的反弹，光线照射到 A 物体后反射到 B 物体，B 物体所接收到的光就是【首次反弹】，B 物体再将光线反射到 D 物体，D 物体再将光线反射到 E 物体……，D 物体以后的物体所得到的光的反射就是【二次反弹】。
  - ◆ 倍增：控制【首次反弹】和【二次反弹】的光的倍增值。值越高，【首次反弹】和【二次反弹】的光的能量越强，渲染场景越亮，默认情况下为 1。
  - ◆ 全局光引擎：设置【首次反弹】和【二次反弹】的全局照明引擎。

2.【V-Ray:: 发光贴图 [无名]】卷展栏

【V-Ray:: 发光贴图】是一种常用的全局照明引擎，它只存在于【首次反弹】引擎中，其参数设置面板如图 5-40 所示。

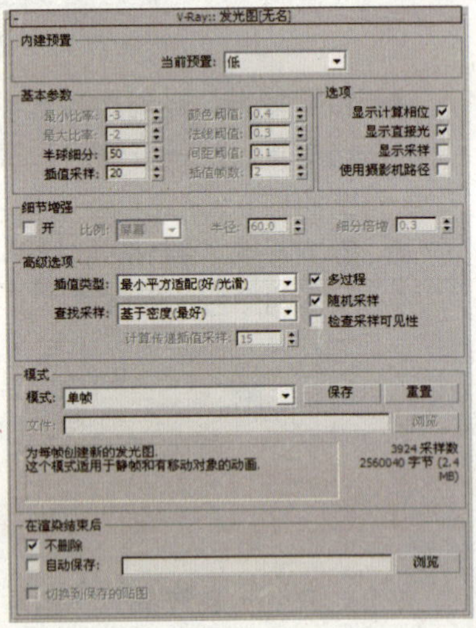

图 5-40　发光贴图参数

1)【内建预置】选项组

- 当前预置：设置发光贴图的预设类型有 8 种。如果无特殊情况，这 8 种模式应该可以满足一般需要。非常低，这个预设模式仅仅对预览目的有用，只表现场景中的普通照明。低，一种低品质的用于预览的预设模式；中等，一种中等品质的预设模式，如果场景中不需要太多的细节，大多数情况下可以产生好的效果；中等品质动画模式，一种中等品质的预设动画模式，目标就是减少动画中的闪烁；高，一种高品质的预设模式，可以应用在最多的情形下，即使是具有大量细节的动画；高品质动画，主要用于解决 High 预设模式下渲染动画闪烁的问题；非常高，一种极高品质的预设模式，一般用于有大量极细小的细节或极复杂的场景；自定义，选择这个模式，用户可以根据自己需要设置不同的参数，这也是默认的选项。

2)【基本参数】选项组

- 最小比率：主要控制场景中比较平坦、面积比较大的面的质量受光，这个参数确定 GI 首次传递的分辨率。
- 最大比率：主要控制场景中细节比较多、弯曲较大的物体表面或物体交汇处的质量。

测试时可以给到 -5 或 -4，最终出图时可以给到 -2 或 -1 或 0，光子图可设为 -1。

- 半球细分：VRay 采用的是几何光学，它可以模拟光线的条数。这个参数就是用来模拟光线的数量，值越高，表现光线越多，那么样本精度也就越高，渲染的品质也越好，同时渲染时间也会增加。
- 插值采样：这个参数是对样本进行模糊处理，较大的值可以得到比较模糊的效果，较小的值可以得到比较锐利的效果。
- 颜色阈值：这个值主要是让渲染器分辨哪些是平坦区域，哪些不是平坦区域，它是按照颜色的灰度来区分的。值越小，对灰度的敏感度越高，区分能力越强。
- 法线阈值：这个值主要是让渲染器分辨哪些是交叉区域，哪些不是交叉区域，它是按照法线的方向来区分的。值越小，对法线方向的敏感度越高，区分能力越强。
- 间距阈值：这个值主要是让渲染器分辨哪些是弯曲表面区域，哪些不是弯曲表面区域，它是按照表面距离和表面弧度的比较来区分的。值越高，表示弯曲表面的样本越多，区分能力越强。

3)【选项】选项组

- 显示计算相位：勾选时，VR 在计算发光贴图时将显示发光贴图，一般为勾选。
- 显示直接光：在预计算时显示直接照明，以方便用户观察直接光照的位置。
- 显示采样：显示采样的分布以及分布的密度，帮助用户分析 GI 的精度够不够。

4)【细节增强】选项组

- 开：确定是否开启【细部增强】功能。
- 比例：细分半径的单位依据，有【屏幕】和【世界】两个单位选项。【屏幕】是指用渲染图的最后尺寸来作为单位；【世界】是用 3ds Max 系统中的单位来定义。
- 半径：表示细节部分有多大区域使用【细节增强】功能。【半径】值越大，使用【细部增强】功能的区域也就越大，同时渲染时间也就越慢。
- 细分倍增：控制细部的细分，但是这个值和【发光贴图】里的【半球细分】有关系，0.3 代表细分是【半球细分】的 30%；1 代表和【半球细分】的值一样。值越低，细部就会产生杂点，渲染速度比较快；值越高，细部就可以避免产生杂点，同时渲染速度会变慢。

5)【高级选项】选项组

- 插值类型：VRay 提供了 4 种样本插补方式，为【发光贴图】样本的相似点进行插补。
- 查找采样：主要控制哪些位置的采样点是适合用来作为基础插补的采样点。VRay 内部提供了 4 种样本查找方式。
- 计算传递插值采样：用在计算【发光贴图】过程中，主要计算已经被查找后的插补样本的使用数量。较低的数值可以加速计算过程，但是会导致信息不足；较高的值计算速度会减慢，但是所利用的样本数量比较多，所以渲染质量也比较好。官方推荐使用 10~25 的数值。
- 多过程：当勾选该选项时，VRay 会根据【最大采样比】和【最小采样比】进行多次计算。如果关闭该选项，那么就强制一次性计算完。一般根据多次计算以后的样本分布会均匀合理一些。
- 随机采样：控制【发光贴图】样本是否随机分配。
- 检查采样可见性：在灯光通过比较薄的物体时，很有可能会产生漏光现象，勾选该选项可以解决这个问题，但是渲染时间就会长一些。通常在比较高的 GI 情况下，也不会漏光，所以一般情况下不勾选该选项。如图 5-41 所示为漏光对比。

图 5-41　漏光对比

6)【模式】选项组

- 模式：设置光子图的使用模式，在该模式下拉列表框中共有 8 种模式供用户进行选择。
- 保存按钮：将光子图保存到硬盘。
- 重置按钮：将光子图从内存中清除。
- 文件：设置光子图所保存的路径。
- 浏览按钮：从硬盘中调用需要的光子图进行渲染。

7)【在渲染结束后】选项组

- 不删除：当光子渲染完以后，不把光子从内存中删掉。
- 自动保存：当光子渲染完以后，自动保存在硬盘中，单击浏览按钮就可以选择保存位置。
- 切换到保存的贴图：当勾选【自动保存】选项后，在渲染结束时会自动进入【从文件】模式并调用光子贴图。

3.【V-Ray:: 灯光缓存】卷展栏

【灯光缓存】与【发光贴图】比较相似，都是将最后的光发散到摄影机后得到最终图像，只是【灯光缓存】与【发光贴图】的光线路径是相反的，【发光贴图】的光线追踪方向是从光源发射到场景的模型中，最后再反弹到摄影机，而【灯光缓存】是从摄影机开始追踪光线到光源，摄影机追踪光线的数量就是【灯光缓存】的最后精度。由于【灯光缓存】是从摄影机方向开始追踪的光线的，所以最后的渲染时间与渲染的图像的像素没有关系，只与其中的参数有关，一般适用于【二次反弹】，其参数设置面板如图 5-42 所示。

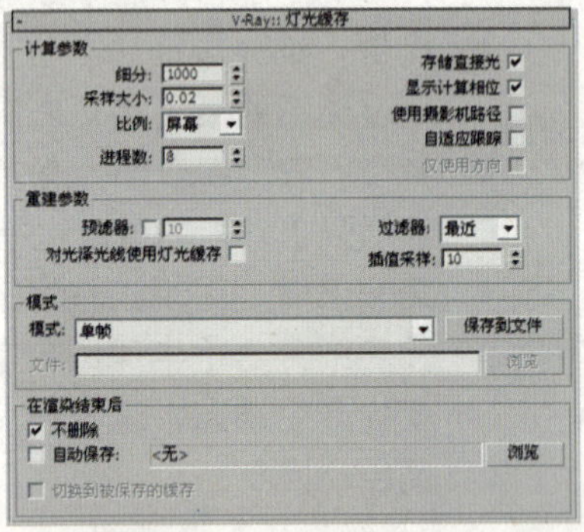

图 5-42　灯光缓存参数

1)【计算参数】选项组

- 细分：用来决定【灯光缓存】的样本数量。值越高，样本总量越多，渲染效果越好，渲染时间越慢，如图 5-43 所示。

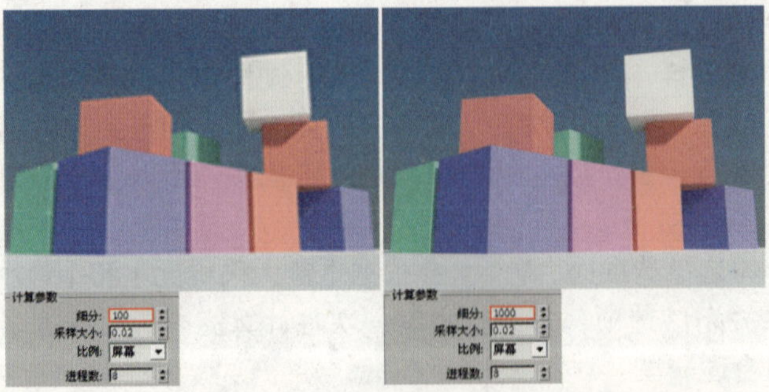

图 5-43　细分对比

- 采样大小：用来控制【灯光缓存】的样本大小，比较小的样本可以得到更多的细节，但是同时需要更多的样本，如图5-44所示。

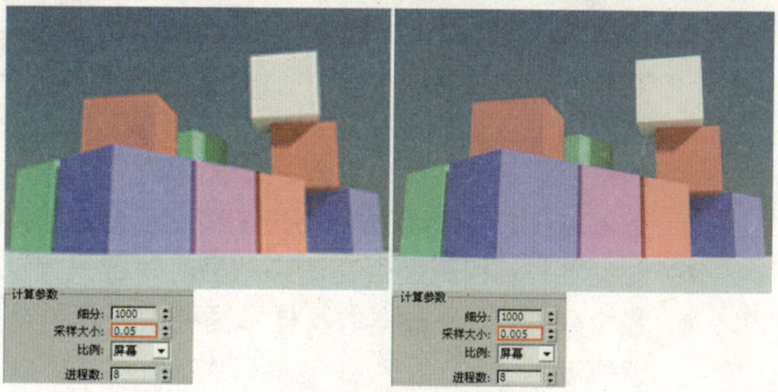

图5-44 采样大小对比

- 比例：主要用来确定样本的大小依靠什么单位，这里提供了两种单位。一般在效果图中使用【屏幕】选项，在动画中使用【世界】选项。
- 进程数：这个参数由CPU的个数来确定，如果是单CUP单核单线程，那么就可以设定为1；如果是双核，就可以设定为2。注意，这个值设定得太大会让渲染的图像有点模糊。
- 存储直接光：勾选该选项后，【灯光缓存】将保存直接光照信息。当场景中有很多灯光时，使用这个选项会提高渲染速度。因为它已经把直接光照信息保存到【灯光缓存】里，在渲染出图的时候，不需要对直接光照再进行采样计算。
- 显示计算相位：勾选该选项后，可以显示【灯光缓存】的计算过程，方便观察。
- 自适应跟踪：这个选项的作用在于记录场景中的灯光位置，并在光的位置上采用更多的样本，同时模糊特效也会处理得更快，但是会占用更多的内存资源。
- 仅使用方向：当勾选【自适应跟踪】选项后，该选项才被激活。它的作用在于只记录直接光照的信息，而不考虑间接照明，可以加快渲染速度。

2)【重建参数】选项组

- 预滤器：当勾选该选项后，可以对【灯光缓存】样本进行提前过滤，它主要是查找样本边界，然后对其进行模糊处理。
- 对光泽光线使用灯光缓存：是否使用平滑的灯光缓存，开启该功能后会使渲染效果更加平滑，但会影响到细节效果。
- 过滤器：该选项是在渲染最后成图时，对样本进行过滤，其下拉列表中共有3个选项。

3)【模式】选项组

- 模式：设置光子图的使用模式，在该下拉列表框中共有4种模式供用户选择。
- 保存到文件 按钮：将保存在内存中的光子贴图再次进行保存。
- 浏览 按钮：从硬盘中浏览保存好的光子图。

4)【在渲染结束后】选项组

- 不删除：当光子渲染完以后，不把光子从内存中删掉。
- 自动保存：当光子渲染完以后，自动保存在硬盘中，单击 浏览 按钮可以选择保存位置。
- 切换到被保存的缓存：当勾选【自动保存】选项后，该选项才被激活。当勾选该选项以后，系统会自动使用最新渲染的光子图来进行大图渲染。

5.1.4 【设置】选项卡

1.【V-Ray:: 确定性蒙特卡洛采样器】卷展栏

【V-Ray:: 确定性蒙特卡洛采样器】卷展栏下的参数可以用来控制整体的渲染质量和速度，其参数设置面板如图5-45所示。

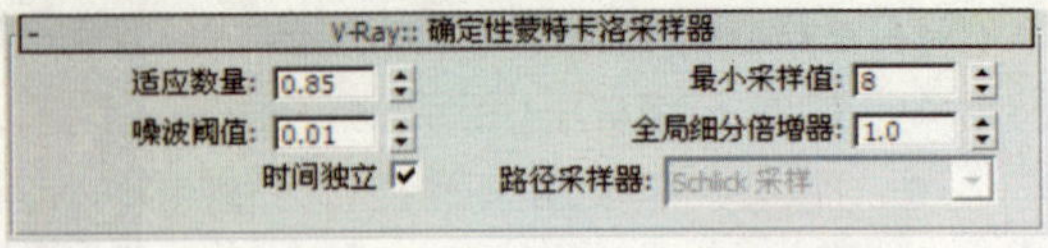

图 5-45　确定性蒙特卡洛采样器的参数

- 适应数量：主要用来控制自适应的百分比。
- 噪波阈值：控制渲染中所有产生噪点的极限值，包括灯光细分、抗锯齿等。数值越小，渲染品质越高，渲染速度就越慢。
- 时间独立：控制是否在渲染动画时对每一帧都使用相同的【DMC 采样器】参数设置。
- 最少采样值：设置样本及样本插补中使用的最少样本数量。数值越小，渲染品质越低，速度就越快。
- 全局细分倍增器：VRay 渲染器有很多【细分】选项，该选项是用来控制所有细分的百分比。
- 路径采样器：设置样本路径的选择方式，每种方式都会影响渲染速度和品质，在一般情况下选择默认方式即可。

2.【V-Ray:: 默认置换】卷展栏

【V-Ray:: 默认置换】卷展栏下的参数是用灰度贴图来实现物体表面的凸凹效果，它对材质中的置换起作用，而不作用于物体表面，其参数设置面板如图 5-46 所示。

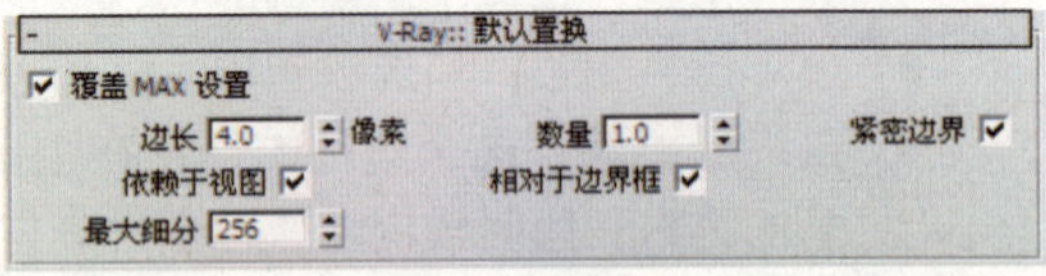

图 5-46　默认置换参数

- 覆盖 MAX 设置：控制是否用【默认置换】卷展栏下的参数来替代 3ds Max 中的置换参数。
- 边长：设置 3D 置换中产生最小的三角面长度。数值越小，精度越高，渲染速度越慢。
- 依赖于视图：控制是否将渲染图像中的像素长度设置为【边长】的单位。若不开启该选项，系统将以 3ds Max 中的单位为准。
- 最大细分：设置物体表面置换后可产生的最大细分值。
- 数量：设置置换的强度总量。数值越大，置换效果越明显。
- 相对于边界框：控制是否在置换时关联（缝合）边界。若不开启该选项，在物体的转角处可能会产生裂面现象。
- 紧密边界：控制是否对置换进行预先计算。

3.【V-Ray:: 系统】卷展栏

【系统】卷展栏下的参数不仅对渲染速度有影响，而且还会影响渲染的显示和提示功能，同时还可以完成联机渲染，其参数设置面板如图 5-47 所示。

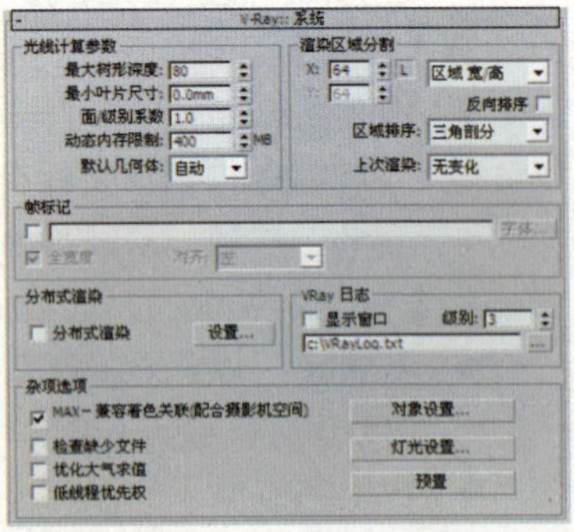

图 5-47　系统参数

1)【光线计算参数】选项组

- 最大树形深度：控制根节点的最大分支数量。较高的值会加快渲染速度，同时会占用较多的内存。
- 最小叶片尺寸：控制叶节点的最小尺寸，当达到叶节点尺寸以后，系统停止计算场景。0 表示考虑计算所有的叶节点，这个参数对速度的影响不大。
- 面/级别系数：控制一个节点中的最大三角面数量，当未超过临近点时计算速度较快；当超过临近点以后，渲染速度会减慢。所以，这个值要根据不同的场景来设定，进而提高渲染速度。

- 动态内存限制：控制动态内存的总量。注意，这里的动态内存被分配给每个线程，如果是双线程，那么每个线程各占一半的动态内存。如果这个值较小，那么系统经常在内存中加载并释放一些信息，这样就减慢了渲染速度。用户应该根据自己的内存情况来确定该值。
- 默认几何体：控制内存的使用方式，在该下拉列表框中共有 3 种方式供用户选择。

2)【渲染区域分割】选项组

- X：当在后面的下拉列表框中选择【区域宽 / 高】时，表示渲染块的像素宽度；当在后面的下拉列表框中选择【区域数量】时，表示水平方向一共有多少个渲染块。
- Y：当在后面的下拉列表框中选择【区域 宽 / 高】时，表示渲染块的像素高度；当在后面的下拉列表框中选择【区域数量】时，表示垂直方向一共有多少个渲染块。
- 【锁】按钮：当单击该按钮使其凹陷后，将强制 x 和 y 的值相同。
- 反向排序：当勾选该选项后，渲染顺序将和设定的顺序相反。
- 区域排序：控制渲染块的渲染顺序，共有 6 种方式供用户选择。
- 上次渲染：这个参数确定在渲染开始的时候，在 3ds Max 默认的帧缓存框中以什么样的方式处理先前的渲染图像。这些参数的设置不会影响最终渲染效果，系统提供了 5 种方式。

3)【帧标签】选项组

- 

：当勾选该选项后，可以显示水印。
- 

按钮：修改水印里的字体属性。
- 全宽度：水印的最大宽度。当勾选该选项后，它的宽度和渲染图像的宽度相当。
- 对齐：控制水印里的字体排列位置，有【左】、【中】、【右】3 个选项。

4)【分布式渲染】选项组

- 分布式渲染：当勾选该选项后，可以开启【分布式渲染】功能。
- 

按钮：控制网络中的计算机的添加、删除等。

5)【VRay 日志】选项组

- 显示窗口：勾选该选项后，可以显示【VRay 日志】窗口。
- 级别：控制【VRay 日志】的显示内容，一共分为 4 个级别。1 表示仅显示错误信息；2 表示显示错误和警告信息；3 表示显示错误、警告和情报信息；4 表示显示错误、警告、情报和调试信息。
- 

：可以选择保存【VRay 日志】文件的位置。

6)【杂项选项】选项组

- MAX- 兼容着色关联（配合摄影机空间）：有些 3ds Max 插件（例如大气等）是采用摄影机空间来进行计算的，因为它们都是针对默认的扫描线渲染器而开发。为了保持与这些插件的兼容性，VRay 通过转换来自这些插件的点或向量的数据，模拟在摄影机空间计算。
- 检查缺少文件：当勾选该选项时，VRay 会自己寻找场景中丢失的文件，并将它们进行列表，然后保存到 C:\VRayLog.txt 中。
- 优化大气求值：当场景中拥有大气效果，并且大气比较稀薄的时候，勾选该选项可以得到比较优秀的大气效果。
- 低线程优先权：当勾选该选项时，VRay 将使用低线程进行渲染。
- 【对象设置】按钮：单击该按钮会弹出【VRay 对象属性】对话框，在该对话框中可以设置场景物体的局部参数。

- 【灯光设置】按钮：单击该按钮会弹出【VRay 灯光属性】对话框，在该对话框中可以设置场景灯光的一些参数。
- 【预置】按钮：单击该按钮会打开【VRay 预置】对话框，在该对话框中可以保持当前 VRay 渲染参数的各种属性，方便以后调用。

5.1.5 Render Elements（渲染元素）选项卡

通过添加渲染元素，可以针对某一级别单独进行渲染，并在后期进行调节、合成、处理，非常方便。其参数设置面板如图 5-48 所示。

- 添加：单击可将新元素添加到列表中。此按钮会显示【渲染元素】对话框。
- 合并：单击可合并来自其他 3ds Max 场景中的渲染元素。“合并”会显示一个文件对话框，可以从中选择要获取元素的场景文件。选定文件中的渲染元素列表将添加到当前的列表中。
- 删除：单击可从列表中删除选定对象。
- 激活元素：启用该选项后，单击【渲染】按钮可分别对元素进行渲染。默认设置为启用。
- 显示元素：启用该选项后，每个渲染元素会显示在各自的窗口中，并且其中的每个窗口都是渲染帧窗口的精简版。
- 元素渲染列表：这个可滚动的列表显示要单独进行渲染的元素，以及它们的状态。要重新调整列表中列的大小，可拖动两列之间的边框。
- 选定元素参数：这些控制用来编辑列表中选定的元素。
- 输出到 Combustion：启用该选项后，会生成包含正进行渲染元素的 Combustion 工作区（CWS）文件。

添加【VRayAlpha】渲染元素的方法如图 5-49 所示。添加【VRayAlpha】渲染元素后会发现渲染出了一张黑白色的图像。如图 5-50 所示为使用通道合成背景后的效果。

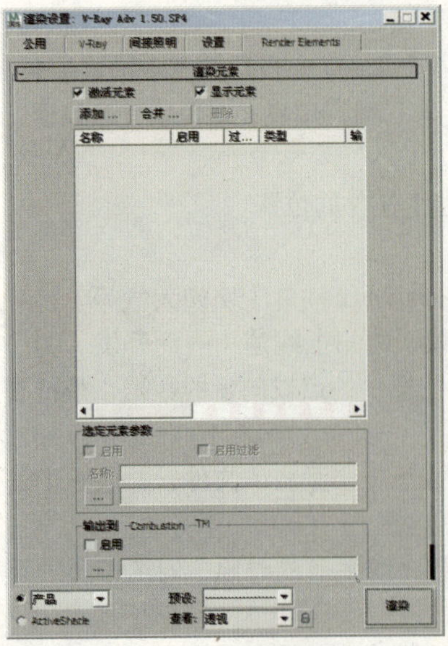

图 5-48　渲染元素的参数

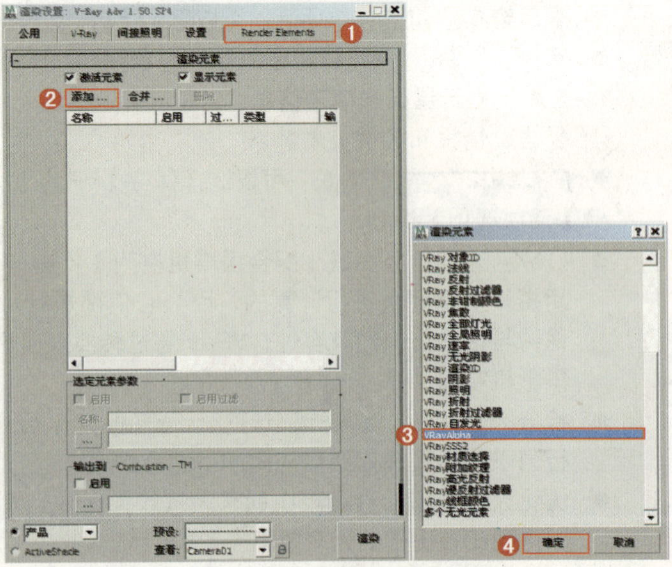

图 5-49　添加【VRayAlpha】渲染元素

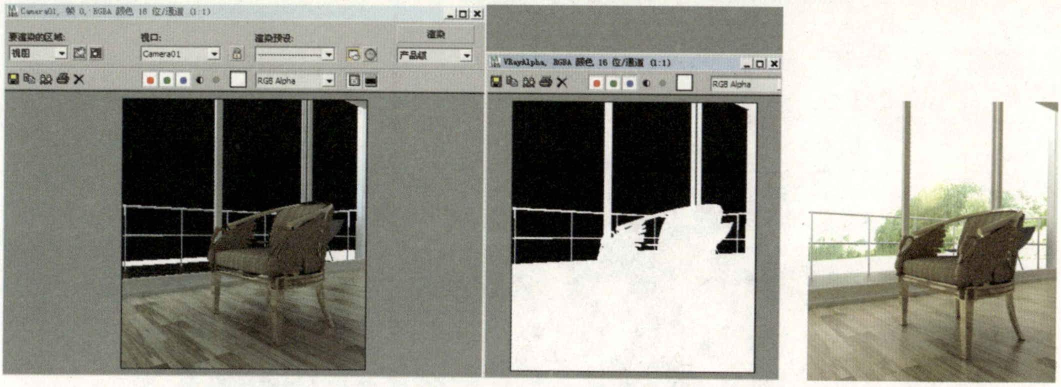

图 5-50　使用通道合成背景后的效果

添加【VRay 线框颜色】渲染元素的方法如图 5-51 所示。添加【VRay 线框颜色】渲染元素后会发现渲染出了一张彩色的图像，如图 5-52 所示。

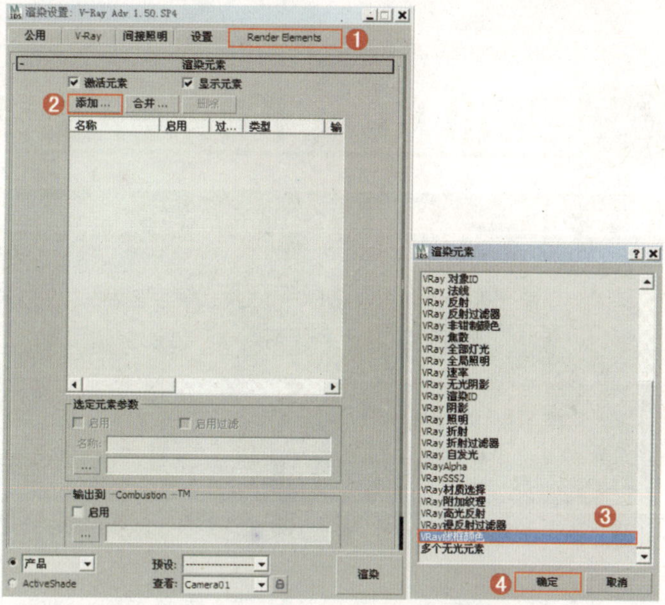

图 5-51　添加【VRay 线框颜色】渲染元素

图 5-52　添加【VRay 线框颜色】渲染元素后的渲染效果

使用【VRay 线框颜色】调节背景颜色的效果如图 5-53 所示。

图 5-53　使用【VRay 线框颜色】调节背景颜色的效果

5.2 利用 VRay 渲染器渲染客卧空间

课堂实战——利用 VRay 渲染器渲染客卧空间

场景文件	场景文件 \ 第 5 章 \ 利用 VRay 渲染器渲染客卧空间 .max
案例文件	最终文件 \ 第 5 章 \ 利用 VRay 渲染器渲染客卧空间 .max
视频教学	视频 \ 第 5 章 \ 利用 VRay 渲染器渲染客卧空间 .flv
视频长度	13 分 43 秒
难易指数	★★★☆☆
灯光类型	VRay 太阳灯光、VRay 灯光
材质类型	VRayMtl 材质
技术掌握	掌握 VRay 材质、VRay 太阳灯光和 VRay 灯光的使用方法

本例是一个客卧空间，室内明亮灯光表现主要使用 VRay 太阳和 VRay 灯光来制作，使用 VRayMtl 材质制作本例的主要材质，制作完成后渲染的效果如图 5-54 所示。

图 5-54　最终渲染效果

5.2.1. 设置 VRay 渲染器

01 打开随书配套光盘中的“场景文件 \ 第 5 章 \ 利用 VRay 渲染器渲染客卧空间 .max”文件，此时场景效果如图 5-55 所示。

02 按 F10 键，打开【渲染设置】对话框，选择【公用】选项卡，在【指定渲染器】卷展栏下单击 按钮，在弹出的【选择渲染器】对话框中选择【V-Ray Adv 1.50 .SP4】，如图 5-56 所示。

03 此时在【指定渲染器】卷展栏下的【产品级】后面显示【V-Ray Adv 1.50 .SP4】，同时在【渲染设置】对话框中会出现【V-Ray】、【间接照明】、【设置】等选项卡，如图 5-57 所示。

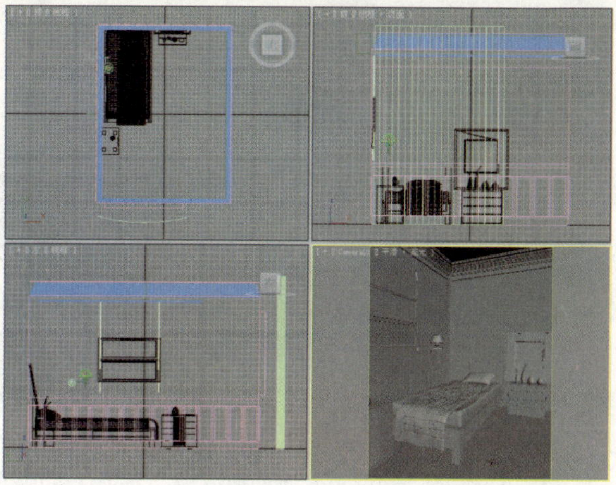

图 5-55　场景效果

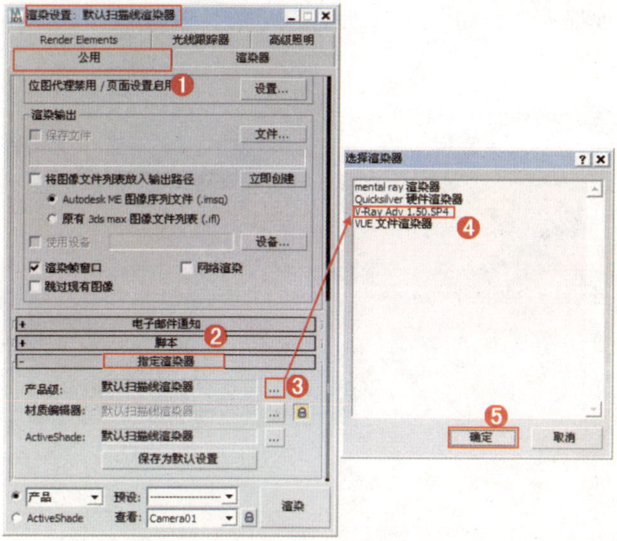

图 5-56　执行 VRay 渲染器

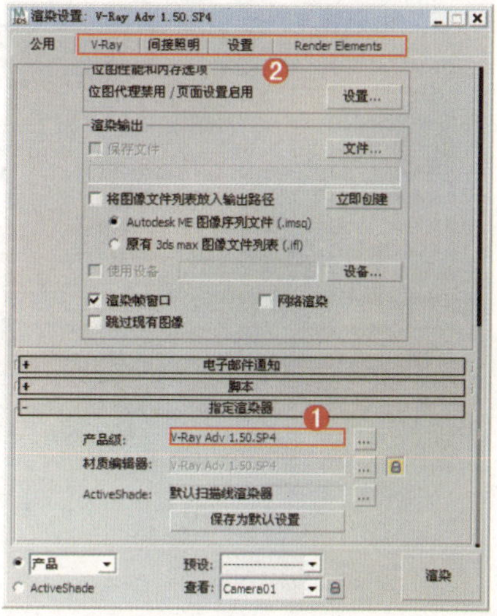

图 5-57　VRay 渲染器参数

5.2.2　材质的调制

下面讲述场景中主要材质的调制，包括乳胶漆、金属、壁纸、被褥、木纹、地毯材质等，效果如图 5-58 所示。

图 5-58　场景中主要材质

1. 地毯材质的调制

01 按 M 键，打开【材质编辑器】对话框，选择一个空白材质球，单击 按钮，在弹出的【材质 / 贴图浏览器】对话框中选择【VR 材质】，如图 5-59 所示。

02 将其命名为“地毯”，在【漫反射】选项组下后面的通道上加载一张“地毯 .jpg”贴图文件，并设置【模糊】为 0.01，如图 5-60 所示。

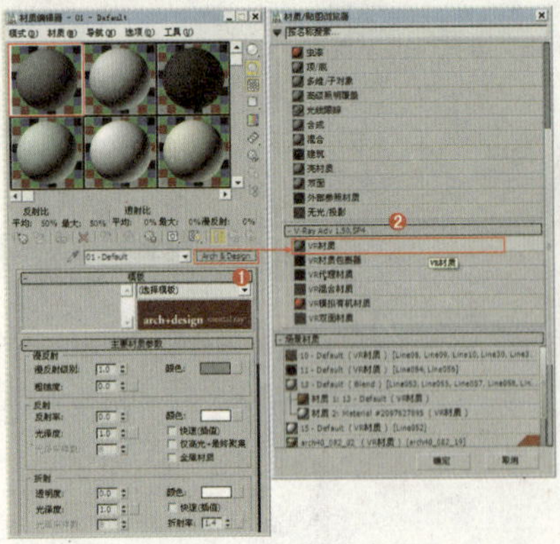

图 5-59　选择 VRay 材质

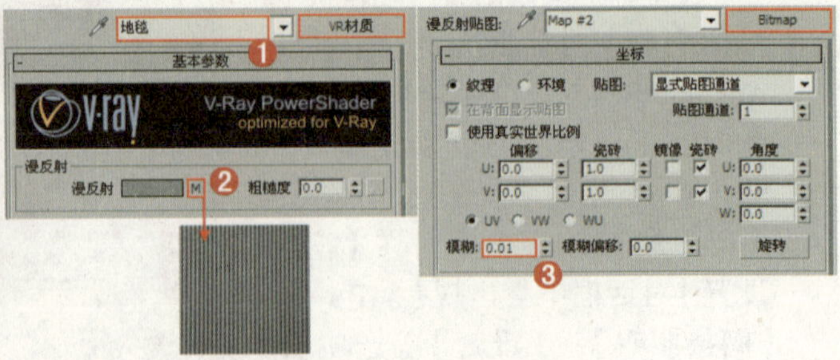

图 5-60　加载贴图文件

03 展开【贴图】卷展栏，将【漫反射】通道上的贴图文件拖曳到【凹凸】通道上，并设置【方法】为【复制】，最后设置【凹凸】为 60.0，如图 5-61 所示。

04 将制作好的地毯材质赋予场景中的地毯模型，如图 5-62 所示。

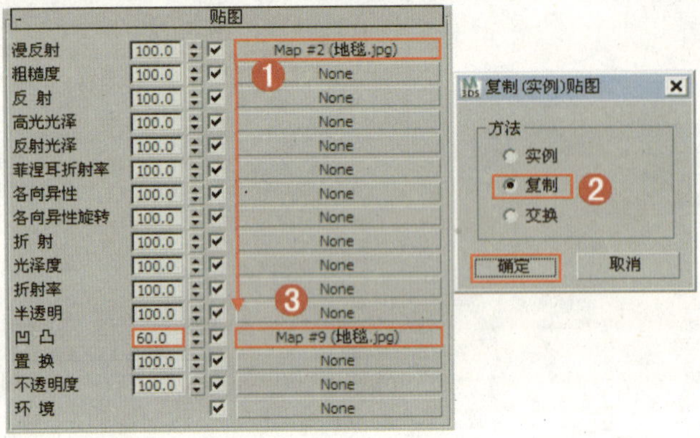

图 5-61　凹凸贴图

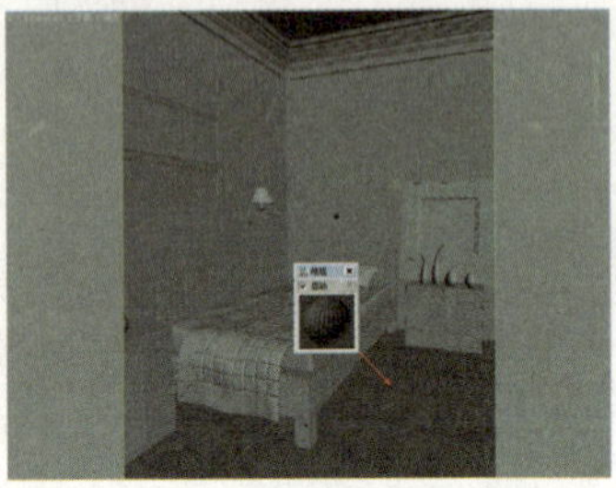

图 5-62　将材质赋给模型

2. 壁纸材质的调制

01 按 M 键，打开【材质编辑器】对话框，选择一个空白材质球，单击 Arch & Design 按钮，在弹出的【材质 / 贴图浏览器】对话框中选择【VR 材质】，如图 5-63 所示。

02 将其命名为“壁纸”，在【漫反射】选项组下后面的通道上加载一张“壁纸.jpg”贴图文件，并设置【模糊】为 0.01，如图 5-64 所示。

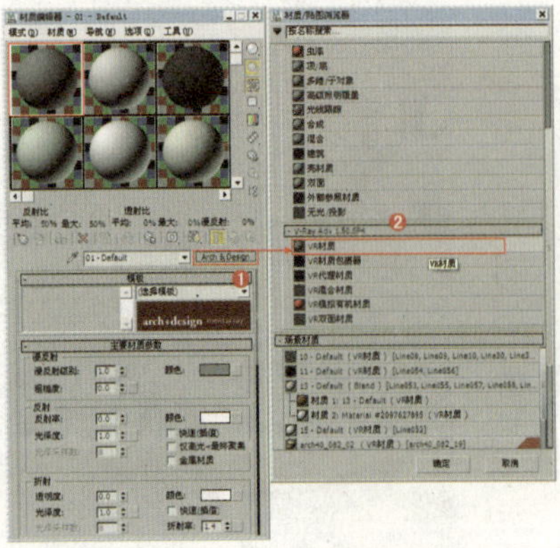

图 5-63　选择 VRay 材质

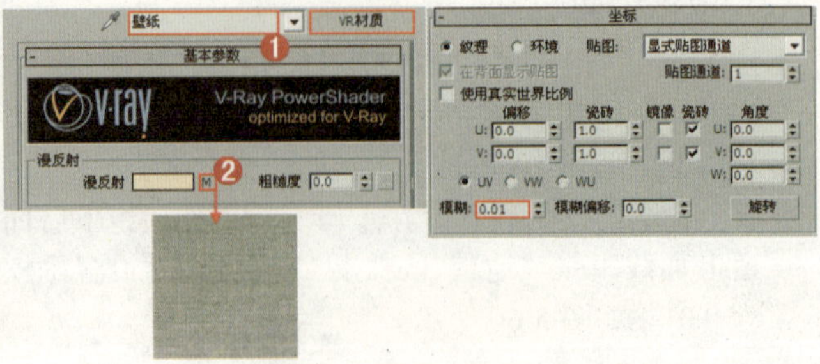

图 5-64　加载贴图文件

03 展开【贴图】卷展栏，将【漫反射】通道上的贴图文件拖曳到【凹凸】通道上，并设置【方法】为【复制】，最后设置【凹凸】为 40.0，如图 5-65 所示。

04 将制作好的壁纸材质赋予场景中的墙面壁纸模型，如图 5-66 所示。

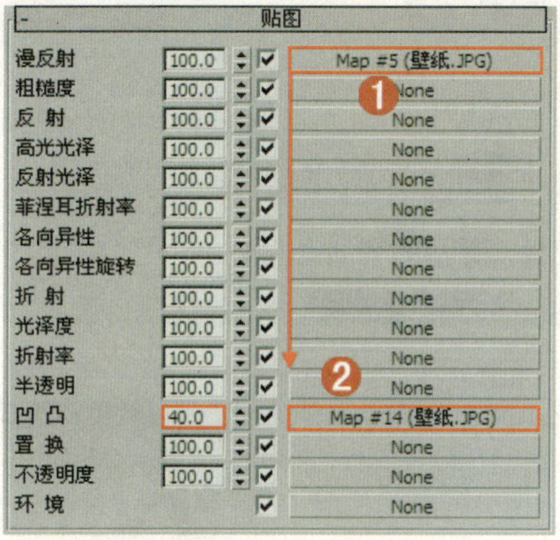

图 5-65　加载凹凸贴图

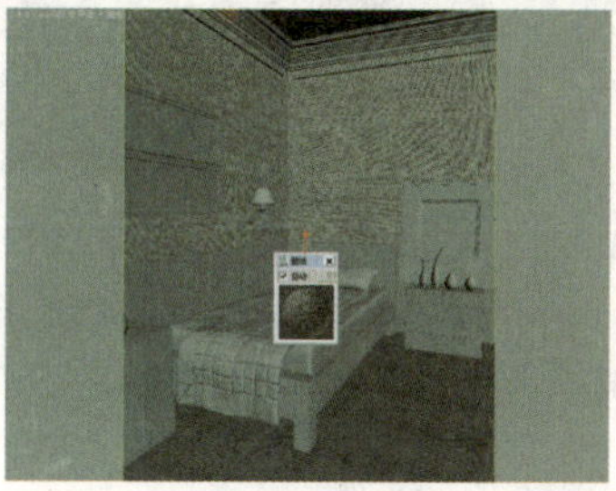

图 5-66　将材质赋给模型

3. 被褥材质的调制

01 选择一个空白材质球，然后将材质类型设置为【VR 材质】，接着将其命名为“被褥”，在【漫反射】选项组下后面的通道上加载一张“被褥 .jpg”贴图文件，在【反射】选项组下调节反射颜色为 R=86、G=86、B=86，设置【反射光泽度】为 0.5，如图 5-67 所示。

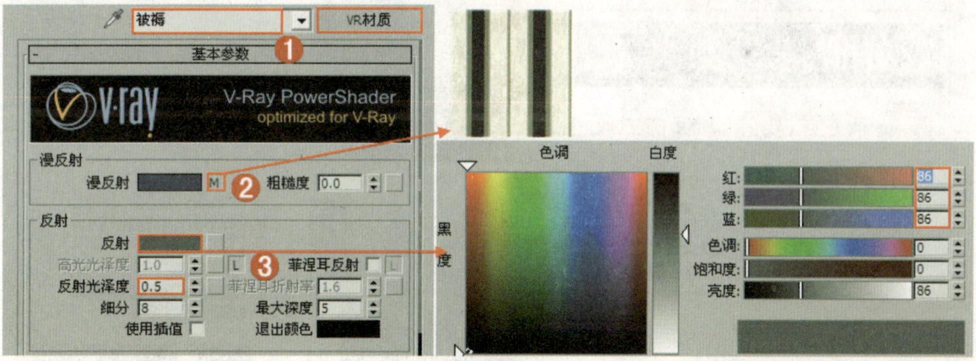

图 5-67　被褥材质的参数

02 将制作好的被褥材质赋予场景中的被褥模型，如图 5-68 所示。

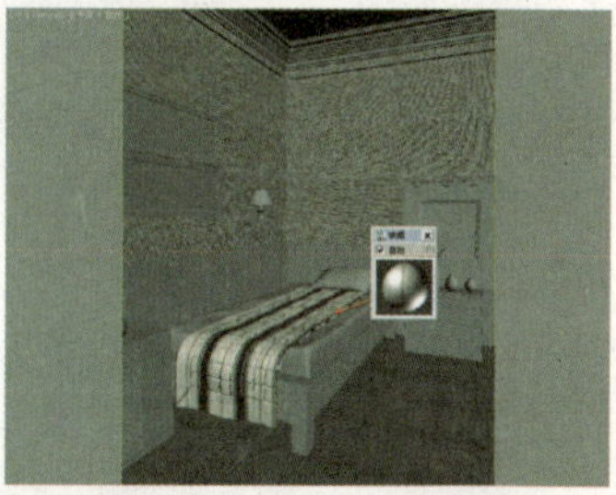

图 5-68　将材质赋予模型

4. 木纹材质的调制

01 选择一个空白材质球，然后将材质类型设置为【VR 材质】，接着将其命名为“木纹”，在【漫反射】选项组下后面的通道上加载一张“木纹 .jpg”贴图文件，设置【模糊】为 0.01，在【反射】选项组下调节反射颜色为 R=45、G=45、B=45，设置【高光光泽度】为 0.75、【反射光泽度】为 0.6、【细分】为 15，如图 5-69 所示。

02 展开【贴图】卷展栏，将【漫反射】通道上的贴图文件拖曳到【凹凸】通道上，并设置【方法】为【复制】，最后设置【凹凸】为10.0，如图5-70所示。

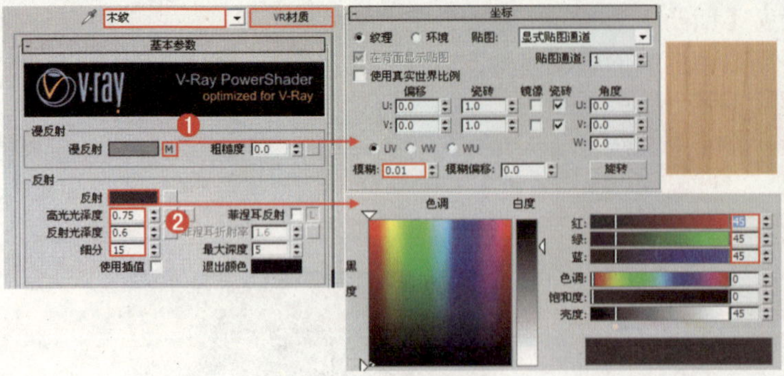

图5-69　木纹材质的参数

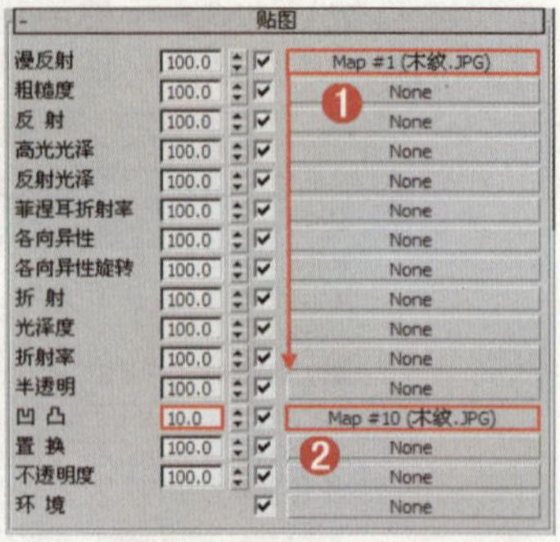

图5-70　加载凹凸贴图

03 将制作好的木纹材质赋予场景中木质结构的模型，如图5-71所示。

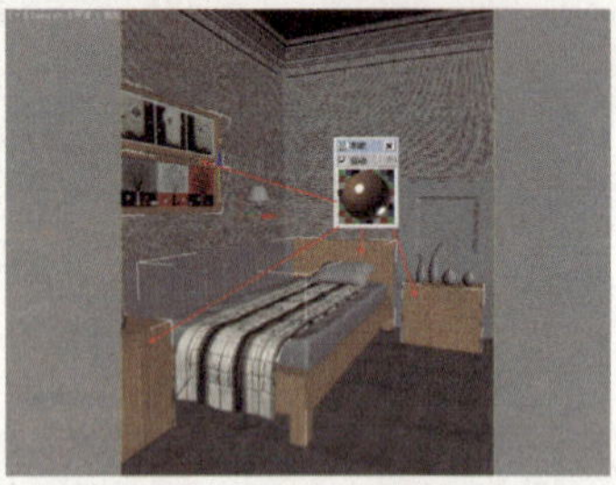

图5-71　将材质赋予模型

5. 乳胶漆材质的调制

01 选择一个空白材质球，然后将材质类型设置为【VR材质】，接着将其命名为“乳胶漆”，在【漫反射】选项组调节颜色为R=248、G=248、B=248，在【反射】选项组下调节反射颜色为R=11、G=11、B=11，设置【反射光泽度】为0.65、【细分】为20，如图5-72所示。

图5-72　乳胶漆材质的参数

02 将制作好的乳胶漆材质赋予场景中阴角线和部分墙面的模型，如图5-73所示。

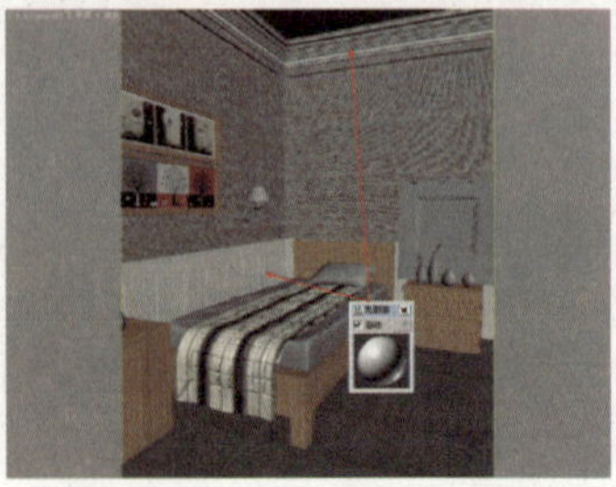

图5-73　将材质赋予模型

6. 金属材质的调制

01 选择一个空白材质球，然后将材质类型设置为【VR材质】，接着将其命名为“金属”，在【漫反射】选项组下调节颜色为R=112、G=112、B=112，在【反射】选项组下调节反射颜色为R=179、G=179、B=179，设置【反射光泽度】为0.95、【细分】为20，如图5-74所示。

02 将制作好的金属材质赋予场景中金属结构的模型，如图5-75所示。

图 5-74　金属材质的参数

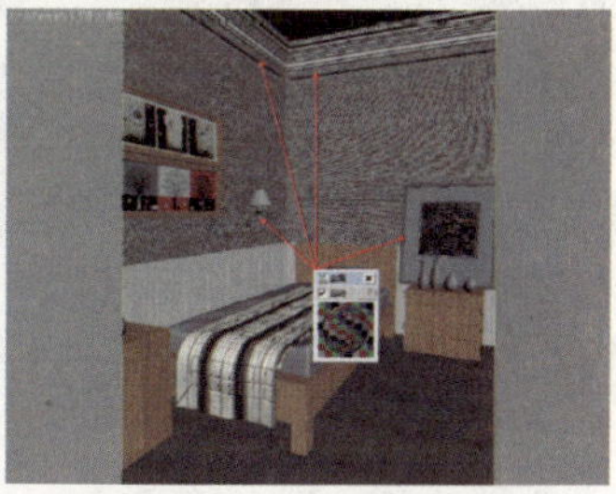

图 5-75　将材质赋予模型

至此，场景中主要模型的材质已经制作完成，其他材质的制作方法就不再详述了。

5.2.3　设置灯光并进行草图渲染

在该卧室场景中，使用两部分灯光照明来表现，一部分使用自然光效果，另一部分使用室内灯光的照明。也就是说，要想得到好的效果，必须配合室内的一些照明，最后再设置一下辅助光源即可。

1. 设置阳光

01 单击（创建）|（灯光）| VR太阳 按钮，在顶视图中单击并拖曳鼠标，创建一盏 VRay 太阳灯光，在各个视图中调整它的位置，具体的位置如图 5-76 所示。

02 选择 VRay 太阳灯光，并将灯光的【强度倍增】设置为 0.03，【大小倍增】设置为 4.0，目的是让阴影的边缘比较虚，设置【阴影细分】为 3，参数及位置如图 5-77 所示。

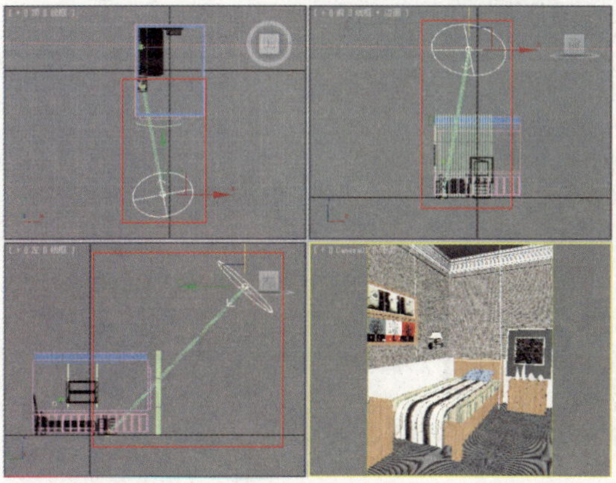

图 5-76　VRay 太阳灯光的位置

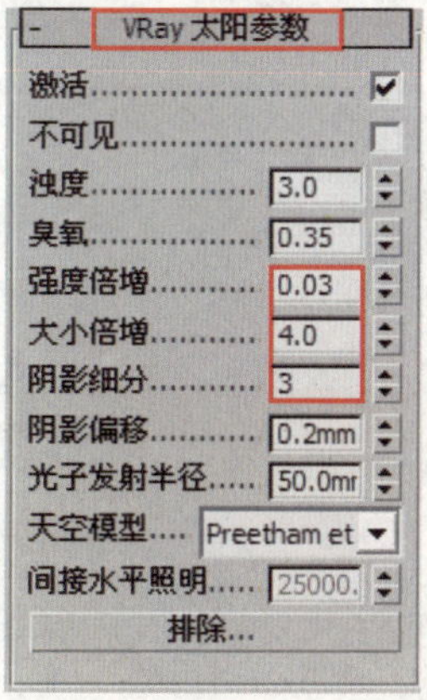

图 5-77　VRay 太阳灯光的参数

>>> 技巧与提示

在为场景设置 VRay 太阳灯光时，系统会弹出【V–Ray 太阳】对话框，提示是否在场景中添加一幅天空的贴图，用户可以根据实际情况进行选择。在本场景中直接单击【是】按钮即可。

设置完这盏 VRay 太阳灯光后，就可以设置简单的渲染参数。

03 按 F10 键，打开【渲染设置】对话框。首先设置【VRay】和【间接照明】选项卡下的参数，刚开始设置的是一个草图设置，目的是进行快速渲染，观看整体的效果，参数设置如图 5-78 所示。

04 按 Shift+Q 组合键，快速渲染摄影机视图，其渲染的效果如图 5-79 所示。

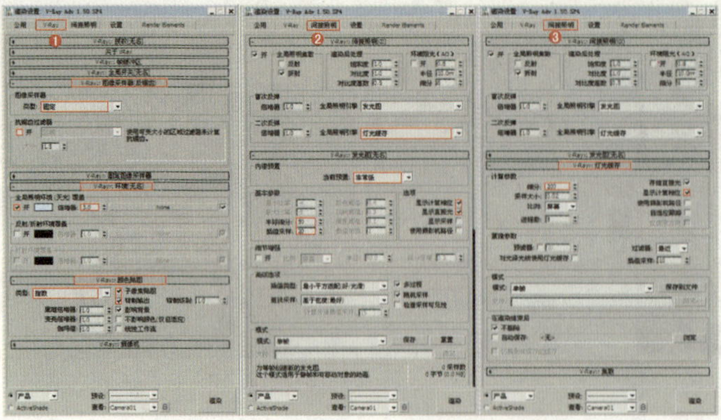

图 5-78　VRay 渲染器参数的设置

图 5-79　测试渲染的效果

通过图 5-79 中的效果来看，对太阳光的位置基本满意。下面创建 VRay 灯光，放在玻璃门的位置，主要模拟天光的效果。用 VRay 灯光的阴影及效果要比【环境】下的天光好一些。

2. 设置天光

01 单击（创建）|（灯光）| VR灯光 按钮，在前视图中玻璃门的位置创建一盏 VRay 灯光，大小与玻璃门差不多，将它移动到玻璃门的外面，位置如图 5-80 所示。

02 选择创建的 VRay 灯光，然后在【修改】命令面板下设置【类型】为“平面”，设置【倍增器】为 15.0，调节【颜色】为 R=201、G=216、B=248，设置【1/2 长】为 880.0mm、【1/2 宽】为 720.0mm，勾选【不可见】复选框，最后设置【细分】为 15，如图 5-81 所示。

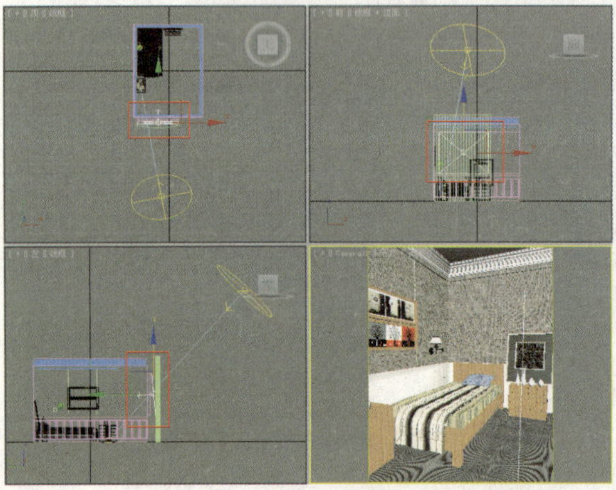

图 5-80　VRay 灯光的位置

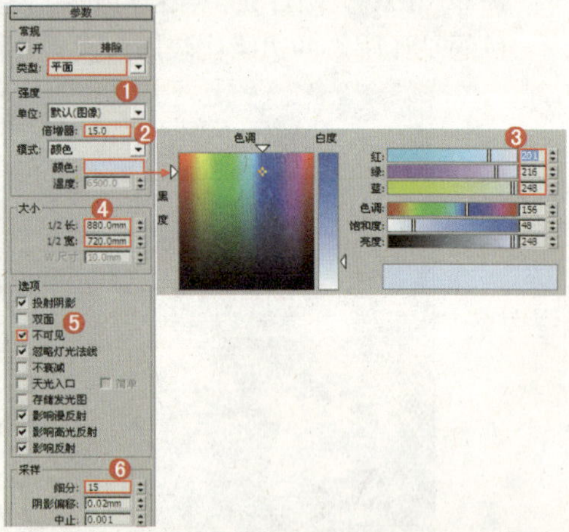

图 5-81　VRay 灯光的参数

03 按 Shift+Q 组合键，快速渲染摄影机视图，其渲染的效果如图 5-82 所示。

通过图 5-82 中的效果来看，整体的光感还是不够理想，需要设置室内的灯光作为辅助光源来提亮整体的空间。

图 5-82　测试渲染效果

3. 设置辅助灯光

01 在左视图中创建一盏 VRay 灯光，使用 Shift 键 + 移动工具复制 1 盏，具体的位置如图 5-83 所示。选择刚创建的 VRay 灯光，在【修改】命令面板下设置【类型】为“平面”，设置【倍增器】为 3.0，调节【颜色】为 R=201、G=216、B=248，设置【1/2 长】为 480.0mm，【1/2 宽】为 620.0mm，勾选【不可见】复选框，最后设置【细分】为 15，如图 5-84 所示。

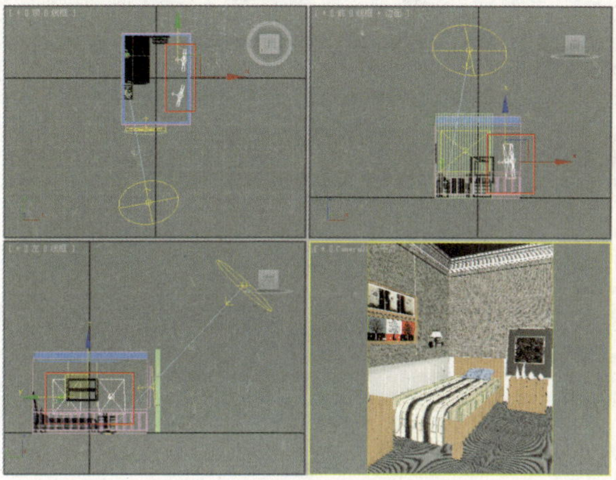

图 5-83 VRay 灯光的位置

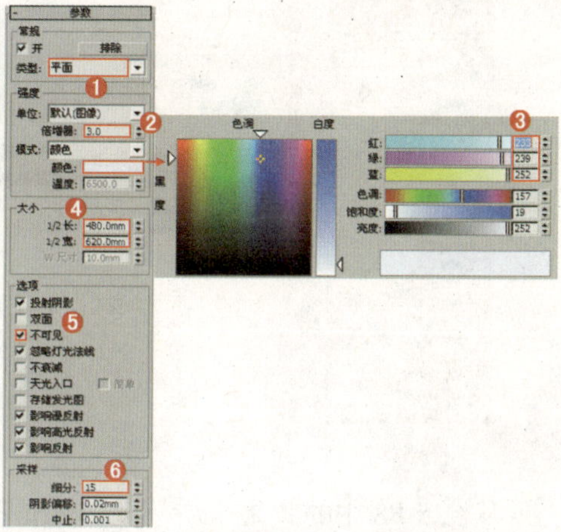

图 5-84 VRay 灯光的参数

02 按 Shift+Q 组合键，快速渲染摄影机视图，其渲染的效果如图 5-85 所示。

图 5-85 测试渲染效果

4. 设置壁灯的光源

01 在左视图中创建一盏 VRay 灯光，使用 Shift 键 + 移动工具复制 1 盏，具体的位置如图 5-86 所示。

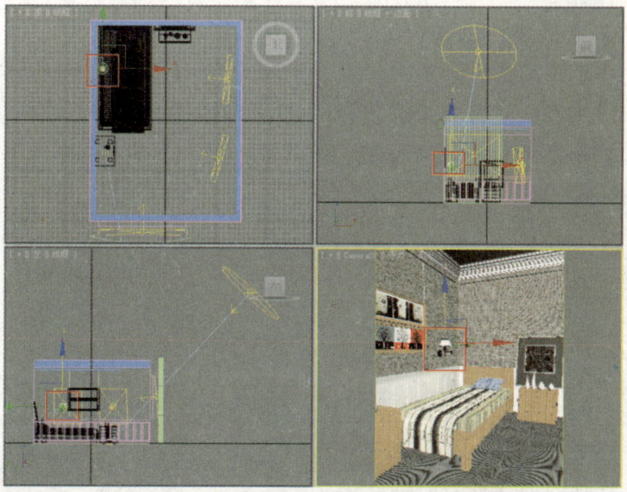

图 5-86 VRay 灯光的位置

02 选择刚创建的 VRay 灯光，在【修改】命令面板下设置【类型】为“球体”，设置【倍增器】为 30.0，调节【颜色】为 R=229、G=192、B=145，设置【半径】为 45.0mm，勾选【不可见】复选框，如图 5-87 所示。

03 按 Shift+Q 组合键，快速渲染摄影机视图，其渲染的效果如图 5-88 所示。

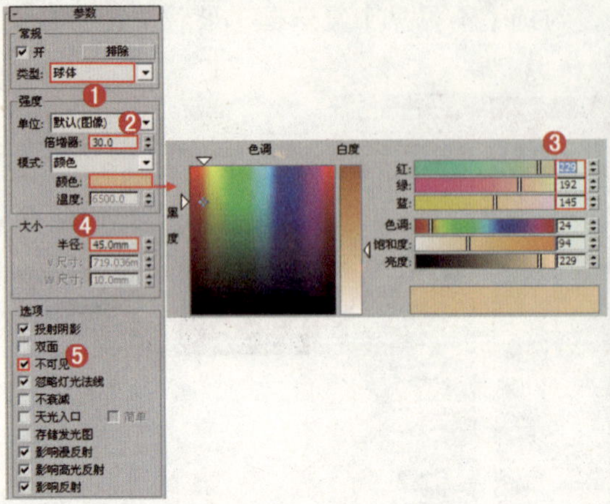

图 5-87　VRay 灯光的参数

图 5-88　测试渲染效果

从图 5-88 中的效果来看，整体还是不错的，但是局部有点灰暗、曝光，这个问题在渲染参数里面可以解决，用户不用担心。整个场景中的灯光设置完成了，下面需要做的就是精细调整灯光细分参数及渲染参数，进行最终的渲染。

5.2.4　设置成图渲染参数

通过前面的操作，已经将大量烦琐的工作做完了，下面需要做的就是把渲染的参数设置高一些，再进行渲染输出。

01 重新设置一下渲染参数，按 F10 键，在打开的【渲染设置】对话框中选择【V-Ray】选项卡，展开【V-Ray:: 图形采样器（反锯齿）】卷展栏，设置【类型】为“自适应确定性蒙特卡洛”，接着在【抗锯齿过滤器】选项组下勾选【开】复选框，并选择“Mitchell-Netravali”，展开【V-Ray:: 自适应确定性蒙特卡洛图像采样器】卷展栏，设置【最小细分】为 1、【最大细分】为 4，如图 5-89 所示。

02 选择【间接照明】选项卡，展开【V-Ray:: 发光图［无名］】卷展栏，设置【当前预置】为【低】，设置【半球细分】为 60、【插值采样】为 30，展开【V-Ray:: 灯光缓存】卷展栏，设置【细分】为 1000，取消勾选【存储直接光】复选框，如图 5-90 所示。

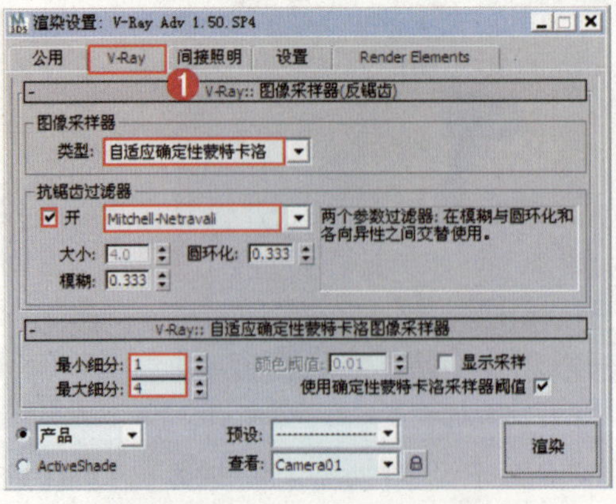

图 5-89　【V-Ray】选项卡的参数

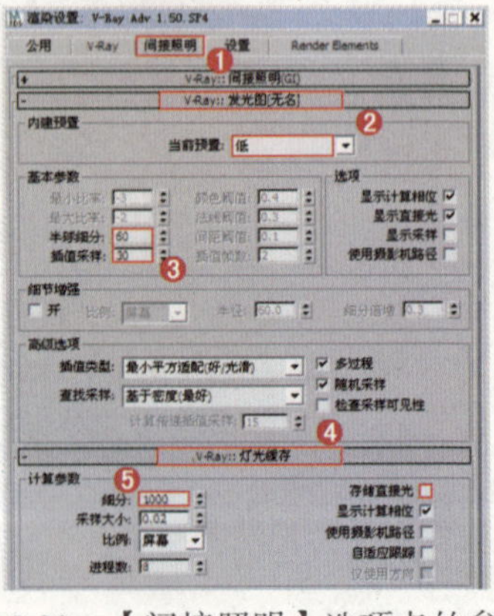

图 5-90　【间接照明】选项卡的参数

03 选择【设置】选项卡，展开【V-Ray:: 确定性蒙特卡洛采样器】卷展栏，设置【噪波阈值】为 0.008、【最小采样值】为 10，展开【V-Ray:: 系统】卷展栏，设置【区域排序】为“上→下”，最后取消勾选【显示窗口】复选框，如图 5-91 所示。

04 选择【公用】选项卡，设置输出的尺寸为 1194 × 1500，如图 5-92 所示。

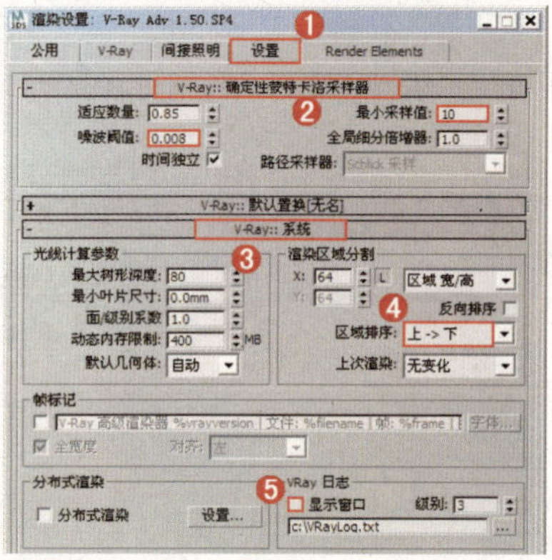

图 5-91　【设置】选项卡的参数

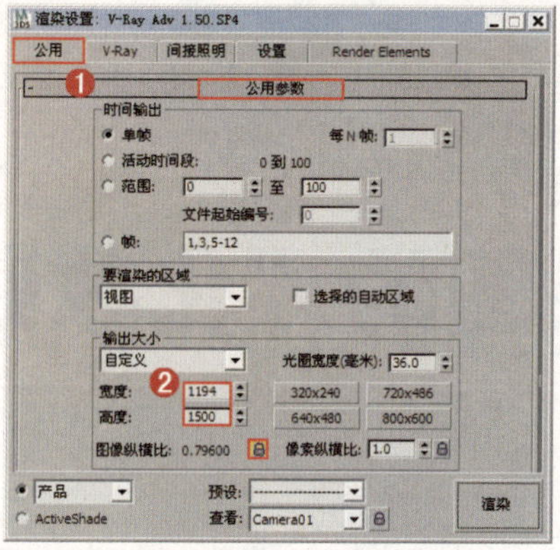

图 5-92　【公用】选项卡的参数

>>> 技巧与提示

在渲染出图的时候，可以根据不同的场景来选择不一样的渲染方式。对于较大的场景，可以采取先渲染尺寸稍小的光子图，然后通过载入渲染的光子图来渲染以加快速度。本例中的场景比较小，就不渲染光子图了，直接渲染出图即可。

05 等待一段时间后渲染完成，最终的效果如图 5-93 所示。

06 单击（保存位图）按钮，在弹出的【保存图像】对话框中选择一个路径，在【保存类型】下拉列表框中选择【BMP 图像文件（*.bmp）】格式，【文件名】为“利用 VRay 渲染器渲染客卧空间”，如图 5-94 所示。

图 5-93　最终渲染效果

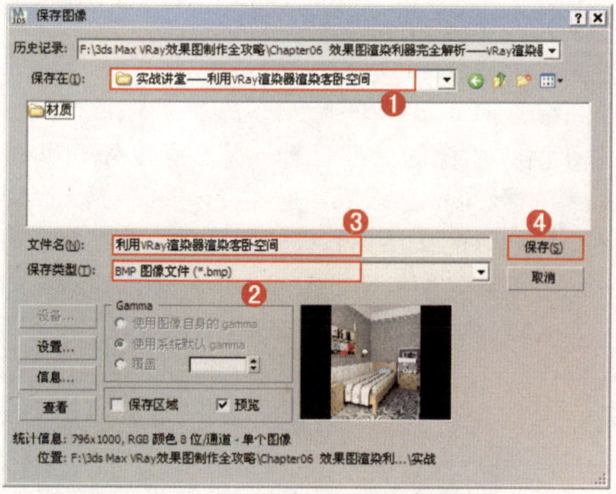

图 5-94　对渲染的文件进行保存

第6章

效果图的“化妆师”——后期处理

本章学习要点

- 校正偏灰的效果图
- 柔光效果的使用
- 添加后期素材
- 添加背景
- 光效的添加
- 雪的添加

对于渲染图像的后期处理，是一个必不可少的环节，不能轻易忽略。如果说 3ds Max 是一位摄影师，那么后期处理就是一名化妆师，没有好的化妆师弥补“模特”的瑕疵，那么不会得到好的作品。而且后期处理不需要进行烦琐的渲染步骤，因此在效率方面十分有优势。下面就根据效果图制作中最常用到的几种后期修饰方法进行重点讲解。

6.1 校正偏灰的效果图

在 3ds Max 中渲染的图像很可能会出现偏色、图像饱和度低等问题，下面将介绍如何调整场景亮度 / 对比度和饱和度，使场景的色彩变得更加艳丽夺目。

课堂实战——校正偏灰的效果图

场景文件	场景文件 \ 第 6 章 \01.bmp
案例文件	最终文件 \ 第 6 章 \ 校正偏灰的效果图 .psd
视频教学	视频 \ 第 6 章 \ 校正偏灰的效果图 .flv
视频长度	2 分 21 秒
难易指数	★★☆☆☆
技术掌握	掌握亮度 / 对比度以及自然饱和度的调节

在本例中主要调整图像的亮度 / 对比度以及自然饱和度，对比效果如图 6-1 所示。

图 6-1 对比效果

01 打开随书配套光盘中的“场景文件 \ 第 6 章 \01.bmp”文件，如图 6-2 所示。

02 选择菜单【图像】|【调整】|【亮度 / 对比度】命令，如图 6-3 所示。

图 6-2 原始效果图

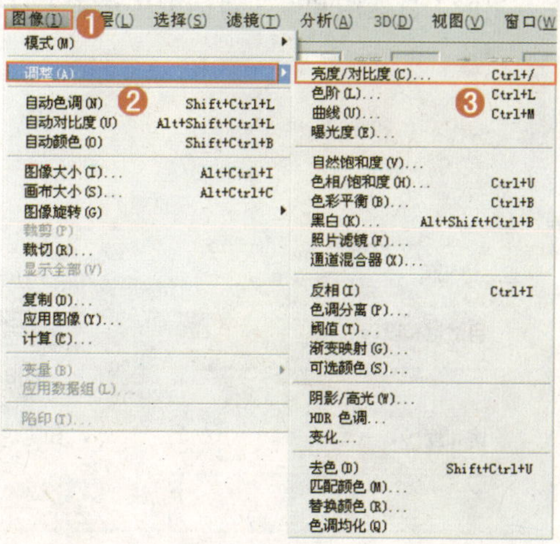

图 6-3 执行【亮度 / 对比度】命令

03 在弹出的【亮度 / 对比度】对话框中设置【对比度】为 64，如图 6-4 所示。

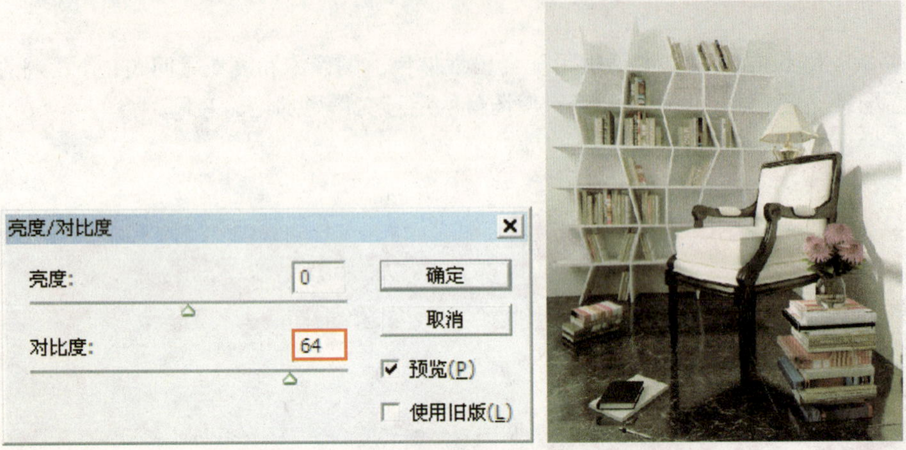

图 6-4　设置对比度

04 选择菜单【图像】|【调整】|【自然饱和度】命令，如图 6-5 所示。

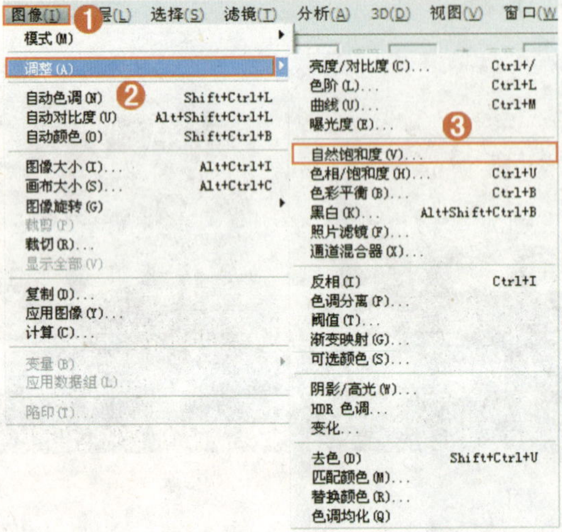

图 6-5　执行【自然饱和度】命令

05 在弹出的【自然饱和度】对话框中设置【自然饱和度】为 100，最终效果如图 6-6 所示。

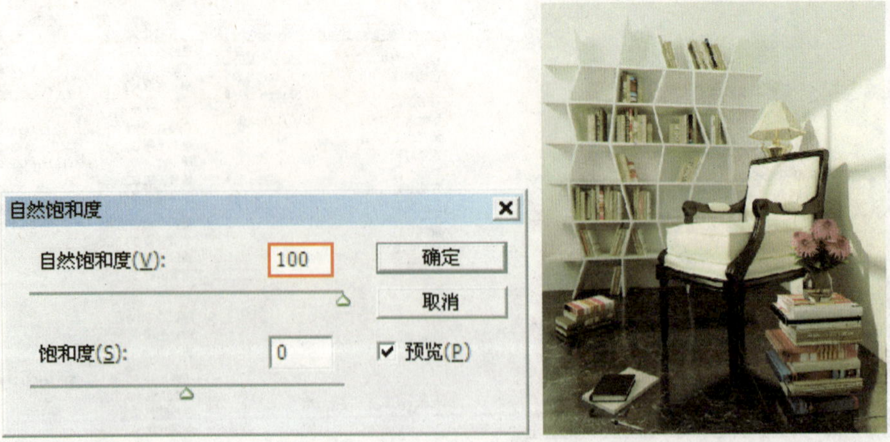

图 6-6　设置自然饱和度

6.2 调整图像柔光效果

在 3ds Max 中制作发光的物体比较简单，但是想让发光的物体产生柔光的效果，就需要添加特效，并进行反复的测试，这个过程是需要花费大量时间的，因此这个方法不推荐大家使用。而使用后期处理的方法可以快速调整图像的柔光效果。

课堂实战——调整图像的柔光效果

场景文件	场景文件 \ 第 6 章 \02.bmp
案例文件	最终文件 \ 第 6 章 \ 调整图像的柔光效果 .psd
视频教学	视频 \ 第 6 章 \ 调整图像的柔光效果 .flv
视频长度	1 分 05 秒
难易指数	★★☆☆☆
技术掌握	掌握【高斯模糊】滤镜的运用

在本例中主要使用【高斯模糊】滤镜对高光区域进行模糊制作出柔光效果，对比效果如图 6-7 所示。

图 6-7　对比效果

01 打开随书配套光盘中的“场景文件 \ 第 6 章 \02.bmp”文件，如图 6-8 所示。

图 6-8　原始效果图

02 按 Ctrl+Alt+Shift+2 组合键，载入高光选区，然后按 Ctrl+C 组合键和 Ctrl+V 组合键，复制出高光部分，如图 6-9 所示。

图 6-9　复制高光区域

03 选择菜单【滤镜】|【模糊】|【高斯模糊】命令，如图 6-10 所示。

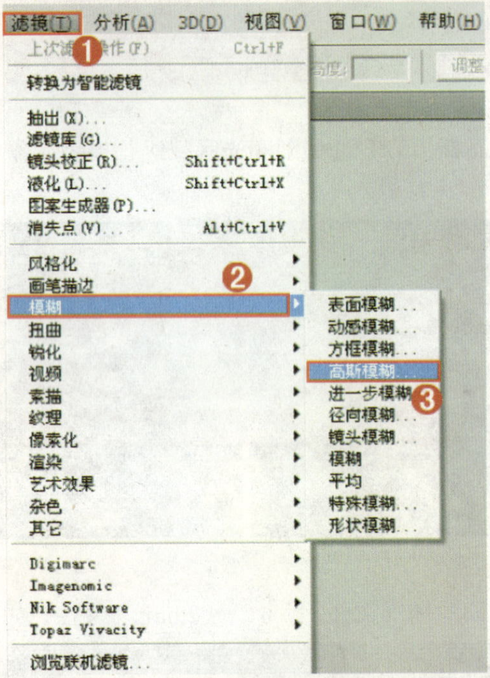

图 6-10　执行【高斯模糊】命令

04 在弹出的【高斯模糊】对话框中设置【半径】为 2.0 像素，最终效果如图 6-11 所示。

图 6-11　设置半径数值及最终效果

6.3 为场景添加植物素材

由于模型面数的限制、渲染速度的限制等原因，很多模型不需要在 3ds Max 中制作出来，而是在后期处理时将其合理地添加进去，这样会大大提高工作效率。但是需要注意的是，在渲染图像之前首先需要挑选好后期所用的素材，这样就可以使得角度、光线等很好地吻合。

课堂实战——为场景添加植物素材

场景文件	场景文件 \ 第 6 章 \03.bmp
案例文件	最终文件 \ 第 6 章 \ 为场景添加植物素材 .psd
视频教学	视频 \ 第 6 章 \ 为场景添加植物素材 .flv
视频长度	2 分 15 秒
难易指数	★★☆☆☆
技术掌握	掌握图层混合方式的应用

在本例中主要利用图层混合模式为效果图添加植物，对比效果如图 6-12 所示。

图 6-12 对比效果

01 打开随书配套光盘中的“场景文件 \ 第 6 章 \03.bmp”文件，如图 6-13 所示。

02 导入随书配套光盘中的“场景文件 \ 第 6 章 \03.jpg”植物素材文件，放在图像的左下角，如图 6-14 所示。

图 6-13 原图

图 6-14 导入素材

03 设置植物图层的混合模式为“正片叠底”，最终效果如图 6-15 所示。

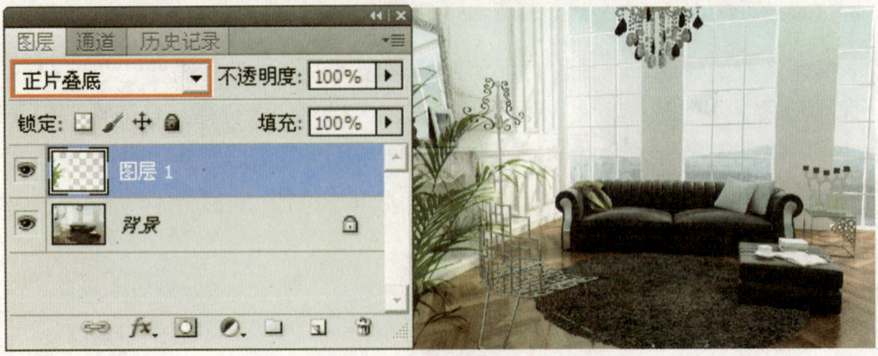

图 6-15　设置混合模式及最终效果

>>> 技巧与提示

在添加植物过程中通常需要将背景部分去除，这里使用的植物素材较为复杂。如果使用钢笔工具进行精确抠选将会非常烦琐，而使用魔棒工具去除背景又不太精准，并且植物的背景颜色为白色，所以通过调整图层的混合模式是非常快捷的方法。

6.4 添加背景

在 3ds Max 中可以添加场景的背景进行渲染，但是这种方法对于后期调节背景比较麻烦，所以使用渲染无背景的 .png 格式图像，然后在后期处理中添加背景，并进行调整。

课堂实战——为场景添加背景

场景文件	场景文件 \ 第 6 章 \04.png
案例文件	最终文件 \ 第 6 章 \ 为场景添加背景 .psd
视频教学	视频 \ 第 6 章 \ 为场景添加背景 .flv
视频长度	2 分 01 秒
难易指数	★★☆☆☆
技术掌握	掌握导入素材的方法

在本例中主要利用图层混合模式为效果图添加植物，对比效果如图 6-16 所示。

图 6-16　对比效果

01 打开随书配套光盘中的“场景文件 \ 第 6 章 \04.png”文件，如图 6-17 所示。

02 导入随书配套光盘中的“场景文件 \ 第 6 章 \04.jpg”素材文件，拖拽素材到当前图像中，并移动到画面的左上角，如图 6-18 所示。

图 6-17　原始效果图

图 6-18　导入素材

03 按 Enter 键结束当前操作，此时背景图层为智能对象，如需对该图层进行编辑操作，需要在【图层】面板中单击鼠标右键，在弹出的快捷菜单中执行【栅格化图层】命令，如图 6-19 所示。

04 最终效果如图 6-20 所示。

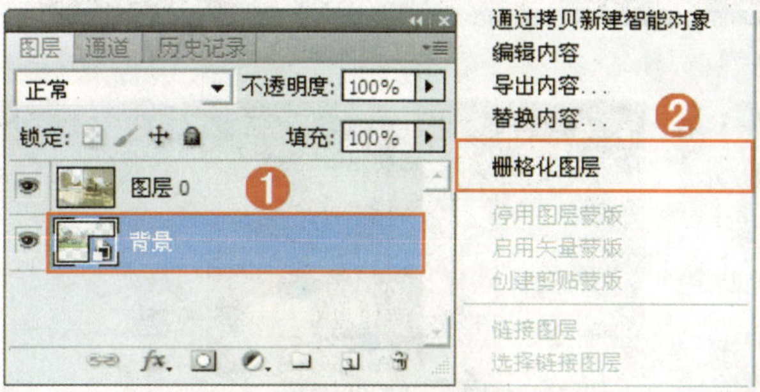

图 6-19　栅格化图层

图 6-20　最终效果

6.5 光效

光效是 3ds Max 制作效果图中最为重要的一个环节，而且光效的搭配相对烦琐，因此在测试渲染时很有可能会忽略某些效果，使得最终渲染时图像产生小的问题，因此合理掌握如何在后期软件中添加光效是十分重要的。

6.5.1 灯光光斑

在室内效果图制作中，我们都会在渲染结束后进行后期处理，而对灯光的处理也是非常重要的，比如添加灯光光斑效果，可以快速提升画面的亮点，是画面的点睛之笔。

课堂实战——灯光光斑

场景文件	场景文件\第6章\05-1.bmp
案例文件	最终文件\第6章\灯光光斑.psd
视频教学	视频\第6章\灯光光斑.flv
视频长度	5分06秒
难易指数	★★☆☆☆
技术掌握	掌握画笔工具的应用

在本例中主要使用自定义的光斑画笔制作灯光的光斑效果，对比效果如图6-21所示。

图6-21　对比效果

01 打开随书配套光盘中的“场景文件\第6章\05-1.bmp”文件，如图6-22所示。

02 进行光斑画笔的定义。新建“图层1”图层，设置【前景色】为“黑色”，选择工具箱中的【画笔工具】，设置画笔【大小】为8px、【硬度】为100%，并在新建图层中单击绘制一个圆点，如图6-23所示。

图6-22　原始效果图

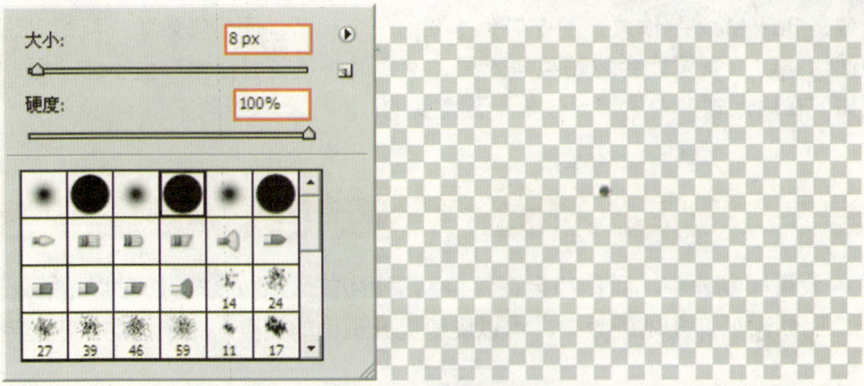

图6-23　绘制圆点

03 使用【自由变换】命令（快捷键为 Ctrl+T）将圆点进行横向拉伸，如图 6-24 所示。

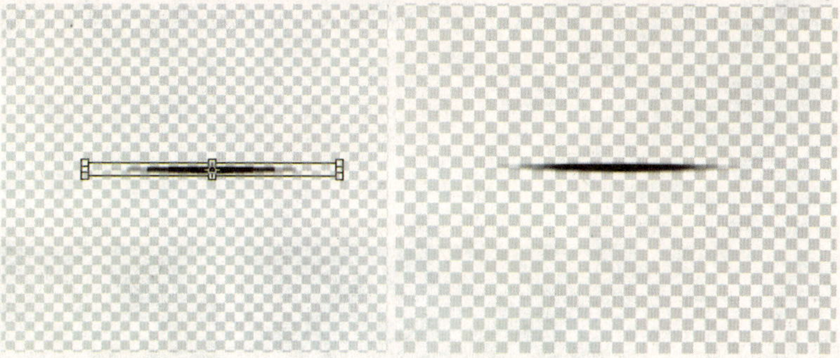

图 6-24　自由变换圆点

04 复制“图层 1”图层为“图层 2”图层，同样进行【自由变换】调整，然后单击鼠标右键，在弹出的快捷菜单中执行【旋转 90 度（顺时针）】命令，如图 6-25 所示。

05 合并“图层 1”图层和“图层 2”图层，复制合并后图层，继续执行【自由变换】命令，按住 Shift 键旋转 45 度，并适当缩放，效果如图 6-26 所示。

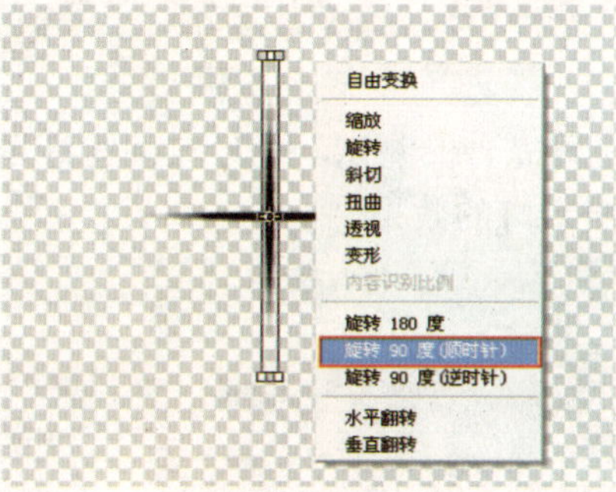

图 6-25　旋转 90 度

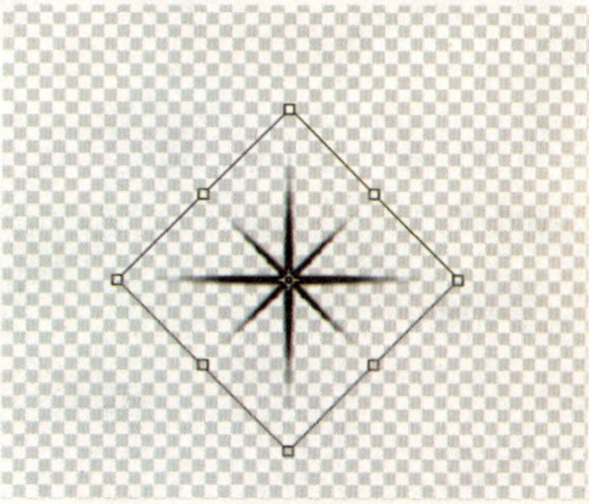

图 6-26　旋转并复制剩余部分

06 合并所有光斑画笔的图层后，选择菜单【编辑】|【定义画笔预设】命令，如图 6-27 所示。

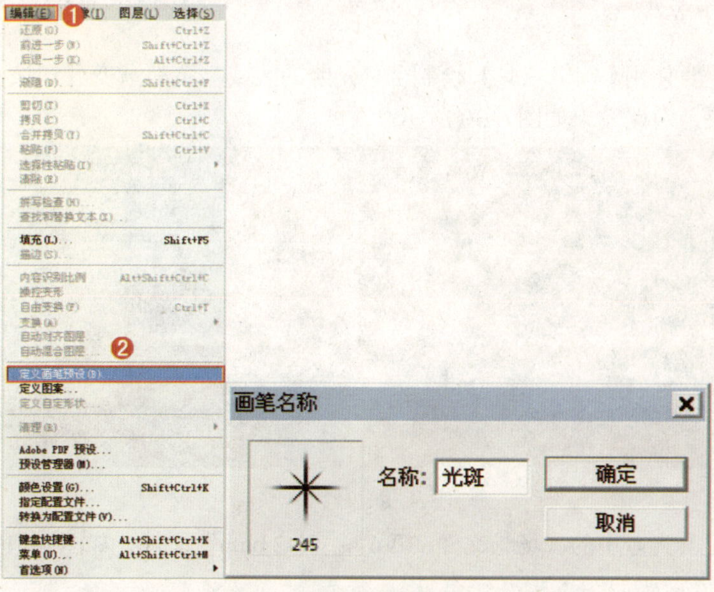

图 6-27　定义画笔预设

07 新建“光斑”图层，设置【前景色】为“白色”，选择工具箱中的【画笔工具】，选择新定义的光斑画笔，设置画笔【大小】为50px，并在新建“光斑”图层中绘制，如图6-28所示。

08 使用同样的方法在其他有射灯的位置调整不同的画笔大小进行绘制即可，效果如图6-29所示。

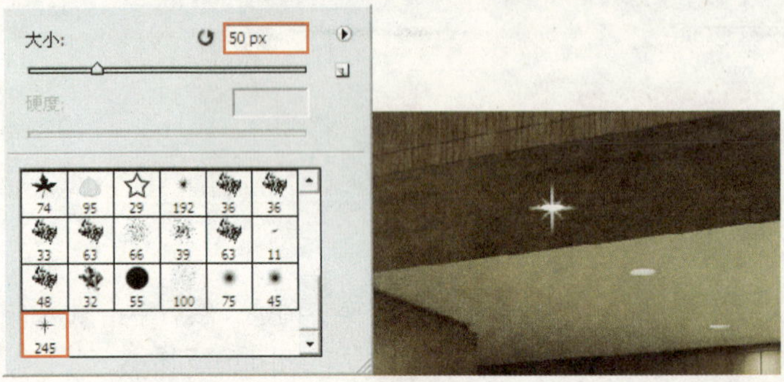

图6-28 绘制光斑

图6-29 制作剩余光斑后的效果

6.5.2 台灯光效

某些情况下，由于前期在3ds Max中没有进行完善的测试，而导致某些灯光效果并不满意，比如台灯灯光。在后期处理中完全可以弥补台灯的效果。

课堂实战——台灯光效

场景文件	场景文件\第6章\05-2.bmp
案例文件	最终文件\第6章\台灯光效.psd
视频教学	视频\第6章\台灯光效.flv
视频长度	4分14秒
难易指数	★★★☆☆
技术掌握	掌握【钢笔工具】、混合模式、【高斯模糊】滤镜以及【曲线】命令的运用

在本例中主要使用【钢笔工具】绘制台灯光照的区域，填充渐变并切换混合模式制作出台灯光照的效果，对比效果如图6-30所示。

图6-30 对比效果

01 打开随书配套光盘中的“场景文件\第6章\05-2.bmp”文件，如图6-31所示。

02 使用【钢笔工具】在台灯光照的范围绘制闭合路径，如图 6-32 所示。

图 6-31　原始效果图

图 6-32　绘制路径

03 单击鼠标右键，在弹出的快捷菜单中执行【建立选区】命令，新建图层，选择工具箱中的【渐变工具】，编辑一种淡黄到透明的渐变，并在选区中进行拖拽填充，如图 6-33 所示。

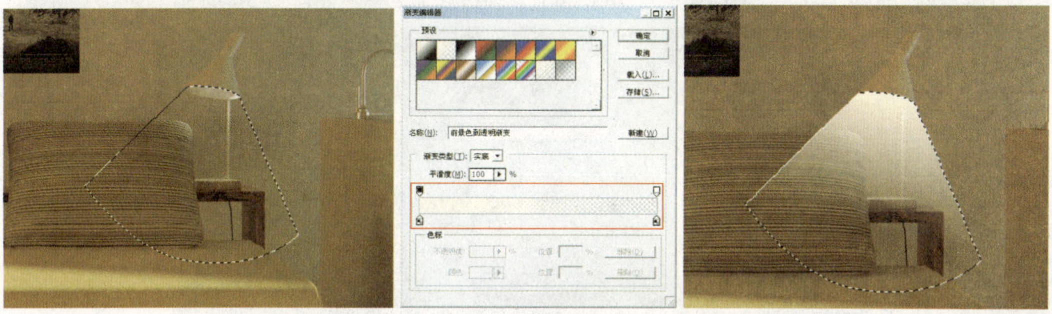

图 6-33　填充渐变

04 仍然使新建图层处于选择状态，选择菜单【滤镜】|【模糊】|【高斯模糊】命令，如图 6-34 所示。

05 在弹出的【高斯模糊】对话框中设置模糊【半径】为 4.4 像素，并设置该图层的混合模式为“柔光”，如图 6-35 所示。

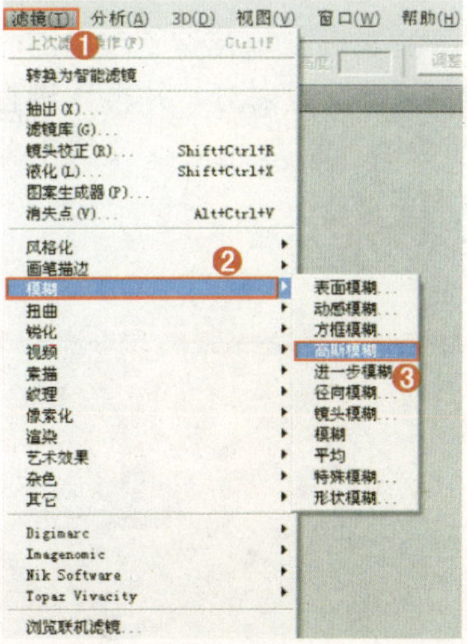

图 6-34　执行【高斯模糊】命令

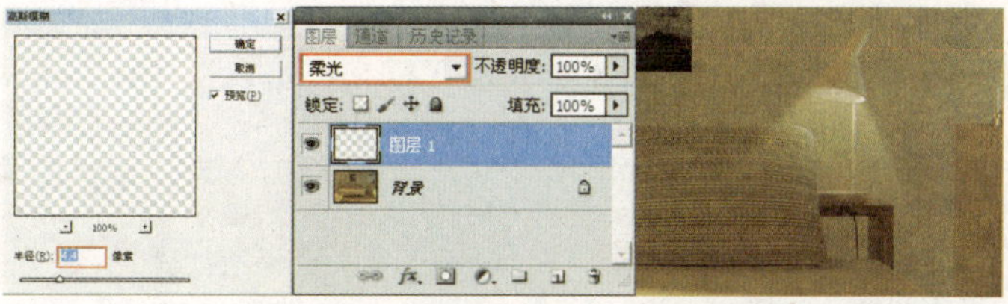

图 6-35　设置高斯模糊及混合模式

06 为了加强台灯亮度，复制“图层 1”图层，并使用【橡皮擦工具】擦去较远处的光，效果如图 6-36 所示。

07 选择工具箱中的【套索工具】，在该工具选项栏中设置【羽化】数值为 30，并在沙发坐垫部分绘制灯光照射的区域，如图 6-37 所示。

图 6-36　擦除远处的光

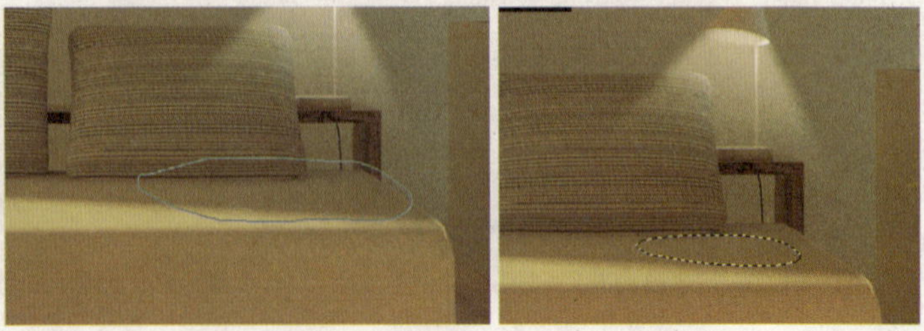

图 6-37　绘制灯光照射区域

08 选择菜单【图层】|【新建调整图层】|【曲线】命令，创建新的“曲线”调整图层，并适当调整曲线形状，制作出沙发坐垫部分被照亮的效果，如图 6-38 所示。

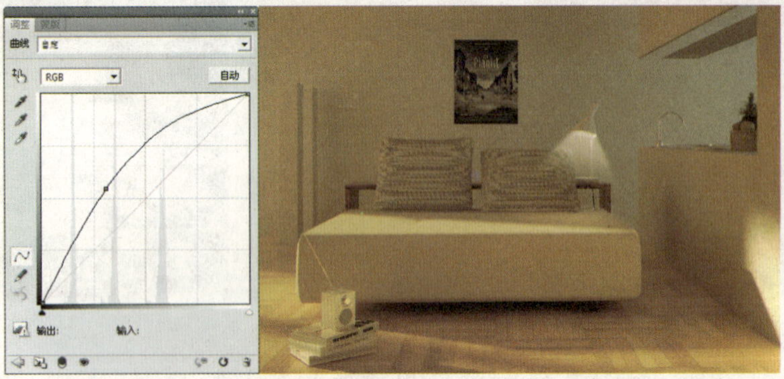

图 6-38　调整曲线及最终效果

6.5.3　射灯光效

某些情况下，对制作出的效果图非常满意，但是渲染速度非常慢，花费了大量的时间，此时客户可能要求看开启射灯的效果，若重新在 3ds Max 中设置射灯，并再次进行渲染时，时间是来不及的，因此掌握如何快速在后期处理中制作射灯光效就显得十分重要。

课堂实战——射灯光效

场景文件	场景文件 \ 第 6 章 \05-3.bmp
案例文件	最终文件 \ 第 6 章 \ 射灯光效 .psd
视频教学	视频 \ 第 6 章 \ 射灯光效 .flv
视频长度	4 分 32 秒
难易指数	★★★☆☆
技术掌握	掌握【钢笔工具】、【高斯模糊】滤镜以及混合模式的运用

在本例中主要使用【钢笔工具】绘制射灯光照的区域，填充颜色并切换混合模式制作出射灯光照的效果，对比效果如图 6-39 所示。

图 6-39　对比效果

01 打开随书配套光盘中的“场景文件 \ 第 6 章 \05-3.bmp”文件，如图 6-40 所示。

02 新建“1”图层，使用工具箱中的【钢笔工具】在射灯的下方绘制光照区域，如图 6-41 所示。

03 单击鼠标右键，在弹出的快捷菜单中执行建立选区操作，并填充白色，效果如图 6-42 所示。

图 6-40　原始效果图

图 6-41　绘制光照区域

图 6-42　填充白色

04 使“1”图层处于当前图层，选择菜单【滤镜】|【模糊】|【高斯模糊】命令，在弹出的【高斯模糊】对话框中设置模糊【半径】为 8.2 像素，并设置该图层的混合模式为“柔光”，如图 6-43 所示。

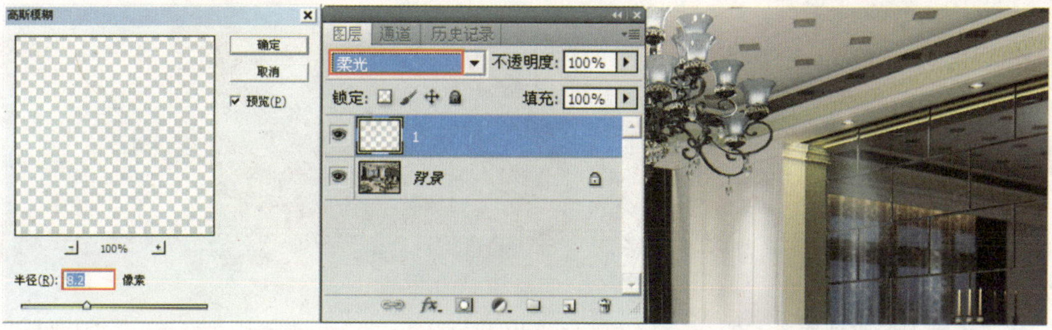

图 6-43　设置混合模式

05 复制“1”图层，将其图像移动到第二盏灯的位置，并进行适当的缩放。使用同样的方法制作出第三盏灯的光照效果，如图 6-44 所示。

06 制作镜面中光照的反射效果。复制前面制作的 3 个射灯图层，并放置到新的图层组中，如图 6-45 所示。

07 由于镜面中成像与实际物体的位置应有一些距离，选择工具箱中的【移动工具】，适当移动“组 1”的内容，最终效果如图 6-46 所示。

图 6-44　调整后的光照效果

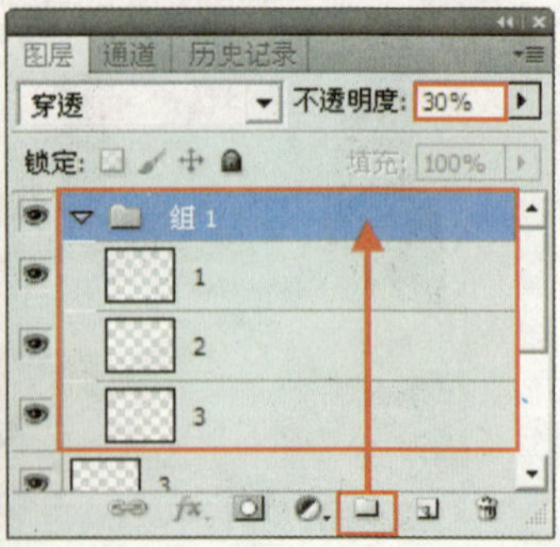

图 6-45　将 3 个射灯图层放置到新图层组中

图 6-46　调节位置后的效果

6.6 添加雪效果

课堂实战——为场景添加雪效果

场景文件	场景文件 \ 第 6 章 \06.bmp
案例文件	最终文件 \ 第 6 章 \ 为场景添加雪效果 .psd
视频教学	视频 \ 第 6 章 \ 为场景添加雪效果 .flv
视频长度	4 分 26 秒
难易指数	★★☆☆☆
技术掌握	掌握【添加杂色】滤镜、混合模式以及【动感模糊】滤镜的运用

在本例中主要使用【添加杂色】滤镜制作出雪花杂点，并通过自由变换与色阶的调整制作出大小适合的雪花。配合使用【动感模糊】滤镜制作出雪花飘落的动态效果，对比效果如图 6-47 所示。

01 打开随书配套光盘中的“场景文件 \ 第 6 章 \06.bmp”文件，如图 6-48 所示。

02 创建“图层 1”图层，并填充为黑色，然后选择菜单【滤镜】|【杂色】|【添加杂色】命令，如图 6-49 所示。

03 在弹出的【添加杂色】对话框中，设置【数值】为 10%，勾选【高斯分布】单选按钮和【单色】复选框，此时的杂点效果如图 6-50 所示。

图 6-47 对比效果

图 6-48 原始效果图

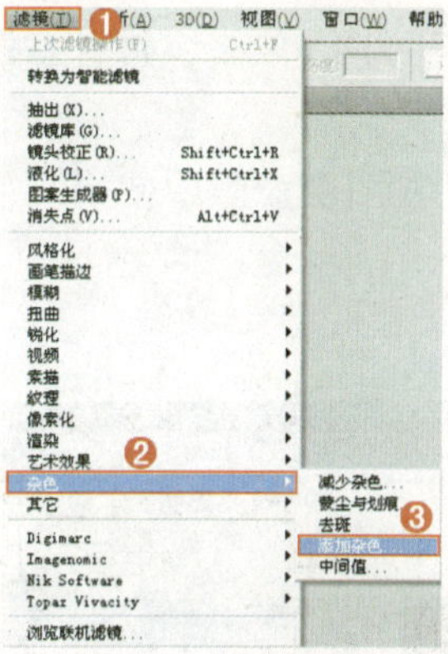

图 6-49 执行【添加杂色】命令

图 6-50 设置杂点及效果

04 下面制作动态雪效果。在“图层 1”图层的图像中框选中一部分，使用复制和粘贴命令（快捷键为 Ctrl+C 和 Ctrl+V）复制出一个“图层 2”图层，设置混合模式为“滤色”。使用【自由变换】命令（快捷键为 Ctrl+T），调整图像的大小使其覆盖整个画面，如图 6-51 所示。

图 6-51 调整图像大小

05 选择菜单【图像】|【调整】|【色阶】命令，在弹出的【色阶】对话框中调整色阶数值，并将该图层的混合模式设置为“滤色”，如图 6-52 所示。

>>> 技巧与提示

由于之前使用【添加杂色】滤镜得到的图像中白色斑点太多，这里使用【色阶】命令进行调整后使画面变暗，白色的雪花也就相对减少了很多。

图 6-52　调整色阶和混合模式

06 为了制作出雪花运动的效果，选择菜单【滤镜】|【模糊】|【动感模糊】命令，在弹出的【动感模糊】对话框中设置【角度】为 33 度、【距离】为 13 像素，如图 6-53 所示。

07 为了避免雪花过于均匀，下面为“图层 2”添加图层蒙版，并在图层蒙版中使用灰色画笔去掉部分雪花，如图 6-54 所示。

图 6-53　动感模糊后效果

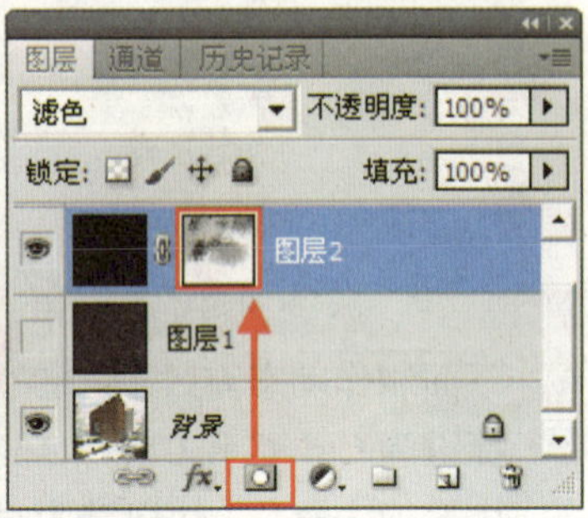

图 6-54　去掉部分雪花

08 为了制作出层次丰富的雪花效果，需要制作一些较大的雪花。框选“图层 2”图层中图像的一部分，复制出“图层 3”图层。使用【自由变换】命令（快捷键为 Ctrl+T）调整图像大小，并为图层添加一个图层蒙版，设置混合模式为“滤色”。在图层蒙版中使用黑色画笔涂抹去掉多余的部分，最终效果如图 6-55 所示。

图 6-55　制作丰富的雪花

第7章

温馨舒适——美式新古典风格客厅

场景文件	场景文件 \07.max
案例文件	最终文件 \ 第 7 章 \ 客厅 .max
视频教学	视频 \ 美式新古典风格客厅 .flv
视频长度	15 分 16 秒
难易指数	★★★☆☆
灯光类型	VRay 灯光
材质类型	VRayMtl 材质
程序贴图	无
技术掌握	掌握 VRay 材质、VRay 灯光的使用方法

7.1 实例介绍

本例是一个美式新古典风格的客厅空间，灯光部分主要使用VRay灯光来模拟太阳光、窗外天光、室内辅助光，材质部分主要使用VRayMtl材质制作木地板、金属、窗纱等，制作完成后进行渲染，最终渲染效果如图7-1所示。

图7-1　最终渲染效果

7.2 导入场景并设置VRay渲染器

01 打开随书配套光盘中的“场景文件\07.max”文件，此时场景效果如图7-2所示。

02 按F10键，打开【渲染设置】对话框，选择【公用】选项卡，在【指定渲染器】卷展栏下单击...按钮，在弹出的【选择渲染器】对话框中选择【V-Ray Adv 1.50 .SP4】，如图7-3所示。

03 此时在【指定渲染器】卷展栏下的【产品级】后面显示了【V-Ray Adv 1.50 .SP4】，在【渲染设置】对话框中出现了【V-Ray】、【间接照明】和【设置】选项卡，如图7-4所示。

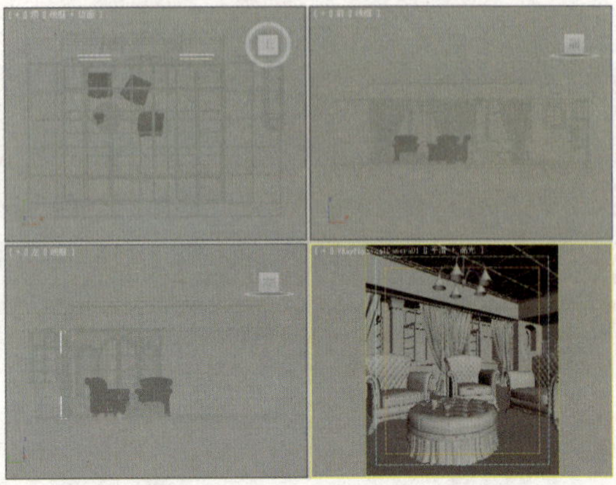

图7-2　场景效果

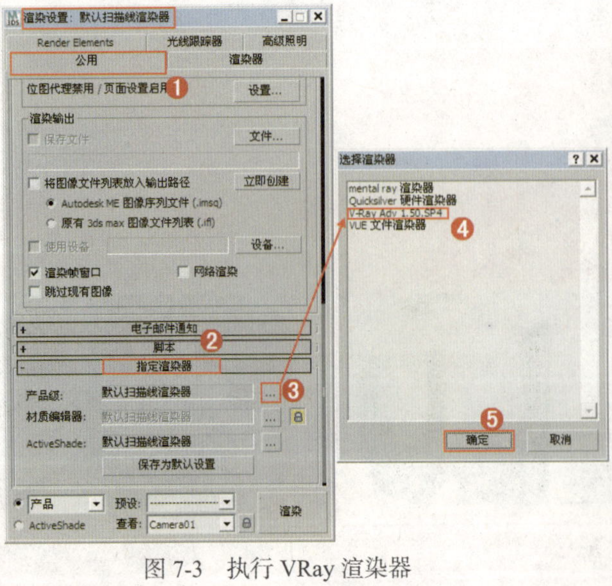

图7-3　执行VRay渲染器

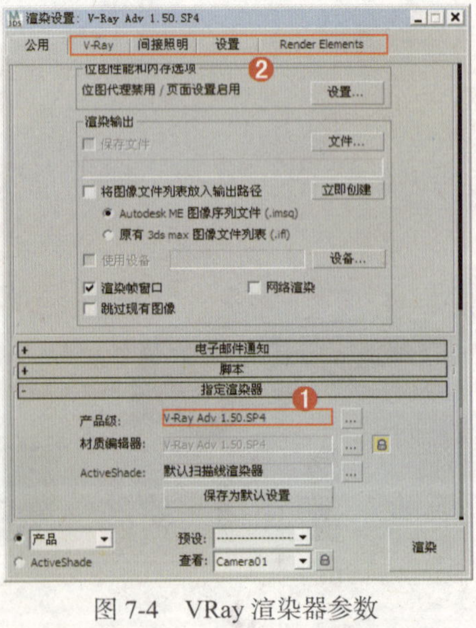

图7-4　VRay渲染器参数

7.3 材质的调制

下面讲述场景中主要材质的调制，包括吊灯灯罩、乳胶漆、沙发绒布、木地板、金属、顶棚、窗纱、陶瓷杯子材质等，效果如图 7-5 所示。

图 7-5　场景中主要材质

7.3.1　绒布沙发材质的调制

01 按 M 键，打开【材质编辑器】对话框，选择一个空白材质球，单击 Arch & Design 按钮，在弹出的【材质 / 贴图浏览器】对话框中选择【VR 材质】，如图 7-6 所示。

02 将其命名为“绒布沙发”，在【漫反射】选项组下加载【衰减】程序贴图，并在【衰减参数】卷展栏下的通道上加载“布 8.jpg”贴图文件，最后设置【衰减类型】为“垂直 / 平行”，如图 7-7 所示。

03 展开【贴图】卷展栏，在【凹凸】后面的通道上加载“沙发凹凸 .tif”贴图文件，最后设置【凹凸数量】为 80.0，如图 7-8 所示。

04 将制作好的绒布沙发材质赋予场景中沙发部分模型，如图 7-9 所示。

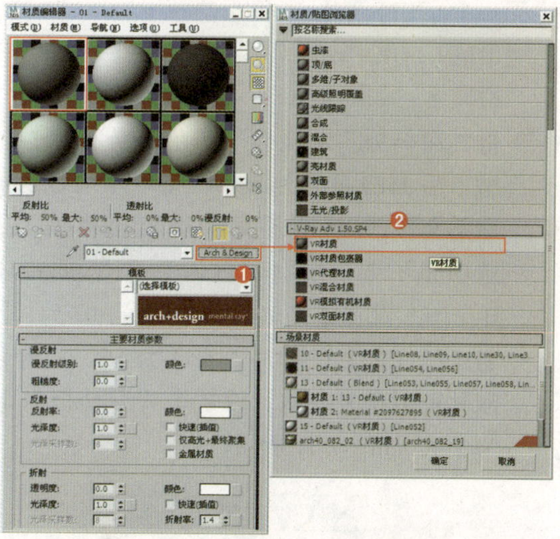

图 7-6　选择 VRay 材质

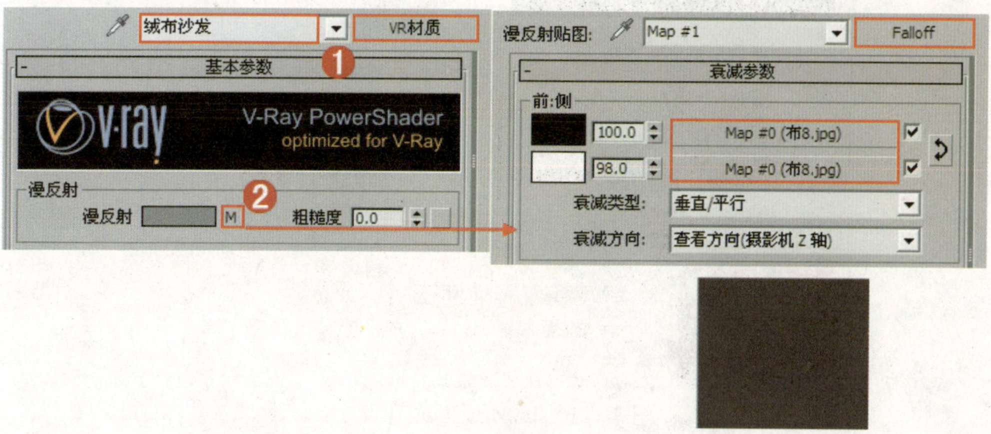

图 7-7　加载衰减程序贴图

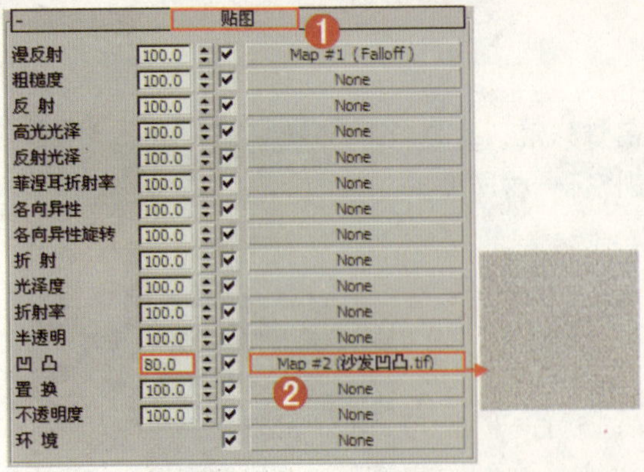

图 7-8　凹凸贴图

图 7-9　将材质赋予模型

7.3.2　木地板材质的调制

01 按 M 键，打开【材质编辑器】对话框，选择一个空白材质球，单击 Arch & Design 按钮，在弹出的【材质/贴图浏览器】对话框中选择【VR 材质】，如图 7-10 所示。

02 将其命名为“木地板”，在【漫反射】选项组下后面的通道上加载一张“木地板.jpg”贴图文件，并设置【模糊】为 0.8，接着在【反射】选项组下调节反射颜色为 R=210、G=210、B=210，设置【高光光泽度】为 0.75、【反射光泽度】为 0.9、【细分】为 16，勾选【菲涅耳反射】复选框，设置【菲涅耳折射率】为 2.0，如图 7-11 所示。

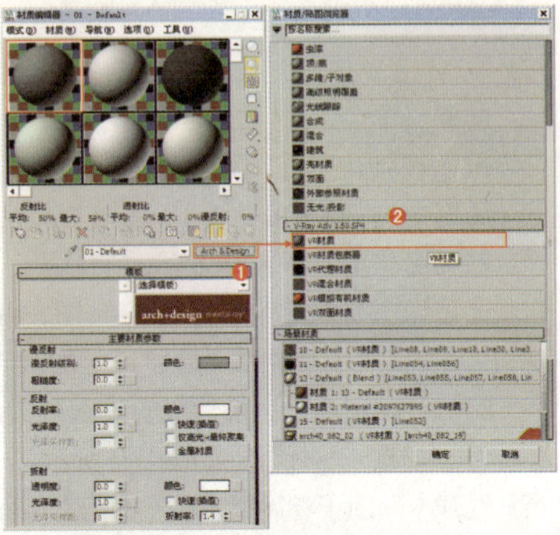

图 7-10　选择 VRay 材质

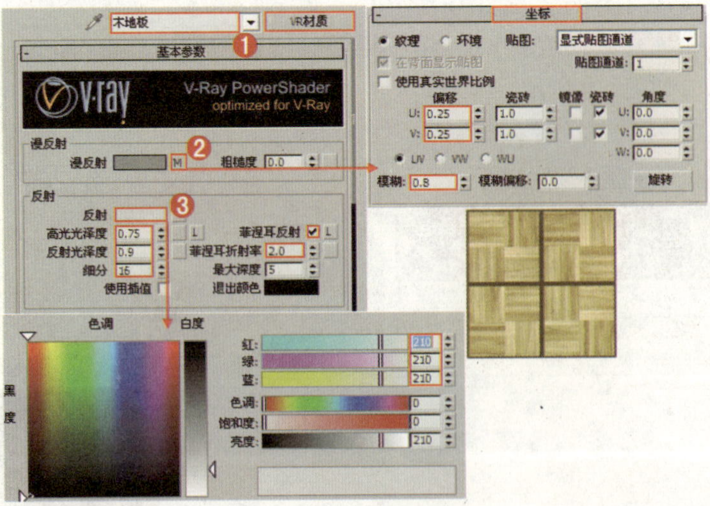

图 7-11　加载木地板贴图

03 展开【贴图】卷展栏，接着在【凹凸】后面的通道上加载“木地板凹凸.jpg”贴图文件，最后设置【凹凸数量】为 15.0，如图 7-12 所示。

04 将制作好的木地板材质赋予场景中地板模型，如图 7-13 所示。

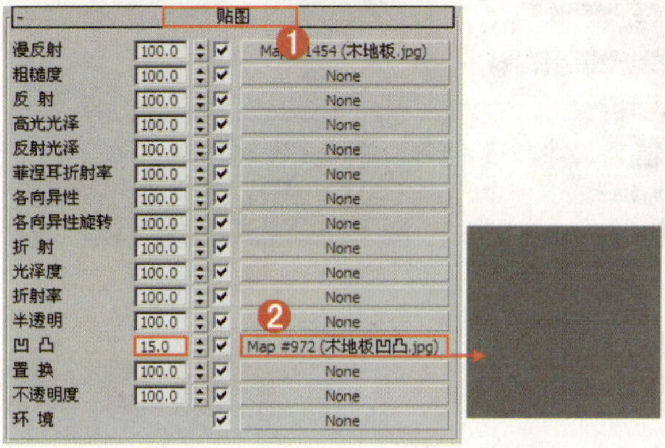

图 7-12　加载凹凸贴图

图 7-13　将材质赋予模型

7.3.3　窗纱材质的调制

01 选择一个空白材质球，然后将材质类型设置为【VR 材质】，接着将其命名为“窗纱”，在【漫反射】选项组下加载【衰减】程序贴图，调节其颜色，最后设置【衰减类型】为 Fresnel，在【反射】选项组下调节反射颜色为 R=84、G=77、B=65，设置【高光光泽度】为 0.53、【反射光泽度】为 0.83、【细分】为 16，勾选【菲涅耳反射】复选框，设置【菲涅耳折射率】为 2.0，如图 7-14 所示。

02 将制作好的窗纱材质赋予场景中窗纱的模型，如图 7-15 所示。

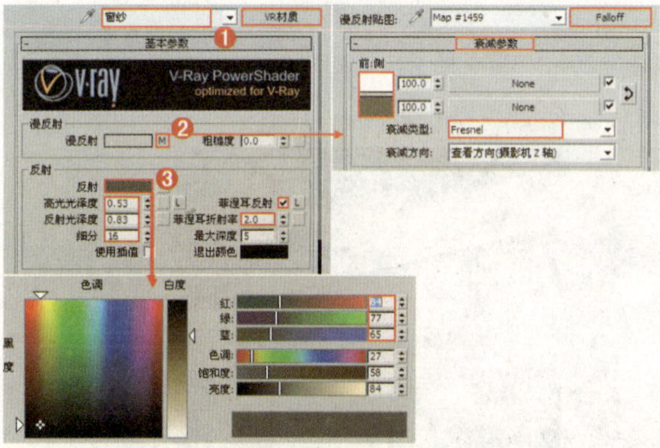

图 7-14　窗纱材质的参数

图 7-15　将材质赋予模型

7.3.4　金属材质的调制

01 选择一个空白材质球，然后将材质类型设置为【VR 材质】，接着将其命名为“金属”，在【漫反射】选项组下调节颜色为 R=7、G=7、B=7，在【反射】选项组下调节反射颜色为 R=177、G=159、B=120，设置【高光光泽度】为 0.65、【反射光泽度】为 0.8、【细分】为 24，如图 7-16 所示。

02 将制作好的金属材质赋予场景中沙发金属结构的模型，如图 7-17 所示。

图 7-16　金属材质的参数

图 7-17　将材质赋予模型

7.3.5　顶棚材质的调制

01 选择一个空白材质球，然后将材质类型设置为【VR 材质】，接着将其命名为“顶棚”，在【漫反射】选项组下加载一张“顶棚木纹.jpg”贴图文件，在【反射】选项组下调节颜色为 R=36、G=36、B=36，设置【高光光泽度】为 0.68、【反射光泽度】为 0.85，【细分】为 16，勾选【菲涅耳反射】复选框，设置【菲涅耳折射率】为 2.5、【最大深度】为 3，如图 7-18 所示。

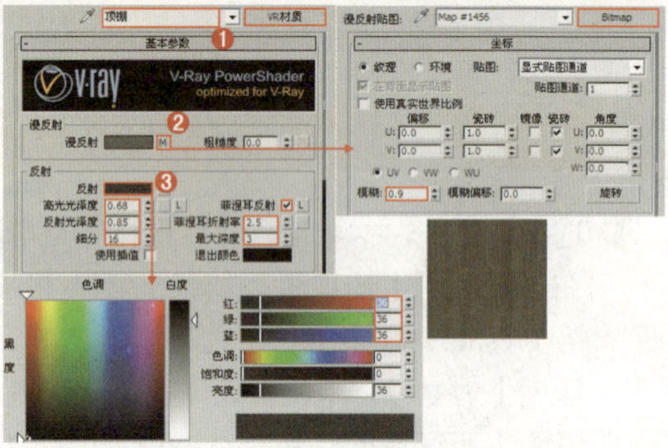

图 7-18　顶棚材质的参数

02 展开【贴图】卷展栏，单击漫反射通道上的贴图文件并将其拖曳到【凹凸】后面通道中，最后设置【凹凸数量】为 4.0，如图 7-19 所示。

03 将制作好的顶棚材质赋予场景中顶棚的模型，如图 7-20 所示。

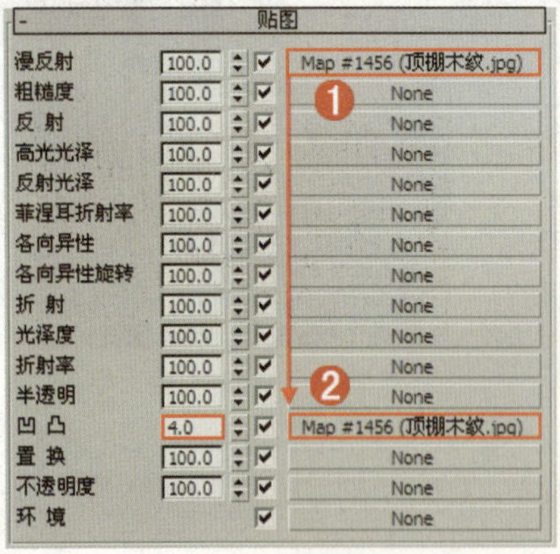

图 7-19　凹凸贴图

图 7-20　将材质赋予模型

7.3.6　吊灯灯罩材质的调制

01 选择一个空白材质球，然后将材质类型设置为【VR 材质】，接着将其命名为“吊灯灯罩”，在【漫反射】选项组下调节颜色为 R=255、G=252、B=245，在【反射】选项组下调节反射颜色为 R=195、G=195、B=195，设置【高光光泽度】为 0.51、【反射光泽度】为 0.87，勾选【菲涅耳反射】复选框，设置【菲涅耳折射率】为 2.5，在【折射】选项组下调节颜色为 R=60、G=60、B=60，勾选【影响阴影】复选框，如图 7-21 所示。

02 将制作好的吊灯灯罩材质赋予场景中吊灯灯罩的模型，如图 7-22 所示。

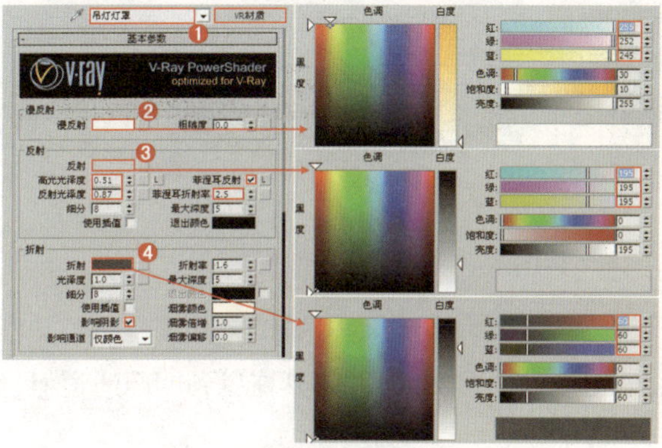

图 7-21　金属灯罩材质的参数

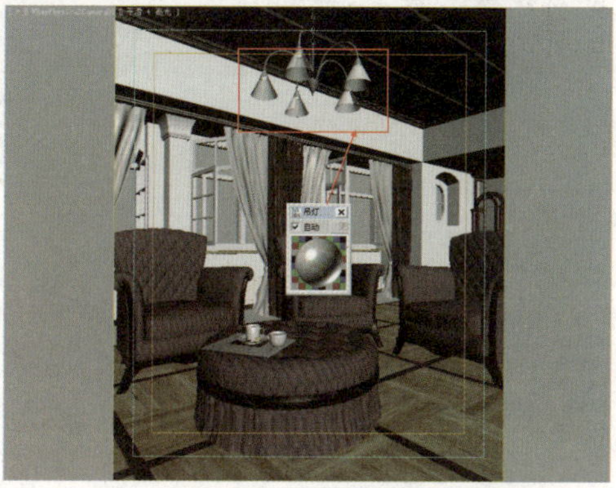

图 7-22　将材质赋予模型

7.3.7　陶瓷杯子材质的调制

01 选择一个空白材质球，然后将材质类型设置为【VR 材质】，接着将其命名为“陶瓷杯子”，在【漫反射】选项组下调节颜色为 R=223、G=223、B=223，接着在【反射】选项组下调节颜色为 R=255、G=255、B=255，设置【反射光泽度】为 0.9、【细分】为 24，最后勾选【菲涅耳反射】复选框，如图 7-23 所示。

02 将制作好的陶瓷杯子材质赋予场景中杯子模型，如图 7-24 所示。

图 7-23　陶瓷材质的参数

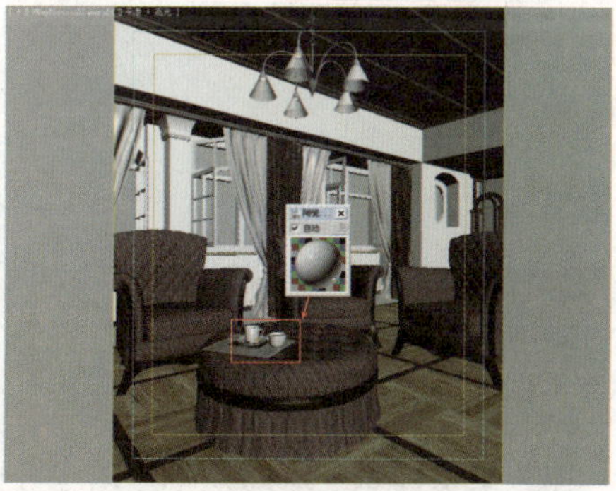

图 7-24　将材质赋予模型

>>> 技巧与提示

勾选【菲涅耳反射】选项，可以使其反射更加真实；如果去掉勾选，则反射方式为镜面反射效果。

7.3.8　乳胶漆材质的调制

01 按 M 键，打开【材质编辑器】对话框，选择一个空白材质球，单击 Standard 按钮，在弹出的【材质 / 贴图浏览器】对话框中选择【VR 材质包裹器】材质，如图 7-25 所示。

02 将其命名为“乳胶漆”，展开【VR 材质包裹器参数】卷展栏，设置【生成全局照明】

为 0.8，在【基本材质】后面的通道上加载 VRay 材质，在漫反射后面的通道上加载“墙漆.jpg”贴图文件，如图 7-26 所示。

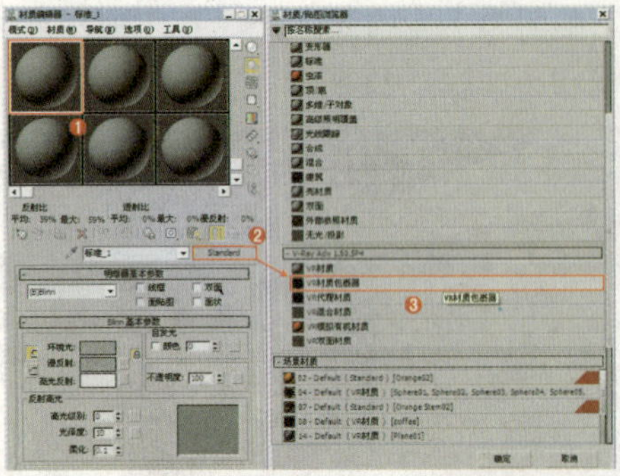

图 7-25　选择【VR 材质包裹器】材质

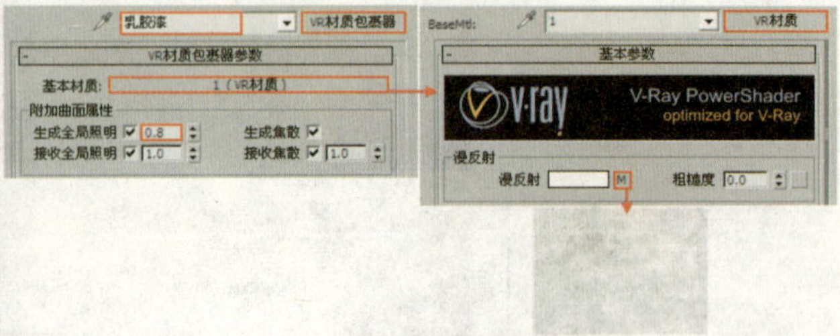

图 7-26　加载乳胶漆材质

03 展开【贴图】卷展栏，单击【漫反射】后面通道上的贴图文件，并将其拖曳到凹凸通道上，最后设置【凹凸数量】为 45.0，如图 7-27 所示。

04 将制作好的乳胶漆材质赋予场景中墙面结构部分模型，如图 7-28 所示。

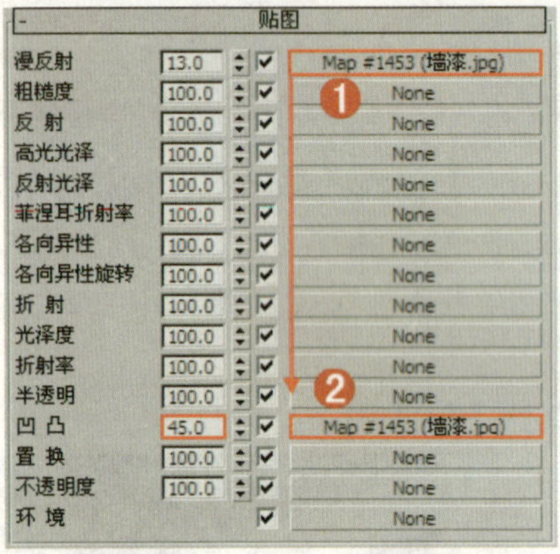

图 7-27　选择混合材质

图 7-28 将材质赋予模型

7.4 设置灯光并进行草图渲染

在本例欧式简约风格的休闲室空间中主要使用 3 种光源，第一种使用 VR 灯光的球体类型模拟正午阳光光源；第二种使用 VR 灯光的平面类型模拟窗户外天光的光源；第三种使用 VR 灯光的平面类型模拟室内辅助光源。

7.4.1　制作阳光光源

01 单击（创建）|（灯光）| VR灯光 按钮，在顶视图中创建一盏 VRay 灯光，接着激活前视图使用选择并移动工具将 VR 灯光拖曳到如图 7-29 所示的位置。

02 选择创建的 VRay 灯光，然后在【修改】命令面板下设置【类型】为“球体”，设置【倍增器】为 3.5，调节【颜色】为 R=255、G=253、B=245，【半径】为 10.0mm，勾选【不可见】和【不衰减】复选框，最后设置【细分】为 16，如图 7-30 所示。

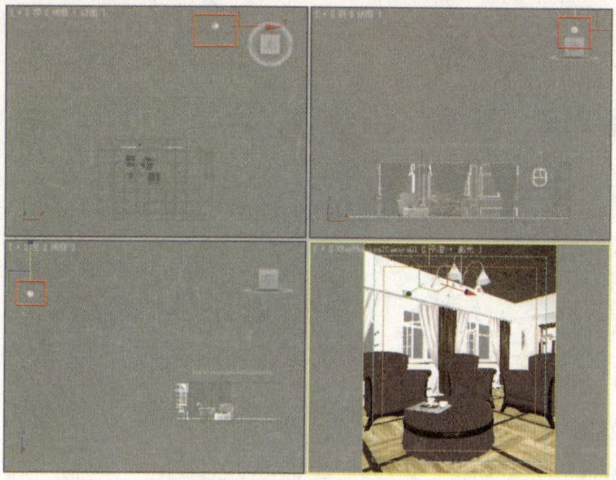

图 7-29　VRay 太阳的位置

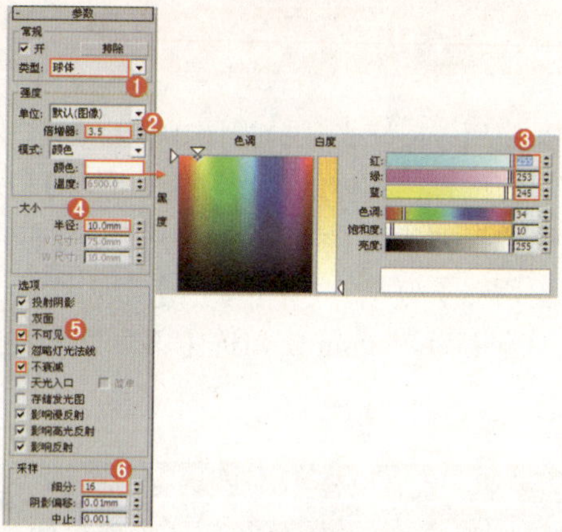

图 7-30　VRay 太阳的参数

设置完这盏 VRay 太阳后，就可以设置简单的渲染参数。

03 按 F10 键，打开【渲染设置】对话框。首先设置【V-Ray】和【间接照明】选项卡下的参数，刚开始设置的是一个草图设置，目的是进行快速渲染来观看整体的效果，参数设置如图 7-31 所示。

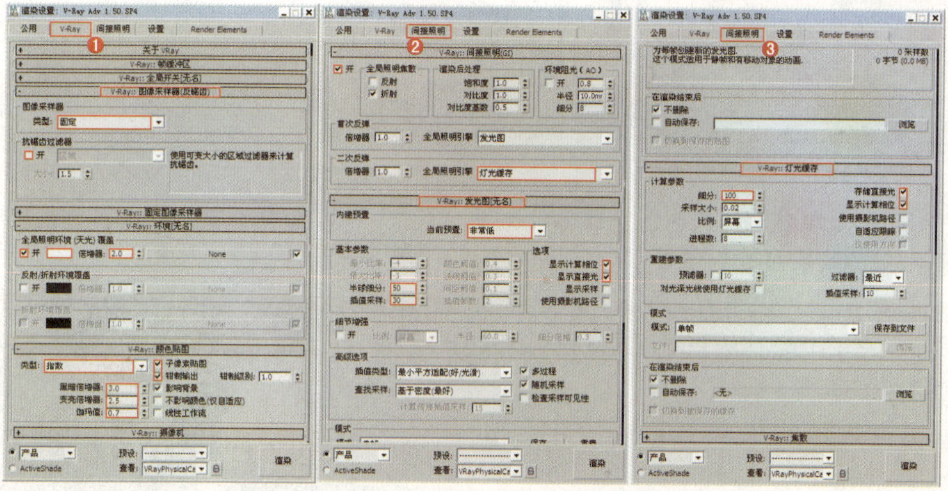

图 7-31　VRay 渲染器参数设置

04 按 Shift+Q 组合键，快速渲染摄影机视图，其渲染的效果如图 7-32 所示。

通过图 7-32 中的效果来看，使用 VR 灯光模拟的太阳光照射到室内已经达到我们需要的效果，但比较明显的是室内还比较昏暗，需要进行主要光源的制作。接下来使用 VR 灯光模拟窗外天光的光源。

图 7-32　测试渲染的效果

7.4.2 制作窗外天光光源

01 使用VR灯光在前视图中拖曳创建一盏灯光，并将其复制两盏，然后分别拖曳到窗户的位置，具体的灯光位置如图7-33所示。

02 选择创建的VRay灯光，然后在【修改】命令面板下设置【类型】为“平面”，设置【倍增器】为6，调节【颜色】为R=255、G=250、B=243，设置【1/2长】为80.0mm、【1/2宽】为75.0mm，勾选【不可见】复选框，设置【细分】为16，如图7-34所示。

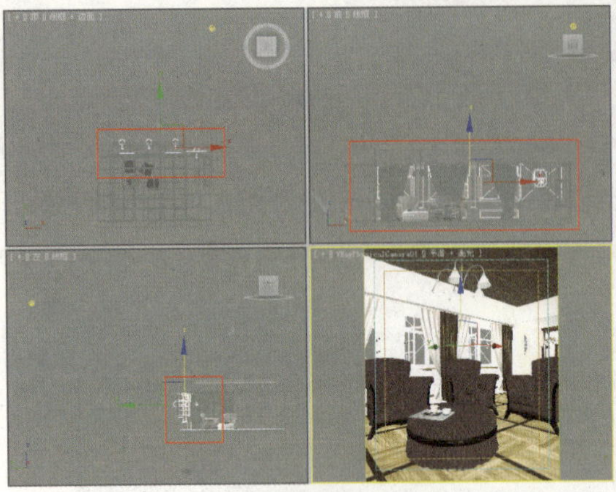

图7-33 VRay灯光的位置

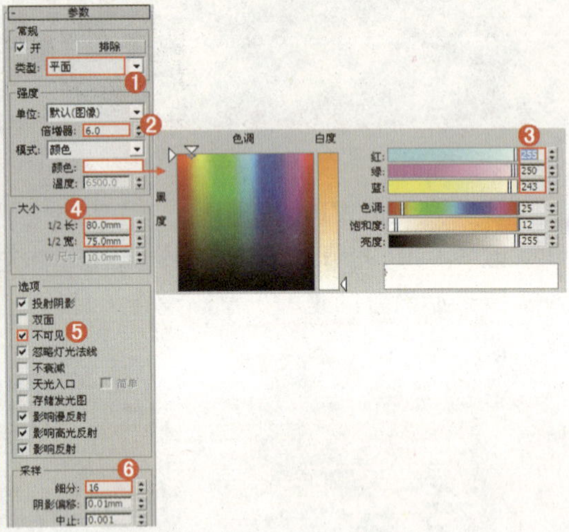

图7-34 VRay灯光的参数

03 按Shift+Q组合键，快速渲染摄影机视图，其渲染的效果如图7-35所示。

通过测试的效果来看，在窗户周围的光感比较强烈，室内仍然比较昏暗，继续使用VR灯光模拟室内的光源。

图7-35 测试渲染效果

7.4.3 制作室内辅助光源

01 使用VR灯光在左视图中拖曳创建一盏灯光，接着使用旋转工具将刚创建的VR灯光旋转一定的角度，此时旋转的角度可以参考顶视图和前视图中灯光位置，如图7-36所示。

02 选择创建的VRay灯光，然后在【修改】命令面板下设置【类型】为“平面”，设置【倍增器】为3.5，调节【颜色】为R=255、G=250、B=243，设置【1/2长】为120.0mm、【1/2宽】为50.0mm，勾选【不可见】复选框，设置【细分】为16，如图7-37所示。

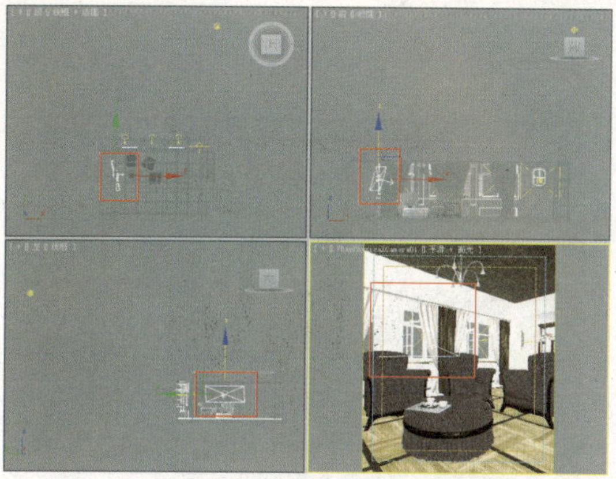

图 7-36 Vray 灯光的位置

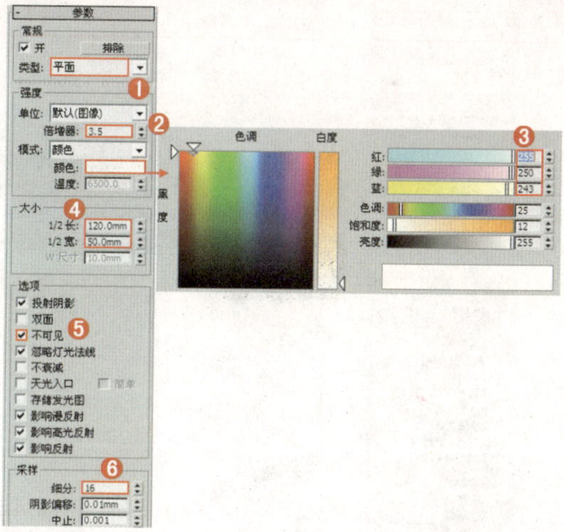

图 7-37 Vray 灯光的参数

03 继续使用 VRay 灯光进行创建两盏，具体的灯光位置如图 7-38 所示。选择创建的 VRay 灯光，然后在【修改】命令面板下设置【类型】为“平面”，设置【倍增器】为 3.0，调节【颜色】为 R=206、G=219、B=251，设置【1/2 长】为 80.0mm，【1/2 宽】为 75.0mm，勾选【不可见】复选框，设置【细分】为 16，如图 7-39 所示。

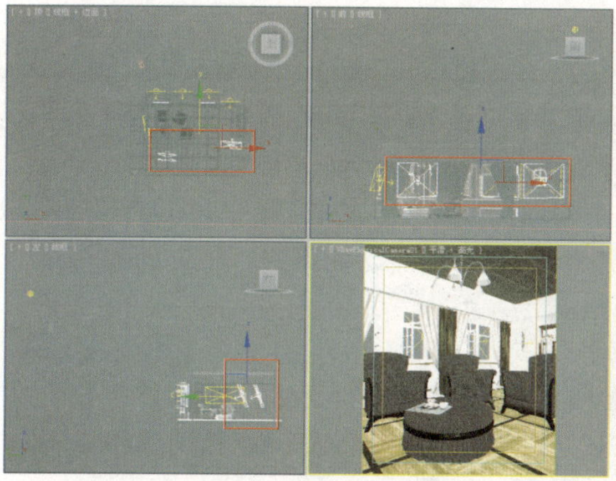

图 7-38 VRay 灯光的位置

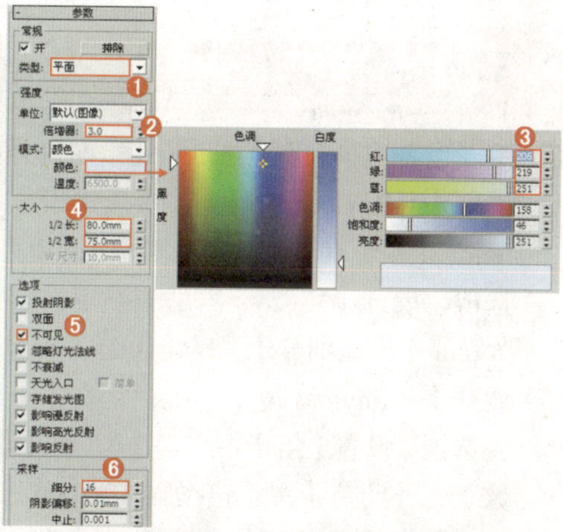

图 7-39 VRay 灯光的参数

04 继续使用 VRay 灯光进行创建一盏，具体的灯光位置如图 7-40 所示。选择创建的 VRay 灯光，然后在【修改】命令面板下设置【类型】为“平面”，设置【倍增器】为 3.0，调节【颜色】为 R=255、G=155、B=83，设置【1/2 长】为 80.0mm、【1/2 宽】为 75.0mm，勾选【不可见】复选框，设置【细分】为 16，如图 7-41 所示。

05 按 Shift+Q 组合键，快速渲染摄影机视图，其渲染的效果如图 7-42 所示。

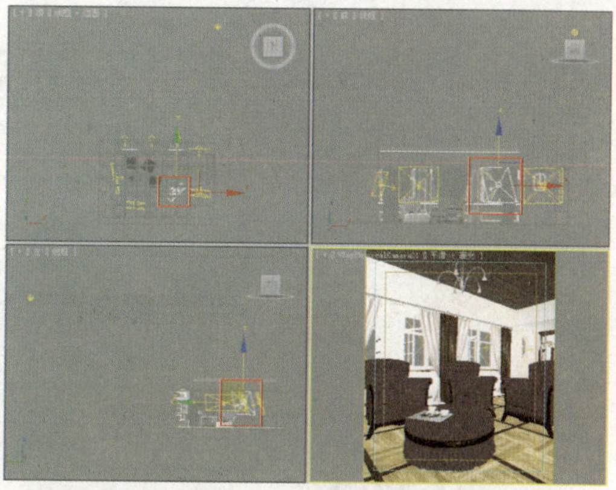

图 7-40 VRay 灯光的位置

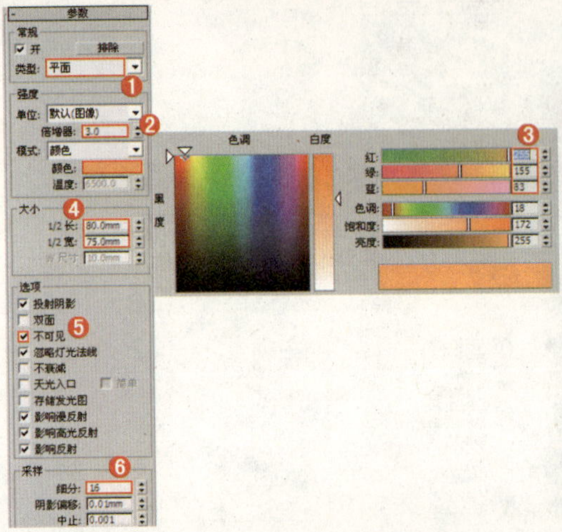

图 7-41　VRay 灯光的参数

图 7-42　测试渲染效果

从图 7-42 中的效果来看，整体的光感不错，室外太阳光、天光和室内辅助光 3 种光源相结合的效果比较理想。但局部地方可能会出现曝光或黑暗问题，下面讲解如何设置渲染器的参数来改善这些问题。

7.5 设置成图渲染参数

01 重新设置渲染参数，按 F10 键，在打开的【渲染设置】对话框中，选择【V-Ray】选项卡，展开【V-Ray:: 图像采样器（反锯齿）】卷展栏，设置【类型】为“自适应确定性蒙特卡洛”，接着在【抗锯齿过滤器】选项组下勾选【开】复选框，并选择“Mitchell-Netravali”选项，展开【V-Ray:: 自适应确定性蒙特卡洛图像采样器】卷展栏，设置【最小细分】为 1、【最大细分】为 4，如图 7-43 所示。

02 展开【V-Ray:: 环境】卷展栏，在【全剧照明环境（天光）覆盖】选项组下勾选【开】复选框，设置【倍增器】为 2.0，展开【V-Ray:: 颜色贴图】卷展栏，设置【类型】为“指数”，并调节【黑暗倍增器】为 3.0、【变亮倍增器】为 2.5、【伽玛值】为 0.7，勾选【子像素贴图】和【钳制输出】复选框，如图 7-44 所示。

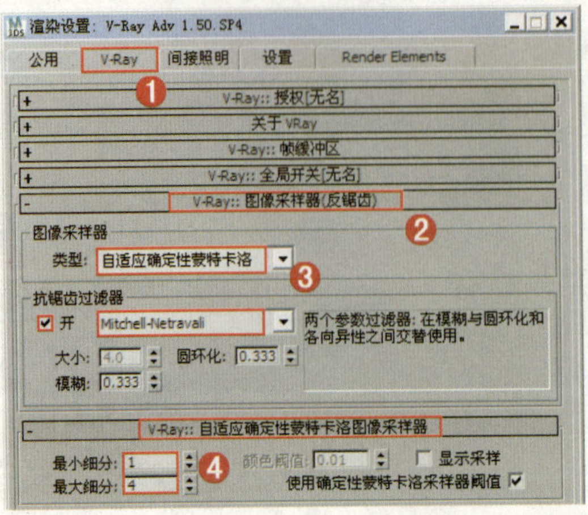

图 7-43　【V-Ray】选项卡参数

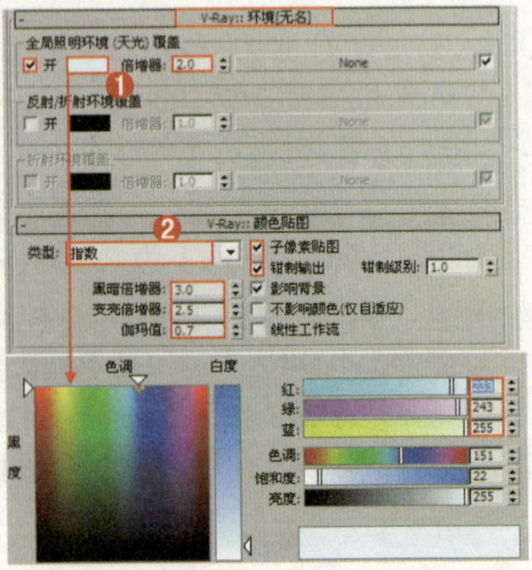

图 7-44　【环境】和【颜色贴图】参数

03 选择【间接照明】选项卡，展开【V-Ray:: 发光图 [无名]】卷展栏，设置【当前预置】为“低”，设置【半球细分】为 50、【插值采样】为 30，展开【V-Ray:: 灯光缓存】卷展栏，设置【细分】为 1000，取消勾选【存储直接光】复选框，如图 7-45 所示。

04 选择【设置】选项卡，展开【V-Ray:: 确定性蒙特卡洛采样器】卷展栏，设置【噪波阈值】为 0.008、【最小采样值】为 10，展开【V-Ray:: 系统】卷展栏，设置【最大树形深度】为 90、【动态内存限制】为 600，【默认几何体】为“静态”，【区域排序】为“上→下”，取消勾选【显示窗口】复选框，如图 7-46 所示。

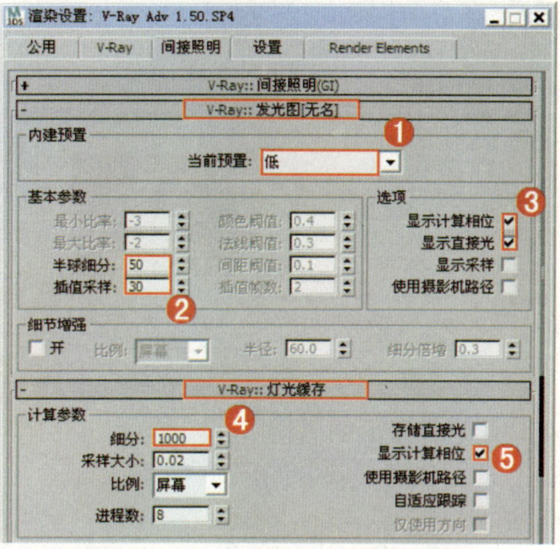

图 7-45 【间接照明】选项卡参数

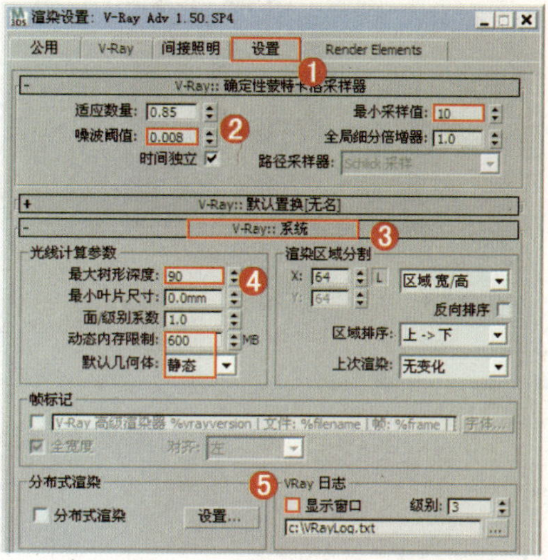

图 7-46 【设置】选项卡参数

05 选择【Render Elements】选项卡，单击【添加】按钮并在弹出的【渲染元素】面板中选择【VRay 线框颜色】选项，如图 7-47 所示。

06 选择【公用】选项卡，设置输出的尺寸为 1250×1500，如图 7-48 所示。

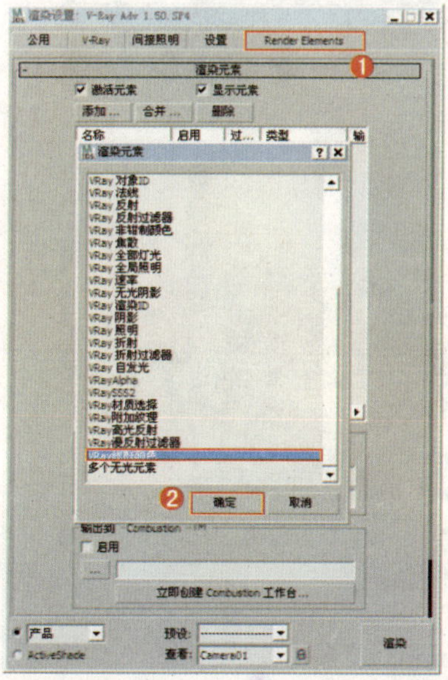

图 7-47 【Render Elements】选项卡参数

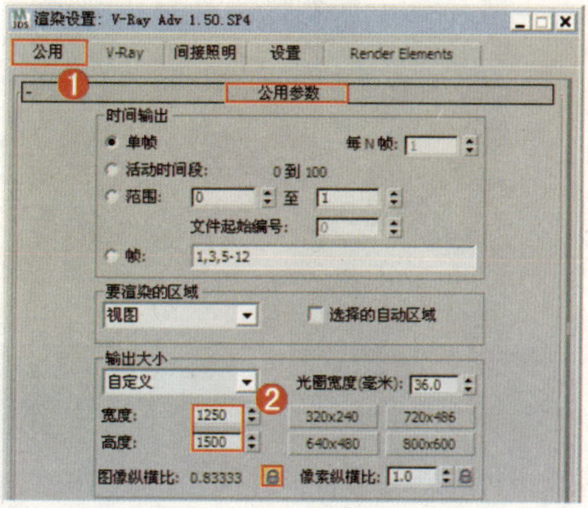

图 7-48 【公用】选项卡参数

07 等待一段时间后渲染完成，最终的效果如图 7-49 所示。

08 单击（保存位图）按钮，在弹出的【保存图像】对话框中选择一个路径，在【保存类型】下拉列表框中选择【BMP 图像文件（*.bmp）】格式，【文件名】为“客厅”，如图 7-50 所示。

图 7-49　渲染效果

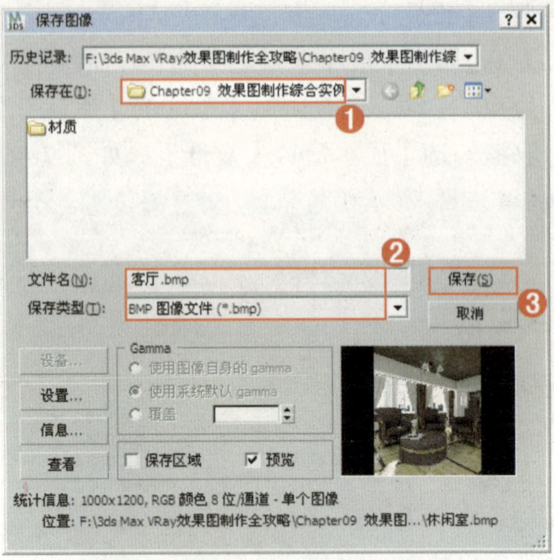

图 7-50　对渲染的文件进行保存

当渲染完成以后，就需要对图像进行后期处理，进行最后的调整。

7.6 效果图后期处理

如图 7-51 所示为后期处理前后的效果，渲染出的图像颜色会比较灰暗，整体的光感效果不够强烈，这些问题都可以使用后期软件进行调节。

图 7-51　处理前后的效果

01 启动 Photoshop 软件，打开上面渲染出的“客厅.bmp”文件，效果如图 7-52 所示。

02 从图 7-52 中可以看出整个图像光感不够，整体偏灰，接着按 Ctrl+M 组合键，打开【曲线】对话框，并调节调整参数，可以从图像中实时预览，如图 7-53 所示。

图 7-52 打开图像

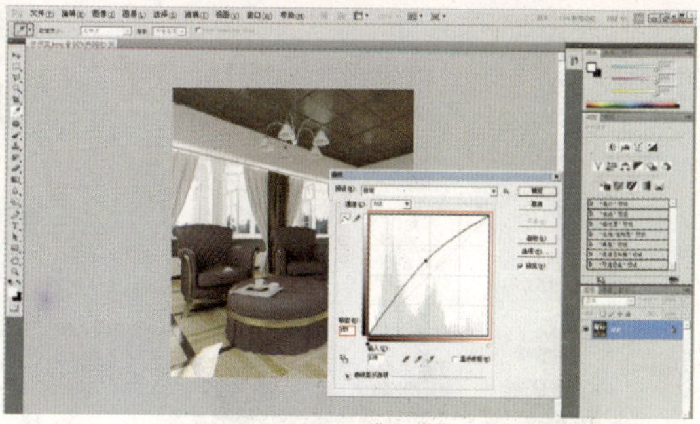

图 7-53 【曲线】调节

但此时发现室内的光感已经足够，窗口处的效果还不够理想，我们需要进行选区来调节局部的亮度。

03 使用【多边形套索】工具 选取如图 7-54 所示的选区，接着按 Ctrl+M 组合键，打开【曲线】对话框，并调节调整参数，调节后的效果如图 7-55 所示。

图 7-54 选取区域

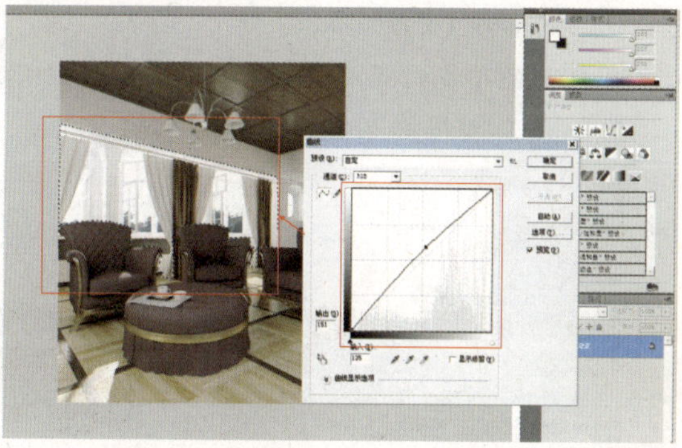

图 7-55 【曲线】调节

04 选择菜单【图像】|【调整】|【亮度 / 对比度】命令，如图 7-56 所示。在弹出的【亮度 / 对比度】对话框中调节亮度和对比度，调节后的效果如图 7-57 所示。

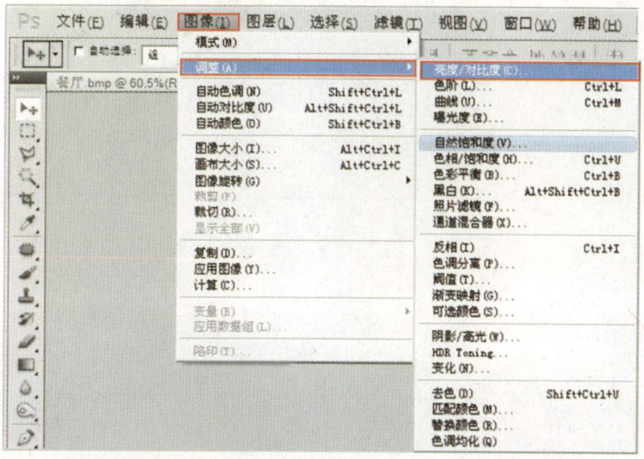

图 7-56 执行【亮度 / 对比度】命令

图 7-57 【亮度 / 对比度】调节

05 选择菜单【滤镜】|【锐化】|【智能锐化】命令，如图 7-58 所示。在弹出的【智能锐化】对话框中，设置【数量】为 30%、【半径】为 0.5 像素，如图 7-59 所示。

图 7-58　执行【智能锐化】命令

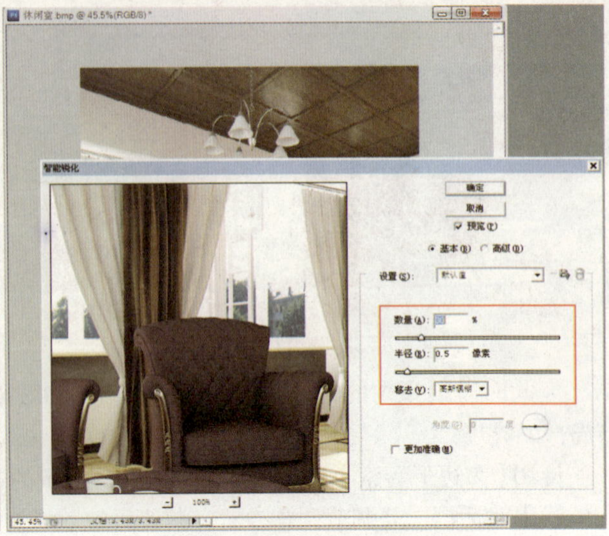

图 7-59　【智能锐化】调节

06 选择菜单【文件】|【存储为】命令，如图 7-60 所示。将处理后的文件另存为“客厅 01. bmp”，最终图像效果如图 7-61 所示。

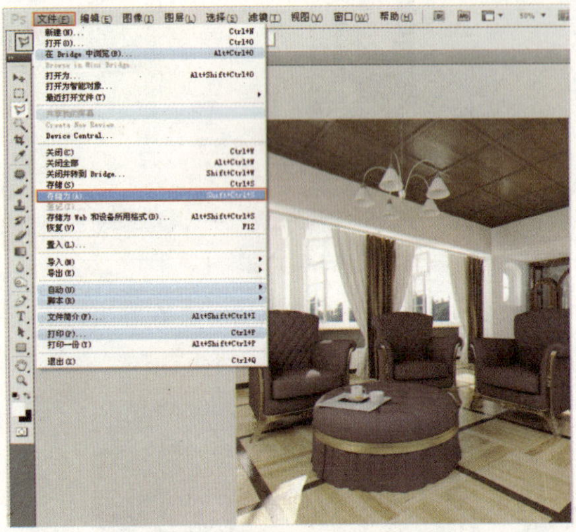

图 7-60　执行【存储为】命令

图 7-61　最终图像效果

第8章

追求个性——现代结构风格餐厅

场景文件	场景文件\08.max
案例文件	最终文件\第8章\餐厅.max
视频教学	视频\现代结构风格餐厅.flv
视频长度	10分07秒
难易指数	★★★☆☆
灯光类型	VRay太阳、VRay灯光
材质类型	VRayMtl材质、混合材质
程序贴图	平铺程序贴图
技术掌握	掌握VRay材质、混合材质、VRay太阳、VRay灯光的使用方法

8.1 实例介绍

本例是一个现代构成风格的餐厅空间，灯光部分主要使用VRay太阳模拟太阳光、VRay灯光模拟天光。材质部分主要使用VRayMtl材质制作地砖、椅子漆等，同时还使用到了混合材质模拟黑色镜面，最终渲染效果如图8-1所示。

图 8-1　最终渲染效果

8.2 导入场景并设置 VRay 渲染器

01 打开随书配套光盘中的“场景文件 \08.max”文件，此时场景效果如图 8-2 所示。

02 按 F10 键，打开【渲染设置】对话框，选择【公用】选项卡，在【指定渲染器】卷展栏下单击 ... 按钮，在弹出的【选择渲染器】对话框中选择【V-Ray Adv 1.50 .SP4】，如图 8-3 所示。

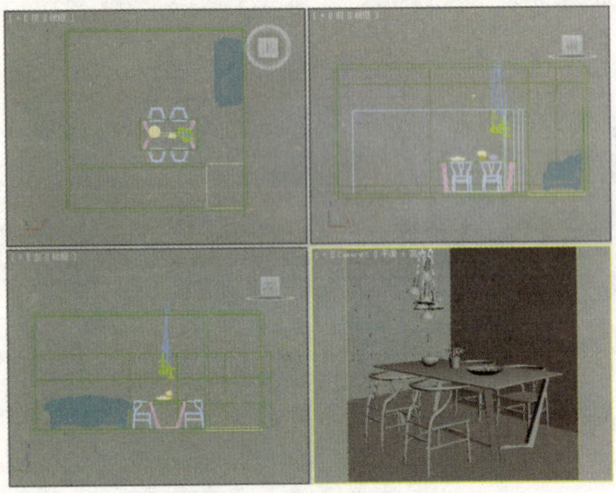

图 8-2　场景效果

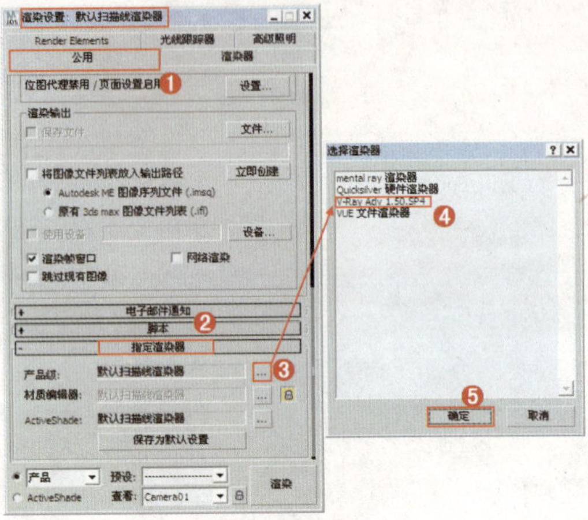

图 8-3　执行 VRay 渲染器

03 此时在【指定渲染器】卷展栏下的【产品级】后面显示了【V-Ray Adv 1.50 .SP4】，同时在【渲染设置】对话框中会出现【V-Ray】、【间接照明】、【设置】等选项卡，如图 8-4 所示。

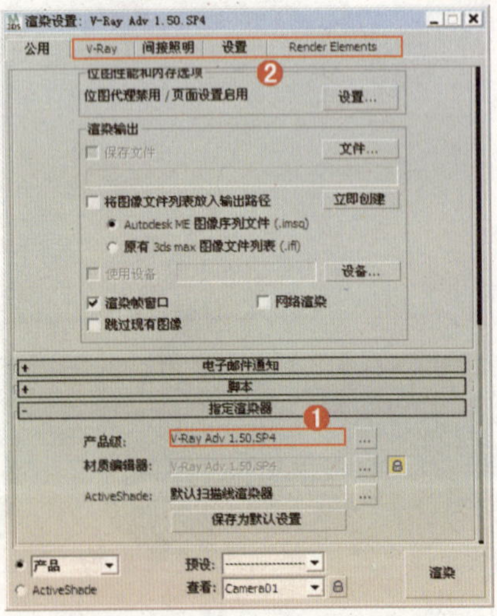

图 8-4　VRay 渲染器参数

8.3 材质的调制

下面来讲述场景中主要材质的调制，包括金属灯罩、墙面、黑色镜面、陶瓷、餐桌台面、椅子坐垫、椅子漆、地砖材质等，效果如图 8-5 所示。

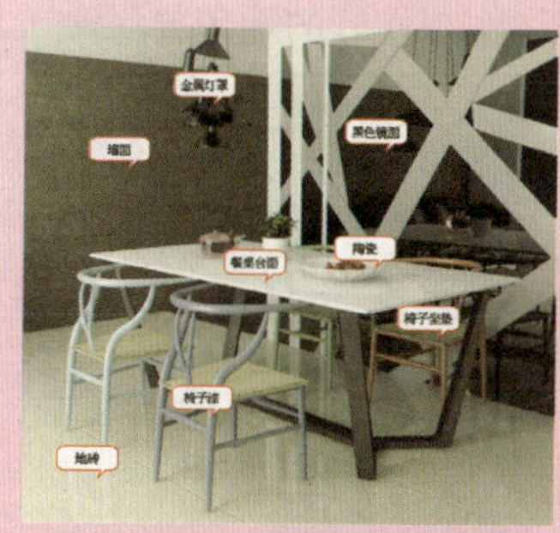

图 8-5 场景中主要材质

8.3.1 地砖材质的调制

01 按 M 键，打开【材质编辑器】对话框，选择一个空白材质球，单击 Arch & Design 按钮，在弹出的【材质 / 贴图浏览器】对话框中选择【VR 材质】，如图 8-6 所示。

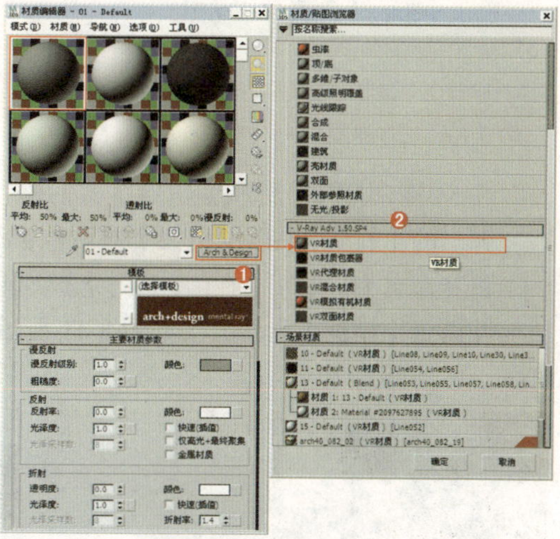

图 8-6 选择 VR 材质

02 将其命名为“地砖”，在【漫反射】选项组下通道上加载“平铺”程序贴图，设置【预设类型】为【堆栈砌合】，设置【水平数】和【垂直数】为 1，设置【淡出变化】为 0.05；在【砖缝设置】选项组下设置【水平间距】和【垂直间距】为 0.2；在【反射】选项组下调节颜色为 R=45、G=45、B=45，设置【反射光泽度】为 0.95、【细分】为 15，如图 8-7 所示。

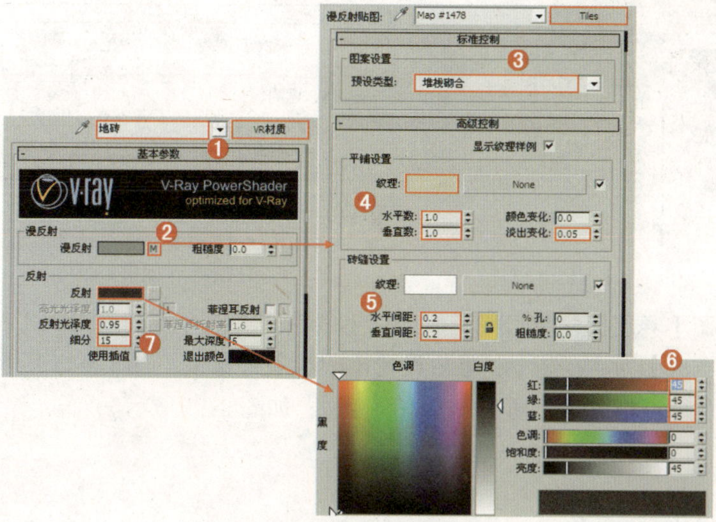

图 8-7 加载平铺程序贴图

03 展开【贴图】卷展栏，单击漫反射通道上的贴图文件并将其拖曳到【凹凸】通道上，并设置【方法】为【复制】，最后设置【凹凸】为 30.0，如图 8-8 所示。

04 将制作好的地砖材质赋予场景中地面部分模型，如图 8-9 所示。

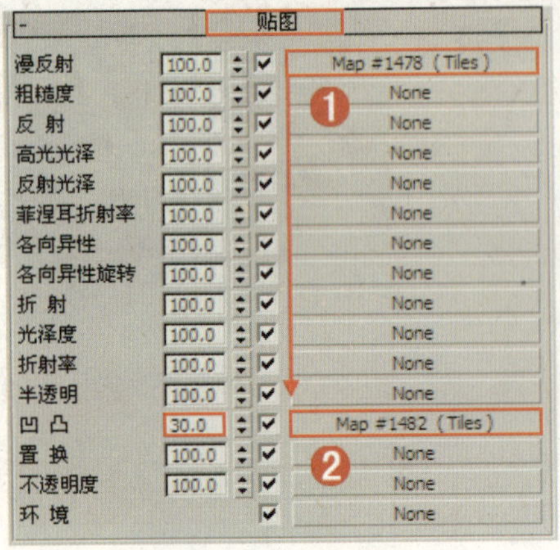

图 8-8 加载凹凸贴图

图 8-9 将材质赋予模型

8.3.2 墙面材质的调制

01 按 M 键，打开【材质编辑器】对话框，选择一个空白材质球，单击 Arch & Design 按钮，在弹出的【材质 / 贴图浏览器】对话框中选择【VR 材质】，如图 8-10 所示。

02 将其命名为“墙面”，在【漫反射】选项组下后面的通道上加载一张“墙面.jpg”贴图文件，并设置【模糊】为 0.01，如图 8-11 所示。

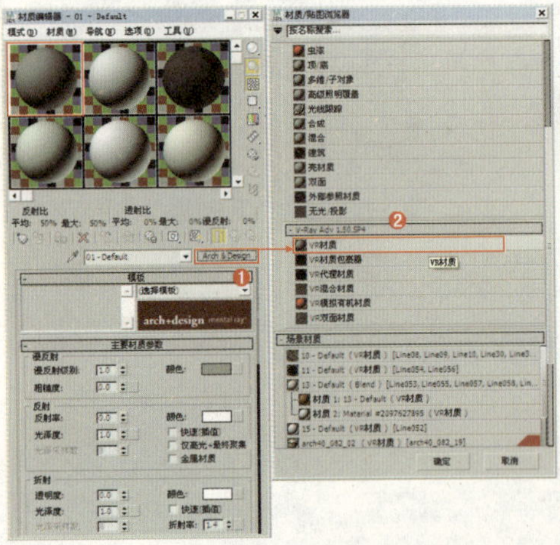

图 8-10 选择 VRay 材质

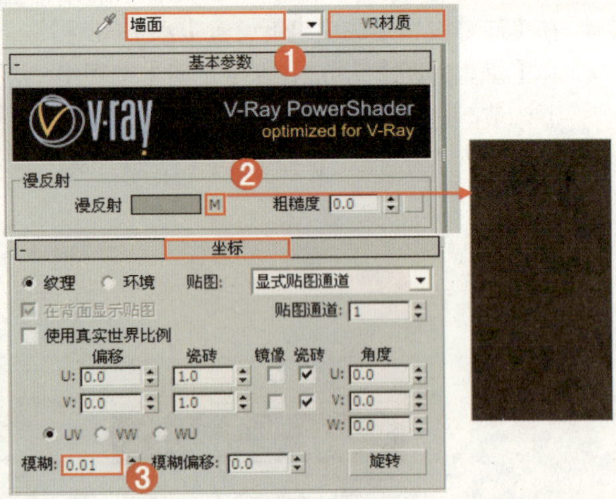

图 8-11 加载墙面贴图

03 展开【贴图】卷展栏，单击漫反射通道上的贴图文件并将其拖曳到【凹凸】通道上，并设置【方法】为【复制】，最后设置【凹凸】为 60.0，如图 8-12 所示。

04 将制作好的墙面材质赋予场景中的墙面模型，如图 8-13 所示。

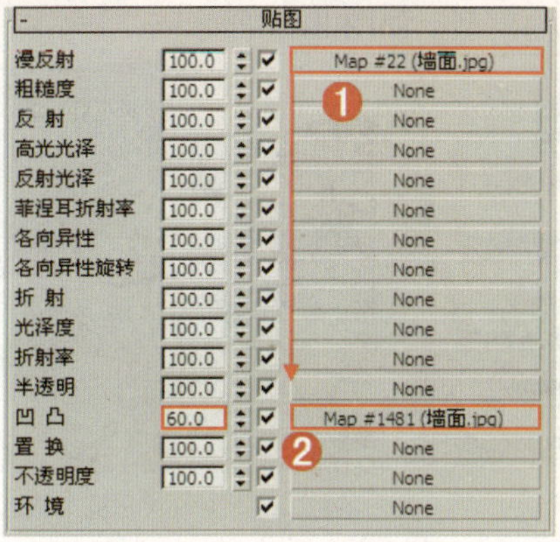

图 8-12　加载凹凸贴图

图 8-13　将材质赋予模型

>>> 技巧与提示

墙面材质可以使用标准材质来制作，同样可以得到很好的效果。

8.3.3　餐桌台面材质的调制

01 选择一个空白材质球，然后将材质类型设置为【VR 材质】，接着将其命名为“餐桌台面”，在【漫反射】选项组下调节颜色R=255、G=255、B=255，在【反射】选项组下调节反射颜色为R=44、G=44、B=44，设置【反射光泽度】为 0.93、【细分】为 20，如图 8-14 所示。

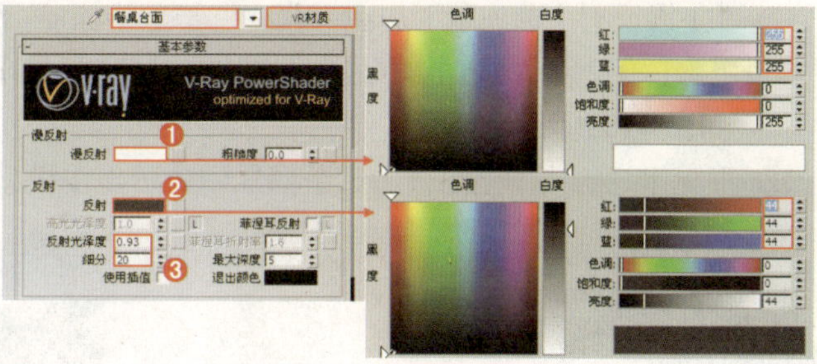

图 8-14　餐桌台面材质的参数

02 将制作好的餐桌台面材质赋予场景中餐桌台面模型，如图 8-15 所示。

图 8-15　将材质赋予模型

8.3.4　椅子漆材质的调制

01 选择一个空白材质球，然后将材质类型设置为【VR 材质】，接着将其命名为“椅子漆”，在【漫反射】选项组下调节颜色为 R=51、G=58、B=78，在【反射】选项组下调节反射颜色为 R=34、G=34、B=34，设置【反射光泽度】为 0.71、【细分】为 15，如图 8-16 所示。

02 将制作好的椅子漆材质赋予场景中椅子支架结构模型，如图 8-17 所示。

图 8-16　椅子漆材质的参数

图 8-17　将材质赋予模型

>>> 技巧与提示

场景中其他椅子漆的材质可以通过调节【漫反射】颜色，其他的参数保持不变。

8.3.5　椅子坐垫材质的调制

01 选择一个空白材质球，然后将材质类型设置为【VR 材质】，接着将其命名为“椅子坐垫”，在【漫反射】选项组下加载一张“椅子坐垫 .jpg”贴图文件，接着展开【贴图】卷展栏，单击【漫反射】通道上的贴图并将其拖曳到【置换】后面的通道上，最后设置参数为 7.8，如图 8-18 所示。

02 将制作好的椅子坐垫材质赋予场景中椅子坐垫模型，如图 8-19 所示。

图 8-18　椅子坐垫材质的参数

图 8-19　将材质赋予模型

8.3.6　金属灯罩材质的调制

01 选择一个空白材质球，然后将材质类型设置为【VR 材质】，接着将其命名为“金属灯罩”，在【漫反射】选项组下调节颜色为 R=0、G=0、B=0，在【反射】选项组下调节反射颜色为 R=37、G=37、B=37，设置【反射光泽度】为 0.65，如图 8-20 所示。

02 将制作好的金属灯罩材质赋予场景中吊灯灯罩模型，如图 8-21 所示。

图 8-20 金属灯罩材质的参数

图 8-21 将材质赋予模型

8.3.7 陶瓷材质的调制

01 选择一个空白材质球，然后将材质类型设置为【VR 材质】，接着将其命名为“陶瓷”，调节漫反射颜色和反射颜色为 R=255、G=255、B=255，勾选【菲涅耳反射】复选框，如图 8-22 所示。

02 将制作好的陶瓷材质赋予场景中餐桌盘子模型，如图 8-23 所示。

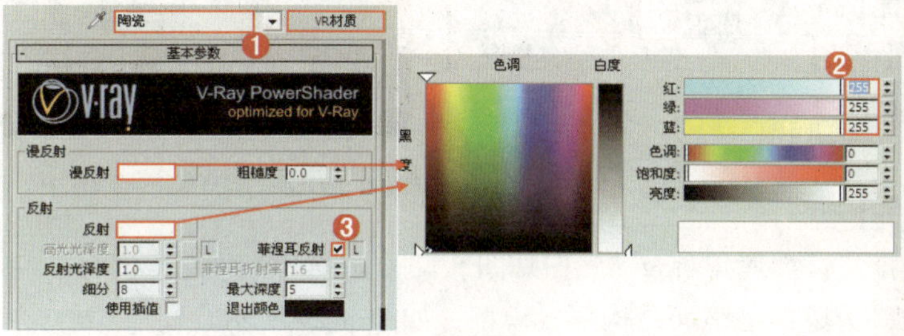

图 8-22 陶瓷材质的参数

图 8-23 将材质赋予模型

>>> 技巧与提示

勾选【菲涅耳反射】复选框，可以使其反射更加真实，如果去掉勾选则反射方式为镜面反射效果。

8.3.8 黑色镜面材质的调制

01 按 M 键，打开【材质编辑器】对话框，选择一个空白材质球，单击 Standard 按钮，在弹出的【材质 / 贴图浏览器】对话框中选择【混合】材质，如图 8-24 所示。

02 将其命名为“黑色镜面”，展开【混合基本参数】卷展栏，在【材质 1】和【材质 2】的通道上加载【VRay 材质】，如图 8-25 所示。

03 单击进入【材质 1】的通道中，在【漫反射】选项组下调节颜色为 R=0、G=0、B=0，在【反射】选项组下调节颜色为 R=56、G=56、B=56，设置【细分】

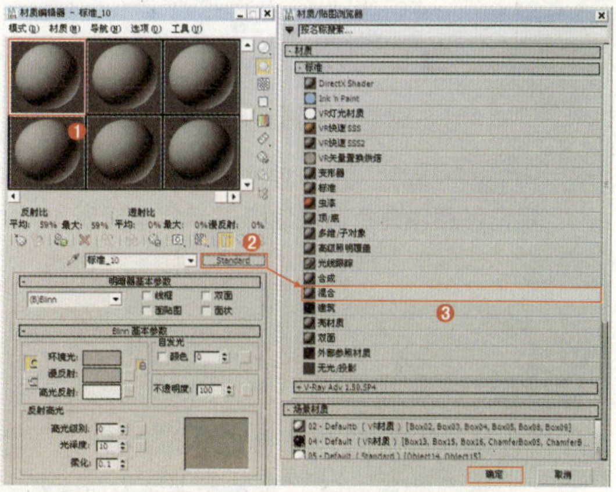

图 8-24 选择混合材质

为 15，如图 8-26 所示。

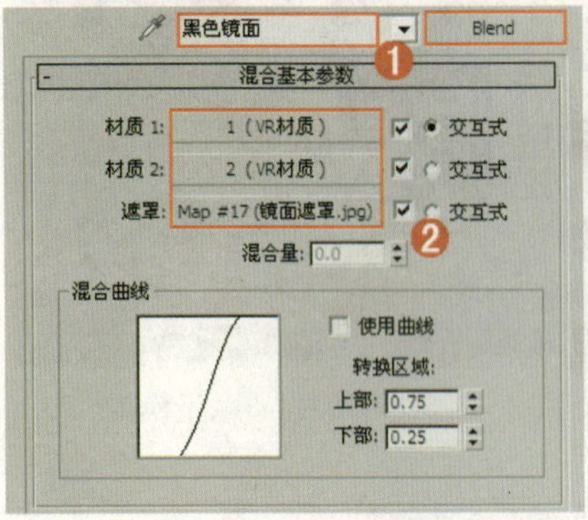

图 8-25 混合基本参数

图 8-26 【材质 1】通道上的材质

04 单击进入【材质 2】的通道中，在【漫反射】选项组下调节颜色为 R=132、G=126、B=126，接着在【反射】选项组下调节颜色为 R=29、G=29、B=29，设置【高光光泽度】为 0.8、【反射光泽度】为 0.6、【细分】为 15，如图 8-27 所示。

图 8-27 【材质 2】通道上的材质

05 在【混合基本参数】卷展栏下【遮罩】后面的通道上加载一张“镜面遮罩 .jpg”黑白贴图文件，如图 8-28 所示。

06 将制作好的黑色镜面材质赋予场景中镜面结构部分模型，如图 8-29 所示。

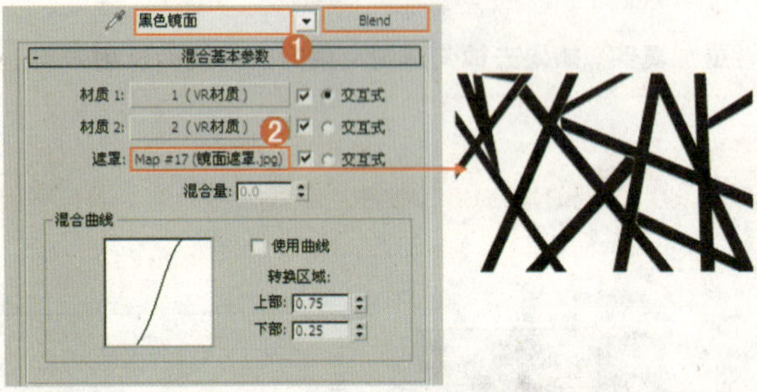

图 8-28 加载黑白贴图文件

图 8-29 将材质赋予模型

>>> 技巧与提示

黑白贴图中白色区域渲染显示为【材质 1】的材质，黑色区域渲染显示为【材质 2】的材质。

8.4 设置灯光并进行草图渲染

在本例现代风格的餐厅空间中灯光主要分为两种，第一种是使用 VRay 太阳灯光模拟太阳光照效果；第二种是使用 VRay 灯光模拟天光的光源。

8.4.1 制作阳光光源

01 单击（创建）|（灯光）| VR太阳 按钮，在顶视图中单击并拖曳鼠标，创建一盏 VRay 太阳灯光，在各个视图中调整它的位置，具体的位置如图 8-30 所示。

02 选择 VRay 太阳灯光，并将灯光的【强度倍增器】设置为 0.008，【大小倍增器】设置为 10.0，目的是让阴影的边缘比较虚，再设置【阴影细分】为 20，如图 8-31 所示。

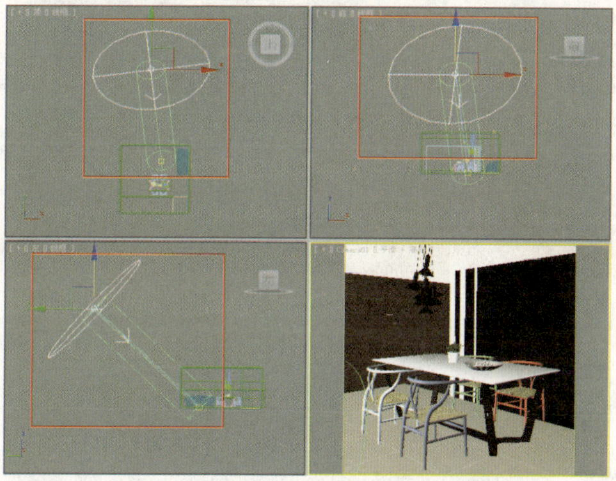

图 8-30 VRay 太阳灯光的位置

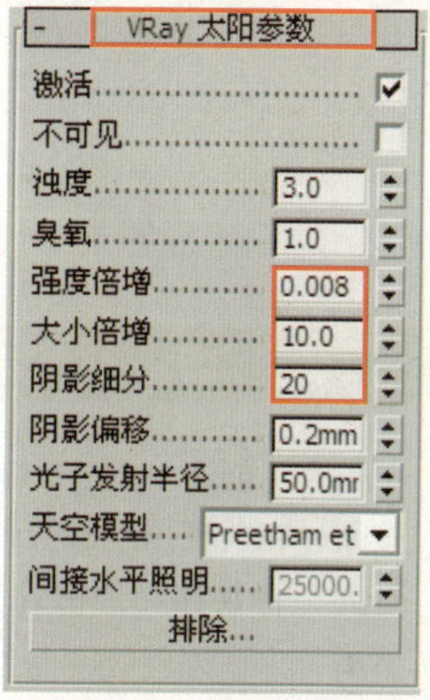

图 8-31 VRay 太阳参数

>>> 技巧与提示

在为场景设置 VRay 太阳的时候，系统会弹出【V-Ray 太阳】对话框，在本场景中直接单击【是】按钮即可。

设置完 VRay 太阳灯光后，就可以设置简单的测试渲染参数。

03 按 F10 键，打开【渲染设置】对话框。首先设置【VRay】和【间接照明】选项卡下的参数，刚开始设置的是一个草图设置，目的是进行快速渲染来观看整体的效果，参数设置如图 8-32 所示。

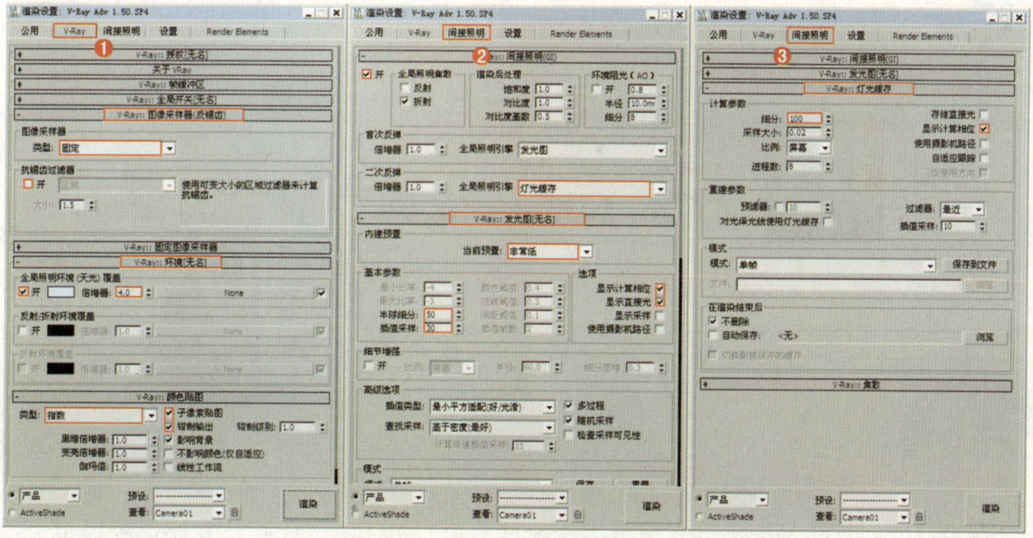

图 8-32 VRay 渲染器参数的设置

04 按 Shift+Q 组合键，快速渲染摄影机视图，其渲染的效果如图 8-33 所示。

通过图 8-33 中的效果来看，窗口处的阳光效果可以使用，但室内的亮度仍然不够，下面使用 VRay 灯光放在玻璃窗的位置，主要模拟天光的效果。

图 8-33 测试渲染的效果

8.4.2 制作窗口处天光光源

01 单击（创建）|（灯光）| VR灯光按钮，在前视图中的位置创建一盏 VRay 灯光，将其移动到窗外，位置如图 8-34 所示。

02 选择创建的 VRay 灯光，然后在【修改】命令面板下设置【类型】为“平面”，设置【倍增器】为 10，调节【颜色】为 R=253、G=238、B=219，设置【1/2 长】为 70.0mm，【1/2 宽】为 50.0mm，勾选【不可见】复选框，设置【细分】为 20，如图 8-35 所示。

03 按 Shift+Q 组合键，快速渲染摄影机视图，其渲染效果如图 8-36 所示。

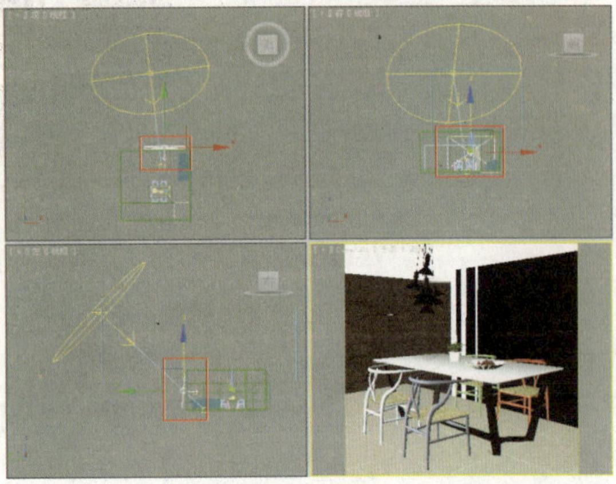

图 8-34 VRay 灯光的位置

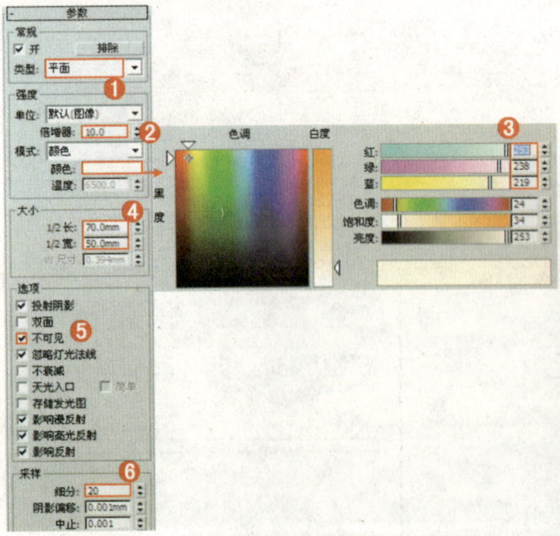

图 8-35 VRay 灯光的参数

图 8-36 测试渲染效果

在窗口处创建的 VRay 灯光使得整个空间亮度提高了。这样整体光感已经模拟完成，下面需要修改最终的渲染参数。

8.5 设置成图渲染参数

01 重新设置渲染参数，按 F10 键，在打开的【渲染设置】对话框中，选择【V-Ray】选项卡，展开【V-Ray:: 图像采样器（反锯齿）】卷展栏，设置【类型】为“自适应确定性蒙特卡洛”，接着在【抗锯齿过滤器】选项组下勾选【开】复选框，并选择“Mitchell-Netravali”选项，展开【V-Ray:: 自适应确定性蒙特卡洛图像采样器】卷展栏，设置【最小细分】为 2、【最大细分】为 5，如图 8-37 所示。

02 展开【V-Ray:: 环境 [无名]】卷展栏，在【全剧照明环境（天光）覆盖】选项组下勾选【开】复选框，设置【倍增器】为 4.0，展开【V-Ray:: 颜色贴图】卷展栏，设置【类型】为“指数”，勾选【子像素贴图】和【钳制输出】复选框，如图 8-38 所示。

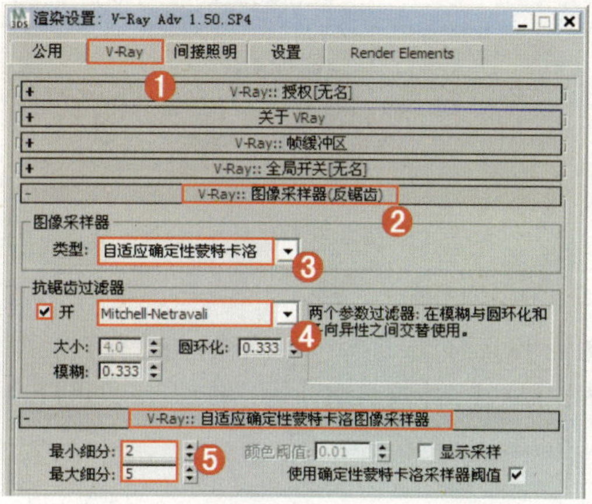

图 8-37 【V-Ray】选项卡参数

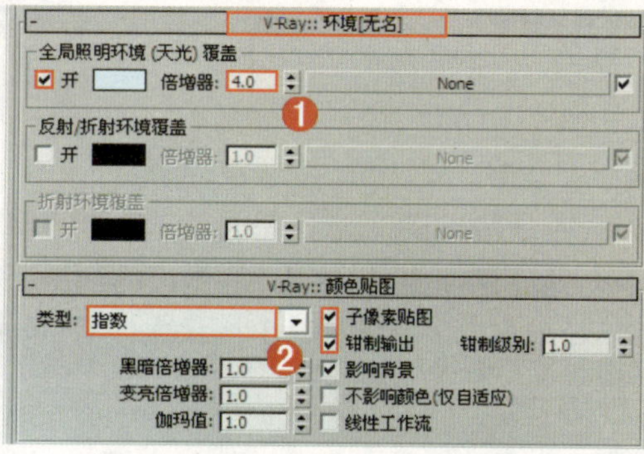

图 8-38 【环境】和【颜色贴图】参数

03 选择【间接照明】选项卡，展开【V-Ray:: 发光图 [无名]】卷展栏，设置【当前预置】为“低”，设置【半球细分】为 50，【插值采样】为 30，展开【V-Ray:: 灯光缓存】卷展栏，设置【细分】为 1000，取消勾选【存储直接光】复选框，如图 8-39 所示。

04 选择【设置】选项卡，展开【V-Ray:: 确定性蒙特卡洛采样器】卷展栏，设置【噪波阈值】为 0.008，【最小采样值】为 15，展开【V-Ray:: 系统】卷展栏，设置【区域排序】为“上→下”，最后取消勾选【显示窗口】复选框，如图 8-40 所示。

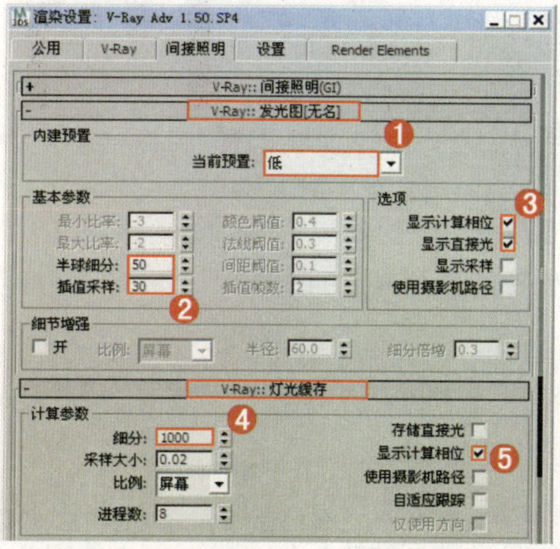

图 8-39 【间接照明】选项卡参数

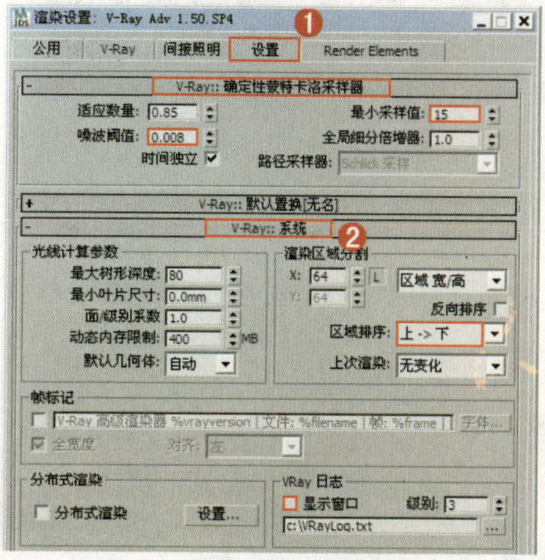

图 8-40 【系统】选项卡参数

05 选择【Render Elements】选项卡，单击【添加】按钮并在弹出的【渲染元素】面板中选择【VRay 线框颜色】选项，如图 8-41 所示。

06 选择【公用】选项卡，设置输出的尺寸为 1600 × 1600，如图 8-42 所示。

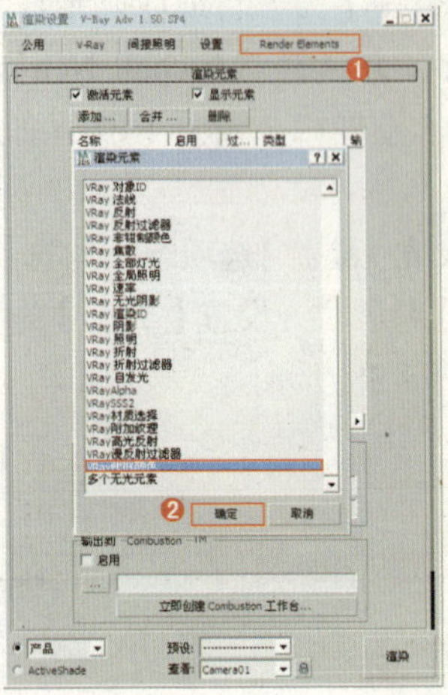

图 8-41 【Render Elements】选项卡参数

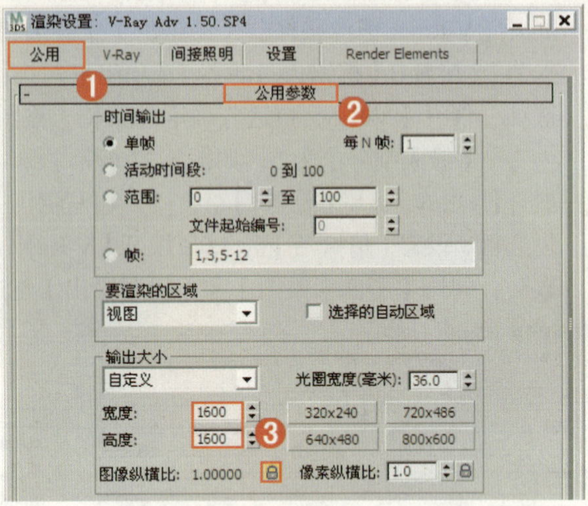

图 8-42 【公用】选项卡参数

07 等待一段时间后就渲染完成了，最终的效果如图 8-43 所示。

08 单击（保存位图）按钮，在弹出的【保存图像】对话框中选择一个路径，在【保存类型】下拉列表框中选择【BMP 图像文件（*.bmp）】格式，【文件名】为“餐厅”，如图 8-44 所示。

图 8-43 渲染效果

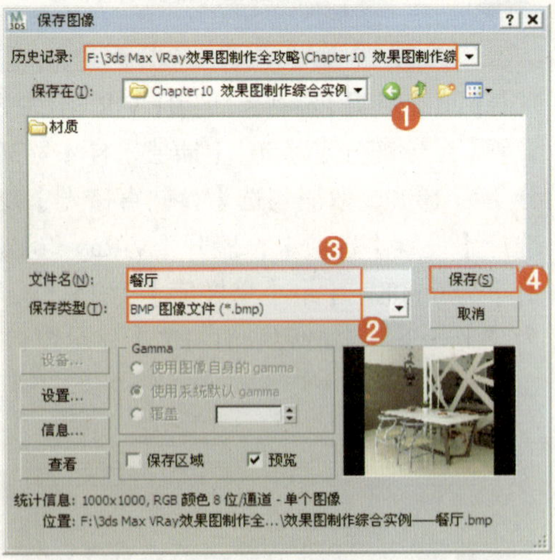

图 8-44 对渲染的文件进行保存

当渲染完成以后，就需要对图像进行后期处理，进行最后的调整。

8.6 效果图后期处理

从渲染输出的图像中可以看出整体的颜色偏灰，不够理想，下面主要讲解调节渲染图像饱和度的操作方法。如图 8-45 所示为后期处理前后的效果。

图 8-45 处理前的效果

图 8-46 处理后的效果

01 启动 Photoshop 软件，打开上面输出的“餐厅 .bmp”文件，效果如图 8-46 所示。按 Ctrl+M 组合键，打开【曲线】对话框，调整参数，如图 8-47 所示。

图 8-46 打开图像

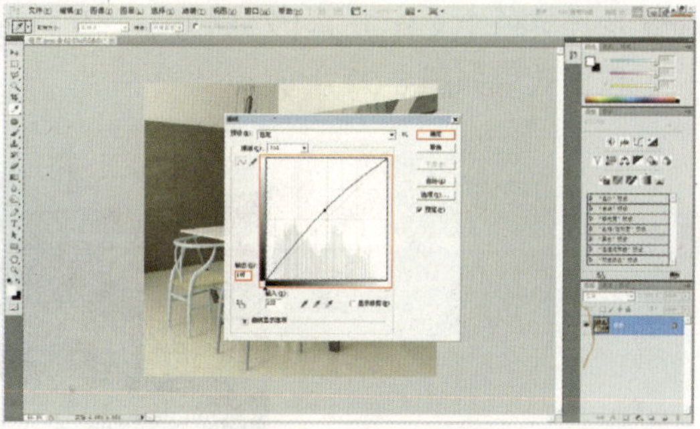

图 8-47 【曲线】调节

02 调节图形饱和度的方法之一为提高图形的对比度，具体的操作方法是选择菜单【图像】|【调整】|【亮度 / 对比度】命令，如图 8-48 所示。在弹出的【亮度 / 对比度】对话框中调节亮度和对比度，调节后的效果如图 8-49 所示。

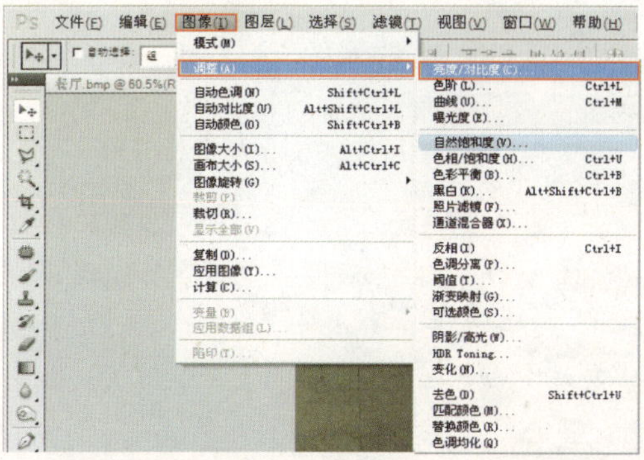

图 8-48 执行【亮度 / 对比度】命令

图 8-49 【亮度 / 对比度】调节

03 调节图形饱和度的方法之二为调整色相的饱和度。具体的操作方法是选择菜单【图像】|【调整】|【色相 / 饱和度】命令，如图 8-50 所示。在弹出的【色相 / 饱和度】对

话框中，调节【饱和度】为 8，此时图像效果如图 8-51 所示。

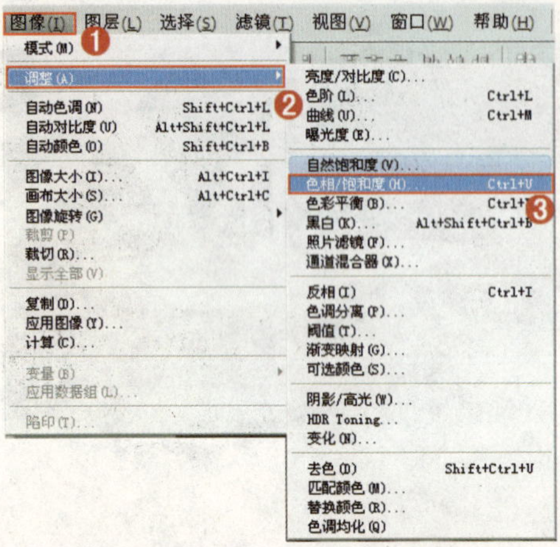

图 8-50　执行【色相 / 饱和度】命令

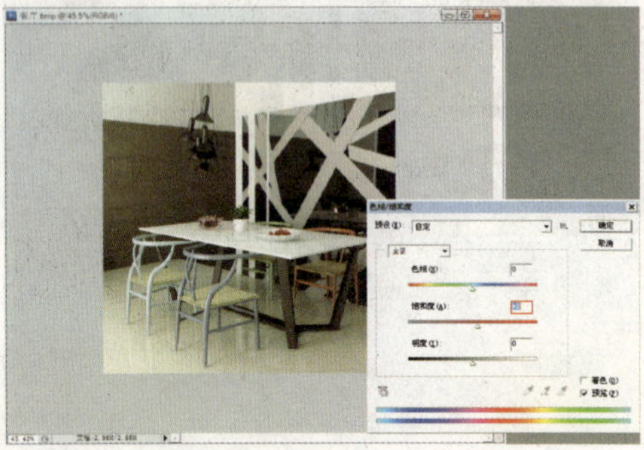

图 8-51　【色相 / 饱和度】调节

>>> 技巧与提示

也可以直接按 Ctrl+U 组合键，打开【色相 / 饱和度】对话框进行调节。

04 选择菜单【文件】|【存储为】命令，将处理后的文件另存为“餐厅 01. bmp”，最终图像效果如图 8-52 所示。

图 8-52　最终图像效果

第9章

简约之美——简约风格客厅

场景文件	场景文件 \09.max
案例文件	最终文件 \ 第 9 章 \ 简约风格客厅 .max
视频教学	视频 \ 简约风格客厅 .flv
视频长度	12 分 18 秒
难易指数	★★★☆☆
灯光类型	VRay 灯光
材质类型	VRayMtl 材质、VR 灯光材质
程序贴图	衰减程序贴图
技术掌握	掌握 VR 材质、VRay 灯光的使用方法

9.1 实例介绍

本例是一个简约风格客厅空间，现代风格装饰特点是由曲线和非对称线条构成，如花梗、花蕾、葡萄藤、昆虫翅膀以及自然界各种优美、波状的形体图案等，体现在墙面、栏杆、窗棂和家具等装饰上。室内明亮灯光表现主要使用VRay灯光来制作，材质部分使用VRayMtl材质制作地板、木纹、金属等，制作完成后的最终渲染效果如图9-1所示。

图 9-1 最终渲染效果

9.2 导入场景并设置 VRay 渲染器

01 打开随书配套光盘中的“场景文件 \09.max”文件，此时场景效果如图 9-2 所示。

02 按 F10 键，打开【渲染设置】对话框，选择【公用】选项卡，在【指定渲染器】卷展栏下单击...按钮，在弹出的【选择渲染器】对话框中选择【V-Ray Adv 1.50 .SP4】，如图 9-3 所示。

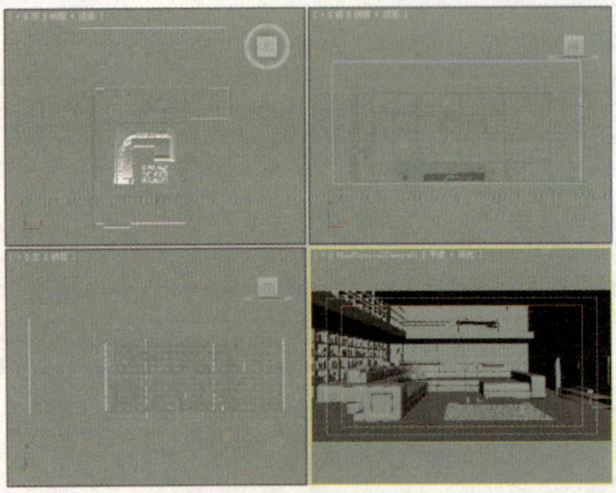

图 9-2 场景效果

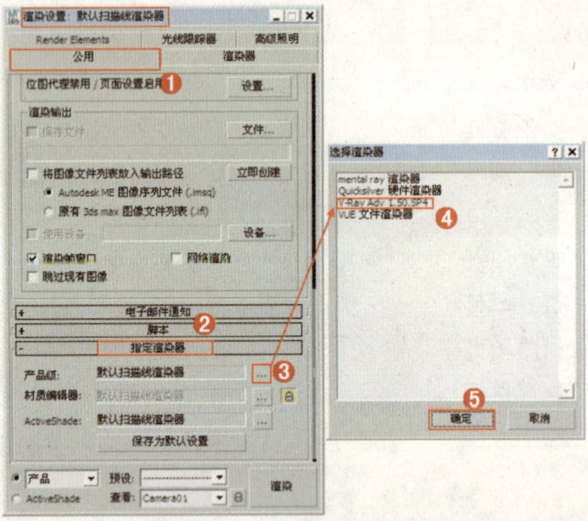

图 9-3 执行 VRay 渲染器

03 此时在【指定渲染器】卷展栏下的【产品级】后面显示了【V-Ray Adv 1.50 .SP4】，同时在【渲染设置】对话框中会出现【V-Ray】、【间接照明】、【设置】等选项卡，如图 9-4 所示。

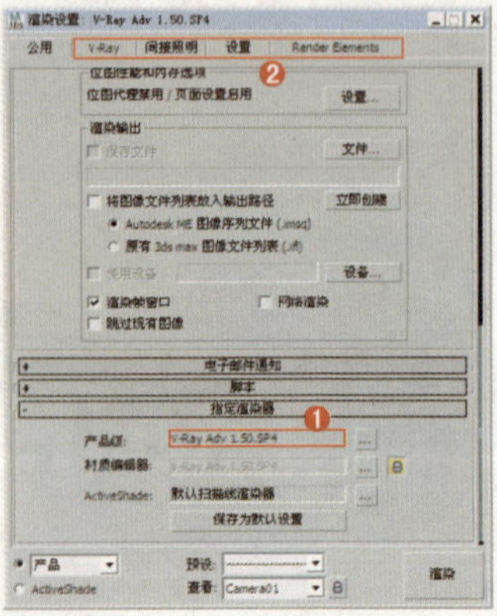

图 9-4 VRay 渲染器参数

9.3 材质的调制

下面来讲述场景中主要材质的调制，包括金属、木纹、沙发、地板、玻璃、乳胶漆、环境材质等，效果如图 9-5 所示。

图 9-5 场景中主要材质

9.3.1 地板材质的调制

01 按 M 键，打开【材质编辑器】对话框，选择一个空白材质球，单击 Arch & Design 按钮，在弹出的【材质 / 贴图浏览器】对话框中选择【VR 材质】，如图 9-6 所示。

02 将其命名为“地板”，在【漫反射】选项组下加载一张“深色地板.jpg”贴图文件，设置【模糊】为 0.6，接着在【反射】选项组下调节颜色为 R=222、G=222、B=222，设置【高光光泽度】为 0.71、【反射光泽度】为 0.86，【细分】为 16，勾选【菲涅耳反射】复选框，如图 9-7 所示。

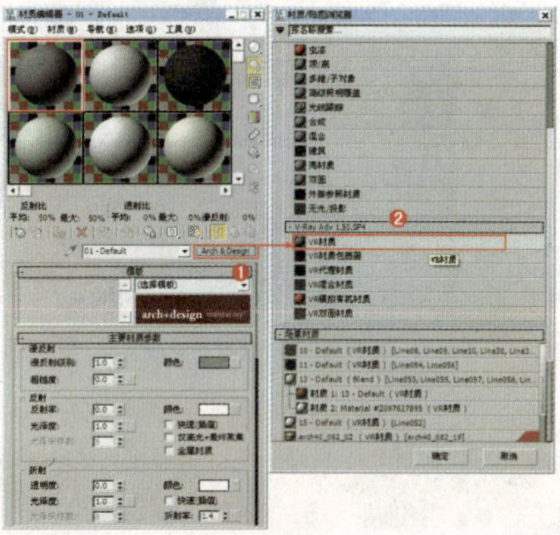

图 9-6 选择 VRay 材质

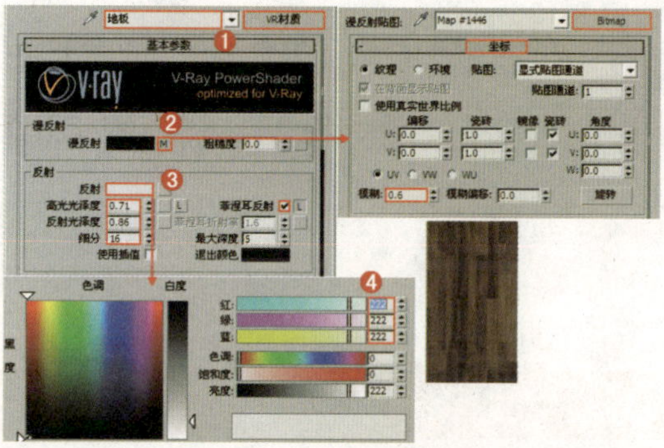

图 9-7 地板材质调制

03 展开【贴图】卷展栏，在【凹凸】后面的通道上加载“平铺”程序贴图，并进行调节，最后设置【凹凸】为 4.0，如图 9-8 所示。

04 将制作好的地板材质赋予场景中地面部分模型，如图 9-9 所示。

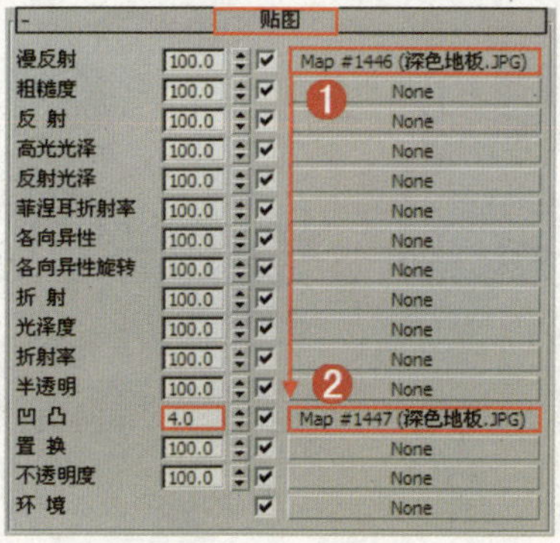

图 9-8 凹凸贴图

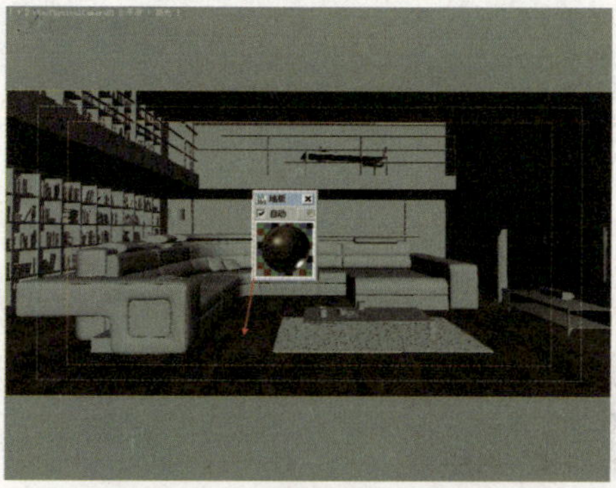

图 9-9 将材质赋予模型

9.3.2 环境材质的调制

01 按 M 键，打开【材质编辑器】对话框，选择一个空白材质球，单击 Arch & Design 按钮，在弹出的【材质 / 贴图浏览器】对话框中选择【VR 灯光材质】，如图 9-10 所示。

02 将其命名为“环境”，展开【参数】卷展栏，设置数值为 4.6，并在通道上加载一张“环境贴图 .jpg”贴图文件，并设置【模糊】为 0.01，如图 9-11 所示。

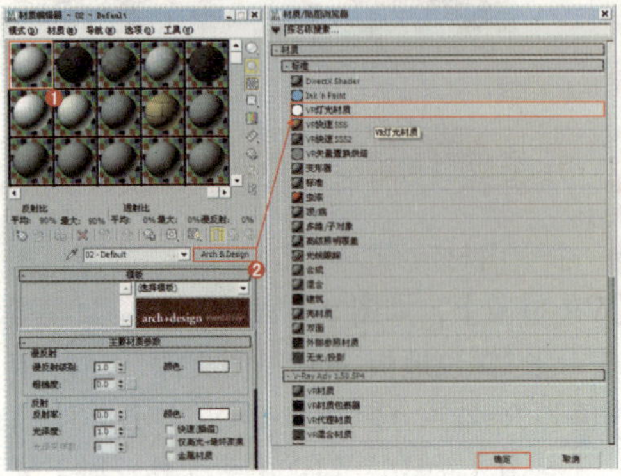

图 9-10　选择 VRay 灯光材质

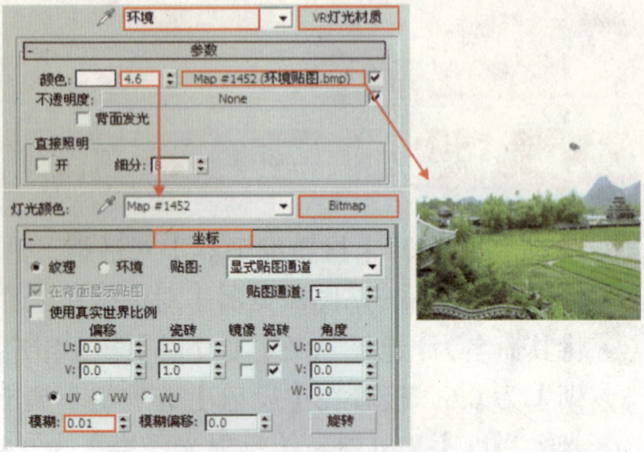

图 9-11　加载环境贴图

03 将制作好的环境材质赋予场景中的室外环境模型，如图 9-12 所示。

图 9-12　将材质赋予模型

9.3.3 乳胶漆材质的调制

01 选择一个空白材质球，然后将材质类型设置为【VR 材质】，将其命名为“乳胶漆”，在【漫反射】选项组下调节颜色为 R=51、G=35、B=35，如图 9-13 所示。

02 将制作好的乳胶漆材质赋予场景中的墙面模型，如图 9-14 所示。

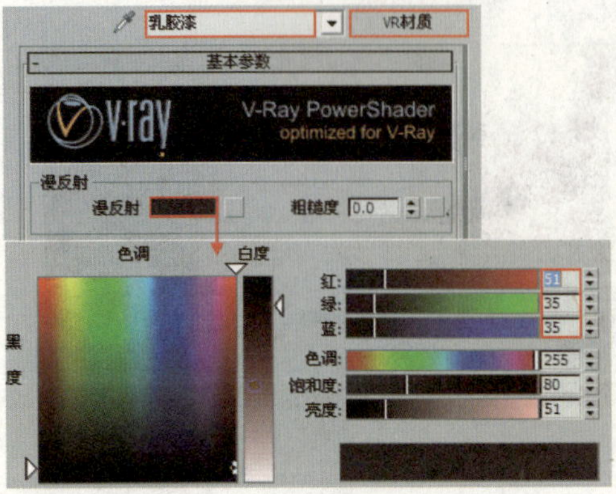

图 9-13　设置颜色

图 9-14　将材质赋予模型

9.3.4 玻璃材质的调制

01 选择一个空白材质球，然后将材质类型设置为【VR 材质】，接着将其命名为“玻璃”，在【漫反射】选项组下调节颜色为 R=22、G=22、B=22，在【反射】选项组下调节反射颜色为 R=245、G=245、B=245，勾选【菲涅耳反射】复选框，在【折射】选项组下调节颜色为 R=235、G=235、B=235，勾选【影响阴影】复选框，如图 9-15 所示。

02 将制作好的玻璃材质赋予场景电视矮柜模型，如图 9-16 所示。

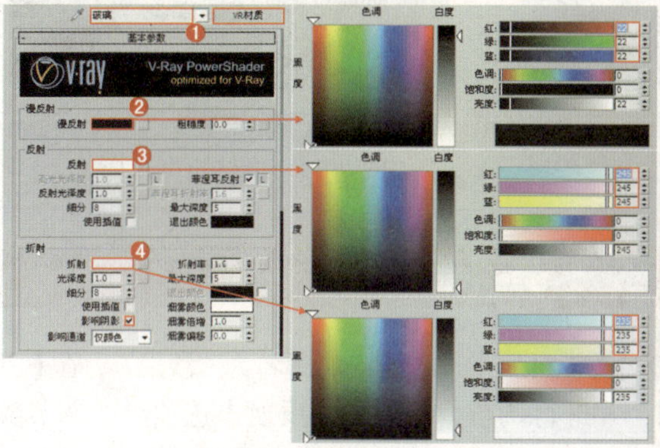

图 9-15　玻璃材质参数

图 9-16　将材质赋予模型

9.3.5 木纹材质的调制

01 选择一个空白材质球，然后将材质类型设置为【VR 材质】，接着将其命名为“木纹”，在【漫反射】选项组下加载“木纹.jpg”贴图文件，设置【模糊】为 0.5，接着在【反射】选项组下调节颜色为 R=139、G=139、B=139，设置【高光光泽度】为 0.7、【反射光泽度】为 0.78、【细分】为 16，勾选【菲涅耳反射】复选框，如图 9-17 所示。

02 将制作好的木纹材质赋予场景中书架模型，如图 9-18 所示。

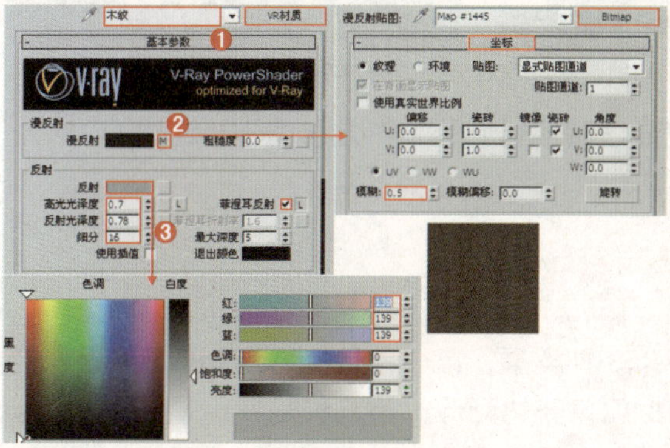

图 9-17　木纹材质的参数

图 9-18　将材质赋给模型

9.3.6 金属材质的调制

01 选择一个空白材质球，然后将材质类型设置为【VR 材质】，接着将其命名为“金属”，在【漫反射】选项组下调节颜色为 R=126、G=127、B=128，在【反射】选项组下调节反射颜色为R=173、G=173、B=173，设置【反射光泽度】为0.8，【细分】为16，如图9-19所示。

02 将制作好的金属材质赋予场景中二楼栏杆模型，如图9-20所示。

图9-19　金属材质的参数

图9-20　将材质赋予模型

9.3.7　沙发材质的调制

01 选择一个空白材质球，将材质类型设置为【VR材质】，接着将其命名为“沙发”，在【漫反射】选项组下加载“衰减”程序贴图，并进行调节，接着在【反射】选项组下调节颜色为R=57、G=57、B=57，设置【高光光泽度】为0.61、【反射光泽度】为0.75、【细分】为18，勾选【菲涅耳反射】复选框，设置【菲涅耳折射率】为2.0，如图9-21所示。

02 将制作好的沙发材质赋予场景沙发模型，如图9-22所示。

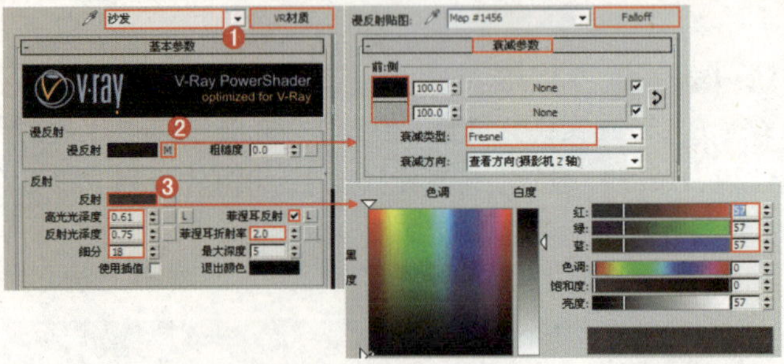

图9-21　沙发材质的参数

图9-22　将材质赋给模型

至此，场景中主要模型的材质已制作完成，其他材质的制作方法就不再详述了。

9.4 设置灯光并进行草图渲染

在本例简约风格客厅空间中灯光主要为3种类型，第一种是使用VRay灯光模拟窗外天光光源；第二种是使用VRay灯光模拟门口处的光源；第三种是使用VR灯光模拟室内的辅助光源。

9.4.1　制作窗外天光光源

01 单击（创建）|（灯光）| VR灯光 按钮，在前视图中窗户的位置创建一盏VRay灯光，大小与窗户差不多，将它移动到窗户的外面，具体的位置如图9-23所示。

02 选择创建的 VRay 灯光，然后在【修改】命令面板下设置【类型】为“平面”，设置【倍增器】为 12.0，调节【颜色】为 R=255、G=255、B=255，设置【1/2 长】为 580.0cm、【1/2 宽】为 290.0cm，勾选【不可见】复选框，设置【细分】为 24，如图 9-24 所示。

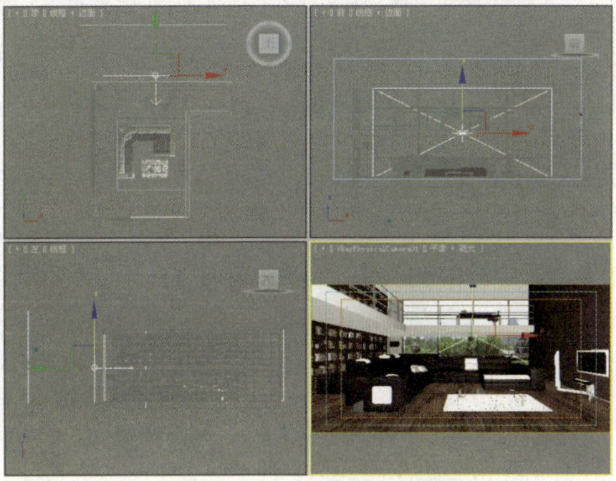
图 9-23　VRay 灯光的位置

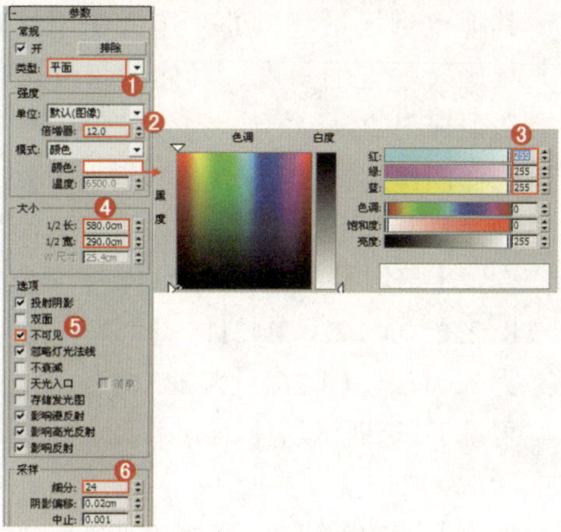
图 9-24　VRay 灯光的参数

接下来设置一下测试的渲染参数。

03 按 F10 键，打开【渲染设置】对话框。首先设置一下【VRay】和【间接照明】选项卡下的参数，刚开始设置的是一个草图，目的是进行快速渲染，来观看整体的效果，参数设置如图 9-25 所示。

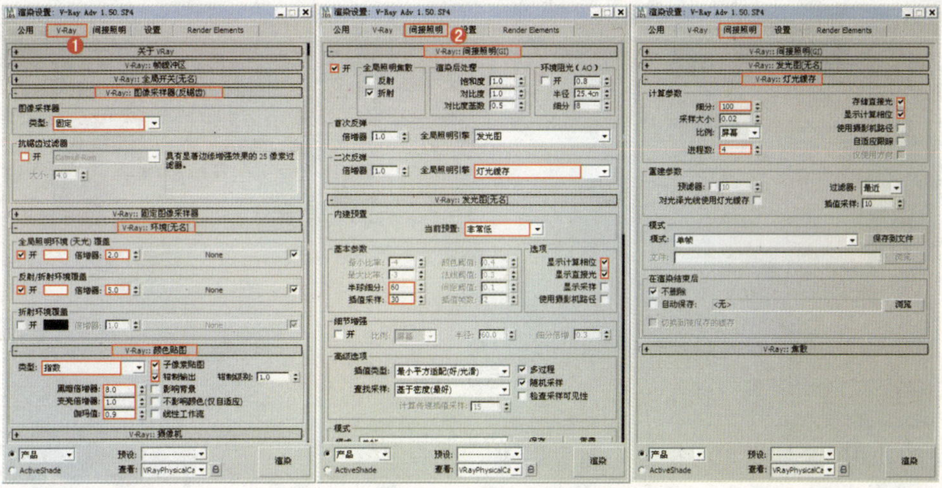
图 9-25　VRay 渲染器参数的设置

04 按 Shift+Q 组合键，快速渲染摄影机视图，其渲染效果如图 9-26 所示。

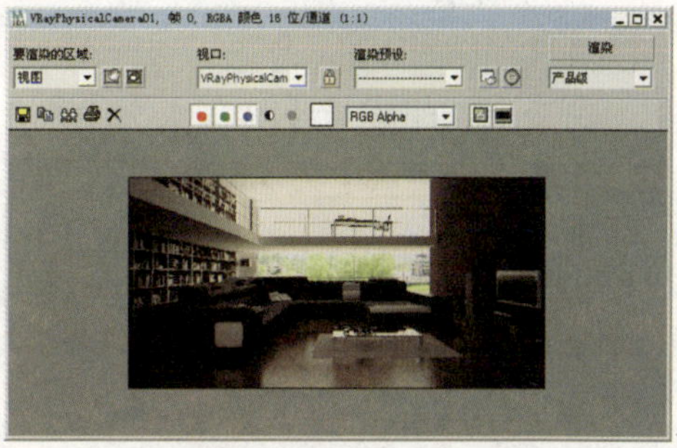
图 9-26　测试渲染的效果

9.4.2 制作门口处的光源

01 在前视图中创建一盏 VRay 灯光，接着将其拖曳到场景门口处，然后使用旋转工具旋转一定的角度，具体的角度可以参照顶视图的效果，如图 9-27 所示。

02 选择创建的 VRay 灯光，然后在【修改】命令面板下设置【类型】为“平面”，设置【倍增器】为 16.0，调节【颜色】为 R=236、G=222、B=211，设置【1/2 长】为 320.0cm、【1/2 宽】为 245.0cm，勾选【不可见】复选框，设置【细分】为 24，如图 9-28 所示。

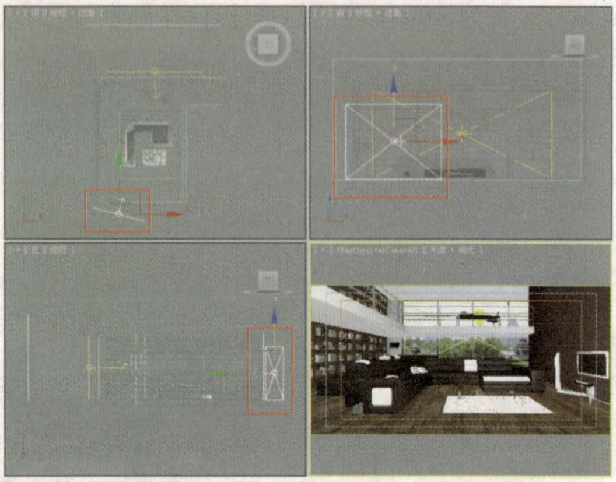

图 9-27 VRay 灯光的位置

03 按 Shift+Q 组合键，快速渲染摄影机视图，其渲染的效果如图 9-29 所示。

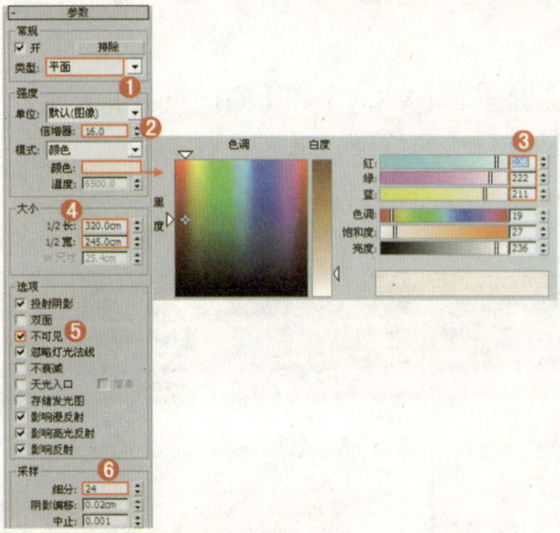

图 9-28 VRay 灯光的参数

图 9-29 测试渲染效果

9.4.3 制作室内辅助光源

01 继续使用 VR 灯光在前视图中拖曳创建，将其拖曳到场景中，具体的位置如图 9-30 所示。

02 选择创建的 VRay 灯光，然后在【修改】命令面板下设置【类型】为“平面”，设置【倍增器】为 5.0，调节【颜色】为 R=236、G=222、B=211，设置【1/2 长】为 180.0cm，【1/2 宽】为 245.0cm，勾选【不可见】复选框，设置【细分】为 24，如图 9-31 所示。

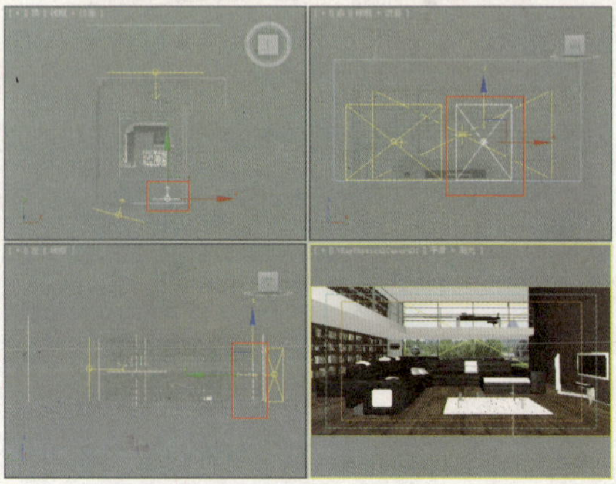

图 9-30 VRay 灯光的位置

03 按 Shift+Q 组合键，快速渲染摄影机视图，其渲染效果如图 9-32 所示。

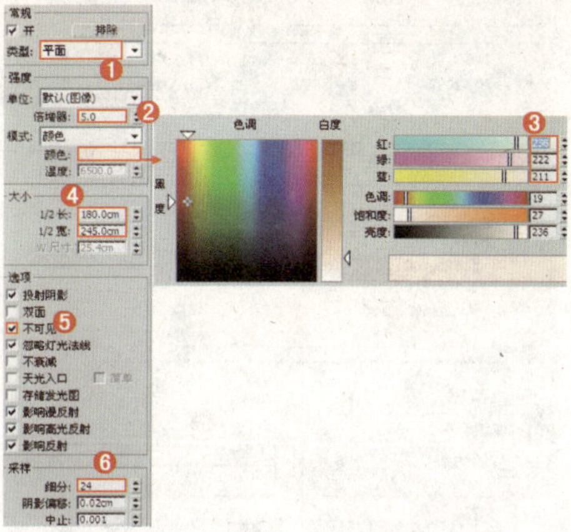

图 9-31　VRay 灯光的参数

图 9-32　测试渲染效果

9.5 设置成图渲染参数

01 重新设置一下渲染参数，按 F10 键，在打开的【渲染设置】对话框中，选择【V-Ray】选项卡，展开【V-Ray:: 图像采样器（反锯齿）】卷展栏，设置【类型】为“自适应确定性蒙特卡洛”，接着在【抗锯齿过滤器】选项组下勾选【开】复选框，并选择“Catmull-Rom”，展开【V-Ray:: 自适应确定性蒙特卡洛图像采样器】卷展栏，设置【最小细分】为 2、【最大细分】为 5，如图 9-33 所示。

02 展开【V-Ray:: 环境】卷展栏，在【全剧照明环境（天光）覆盖】选项组下勾选【开】复选框，设置【倍增器】为 2.0，展开【V-Ray:: 颜色贴图】卷展栏，设置【类型】为“指数”，并调节其参数，勾选【子像素贴图】和【钳制输出】复选框，如图 9-34 所示。

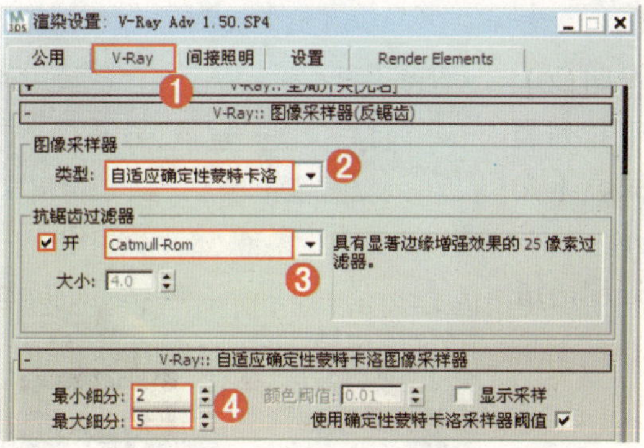

图 9-33　【V-Ray】选项卡的参数

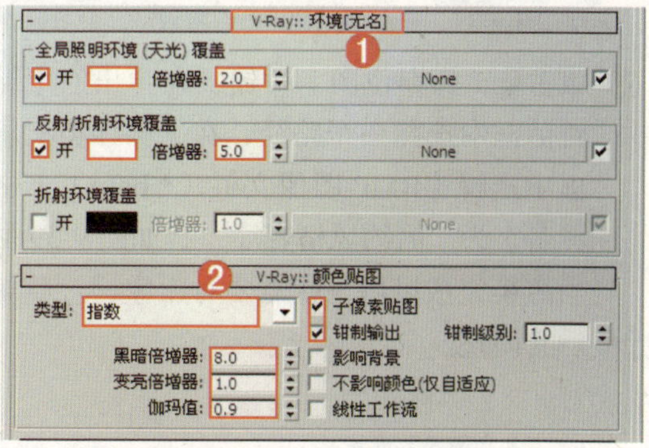

图 9-34　【环境】和【颜色贴图】参数

03 选择【间接照明】选项卡，展开【V-Ray:: 发光图】卷展栏，设置【当前预置】为“低”，设置【半球细分】为 60、【插值采样】为 30，展开【V-Ray:: 灯光缓存】卷展栏，设置【细分】为 1000，取消勾选【存储直接光】复选框，如图 9-35 所示。

04 选择【设置】选项卡，展开【V-Ray:: 确定性蒙特卡洛采样器】卷展栏，设置【适应数量】为 0.7、【最小采样值】为 12，展开【V-Ray:: 系统】卷展栏，设置【区域排序】为“上→下”，最后取消勾选【显示窗口】，如图 9-36 所示。

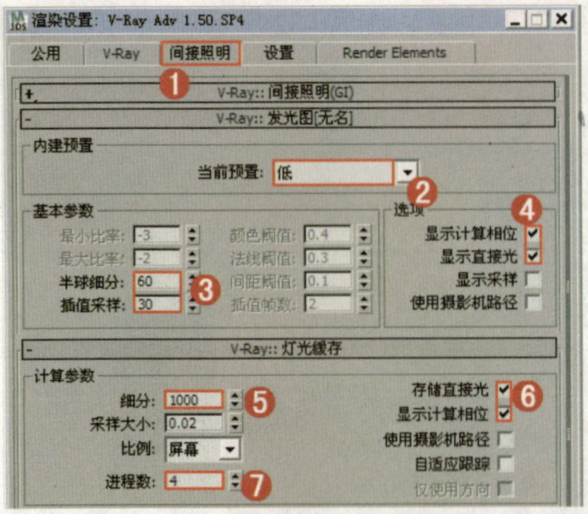

图 9-35 【间接照明】选项卡的参数

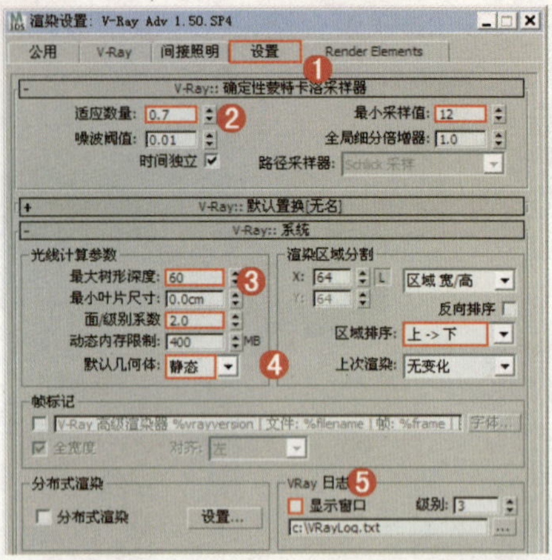

图 9-36 【设置】选项卡的参数

05 选择【公用】选项卡，设置输出的尺寸为 1500×750，如图 9-37 所示。

06 等待一段时间后渲染完成，最终的效果如图 9-38 所示。

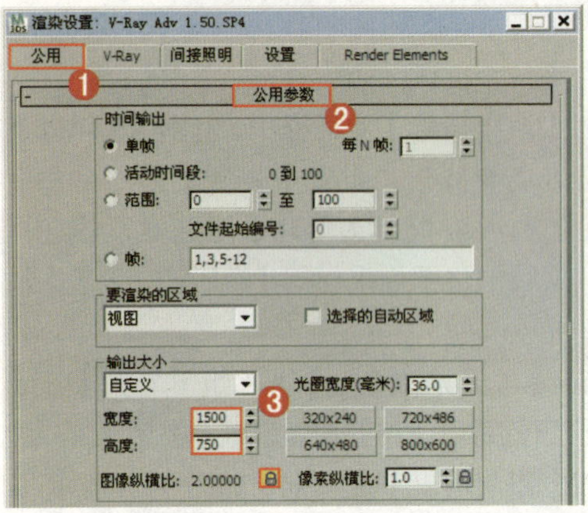

图 9-37 【公用】选项卡参数

图 9-38 渲染效果

07 单击 (保存位图) 按钮，在弹出的【保存图像】对话框中选择一个路径，在【保存类型】下拉列表框中选择【BMP 图像文件（*.bmp）】格式，【文件名】为“简约风格客厅”，如图 9-39 所示。

当渲染完成以后，就需要对图像进行后期处理，进行最后的调整。

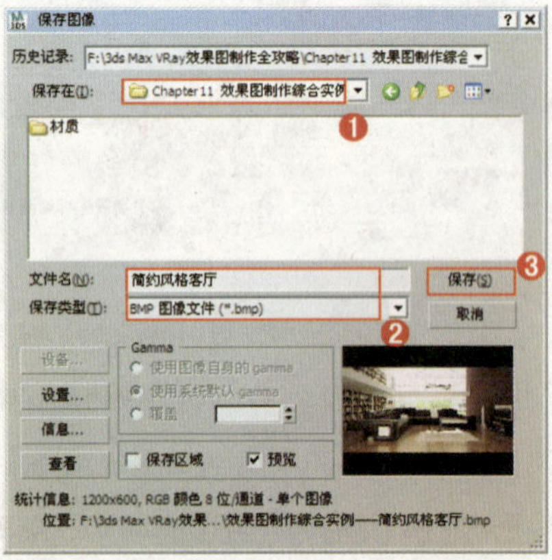

图 9-39 对渲染的文件进行保存

9.6 效果图后期处理

从渲染出的图像效果来看，只需将图像的亮度和对比度提高即可。如图 9-40 所示为后期处理前后的效果。

图 9-40 处理前的效果

01 启动 Photoshop 软件。打开上面输出的“简约风格客厅 .bmp”文件，效果如图 9-41 所示。按 Ctrl+M 组合键，打开【曲线】对话框，调整参数如图 9-42 所示。

图 9-41 打开图像

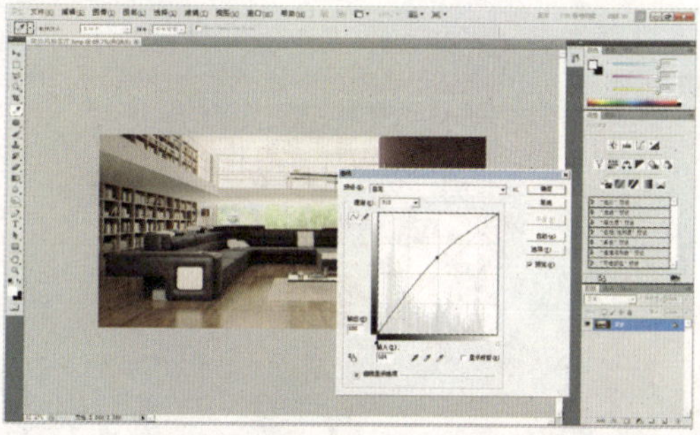

图 9-42 【曲线】调节

02 选择菜单【图像】|【调整】|【亮度 / 对比度】命令，如图 9-43 所示。在弹出的【亮度 / 对比度】对话框中调节亮度和对比度，调节后的效果如图 9-44 所示。

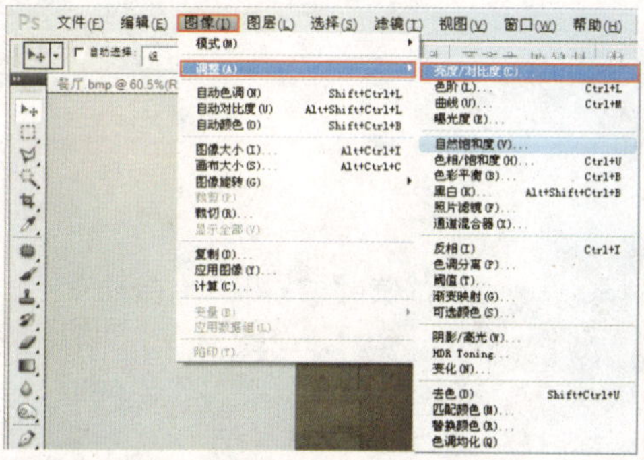

图 9-43 执行【亮度 / 对比度】命令

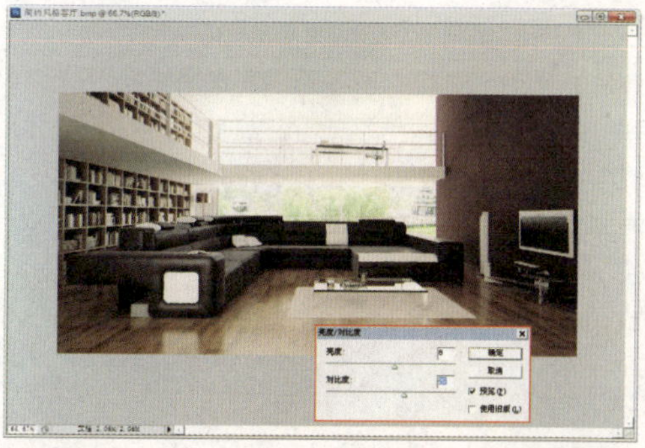

图 9-44 【亮度 / 对比度】调节

03 选择菜单【文件】|【存储为】命令，将处理后的文件另存为“简约风格客厅 01.bmp”，最终图像效果如图 9-45 所示。

图 9-45 最终图像效果

第10章

低调奢华——现代风格卫生间

场景文件	场景文件\10.max
案例文件	最终文件\第10章\卫生间.max
视频教学	视频\现代风格卫生间.flv
视频长度	10分19秒
难易指数	★★★☆☆
灯光类型	VRay太阳、VRay灯光
材质类型	VRayMtl材质
程序贴图	混合程序贴图、平铺程序贴图
技术掌握	掌握VR材质、VRay太阳、VRay灯光的使用方法

10.1 实例介绍

本例是一个现代风格的卫生间空间，灯光主要使用 VRay 太阳模拟正午的阳光、VRay 灯光模拟天光和灯带光源，材质主要使用 VRayMtl 材质制作地砖、仿古墙砖等，制作完成后的最终渲染效果如图 10-1 所示。

图 10-1　最终渲染效果

10.2 导入场景并设置 VRay 渲染器

01 打开随书配套光盘中的“场景文件 \10.max”文件，此时场景效果如图 10-2 所示。

02 按 F10 键，打开【渲染设置】对话框，选择【公用】选项卡，在【指定渲染器】卷展栏下单击 按钮，在弹出的【选择渲染器】对话框中选择【V-Ray Adv 1.50 .SP4】，如图 10-3 所示。

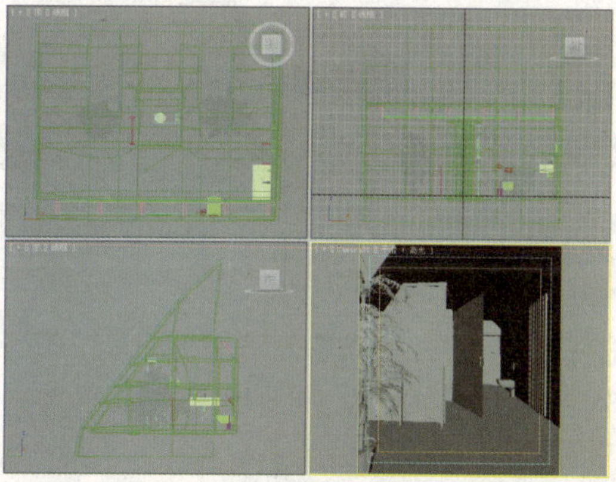

图 10-2　场景效果

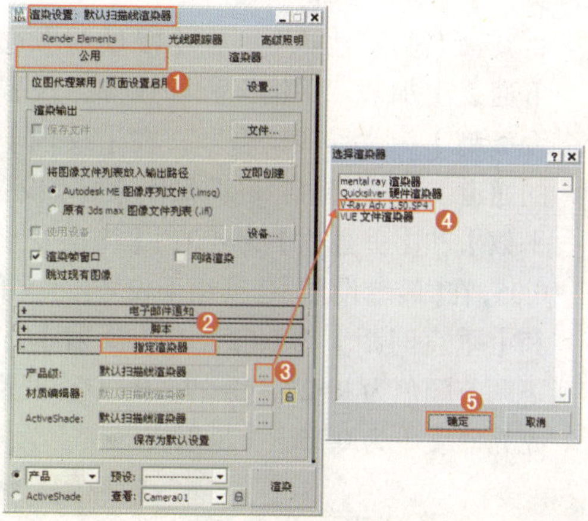

图 10-3　执行 VRay 渲染器

03 此时在【指定渲染器】卷展栏下的【产品级】后面显示了【V-Ray Adv 1.50 .SP4】，同时在【渲染设置】对话框中会出现【V-Ray】、【间接照明】、【设置】等选项卡，如图 10-4 所示。

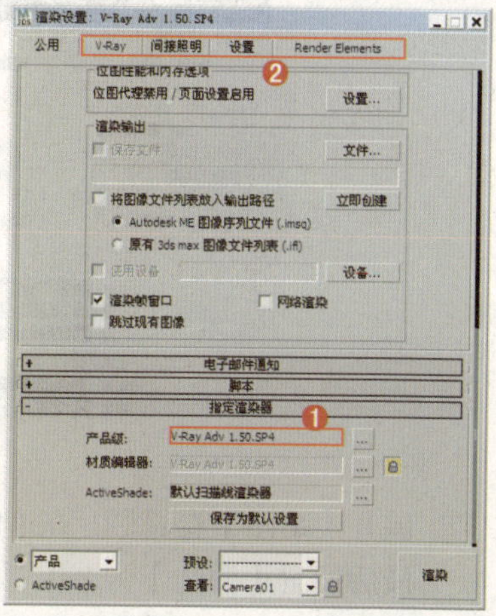

图 10-4　VRay 渲染器参数

10.3 材质的调制

下面就来讲述场景中的主要材质的调制，包括叶子、玻璃、金属、地砖、搪瓷、仿古墙砖、白漆材质等。效果如图 10-5 所示。

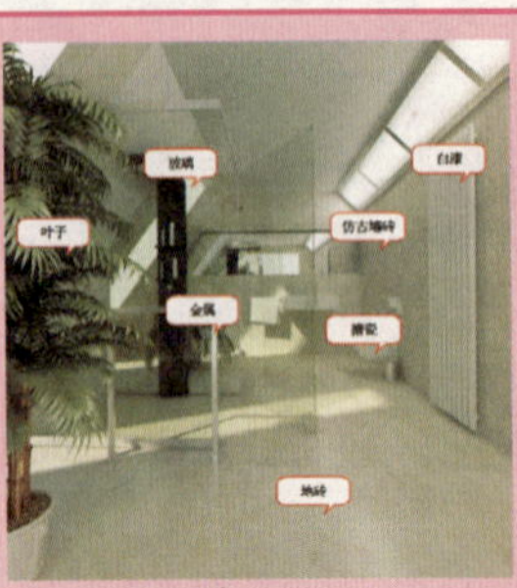

图 10-5 场景中主要材质

10.3.1 地砖材质的调制

01 按 M 键，打开【材质编辑器】对话框，选择一个空白材质球，单击 Arch & Design 按钮，在弹出的【材质 / 贴图浏览器】对话框中选择【VR 材质】，如图 10-6 所示。

02 将其命名为“地砖”，在【漫反射】选项组下通道上加载“平铺”程序贴图，设置【预设类型】为“堆栈砌合”，在【纹理】后面的通道上加载“地砖 .jpg”贴图文件，设置【水平数】和【垂直数】为 6.0、【淡出变化】为 0.05，在【砖缝设置】选项组下设置【水平间距】和【垂直间距】为 0.02，在【反射】选项组下调节颜色为 R=27、G=27、B=27，设置【高光光泽度】为 0.85、【反射光泽度】为 0.85，【细分】为 20，如图 10-7 所示。

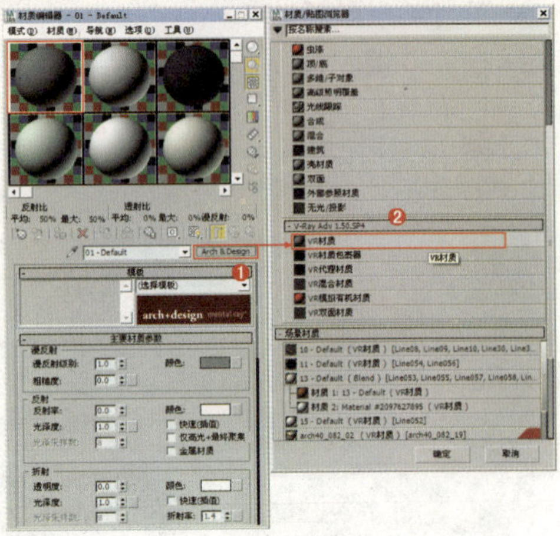

图 10-6 选择 VRay 材质

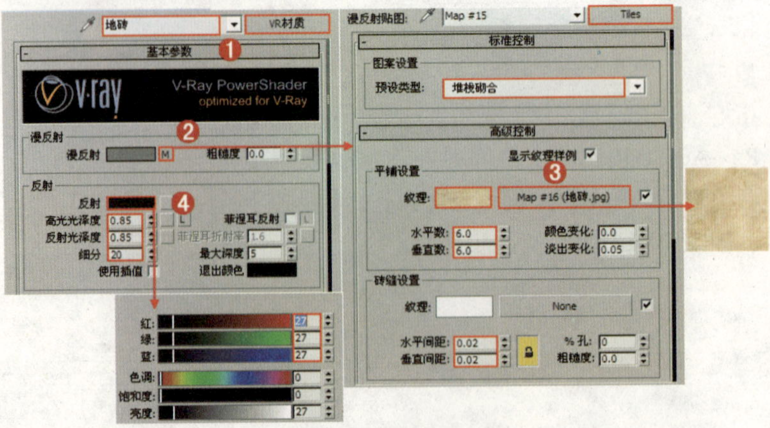

图 10-7 加载平铺程序贴图

03 展开【贴图】卷展栏，在【凹凸】后面的通道上加载“平铺”程序贴图，并进行调节，最后设置【凹凸】为 8.0，如图 10-8 所示。

04 将制作好的地砖材质赋予场景中的地面部分模型，如图 10-9 所示。

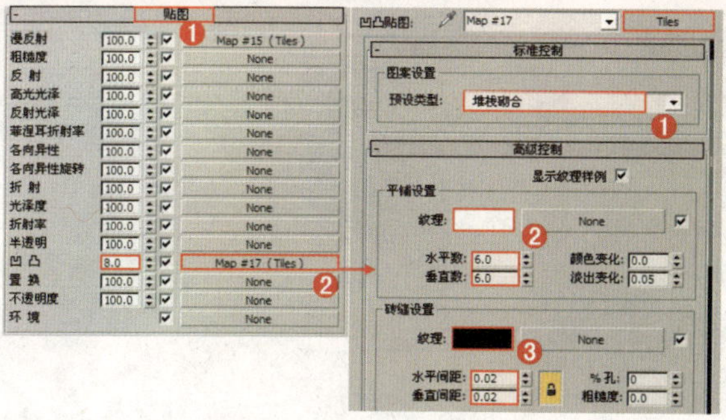

图 10-8 凹凸贴图

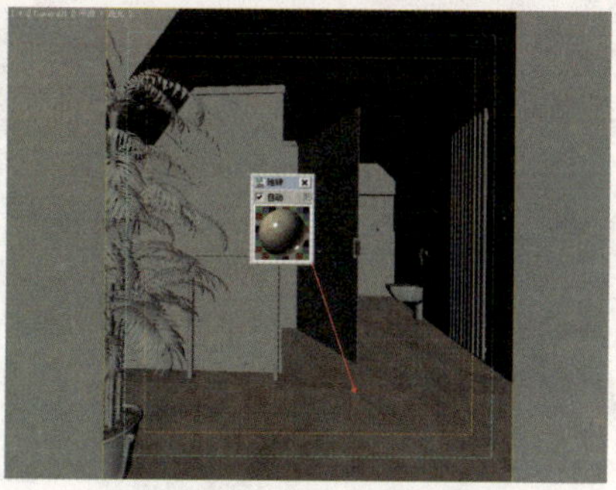

图 10-9 将材质赋予模型

10.3.2 仿古墙砖材质的调制

01 按 M 键，打开【材质编辑器】对话框，选择一个空白材质球，单击 Arch & Design 按钮，在弹出的【材质 / 贴图浏览器】对话框中选择【VR 材质】，如图 10-10 所示。

02 将其命名为“仿古墙砖”，在【漫反射】选项组下后面的通道上加载一张“仿古墙砖 .jpg”贴图文件，在【反射】选项组下调节颜色为 R=20、G=20、B=20，设置【高光光泽度】为 0.85、【反射光泽度】为 0.85、【细分】为 20，如图 10-11 所示。

03 将制作好的仿古墙砖材质赋予场景中的墙面模型，如图 10-12 所示。

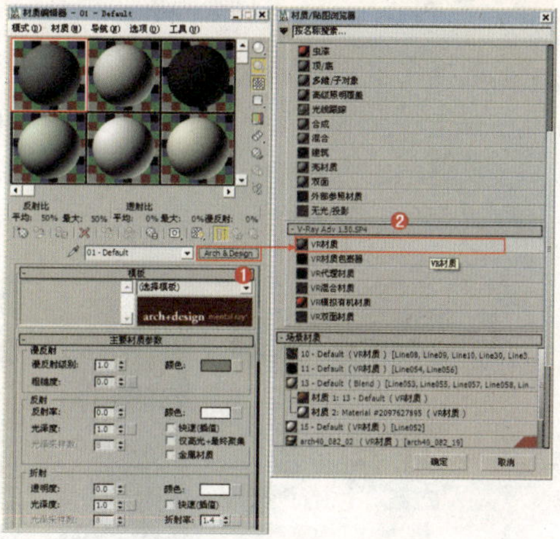

图 10-10 选择 VRay 材质

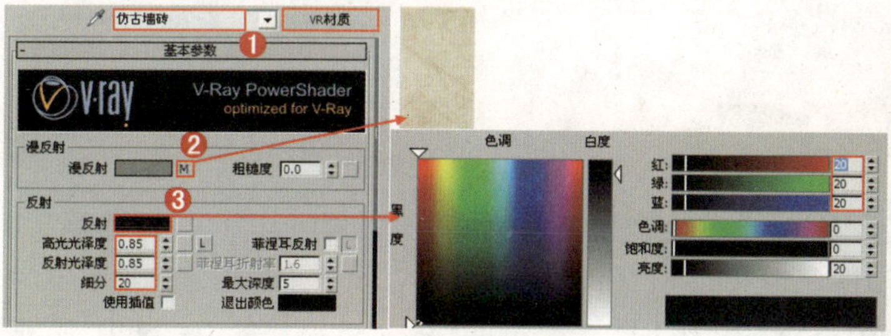

图 10-11 加载仿古墙砖贴图

图 10-12 将材质赋给模型

10.3.3 玻璃材质的调制

01 选择一个空白材质球，然后将材质类型设置为【VR 材质】，接着将其命名为“玻璃”，在【漫反射】选项组下调节颜色 R=119、G=119、B=119，在【反射】选项组下调节反射颜色为 R=255、G=255、B=255，勾选【菲涅耳反射】复选框，在【折射】选项组下调节颜色为 R=255、G=255、B=255，设置【烟雾颜色】为 R=136、G=157、B=107，最后勾选【影响阴影】复选框，如图 10-13 所示。

02 将制作好的玻璃材质赋予场景中玻璃模型，如图 10-14 所示。

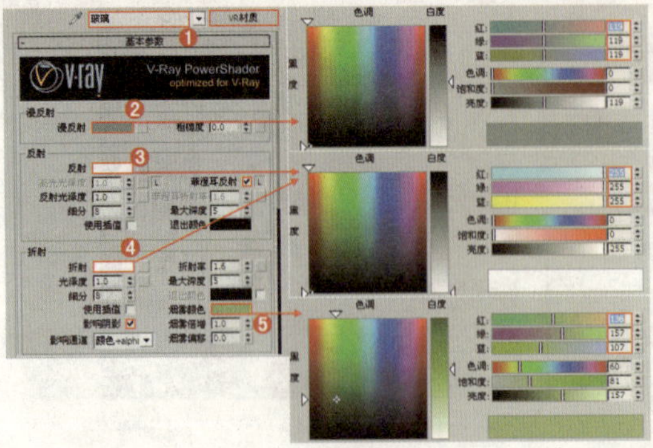

图 10-13　玻璃材质的参数

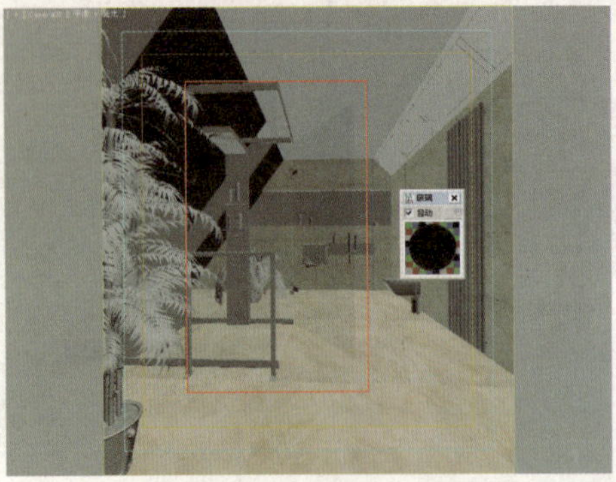

图 10-14　将材质赋予模型

10.3.4　搪瓷材质的调制

01 选择一个空白材质球，然后将材质类型设置为【VR 材质】，接着将其命名为“搪瓷”，在【漫反射】选项组下调节颜色为 R=250、G=255、B=255，在【反射】选项组下调节反射颜色为 R=20、G=20、B=20，设置【反射光泽度】为 0.93，如图 10-15 所示。

02 将制作好的搪瓷材质赋予场景中马桶和浴盆模型，如图 10-16 所示。

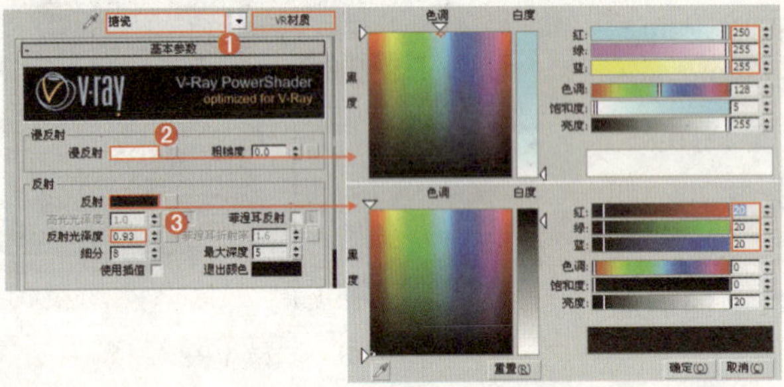

图 10-15　搪瓷材质的参数

图 10-16　将材质赋予马桶和浴盆模型

10.3.5　金属材质的调制

01 选择一个空白材质球，然后将材质类型设置为【VR 材质】，接着将其命名为“金属”，在【漫反射】选项组下调节颜色为 R=128、G=128、B=128，设置【反射】选项组下调节颜色为 R=255、G=255、B=255，设置【反射光泽度】为 0.85、【细分】为 9、【菲涅耳折射率】为 12.0，勾选【菲涅耳反射】复选框，如图 10-17 所示。

02 将制作好的金属材质赋予场景中的金属模型，如图 10-18 所示。

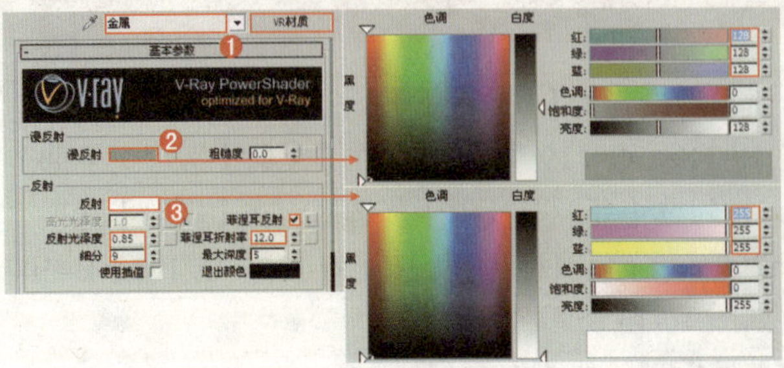

图 10-17　金属材质的参数

图 10-18　将材质赋予模型

10.3.6 叶子材质的调制

01 选择一个空白材质球，然后将材质类型设置为【VR 材质】，接着将其命名为“叶子”，在【漫反射】选项组中加载“混合”程序贴图，展开【混合参数】卷展栏，并在其通道上加载贴图文件，接着在【反射】选项组下调节颜色为 R=52、G=52、B=52，设置【反射光泽度】为 0.8，如图 10-19 所示。

02 将制作好的叶子材质赋予场景中植物叶子模型，如图 10-20 所示。

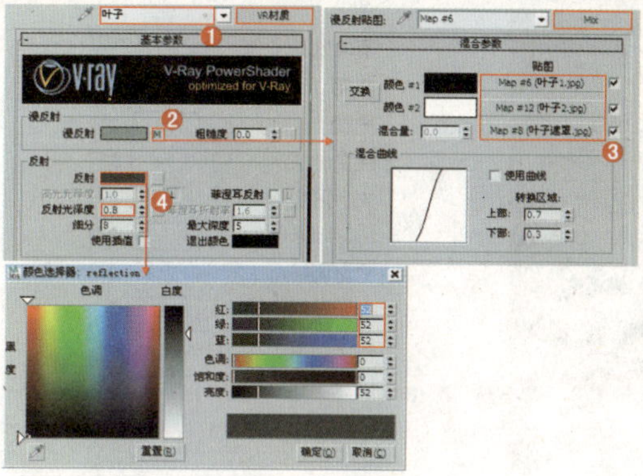

图 10-19　叶子材质的参数

图 10-20　将材质赋予模型

10.3.7 白漆材质的调制

01 选择一个空白材质球，然后将材质类型设置为【VR 材质】，接着将其命名为“白漆”，在【漫反射】选项组下调节颜色为 R=255、G=255、B=255，接着在【反射】选项组下调节反射颜色为 R=51、G=51、B=51，设置【反射光泽度】为 0.8、【细分】为 15，如图 10-21 所示。

02 将制作好的白漆材质赋予场景中的暖气片模型，如图 10-22 所示。

图 10-21　白漆材质的参数

图 10-22　将材质赋予模型

10.4 设置灯光并进行草图渲染

在本例现代风格卫生间中灯光主要为 3 种类型，第一种为使用 VRay 太阳模拟太阳的光照；第二种是使用 VRay 灯光模拟室外天光光源；第三种是使用 VRay 灯光模拟室内灯带光源。

10.4.1 制作正午太阳光光源

01 单击（创建）|（灯光）| VR太阳 按钮，在顶视图中单击并拖曳鼠标，创建一盏 VRay 太阳，在各个视图中调整一下它的位置，具体的位置如图 10-23 所示。

02 选择 VRay 太阳灯光，并将灯光的【强度倍增】设置为 0.04、【大小倍增】设置为 4.0，目的是让阴影的边缘比较虚，再设置【阴影细分】为 8，如图 10-24 所示。

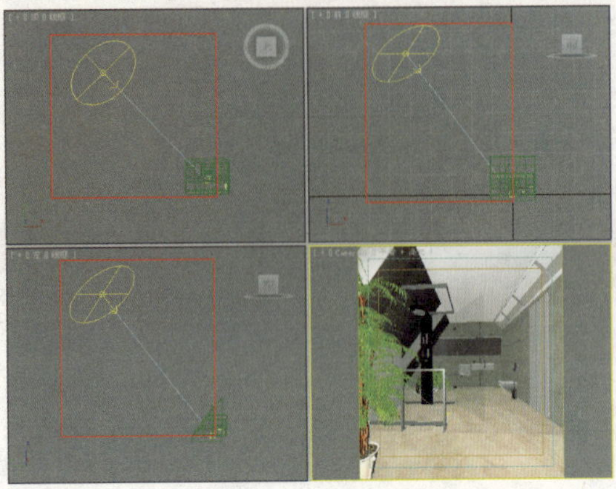

图 10-23 VRay 太阳灯光的位置

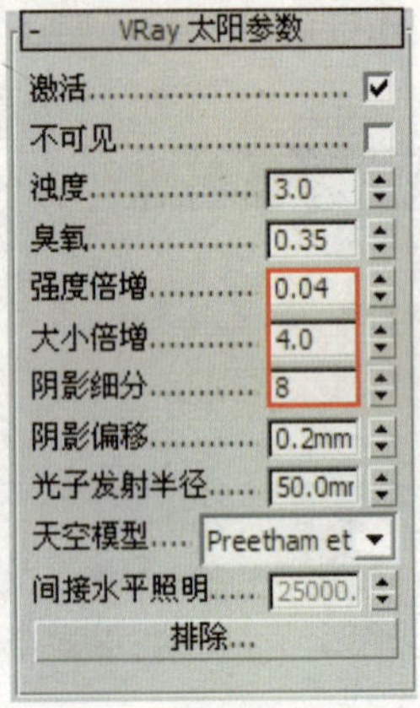

图 10-24 VRay 太阳参数

03 按 F10 键，打开【渲染设置】对话框。首先设置一下【VRay】和【间接照明】选项卡下的参数，刚开始设置的是一个草图设置，目的是进行快速渲染，来观看整体的效果，参数设置如图 10-25 所示。

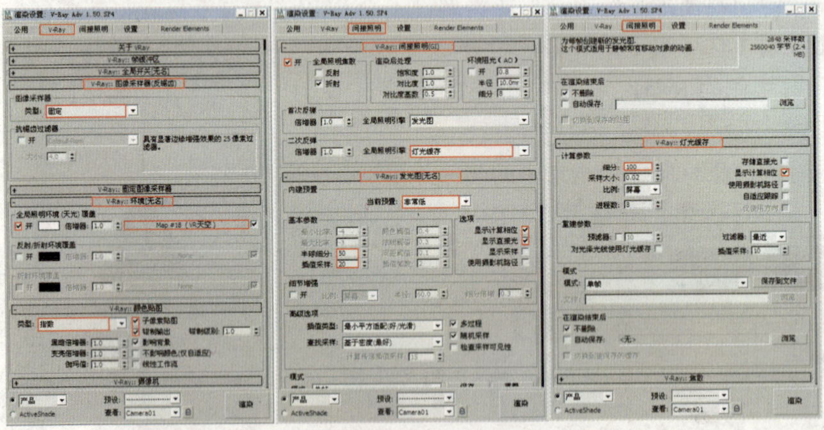

图 10-25 VRay 渲染器参数的设置

04 按下数字键 8，打开【环境和效果】面板，并在【环境】选项卡下调节背景颜色为 R=255、G=255、B=255，如图 10-26 所示。

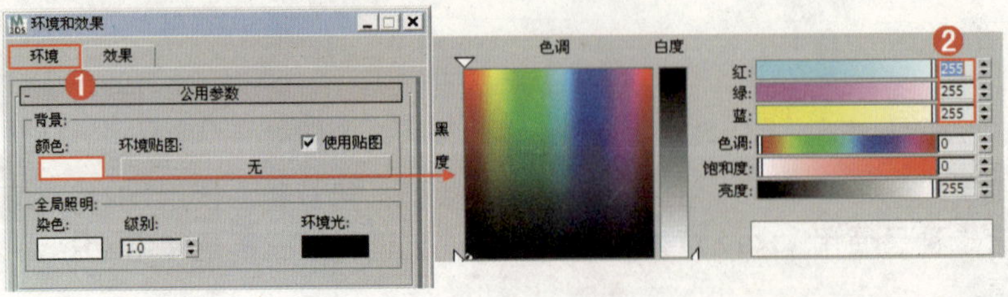

图 10-26 调节背景颜色

05 按 Shift+Q 组合键，快速渲染摄影机视图，其渲染效果如图 10-27 所示。

通过较 10-27 中的效果来看，太阳光照射到室内的效果基本满意，但是室内基本的亮度不够，下面需要创建天光来增加室内的亮度。

图 10-27　测试渲染的效果

10.4.2　制作天光光源

01 单击（创建）|（灯光）| VR灯光 按钮，在左视图中拖曳创建 1 盏 Vray 灯光，并将其拖曳到如图 10-28 所示的位置。

02 选择创建的 VRay 灯光，然后在【修改】命令面板下设置【类型】为“平面”，设置【倍增器】为 2.0，调节【颜色】为 R=243、G=253、B=255，设置【1/2 长】为 45.0mm、【1/2 宽】为 45.0mm，勾选【不可见】复选框，设置【细分】为 15，如图 10-29 所示。

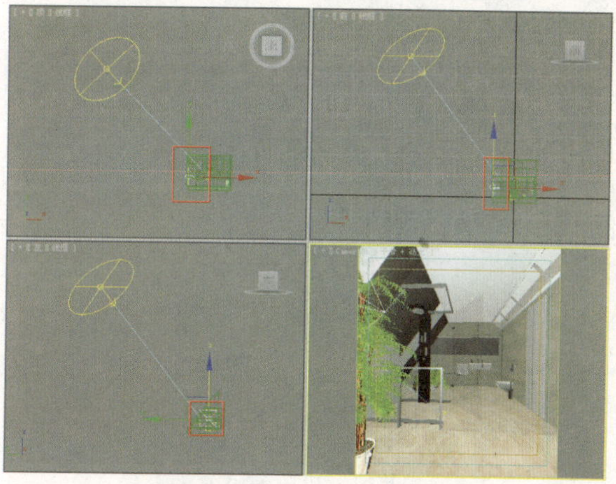

图 10-28　VRay 灯光的位置

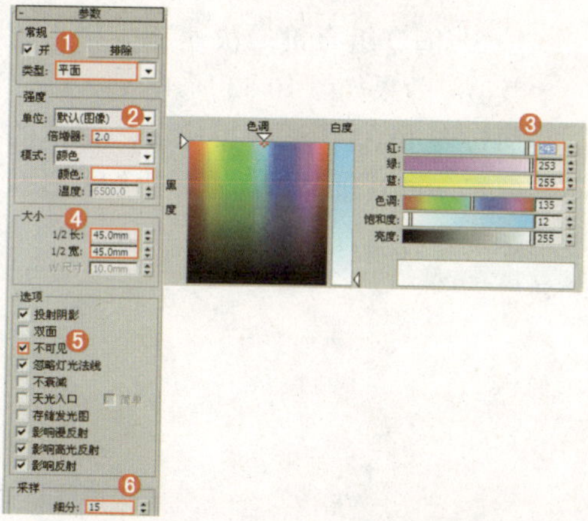

图 10-29　VRay 灯光的参数

03 按 Shift+Q 组合键，快速渲染摄影机视图，其渲染效果如图 10-30 所示。

图 10-30　测试渲染效果

10.4.3 制作室内灯带光源

01 继续使用 VRay 灯光在顶视图中拖曳创建，然后使用旋转工具将其旋转一定的角度，旋转角度可以参照左视图中的效果，如图 10-31 所示。

02 选择创建的 VRay 灯光，然后在【修改】命令面板下设置【类型】为“平面”，设置【倍增器】为 10.0，调节【颜色】为 R=243、G=253、B=255，设置【1/2 长】为 95.0mm、【1/2 宽】为 4.0mm，勾选【不可见】复选框，设置【细分】为 15，如图 10-32 所示。

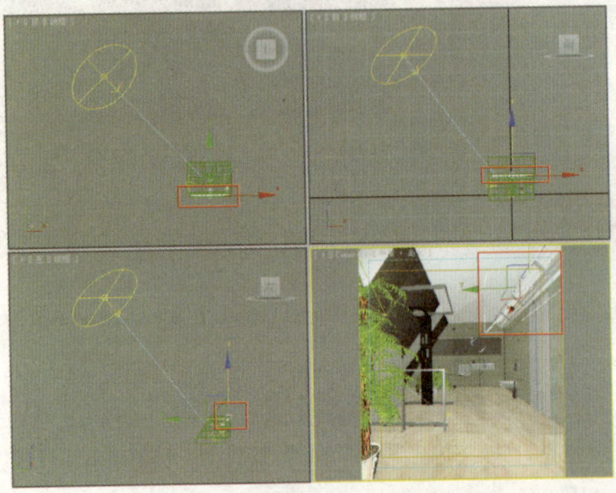

图 10-31　VRay 灯光的位置

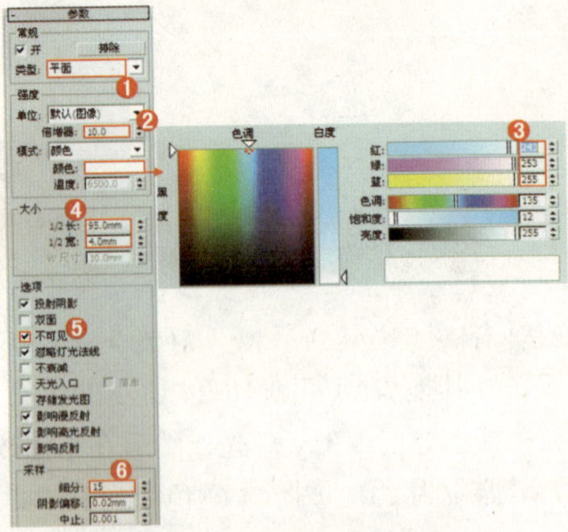

图 10-32　VRay 灯光的参数

03 按 Shift+Q 组合键，快速渲染摄影机视图，其渲染效果如图 10-33 所示。

通过图 10-33 中的效果来看，整体的亮度还不够理想，可以通过提高上面讲解的 3 种灯光强度增加场景亮度，也可以在后期处理中达到想要的效果。

图 10-33　测试渲染效果

10.5 设置成图渲染参数

01 重新设置一下渲染参数，按 F10 键，在打开的【渲染设置】对话框中，选择【V-Ray】选项卡，展开【V-Ray:: 图像采样器（反锯齿）】卷展栏，设置【类型】为“自适应确定性蒙特卡洛”，接着在【抗锯齿过滤器】选项组下勾选【开】复选框，并选择“Catmull-Rom”，展开【V-Ray:: 自适应确定性蒙特卡洛图像采样器】卷展栏，设置【最小细分】为 2、【最大细分】为 5，如图 10-34 所示。

02 展开【V-Ray:: 环境［无名］】卷展栏，在【全剧照明环境（天光）覆盖】选项组下勾选【开】复选框，设置【倍增器】为 1 并在后面的通道上加载“VRay 天空”程序贴图，展开【V-Ray:: 颜色贴图】卷展栏，设置【类型】为“指数”，勾选【子像素贴图】和【钳制输出】复选框，如图 10-35 所示。

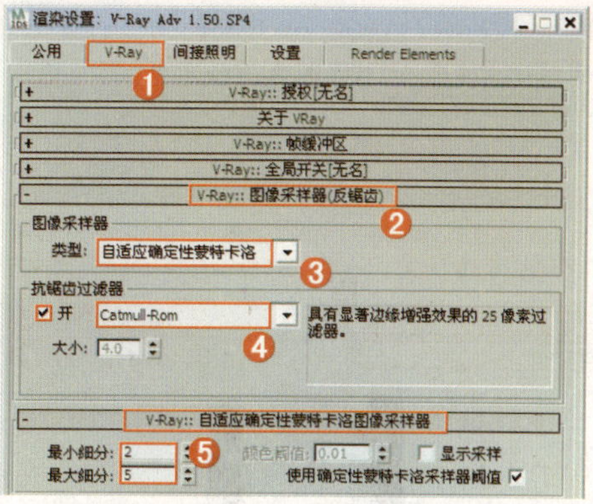

图 10-34 【V-Ray】选项卡的参数

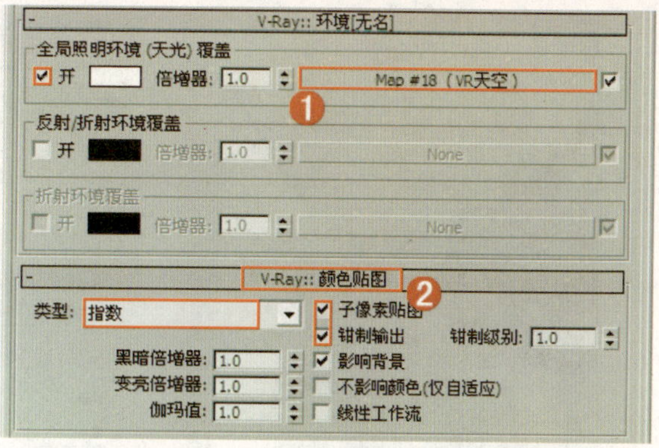

图 10-35 【环境】和【颜色贴图】参数

03 选择【间接照明】选项卡，展开【V-Ray:: 发光图】卷展栏，设置【当前预置】为“低”，设置【半球细分】为 50、【插值采样】为 30，展开【V-Ray:: 灯光缓存】卷展栏，设置【细分】为 1000，取消勾选【存储直接光】复选框，如图 10-36 所示。

04 选择【设置】选项卡，展开【V-Ray:: 确定性蒙特卡洛采样器】卷展栏，设置【最小采样值】为 10，展开【V-Ray:: 系统】卷展栏，设置【区域排序】为“上→下”，取消勾选【显示窗口】复选框，如图 10-37 所示。

05 选择【公用】选项卡，设置输出的尺寸为 1315×1500，如图 10-38 所示。

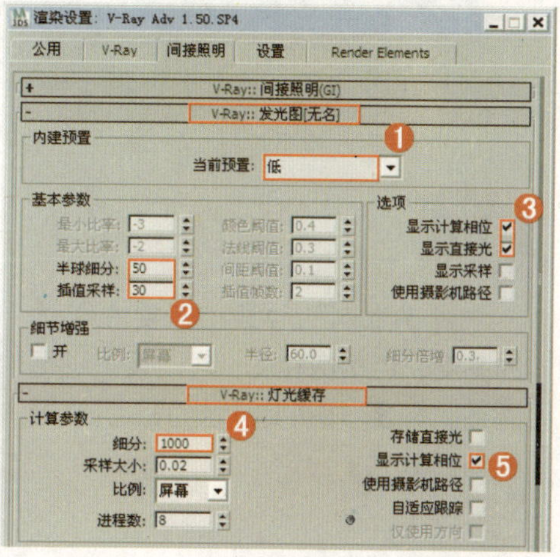

图 10-36 【间接照明】的参数

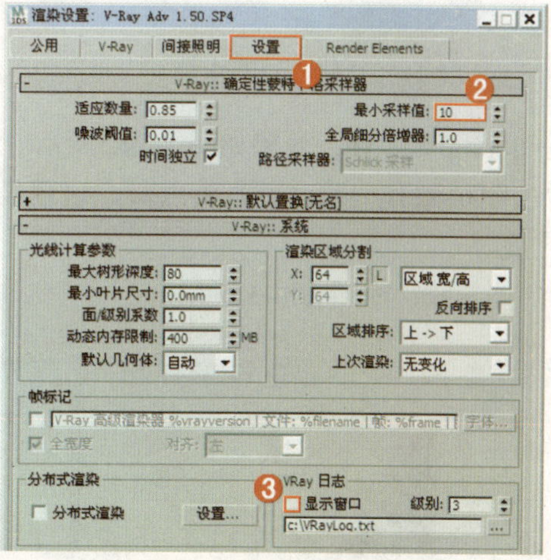

图 10-37 【系统】选项卡参数

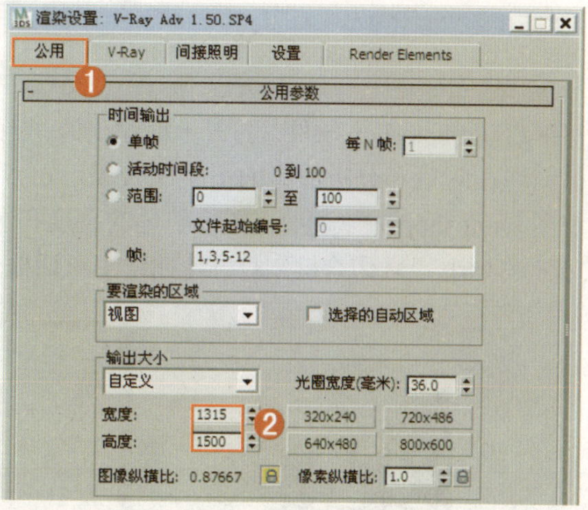

图 10-38 【公用】选项卡参数

06 等待一段时间后渲染完成，最终效果如图 10-39 所示。

07 单击（保存位图）按钮，在弹出的【保存图像】对话框中选择一个路径，在【保存类型】下拉列表框中选择【BMP 图像文件（*.bmp）】格式，【文件名】为“卫生间”，如图 10-40 所示。

图 10-39　渲染效果

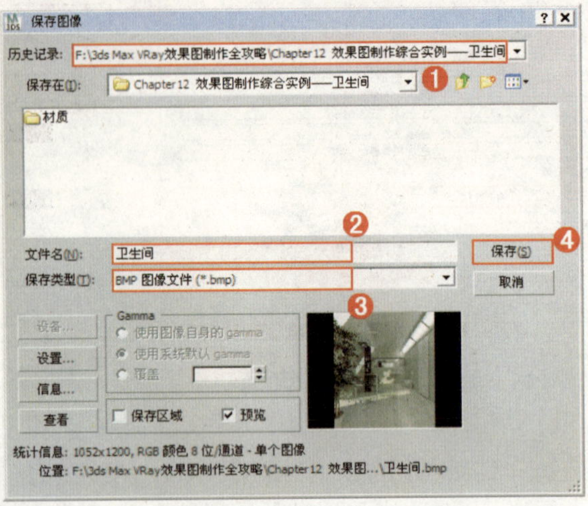

图 10-40　对渲染的文件进行保存

10.6 效果图后期处理

对于本例的效果，需要在整体的亮度、色相饱和度、对比度上进行调节，如图 10-41 所示为后期处理的前后效果。

图 10-41　处理前后的效果

01 启动 Photoshop 软件，打开上面输出的“卫生间 .bmp”文件，效果如图 10-42 所示。

现在观察和分析渲染的卫生间效果，可以看出图稍微有些暗，并且带点灰，这就需要使用 Photoshop 先来调节该图像整体的亮度和对比度。

02 按 Ctrl ＋ M 组合键，打开【曲线】对话框，调整参数，如图 10-43 所示。

图 10-42　打开软件

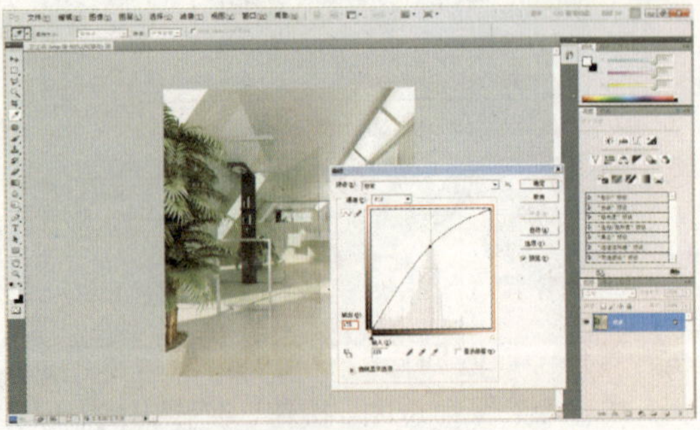

图 10-43　【曲线】调节

03 选择菜单【图像】|【调整】|【亮度 / 对比度】命令，如图 10-44 所示。

04 在弹出的【亮度 / 对比度】对话框中调节亮度和对比度，调节后的效果如图 10-45 所示。

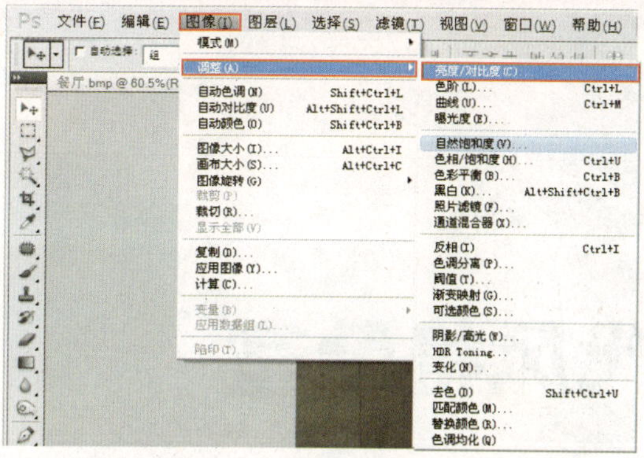

图 10-44 执行【亮度 / 对比度】命令

图 10-45 【亮度 / 对比度】调节

05 选择菜单【图像】|【调整】|【色相 / 饱和度】命令，如图 10-46 所示。在弹出的【色相 / 饱和度】对话框中，调节【饱和度】为 8，此时图像效果如图 10-47 所示。

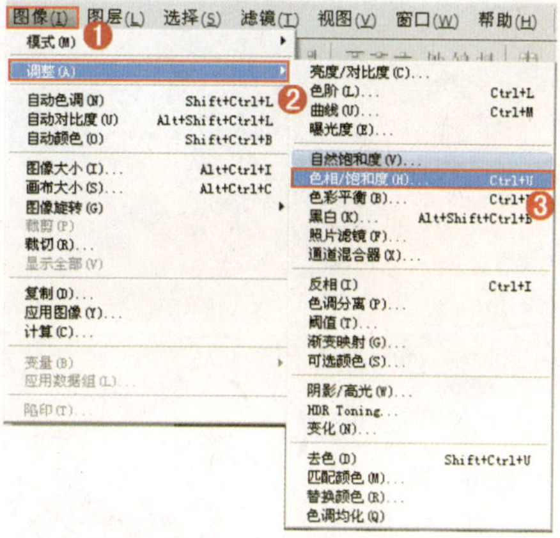

图 10-46 执行【色相 / 饱和度】命令

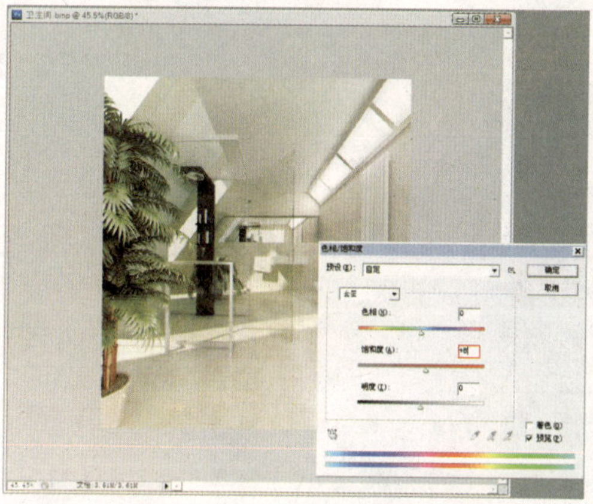

图 10-47 【色相 / 饱和度】调节

06 选择菜单【文件】|【存储为】命令，将处理后的文件另存为“卫生间 01.bmp”，最终图像效果如图 10-48 所示。

图 10-48 最终图像效果

第11章

舒适大气——现代风格卧室

场景文件	场景文件\11.max
案例文件	最终文件\第 11 章\现代风格卧室 .max
视频教学	视频\现代风格卧室 .flv
视频长度	11 分 23 秒
难易指数	★★★☆☆
灯光类型	目标平行光、VRay 灯光
材质类型	VRayMtl 材质、VR 代理材质、VR 灯光材质
程序贴图	无
技术掌握	掌握 VRayMtl 材质、VR 代理材质、VR 灯光材质、目标平行光、VRay 灯光的使用方法

11.1 实例介绍

本例是一个现代风格卧室空间，室内明亮灯光表现主要使用 VRay 太阳和 VRay 灯光来制作，使用 VRayMtl 材质制作本例的主要材质，制作完成后的渲染效果如图 11-1 所示。

图 11-1 最终渲染效果

11.2 导入场景并设置 VRay 渲染器

01 打开随书配套光盘中的“场景文件 \11.max”文件，此时场景效果如图 11-2 所示。

02 按 F10 键，打开【渲染设置】对话框，选择【公用】选项卡，在【指定渲染器】卷展栏下单击…按钮，在弹出的【选择渲染器】对话框中选择【V-Ray Adv 1.50 .SP4】，如图 11-3 所示。

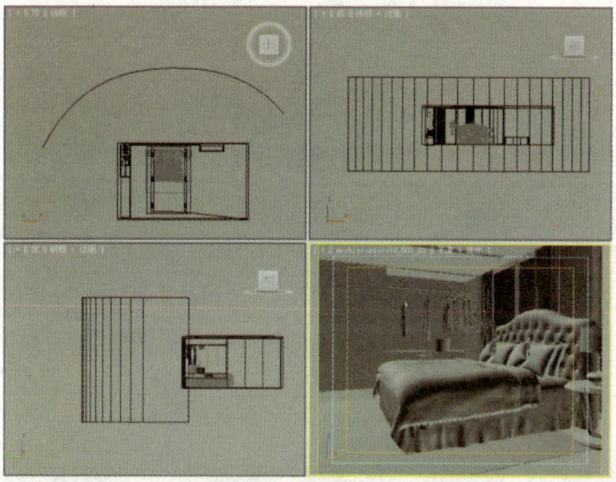

图 11-2 场景效果

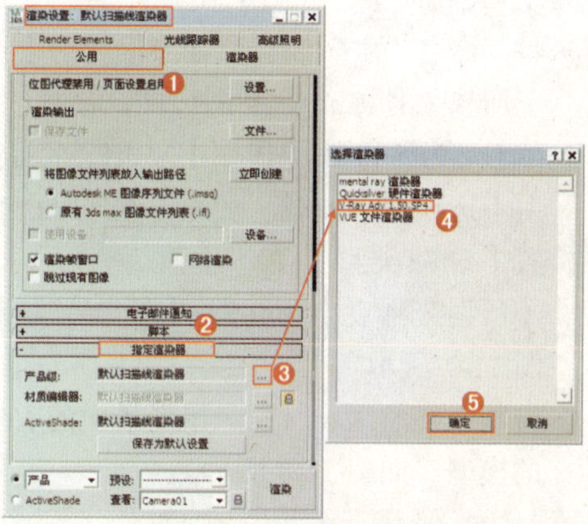

图 11-3 执行 VRay 渲染器

03 此时在【指定渲染器】卷展栏下的【产品级】后面显示了【V-Ray Adv 1.50 .SP4】，同时在【渲染设置】对话框中会出现【V-Ray】、【间接照明】、【设置】等选项卡，如图 11-4 所示。

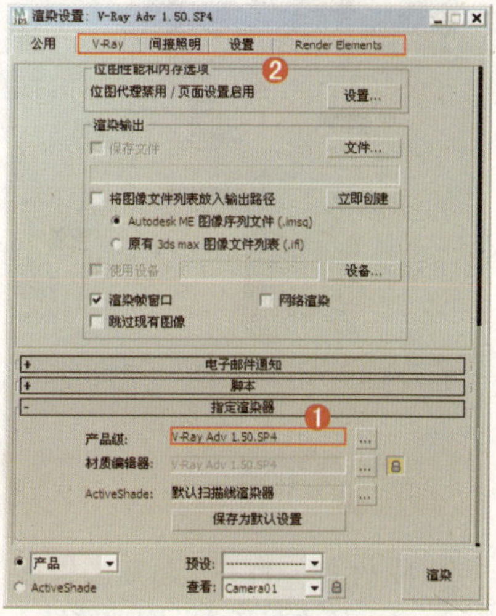

图 11-4 VRay 渲染器参数

11.3 材质的调制

下面来讲述场景中主要材质的调制，包括台灯灯罩、抱枕、床材质、窗纱、木纹、地毯、环境贴图、乳胶漆材质等，效果如图 11-5 所示。

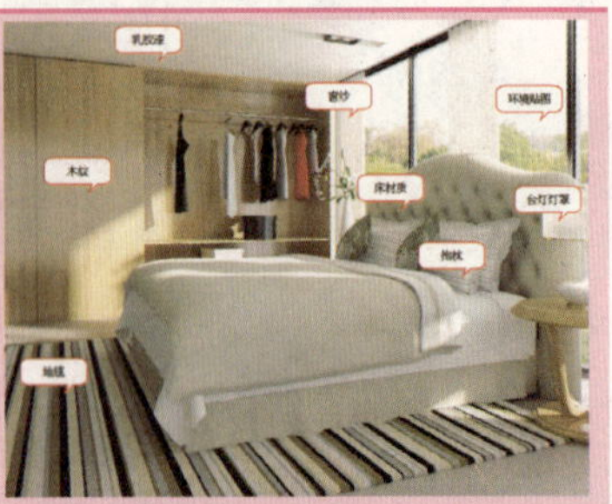

图 11-5　场景中主要材质

11.3.1　木纹材质的调制

01 按 M 键，打开【材质编辑器】对话框，选择一个空白材质球，单击 Arch & Design 按钮，在弹出的【材质 / 贴图浏览器】对话框中选择【VR 材质】，如图 11-6 所示。

02 将其命名为“木纹”，在【漫反射】选项组下加载“木纹 .jpg”贴图文件，设置【瓷砖】的 UV 为 5 和 1，【模糊】为 0.4，接着在【反射】选项组下加载“衰减”程序贴图，并设置【衰减类型】为“垂直 / 平行”，设置【反射光泽度】为 0.9、【细分】为 25，如图 11-7 所示。

03 将制作好的木纹材质赋予场景中的衣柜部分的模型，如图 11-8 所示。

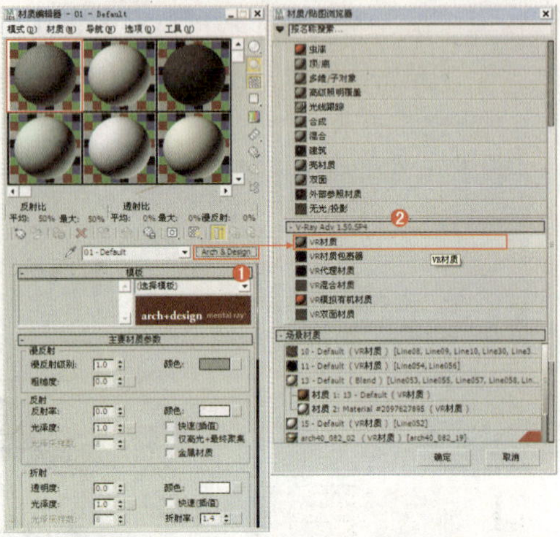

图 11-6　选择 VRay 材质

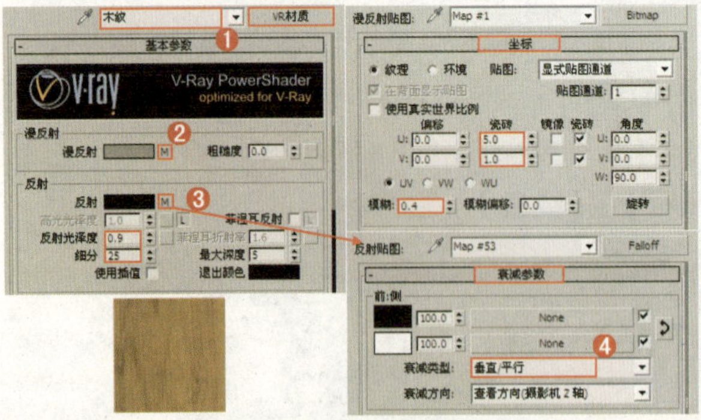

图 11-7　木纹材质的参数

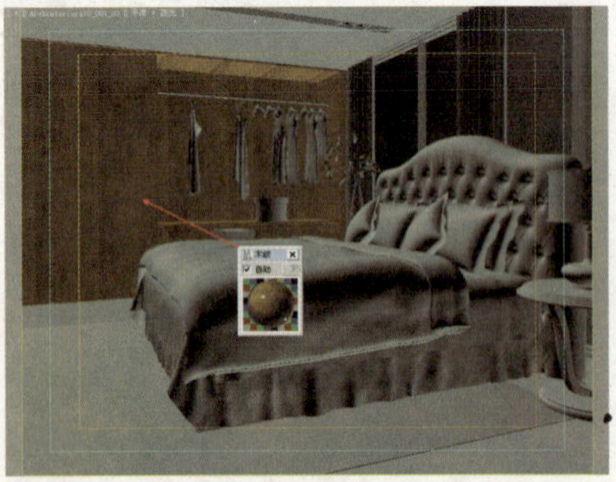

图 11-8　将材质赋予模型

11.3.2　地毯材质的调制

01 按 M 键，打开【材质编辑器】对话框，选择一个空白材质球，单击 Standard 按钮，在弹出的【材质 / 贴图浏览器】对话框中选择【VR 代理】，如图 11-9 所示。

02 将其命名为“地毯”，展开【参数】卷展栏，在【基本材质】和【全局光材质】通道中加载 VR 材质，如图 11-10 所示。

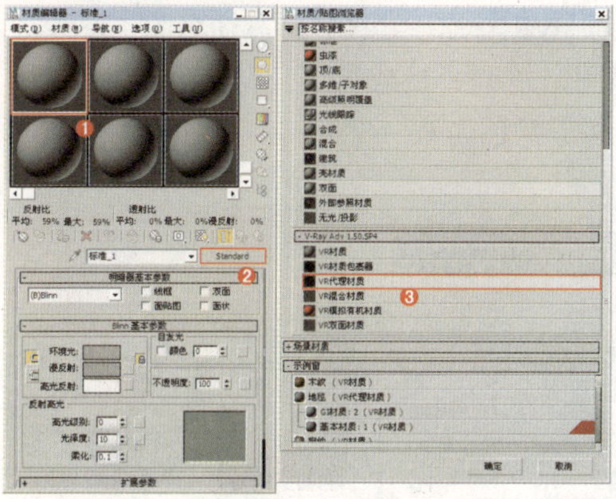

图 11-9　选择 VRay 代理材质

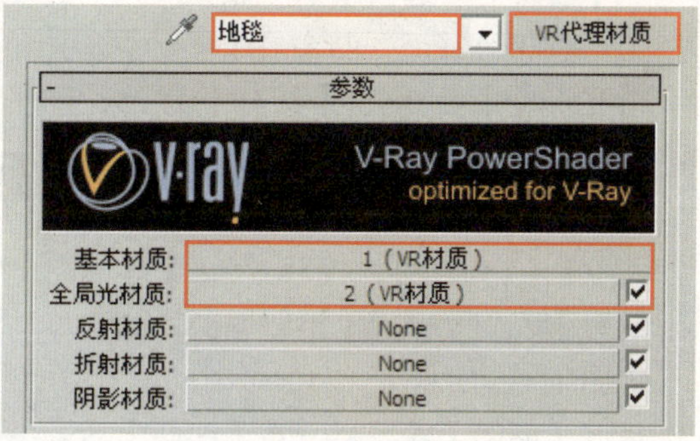

图 11-10　VRay 代理参数

03 单击进入【基本材质】通道中，在【漫反射】选项组下加载“地毯 .jpg”贴图文件，设置【瓷砖】的 UV 为 0.7，如图 11-11 所示。

04 展开【贴图】卷展栏，并在【置换】通道上加载“地毯凹凸 .jpg”贴图文件，设置【置换数量】为 5.0，如图 11-12 所示。

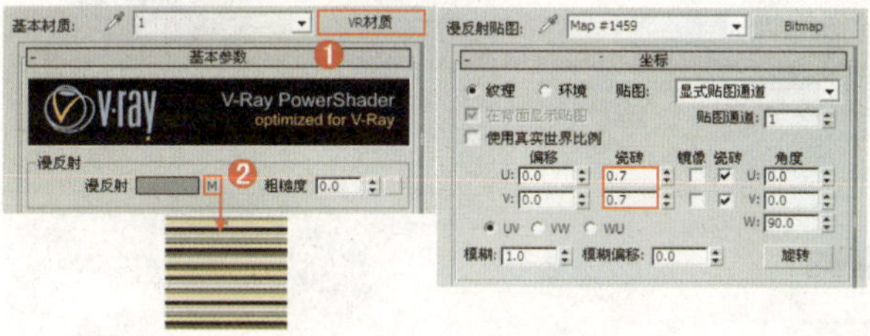

图 11-11　加载地毯贴图

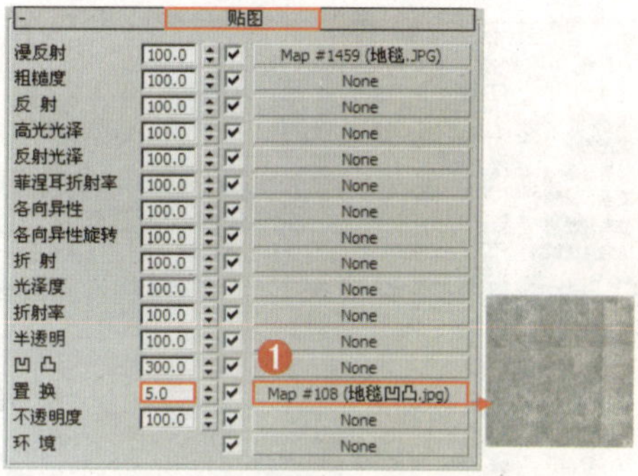

图 11-12　加载地毯凹凸贴图

05 单击进入【全局光材质】通道中，在【漫反射】选项组下调节颜色为 R=148、G=148、B=148，如图 11-13 所示。

06 将制作好的地毯材质赋予场景中的地毯模型，如图 11-14 所示。

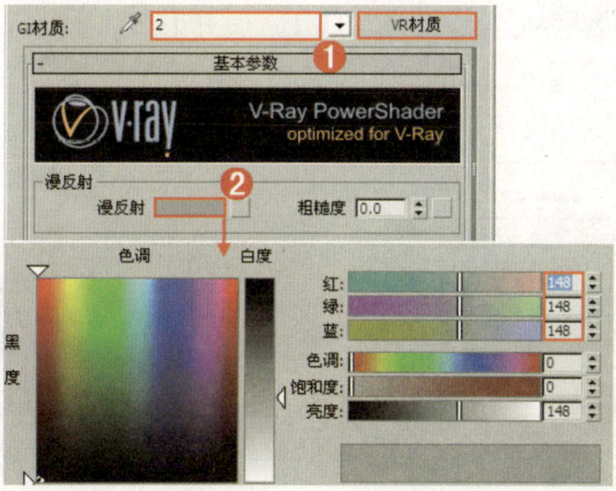

图 11-13　调节全局光材质后面的材质

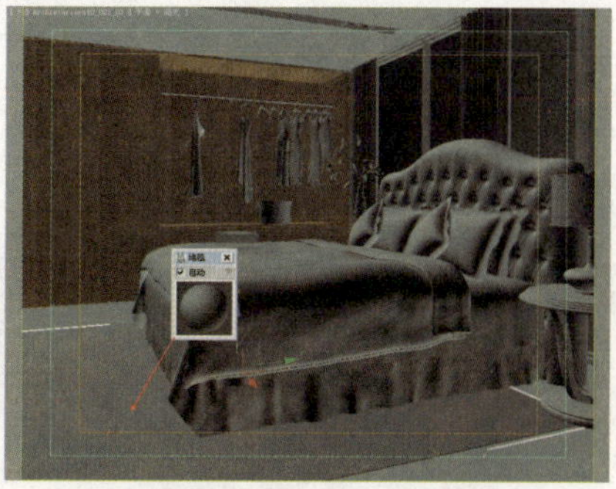

图 11-14　将材质赋予模型

11.3.3　窗纱材质的调制

01 选择一个空白材质球，然后将材质类型设置为【VR材质】，接着将其命名为“窗纱”，在【漫反射】选项组下加载“衰减”程序贴图，并调节衰减参数，设置【衰减类型】为“垂直/平行”，接着在【反射】选项组下调节颜色为R=44、G=44、B=44，设置【反射光泽度】为0.6、【细分】为25，在【折射】选项组下调节折射颜色为R=141、G=141、B=141，设置【光泽度】为0.7、【细分】为25，勾选【影响阴影】复选框，设置【折射率】为1.01，如图11-15所示。

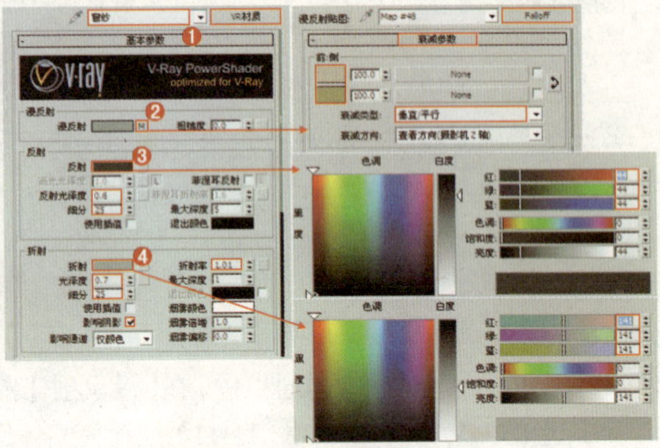

图11-15　窗纱材质的参数

02 展开【贴图】卷展栏，在【凹凸】后面的通道上加载“噪波”程序贴图，展开【噪波类型】为“湍流”，设置【大小】为0.5，最后设置【凹凸】为5.0，如图11-16所示。

03 将制作好的窗纱材质赋予场景中的窗帘模型，如图11-17所示。

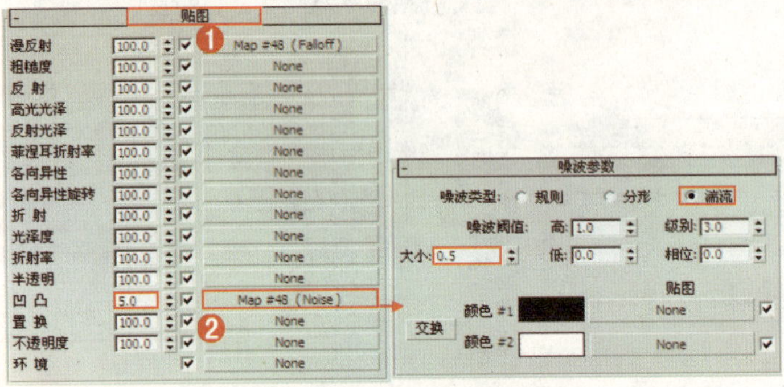

图11-16　加载噪波参数

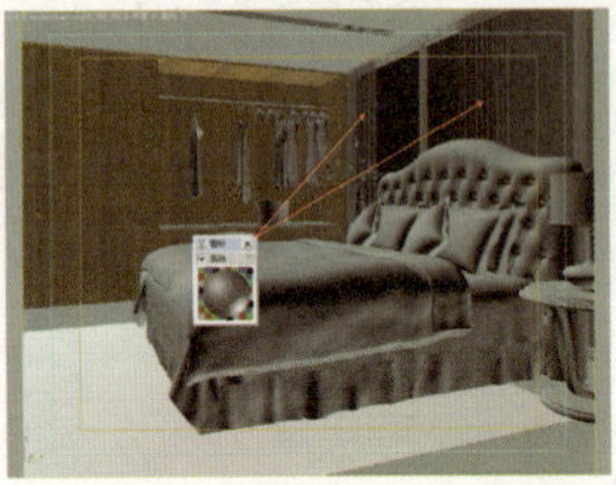

图11-17　将材质赋予模型

11.3.4　环境贴图材质的调制

01 选择一个空白材质球，然后将材质类型设置为【VR灯光材质】，展开【参数】卷展栏，设置数值为3.0，在通道上加载“环境贴图.jpg”贴图文件，如图11-18所示。

02 将制作好的环境贴图材质赋予场景中的环境模型，如图11-19所示。

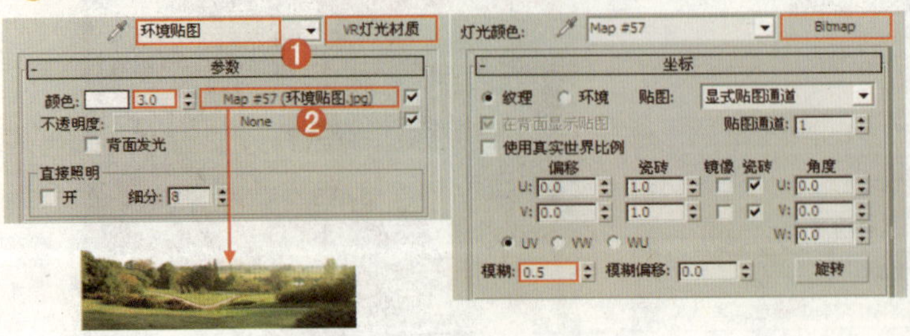

图11-18　环境贴图材质的参数

图11-19　将材质赋予模型

11.3.5 床材质的调制

01 选择一个空白材质球，然后将材质类型设置为【VR材质】，接着将其命名为“床材质”，在【漫反射】选项组下调节颜色为R=174、G=161、B=137，在【反射】选项组下调节颜色为R=50、G=50、B=50，设置【反射光泽度】为0.7、【细分】为24，勾选【菲涅耳反射】复选框，如图11-20所示。

02 将制作好的床材质赋予场景中的床头软包模型，如图11-21所示。

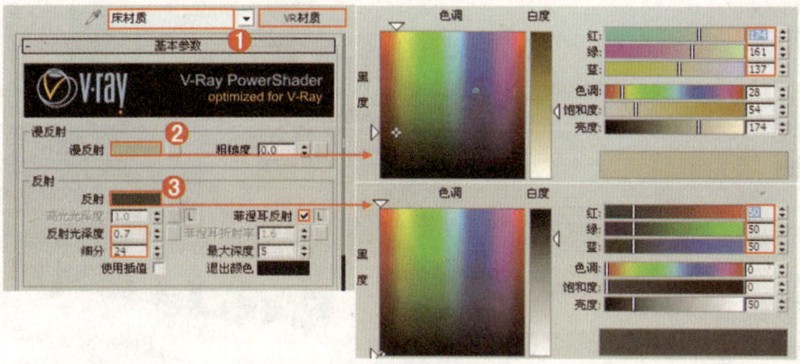

图 11-20　床材质的参数

图 11-21　将材质赋予模型

11.3.6 抱枕材质的调制

01 选择一个空白材质球，然后将材质类型设置为【VR材质】，接着将其命名为“抱枕”，在【漫反射】选项组下加载“抱枕.jpg”贴图文件，设置【瓷砖】的U为6，接着在【反射】选项组下调节颜色为R=40、G=40、B=40，设置【反射光泽度】为0.68、【细分】为24，如图11-22所示。

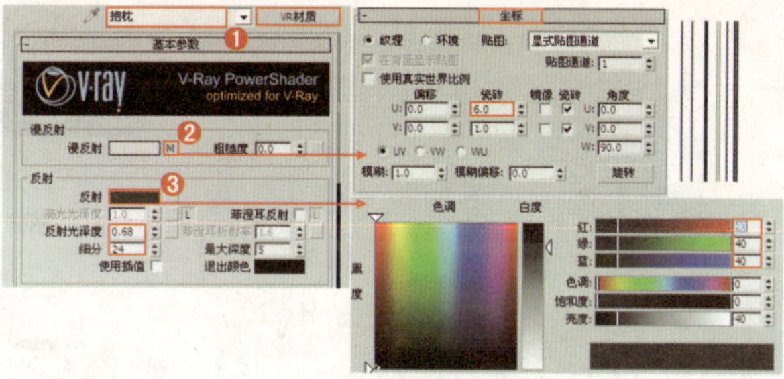

图 11-22　抱枕材质的参数

02 展开【贴图】卷展栏，在【凹凸】后面的通道上加载“抱枕凹凸贴图.jpg”贴图文件，最后设置【凹凸】为60.0，如图11-23所示。

03 将制作好的抱枕材质赋予场景中的抱枕模型，如图11-24所示。

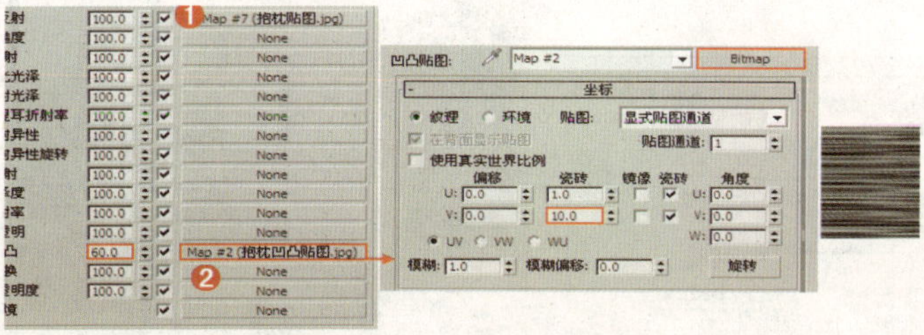

图 11-23　加载抱枕凹凸贴图

图 11-24　将材质赋予模型

11.3.7 乳胶漆材质的调制

01 选择一个空白材质球，然后将材质类型设置为【VR 材质】，接着将其命名为“乳胶漆”，在【漫反射】选项组下调节颜色为 R=255、G=249、B=233，在【反射】选项组下调节颜色为 R=50、G=50、B=50，设置【反射光泽度】为 0.44、【细分】为 25，如图 11-25 所示。

02 将制作好的乳胶漆材质赋予场景中的顶棚模型，如图 11-26 所示。

图 11-25 乳胶漆材质的参数

图 11-26 将材质赋予模型

11.3.8 台灯灯罩材质的调制

01 选择一个空白材质球，然后将材质类型设置为【VR 材质】，接着将其命名为“台灯灯罩”，在【漫反射】选项组下加载“衰减”程序贴图，并进行调节，在【折射】选项组下调节颜色为 R=22、G=22、B=22，勾选【影响阴影】复选框，设置【影响通道】为“颜色 +alpha”，如图 11-27 所示。

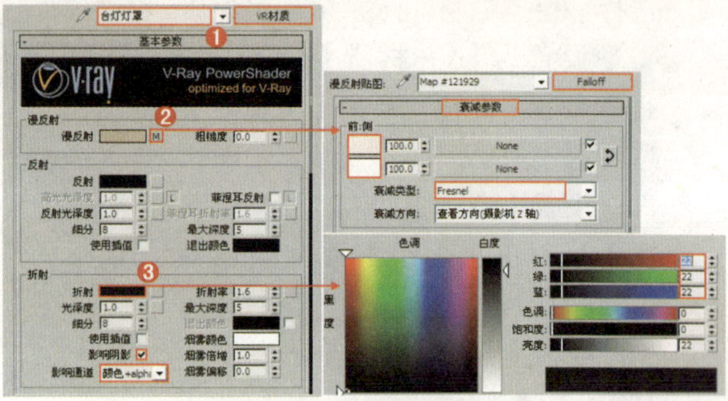

图 11-27 台灯灯罩材质的参数

02 展开【贴图】卷展栏，在【不透明度】后面的通道上加载“混合”程序贴图，并进行调节，如图 11-28 所示。

03 将制作好的台灯灯罩材质赋予场景中的台灯灯罩模型，如图 11-29 所示。

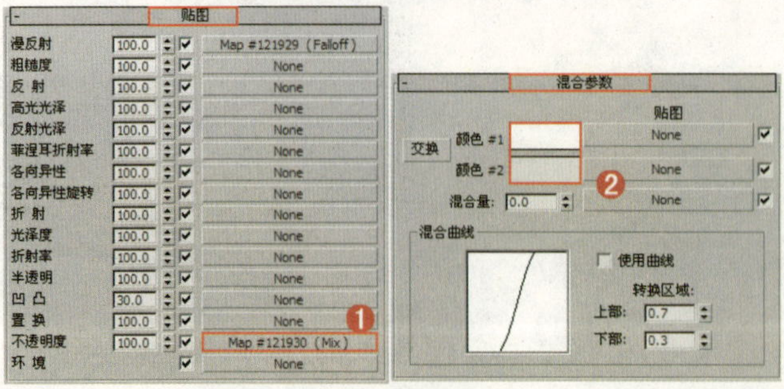

图 11-28 混合基本参数

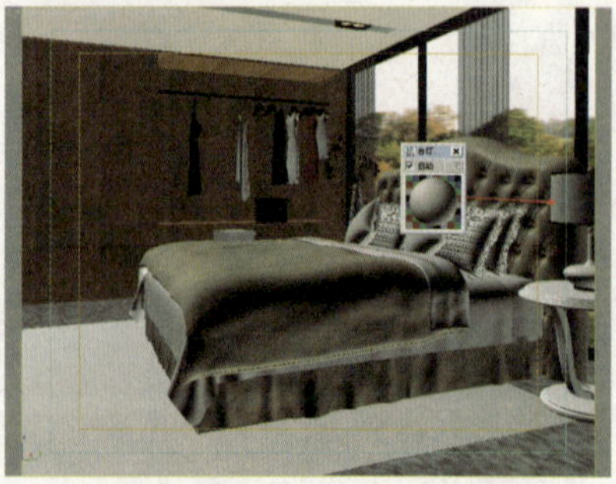

图 11-29 将材质赋予模型

11.4 设置灯光并进行草图渲染

在本例现代风格卧室场景中，灯光主要使用 3 种类型，第一种使用目标平行光模拟正午阳光光源；第二种使用 VRay 灯光模拟室外天光光源；第三种使用 VRay 灯光模拟室内辅助光源。

11.4.1 制作正午阳光光源

01 单击（创建）|（灯光）| 目标平行光 按钮，在顶视图中单击并拖曳鼠标，创建一盏目标平行光，在各个视图中调整一下它的位置，具体的位置如图 11-30 所示。

02 选择目标平行光，展开【常规参数】卷展栏，在【阴影】选项组下勾选【启用】复选框，并设置【阴影类型】为“VRay 阴影”，展开【强度 / 颜色 / 衰减】卷展栏，设置【倍增】为 7.0，调节颜色为 R=255、G=245、B=221，展开【平行光参数】卷展栏，设置【聚光区 / 光束】为 290.0mm、【衰减区 / 区域】为 292.0mm，勾选【区域阴影】复选框，设置【细分】为 12，如图 11-31 所示。

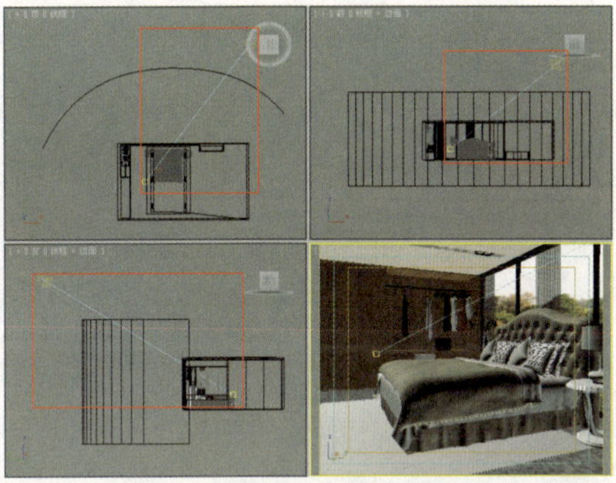

图 11-30　目标平行光的位置

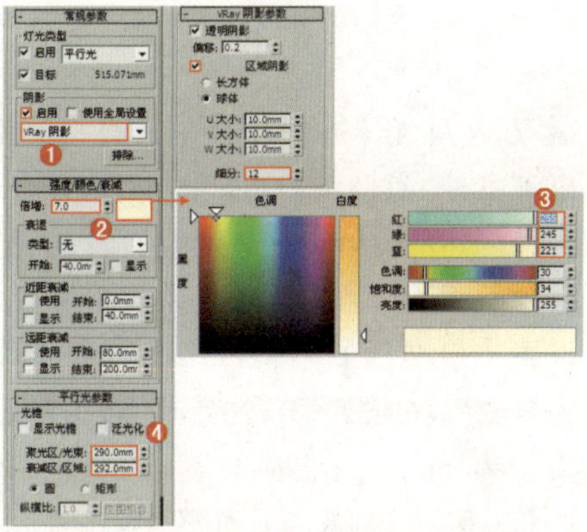

图 11-31　目标平行光的参数

03 按 F10 键，打开【渲染设置】对话框。首先设置一下【VRay】和【间接照明】选项卡下的参数，刚开始设置的是一个草图，目的是进行快速渲染，来观看整体的效果，参数设置如图 11-32 所示。

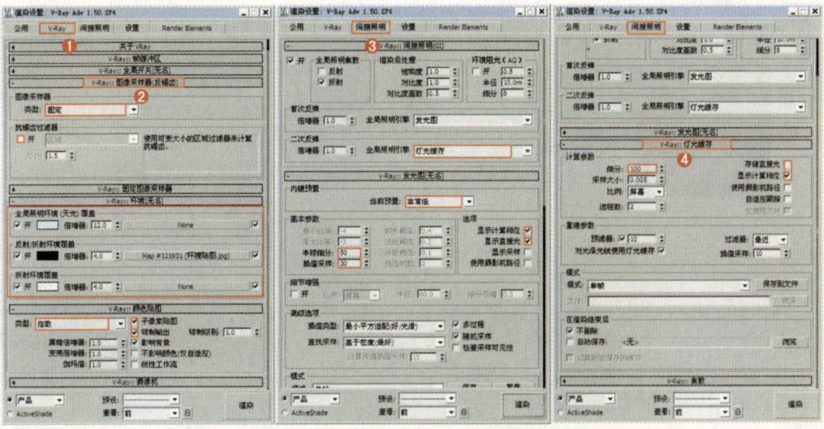

图 11-32　VRay 渲染器参数的设置

04 按数字键 8，打开【环境和效果】面板，并调节其背景颜色，如图 11-33 所示。

05 按 Shift+Q 组合键，快速渲染摄影机视图，其渲染效果如图 11-34 所示。

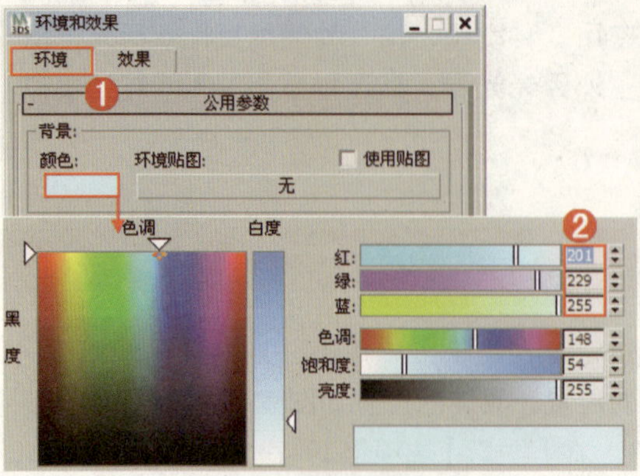

图 11-33　调节背景颜色

图 11-34　测试渲染的效果

11.4.2　制作室外天光光源

01 单击（创建）|（灯光）|VR灯光按钮，在前视图中拖曳创建一盏 Vray 灯光，并使用移动工具将其拖曳到室外，具体的位置如图 11-35 所示。

02 选择创建的 VRay 灯光，然后在【修改】命令面板下设置【类型】为“平面”，设置【倍增器】为 8.0，调节【颜色】为 R=212、G=223、B=251，设置【1/2 长】为 85.0mm、【1/2 宽】为 45.0mm，勾选【不可见】复选框，如图 11-36 所示。

03 按 Shift+Q 组合键，快速渲染摄影机视图，其渲染的效果如图 11-37 所示。

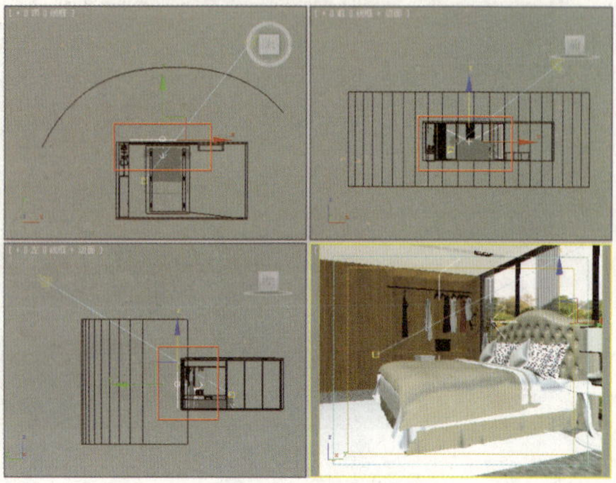

图 11-35　VRay 灯光的位置

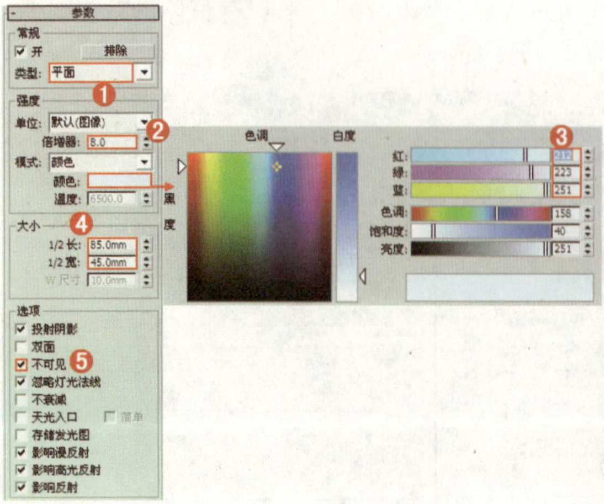

图 11-36　VRay 灯光的参数

图 11-37　测试渲染效果

11.4.3 制作室内辅助光源

01 继续使用 VRay 灯光在左视图中拖曳创建，使用移动工具将其拖曳到室内，具体的位置如图 11-38 所示。

02 选择创建的 VRay 灯光，然后在【修改】命令面板下设置【类型】为“平面”，设置【倍增器】为 3.0，调节【颜色】为 R=212、G=223、B=251，设置【1/2 长】为 85.0mm、【1/2 宽】为 45.0mm，勾选【不可见】复选框，如图 11-39 所示。

02 按 Shift+Q 组合键，快速渲染摄影机视图，其渲染效果如图 11-40 所示。

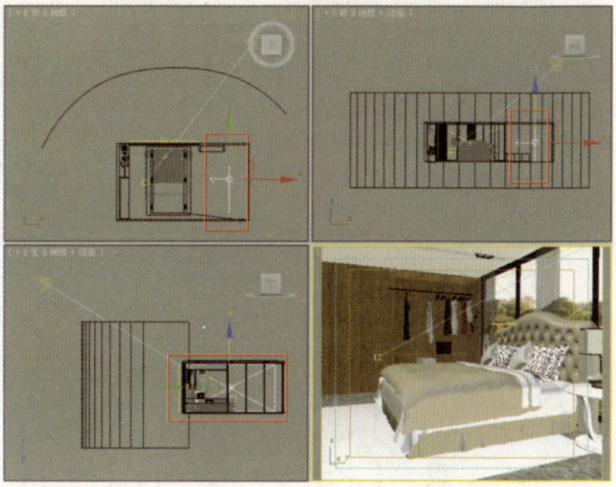

图 11-38 Vray 灯光的位置

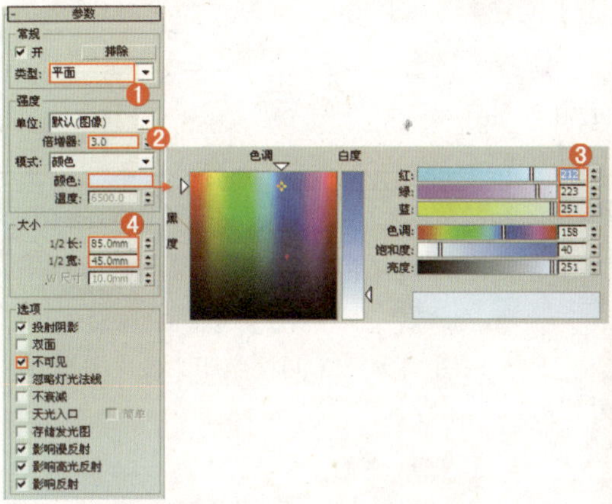

图 11-39 Vray 灯光的参数

图 11-40 测试渲染效果

从图 11-40 中的效果来看，整体还是不错的，接下来设置成图渲染参数。

11.5 设置成图渲染参数

01 重新设置一下渲染参数，按 F10 键，在打开的【渲染设置】对话框中，选择【V-Ray】选项卡，展开【V-Ray:: 图像采样器（反锯齿）】卷展栏，设置【类型】为“自适应确定性蒙特卡洛”，接着在【抗锯齿过滤器】选项组下勾选【开】复选框，并选择“Mitchell-Netravali”，展开【V-Ray:: 自适应确定性蒙特卡洛图像采样器】卷展栏，设置【最小细分】为 2、【最大细分】为 5，如图 11-41 所示。

02 展开【V-Ray:: 环境】卷展栏，在【全剧照明环境（天光）覆盖】选项组下勾选【开】复选框，并进行调节，展开【V-Ray:: 颜色贴图】卷展栏，设置【类型】为“指数”，勾选【子像素贴图】和【钳制输出】复选框，如图 11-42 所示。

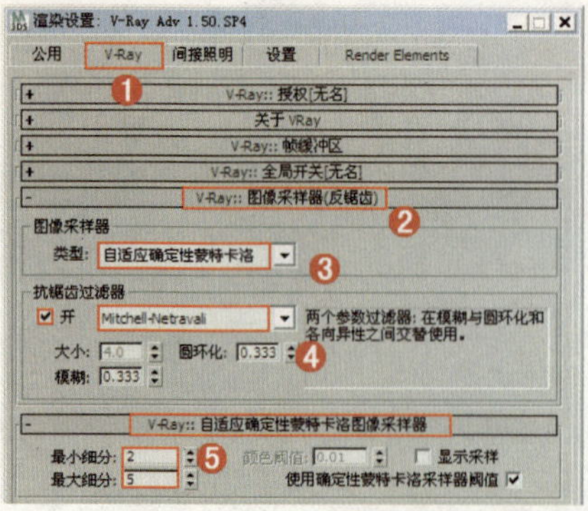

图 11-41 【V-Ray】选项卡的参数

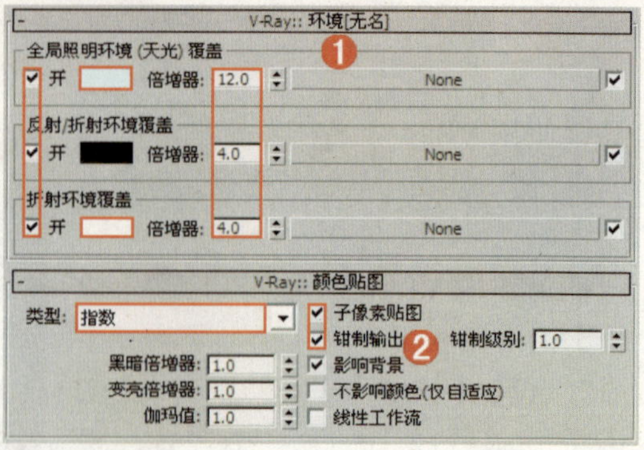

图 11-42 【环境】和【颜色贴图】参数

03 选择【间接照明】选项卡，展开【V-Ray:: 发光图[无名]】卷展栏，设置【当前预置】为“低”，设置【半球细分】为 50，【插值采样】为 30，展开【V-Ray:: 灯光缓存】卷展栏，设置【细分】为 1000，取消勾选【存储直接光】复选框，如图 11-43 所示。

04 选择【设置】选项卡，展开【V-Ray:: 确定性蒙特卡洛采样器】卷展栏，设置【噪波阈值】为 0.008，【最小采样值】为 10，展开【V-Ray:: 系统】卷展栏，设置【区域排序】为“上→下”，最后取消勾选【显示窗口】复选框，如图 11-44 所示。

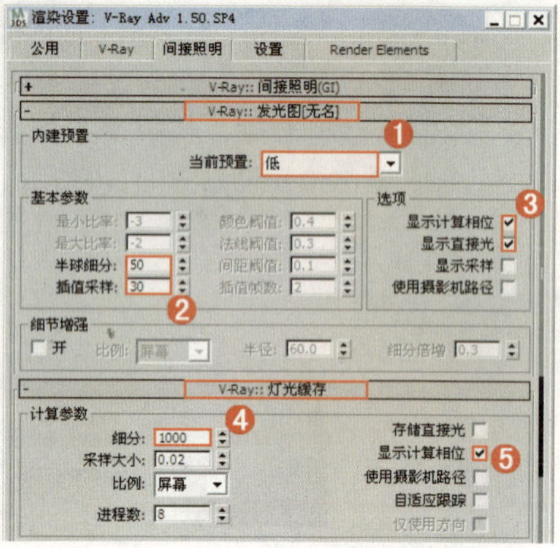

图 11-43 【间接照明】选项卡参数

05 选择【公用】选项卡，设置输出的尺寸为 1500×1230，如图 11-45 所示。

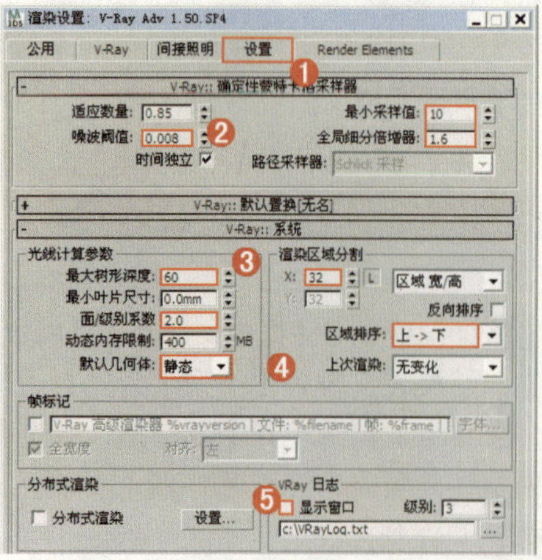

图 11-44 【系统】选项卡参数

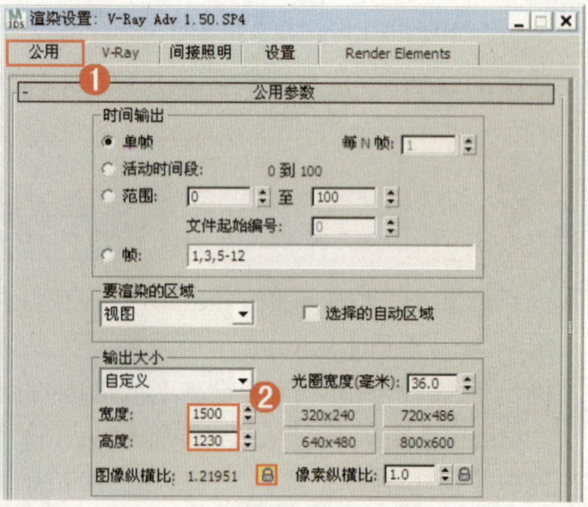

图 11-45 【公用】选项卡参数

06 等待一段时间后渲染完成，最终效果如图 11-46 所示。

07 单击 (保存位图)按钮，在弹出的【保存图像】对话框中选择一个路径，在【保存类型】下拉列表框中选择【BMP 图像文件(*.bmp)】格式，【文件名】为“现代风格卧室”，如图 11-47 所示。

图 11-46　渲染效果

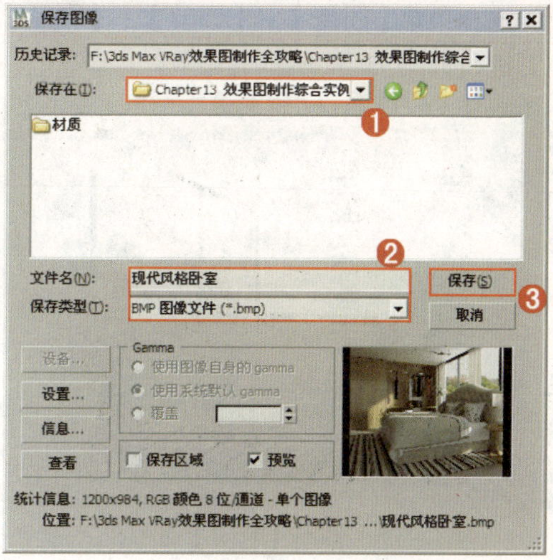

图 11-47　对渲染的文件进行保存

11.6 效果图后期处理

通过渲染的图像看，只需要将图像的整体亮度提高即可，如图 11-48 所示为后期处理前后效果。

图 11-48　处理前后的效果

01 启动 Photoshop 软件，打开上面输出的“现代风格卧室.bmp”文件，效果如图 11-49 所示。

02 按 Ctrl+M 组合键，打开【曲线】对话框，调整参数，如图 11-50 所示。

图 11-49　打开图像

图 11-50　【曲线】调节

03 选择菜单【图像】|【调节】|【色阶】命令，如图 11-51 命令。打开【色阶】对话框，进行如图 11-52 所示的调节。

图 11-51　执行【色阶】命令

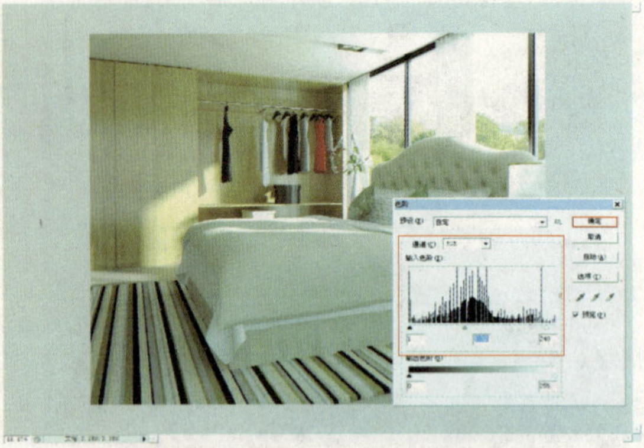

图 11-52　【色阶】调节

04 选择菜单【滤镜】|【锐化】|【智能锐化】命令，如图 11-53 所示。在弹出的【智能锐化】对话框中，设置【数量】为 30%、【半径】为 0.5 像素，如图 11-54 所示。

图 11-53　执行【智能锐化】命令

图 11-54　【智能锐化】调节

05 选择菜单【文件】|【存储为】命令，将处理后的文件另存为“现代风格卧室 01.bmp”，最终图像效果如图 11-55 所示。

图 11-55　最终图像效果

第12章

玲珑精致——紧凑型书房

场景文件	场景文件\12.max
案例文件	最终文件\第12章\书房.max
视频教学	视频\紧凑型书房.flv
视频长度	10分11秒
难易指数	★★★☆☆
灯光类型	VRay太阳、VRay灯光、目标聚光灯
材质类型	VRayMtl材质、混合材质、标准材质
程序贴图	衰减程序贴图、平铺程序贴图
技术掌握	掌握VR材质、混合材质、标准材质、VRay太阳、目标聚光灯、VRay灯光的使用方法

12.1 实例介绍

本例是一个书房空间，室内明亮灯光表现主要使用 VRay 太阳、VRay 灯光、目标聚光灯来制作，使用 VRayMtl 材质制作地砖、灯罩、墙面等，使用混合材质制作沙发布纹的材质是本例的难点，制作完成后的渲染效果如图 12-1 所示。

图 12-1　最终渲染效果

12.2 导入场景并设置 VRay 渲染器

01 打开随书配套光盘中的“场景文件 \12.max”文件，此时场景效果如图 12-2 所示。

02 按 F10 键，打开【渲染设置】对话框，选择【公用】选项卡，在【指定渲染器】卷展栏下单击 ... 按钮，在弹出的【选择渲染器】对话框中选择【V-Ray Adv 1.50 .SP4】，如图 12-3 所示。

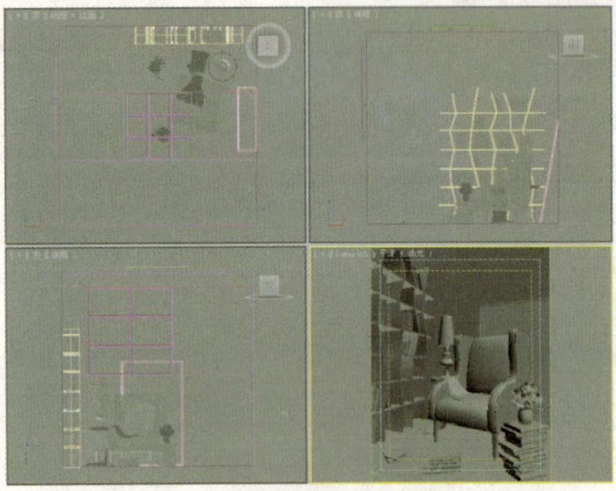

图 12-2　场景效果

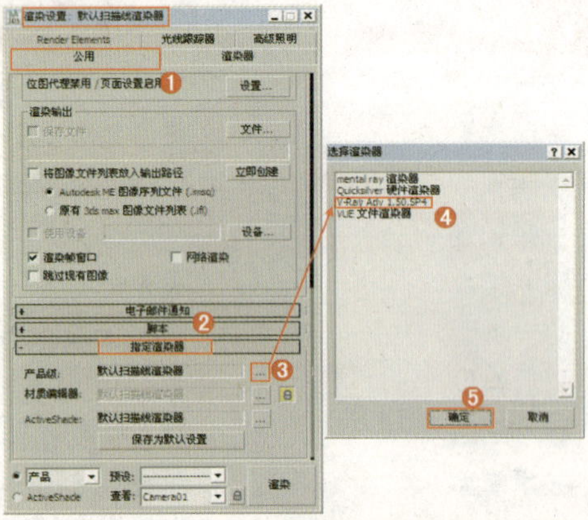

图 12-3　执行 VRay 渲染器

03 此时在【指定渲染器】卷展栏下的【产品级】后面显示了【V-Ray Adv 1.50 .SP4】，同时在【渲染设置】对话框中会出现【V-Ray】、【间接照明】、【设置】等选项卡，如图 12-4 所示。

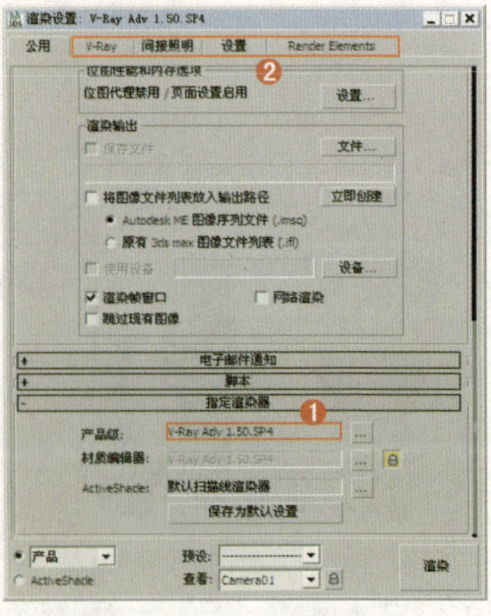

图 12-4　VRay 渲染器参数

12.3 材质的调制

下面来讲述场景中主要材质的调制，包括墙面、灯罩、画、沙发布纹、毛毯、地砖、书皮材质等，效果如图 12-5 所示。

图 12-5 场景中主要材质

12.3.1 地砖材质的调制

01 按 M 键，打开【材质编辑器】对话框，选择一个空白材质球，单击 Arch & Design 按钮，在弹出的【材质 / 贴图浏览器】对话框中选择【VR 材质】，如图 12-6 所示。

02 将其命名为“地砖”，在【漫反射】选项组下的通道上加载“平铺”程序贴图，设置【预设类型】为“堆栈砌合”，在【纹理】后面的通道上加载“地砖 .jpg”贴图文件，设置【水平数】和【垂直数】为 4.6，【淡出变化】为 0.05，在【砖缝设置】选项组下设置【水平间距】和【垂直间距】为 0.05，在【反射】选项组下调节颜色为 R=71、G=71、B=71，设置【高光光泽度】为 0.92、【反射光泽度】为 0.91，如图 12-7 所示。

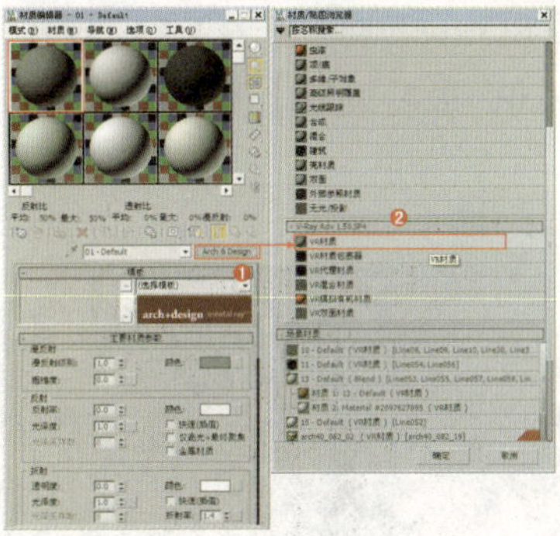

图 12-6 选择 VRay 材质

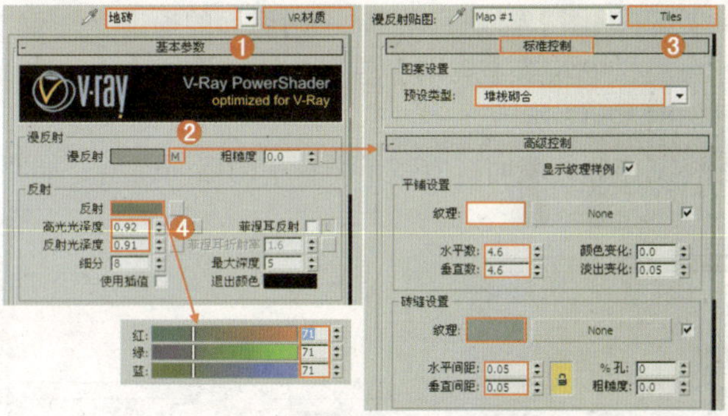

图 12-7 加载平铺程序贴图

03 展开【贴图】卷展栏，在【凹凸】后面的通道上加载“平铺”程序贴图，并进行调节，最后设置【凹凸】为 10.0，如图 12-8 所示。

04 将制作好的地砖材质赋予场景中的地面部分模型，如图 12-9 所示。

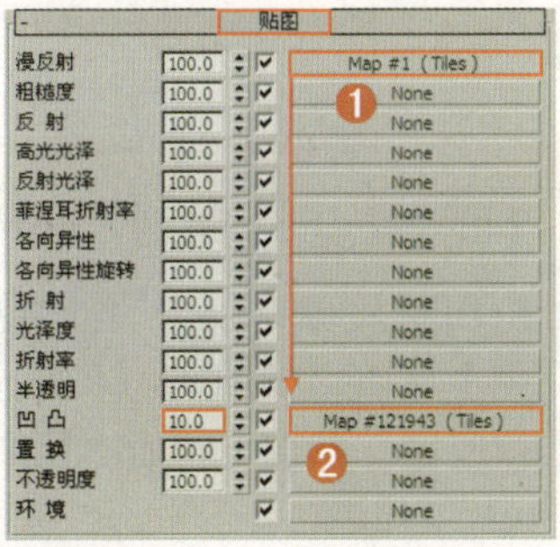

图 12-8 凹凸贴图

图 12-9 将材质赋予模型

12.3.2 墙面材质的调制

01 按 M 键，打开【材质编辑器】对话框，选择一个空白材质球，单击 Arch & Design 按钮，在弹出的【材质 / 贴图浏览器】对话框中选择【VR 材质】，如图 12-10 所示。

02 将其命名为“墙面”，在【漫反射】选项组下调节颜色为 R=56、G=53、B=53，在【反射】选项组下调节颜色为 R=31、G=31、B=31，设置【反射光泽度】为 0.5，如图 12-11 所示。

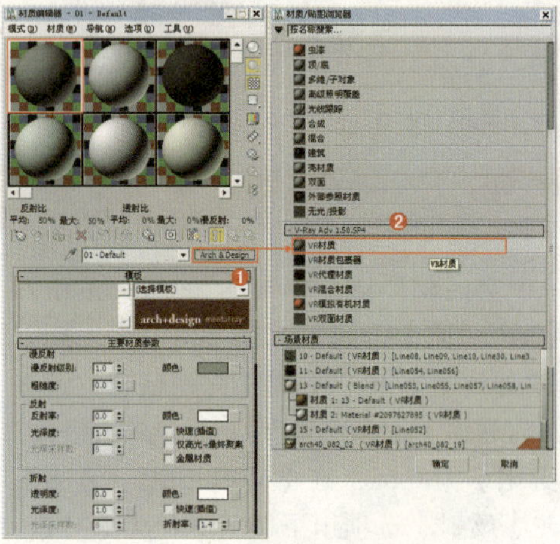

图 12-10 选择 VRay 材质

图 12-11 墙面材质的参数

03 展开【贴图】卷展栏，在【凹凸】后面的通道上加载“噪波”程序贴图，接着在【噪波参数】卷展栏中勾选【规则】单选按钮，设置【大小】为 60.0，最后设置【凹凸】为 40.0，如图 12-12 所示。

04 将制作好的墙面材质赋予场景中的墙面模型，如图 12-13 所示。

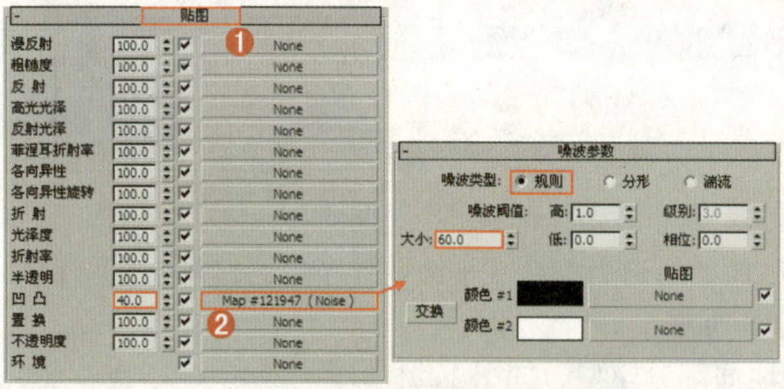

图 12-12 加载噪波程序贴图

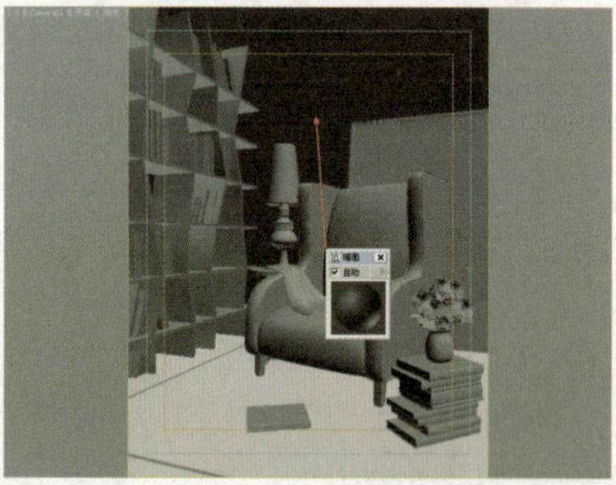

图 12-13 将材质赋予模型

12.3.3 沙发布纹材质的调制

01 按 M 键，打开【材质编辑器】对话框，选择一个空白材质球，单击 Arch & Design 按钮，在弹出的【材质 / 贴图浏览器】对话框中选择【混合】材质，如图 12-14 所示。

02 将其命名为“沙发布纹”，展开【混合基本参数】卷展栏，并在【材质 1】和【材质 2】通道上使用 VR 材质，如图 12-15 所示。

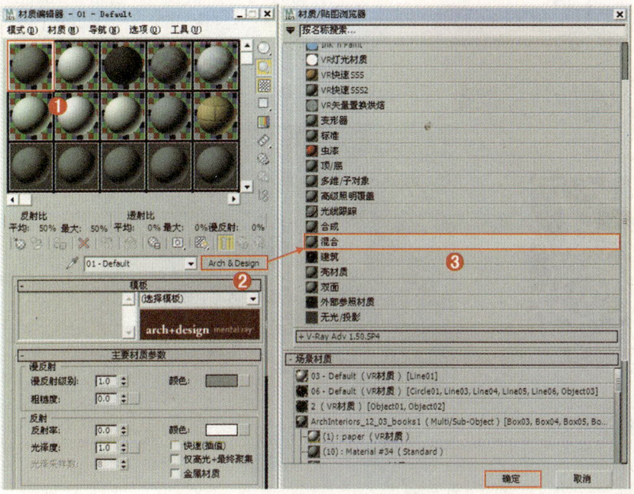

图 12-14 选择【混合】材质

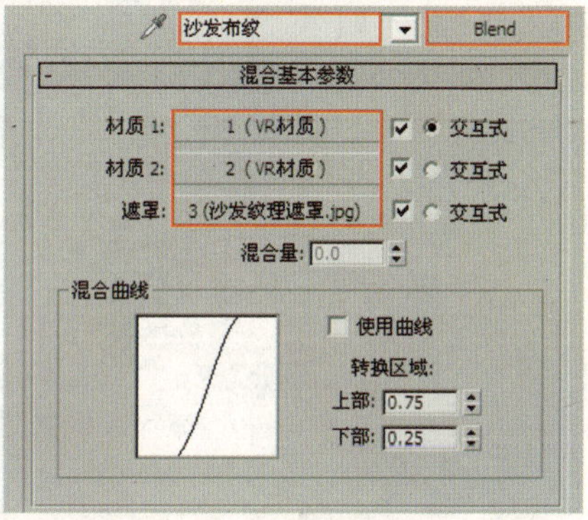

图 12-15 混合参数

03 进入【材质 1】后面的通道中，在【漫反射】选项组下加载“衰减”程序贴图，接着展开【衰减】卷展栏，并在通道上加载贴图文件，设置【衰减类型】为 Fresnel，在【反射】选项组下加载“衰减”程序贴图，调节颜色，设置【衰减类型】为 Fresnel，设置【高光光泽度】为 0.7、【反射光泽度】为 0.7，如图 12-16 所示。

04 展开【贴图】卷展栏，在【凹凸】后面的通道上加载“沙发凹凸.jpg”贴图文件，设置【瓷砖】的 UV 为 2.5，设置【模糊】为 0.6，最后设置【凹凸】为 15.0，如图 12-17 所示。

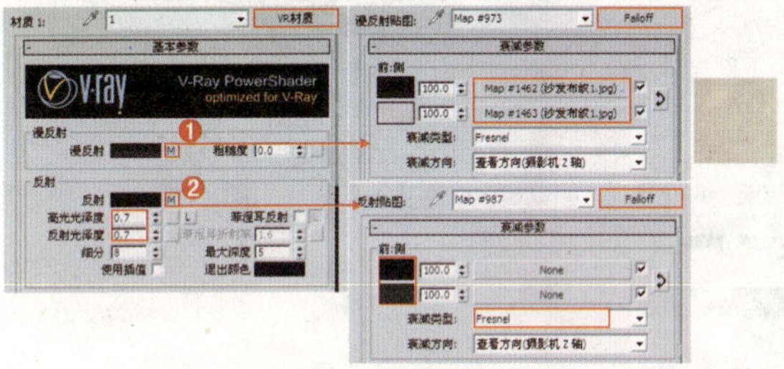

图 12-16 【材质 1】材质参数

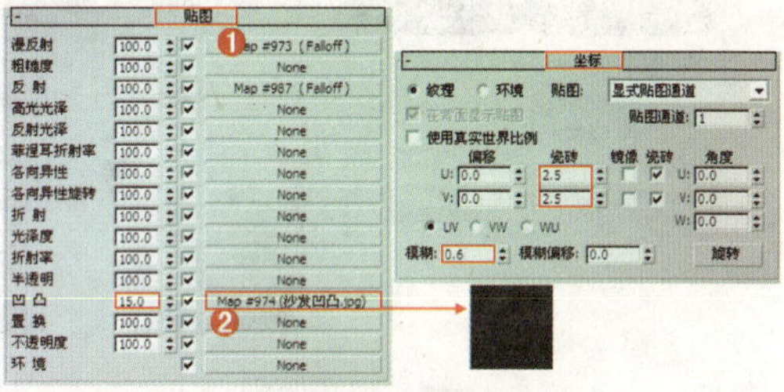

图 12-17 加载凹凸贴图

05 进入【材质 2】后面的通道中，在【漫反射】选项组下加载“衰减”程序贴图，展开【衰减】卷展栏，进行调节，设置【衰减类型】为 Fresnel，在【反射】选项组下加载“衰减”程序贴图，调节颜色，设置【衰减类型】为 Fresnel，设置【高光光泽度】为 0.7、【反射光泽度】为 0.7，如图 12-18 所示。

06 展开【贴图】卷展栏，在【凹凸】后面的通道上加载“沙发凹凸.jpg”贴图文件，设置【瓷砖】的 UV 为 2.5，设置【模糊】为 0.6，最后设置【凹凸】为 15.0，如图 12-19 所示。

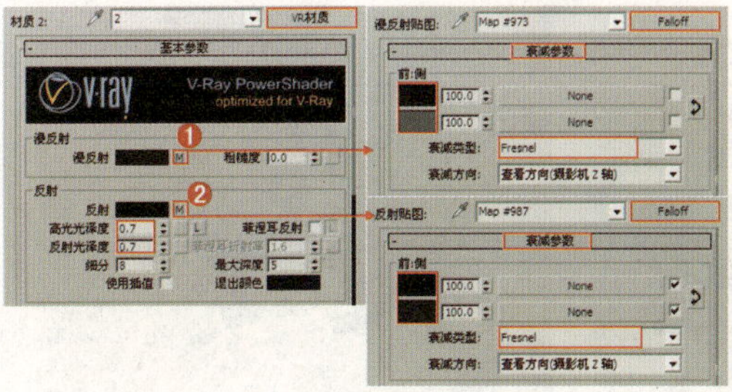

图 12-18 【材质 2】材质

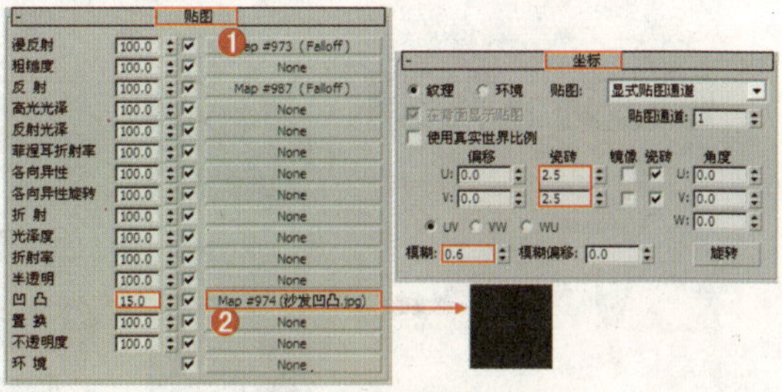

图 12-19 加载凹凸贴图

07 在【混合基本参数】卷展栏下【遮罩】后面的通道上加载“沙发纹理遮罩.jpg”贴图文件，如图 12-20 所示。

08 将制作好的沙发布纹材质赋予场景中的沙发模型，如图 12-21 所示。

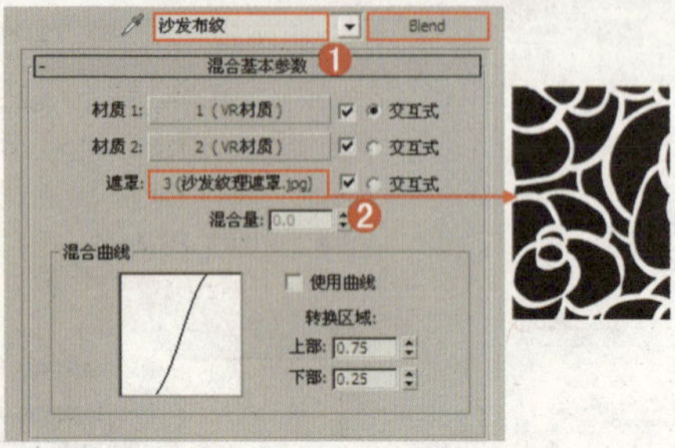

图 12-20　添加沙发遮罩贴图

图 12-21　将材质赋予模型

12.3.4　画材质的调制

01 选择一个空白材质球，然后将材质类型设置为【VR 材质】，接着将其命名为“画”，在【漫反射】选项组下加载“画.jpg”贴图文件，设置【模糊】为 0.1，在【反射】选项组下调节反射颜色为 R=9、G=9、B=9，设置【反射光泽度】为 0.98，如图 12-22 所示。

02 将制作好的画材质赋予场景中的画模型，如图 12-23 所示。

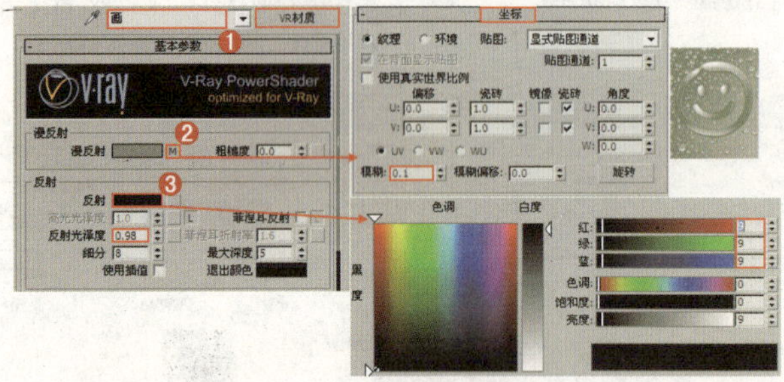

图 12-22　画材质的参数

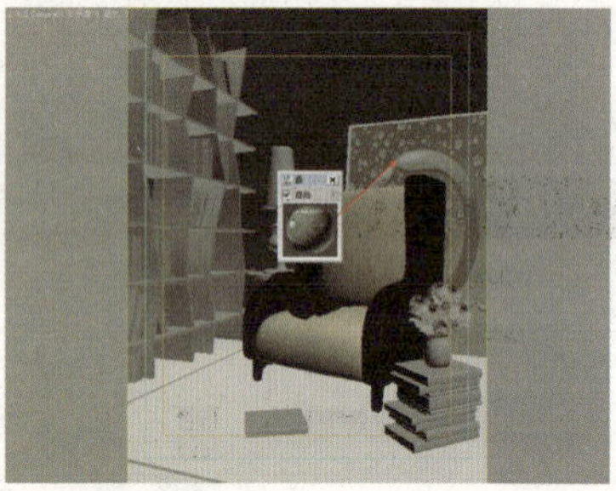

图 12-23　将材质赋予模型

12.3.5　灯罩材质的调制

01 选择一个空白材质球，然后将材质类型设置为【VR 材质】，接着将其命名为“灯罩”，在【漫反射】选项组下调节颜色为 R=255、G=255、B=255，设置【反射】选项组下调节颜色为 R=36、G=36、B=36，设置【反射光泽度】为 0.95，如图 12-24 所示。

02 将制作好的灯罩材质赋予场景中的灯罩模型，如图 12-25 所示。

图 12-24　灯罩材质的参数

图 12-25　将材质赋予模型

12.3.6 书皮材质的调制

01 选择一个空白材质球，然后将材质类型设置为【标准】材质，在【漫反射】后面的通道上加载“书皮 .jpg”贴图文件，如图 12-26 所示。

02 将制作好的书皮材质赋予场景中的书皮模型，如图 12-27 所示。

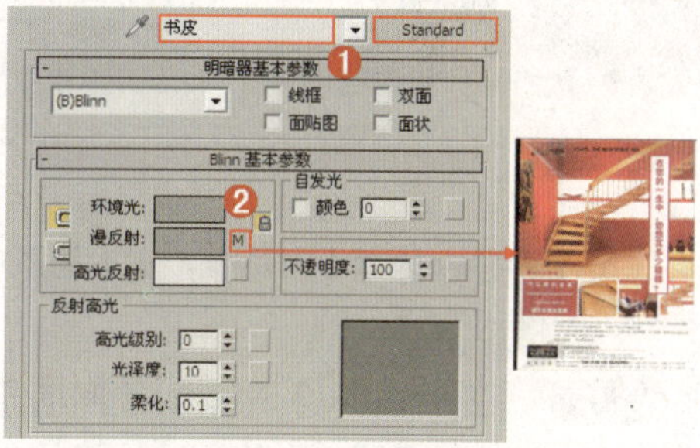

图 12-26 书皮材质的参数

图 12-27 将材质赋予模型

12.3.7 毛毯材质的调制

01 选择一个空白材质球，然后将材质类型设置为【VR材质】，接着将其命名为“毛毯”，在【漫反射】选项组下加载“衰减”程序贴图，并调节其颜色，展开【贴图】卷展栏，并在【置换】后面的通道上加载“毛毯 .jpg”贴图文件，最后设置【置换】为 8.0，如图 12-28 所示。

02 将制作好的毛毯材质赋予场景中的毛毯模型，如图 12-29 所示。

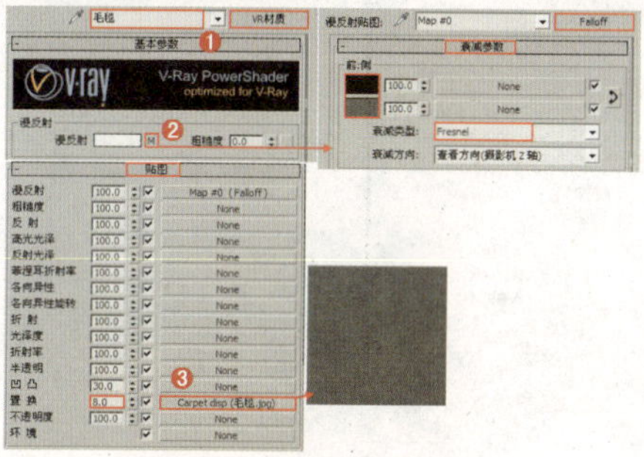

图 12-28 毛毯材质的参数

图 12-29 将材质赋予模型

12.4 设置灯光并进行草图渲染

在本例简约风格书房空间中，灯光主要分为 4 种类型，第一种使用 VRay 太阳模拟阳光光源；第二种使用 VRay 灯光模拟天光光源；第三种使用目标聚光灯模拟室内辅助光源；第四种使用 VRay 灯光下的球体类型模拟台灯光源。

12.4.1 制作阳光光源

01 单击（创建）|（灯光）| VR太阳 按钮，在顶视图中单击并拖曳鼠标，创建一盏 VRay 太阳灯光，在各个视图中调整一下它的位置，具体的位置如图 12-30 所示。

02 选择 VRay 太阳灯光，并将灯光的【浊度】设置为 2.0，【强度倍增】设置为 0.025，【大小倍增】设置为 6.0，目的是让阴影的边缘比较虚，设置【阴影细分】为 20，如图 12-31 所示。

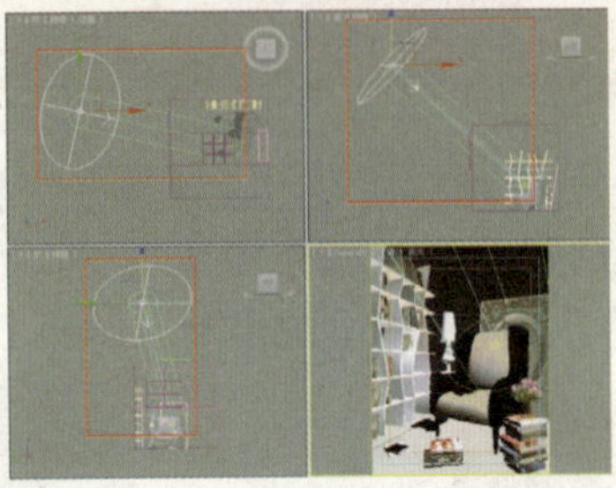

图 12-30　VRay 太阳灯光的位置

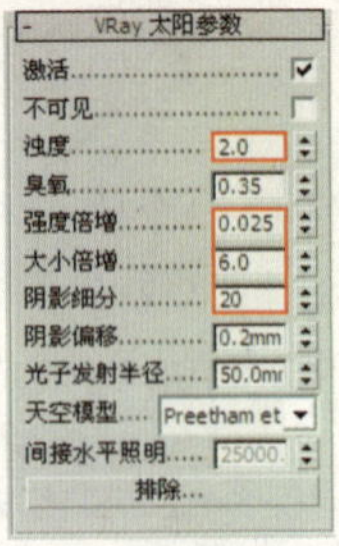

图 12-31　VRay 太阳的参数

>>> 技巧与提示

在为场景设置 VRay 太阳灯光的时候，系统会弹出【V-Ray 太阳】对话框，在本场景中直接单击【是】按钮即可。

03 按 F10 键，打开【渲染设置】对话框。首先设置一下【VRay】和【间接照明】选项卡下的参数，刚开始设置的是一个草图，目的是进行快速渲染，来观看整体的效果，参数设置如图 12-32 所示。

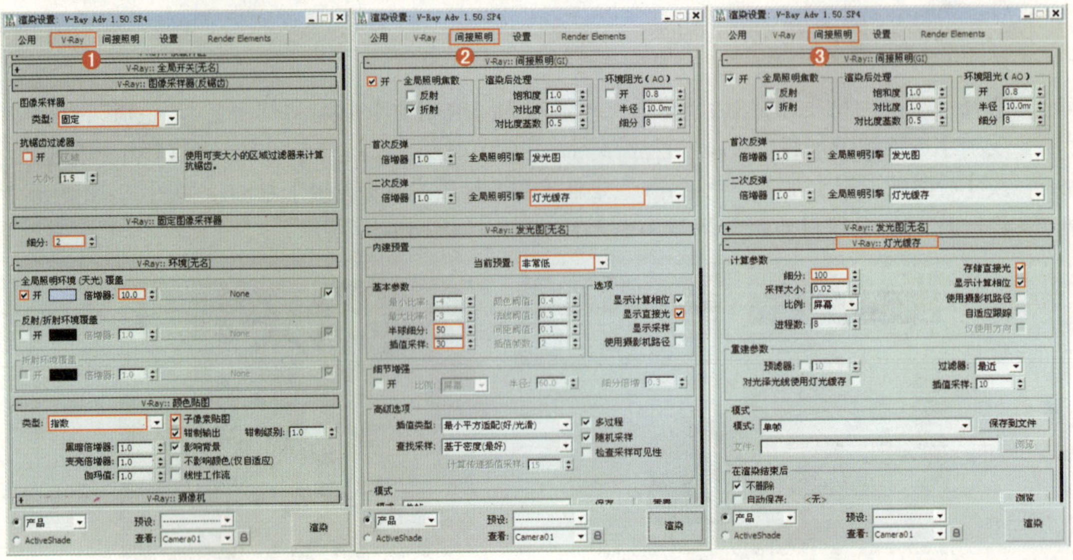

图 12-32　VRay 渲染器参数的设置

04 按 Shift+Q 组合键，快速渲染摄影机视图，其渲染效果如图 12-33 所示。

图 12-33　测试渲染的效果

12.4.2 制作天光光源

01 单击（创建）|（灯光）| VR灯光 按钮，在左视图中拖曳创建一盏 VRay 灯光，接着使用移动工具将其拖曳到室内，然后使用旋转工具将其旋转一定的角度，旋转的角度可以参照顶视图和前视图效果，如图 12-34 所示。

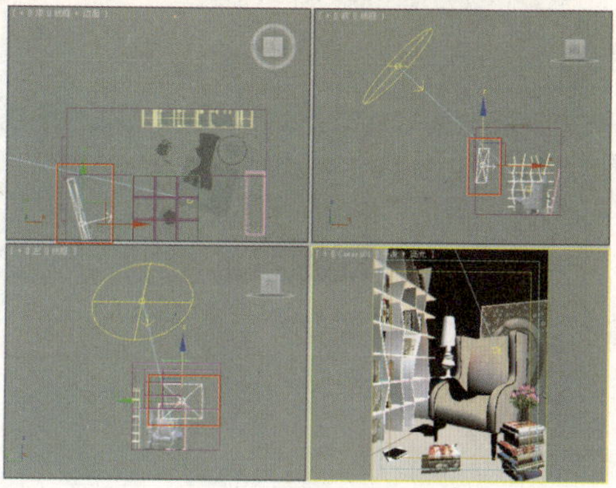

图 12-34 VRay 灯光的位置

02 选择创建的 VRay 灯光，然后在【修改】命令面板下设置【类型】为“平面”，设置【倍增器】为 11.0，调节【颜色】为 R=247、G=247、B=255，设置【1/2 长】为 60.0mm、【1/2 宽】为 70.0mm，勾选【不可见】复选框，取消勾选【影响反射】和【影响高光反射】复选框，最后设置【细分】为 15，如图 12-35 所示。

03 按 Shift+Q 组合键，快速渲染摄影机视图，其渲染效果如图 12-36 所示。

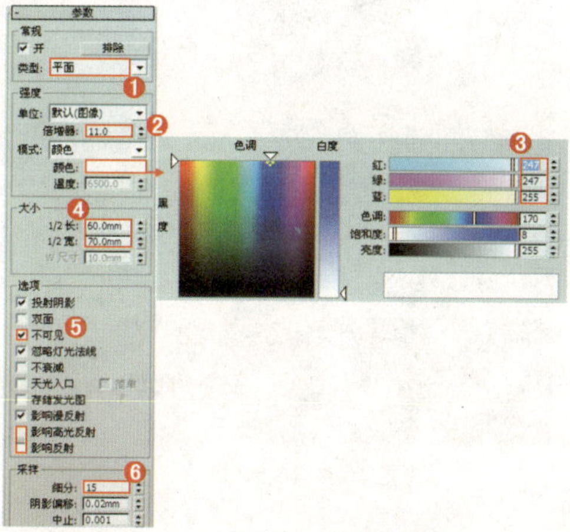

图 12-35 VRay 灯光的参数

图 12-36 测试渲染效果

12.4.3 制作室内辅助光源

01 单击（创建）|（灯光）| 目标聚光灯 按钮，在前视图中拖曳创建一盏目标聚光灯，并将其放置在整个书房空间的上方，具体的位置如图 12-37 所示。

02 选择创建的目标聚光灯，然后在【修改】命令面板下调节其参数，如图 12-38 所示。

03 按 Shift+Q 组合键，快速渲染摄影机视图，其渲染效果如图 12-39 所示。

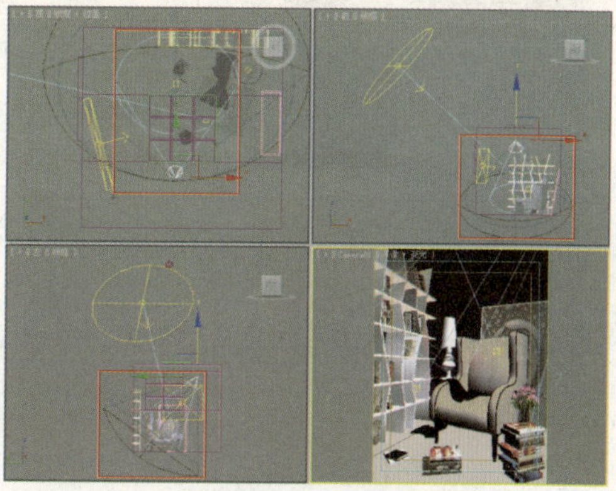

图 12-37 目标聚光灯的位置

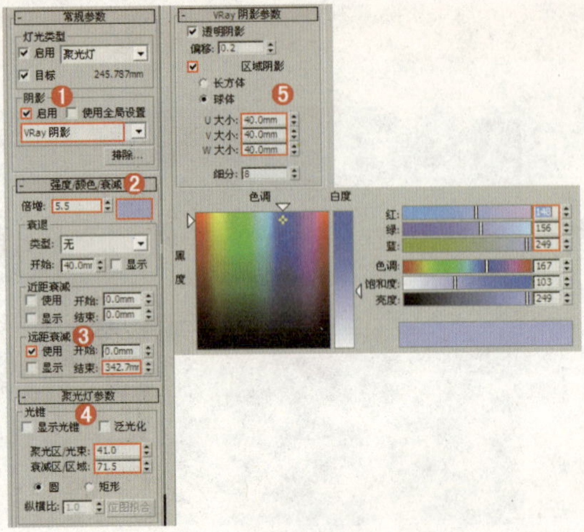

图 12-38　目标聚光灯的参数

图 12-39　测试渲染效果

12.4.4　制作书房内台灯光源

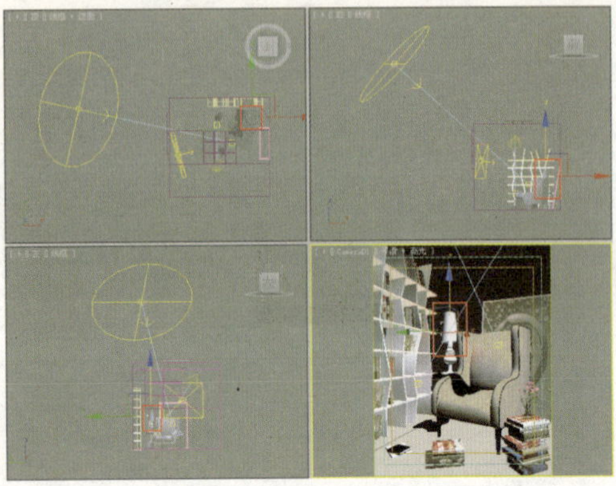

图 12-40　VRay 灯光的位置

01 在顶视图中创建一盏 VRay 灯光，然后将其拖曳到台灯的灯罩中，具体位置如图 12-40 所示。

02 选择创建的 VRay 灯光，然后在【修改】命令面板下设置【类型】为“球体”，设置【倍增器】为 50.0，调节【颜色】为 R=223、G=88、B=50，设置【半径】为 8.0mm，勾选【不可见】复选框，取消勾选【影响反射】和【影响高光反射】复选框，最后设置【细分】为 15，如图 12-41 所示。

03 按 Shift+Q 组合键，快速渲染摄影机视图，其渲染效果如图 12-42 所示。

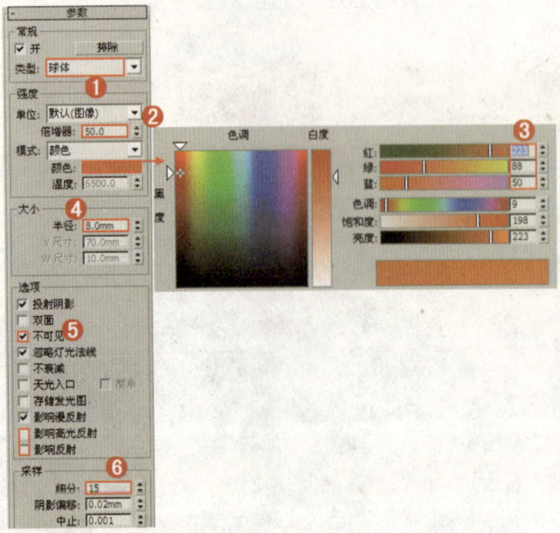

图 12-41　VRay 灯光的参数

图 12-42　测试渲染效果

12.5 设置成图渲染参数

01 重新设置一下渲染参数，按 F10 键，在打开的【渲染设置】对话框中，选择【V-Ray】选项卡，展开【V-Ray:: 图像采样器（反锯齿）】卷展栏，设置【类型】为“自适应确定性蒙特卡洛”，接着在【抗锯齿过滤器】选项组下勾选【开】复选框，并选择“Mitchell-Netravali”，展开【V-Ray:: 自适应确定性蒙特卡洛图像采样器】卷展栏，设置【最小细分】为 1、【最大细分】为 4，如图 12-43 所示。

02 展开【V-Ray:: 环境 [无名]】卷展栏，在【全剧照明环境（天光）覆盖】选项组下勾选【开】复选框，设置【倍增器】为 10.0，展开【V-Ray:: 颜色贴图】卷展栏，设置【类型】为“指数”，勾选【子像素贴图】和【钳制输出】复选框，如图 12-44 所示。

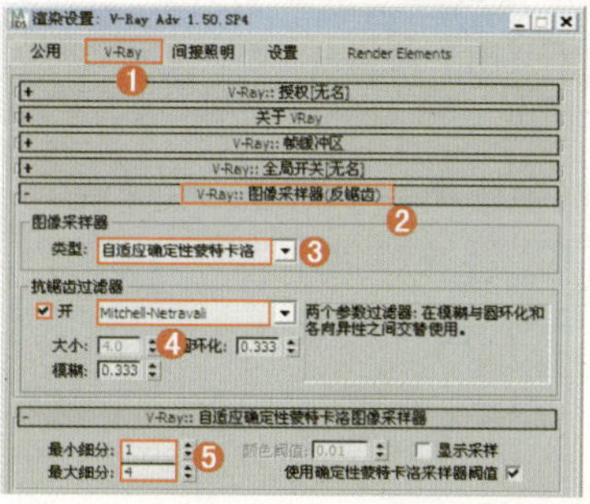

图 12-43 【V-Ray】选项卡参数

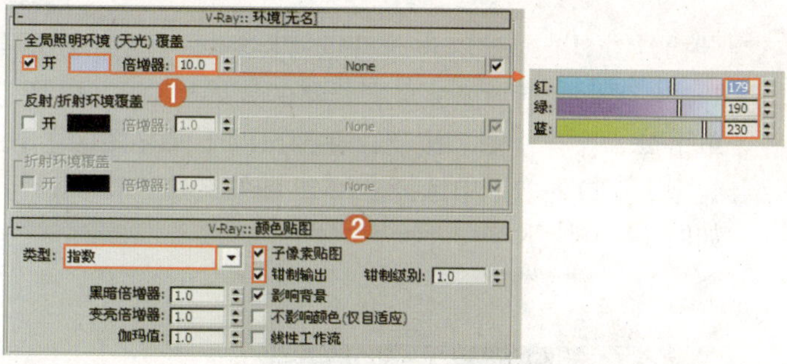

图 12-44 【环境】和【颜色贴图】参数

03 选择【间接照明】选项卡，展开【V-Ray:: 发光图 [无名]】卷展栏，设置【当前预置】为“低”，设置【半球细分】为 50、【插值采样】为 30，展开【V-Ray:: 灯光缓存】卷展栏，设置【细分】为 1000，取消勾选【存储直接光】复选框，如图 12-45 所示。

04 选择【设置】选项卡，展开【V-Ray:: 确定性蒙特卡洛采样器】卷展栏，设置【适应数量】为 0.78、【噪波阈值】为 0.08、【最小采样值】为 12，展开【V-Ray:: 系统】卷展栏，设置【区域排序】为“上→下”，最后取消勾选【显示窗口】复选框，如图 12-46 所示。

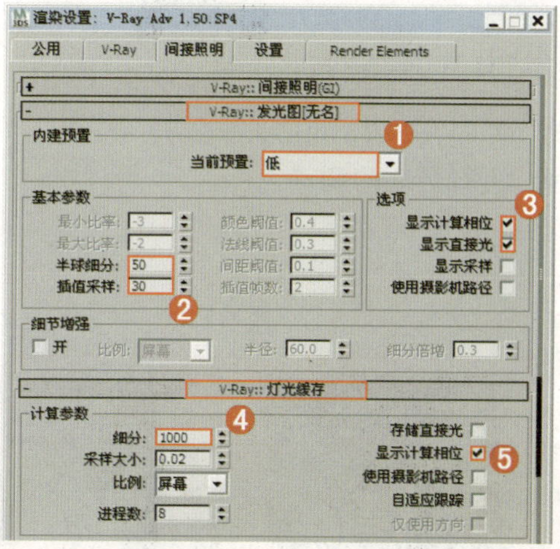

图 12-45 【间接照明】选项卡参数

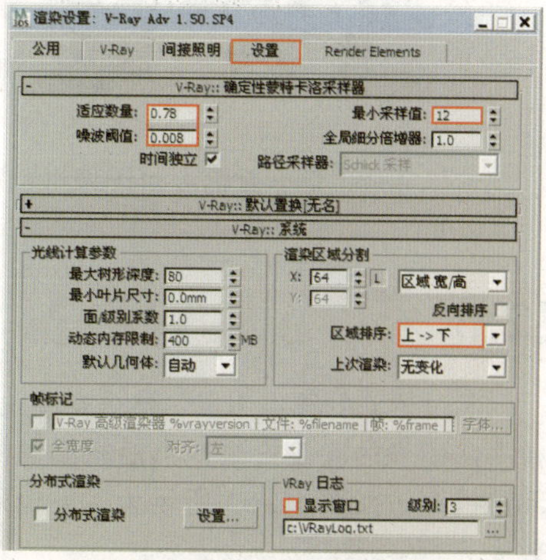

图 12-46 【设置】选项卡参数

05 选择【Render Elements】选项卡，单击【添加】按钮并在弹出的【渲染元素】面板中选择【VRay 线框颜色】选项，如图 12-47 所示。

06 选择【公用】选项卡，设置输出的尺寸为 1227×1600，如图 12-48 所示。

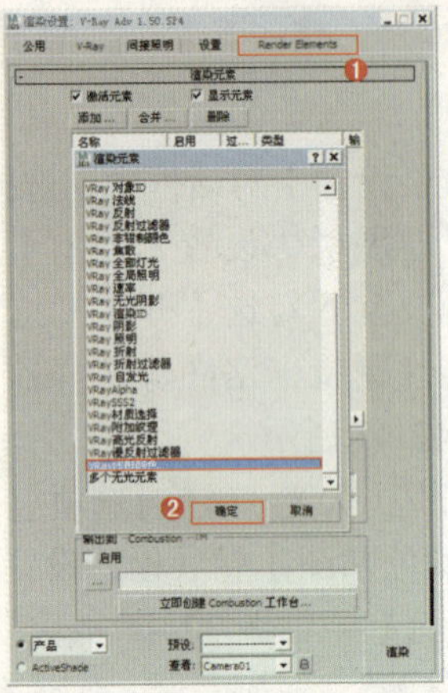

图 12-47 【Render Elements】选项卡参数

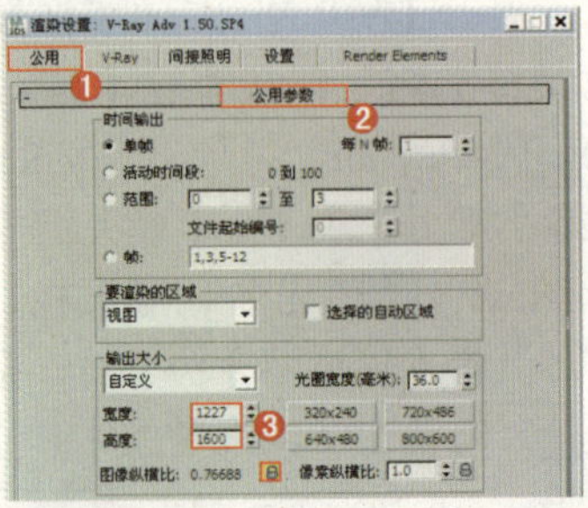

图 12-48 【公用】选项卡参数

07 等待一段时间后渲染完成，最终的效果如图 12-49 所示。

08 单击（保存位图）按钮，在弹出的【保存图像】对话框中选择一个路径，在【保存类型】下拉列表框中选择【BMP 图像文件（*.bmp）】格式，【文件名】为“书房”，如图 12-50 所示。

图 12-49 渲染效果

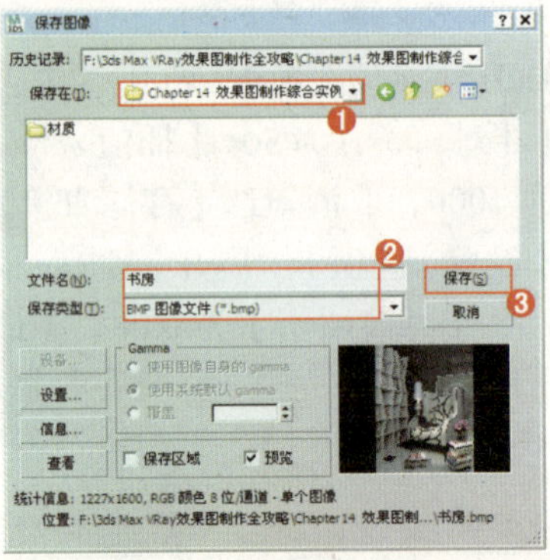

图 12-50 对渲染的文件进行保存

当渲染完成以后，就需要对图像进行后期处理，进行最后的调整。

12.6 效果图后期处理

通过渲染的图像来看，整个空间效果偏灰，需要将图像的亮度提高，然后将图像的色相饱和度提高，如图 12-51 所示为后期处理前后的效果。

图 12-51 处理前后的效果

01 启动 Photoshop 软件，打开上面输出的“书房 .bmp”文件，效果如图 12-52 所示。按 Ctrl+M 组合键，打开【曲线】对话框，调整参数如图 12-53 所示。

图 12-52　打开图像

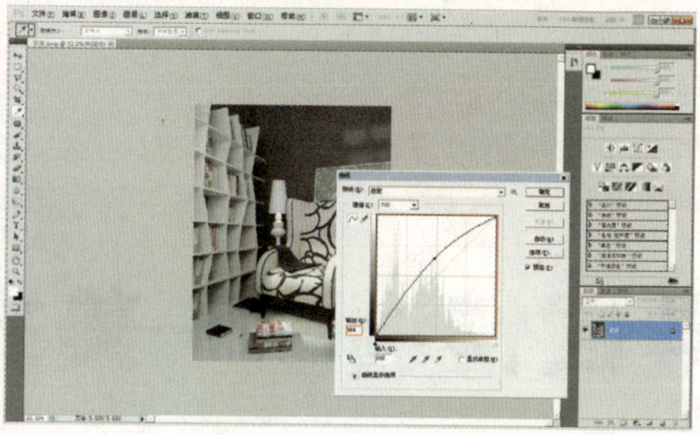

图 12-53 【曲线】调节

02 选择菜单【图像】|【调整】|【色相 / 饱和度】命令，如图 12-54 所示。在弹出的【色相 / 饱和度】对话框中，调节【饱和度】为 8，此时图像效果如图 12-55 所示。

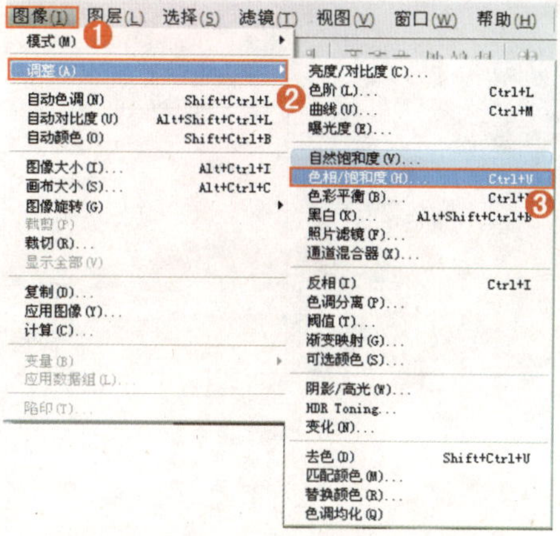

图 12-54　执行【色相 / 饱和度】命令

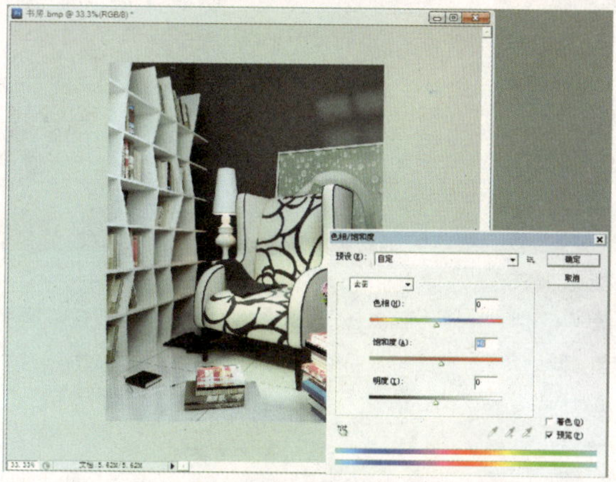

图 12-55 【色相 / 饱和度】调节

03 选择菜单【文件】|【存储为】命令，将处理后的文件另存为“书房 01.bmp”，最终图像效果如图 12-56 所示。

图 12-56　最终图像效果

第13章

异国情调——美式田园风格

场景文件	场景文件\13.max
案例文件	最终文件\第13章\厨房.max
视频教学	视频\美式田园风格厨房.flv
视频长度	10分34秒
难易指数	★★★★☆
灯光类型	目标灯光、VRay灯光
材质类型	VRayMtl材质
程序贴图	衰减程序贴图、法线凹凸程序贴图
技术掌握	掌握VR材质、目标灯光、VRay灯光的使用方法

13.1 实例介绍

本例是一个美式田园风格厨房空间，简欧更为清新、也更符合中国人内敛的审美观念。室内明亮灯光表现主要使用目标灯光模拟射灯、VRay 灯光模拟灯带和吊灯光源，使用 VRayMtl 材质制作本例的主要材质，制作完成后的渲染效果如图 13-1 所示。

图 13-1 最终渲染效果

13.2 设置 VRay 渲染器

01 打开随书配套光盘中的“场景文件\13.max”文件，此时场景效果如图 13-2 所示。

02 按 F10 键，打开【渲染设置】对话框，选择【公用】选项卡，在【指定渲染器】卷展栏下单击...按钮，在弹出的【选择渲染器】对话框中选择【V-Ray Adv 1.50 .SP4】，如图 13-3 所示。

03 此时在【指定渲染器】卷展栏下的【产品级】后面显示了【V-Ray Adv 1.50 .SP4】，同时在【渲染设置】对话框中会出现【V-Ray】、【间接照明】、【设置】等选项卡，如图 13-4 所示。

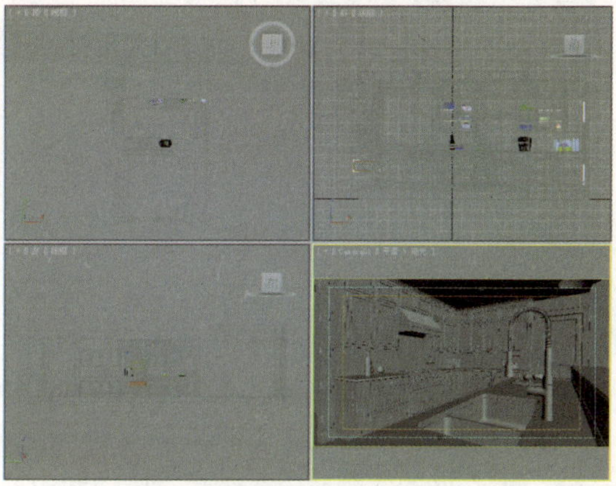

图 13-2 场景效果

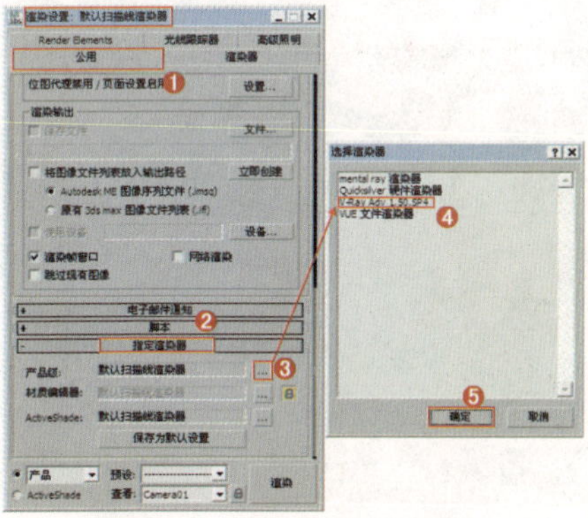

图 13-3 执行 VRay 渲染器

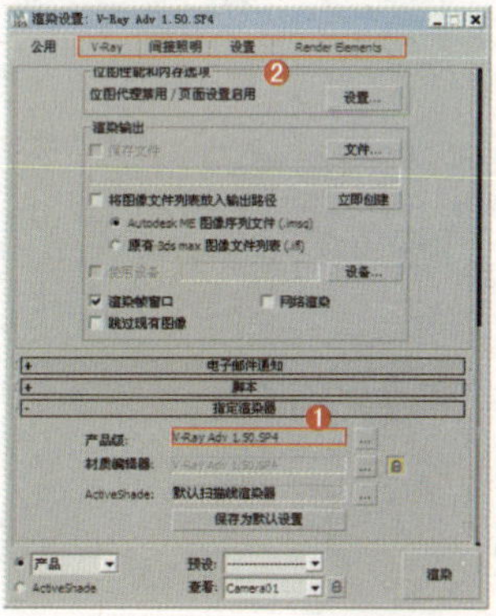

图 13-4 VRay 渲染器参数

13.3 材质的调制

下面来讲述场景中的主要材质的调制，包括理石地面、理石台面、木纹、金属、玻璃酒瓶、磨砂金属、马赛克材质等，效果如图 13-5 所示。

图 13-5 场景中主要材质

13.3.1　木纹材质的调制

01 按 M 键，打开【材质编辑器】对话框，选择一个空白材质球，单击 Arch & Design 按钮，在弹出的【材质 / 贴图浏览器】对话框中选择【VR 材质】，如图 13-6 所示。

02 将其命名为“木纹”，在【漫反射】选项组下加载“木纹 .jpg”贴图文件，设置【模糊】为 0.01，在【反射】选项组下调节颜色为 R=203、G=203、B=203，设置【高光光泽度】为 0.85、【反射光泽度】为 0.85、【细分】为 16，勾选【菲涅耳反射】复选框，设置【菲涅耳折射率】为 2、【最大深度】为 3，如图 13-7 所示。

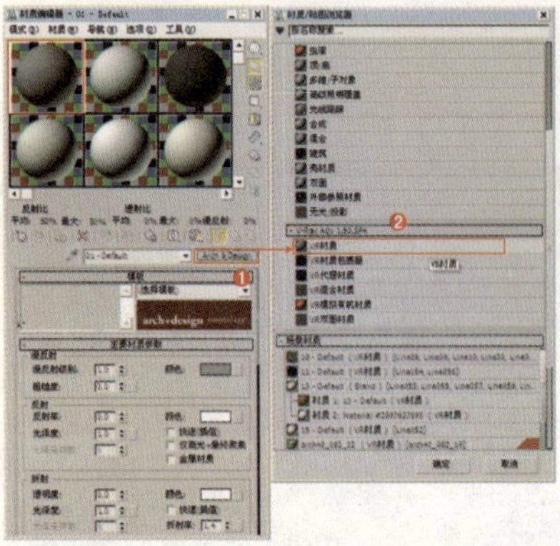

图 13-6　选择 VRay 材质

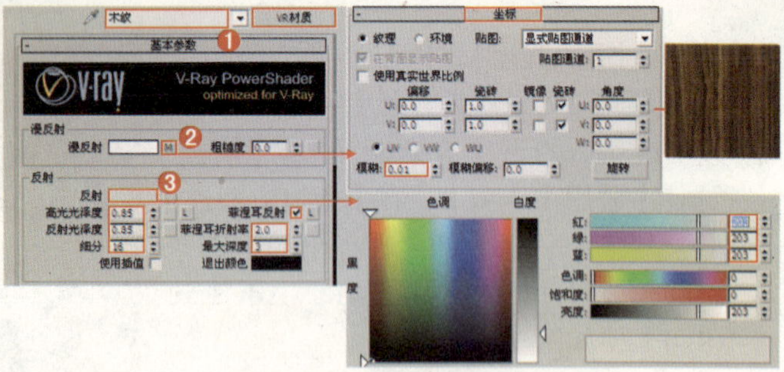

图 13-7　加载贴图文件

03 展开【贴图】卷展栏，单击【漫反射】后面通道上的贴图文件并将其拖曳到凹凸后面的通道上，最后设置【凹凸】为 10.0，如图 13-8 所示。

04 将制作好的木纹材质赋予场景中的橱柜部分模型，如图 13-9 所示。

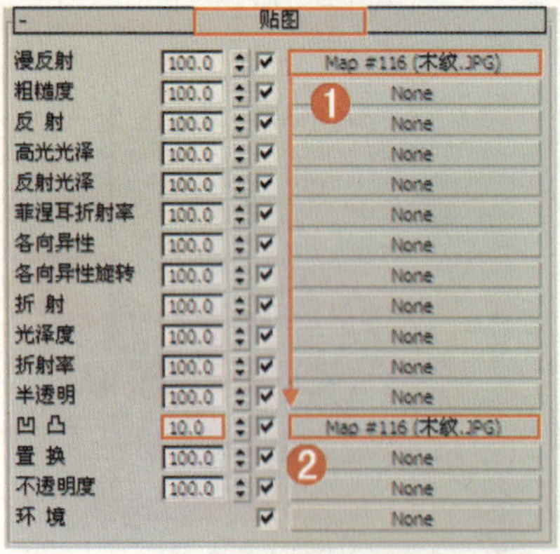

图 13-8　加载凹凸贴图

图 13-9　将材质赋给模型

13.3.2　金属材质的调制

01 按 M 键，打开【材质编辑器】对话框，选择一个空白材质球，单击 Arch & Design 按钮，在弹出的【材质 / 贴图浏览器】对话框中选择【VR 材质】，如图 13-10 所示。

02 将其命名为“金属”，在【漫反射】选项组下调节颜色为 R=49、G=49、B=49，在【反射】选项组下调节颜色为 R=198、G=198、B=198，设置【反射光泽度】为 0.98、【细分】为 24，如图 13-11 所示。

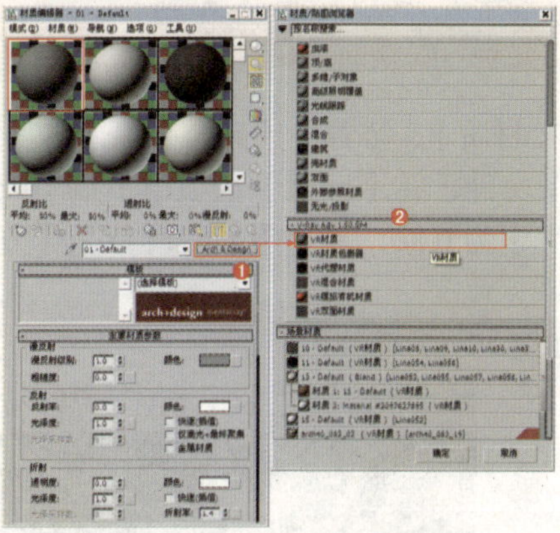

图 13-10　选择 VRay 材质

图 13-11　金属材质的参数

03 将制作好的金属材质赋予场景中的水龙头和水池模型，如图 13-12 所示。

图 13-12　将材质赋予水龙头和水池模型

13.3.3　马赛克材质的调制

01 选择一个空白材质球，然后将材质类型设置为【VR 材质】，将其命名为“马赛克”，在【漫反射】选项组下加载“马赛克.jpg”贴图文件，设置【模糊】为 0.8，接着在【反射】选项组下加载“马赛克反射”程序贴图，设置【高光光泽度】为 0.8、【反射光泽度】为 0.97、【细分】为 16，勾选【菲涅耳反射】复选框，设置【菲涅耳折射率】为 2.5、【最大深度】为 4，如图 13-13 所示。

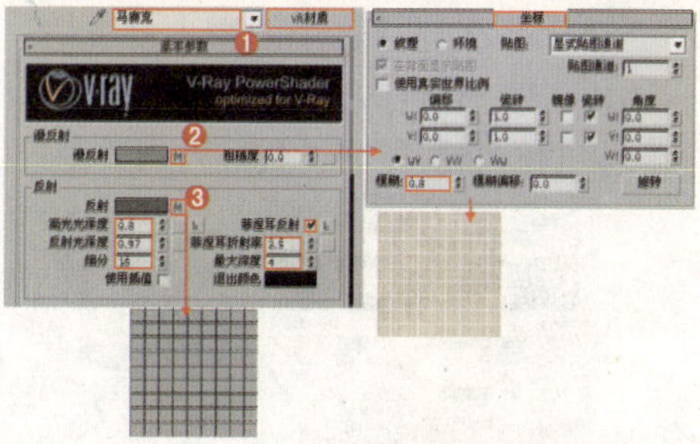

图 13-13　马赛克材质的参数

02 展开【贴图】卷展栏，在【凹凸】后面的通道上加载“法线凹凸”程序贴图，展开【参数】卷展栏，在【法线】后面的通道上加载“马赛克法线贴图 .jpg”贴图文件，设置【凹凸】为 300，如图 13-14 所示。

03 将制作好的沙发布纹材质赋予场景中的沙发模型，如图 13-15 所示。

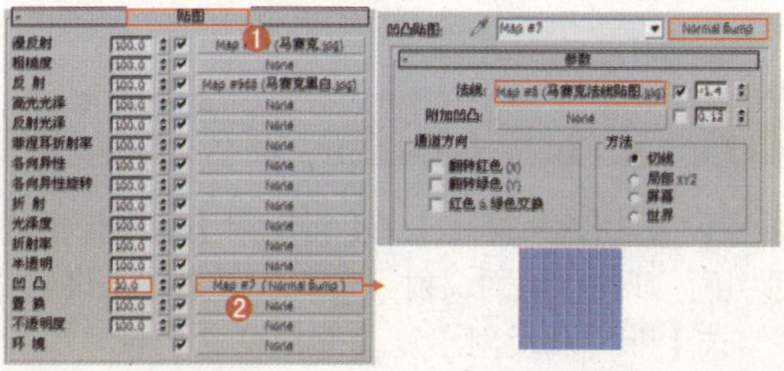

图 13-14　加载“法线凹凸”贴图

图 13-15　将材质赋予模型

13.3.4 台面材质的调制

01 选择一个空白材质球，然后将材质类型设置为【VR 材质】，接着将其命名为“台面”，在【漫反射】选项组下加载“理石台面.jpg”贴图文件，在【反射】选项组下调节反射颜色为 R=69、G=69、B=69，设置【反射光泽度】为 0.86，勾选【菲涅耳反射】复选框，如图 13-16 所示。

02 将制作好的台面材质赋给场景橱柜台面的模型，如图 13-17 所示。

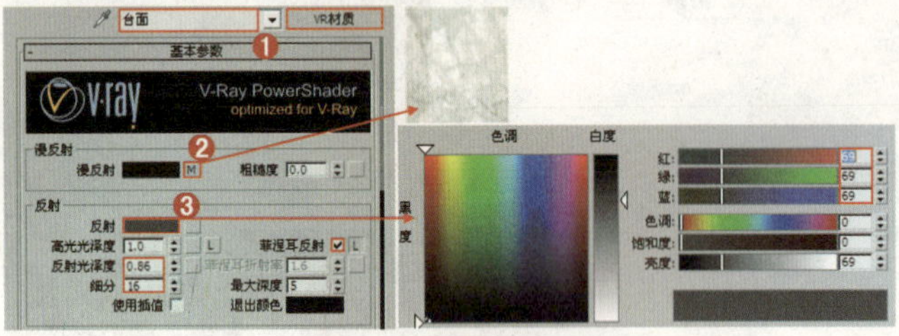

图 13-16 台面材质的参数

图 13-17 将材质赋给模型

13.3.5 玻璃酒瓶材质的调制

01 选择一个空白材质球，然后将材质类型设置为【VRay 材质】，接着将其命名为“玻璃酒瓶”，在【漫反射】选项组下调节颜色为 R=1、G=0、B=13，在【反射】选项组下加载“衰减”程序贴图，设置【衰减类型】为【垂直/平行】，设置【反射光泽度】为 0.85、【细分】为 15，在【折射】选项组下调节颜色为 R=129、G=129、B=129，设置【细分】为 15，勾选【影响阴影】复选框，设置【影响通道】为“颜色+alpha”，调节颜色为 R=129、G=129、B=129，如图 13-18 所示。

02 将制作好的玻璃酒瓶材质赋予场景中的红酒瓶模型，如图 13-19 所示。

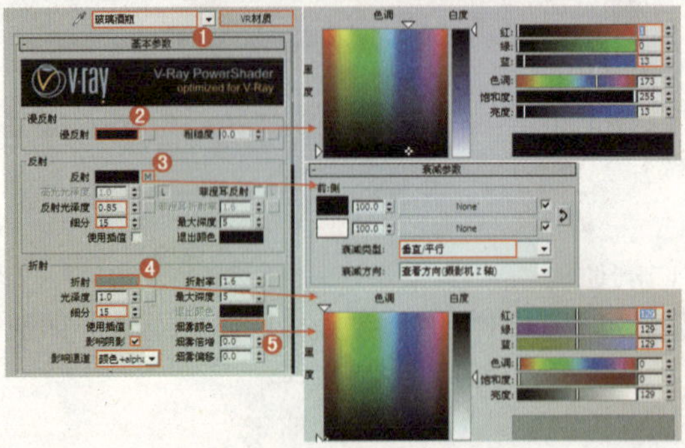

图 13-18 玻璃酒瓶材质的参数

图 13-19 将材质赋给模型

13.3.6 地面材质的调制

01 选择一个空白材质球，然后将材质类型设置为【VR 材质】，在【漫反射】选项组下加载“地面.jpg”贴图文件，在【反射】选项组下加载“地面反射.jpg”贴图文件，设置【反射光泽度】为 0.92、【细分】为 20，勾选【菲涅耳反射】复选框，设置【菲涅耳折射率】为 2，如图 13-20 所示。

02 展开【贴图】卷展栏，在【凹凸】后面的通道上加载“法线凹凸”程序贴图，展开【法线】卷展栏，在【法线】后面的通道上加载“地面法线贴图.jpg”贴图文件，如图 13-21 所示。

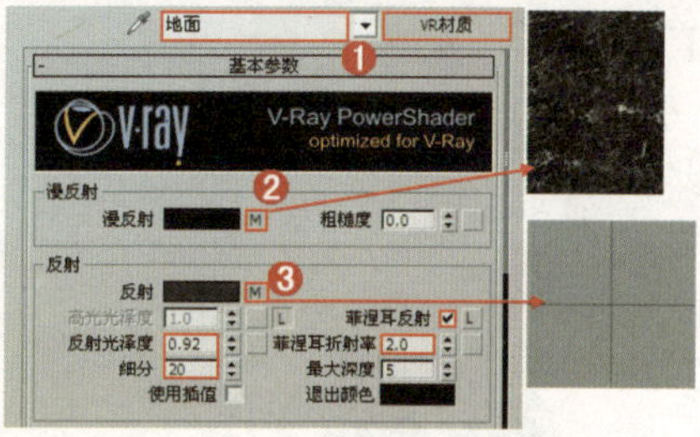

图 13-20　地面材质的参数

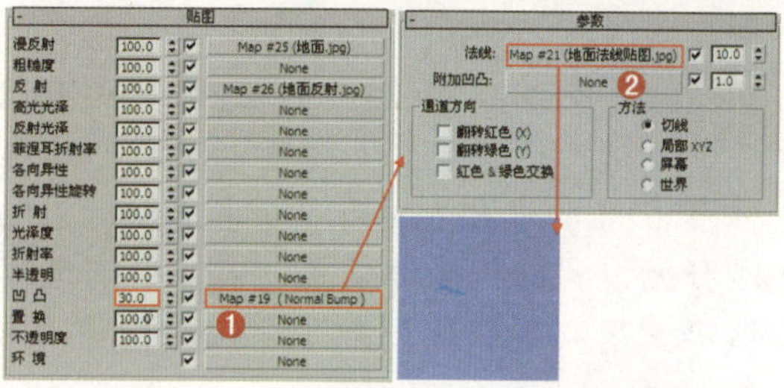

图 13-21　加载“法线凹凸”贴图

03 将制作好的地面材质赋予场景中的地面模型，如图 13-22 所示。

图 13-22　将材质赋予模型

13.3.7　磨砂金属材质的调制

01 选择一个空白材质球，然后将材质类型设置为【VR 材质】，接着将其命名为“磨砂金属”，在【漫反射】选项组下调节颜色为 R=117、G=117、B=117，在【反射】选项组下调节颜色为 R=171、G=171、B=171，设置【反射光泽度】为 0.83、【细分】为 18，如图 13-23 所示。

02 将制作好的磨砂金属材质赋予场景中的灶台部分模型，如图 13-24 所示。

图 13-23　磨砂金属材质的参数

图 13-24　将材质赋予模型

13.4 设置灯光并进行草图渲染

在本例厨房场景中，灯光主要分为 4 种类型，第一种使用环境光模拟室外天光光源；第二种使用目标灯光模拟射灯光源；第三种使用 VRay 灯光模拟橱柜下方的灯带光源；第四种使用 VRay 灯光模拟吊灯光源。

13.4.1　制作室外天光光源

01 按数字键 8，打开【环境和效果】面板，并调节背景颜色为 R=248、G=251、B=255，如图 13-25 所示。

02 按 F10 键，打开【渲染设置】对话框。首先设置一下【VRay】和【间接照明】选项卡下的参数，刚开始设置的是一个草图设置，目的是进行快速渲染，来观看整体的效果，参数设置如图 13-26 所示。

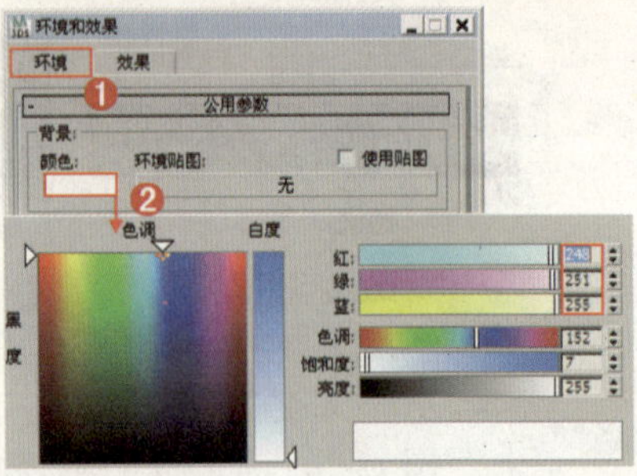

图 13-25　设置颜色

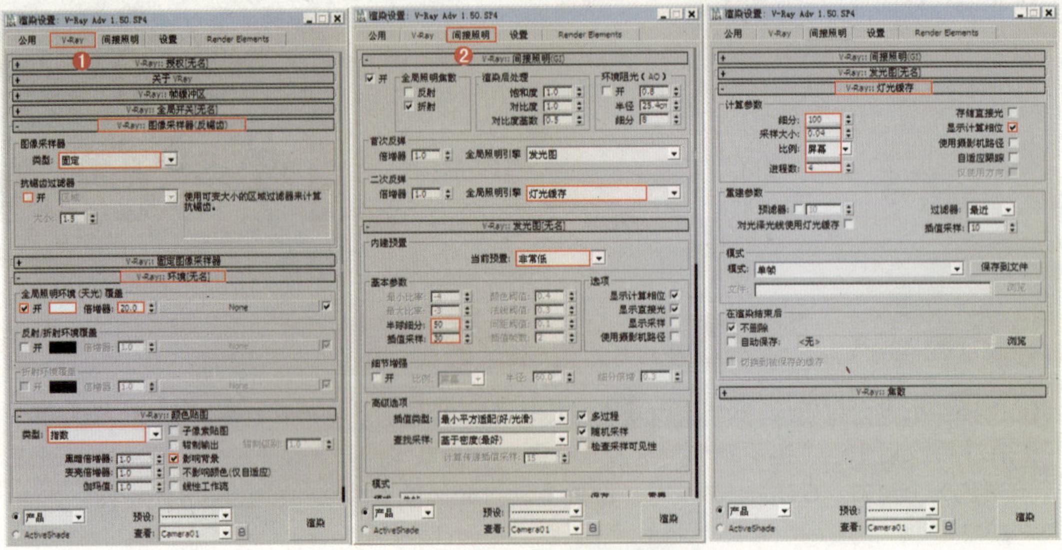

图 13-26　VRay 渲染器参数的设置

03 按 Shift+Q 组合键，快速渲染摄影机视图，其渲染效果如图 13-27 所示。

图 13-27　测试渲染的效果

>>> 技巧与提示

当场景中没有使用任何灯光时也能够将空间提亮。

13.4.2　制作射灯光源

01 单击（创建）|（灯光）| 目标灯光 按钮，在前视图中创建一盏目标灯光，然后

将其复制 3 盏，分别拖曳到射灯的位置，如图 13-28 所示。

02 在【修改】命令面板下分别对创建的目标灯光进行参数调节，如图 13-29 所示。

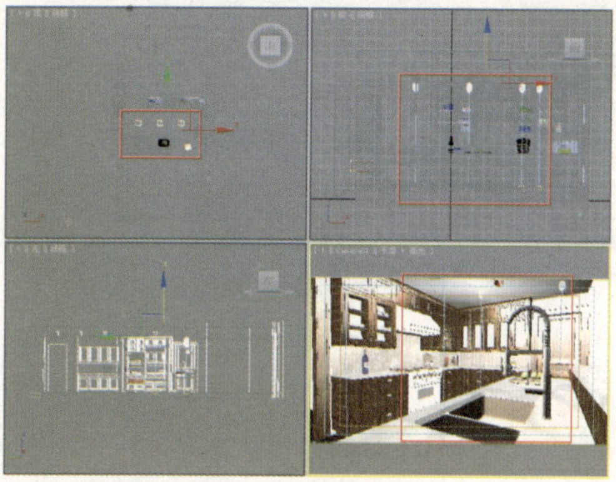

图 13-28　目标灯光的位置

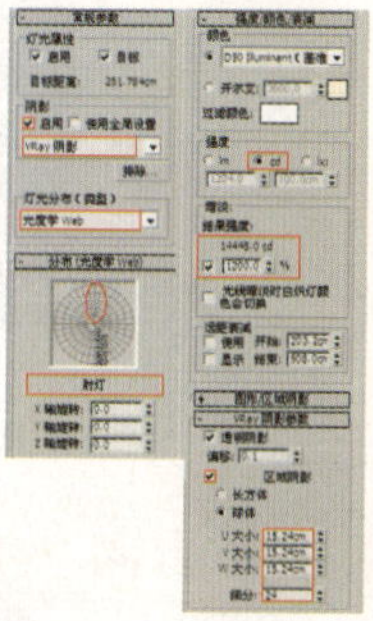

图 13-29　目标灯光的参数

03 继续使用目标灯光创建 3 盏，具体的位置如图 13-30 所示。接着在【修改】命令面板下调节其参数，如图 13-31 所示。

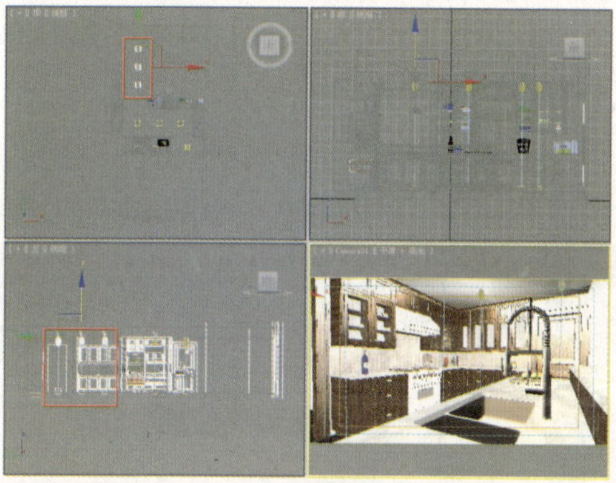

图 13-30　目标灯光的位置

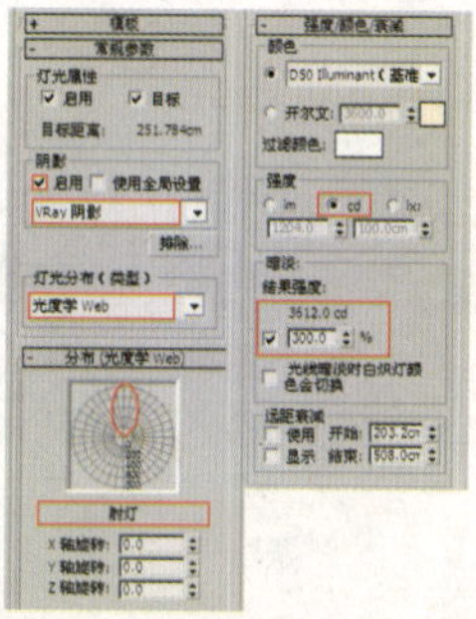

图 13-31　目标灯光的参数

04 继续使用目标灯光创建两盏，具体的位置如图 13-32 所示。接着在【修改】命令面板下调节其参数，如图 13-33 所示。

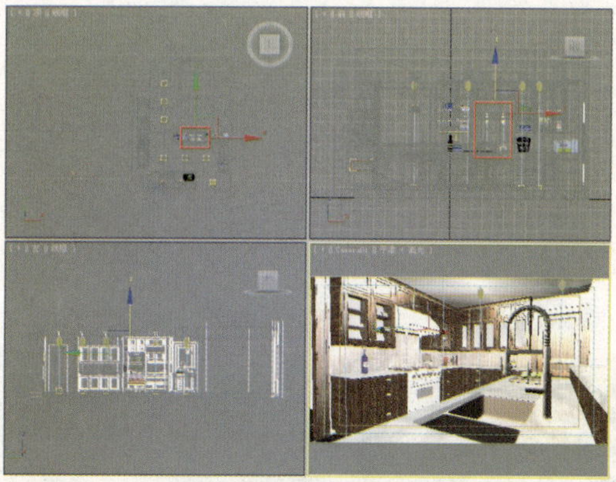

图 13-32　目标灯光的位置

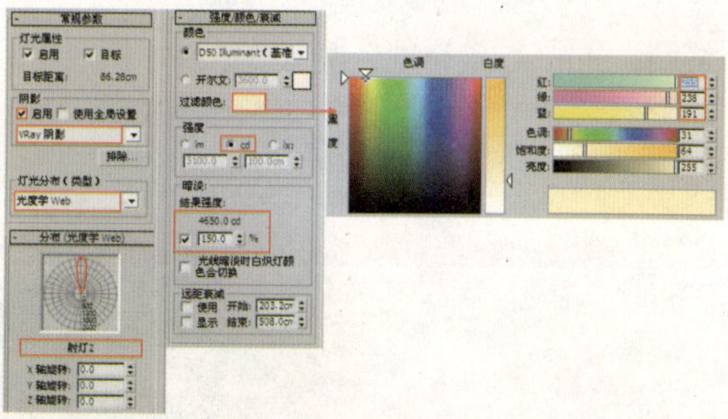

图 13-33　目标灯光的参数

05 按 Shift+Q 组合键，快速渲染摄影机视图，其渲染效果如图 13-34 所示。

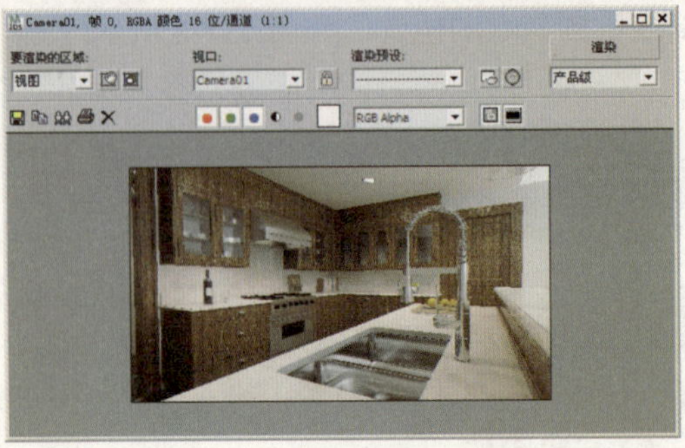

图 13-34　测试渲染效果

13.4.3　制作橱柜下方的灯带

01 单击（创建）|（灯光）| VR灯光 按钮，在顶视图中创建一盏 VRay 灯光，然后复制 3 盏，并将其拖曳到如图 13-35 所示的位置。

02 分别选择创建的 VRay 灯光，然后在【修改】命令面板下设置【类型】为“平面”，设置【倍增器】为 25.0，调节【颜色】为 R=255、G=245、B=225，设置【1/2 长】为 43.0cm，【1/2 宽】为 2.0cm，最后设置【细分】为 24，如图 13-36 所示。

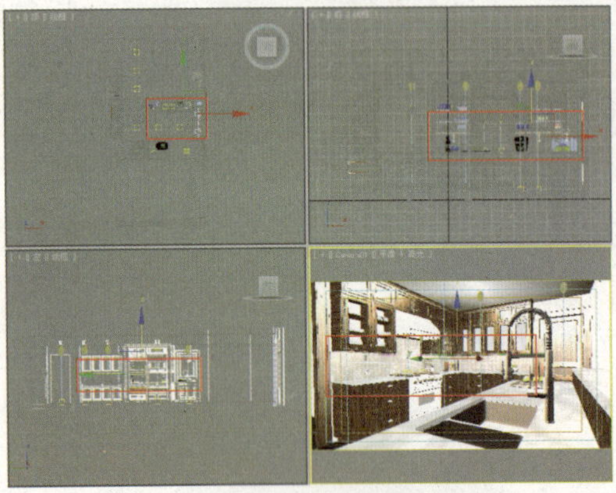

图 13-35　VRay 灯光的位置

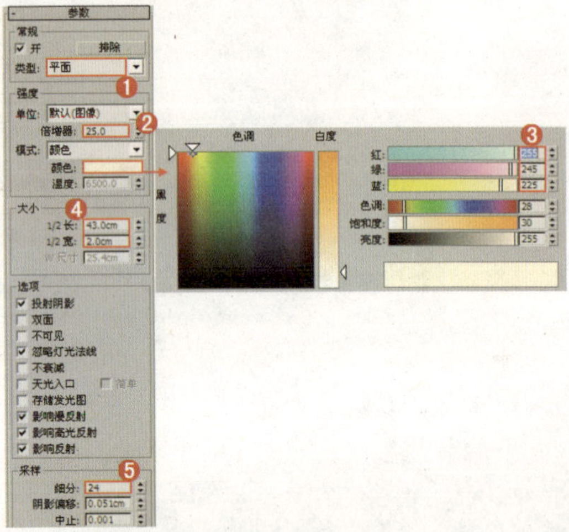

图 13-36　VRay 灯光的参数

03 按 Shift+Q 组合键，快速渲染摄影机视图，其渲染效果如图 13-37 所示。

图 13-37　测试渲染效果

13.4.4 制作吊灯光源

01 在顶视图中创建 VRay 灯光，然后使用 Shift 键 + 移动工具复制 1 盏，并将其拖曳到如图 13-38 所示的位置。

02 分别选择创建的 VRay 灯光，然后在【修改】命令面板下设置【类型】为“平面”，设置【倍增器】为 50.0，调节【颜色】为 R=255、G=249、B=237，设置【半径】命令为 3.0cm，勾选【不可见】复选框，最后设置【细分】为 12，如图 13-39 所示。

03 按 Shift+Q 组合键，快速渲染摄影机视图，其渲染效果如图 13-40 所示。

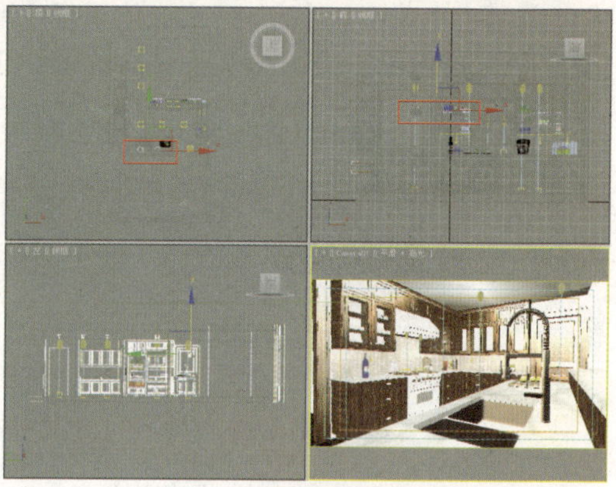

图 13-38 VRay 灯光设置的位置

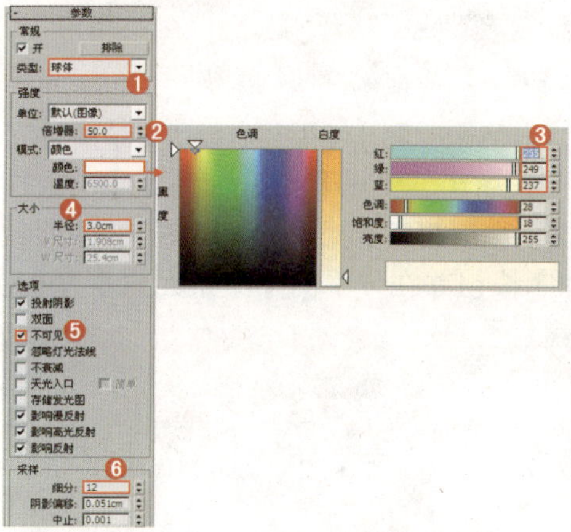

图 13-39 VRay 灯光的参数

图 13-40 测试渲染效果

13.5 设置成图渲染参数

01 重新设置一下渲染参数，按 F10 键，在打开的【渲染设置】对话框中，选择【V-Ray】选项卡，展开【V-Ray:: 图像采样器（反锯齿）】卷展栏，设置【类型】为“自适应确定性蒙特卡洛”，接着在【抗锯齿过滤器】选项组下勾选【开】复选框，并选择“Catmull-Rom”，展开【V-Ray:: 自适应确定性蒙特卡洛图像采样器】卷展栏，设置【最小细分】为 2、【最大细分】为 5，如图 13-41 所示。

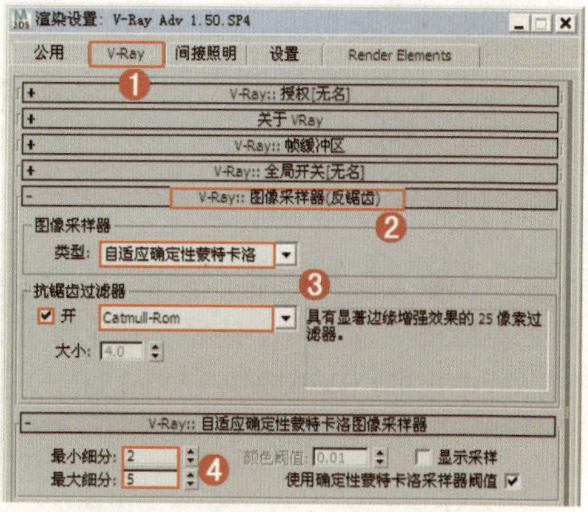

图 13-41 【V-Ray】选项卡参数

02 展开【V-Ray:: 环境 [无名]】卷展栏，在【全局照明环境（天光）覆盖】选项组下勾选【开】复选框，设置【倍增器】为 20.0，展开【V-Ray:: 颜色贴图】卷展栏，设置【类型】为“指数”，勾选【子像素贴图】和【钳制输出】复选框，如图 13-42 所示。

03 选择【间接照明】选项卡，展开【V-Ray:: 发光图［无名］】卷展栏，设置【当前预置】为“低”，设置【半球细分】为 50、【插值采样】为 30，展开【V-Ray:: 灯光缓存】卷展栏，设置【细分】为 1000，取消勾选【存储直接光】复选框，如图 13-43 所示。

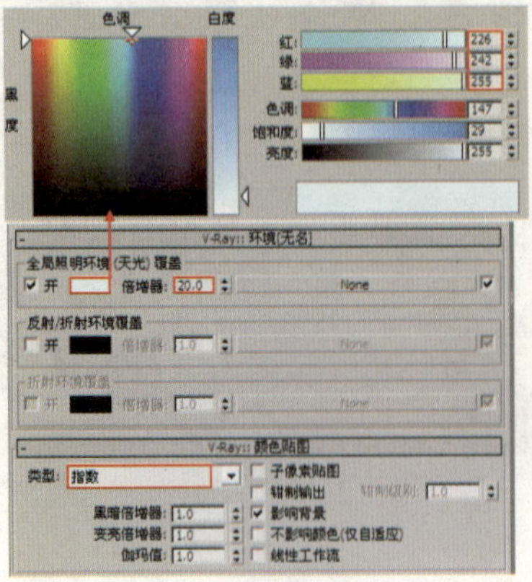

图 13-42　【环境】和【颜色贴图】参数

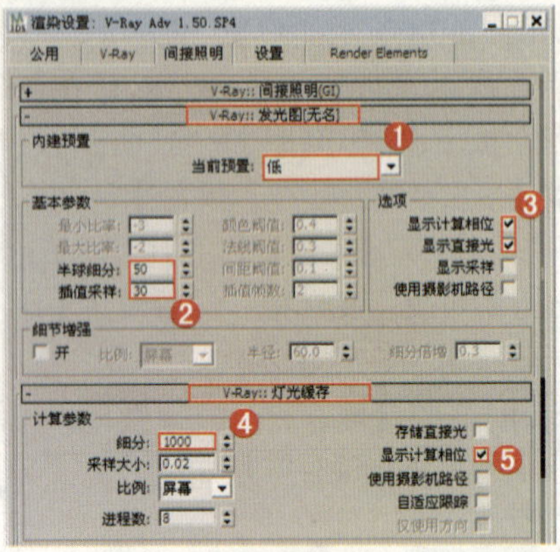

图 13-43　【间接照明】选项卡参数

04 选择【设置】选项卡，展开【V-Ray:: 确定性蒙特卡洛采样器】卷展栏，设置【适应数量】为 0.85、【噪波阈值】为 0.008、【最小采样值】为 10，展开【V-Ray:: 系统】卷展栏，设置【区域排序】为“上→下”，最后取消勾选【显示窗口】复选框，如图 13-44 所示。

05 选择【Render Elements】选项卡，单击【添加】按钮并在弹出的【渲染元素】面板中选择【VRay 线框颜色】选项，如图 13-45 所示。

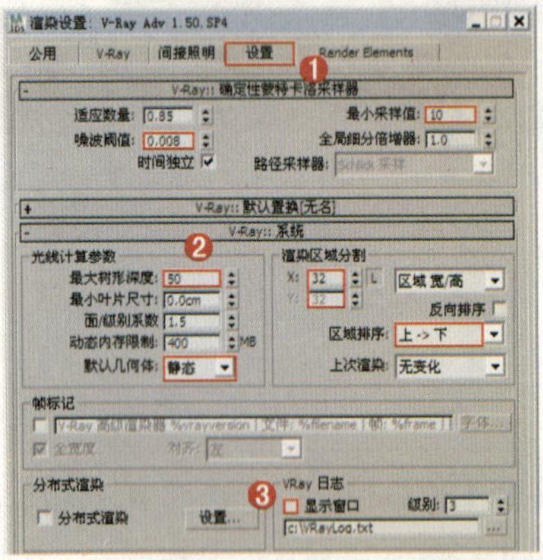

图 13-44　【系统】选项卡参数

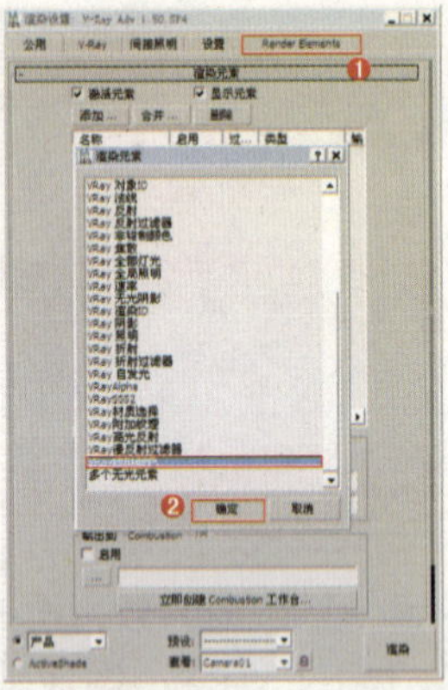

图 13-45　【Render Elements】选项卡参数

06 选择【公用】选项卡，设置输出的尺寸为 1500×840，如图 13-46 所示。

07 等待一段时间后渲染完成，最终的效果如图 13-47 所示。

08 单击（保存位图）按钮，在弹出的【保存图像】对话框中选择一个路径，在【保存类型】下拉列表框中选择【BMP 图像文件（*.bmp）】格式，【文件名】为“厨房”，如图 13-48 所示。

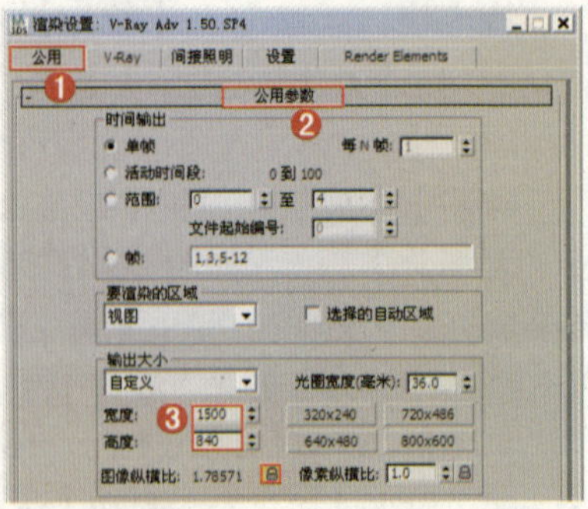

图 13-46　【公用】选项卡参数

图 13-47　渲染效果

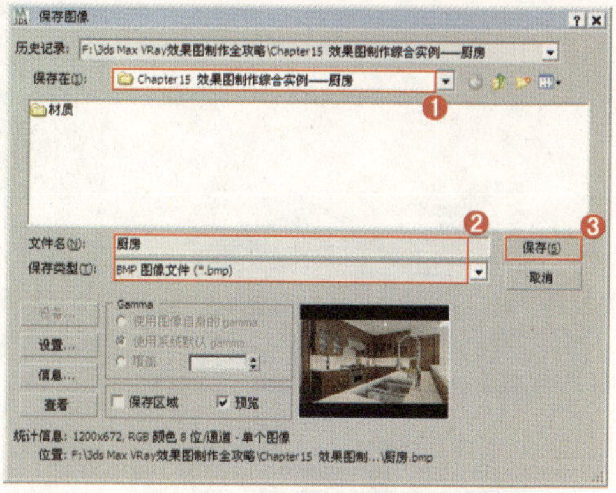

图 13-48　对渲染的文件进行保存

13.6 效果图后期处理

通过渲染的图像来看，只需将图像的亮度提高即可达到需要的效果，如图 13-49 所示为后期处理前后效果。

图 13-49　处理前后的效果

01 启动 Photoshop 软件，打开上面输出的“厨房 .bmp”文件，效果如图 13-50 所示。按 Ctrl+M 组合键，打开【曲线】对话框，调整参数，如图 13-51 所示。

图 13-50　打开图像

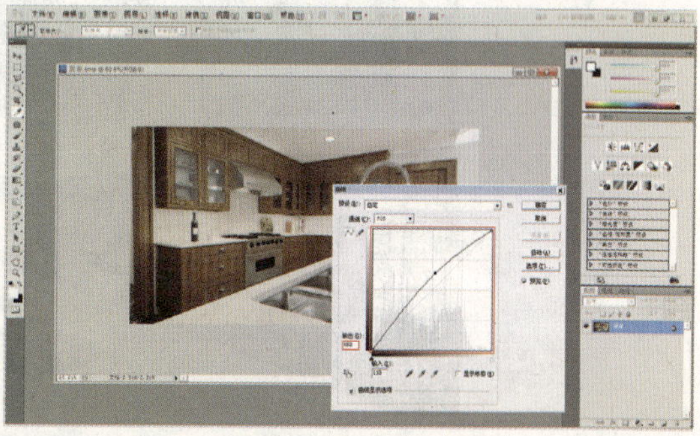

图 13-51　【曲线】调节

02 选择菜单【图像】|【调整】|【亮度 / 对比度】命令，如图 13-52 所示。在弹出的【亮度 / 对比度】对话框中调节亮度和对比度，调节后的效果如图 13-53 所示。

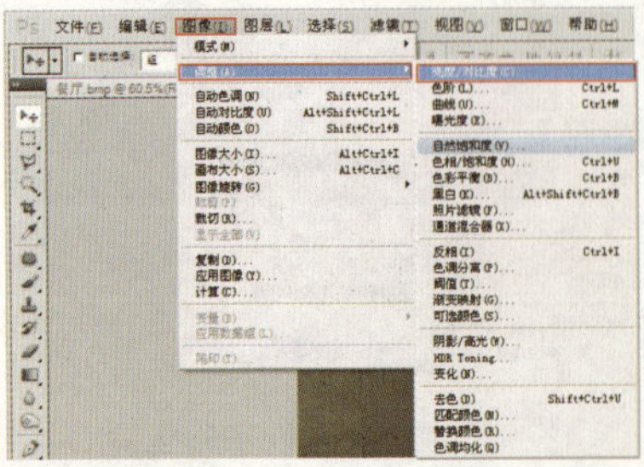

图 13-52　执行【亮度 / 对比度】命令

图 13-53　【亮度 / 对比度】调节

03 选择菜单【滤镜】|【锐化】|【智能锐化】命令，如图 13-54 所示。在弹出的【智能锐化】对话框中，设置【数量】为 30%、【半径】为 0.5 像素，如图 13-55 所示。

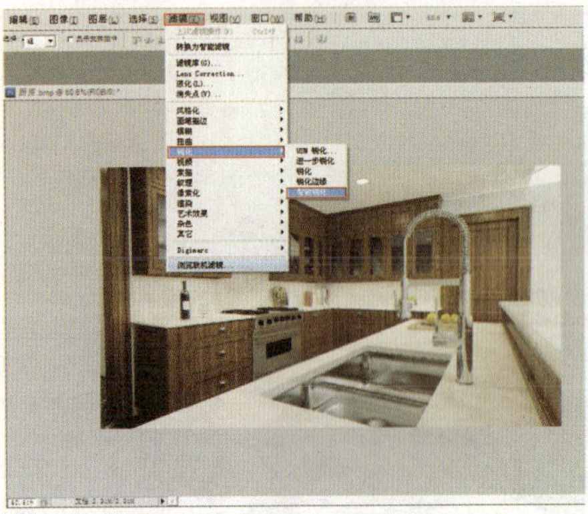

图 13-54　【智能锐化】调节

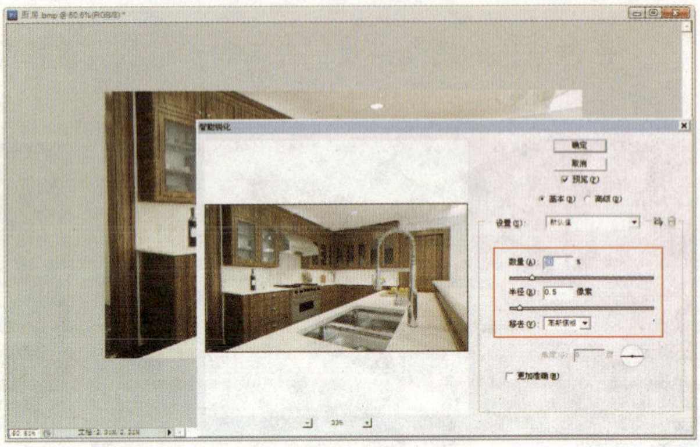

图 13-55　【智能锐化】调节

04 选择菜单【文件】|【存储为】命令，将处理后的文件另存为“厨房 01.bmp”，最终图像效果如图 13-56 所示。

图 13-56　最终图像效果

第14章

欧陆风情——欧式客厅日景

场景文件	场景文件 \14.max
案例文件	最终文件 \ 第 14 章 \ 欧式客厅日景 .max
视频教学	视频 \ 效欧式客厅日景 .flv
视频长度	8 分 47 秒
难易指数	★★★☆☆
灯光类型	VRay 太阳、VRay 灯光
材质类型	VRayMtl 材质、VR 材质包裹器材质
程序贴图	输出程序贴图、衰减程序贴图
技术掌握	掌握使用 VRayMtl 材质、VR 材质包裹器材质、VRay 太阳、VRay 灯光的使用方法

14.1 实例介绍

本例是一个欧式客厅空间，室内明亮灯光表现主要使用 VRay 太阳模拟阳光光源和 VRay 灯光模拟窗外天光光源，使用 VRayMtl 材质制作本例的主要材质，制作完成后的最终效果如图 14-1 所示。

图 14-1　最终渲染效果

14.2 导入场景并设置 VRay 渲染器

01 打开随书配套光盘中的“场景文件\14.max”文件，此时场景效果如图 14-2 所示。

02 按 F10 键，打开【渲染设置】对话框，选择【公用】选项卡，在【指定渲染器】卷展栏下单击 ... 按钮，在弹出的【选择渲染器】对话框中选择【V-Ray Adv 1.50 .SP4】，如图 14-3 所示。

03 此时在【指定渲染器】卷展栏下的【产品级】后面显示了【V-Ray Adv 1.50 .SP4】，同时在【渲染设置】对话框中会出现【V-Ray】、【间接照明】、【设置】等选项卡，如图 14-4 所示。

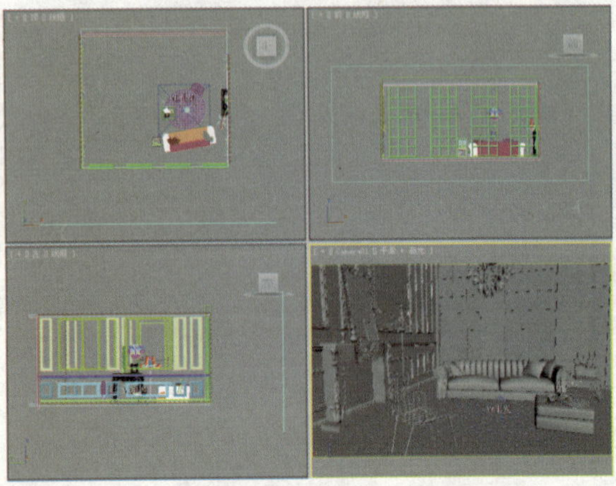

图 14-2　场景效果

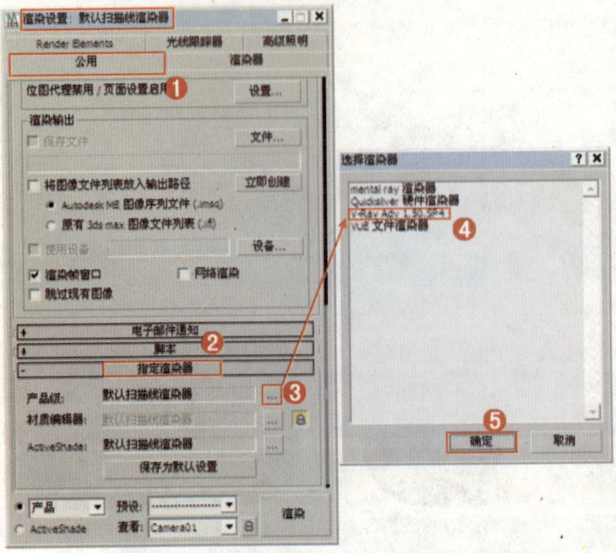

图 14-3　执行 VRay 渲染器

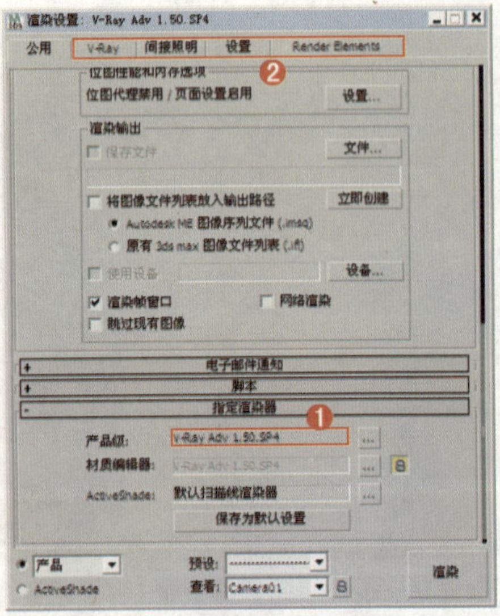

图 14-4　VRay 渲染器参数

14.3 材质的调制

下面来讲述场景中的主要材质的调制，包括镜子、理石、地板、金属、沙发、地毯、玻璃、乳胶漆材质等。效果如图 14-5 所示。

图 14-5　场景中主要材质

14.3.1　理石材质的调制

01 按 M 键，打开【材质编辑器】对话框，选择一个空白材质球，单击 Arch & Design 按钮，在弹出的【材质 / 贴图浏览器】对话框中选择【VR 材质】，如图 14-6 所示。

02 将其命名为“理石”，在【漫反射】选项组下加载“理石 .jpg”贴图文件，在【反射】选项组下调节颜色为 R=52、G=52、B=52，设置【反射光泽度】为 0.95、【细分】为 15，如图 14-7 所示。

03 将制作好的理石材质赋予场景中壁炉部分的模型，如图 14-8 所示。

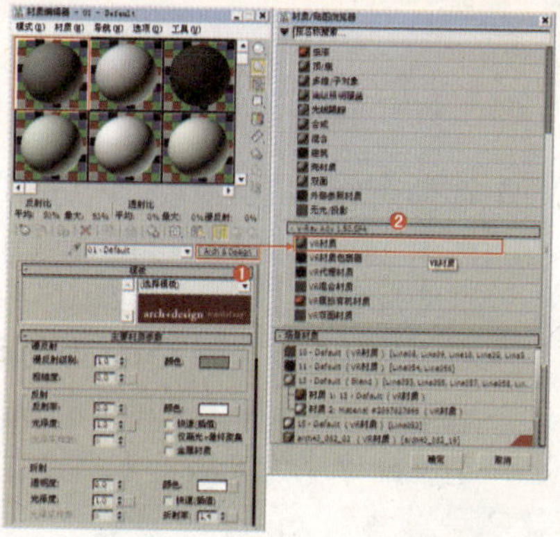

图 14-6　选择 VRay 材质

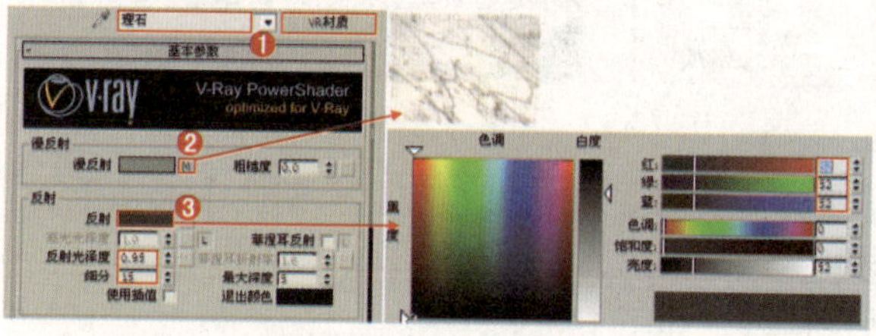

图 14-7　木纹材质的参数

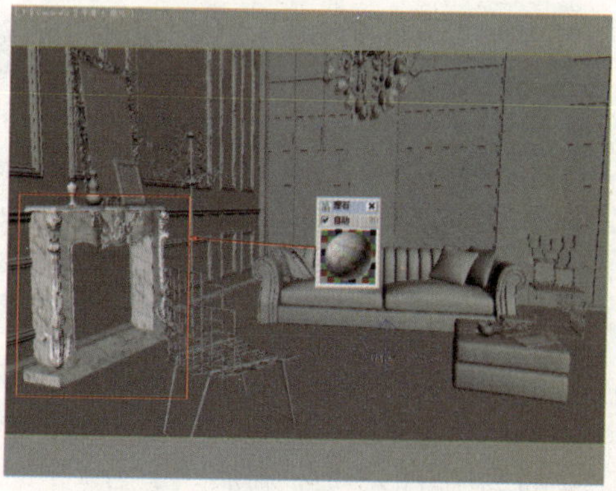

图 14-8　将材质赋予模型

14.3.2　玻璃材质的调制

01 选择一个空白材质球，然后将材质类型设置为【VRay】材质，并将其命名为“玻璃”，在【漫反射】选项组下调节颜色为 R=0、G=0、B=0，接着在【反射】选项组下调节颜色为 R=62、G=62、B=62，在【折射】选项组下调节为 R=255、G=255、B=255，设置【细分】为 15，勾选【使用插值】和【影响阴影】复选框，设置【影响通道】为“颜色 +alpha”，如图 14-9 所示。

02 将制作好的玻璃材质赋予场景中的玻璃部分模型，如图 14-10 所示。

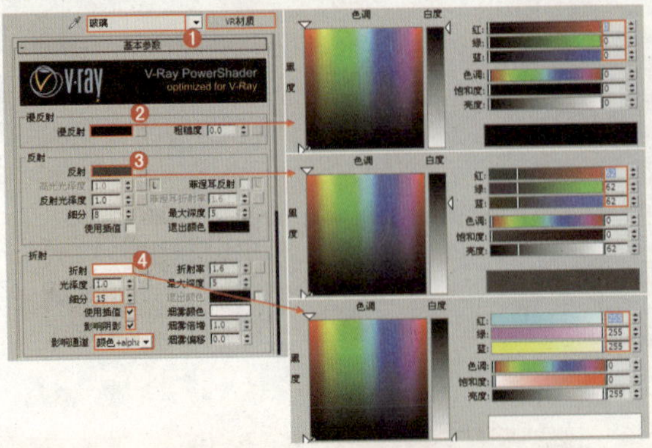

图 14-9　玻璃材质的参数

图 14-10　将材质赋予模型

14.3.3　木地板材质的制作

01 选择一个空白材质球，然后将材质类型设置为【VR材质包裹器】，接着将其命名为“木地板”，展开【VR材质包裹器参数】卷展栏，在通道上加载【VR材质】，设置【生成全局照明】为 1.2，如图 14-11 所示。

02 单击进入【基本材质】后面的通道中，在【漫反射】选项组下加载“地板.jpg”贴图文件，在【反射】选项组下调节颜色为 R=33、G=33、B=33，设置【高光光泽度】为 0.85、【反射光泽度】为 0.85、【细分】为 15，如图 14-12 所示。

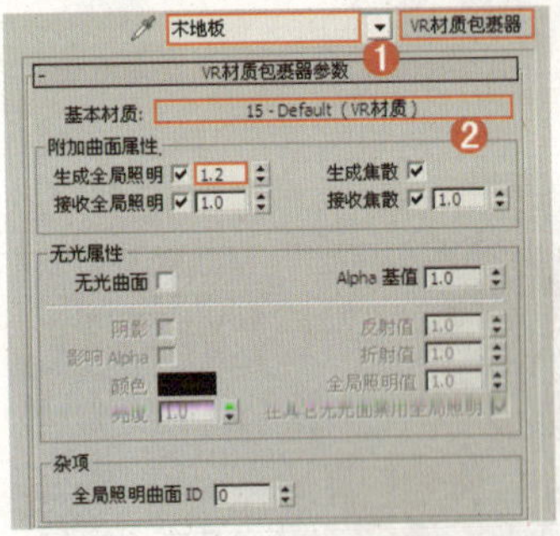

图 14-11　木地板材质的参数

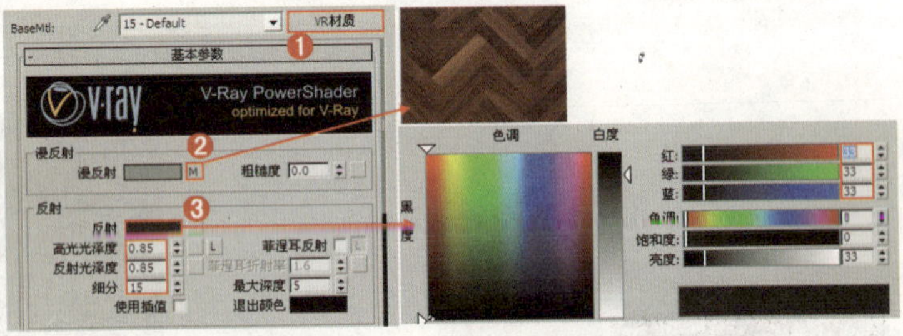

图 14-12　加载基本材质

03 展开【贴图】卷展栏，单击【漫反射】通道上的贴图并将其拖曳到【凹凸】通道上，最后在【环境】后面的通道上加载“输出”程序贴图，如图 14-13 所示。

04 将制作好的木地板材质赋予场景中的地板模型，如图 14-14 所示。

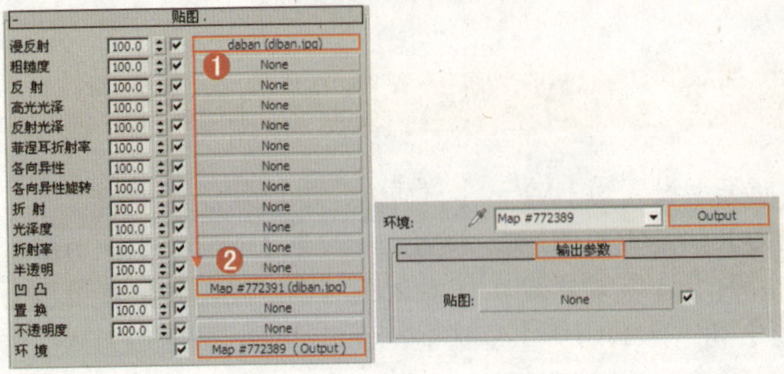

图 14-13　加载输出贴图

图 14-14　将材质赋予模型

14.3.4 乳胶漆材质的调制

01 选择一个空白材质球，然后将材质类型设置为【VR 材质】，在【漫反射】选项组下调节颜色为 R=255、G=255、B=255，在【反射】选项组下调节颜色为 R=14、G=14、B=14，设置【反射光泽度】为 0.6，如图 14-15 所示。

02 将制作好的乳胶漆材质赋予场景中墙面的模型，如图 14-16 所示。

图 14-15　乳胶漆材质的参数

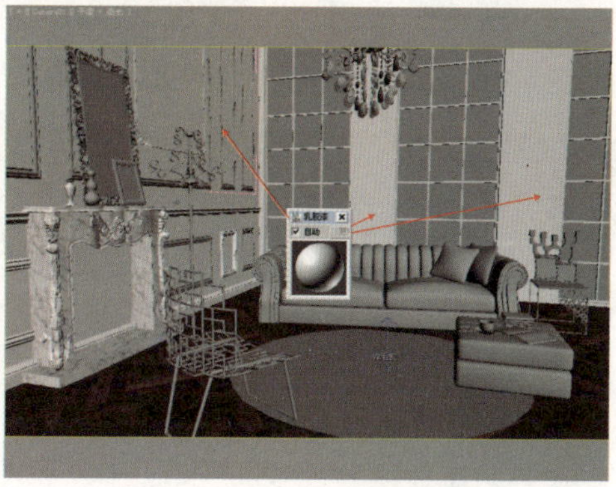

图 14-16　将材质赋予模型

14.3.5 沙发材质的调制

01 选择一个空白材质球，然后将材质类型设置为【VR 材质】，接着将其命名为“沙发材质”，在【漫反射】选项组下加载“衰减”程序贴图，进行调节，在【反射】选项组下加载“衰减”程序贴图，具体的调节参数，如图 14-17 所示。

02 将制作好的沙发材质赋予场景中的沙发模型，如图 14-18 所示。

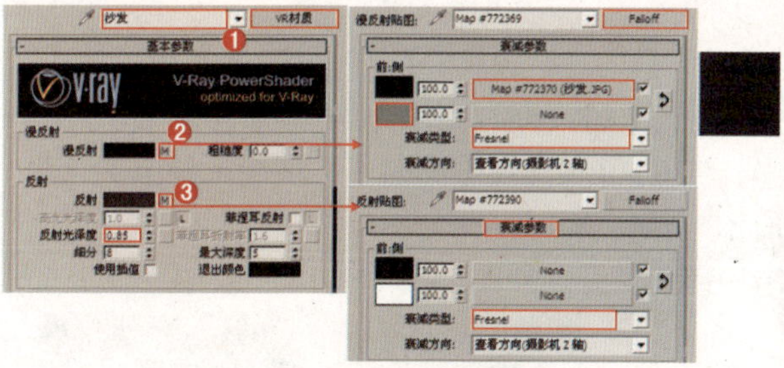

图 14-17　沙发材质的参数

图 14-18　将材质赋予模型

14.3.6 地毯材质的调制

01 选择一个空白材质球，然后将材质类型设置为【VR 材质】，接着将其命名为“地毯”，在【漫反射】选项组下加载“地毯 .jpg”贴图文件，如图 14-19 所示。

02 将制作好的地毯材质赋予场景中的地毯模型，如图 14-20 所示。

图 14-19　地毯材质的参数

图 14-20　将材质赋予模型

14.3.7　不锈钢材质的调制

01 选择一个空白材质球，然后将材质类型设置为【VR 材质】，接着将其命名为“不锈钢”，在【漫反射】选项组下调节颜色为 R=34、G=34、B=34，在【反射】选项组下调节颜色为 R=127、G=127、B=127，设置【高光光泽度】为 0.95，【反射光泽度】为 0.85，如图 14-21 所示。

02 将制作好的不锈钢材质赋予场景中的金属椅子模型，如图 14-22 所示。

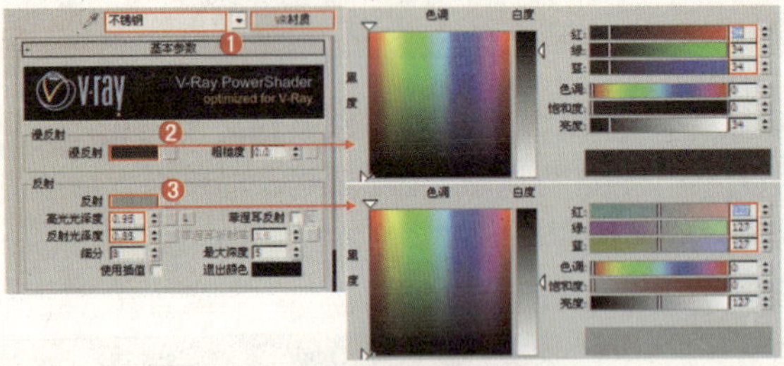

图 14-21　不锈钢材质的参数

图 14-22　将材质赋予模型

14.3.8　镜子材质的调制

01 选择一个空白材质球，然后将材质类型设置为【VR 材质】，接着将其命名为“镜子”，在【漫反射】选项组下调节颜色为 R=0、G=0、B=0，在【反射】选项组下调节颜色为 R=255、G=255、B=255，如图 14-23 所示。

02 将制作好的镜子材质赋予场景中镜面结构部分模型，如图 14-24 所示。

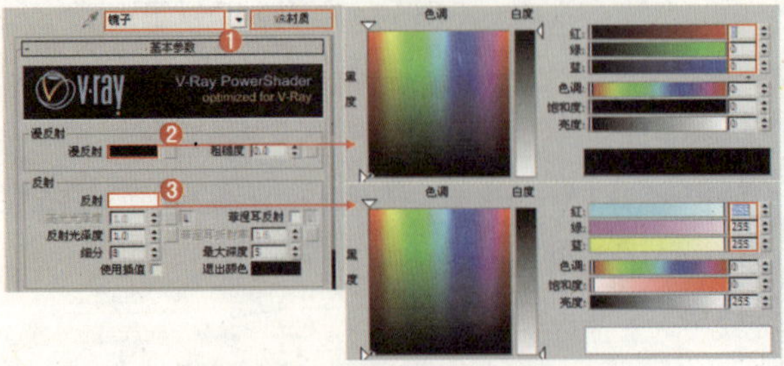

图 14-23　镜子材质的参数

图 14-24　将材质赋予模型

14.4 设置灯光并进行草图渲染

在本例欧式客厅场景中，灯光主要分为两种类型，第一种使用 VRay 太阳模拟阳光光源；第二种使用 VRay 灯光模拟窗外天光光源。

14.4.1 制作阳光光源

01 单击（创建）|（灯光）| VR太阳 按钮，在顶视图中单击并拖曳鼠标，创建一盏 VRay 太阳灯光，在各个视图中调整一下它的位置，具体的位置如图 14-25 所示。

02 选择创建的 VRay 太阳灯光，在【修改】命令面板下展开【VRay 太阳参数】卷展栏，设置【强度倍增】为 0.06、【大小倍增】为 5.0。【阴影细分】为 10，如图 14-26 所示。

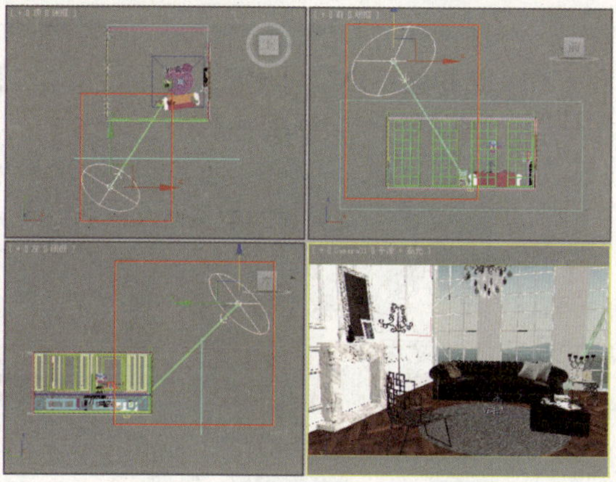

图 14-25 VRay 太阳灯光的位置

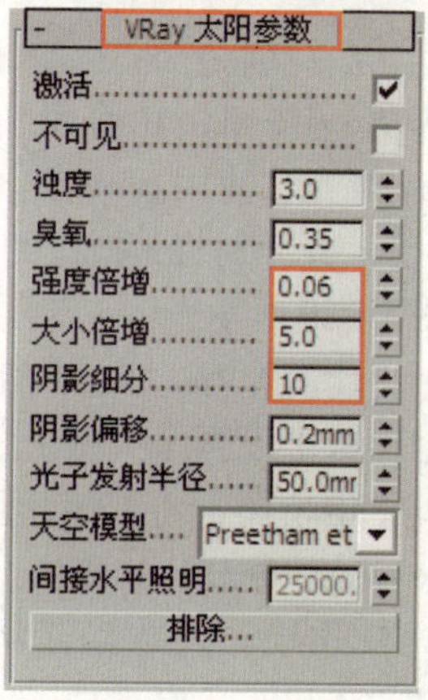

图 14-26 VRay 太阳灯光的参数

设置完这盏 VRay 太阳灯光后，就可以设置一下简单的渲染参数。

03 按 F10 键，打开【渲染设置】对话框。首先设置一下【VRay】和【间接照明】选项卡下的参数，刚开始设置的是一个草图，目的是进行快速渲染，来观看整体的效果，参数设置如图 14-27 所示。

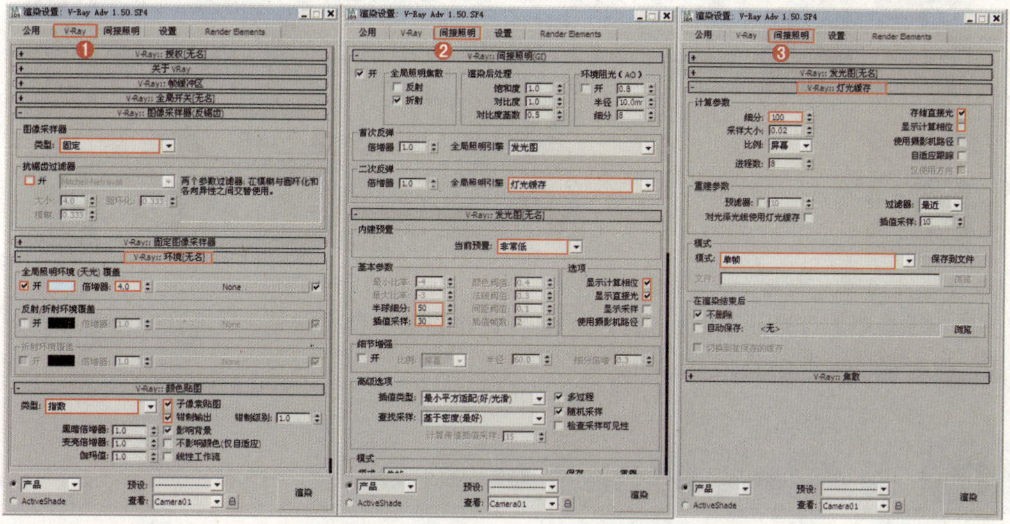

图 14-27 VRay 渲染器参数的设置

04 按 Shift+Q 组合键，快速渲染摄影机视图，其渲染效果如图 14-28 所示。

图 14-28　测试渲染的效果

14.4.2　制作窗外天光光源

01 单击（创建）|（灯光）| VR灯光 按钮，在前视图中创建一盏 VRay 灯光，使用 Shift 键 + 移动工具复制 3 盏，并分别将其拖曳到窗口的位置，如图 14-29 所示。

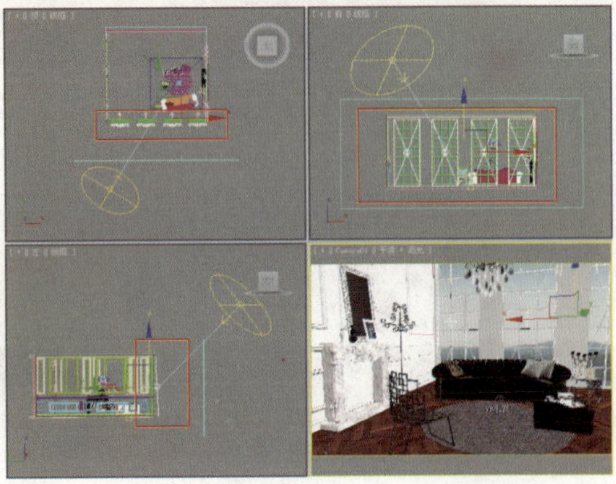

图 14-29　VRay 灯光的位置

02 选择创建的 VRay 灯光，然后在【修改】命令面板下设置【类型】为“平面”，设置【倍增器】为 12.0，调节【颜色】为 R=255、G=255、B=249，设置【1/2 长】为 745.0mm，【1/2 宽】为 1950.0mm，勾选【不可见】复选框，设置【细分】为 15，如图 14-30 所示。

03 按 Shift+Q 组合键，快速渲染摄影机视图，其渲染效果如图 14-31 所示。

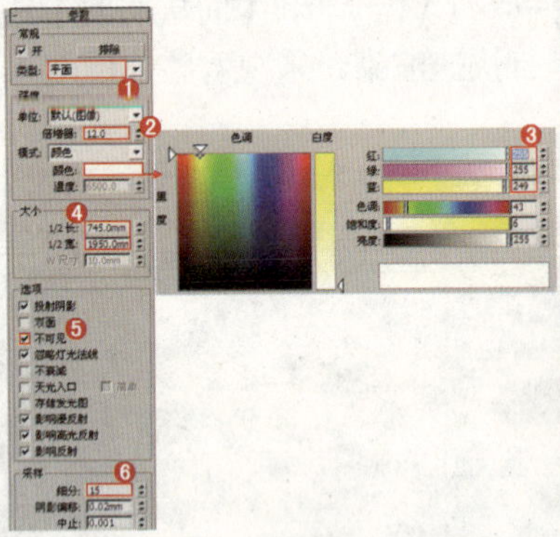

图 14-30　VRay 灯光的参数

图 14-31　测试渲染效果

整个场景中的灯光就设置完成了，下面需要做的就是精细调整一下灯光细分参数及渲染参数，进行最终的渲染。

14.5 设置成图渲染参数

01 重新设置一下渲染参数，按 F10 键，在打开的【渲染设置】对话框中，选择【V-Ray】

选项卡，展开【V-Ray:: 图像采样器（反锯齿）】卷展栏，设置【类型】为“自适应确定性蒙特卡洛”，接着在【抗锯齿过滤器】选项组下勾选【开】复选框，并选择“Mitchell-Netravali”，展开【V-Ray:: 自适应确定性蒙特卡洛图像采样器】卷展栏，设置【最小细分】为 2、【最大细分】为 5，如图 14-32 所示。

02 展开【V-Ray:: 环境 [无名]】卷展栏，在【全剧照明环境（天光）覆盖】选项组下勾选【开】复选框，并进行调节，设置【倍增器】为 4，展开【V-Ray:: 颜色贴图】卷展栏，设置【类型】为“指数”，勾选【子像素贴图】和【钳制输出】复选框，如图 14-33 所示。

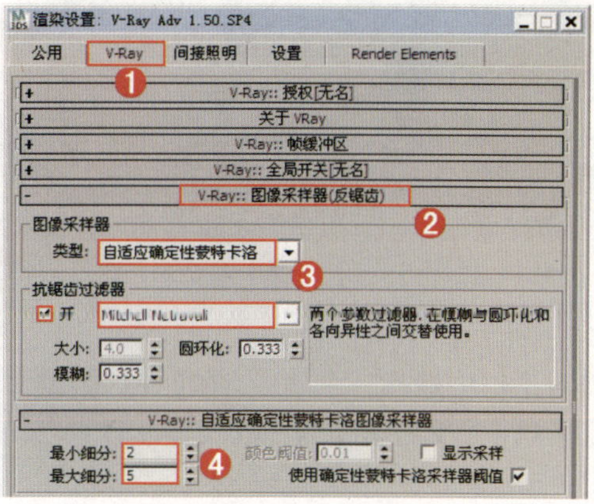

图 14-32 【V-Ray】选项卡参数

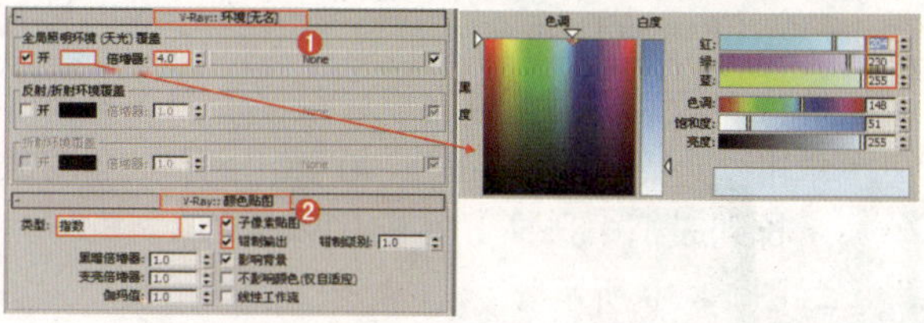

图 14-33 【环境】和【颜色贴图】参数

03 选择【间接照明】选项卡，展开【V-Ray:: 发光图 [无名]】卷展栏，设置【当前预置】为“低”，设置【半球细分】为 50、【插值采样】为 30，展开【V-Ray:: 灯光缓存】卷展栏，设置【细分】为 1000，取消勾选【存储直接光】复选框，如图 14-34 所示。

04 选择【设置】选项卡，展开【V-Ray:: 确定性蒙特卡洛采样器】卷展栏，设置【噪波阈值】为 0.005、【最小采样值】为 15，展开【V-Ray:: 系统】卷展栏，设置【区域排序】为“上→下”，最后取消勾选【显示窗口】复选框，如图 14-35 所示。

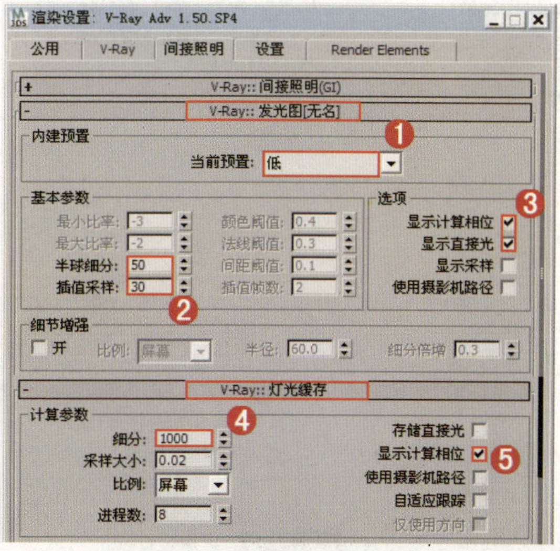

图 14-34 【间接照明】选项卡参数

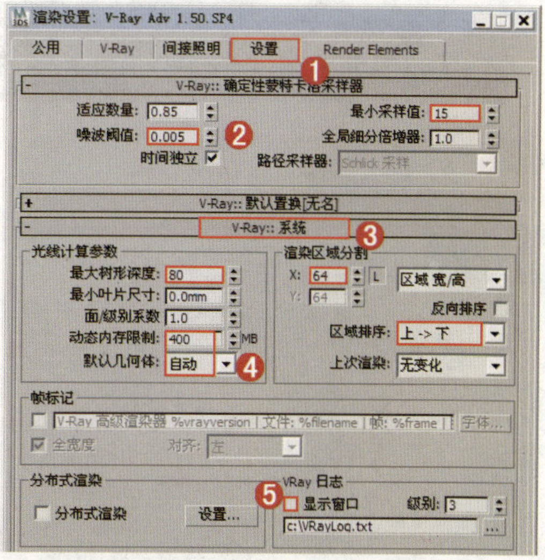

图 14-35 【系统】选项卡参数

05 选择【Render Elements】选项卡，单击【添加】按钮并在弹出的【渲染元素】面板中选择【VRay 线框颜色】选项，如图 14-36 所示。

06 选择【公用】选项卡，设置输出的尺寸为 1400 × 900，如图 14-37 所示。

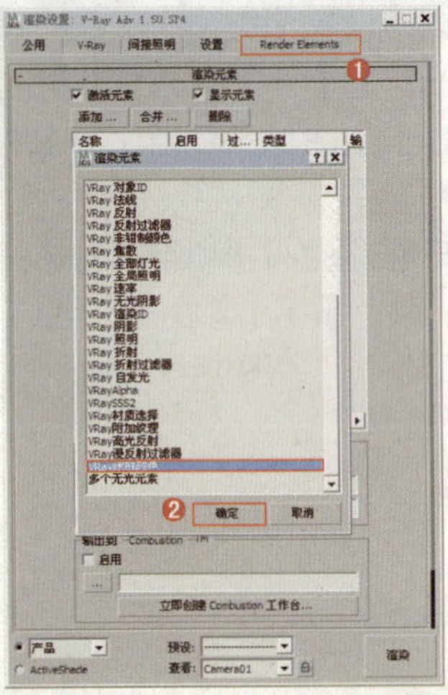

图 14-36 【Render Elements】选项卡参数

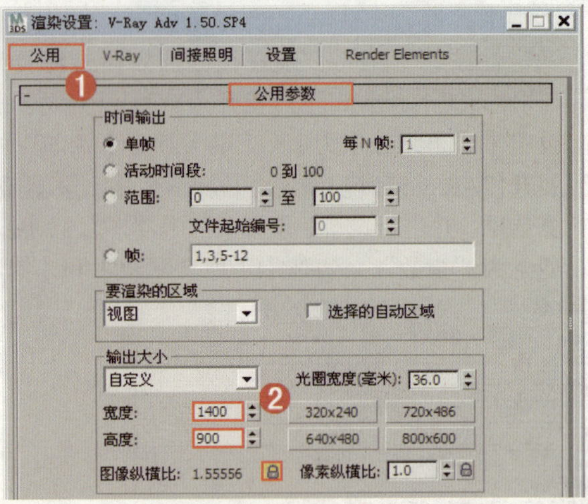

图 14-37 【公用】选项卡参数

07 等待一段时间后渲染完成，最终的效果如图 14-38 所示。

08 单击（保存位图）按钮，在弹出的【保存图像】对话框中选择一个路径，在【保存类型】下拉列表框中选择【BMP 图像文件（*.bmp）】格式，【文件名】为“欧式客厅日景”，如图 14-39 所示。

图 14-38 渲染效果

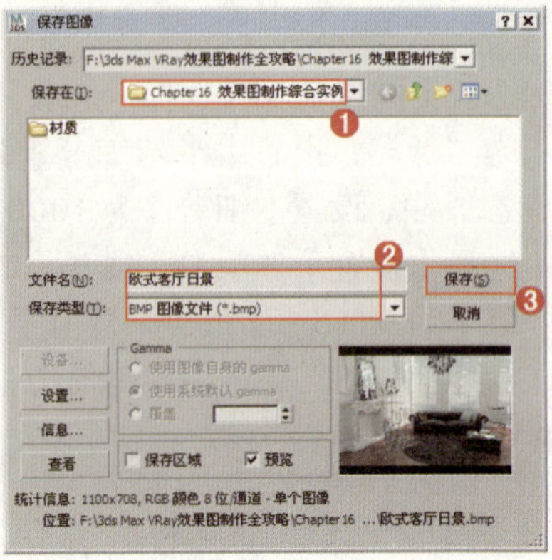

图 14-39 对渲染的文件进行保存

14.6 效果图后期处理

如图 14-40 所示为后期处理前后效果。

图 14-40 处理前后的效果

01 启动 Photoshop 软件，打开上面输出的“欧式客厅日景 .bmp”文件，效果如图 14-41 所示。

图 14-41　打开图像

02 选择菜单【图像】|【调整】|【色阶】命令，如图 14-42 所示。在弹出的【色阶】对话框中调节具体的参数如图 14-43 所示。

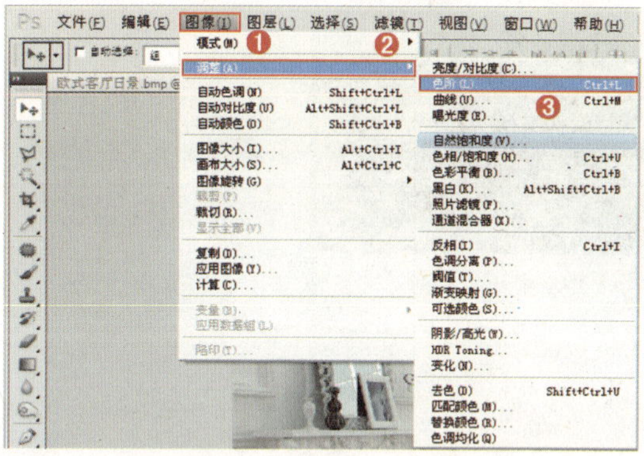

图 14-42　执行【色阶】命令

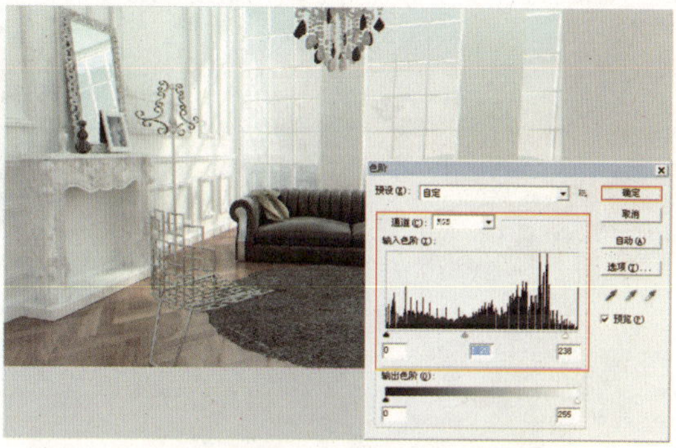

图 14-43　【色阶】调节

03 选择菜单【图像】|【调整】|【亮度 / 对比度】命令，如图 14-44 所示。在弹出的【亮度 / 对比度】对话框中调节亮度和对比度，调节后的效果如图 14-45 所示。

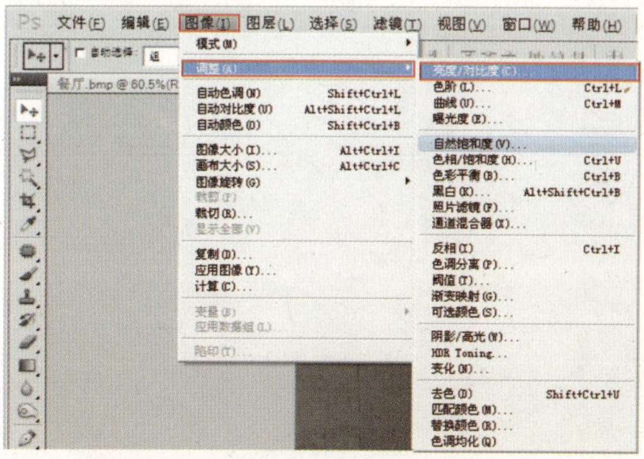

图 14-44　执行【亮度 / 对比度】命令

图 14-45　【亮度 / 对比度】调节

04 选择菜单【滤镜】|【锐化】|【智能锐化】命令，如图 14-46 所示。在弹出的【智能锐化】对话框中，设置【数量】为 40%、【半径】为 0.5 像素，如图 14-47 所示。

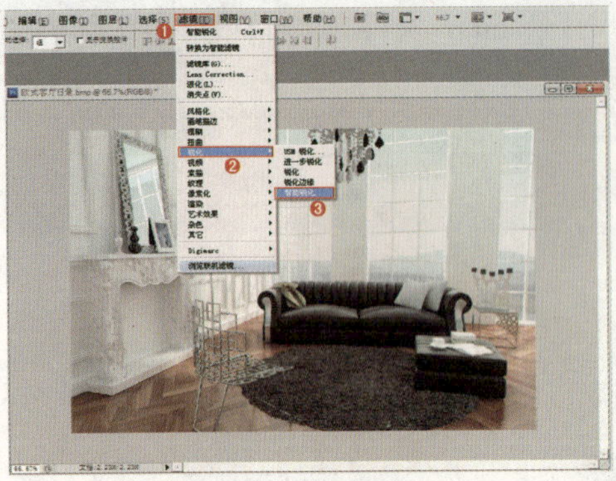

图 14-46　执行【智能锐化】命令

图 14-47　【智能锐化】调节

05 选择菜单【文件】|【存储为】命令，将处理后的文件另存为“欧式客厅日景 01. bmp”，最终图像效果如图 14-48 所示。

图 14-48　最终图像效果

第15章

贵族奢华——新古典风格客厅

场景文件	场景文件\15.max
案例文件	最终文件\第15章\新古典风格客厅.max
视频教学	视频\新古典风格客厅.flv
视频长度	14分11秒
难易指数	★★★★★
灯光类型	VRay灯光、目标灯光、目标聚光灯
材质类型	VRayMtl材质、混合材质、VR材质包裹器材质
程序贴图	衰减程序贴图
技术掌握	掌握VRayMtl材质、混合材质、VR材质包裹器材质、VRay灯光、目标灯光、目标聚光灯的使用方法

15.1 实例介绍

本例是一个新古典风格客厅空间，新古典主义的设计风格其实是经过改良的古典主义风格。一方面保留了材质、色彩的大致风格，仍然可以很强烈地感受传统的历史痕迹与浑厚的文化底蕴，同时又摒弃了过于复杂的肌理和装饰，简化了线条。室内明亮灯光表现主要使用VRay灯光、目标灯光、目标聚光灯来制作，使用VRayMtl材质、混合材质、VR材质包裹器材质制作本例的主要材质，制作完成后的渲染效果如图15-1所示。

图 15-1　最终渲染效果

15.2 导入场景并设置 VRay 渲染器

01 打开随书配套光盘中的“场景文件\15.max”文件，此时场景效果如图15-2所示。

02 按F10键，打开【渲染设置】对话框，选择【公用】选项卡，在【指定渲染器】卷展栏下单击...按钮，在弹出的【选择渲染器】对话框中选择【V-Ray Adv 1.50 .SP4】，如图15-3所示。

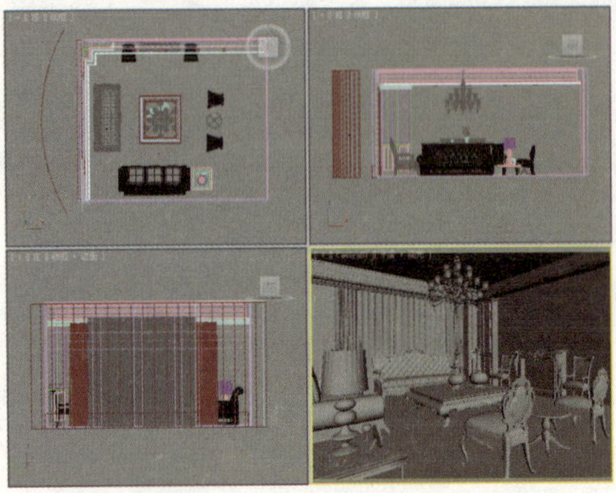

图 15-2　场景效果

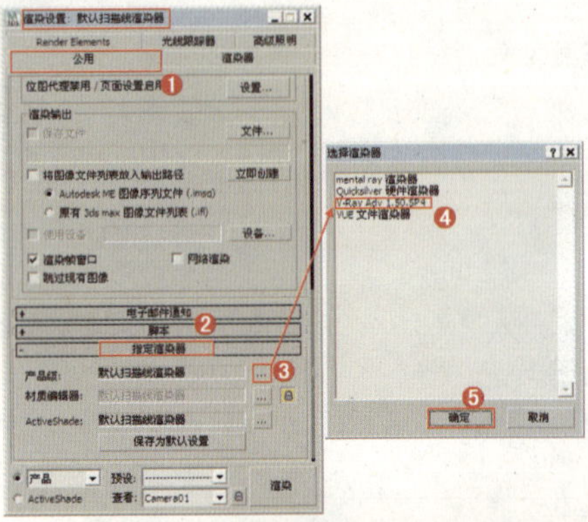

图 15-3　执行 VRay 渲染器

03 此时在【指定渲染器】卷展栏下的【产品级】后面显示了【V-Ray Adv 1.50 .SP4】，同时在【渲染设置】对话框中会出现【V-Ray】、【间接照明】、【设置】等选项卡，如图15-4所示。

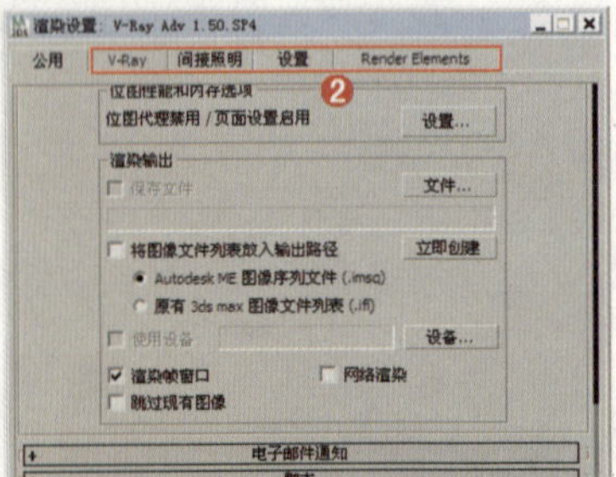

图 15-4　VRay 渲染器参数

15.3 材质的调制

下面来讲述场景中的主要材质的调制，包括窗纱、沙发绒布、理石台面、瓷瓶、沙发、金属、地毯、黑漆、墙砖材质等，效果如图 15-5 所示。

图 15-5　场景中主要材质

15.3.1　窗纱材质的制作

01 按 M 键，打开【材质编辑器】对话框，选择一个空白材质球，单击 Arch & Design 按钮，在弹出的【材质 / 贴图浏览器】对话框中选择【混合】材质，如图 15-6 所示。

02 将其命名为“窗纱”，展开【混合基本参数】卷展栏，在【材质 1】和【材质 2】后面的通道上加载了【VRay 材质】，如图 15-7 所示。

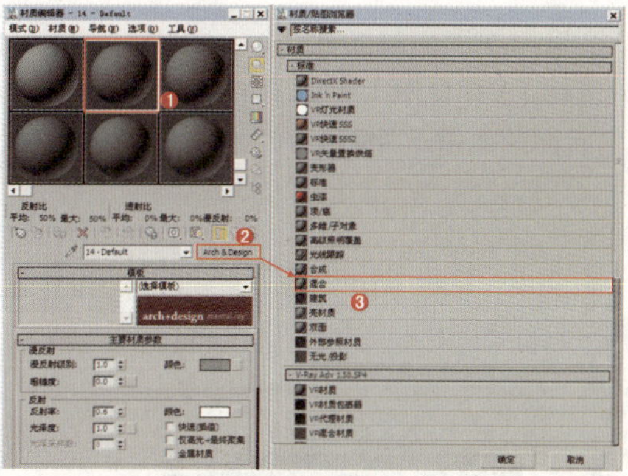

图 15-6　选择【混合】材质

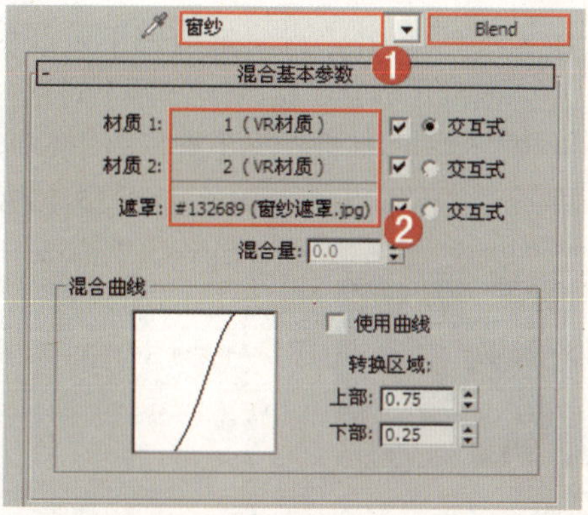

图 15-7　混合基本参数

03 单击进入【材质 1】的通道中，调节【漫反射】颜色为 R=236、G=238、B=247，在【折射】选项组下调节颜色为 R=185、G=185、B=185，最后勾选【影响阴影】，如图 15-8 所示。

04 单击进入【材质 2】的通道中，调节【漫反射】颜色为 R=238、G=245、B=253，在【折射】选项组下调节颜色为 R=8、G=8、B=8，最后勾选【影响阴影】复选框，如图 15-9 所示。

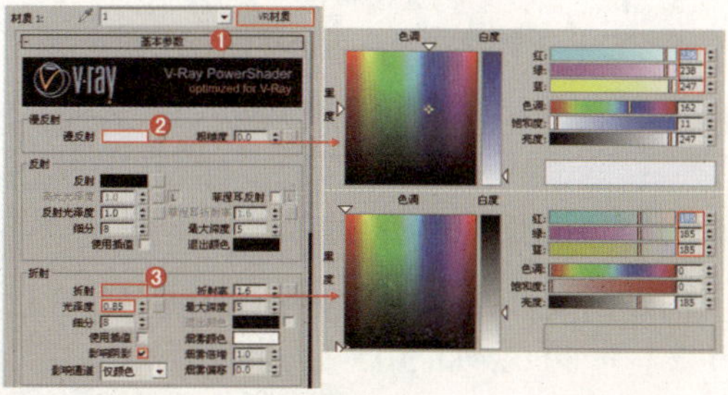

图 15-8　【材质 1】的 VRay 材质参数

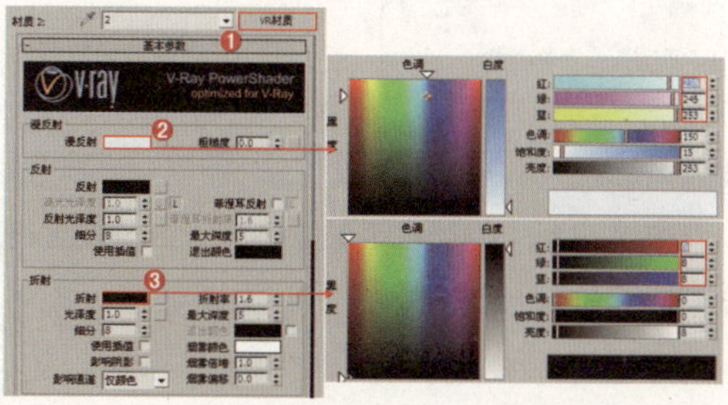

图 15-9　【材质 2】VRay 材质参数

05 在【混合基本参数】卷展栏下的通道上加载“窗纱遮罩.jpg”贴图文件，如图 15-10 所示。

06 将制作好的窗纱材质赋予场景中的窗纱部分模型，如图 15-11 所示。

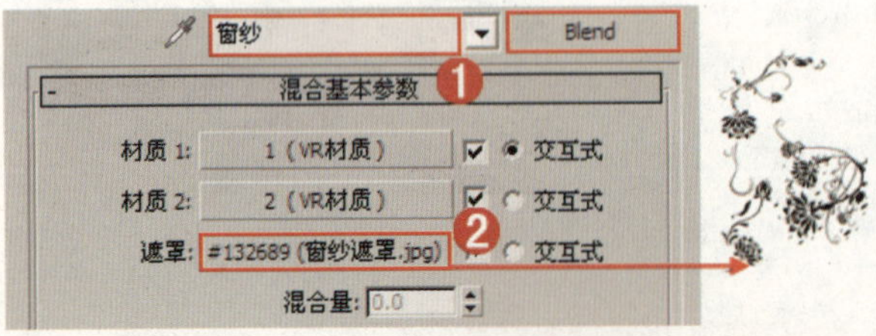

图 15-10　加载窗纱遮罩

图 15-11　将材质赋予模型

>>> 技巧与提示

在【遮罩】后面的通道上加载黑白贴图，贴图中白色部分渲染材质 1，黑色部分渲染材质 2。

15.3.2　地毯材质的调制

01 按 M 键，打开【材质编辑器】对话框，选择一个空白材质球，单击 Arch & Design 按钮，在弹出的【材质 / 贴图浏览器】对话框中选择【VR 材质】，如图 15-12 所示。

02 将其命名为“地毯”，在【漫反射】选项组下后面的通道上加载一张“地毯.jpg”贴图文件，并设置【模糊】为 0.01，如图 15-13 所示。

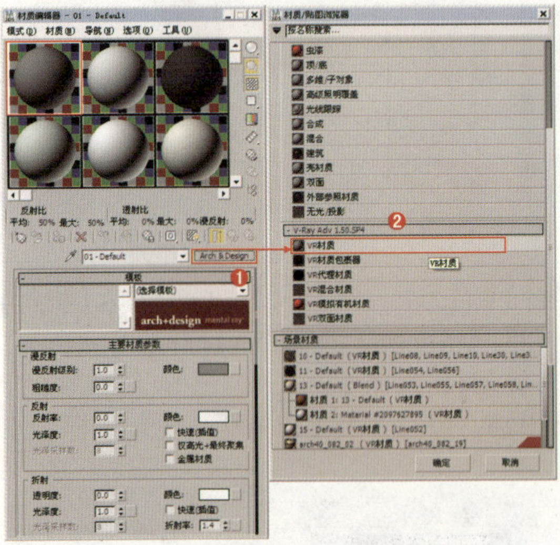

图 15-12　选择 VRay 材质

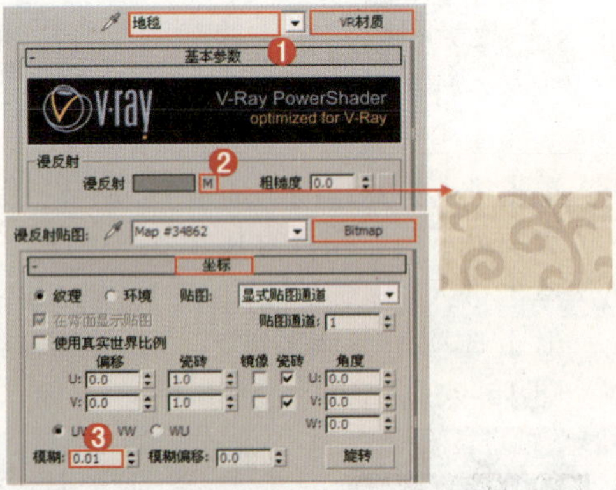

图 15-13　加载地毯贴图

>>> 技巧与提示

在【坐标】卷展栏下的【模糊】数值设置得越低，渲染的贴图精度就会越高。

03 展开【贴图】卷展栏，单击【漫反射】通道上的贴图文件并将其拖曳到【凹凸】通道上，并设置【方法】为【复制】，最后设置【凹凸】为 60.0，如图 15-14 所示。

04 将制作好的地毯材质赋予场景中的地面模型，如图 15-15 所示。

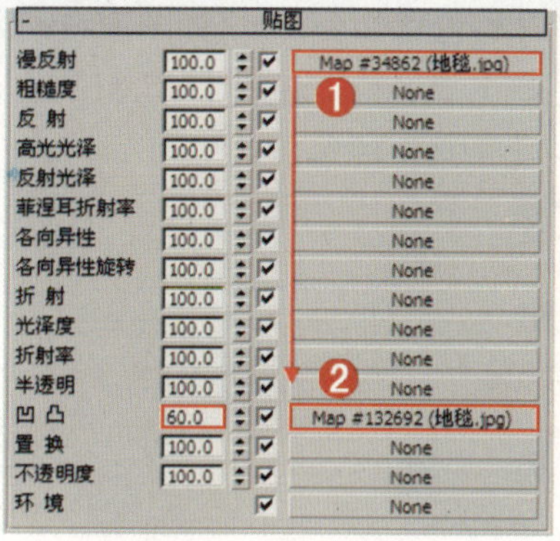

图 15-14　加载凹凸贴图

图 15-15　将材质赋予模型

15.3.3　墙砖材质的调制

01 选择一个空白材质球，然后将材质类型设置为【VR 材质】，接着将其命名为“墙砖”，在【漫反射】选项组下调节颜色为 R=0、B=0、B=0，在【反射】选项组下调节反射颜色为 R=72、G=72、B=72，设置【反射光泽度】为 0.98、【细分】为 10，如图 15-16 所示。

02 展开【贴图】卷展栏，在【凹凸】后面的通道上加载“平铺”程序贴图，并设置其具体的参数，最后设置【凹凸】为 40.0，如图 15-17 所示。

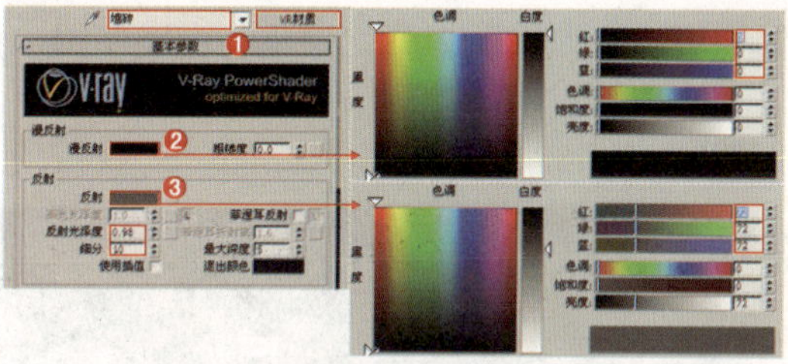

图 15-16　墙砖材质的参数

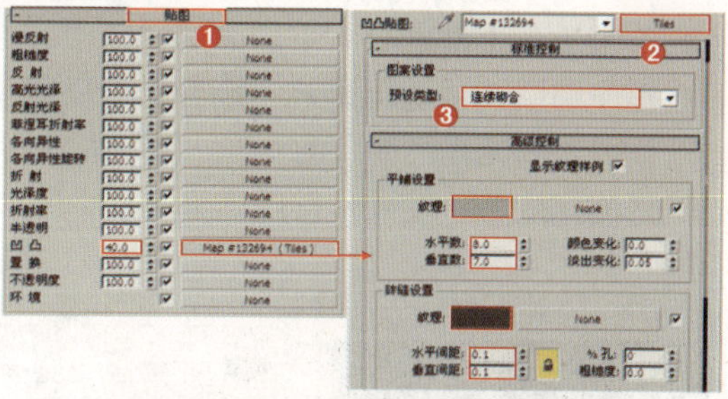

图 15-17　加载平铺程序贴图

03 将制作好的墙砖材质赋予场景中的装饰墙面模型，如图 15-18 所示。

图 15-18　将材质赋予模型

15.3.4　沙发绒布材质的调制

01 按 M 键，打开【材质编辑器】对话框，选择一个空白材质球，单击 Arch & Design 按钮，在弹出的【材质/贴图浏览器】对话框中选择【VR材质包裹器】材质，如图15-19所示。

02 将其命名为“沙发绒布”，在【VR材质包裹器参数】卷展栏下加载【VR材质】，如图15-20所示。

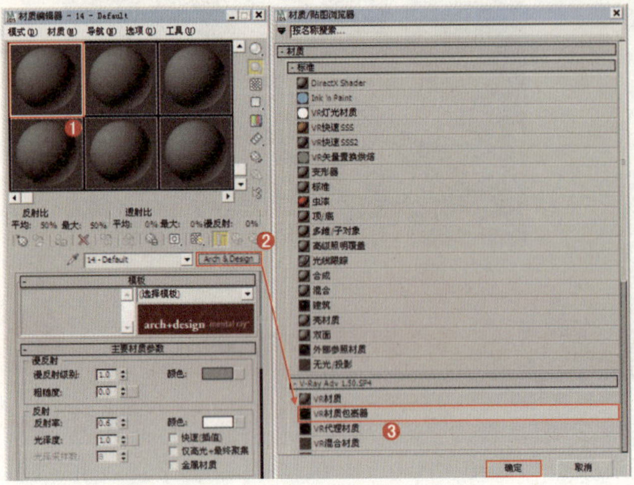

图 15-19　选择 VRay 材质包裹器

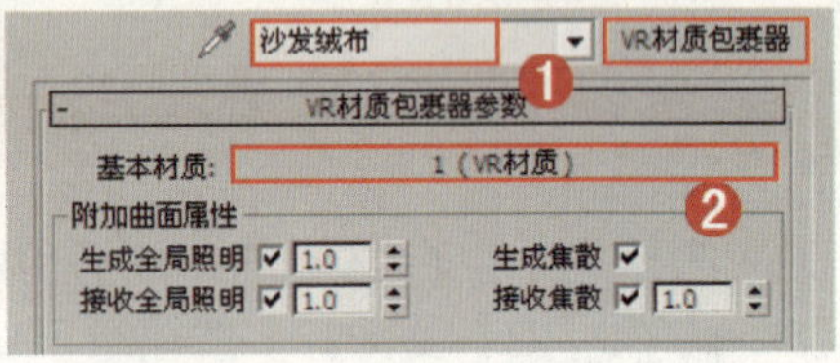

图 15-20　VRay 材质包裹器参数

>>> 技巧与提示

当有大面积的材质时，如墙面顶面乳胶漆、地面地板，还有溢色严重的材质，最好使用VR材质包裹器，要不然会严重溢色，影响室内效果。

03 单击进入【基本材质】后面的通道中，在【漫反射】选项组下的通道上加载“衰减”程序贴图，并进行调节，接着在【反射】选项组下的通道上加载“衰减”程序贴图，设置【高光光泽度】为0.7、【反射光泽度】为0.7，如图15-21所示。

04 将制作好的沙发绒布材质赋予场景中的沙发模型，如图15-22所示。

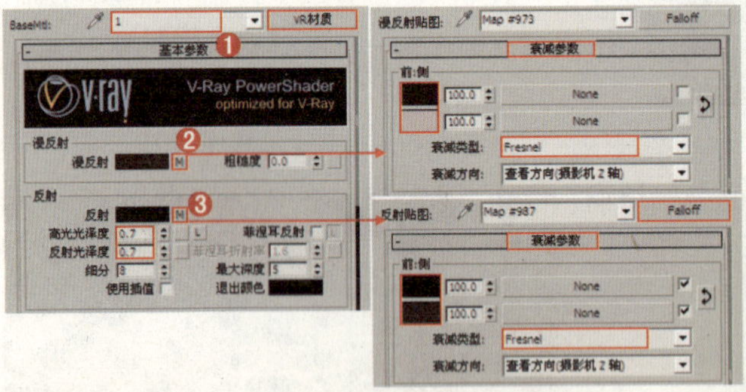

图 15-21　VRay 材质的参数

图 15-22　将材质赋予模型

15.3.5　黑漆材质的调制

01 选择一个空白材质球，然后将材质类型设置为【VR材质】，接着将其命名为“黑漆”，在【漫反射】选项组下调节颜色为R=0、G=0、B=0，在【反射】选项组下调节颜色为R=39、G=39、B=39，设置【高光光泽度】为0.9、【反射光泽度】为0.95，如图15-23所示。

02 将制作好的黑漆材质赋予场景中的椅子结构模型，如图15-24所示。

图 15-23　黑漆材质的参数

图 15-24　将材质赋予模型

15.3.6　理石台面材质的调制

01 选择一个空白材质球，然后将材质类型设置为【VR 材质】，接着将其命名为“理石台面”，在【漫反射】选项组的通道上加载“理石台面.jpg”贴图文件，在【反射】选项组下调节【反射】颜色为 R=59、G=59、B=59，设置【反射光泽度】为 0.95，如图 15-25 所示。

02 将制作好的理石台面材质赋予场景中的茶几台面模型，如图 15-26 所示。

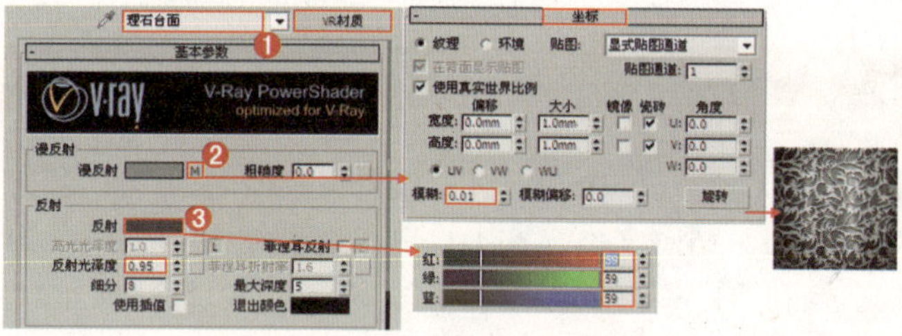

图 15-25　理石台面材质的参数

图 15-26　将材质赋予模型

15.3.7　瓷瓶材质的调制

01 选择一个空白材质球，然后将材质类型设置为【VR 材质】，接着将其命名为“瓷瓶”，调节【漫反射】颜色和【反射】颜色均为 R=255、G=255、B=255，接着勾选【菲涅耳反射】复选框，如图 15-27 所示。

02 将制作好的瓷瓶材质赋予场景中装饰瓷瓶的模型，如图 15-28 所示。

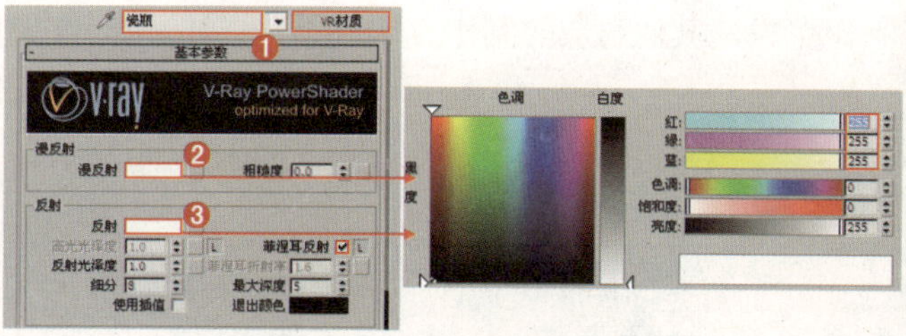

图 15-27　瓷瓶材质的参数

图 15-28　将材质赋予模型

>>> 技巧与提示

勾选【非涅耳反射】复选框可以使其反射更加真实。

15.3.8 金属材质的调制

01 选择一个空白材质球，然后将材质类型设置为【VR 材质】，接着将其命名为“金属”，在【漫反射】选项组下调节颜色为 R=67、G=67、B=67，在【反射】选项组下调节颜色为 R=206、G=206、B=206，设置【反射光泽度】为 0.98，【细分】为 15，如图 15-29 所示。

02 将制作好的金属材质赋予场景中的矮柜模型，如图 15-30 所示。

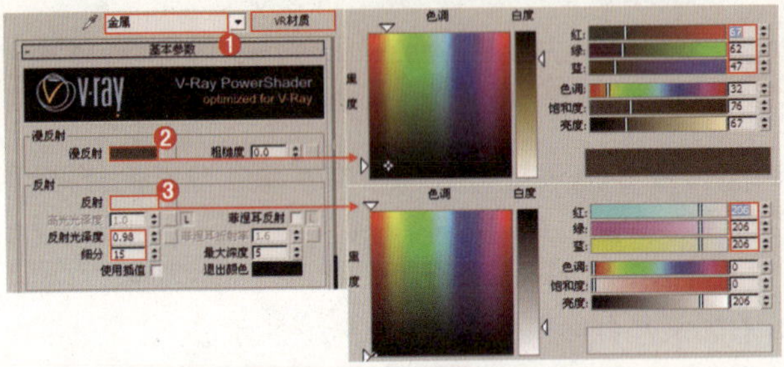

图 15-29　金属材质的参数

图 15-30　将材质赋予模型

15.3.9 沙发材质的调制

01 选择一个空白材质球，然后将材质类型设置为【VR 材质】，接着将其命名为“沙发”，在【漫反射】选项组下加载“沙发 .jpg”贴图文件，在【反射】选项组下调节颜色为 R=12、G=12、B=12，设置【反射光泽度】为 0.5、【细分】为 10，如图 15-31 所示。

02 将制作好的沙发材质赋予场景中的沙发模型，如图 15-32 所示。

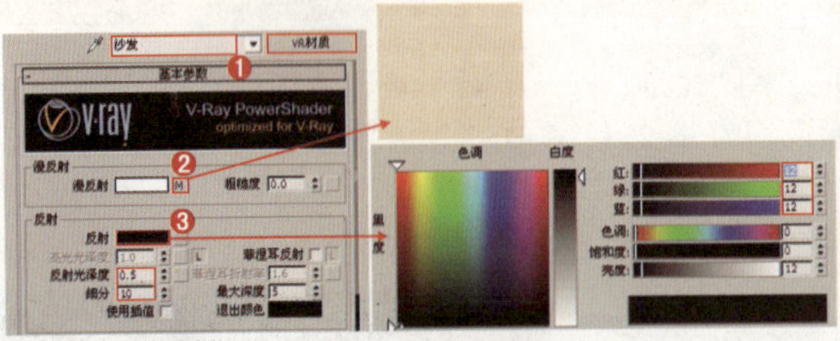

图 15-31　加载沙发贴图文件

图 15-32　将材质赋予模型

至此场景中主要模型的材质已经制作完成，其他材质的制作方法就不再详述了。

15.4 设置灯光并进行测试渲染

在本例新古典风格客厅场景中，使用两种灯光照明来表现，一种使用了夜晚天光；一种使用了室内灯光的照明（吊灯、台灯、灯带、射灯）。

15.4.1 制作夜晚室外天光

01 单击（创建）|（灯光）| VR灯光 按钮，在左视图中创建一盏 VRay 灯光，并将其拖曳到室外，VRay 灯光的大小与窗口类似，具体的位置如图 15-33 所示。

02 选择创建的 VRay 灯光，在【修改】命令面板下设置【类型】为“平面”，设置【倍增器】为 10.0，调节颜色为 R=94、G=103、B=144，设置【1/2 长】为 1350.0mm，【1/2 宽】为 2200.0mm，勾选【不可见】复选框，如图 15-34 所示。

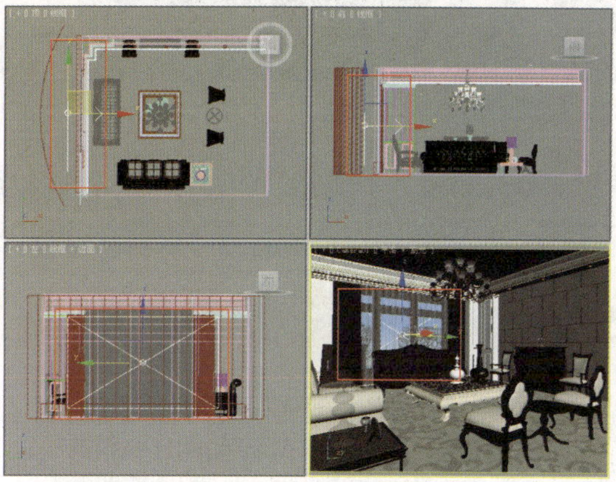

图 15-33　VRay 灯光的位置

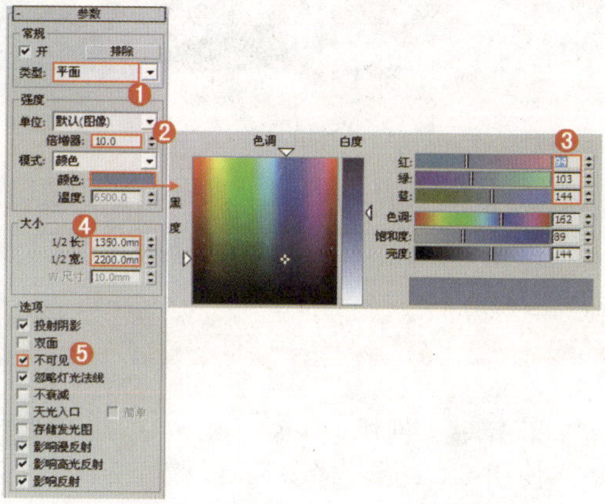

图 15-34　VRay 灯光的参数

>>> 技巧与提示

将 VRay 灯光的颜色调节为深蓝色，可以模拟夜晚室外的天光效果。

设置完这盏 VRay 灯光后，就可以设置一下简单的渲染参数。

03 按 F10 键，打开【渲染设置】对话框。首先设置一下【VRay】和【间接照明】选项卡下的参数，刚开始设置的是一个草图，目的是进行快速渲染，来观看整体的效果，参数设置如图 15-35 所示。

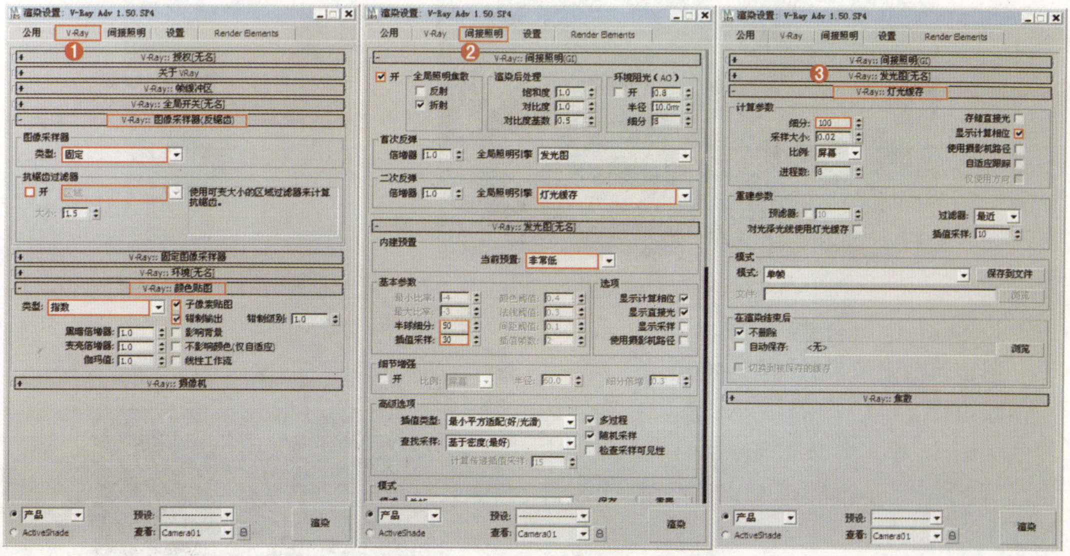

图 15-35　VRay 渲染器参数的设置

04 按数字键 8，打开【环境和效果】面板，调节颜色为 R=110、G=120、B=189，如图 15-36 所示。

05 按 Shift+Q 组合键，快速渲染摄影机视图，其渲染效果如图 15-37 所示。

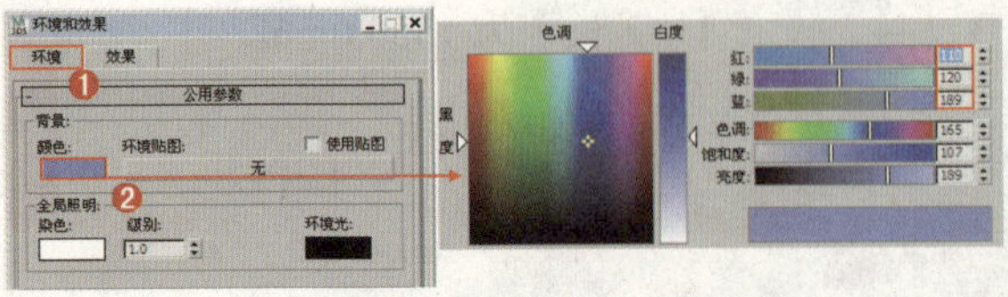

图 15-36　环境和效果面板

图 15-37　测试渲染的效果

通过图 15-37 中的效果来看，客厅窗口室外部分的效果基本满意，但是室内四周比较黑暗，需要制作射灯的光源来制作场景中的主要光源。

15.4.2　制作射灯的光源

01 单击（创建）|（灯光）| 目标灯光 按钮，在前视图中创建一盏目标灯光，接着使用 Shift 键 + 移动工具复制 17 盏，并将其拖曳到射灯的下方，位置如图 15-38 所示。

02 选择创建的目标灯光，在【修改】命令面板下勾选【启用】复选框，并设置【阴影类型】为“VRay 阴影”，设置【灯光分布（类型）】为“光度学 Web”，在通道上加载“29.ies”光域网文件，设置【强度】为 15000.0，勾选【区域阴影】复选框，设置【UVW 大小】为 30.0mm，如图 15-39 所示。

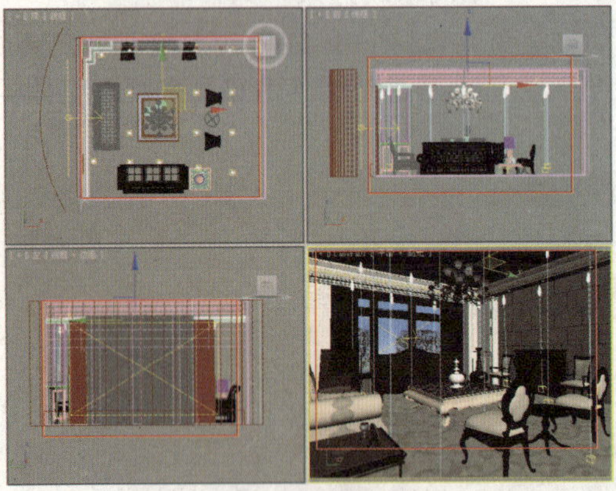

图 15-38　目标灯光的位置

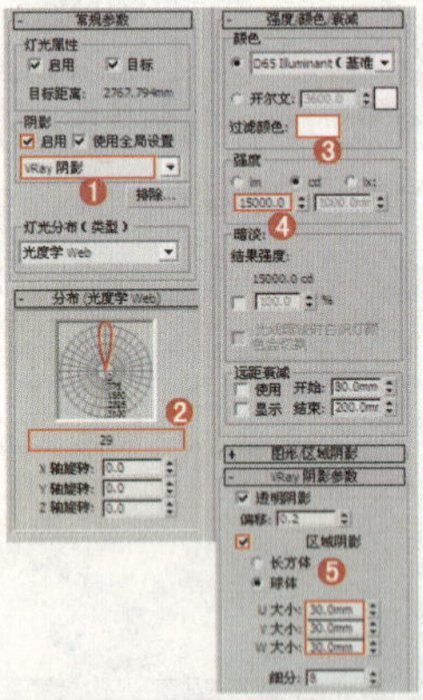

图 15-39　目标灯光的参数

03 按 Shift+Q 组合键，快速渲染摄影机视图，其渲染效果如图 15-40 所示。

通过图 15-40 中的效果来看，在客厅四周的射灯灯光效果基本满意，但是客厅中央吊灯的光源还不够理想，下面制作吊灯的光源。

图 15-40　测试渲染效果

15.4.3 制作客厅吊灯的光源

01 单击（创建）|（灯光）| VR灯光 按钮，在顶视图中创建一盏 VRay 灯光，接着使用 Shift+ 移动工具复制 17 盏，并将其拖曳到吊灯的灯罩中，位置如图 15-41 所示。

02 分别选择创建的 VRay 灯光，在【修改】命令面板，下设置【类型】为“球体”，【倍增器】为 70.0，调节颜色为 R=255、G=231、B=206，设置【半径】为 50.0mm，勾选【不可见】复选框，设置【细分】为 12，如图 15-42 所示。

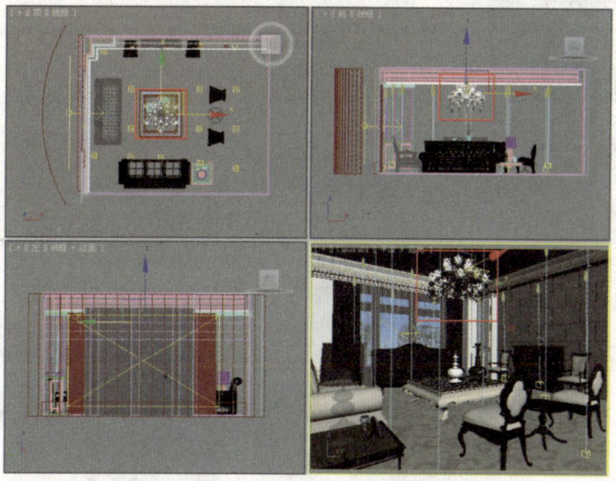

图 15-41　VRay 灯光的位置

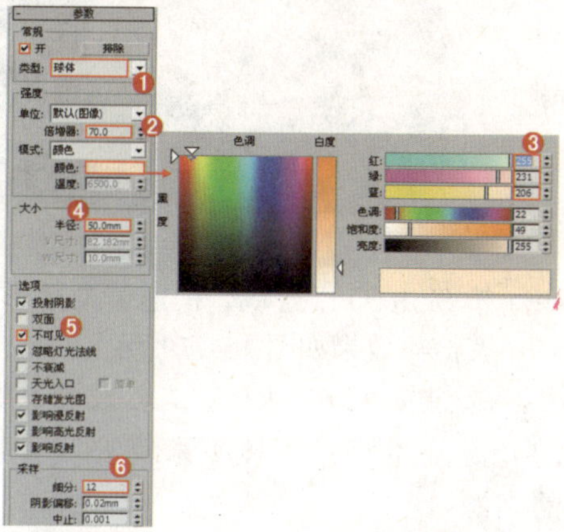

图 15-42　VRay 灯光的参数

03 单击（创建）|（灯光）| 目标聚光灯 按钮，在前视图中创建一盏目标聚光灯，并将其拖曳到吊灯的下方，位置如图 15-43 所示。

04 选择创建的目标聚光灯，在【修改】命令面板下勾选【启用】复选框，并设置【阴影类型】为“VRay 阴影”，设置【倍增】为 12.0，勾选【远距衰减】选项组下的【使用】复选框，设置【开始】为 80.0mm、【结束】为 2325.0mm，设置【聚光区 / 光束】为 43.0、【衰减区 / 区域】为 65.6，勾选【区域阴影】复选框，设置【UVW 大小】为 30.0mm，如图 15-44 所示。

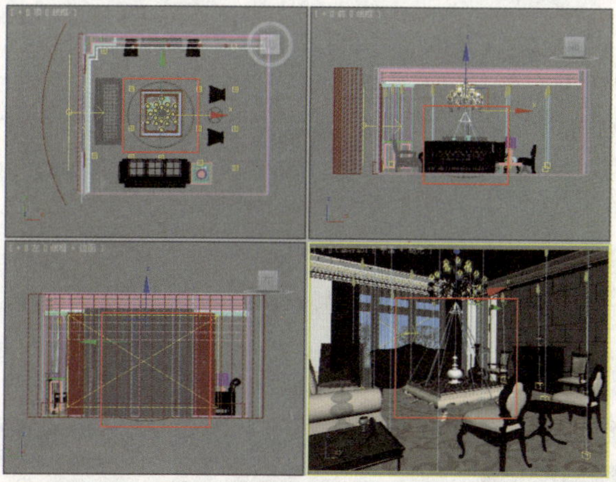

图 15-43　目标聚光灯的位置

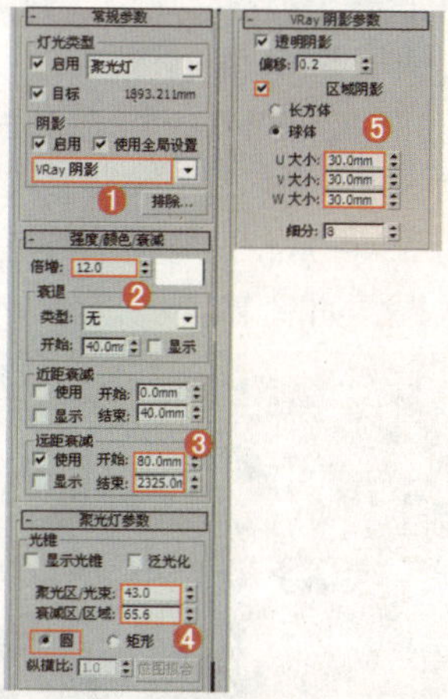

图 15-44　目标聚光灯的参数

05 继续使用目标聚光灯进行创建，具体的位置如图 15-45 所示。选择创建的目标聚光灯，在【修改】命令面板下勾选【启用】复选框，并设置【阴影类型】为“VRay 阴影”，设置【倍增】为 4.0，勾选【远距衰减】选项组下的【使用】复选框，设置【开始】为 80.0mm、【结束】为 697.5mm，设置【聚光区 / 光束】为 108.0，【衰减区 / 区域】为

110.0，勾选【区域阴影】复选框，设置【UVW 大小】为 30.0mm，如图 15-46 所示。

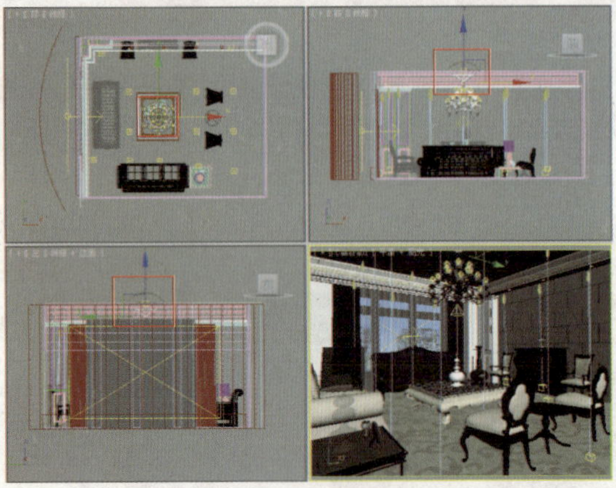

图 15-45　目标聚光灯的位置

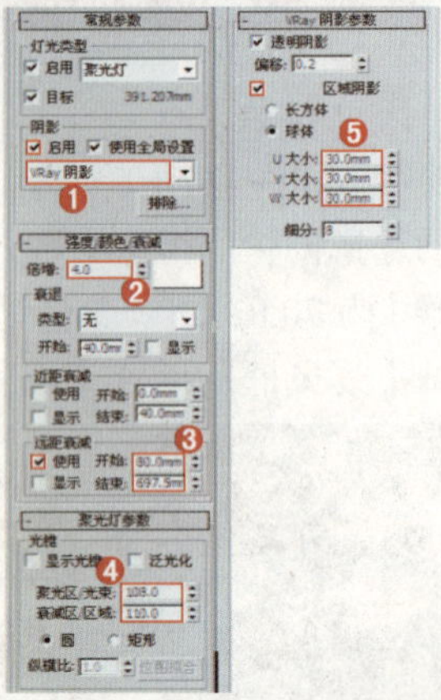

图 15-46　目标聚光灯的参数

06 按 Shift+Q 组合键，快速渲染摄影机视图，其渲染效果如图 15-47 所示。

通过图 15-47 中的效果来看，客厅吊灯的光源基本满意，接下来需要制作客厅灯带的光源。

图 15-47　测试渲染效果

15.4.4　制作客厅顶棚灯带的光源

01 单击（创建）|（灯光）| VR灯光 按钮，在顶视图中创建一盏 VRay 灯光，接着使用 Shift 键 + 移动工具复制 1 盏，并将其放置到窗框的上方部位，如图 15-48 所示。

02 选择创建的 VRay 灯光，在【修改】命令面板下设置【类型】为“平面”，【倍增器】为 50.0，调节颜色为 R=252、G=191、B=84，设置【1/2 长】为 50.0mm、【1/2 宽】为 2840.0mm，勾选【不可见】复选框，取消勾选【影响高光反射】和【影响反射】复选框，如图 15-49 所示。

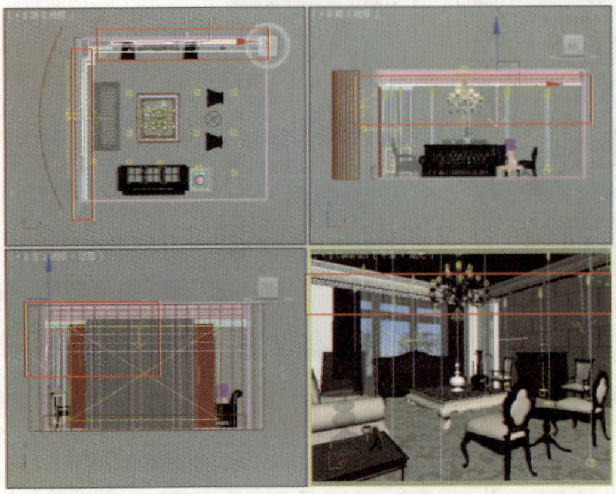

图 15-48　VRay 灯光的位置

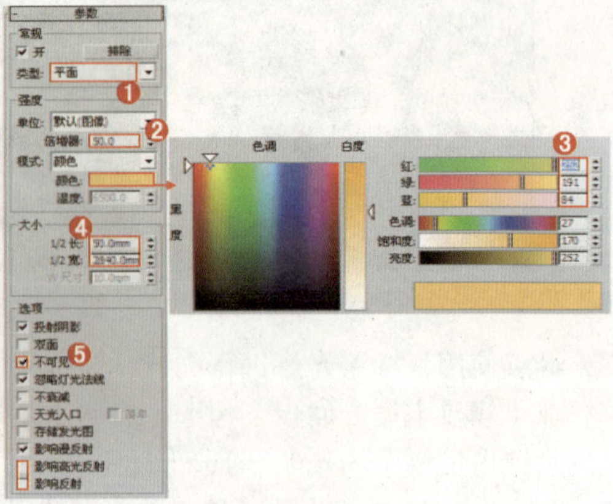

图 15-49　VRay 灯光的参数

03 按 Shift+Q 组合键，快速渲染摄影机视图，其渲染效果如图 15-50 所示。

通过图 15-50 中的效果来看，在窗口窗帘顶端的位置处出现了一道灯带，效果基本满意，最后制作新古典客厅台灯的光源。

图 15-50　测试渲染效果

15.4.5　制作客厅中台灯的光源

01 单击（创建）|（灯光）| VR灯光 按钮，在顶视图中创建一盏 VRay 灯光，并将其放置在台灯灯罩中，位置如图 15-51 所示。

02 选择创建的 VRay 灯光，在【修改】命令面板下设置【类型】为“球体”，【倍增器】为 30.0，调节颜色为 R=255、G=237、B=218，设置【半径】为 70.0mm，勾选【不可见】复选框，如图 15-52 所示。

03 按 Shift+Q 组合键，快速渲染摄影机视图，其渲染效果如图 15-53 所示。

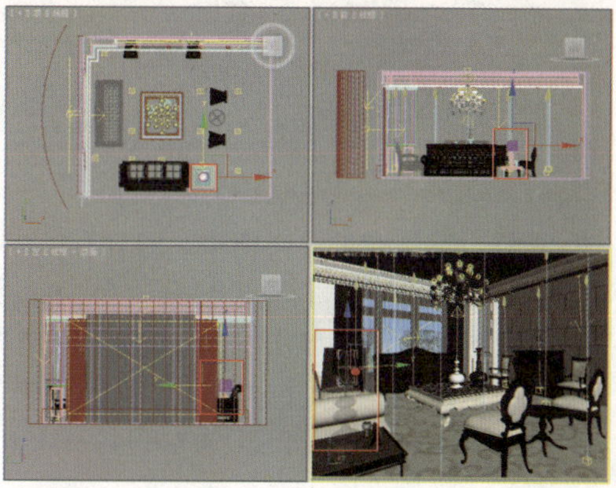

图 15-51　VRay 灯光的位置

整个场景中的灯光就设置完成了，下面需要做的就是精细调整一下灯光细分参数及渲染参数，进行最终的渲染。

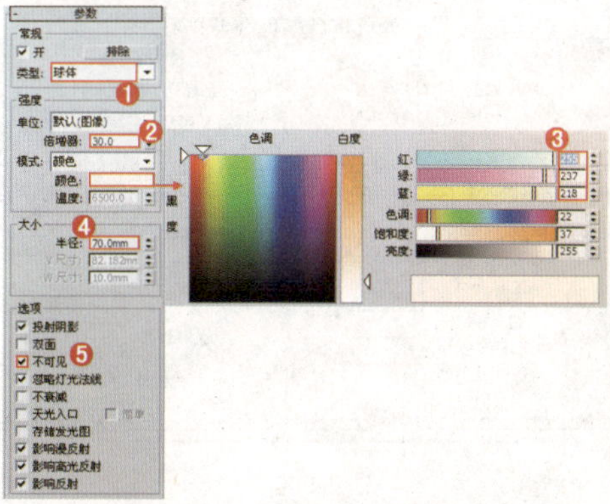

图 15-52　VRay 灯光的参数

图 15-53　测试渲染效果

15.5 设置成图渲染参数

01 重新设置一下渲染参数，按 F10 键，在打开的【渲染设置】对话框中，选择【V-Ray】选项卡，展开【V-Ray:: 图像采样器（反锯齿）】卷展栏，设置【类型】为“自适应确定性蒙特卡洛”，接着在【抗锯齿过滤器】选项组下勾选【开】复选框，并选择

"Mitchell-Netravali"，展开【V-Ray:: 自适应确定性蒙特卡洛图像采样器】卷展栏，设置【最小细分】为 2、【最大细分】为 4，如图 15-54 所示。

02 选择【环境】卷展栏，展开【V-Ray:: 颜色贴图】卷展栏，设置【类型】为"指数"，勾选【子像素贴图】和【钳制输出】复选框，如图 15-55 所示。

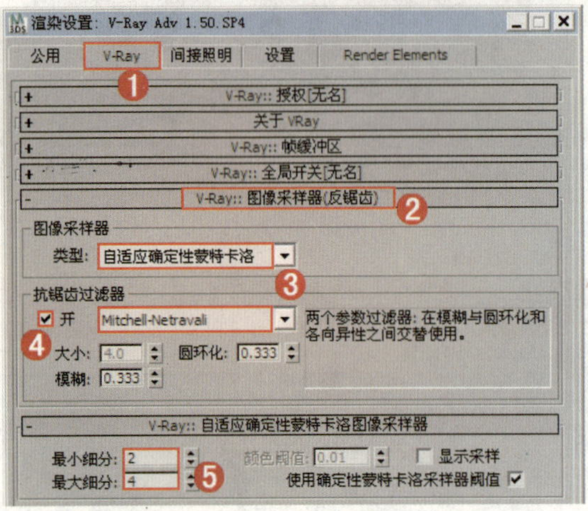

图 15-54 【V-Ray】选项卡参数

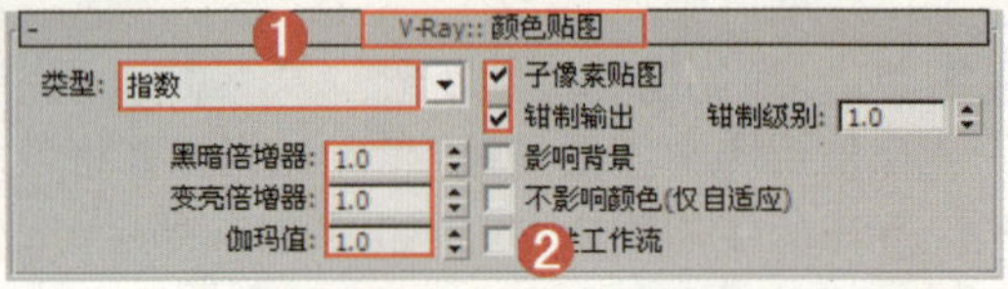

图 15-55 【V-Ray:: 颜色贴图】卷展栏参数

03 选择【间接照明】选项卡，展开【V-Ray:: 发光图 [无名]】卷展栏，设置【当前预置】为"低"，设置【半球细分】为 50、【插值采样】为 30，展开【V-Ray:: 灯光缓存】卷展栏，设置【细分】为 1000，取消勾选【存储直接光】复选框，如图 15-56 所示。

04 选择【设置】选项卡，展开【V-Ray:: 确定性蒙特卡洛采样器】卷展栏，设置【噪波阈值】为 0.008、【最小采样值】为 10，展开【V-Ray:: 系统】卷展栏，设置【默认几何体】为"静态"，设置【区域排序】为"上→下"，最后取消勾选【显示窗口】复选框，如图 15-57 所示。

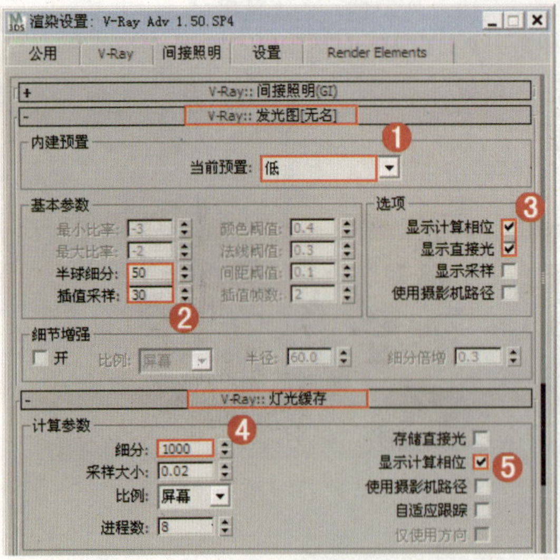

图 15-56 【间接照明】选项卡参数

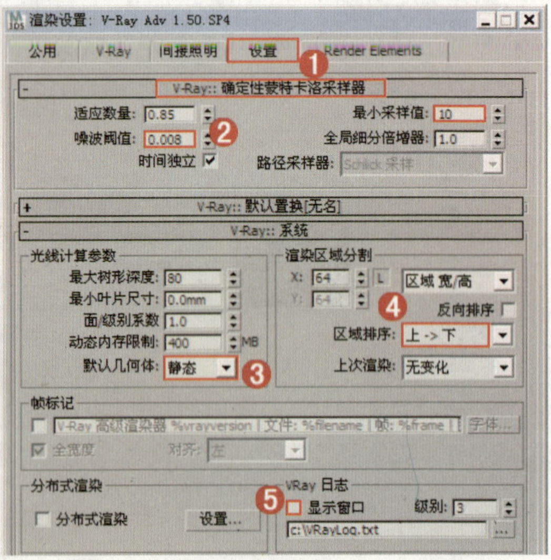

图 15-57 【设置】选项卡参数

05 选择【Render Elements】选项卡，单击【添加】并在弹出的【渲染元素】面板中选择【VRay 线框颜色】选项，如图 15-58 所示。

06 选择【公用】选项卡，设置输出的尺寸为 1500×1125，如图 15-59 所示。

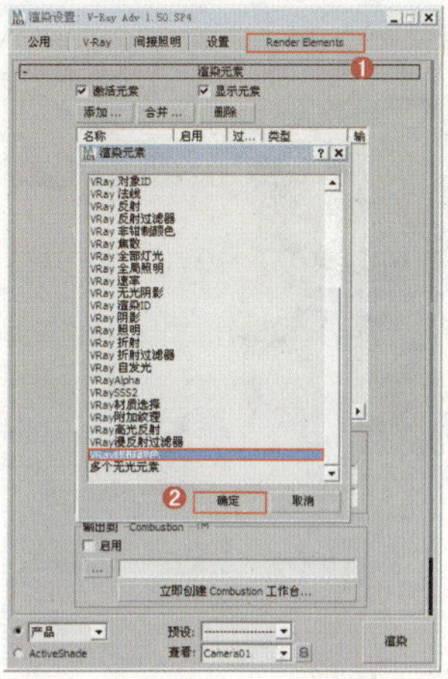

图 15-58 【Render Elements】选项卡参数

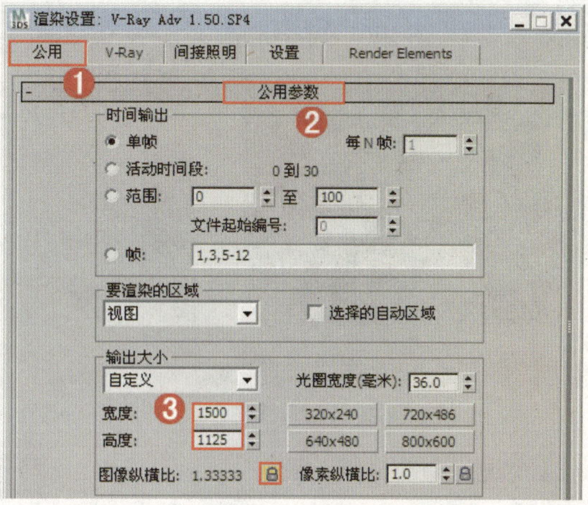

图 15-59 【公用】选项卡参数

07 等待一段时间后就渲染完成了，最终效果如图 15-60 所示。

08 单击 (保存位图)按钮，在弹出的【保存图像】对话框中选择一个路径，在【保存类型】下拉列表框中选择【BMP 图像文件(*.bmp)】格式，【文件名】为“新古典风格客厅”，如图 15-61 所示。

图 15-60 最终渲染效果

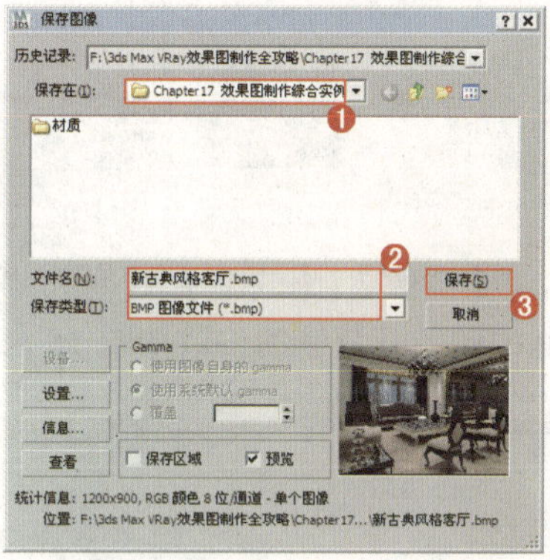

图 15-61 对渲染的文件进行保存

15.6 效果图后期处理

当渲染完成以后，就需要对图像进行后期处理，进行最后的调整。如图 15-62 所示为后期处理前后效果。

图 15-62 处理前后的效果

01 启动 Photoshop 软件，打开上面输出的“新古典风格客厅 .bmp”文件，效果如图 15-63 所示。按 Ctrl + M 组合键，打开【曲线】对话框，调整参数，如图 15-64 所示。

02 选择菜单【图像】|【调整】|【亮度 / 对比度】命令，如图 15-65 所示。在弹出的【亮度 / 对比度】对话框中调节亮度和对比度，调节后的效果如图 15-66 所示。

图 15-63 打开图像

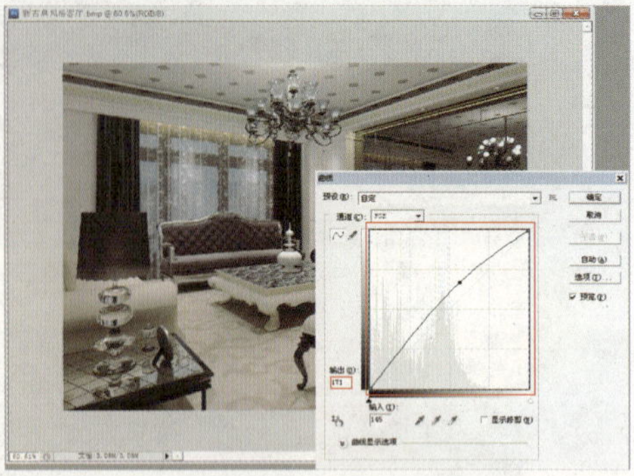

图 15-64 【曲线】调节

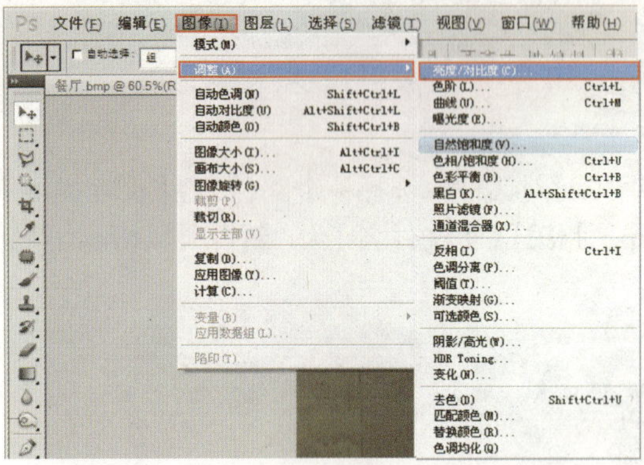

图 15-65 执行【亮度/对比度】命令

图 15-66 【亮度/对比度】调节

03 选择菜单【图像】|【调整】|【色彩平衡】命令，如图 15-67 所示。在弹出的【色彩平衡】对话框中调节其具体的参数如图 15-68 所示。

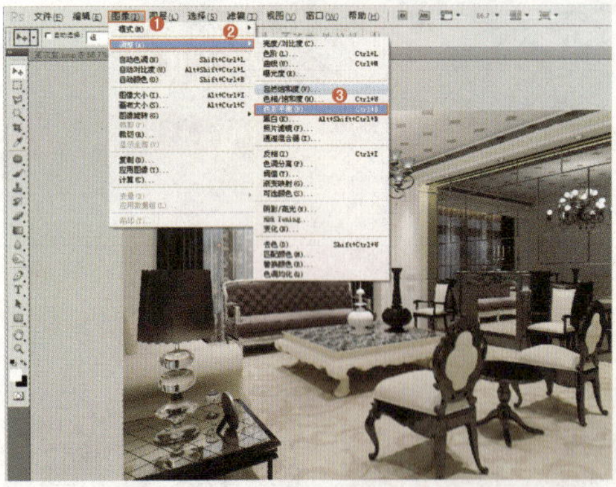

图 15-67 执行【色彩平衡】命令

图 15-68 【色彩平衡】调节

04 选择菜单【文件】|【存储为】命令，将处理后的文件另存为“新古典风格客厅 01. bmp”，最终图像效果如图 15-69 所示。

图 15-69 最终图像效果

第16章

简约时尚——现代风格更衣室

场景文件	场景文件\16.max
案例文件	最终文件\第16章\更衣室.max
视频教学	视频\现代风格更衣室.flv
视频长度	10分21秒
难易指数	★★★★☆
灯光类型	VRay太阳、VRay灯光、目标灯光
材质类型	VRayMtl材质
程序贴图	无
技术掌握	掌握VR材质、VRay太阳、目标灯光、VRay灯光的使用方法

16.1 实例介绍

本例是一个简约风格更衣室空间，室内明亮灯光表现主要使用 VRay 太阳模拟太阳光、VRay 灯光模拟窗外天光光源、目标灯光模拟射灯，使用 VRayMtl 材质制作本例的主要材质，制作完成后的最终效果如图 16-1 所示。

图 16-1　最终渲染效果

16.2 导入场景并设置 VRay 渲染器

01 打开随书配套光盘中的“场景文件\16.max”文件，此时场景效果如图 16-2 所示。

02 按 F10 键，打开【渲染设置】对话框，选择【公用】选项卡，在【指定渲染器】卷展栏下单击…按钮，在弹出的【选择渲染器】对话框中选择【V-Ray Adv 1.50 .SP4】，如图 16-3 所示。

03 此时在【指定渲染器】卷展栏，【产品级】后面显示了【V-Ray Adv 1.50 .SP4】，同时在【渲染设置】对话框中会出现【V-Ray】、【间接照明】、【设置】等选项卡，如图 16-4 所示。

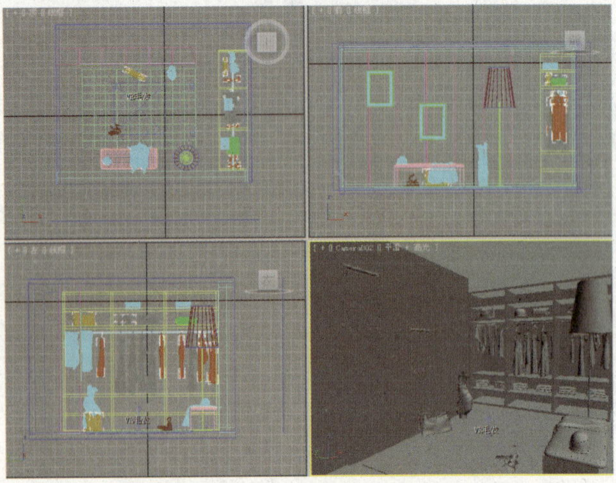

图 16-2　场景效果

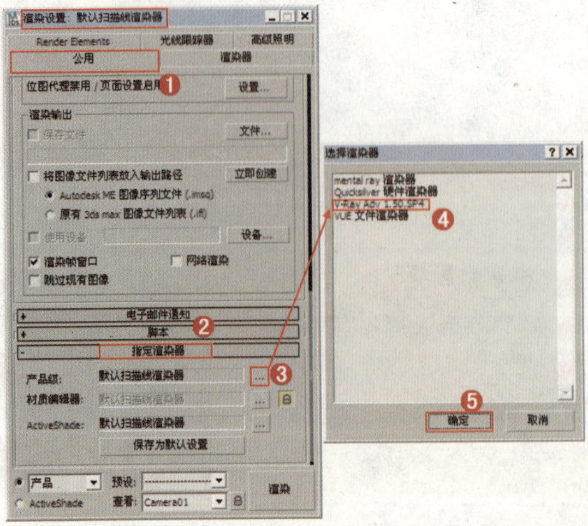

图 16-3　执行 VRay 渲染器

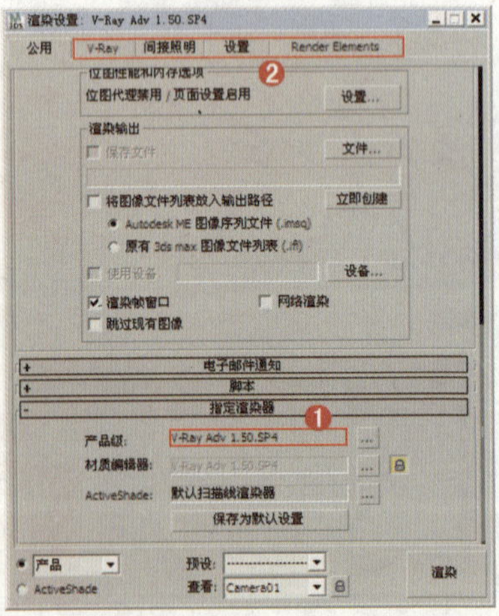

图 16-4　VRay 渲染器参数

16.3 材质的调制

下面来讲述场景中的主要材质的调制，包括装饰画、白漆、皮质、地毯、水泥地面、木纹、衣服、乳胶漆材质等，效果如图 16-5 所示。

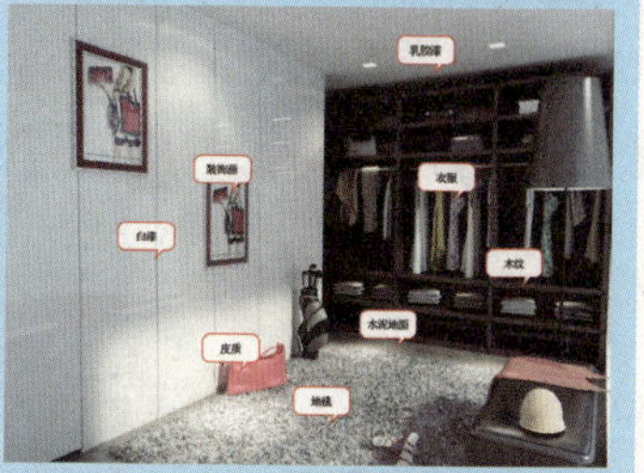

图 16-5　场景中主要材质

16.3.1　地砖材质的调制

01 按 M 键，打开【材质编辑器】对话框，选择一个空白材质球，单击 Arch & Design 按钮，在弹出的【材质 / 贴图浏览器】对话框中选择【VR 材质】，如图 16-6 所示。

02 将其命名为“地毯”，在【漫反射】选项组下加载“地毯.jpg”贴图文件，如图 16-7 所示。

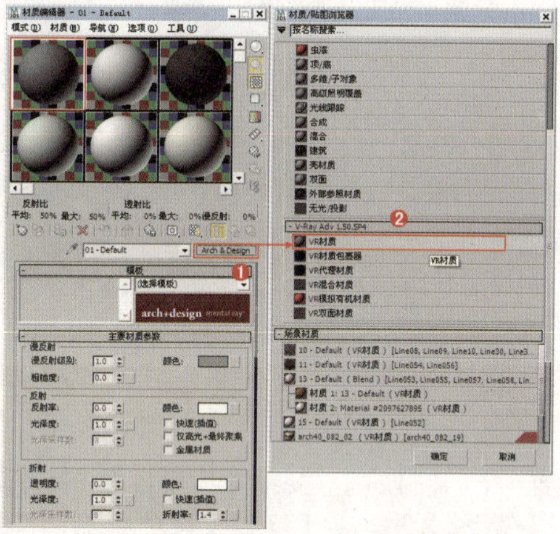

图 16-6　选择 VRay 材质

图 16-7　加载地毯贴图文件

03 将制作好的地毯材质赋予场景中的地毯部分模型，如图 16-8 所示。

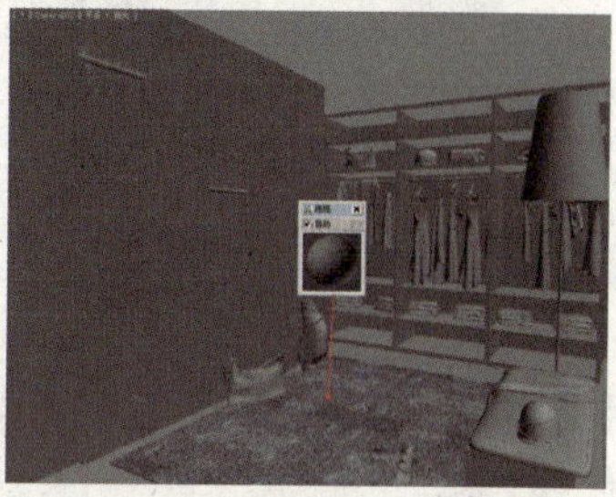

图 16-8　将材质赋予模型

16.3.2　白漆材质的调制

01 按 M 键，打开【材质编辑器】对话框，选择一个空白材质球，单击 Arch & Design 按钮，在弹出的【材质 / 贴图浏览器】对话框中选择【VR 材质】，如图 16-9 所示。

02 将其命名为“白漆”，在【漫反射】选项组下调节颜色为 R=240、G=240、B=240，接着在【反射】选项组下调节颜色为R=255、G=255、B=255，设置【细分】为12，勾选【菲涅耳反射】复选框，如图16-10所示。

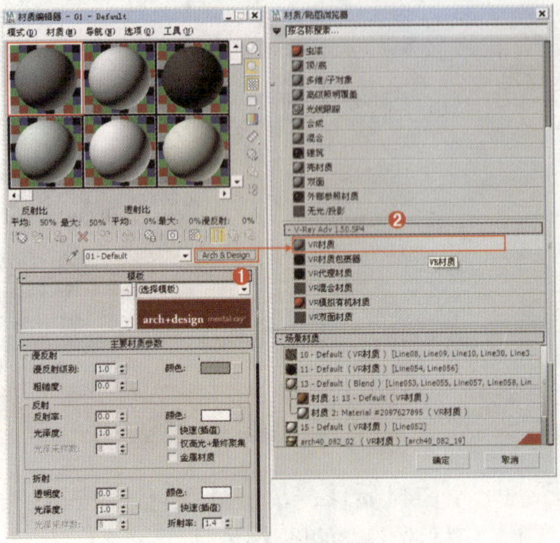

图16-9 选择VRay材质

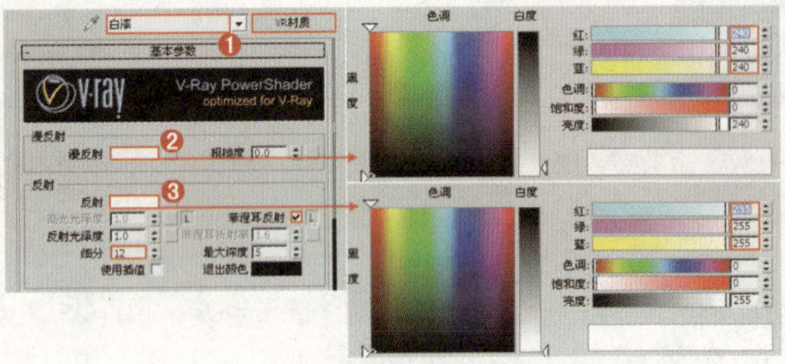

图16-10 白漆材质的参数

03 将制作好的白漆材质赋予场景中的装饰墙的模型，如图16-11所示。

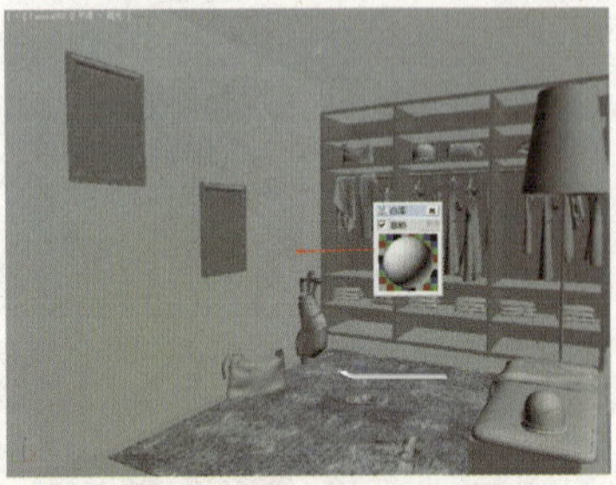

图16-11 将材质赋予模型

16.3.3 装饰画材质的调制

01 选择一个空白材质球，然后将材质类型设置为【VR材质】，接着将其命名为“装饰画”，在【漫反射】选项组下加载“装饰画.jpg”贴图文件，在【反射】选项组下调节反射颜色为R=30、G=30、B=30，如图16-12所示。

02 将制作好的装饰画材质赋予场景中的装饰画模型，如图16-13所示。

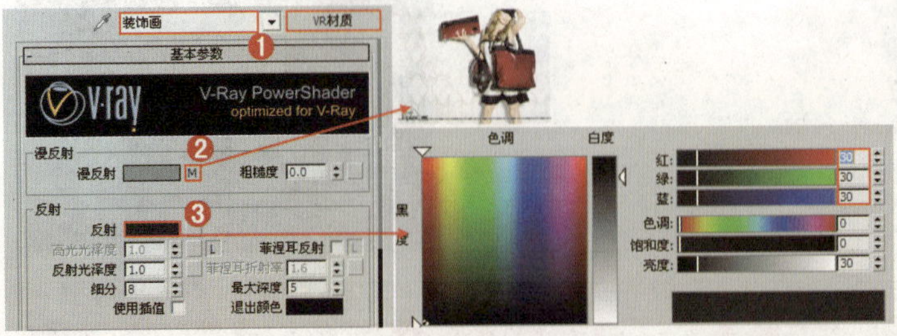

图16-12 装饰画材质的参数

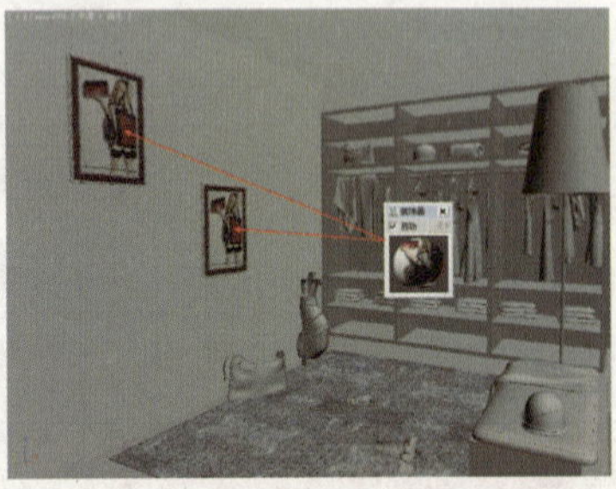

图16-13 将材质赋予模型

16.3.4 皮质材质的调制

01 选择一个空白材质球，然后将材质类型设置为【VR材质】，接着将其命名为“皮质”，在【漫反射】选项组下调节颜色为 R=198、G=44、B=62，在【反射】选项组下调节反射颜色为 R=255、G=255、B=255，设置【反射光泽度】为 0.65、【细分】为 15，勾选【菲涅耳反射】复选框，如图 16-14 所示。

02 将制作好的皮质材质赋予场景中红色皮包结构的模型，如图 16-15 所示。

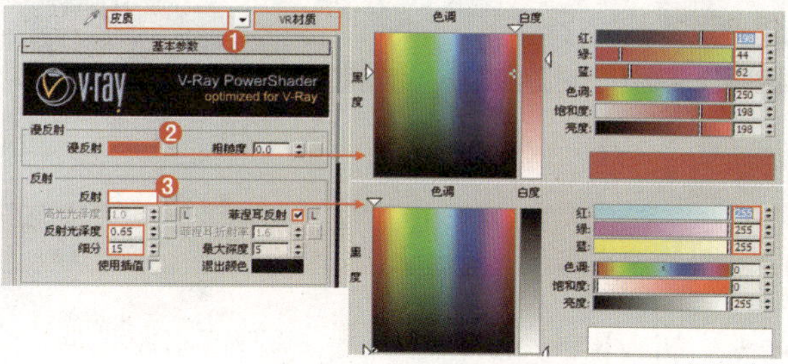

图 16-14　皮质材质的参数

图 16-15　将材质赋予模型

16.3.5　衣服材质的调制

01 选择一个空白材质球，然后将材质类型设置为【VR 材质】，接着将其命名为“衣服”，在【漫反射】选项组下加载 “衣服 2.jpg” 贴图文件，如图 16-16 所示。

02 将制作好的衣服材质赋予场景中的衣服模型，如图 16-17 所示。

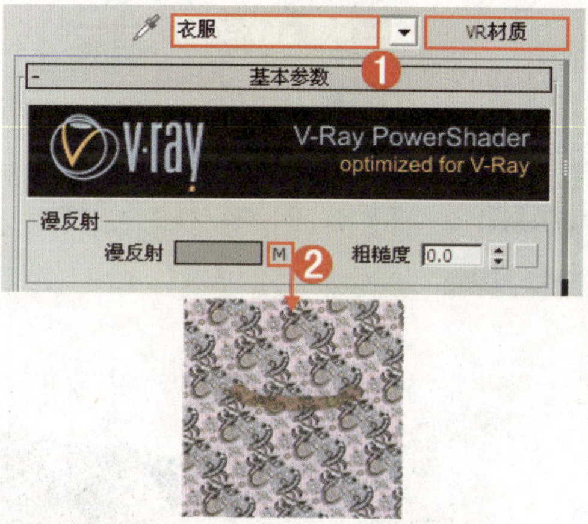

图 16-16　衣服材质的参数

图 16-17　将材质赋予模型

16.3.6　木纹材质的调制

01 选择一个空白材质球，然后将材质类型设置为【VR 材质】，接着将其命名为“木纹”，在【漫反射】选项组下加载“木纹 .jpg”贴图文件，在【反射】选项组下调节反射颜色为 R=23、G=23、B=23，设置【反射光泽度】为 0.7，【细分】为 25，如图 16-18 所示。

02 将制作好的木纹材质赋予场景中衣柜的模型，如图 16-19 所示。

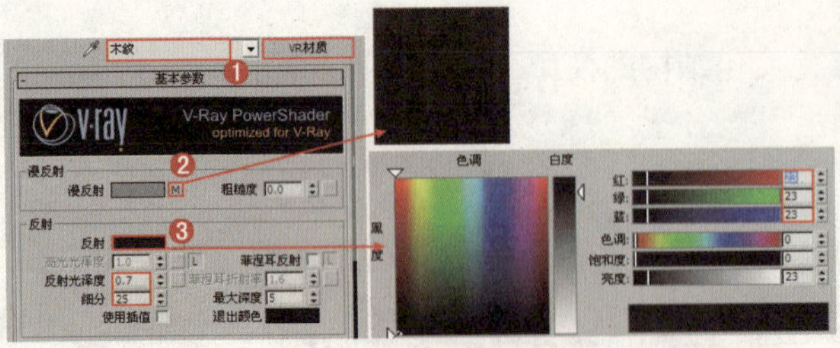

图 16-18 木纹材质的参数

图 16-19 将材质赋予模型

16.3.7 水泥地面材质的调制

01 选择一个空白材质球，然后将材质类型设置为【VR材质】，接着将其命名为“水泥地面“，在【漫反射】选项组下加载“水泥地面.jpg”贴图文件，在【反射】选项组下调节颜色为R=50、G=50、B=50，设置【反射光泽度】为0.75、【细分】为15，接着勾选【菲涅耳反射】复选框，如图16-20所示。

02 展开【贴图】卷展栏，单击【漫反射】后面通道上的贴图文件并将其拖曳到【凹凸】通道上，最后设置【凹凸】为30.0，如图16-21所示。

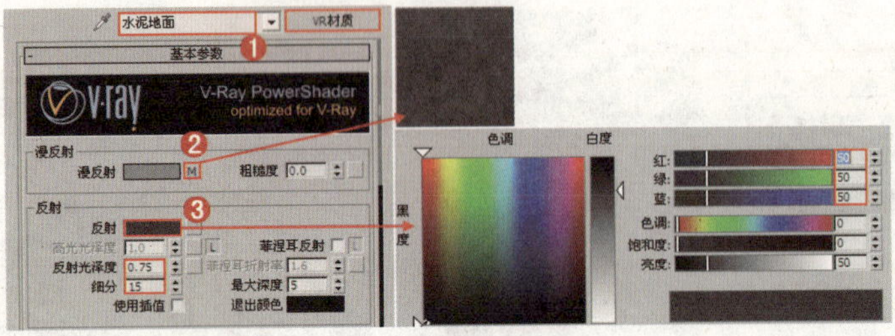

图 16-20 水泥地面的参数

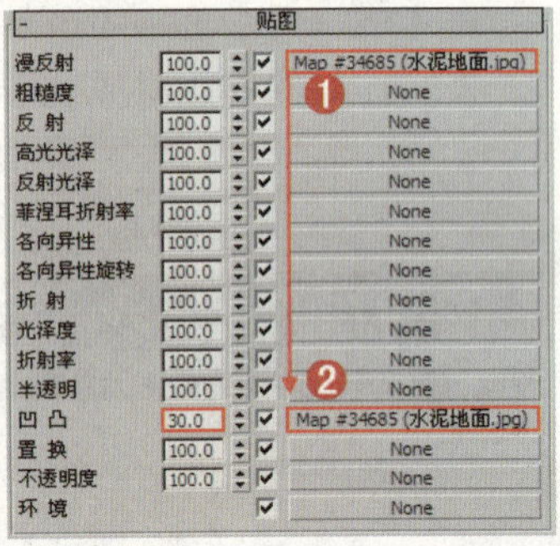

图 16-21 加载凹凸通道

03 将制作好的水泥地面材质赋予场景中的水泥地面模型，如图16-22所示。

图 16-22 将材质赋予模型

16.3.8 地砖材质的调制

01 选择一个空白材质球，然后将材质类型设置为【VR材质】，接着将其命名为“水泥地面”，在【漫反射】选项组下调节颜色为R=255、G=255、B=255，如图16-23所示。

02 将制作好的乳胶漆材质赋予场景中顶棚结构部分模型，如图 16-24 所示。

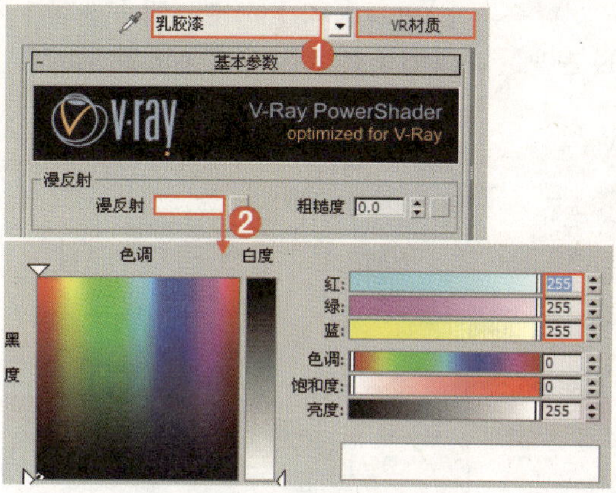

图 16-23　地砖材质的参数

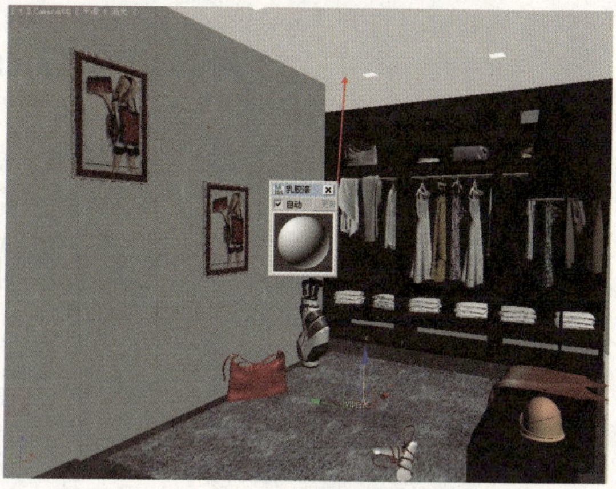

图 16-24　将材质赋予模型

至此场景中主要模型的材质已经制作完成，其他材质的制作方法就不再详述了。

16.4 设置灯光并进行草图渲染

在本例简约风格更衣室场景中，使用四部分灯光照明来表现，一部分使用 VRay 太阳灯光，接着使用 VRay 灯光制作天光和衣柜中的光源，然后使用目标灯光制作室内的射灯光源，最后使用 VRay 灯光制作落地灯的光源。

16.4.1 制作阳光光源

01 单击（创建）|（灯光）| VR太阳 按钮，在顶视图中单击并拖曳鼠标，创建一盏 VRay 太阳灯光，在各个视图中调整一下它的位置，具体的位置如图 16-25 所示。

02 选择 VRay 太阳灯光，并将灯光的【强度倍增】设置为 0.035，【大小倍增】设置为 8.0，目的是让阴影的边缘比较虚，然后再设置【阴影细分】为 10，如图 16-26 所示。

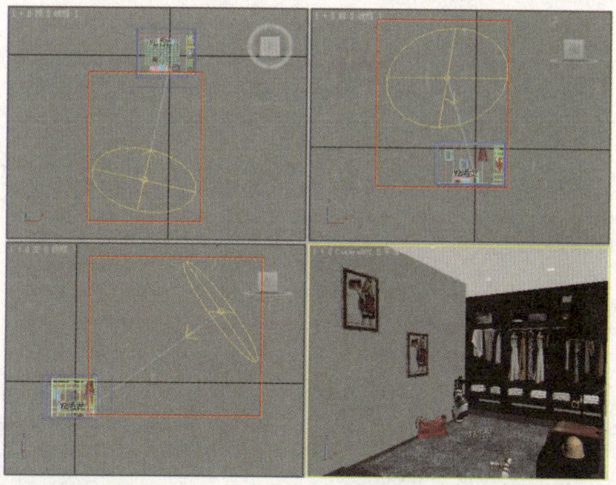

图 16-25　VRay 太阳灯光的位置

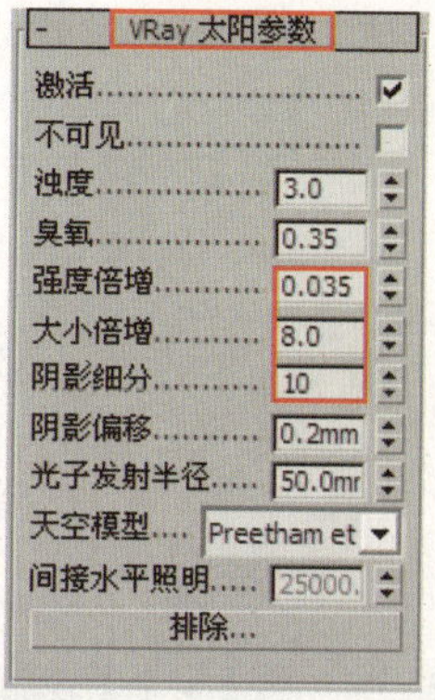

图 16-26　VRay 太阳灯光的参数

>>> 技巧与提示

在为场景设置 VRay 太阳灯光的时候，系统会弹出【V-Ray 太阳】对话框，在本场景中直接单击【否】按钮即可。

设置完这盏 VRay 太阳灯光后，就可以设置一下简单的渲染参数。

03 按 F10 键，打开【渲染设置】对话框。首先设置一下【VRay】和【间接照明】选项卡下的参数，刚开始设置的是一个草图，目的是进行快速渲染，来观看整体的效果，参数设置如图 16-27 所示。

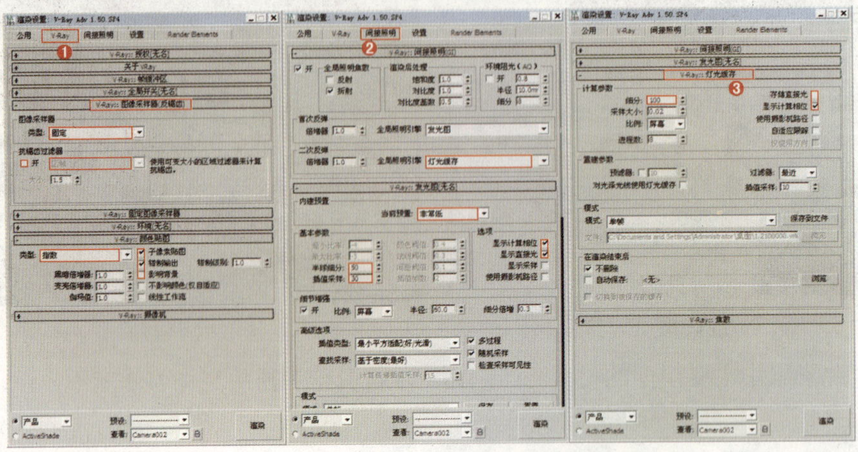

图 16-27　VRay 渲染器参数的设置

04 按 Shift+Q 组合键，快速渲染摄影机视图，其渲染效果如图 16-28 所示。

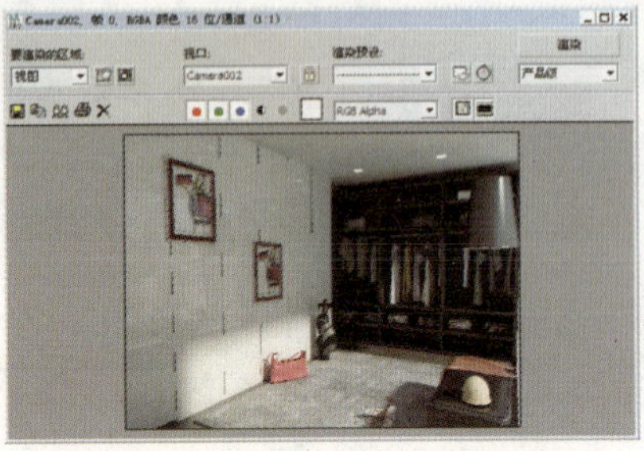

图 16-28　测试渲染的效果

16.4.2　制作室外天光光源

01 单击（创建）|（灯光）| VR灯光 按钮，在前视图中玻璃窗的位置创建一盏 VRay 灯光，将它移动到玻璃窗的外面，位置如图 16-29 所示。

02 选择创建的 VRay 灯光，然后在【修改】命令面板下设置【类型】为“平面”，设置【倍增器】为 3，调节【颜色】为 R=148、R、203、B=255，设置【1/2 长】为 120mm、【1/2 宽】为 70.0mm，勾选【不可见】复选框，最后设置【细分】为 20，如图 16-30 所示。

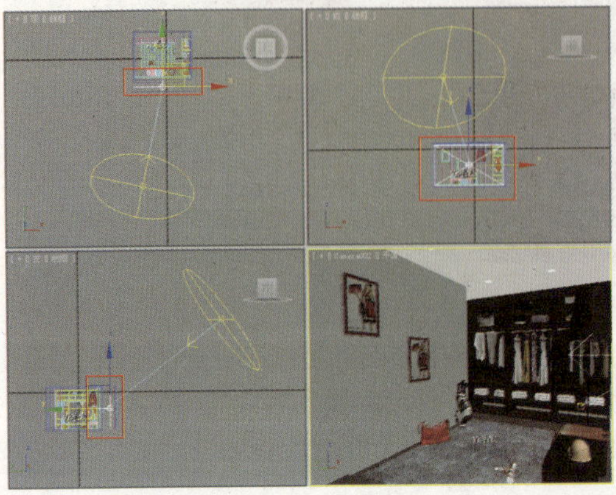

图 16-29　VRay 灯光的位置

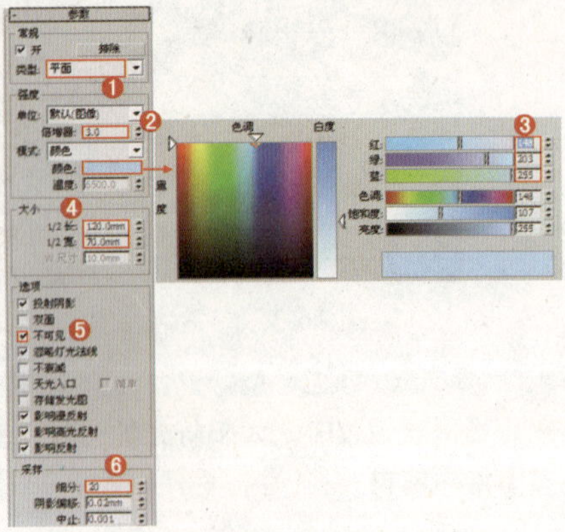

图 16-30　VRay 灯光的参数

03 按 Shift+Q 组合键，快速渲染摄影机视图，其渲染效果如图 16-31 所示。

图 16-31 测试渲染效果

16.4.3 制作衣柜中的灯光

01 单击（创建）|（灯光）| VR灯光 按钮，在顶视图中创建一盏 VRay 灯光，然后使用 Shift 键 + 移动工具复制 11 盏，并将其放置在衣柜中，位置如图 16-32 所示。

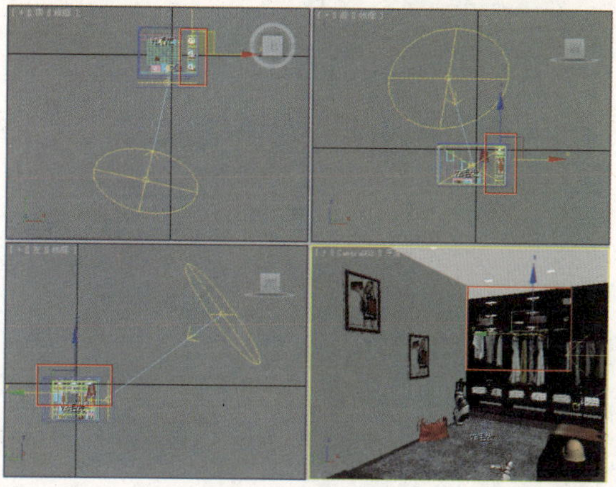

图 16-32 VRay 灯光的位置

02 选择创建的 VRay 灯光，然后在【修改】命令面板下设置【类型】为“平面”，设置【倍增器】为 20.0，调节【颜色】为 R=254、G=224、B=171，设置【1/2 长】为 7.0mm、【1/2 宽】为 2.0mm，勾选【不可见】复选框，最后设置【细分】为 20，如图 16-33 所示。

03 按 Shift+Q 组合键，快速渲染摄影机视图，其渲染效果如图 16-34 所示。

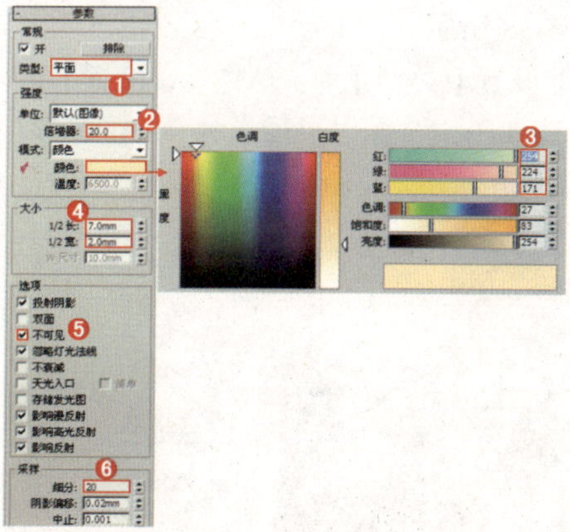

图 16-33 VRay 灯光的参数

图 16-34 测试渲染效果

16.4.4 制作更衣室射灯的光源

01 单击（创建）|（灯光）| 目标灯光 按钮，在顶视图中创建一盏目标灯光，然后使用 Shift 键 + 移动工具复制两盏，并将其放置在射灯中，位置如图 16-35 所示。

02 选择创建的目标灯光，然后在【修改】命令面板下调节目标灯光的参数，如图 16-36 所示。

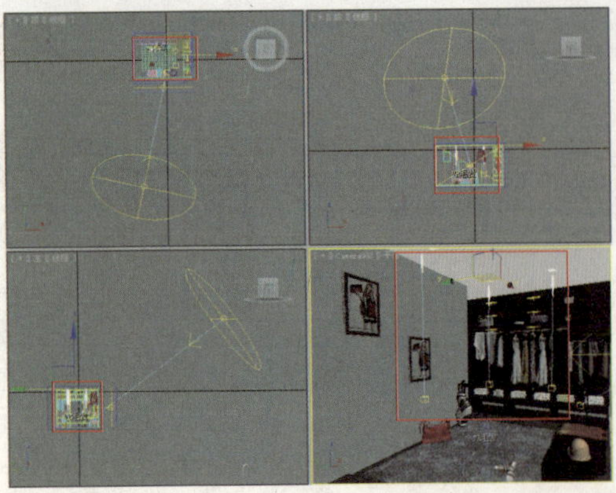

图 16-35　目标灯光的位置

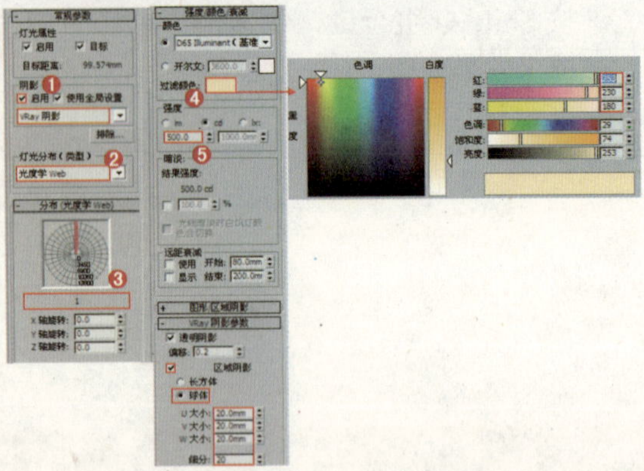

图 16-36　目标灯光的参数

03 按 Shift+Q 组合键，快速渲染摄影机视图，其渲染效果如图 16-37 所示。

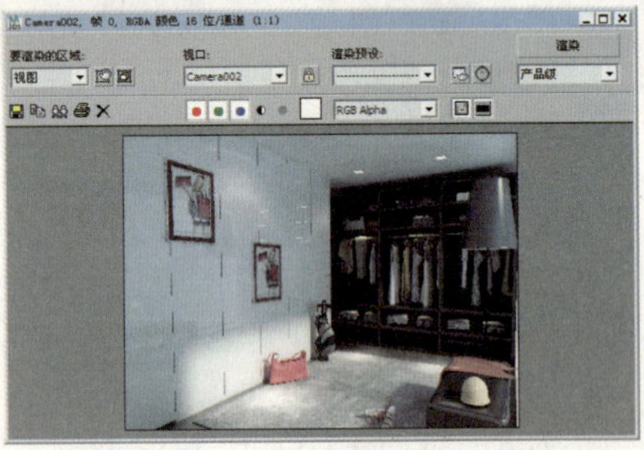

图 16-37　测试渲染效果

16.4.5　制作室内落地灯的光源

01 单击（创建）|（灯光）| VR灯光 按钮，在顶视图中创建一盏 VRay 灯光，然后将其放置在落地灯的灯罩中，具体的位置如图 16-38 所示。

02 选择创建的 VRay 灯光，然后在【修改】命令面板下设置【类型】为“球体”，设置【倍增器】为 30.0，调节【颜色】为 R=253、G=219、B=176，设置【半径】为 7.0mm，勾选【不可见】复选框，设置【细分】为 20，如图 16-39 所示。

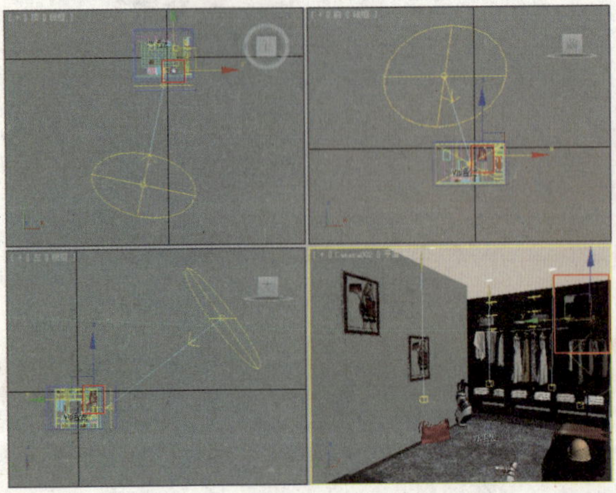

图 16-38　VRay 灯光的位置

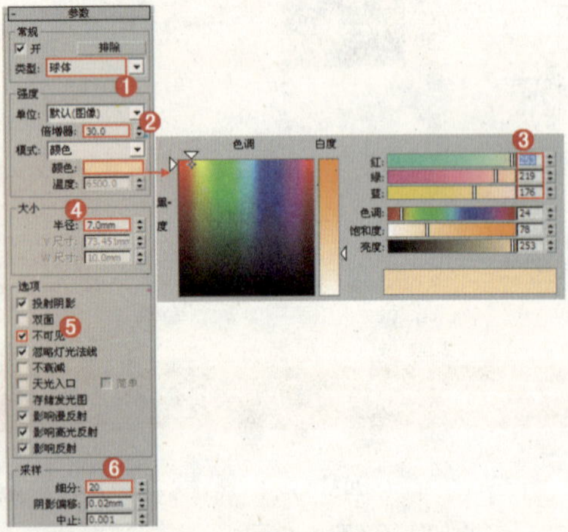

图 16-39　VRay 灯光的参数

03 按 Shift+Q 组合键，快速渲染摄影机视图，其渲染效果如图 16-40 所示。

图 16-40　最终渲染效果

16.5 设置成图渲染参数

01 重新设置一下渲染参数，按 F10 键，在打开的【渲染设置】对话框中，选择【V-Ray】选项卡，展开【V-Ray:: 图像采样器（反锯齿）】卷展栏，设置【类型】为“自适应确定性蒙特卡洛”，接着在【抗锯齿过滤器】选项组下勾选【开】复选框，并选择“Mitchell-Netravali”，展开【V-Ray:: 自适应确定性蒙特卡洛图像采样器】卷展栏，设置【最小细分】为 2、【最大细分】为 5，如图 16-41 所示。

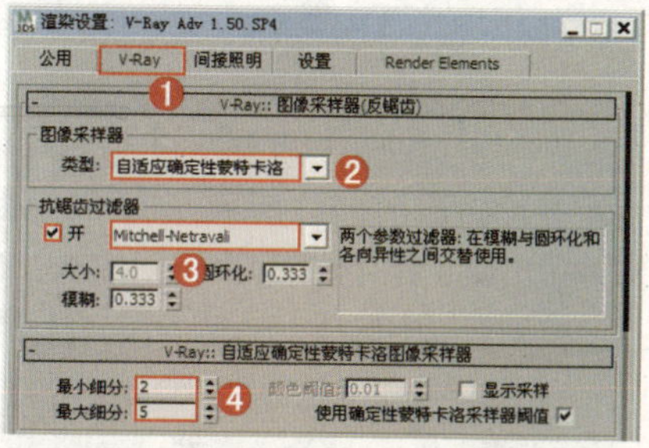

图 16-41 【V-Ray】选项卡参数

02 选择【环境】卷展栏，展开【V-Ray:: 颜色贴图】卷展栏，设置【类型】为“指数”，勾选【子像素贴图】和【钳制输出】复选框，如图 16-42 所示。

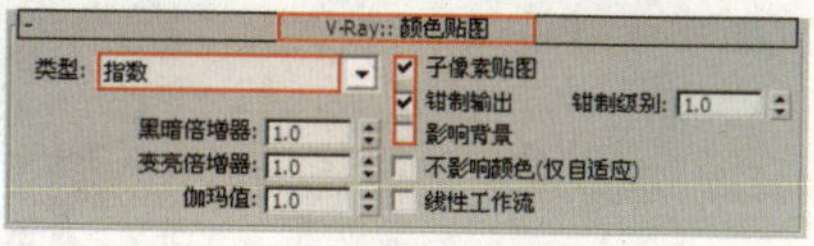

图 16-42 【V-Ray:: 颜色贴图】卷展栏参数

03 选择【间接照明】选项卡，展开【V-Ray:: 发光图 [无名]】卷展栏，设置【当前预置】为“低”，设置【半球细分】为 50，【插值采样】为 30，展开【V-Ray:: 灯光缓存】卷展栏，设置【细分】为 1000，取消勾选【存储直接光】复选框，如图 16-43 所示。

04 选择【设置】选项卡，展开【确定性蒙特卡洛采样器】卷展栏，设置【噪波阈值】为 0.009，【最小采样值】为 8，展开【V-Ray:: 系统】卷展栏，设置【区域排序】为“上→下”，最后取消勾选【显示窗口】复选框，如图 16-44 所示。

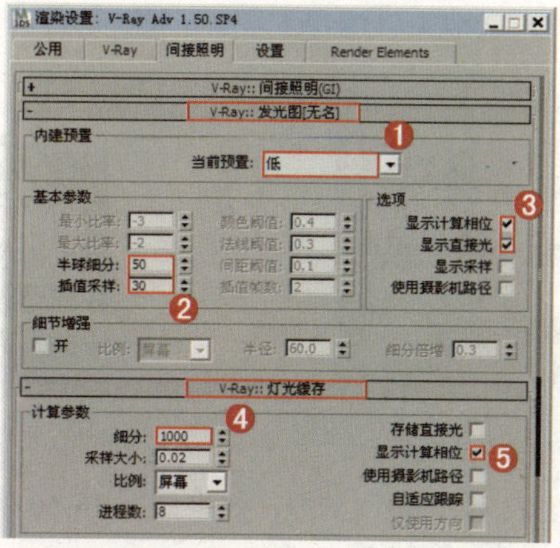

图 16-43 【间接照明】选项卡参数

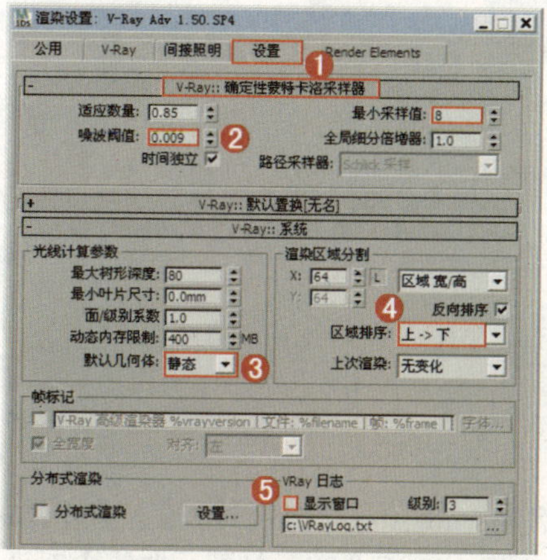

图 16-44 【设置】选项卡参数

05 选择【Render Elements】选项卡，单击【添加】按钮并在弹出的【渲染元素】面板中选择【VRay 线框颜色】选项，如图 16-45 所示。

06 选择【公用】选项卡，设置输出的尺寸为 1500×1125，如图 16-46 所示。

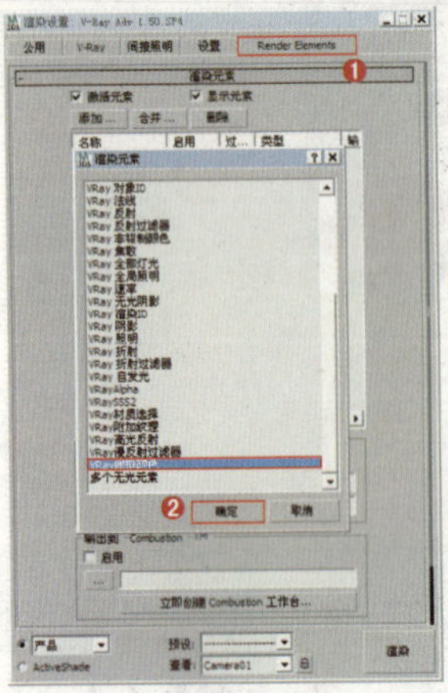

图 16-45 【Render Elements】选项卡参数

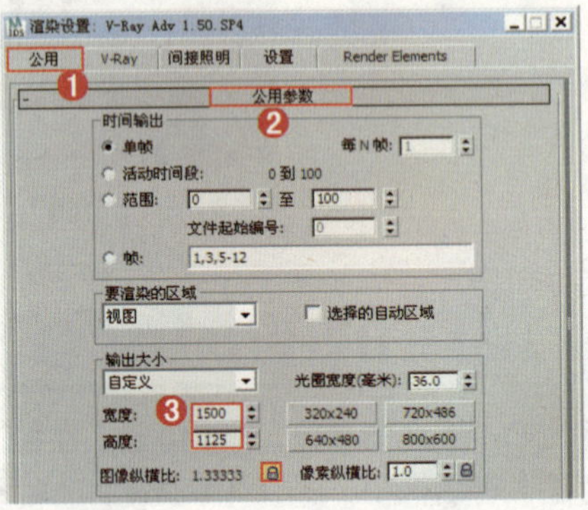

图 16-46 【公用】选项卡参数

07 等待一段时间后渲染完成了，最终的效果如图 16-47 所示。

08 单击 (保存位图) 按钮，在弹出的【保存图像】对话框中选择一个路径，在【保存类型】下拉列表框中选择【BMP 图像文件 (*.bmp)】格式，【文件名】为“更衣室”，如图 16-48 所示。

图 16-47 最终渲染效果

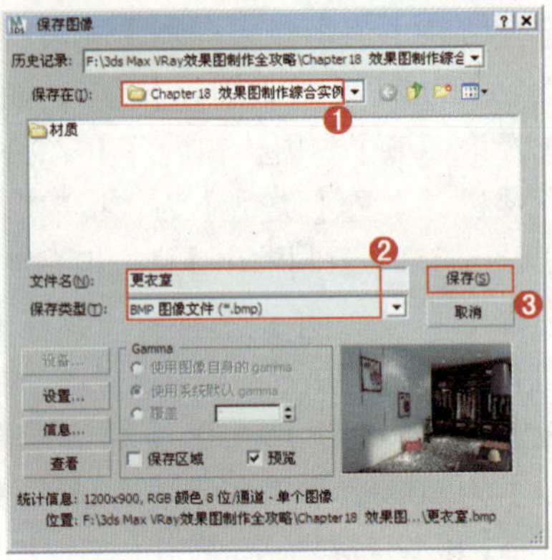

图 16-48 对渲染的文件进行保存

16.6 效果图后期处理

本例主要讲解调节图像的自然饱和度来增加图像的饱和度效果。如图 16-49 所示为后期处理前后效果。

图 16-49 处理前后的效果

01 启动 Photoshop 软件，打开上面输出的“更衣室 .bmp”文件，效果如图 16-50 所示。按 Ctrl+M 组合键，打开【曲线】对话框，调整参数如图 16-51 所示。

图 16-50　打开图像

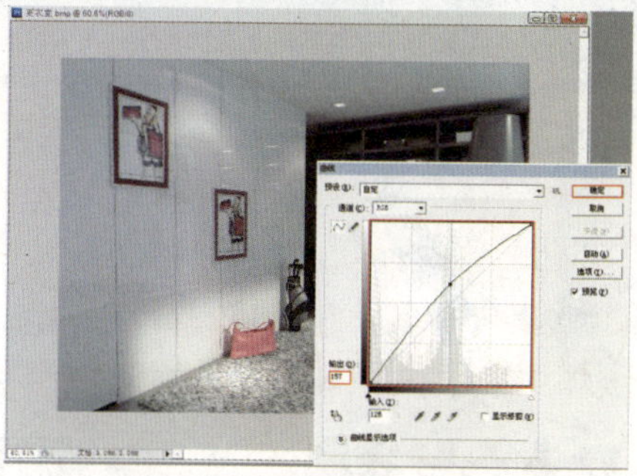

图 16-51　【曲线】调节

02 选择菜单【图像】|【调整】|【自然饱和度】命令，如图 16-52 所示。在弹出的【自然饱和度】对话框中进行参数设置，如图 16-53 所示。

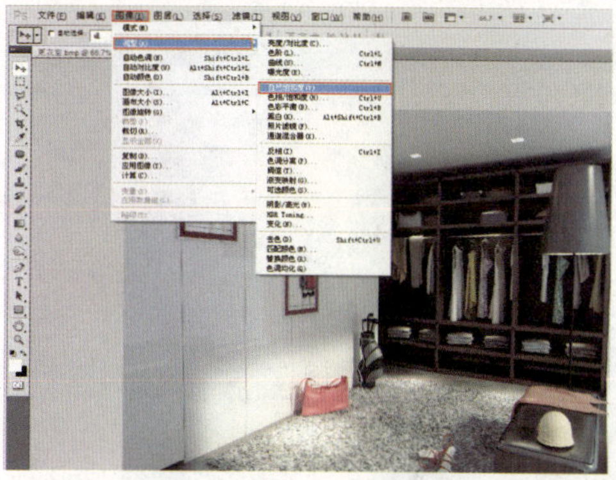

图 16-52　执行【自然饱和度】命令

图 16-53　【自然饱和度】调节

03 选择菜单【图像】|【调整】|【亮度 / 对比度】命令，如图 16-54 所示。在弹出的【亮度 / 对比度】对话框中调节亮度和对比度，调节后的效果如图 16-55 所示。

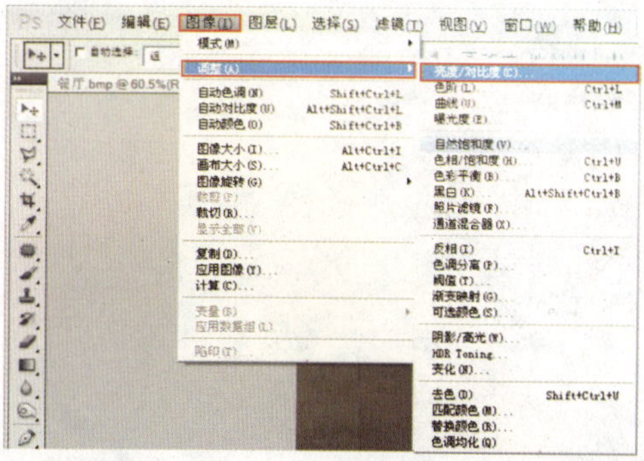

图 16-54　执行【亮度 / 对比度】命令

图 16-55　【亮度 / 对比度】调节

04 选择菜单【文件】|【存储为】命令，将处理后的文件另存为“更衣室 01.bmp”，最终图像效果如图 16-56 所示。

图 16-56　最终图像效果

第17章

儿时的梦——可爱风格儿童房

场景文件	场景文件\17.max
案例文件	最终文件\第17章\儿童房.max
视频教学	视频\可爱风格儿童房.flv
视频长度	9分52秒
难易指数	★★★☆☆
灯光类型	VRay太阳、VRay灯光
材质类型	VRayMtl材质、VRay灯光材质
程序贴图	平铺程序贴图、衰减程序贴图
技术掌握	掌握使用VRay材质、VRay太阳、VRay灯光的使用方法

17.1 实例介绍

本例是一个儿童房空间，室内明亮灯光表现主要使用 VRay 太阳模拟阳光光源、使用 VRay 灯光模拟窗外天光和台灯光源，接着使用 VRayMtl 材质制作玻璃、黑漆、木地板等主要材质，制作完成后的最终效果如图 17-1 所示。

图 17-1　最终渲染效果

17.2 导入场景并设置 VRay 渲染器

01 打开随书配套光盘中的“场景文件\17.max”文件，此时场景效果如图 17-2 所示。

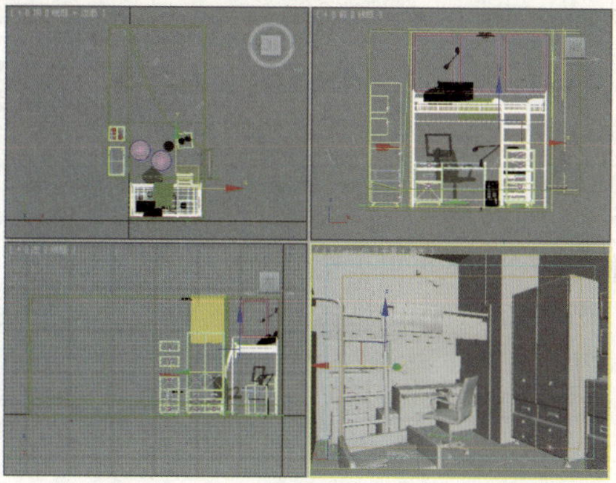

图 17-2　场景效果

02 按 F10 键，打开【渲染设置】对话框，选择【公用】选项卡，在【指定渲染器】卷展栏下单击 ... 按钮，在弹出的【选择渲染器】对话框中选择【V-Ray Adv 1.50 .SP4】，如图 17-3 所示。

03 此时在【指定渲染器】卷展栏下的【产品级】后面显示了【V-Ray Adv 1.50 .SP4】，同时在【渲染设置】对话框中会出现【V-Ray】、【间接照明】、【设置】等选项卡，如图 17-4 所示。

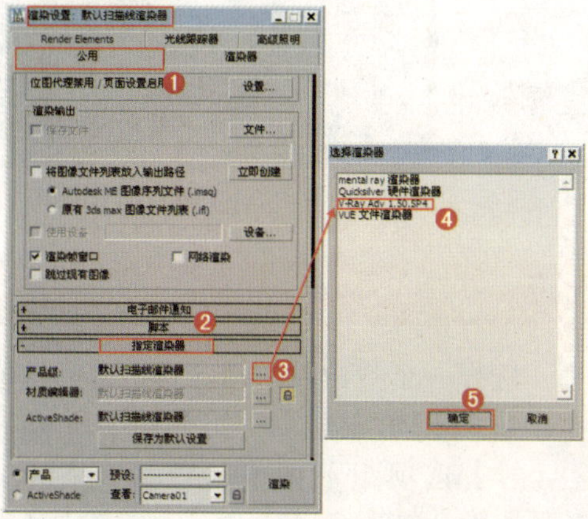

图 17-3　执行 VRay 渲染器

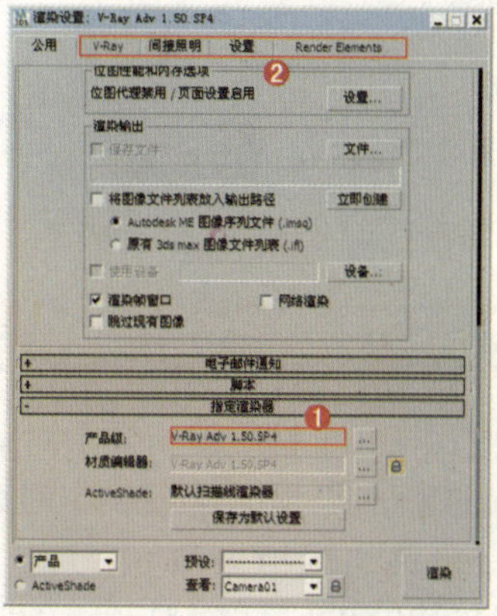

图 17-4　VRay 渲染器参数

17.3 材质的调制

下面来讲述场景中的主要材质的调制，包括玻璃、绒布、黑漆、电脑屏幕、金属、木地板、橱柜表漆材质等，效果如图 17-5 所示。

图 17-5 场景中主要材质

17.3.1 木地板材质的调制

01 按 M 键，打开【材质编辑器】对话框，选择一个空白材质球，单击 Arch & Design 按钮，在弹出的【材质 / 贴图浏览器】对话框中选择【VR 材质】，如图 17-6 所示。

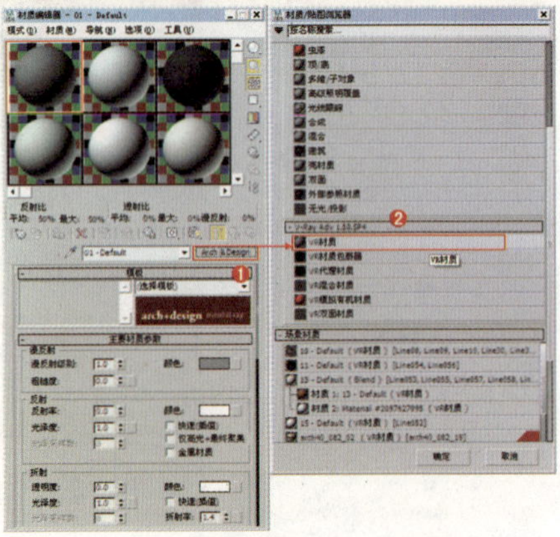

图 17-6 选择 VRay 材质

02 将其命名为“木地板”，在【漫反射】选项组下加载“木地板 .jpg”贴图文件，在【反射】选项组下调节颜色为 R=216、G=216、B=216，设置【反射光泽度】为 0.92、【细分】为 15，最后勾选【菲涅耳反射】复选框，如图 17-7 所示。

03 将制作好的木地板材质赋予场景中的地面部分模型，如图 17-8 所示。

图 17-7 加载木地板贴图

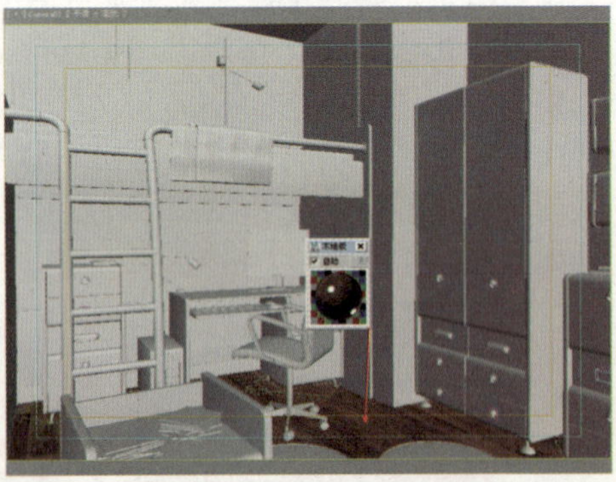

图 17-8 将材质赋予模型

17.3.2 橱柜表漆材质的调制

01 按 M 键，打开【材质编辑器】对话框，选择一个空白材质球，单击 Arch & Design 按钮，在弹出的【材质 / 贴图浏览器】对话框中选择【VR 材质】，如图 17-9 所示。

02 将其命名为“橱柜表漆”，在【漫反射】选项组下调节颜色为 R=144、G=166、B=68），接着在【反射】选项组下调节颜色为 R=43、G=43、B=43，设置【高光光泽度】为 0.7、【反射光泽度】为 0.85、【细分】为 15，如图 17-10 所示。

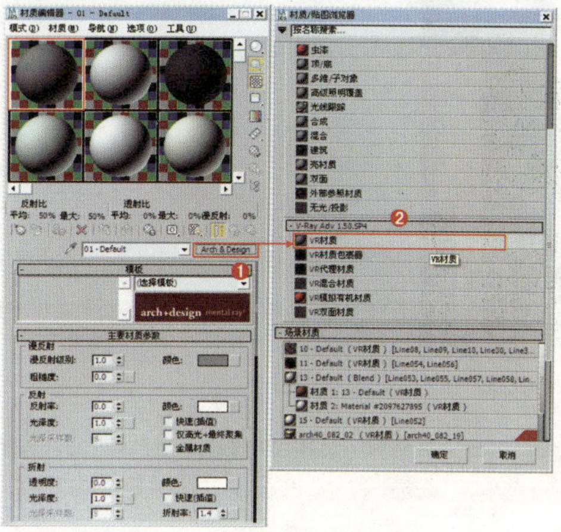

图 17-9 选择 VRay 材质

图 17-10 橱柜表漆材质的参数

03 将制作好的墙面材质赋予场景中的墙面模型，如图 17-11 所示。

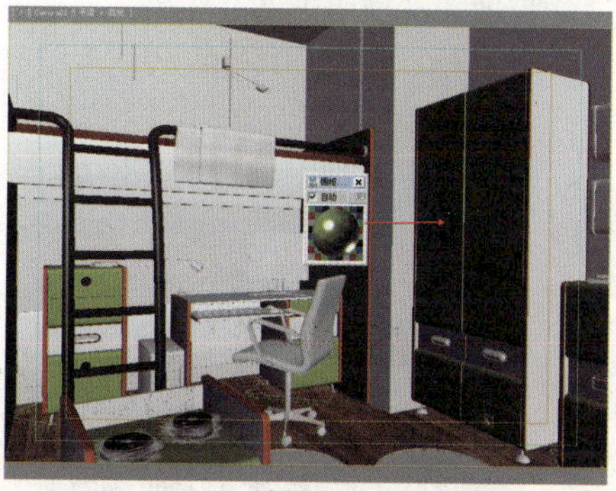

图 17-11 将材质赋予模型

17.3.3 金属材质的调制

01 选择一个空白材质球，然后将材质类型设置为【VR 材质】，接着将其命名为“金属”，在【漫反射】选项组下调节颜色 R=25、G=25、B=25，在【反射】选项组下调节反射颜色为 R=131、G=131、B=131，设置【反射光泽度】为 0.87、【细分】为 15，如图 17-12 所示。

02 展开【双向反射分布函数】卷展栏，选择“沃德”，设置【各向异性】为 -0.6，如图 17-13 所示。

图 17-12 金属材质的参数

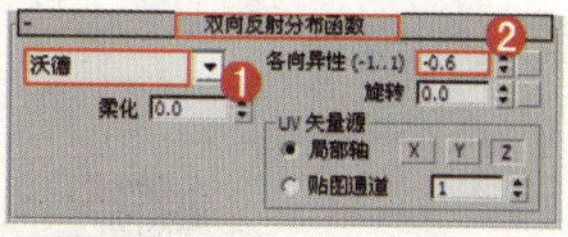

图 17-13 调节双向反射分布函数

03 将制作好的金属材质赋予场景中的金属模型，如图 17-14 所示。

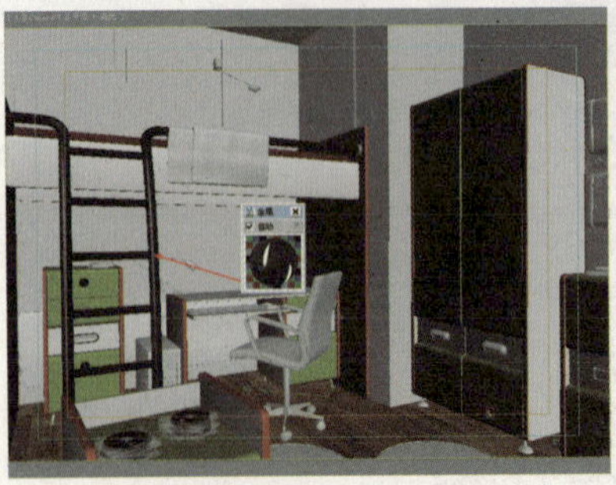

图 17-14　将材质赋予模型

17.3.4　玻璃材质的调制

01 选择一个空白材质球，然后将材质类型设置为【VR材质】，接着将其命名为“玻璃”，在【漫反射】选项组下调节颜色为R=208、G=208、B=208，在【反射】选项组下调节反射颜色为R=29、G=29、B=29，设置【反射光泽度】为0.99，勾选【菲涅耳反射】复选框，设置【菲涅耳折射率】为3.0，在【折射】选项组下调节颜色为R=255、G=255、B=255，勾选【影响阴影】复选框，设置【影响通道】为“颜色 +alpha”，如图17-15所示。

02 将制作好的玻璃材质赋予场景中的装饰画玻璃结构模型，如图17-16所示。

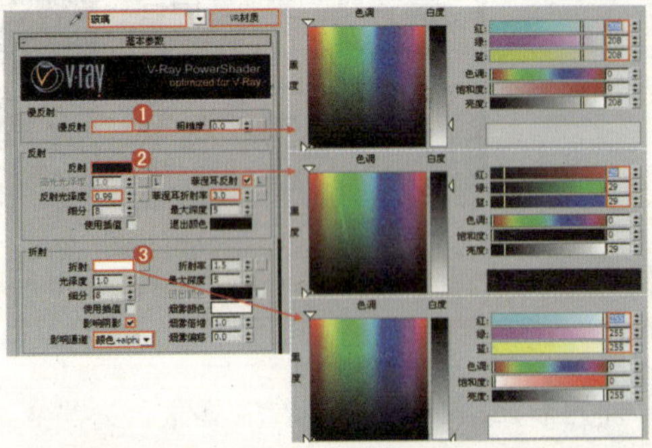

图 17-15　玻璃材质的参数

图 17-16　将材质赋予模型

17.3.5　电脑屏幕材质的调制

01 选择一个空白材质球，然后将材质球类型设置为【VR灯光材质】，设置【数量】为3.0，在通道上加载“电脑屏幕.jpg”贴图文件，如图17-17所示。

02 将制作好的电脑屏幕材质赋予场景中的电脑屏幕模型，如图17-18所示。

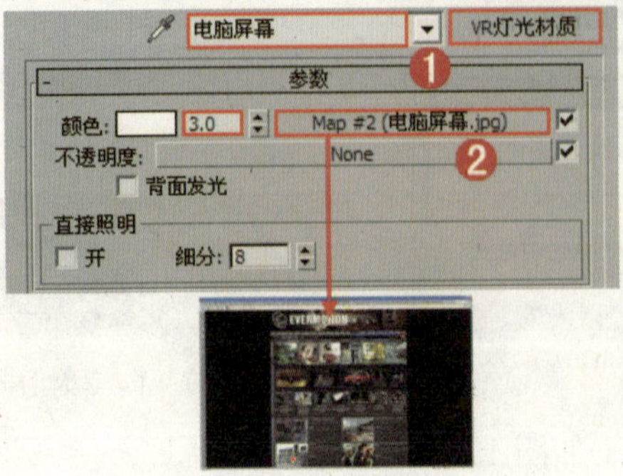

图 17-17　电脑屏幕材质的参数

图 17-18　将材质赋予模型

17.3.6 绒布材质的调制

01 选择一个空白材质球，然后将材质类型设置为【VR 材质】，接着将其命名为“绒布”，在【漫反射】选项组下加载“衰减”程序贴图，并在其通道上加载“VR 颜色”程序贴图，设置【衰减类型】为“垂直 / 平行”，在【反射】选项组下调节反射颜色为 R=20、G=20、B=20，设置【反射光泽度】为 0.48，如图 17-19 所示。

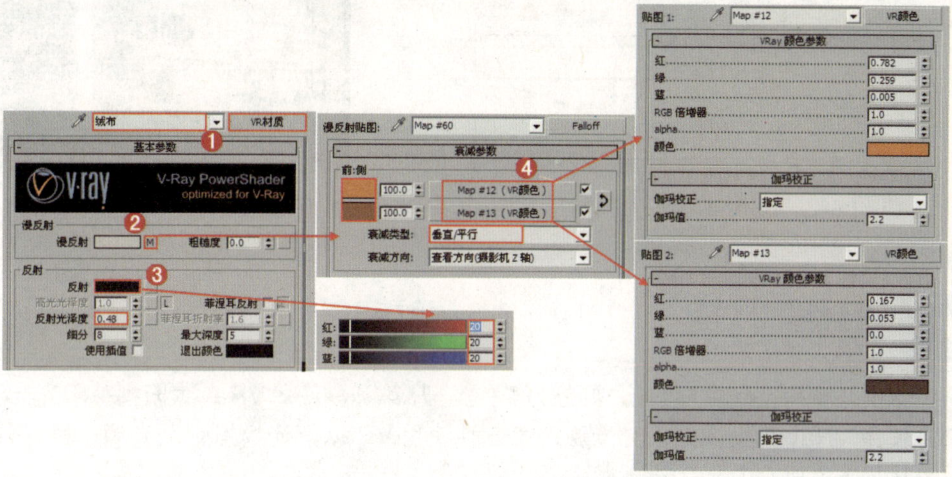

图 17-19 绒布材质的参数

02 展开【贴图】卷展栏，在【凹凸】后面的通道上加载“平铺”程序贴图，然后进行调节，最后设置【凹凸】为 60.0，如图 17-20 所示。

03 将制作好的绒布材质赋予场景中的绒布模型，如图 17-21 所示。

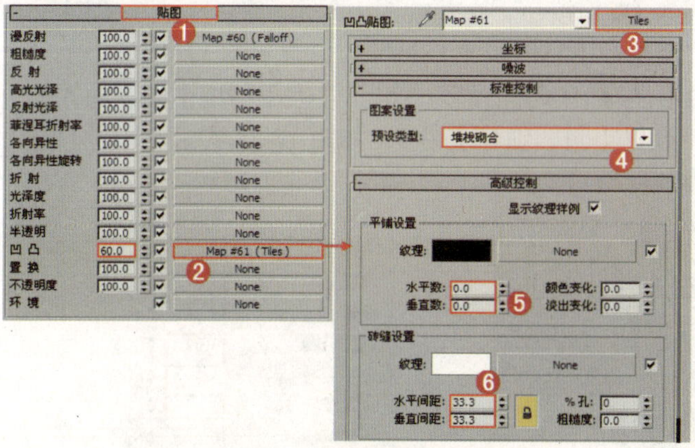

图 17-20 加载平铺程序贴图

图 17-21 将材质赋予模型

17.3.7 黑漆材质的调制

01 选择一个空白材质球，然后将材质类型设置为【VR 材质】，接着将其命名为“黑漆”，在【漫反射】选项组下调节颜色为 R=0、G=0、B=0，在【反射】选项组下加载“衰减”程序贴图，设置【衰减类型】为“Fresnel”，最后设置【反射光泽度】为 0.7，如图 17-22 所示。

02 将制作好的黑漆材质赋予场景中的台灯模型，如图 17-23 所示。

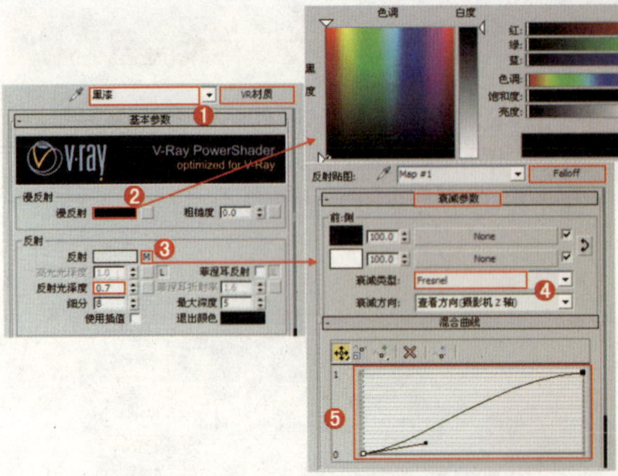

图 17-22 黑漆材质的参数

图 17-23 将材质赋予模型

17.4 设置灯光并进行草图渲染

在本例儿童房空间中，灯光主要分为4种类型，第一种使用VRay太阳模拟阳光光源；第二种使用VRay灯光模拟天光光源；第三种使用VRay灯光模拟辅助光源；第四种使用VRay灯光模拟室内台灯光源。

17.4.1 制作阳光光源

01 单击（创建）|（灯光）| VR太阳 按钮，在顶视图中单击并拖曳鼠标，创建一盏VRay太阳灯光，在各个视图中调整一下它的位置，具体的位置如图17-24所示。

02 选择VRay太阳灯光，并将灯光的【强度倍增】设置为0.09，【大小倍增】设置为4.0，目的是让阴影的边缘比较虚，然后设置【阴影细分】为3，如图17-25所示。

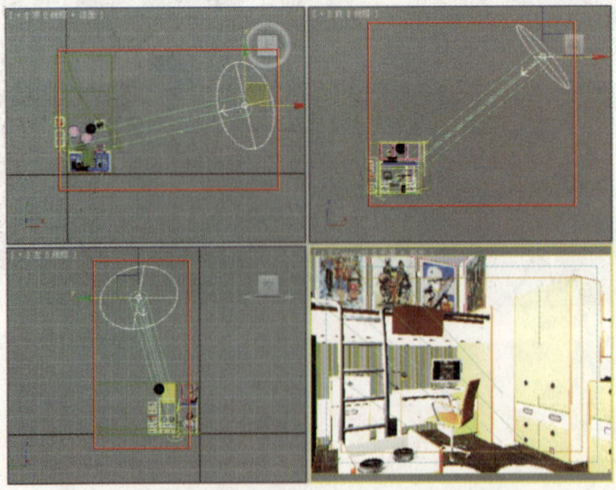

图 17-24 VRay太阳灯光的位置

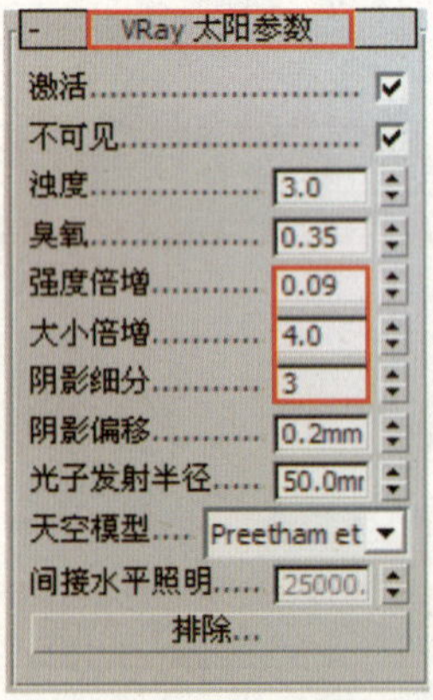

图 17-25 VRay太阳灯光的参数

设置完这盏VRay太阳灯光后，就可以设置一下简单的渲染参数。

03 按F10键，打开【渲染设置】对话框。首先设置一下【VRay】和【间接照明】选项卡下的参数，刚开始设置的是一个草图设置，目的是进行快速渲染，来观看整体的效果，参数设置如图17-26所示。

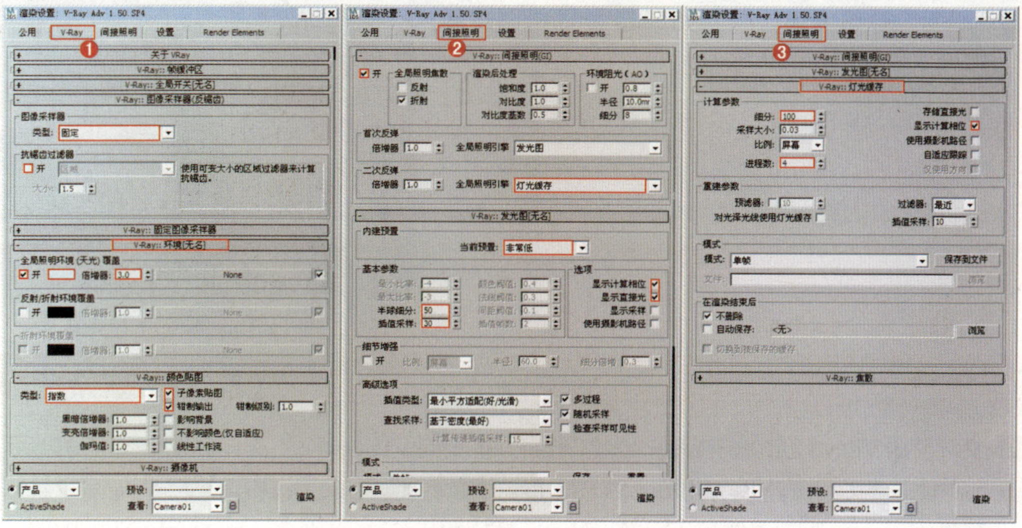

图 17-26　VRay 渲染器参数的设置

04 按 Shift+Q 组合键，快速渲染摄影机视图，其渲染效果如图 17-27 所示。

图 17-27　测试渲染的效果

17.4.2　制作窗外天光光源

01 单击（创建）|（灯光）| VR灯光 按钮，在左视图中拖曳创建一盏 VRay 灯光，并将其拖曳到窗外的位置，如图 17-28 所示。

02 选择创建的 VRay 灯光，然后在【修改】命令面板下设置【类型】为“平面”，设置【倍增器】为 26.0，调节【颜色】为 R=203、G=214、B=247，设置【1/2 长】为 50.0mm、【1/2 宽】为 130.0mm，勾选【不可见】复选框，如图 17-29 所示。

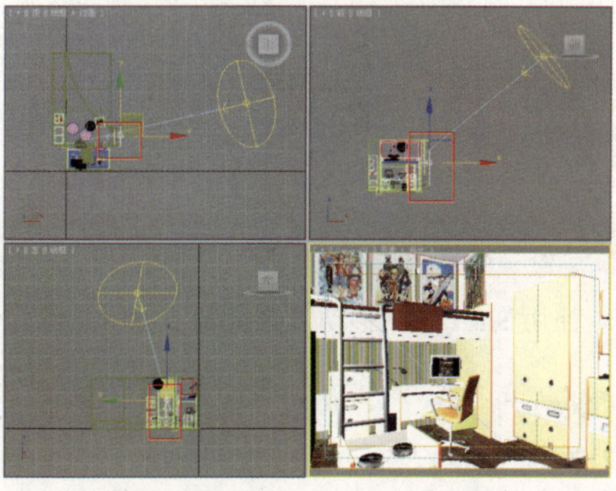

图 17-28　VRay 灯光的位置

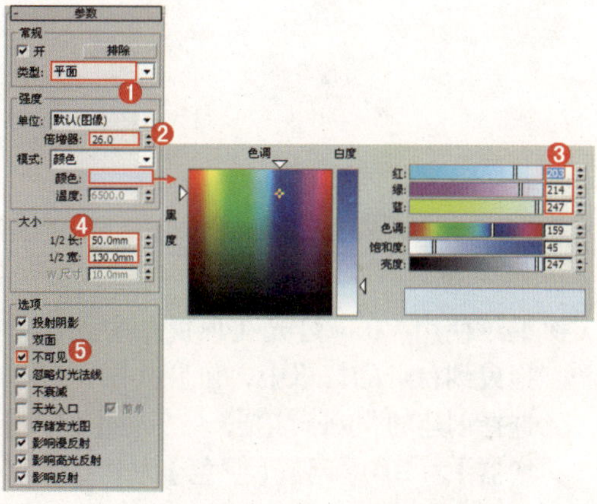

图 17-29　VRay 灯光的参数

03 按 Shift+Q 组合键，快速渲染摄影机视图，其渲染效果如图 17-30 所示。

图 17-30　测试渲染效果

17.4.3　制作室内辅助光源

01 继续使用 VRay 灯光在前视图中创建，并将其拖曳到室内场景中，具体位置如图 17-31 所示。

02 选择上一步创建的 VRay 灯光，然后在【修改】命令面板下设置【类型】为“平面”，设置【倍增器】为 3.0，调节【颜色】为 R=255、G=255、B=255，设置【1/2 长】为 85.0mm、【1/2 宽】为 85.0mm，勾选【不可见】复选框，取消勾选【影响反射】复选框，如图 17-32 所示。

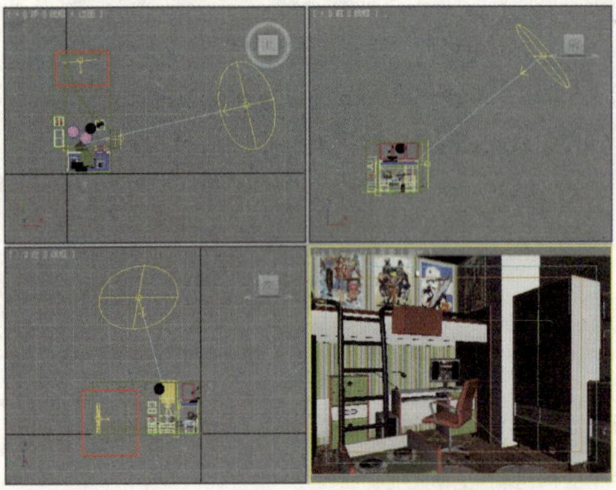

图 17-31　VRay 灯光的位置

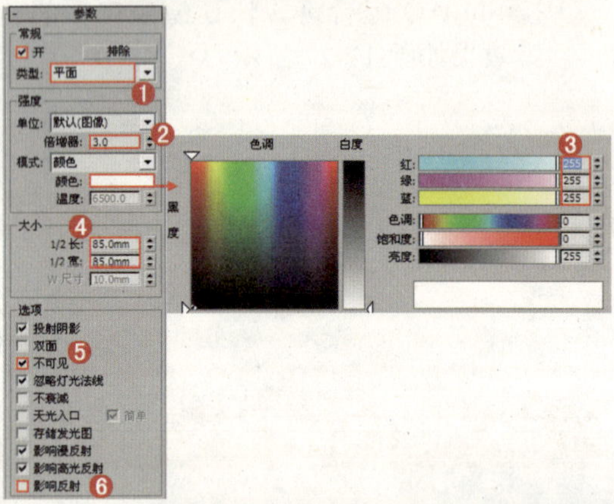

图 17-32　VRay 灯光的参数

03 按 Shift+Q 组合键，快速渲染摄影机视图，其渲染效果如图 17-33 所示。

图 17-33　测试渲染效果

17.4.4　制作室内台灯光源

01 继续使用 VRay 灯光在顶视图中创建，接着使用 Shift 键 + 移动工具复制 1 盏，并将其拖曳到台灯的灯罩中，位置如图 17-34 所示。

02 选择创建的 VRay 灯光，然后在【修改】命令面板下设置【类型】为“球体”，设置【倍增器】为 20.0，调节【颜色】为 R=255、G=213、B=164，设置【半径】为 3.0mm，勾选【不可见】复选框，取消勾选【影响反射】和【影响高光反射】复选框，如图 17-35 所示。

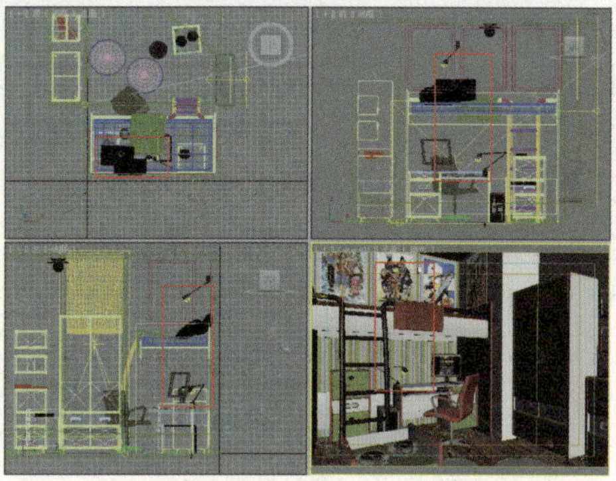

图 17-34 VRay 灯光的位置

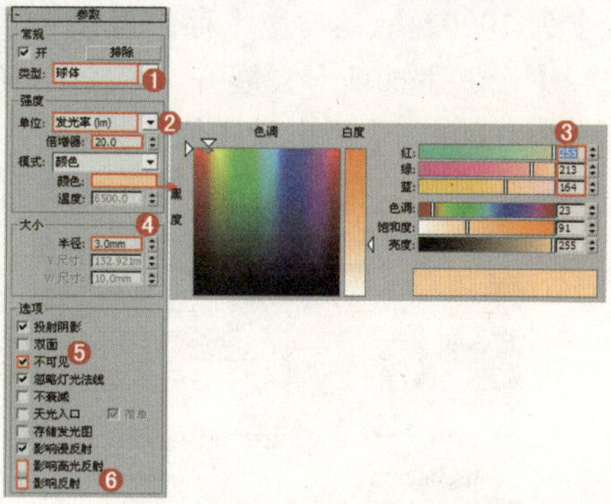

图 17-35 VRay 灯光的参数

03 按 Shift+Q 组合键，快速渲染摄影机视图，其渲染效果如图 17-36 所示。

图 17-36 测试渲染效果

17.5 设置成图渲染参数

01 重新设置一下渲染参数，按 F10 键，在打开的【渲染设置】对话框中，选择【V-Ray】选项卡，展开【V-Ray:: 图像采样器（反锯齿）】卷展栏，设置【类型】为“自适应确定性蒙特卡洛”，接着在【抗锯齿过滤器】选项组下勾选【开】复选框，并选择“Mitchell-Netravali”，展开【自适应确定性蒙特卡洛图像采样器】卷展栏，设置【最小细分】为 2、【最大细分】为 5，如图 17-37 所示。

02 展开【V-Ray:: 环境】卷展栏，在【全剧照明环境（天光）覆盖】选项组下勾选【开】复选框，设置【倍增器】为 3.0，展开【V-Ray:: 颜色贴图】卷展栏，设置【类型】为“指数”，勾选【子像素贴图】和【钳制输出】复选框，如图 17-38 所示。

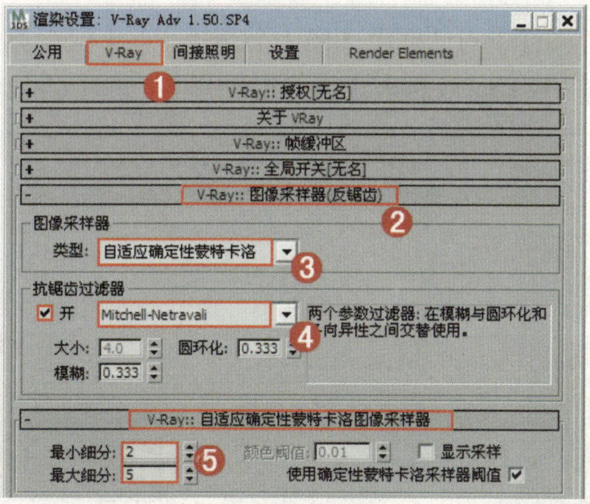

图 17-37 【V-Ray】选项卡参数

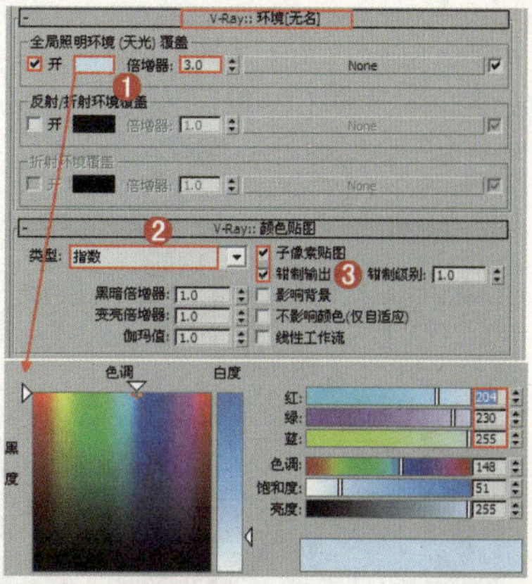

图 17-38 【环境】和【颜色贴图】参数

03 选择【间接照明】选项卡，展开【V-Ray:: 发光图 [无名]】卷展栏，设置【当前预置】为“低”，设置【半球细分】为 50，【插值采样】为 30，展开【V-Ray:: 灯光缓存】卷展栏，设置【细分】为1000，取消勾选【存储直接光】复选框，如图17-39所示。

04 选择【设置】选项卡，展开【V-Ray:: 确定性蒙特卡洛采样器】卷展栏，设置【噪波阈值】为0.008，【最小采样值】为15，展开【V-Ray:: 系统】卷展栏，设置【区域排序】为“上→下”，取消勾选【显示窗口】复选框，如图17-40所示。

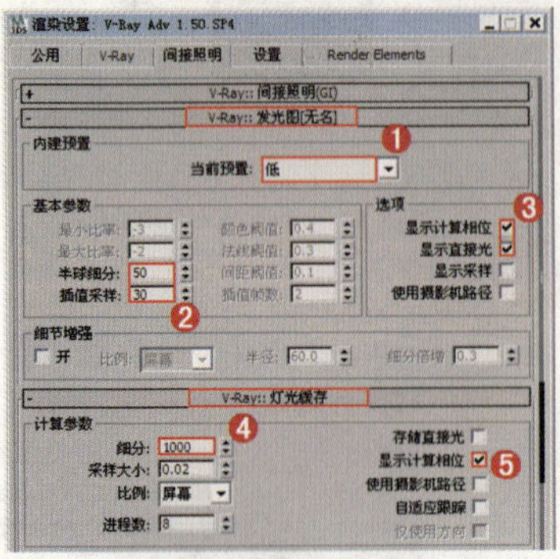

图17-39 【间接照明】选项卡参数

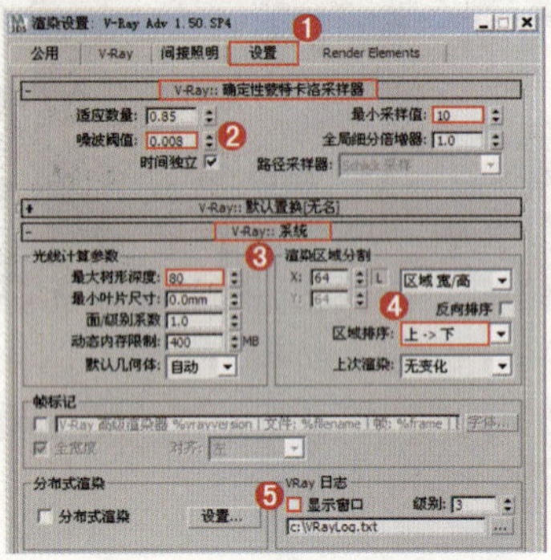

图17-40 【设置】选项卡参数

05 选择【Render Elements】选项卡，单击【添加】按钮并在弹出的【渲染元素】面板中选择【VRay线框颜色】选项，如图17-41所示。

06 选择【公用】选项卡，设置输出的尺寸为1500×1085，如图17-42所示。

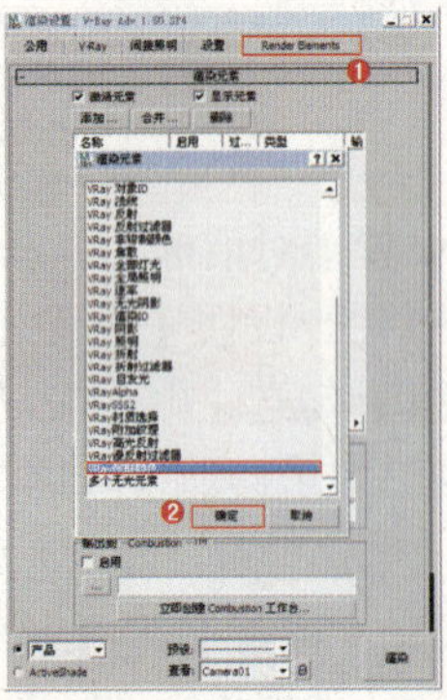

图17-41 【Render Elements】选项卡参数

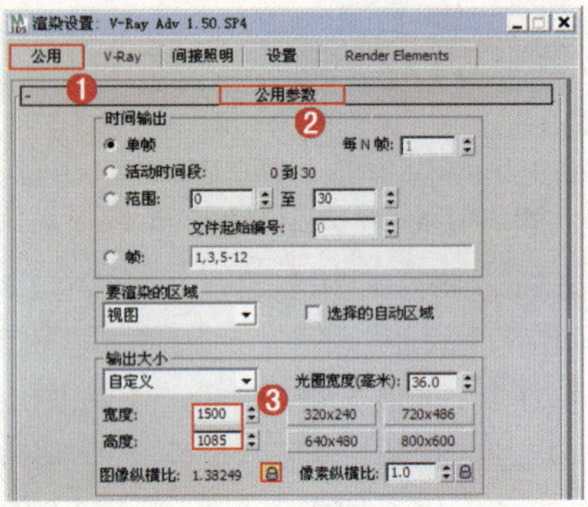

图17-42 【公用】选项卡参数

07 等待一段时间后渲染完成，最终的效果如图17-43所示。

08 单击（保存位图）按钮，在弹出的【保存图像】对话框中选择一个路径，在【保存类型】下拉列表框中选择【BMP图像文件（*.bmp）】格式，【文件名】为“儿童房”，如图17-44所示。

图17-43 渲染效果

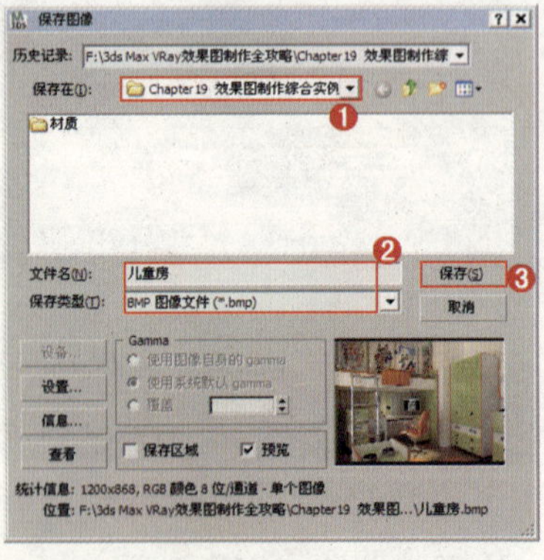

图17-44 对渲染的文件进行保存

当渲染完成以后，就需要对图像进行后期处理，进行最后的调整。

17.6 效果图后期处理

通过渲染的图像来看，只需要提高图像的亮度和色相饱和度即可达到需要的效果。如图 17-45 所示为后期处理前后效果。

图 17-45　处理前后的效果

01 启动 Photoshop 软件，打开上面输出的“儿童房 .bmp”文件，效果如图 17-46 所示。

02 按 Ctrl+M 组合键，打开【曲线】对话框，调整参数如图 17-47 所示。

图 17-46　打开图像

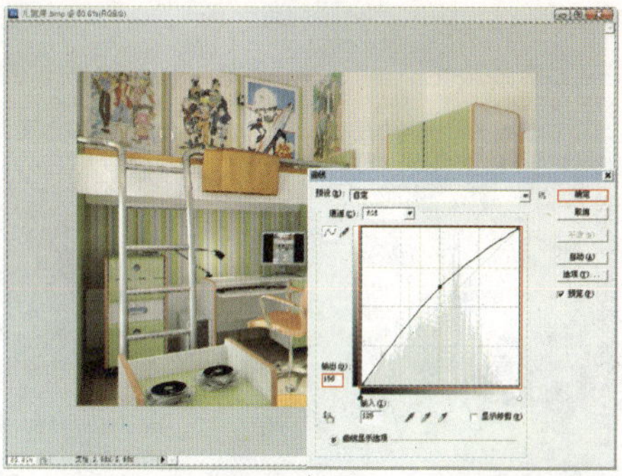

图 17-47　【曲线】调节

03 选择菜单【图像】|【调整】|【色相 / 饱和度】命令，如图 17-48 所示。在弹出的【色相 / 饱和度】对话框中调节【饱和度】为 8，此时图像效果如图 17-49 所示。

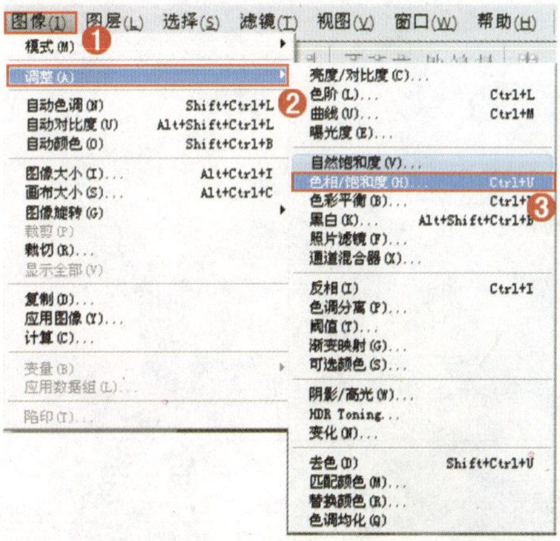

图 17-48　执行【色相 / 饱和度】命令

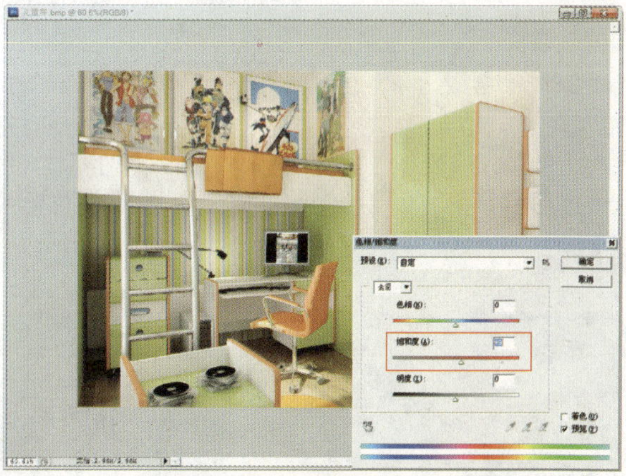

图 17-49　【色相 / 饱和度】调节

04 选择菜单【文件】|【存储为】命令，将处理后的文件另存为“儿童房 01. bmp”，最终图像效果如图 17-50 所示。

图 17-50　最终图像效果

第18章

气派宏大——接待大厅

场景文件	场景文件\18.max
案例文件	最终文件\第18章\接待大厅.max
视频教学	视频\接待大厅.flv
视频长度	8分44秒
难易指数	★★★☆☆
灯光类型	VRay灯光、目标灯光
材质类型	VRayMtl材质、VR灯光材质、标准材质
程序贴图	平铺程序贴图、衰减程序贴图
技术掌握	掌握VRayMtl材质、VR灯光材质、标准材质、VRay灯光、目标灯光的使用方法

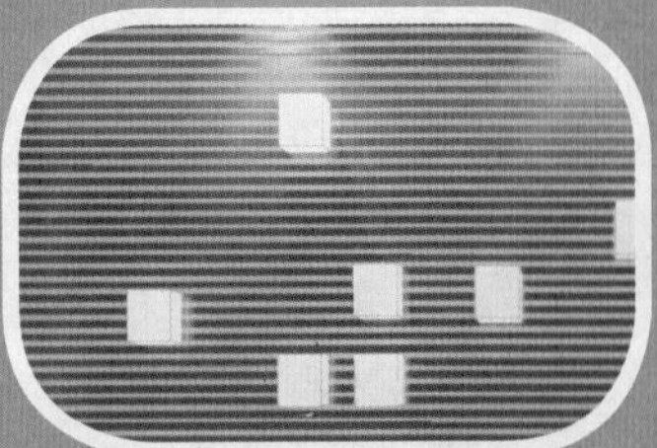

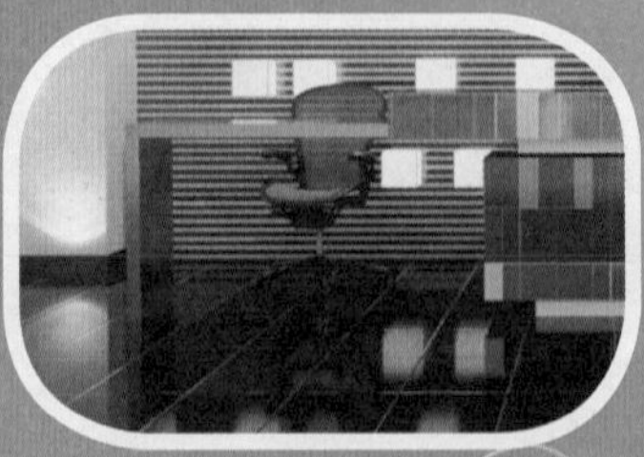

18.1 实例介绍

本例是一个接待大厅空间，室内明亮灯光表现主要使用 VRay 灯光模拟主光源、目标灯光模拟射灯光源，接着讲解了使用 VRayMtl 材质制作地面、瓷砖、黑漆等材质，制作完成后的最终效果如图 18-1 所示。

图 18-1　最终渲染效果

18.2 导入场景并设置 VRay 渲染器

01 打开随书配套光盘中的“场景文件 \18.max”文件，此时场景效果如图 18-2 所示。

02 按 F10 键，打开【渲染设置】对话框，选择【公用】选项卡，在【指定渲染器】卷展栏下单击…按钮，在弹出的【选择渲染器】对话框中选择【V-Ray Adv 1.50 .SP4】，如图 18-3 所示。

03 此时在【指定渲染器】卷展栏下的【产品级】后面显示了【V-Ray Adv 1.50 .SP4】，同时在【渲染设置】对话框中出现了【V-Ray】、【间接照明】、【设置】等选项卡，如图 18-4 所示。

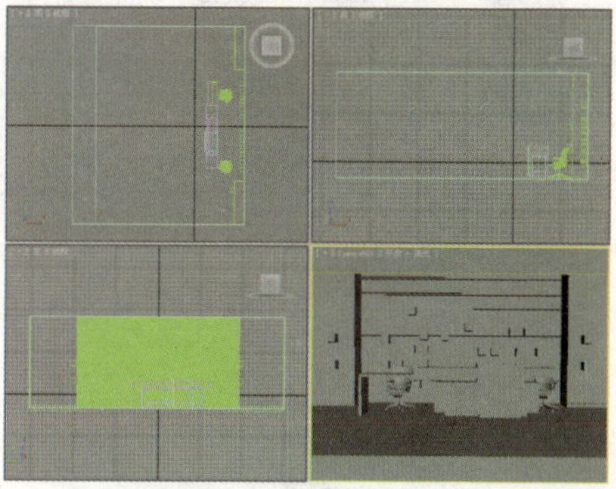

图 18-2　场景效果

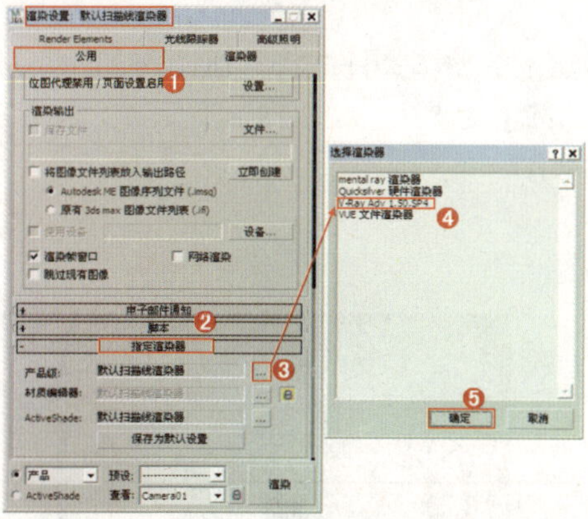

图 18-3　执行 VRay 渲染器

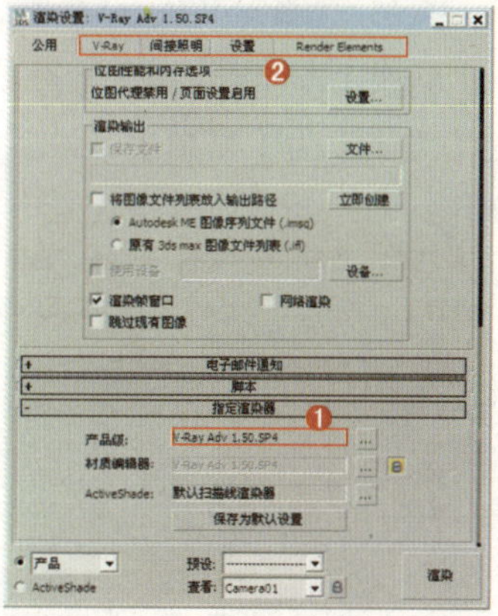

图 18-4　VRay 渲染器参数

18.3 材质的调制

下面来讲述场景中的主要材质的调制，包括乳胶漆、金属、地面、椅背、自发光、瓷砖、黑漆材质等。效果如图 18-5 所示。

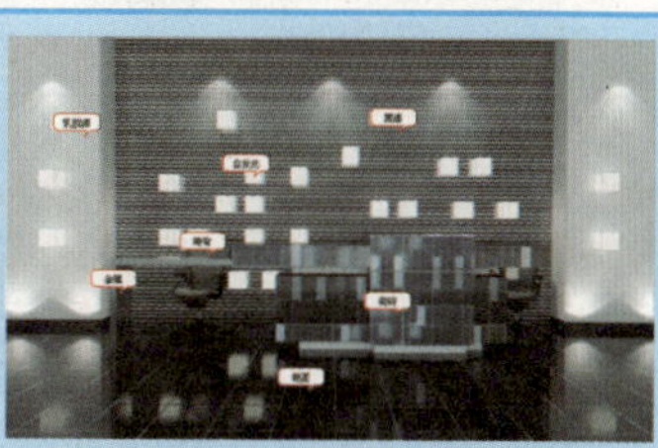

图 18-5　场景中主要材质

18.3.1 地面材质的制作

01 按 M 键，打开【材质编辑器】对话框，选择一个空白材质球，单击 Arch & Design 按钮，在弹出的【材质 / 贴图浏览器】对话框中选择【VR 材质】，如图 18-6 所示。

02 将其命名为“地面”，在【漫反射】选项组下通道上加载“平铺”程序贴图，设置【预设类型】为“堆栈砌合”，设置【水平数】为 14.0，【垂直数】为 26.0，【淡出变化】为 0.1，在【砖缝设置】选项组下设置【水平间距】和【垂直间距】分别为 0.006，在【反射】选项组下加载“衰减”程序贴图，设置【反射光泽度】为 0.95、【细分】为 20、【最大深度】为 2，如图 18-7 所示。

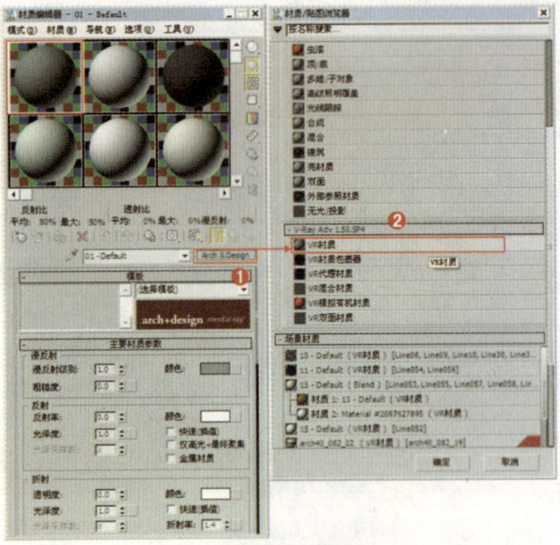

图 18-6 选择 VRay 材质

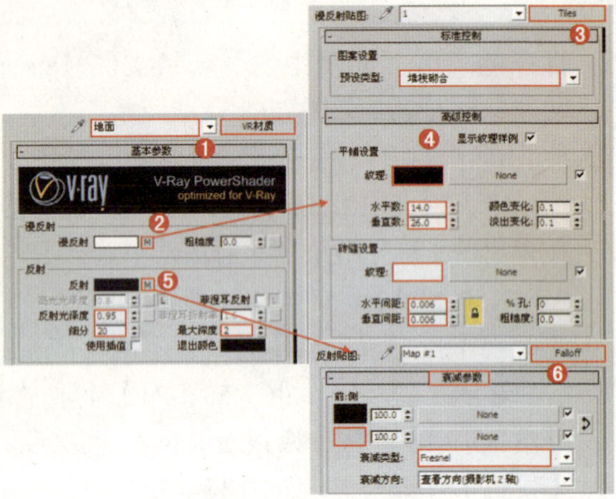

图 18-7 加载平铺程序贴图

03 展开【贴图】卷展栏，单击【漫反射】通道上的贴图文件并将其拖曳到【凹凸】通道上，设置【方法】为【复制】，最后设置【凹凸】为 5.0，如图 18-8 所示。

04 将制作好的地面材质赋予场景中的地面部分模型，如图 18-9 所示。

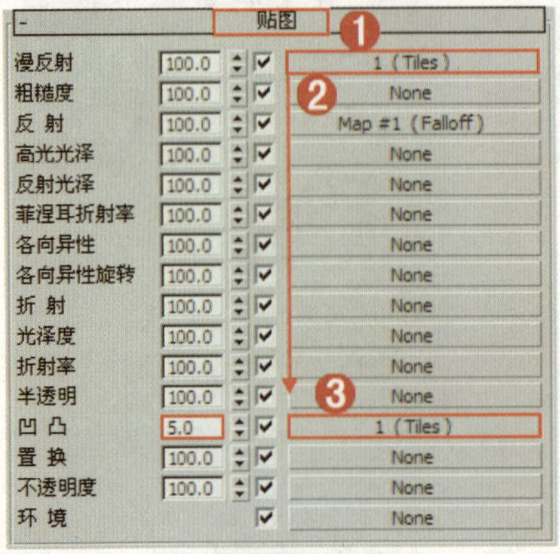

图 18-8 凹凸贴图

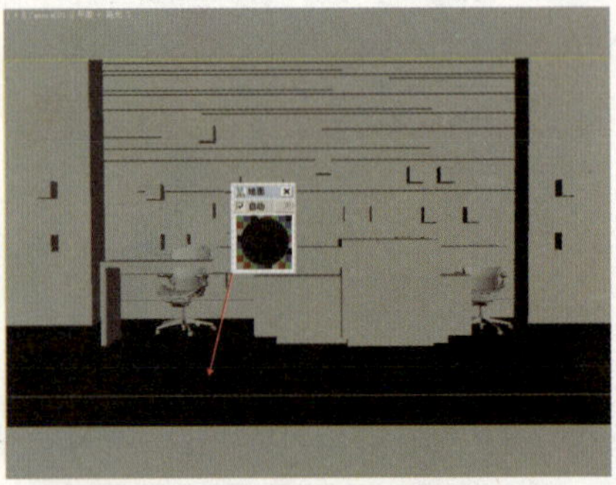

图 18-9 将材质赋给模型

18.3.2 乳胶漆材质的制作

01 按 M 键，打开【材质编辑器】对话框，选择一个空白材质球，单击 Arch & Design 按钮，在弹出的【材质 / 贴图浏览器】对话框中选择【VR 材质】，如图 18-10 所示。

02 将其命名为“乳胶漆”，在【漫反射】选项组下调节颜色为 R=248、G=248、B=248，在【反射】选项组下调节颜色为 R=39、G=39、B=39，设置【反射光泽度】为 0.85，如图 18-11 所示。

03 将制作好的乳胶漆材质赋予场景中的墙面模型，如图 18-12 所示。

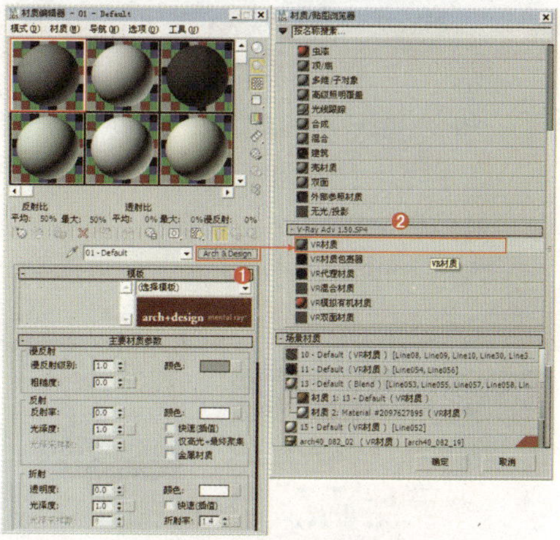

图 18-10　选择 VRay 材质

图 18-11　乳胶漆材质的参数

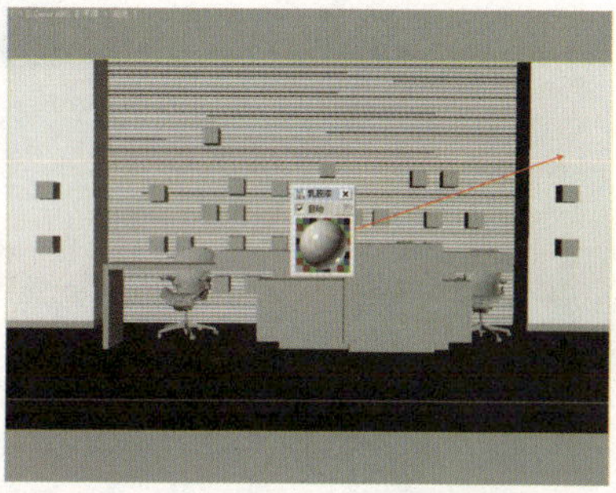

图 18-12　将材质赋予模型

18.3.3　瓷砖材质的调制

01 选择一个空白材质球，然后将材质类型设置为【VR 材质】，接着将其命名为“瓷砖”，在【漫反射】选项组下加载“瓷砖 .jpg”贴图文件，设置【大小】的【宽度】为 250.0mm、【高度】为 320.0mm，在【反射】选项组下调节颜色为 R=62、G=62、B=62，设置【反射光泽度】为 0.95，如图 18-13 所示。

02 将制作好的瓷砖材质赋 YU 场景中的瓷砖的模型，如图 18-14 所示。

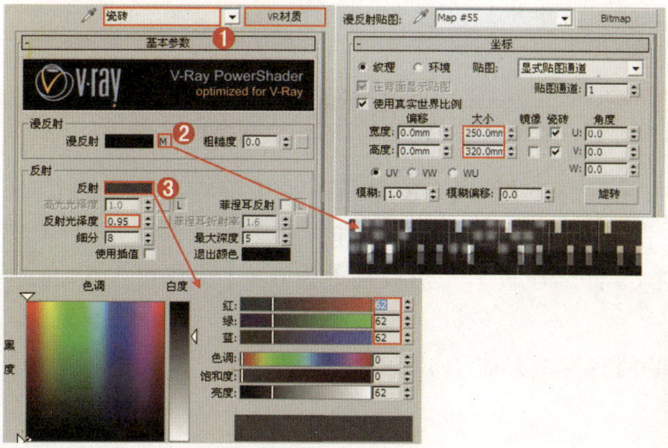

图 18-13　瓷砖材质的参数

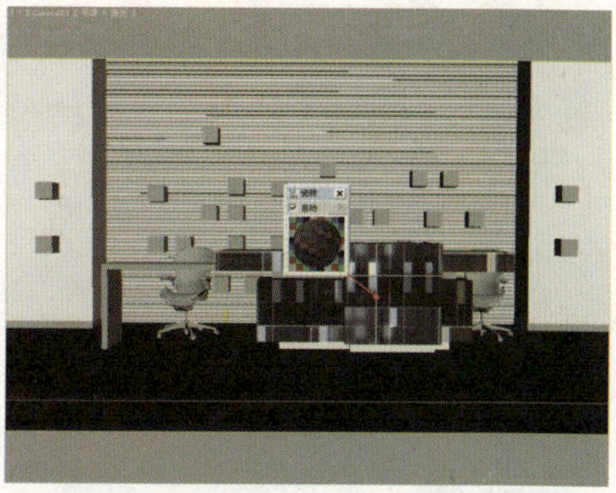

图 18-14　将材质赋给模型

18.3.4 金属材质的调制

01 选择一个空白材质球，然后将材质类型设置为【VR材质】，接着将其命名为“金属”，在【漫反射】选项组下调节颜色为R=52、G=52、B=52，在【反射】选项组下调节反射颜色为R=185、G=185、B=185，设置【反射光泽度】为0.9，如图18-15所示。

02 将制作好的金属材质赋予场景中的接待台结构模型，如图18-16所示。

图18-15　金属材质的参数

图18-16　将材质赋给模型

18.3.5 自发光材质的调制

01 选择一个空白材质球，然后将材质类型设置为【VR灯光材质】，设置颜色为白色，设置颜色数值为2.0，如图18-17所示。

02 将制作好的自发光材质赋给场景中自发光的模型，如图18-18所示。

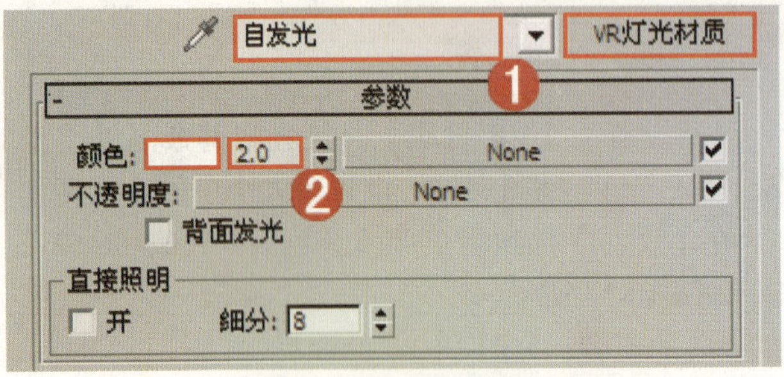

图18-17　自发光材质的参数

图18-18　将材质赋予模型

18.3.6 椅背材质的调制

01 选择一个空白材质球，然后将材质类型设置为【VR材质】，接着将其命名为“椅背”，在【漫反射】选项组下加载“椅背.jpg”贴图文件，在【不透明度】后面的通道上加载“椅背遮罩.jpg”贴图文件，设置【高光级别】为0、【光泽度】为25，如图18-19所示。

02 将制作好的椅背材质赋予场景中的椅背模型，如图18-20所示。

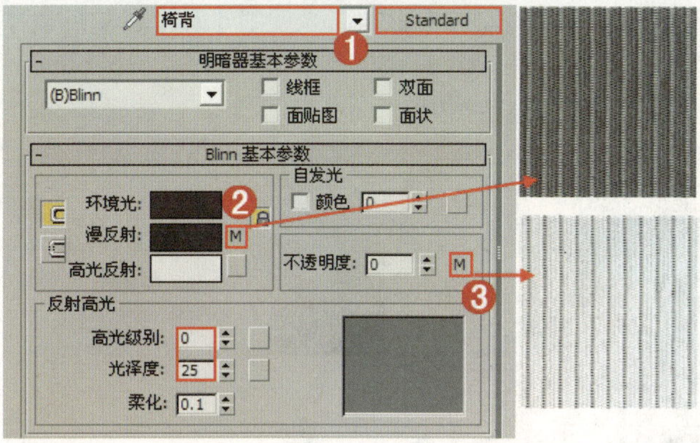

图 18-19　椅背材质的参数

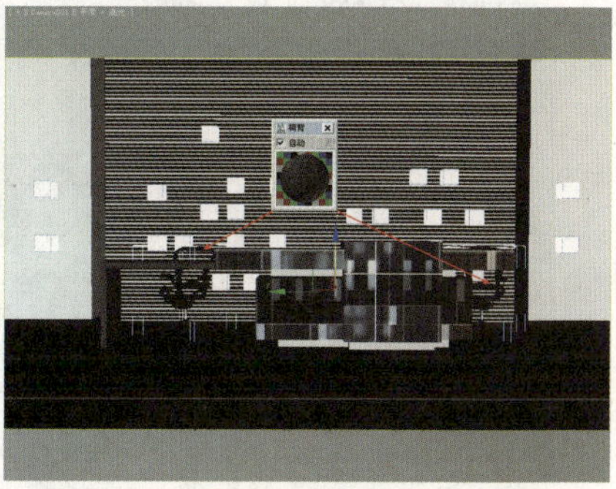

图 18-20　将材质赋予模型

18.3.7　黑漆材质的调制

01 选择一个空白材质球，然后将材质类型设置为【VR 材质】，接着将其命名为“黑漆”，在【漫反射】选项组下调节颜色为 R=12、G=12、B=12，在【反射】选项组下调节颜色为 R=62、G=62、B=62，设置【反射光泽度】为 0.89、【细分】为 15，如图 18-21 所示。

02 将制作好的黑漆材质赋予场景中的背景墙模型，如图 18-22 所示。

图 18-21　黑漆材质的参数

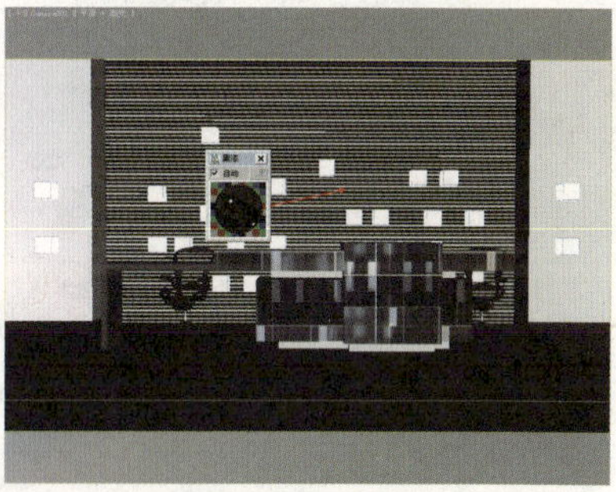

图 18-22　将材质赋予模型

18.4 设置灯光并进行草图渲染

在本例接待大厅场景中，主要使用了两部分灯光照明来表现，一部分使用了 VR 灯光模拟室内主要光源，另一部分使用目标灯光模拟室内射灯光源。

18.4.1　制作室内主要光源

01 单击（创建）|（灯光）| VR灯光 按钮，在左视图中拖曳创建一盏 VRay 灯光，具体的位置如图 18-23 所示。

02 选择创建的 VRay 灯光，然后在【修改】命令面板下设置【类型】为“平面”，设置【倍增器】为 6.0，调节【颜色】为 R=253、G=238、B=219，设置【1/2 长】为 2155.0mm、【1/2

宽】为5580.0mm，勾选【不可见】复选框，取消勾选【影响高光反射】和【影响反射】复选框，最后设置【细分】为25，如图18-24所示。

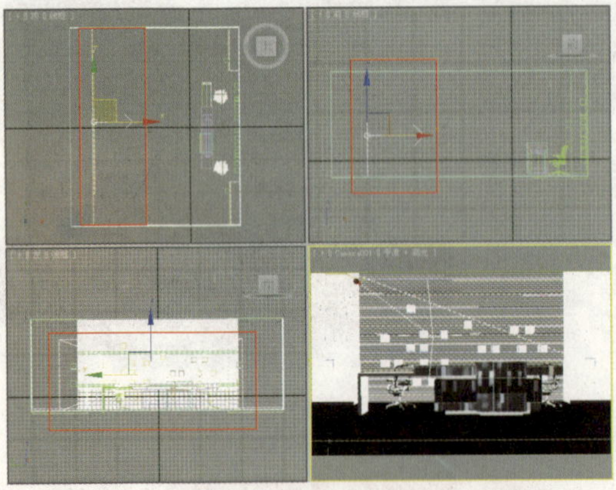

图 18-23　VRay 灯光的位置

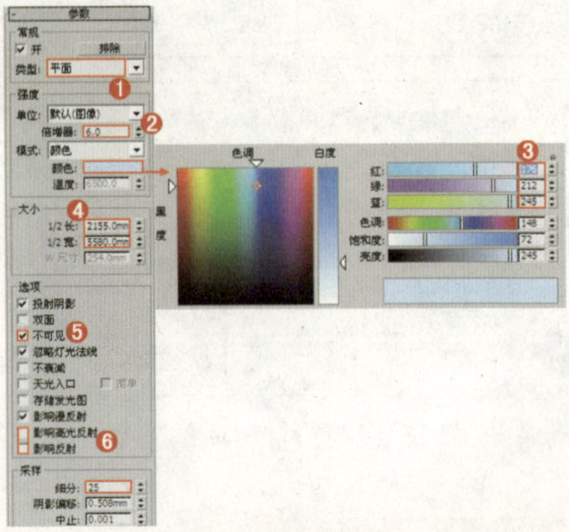

图 18-24　VRay 灯光的参数

03 按F10键，打开【渲染设置】对话框。首先设置一下【VRay】和【间接照明】选项卡下的参数，刚开始设置的是一个草图，目的是进行快速渲染，来观看整体的效果，参数设置如图18-25所示。

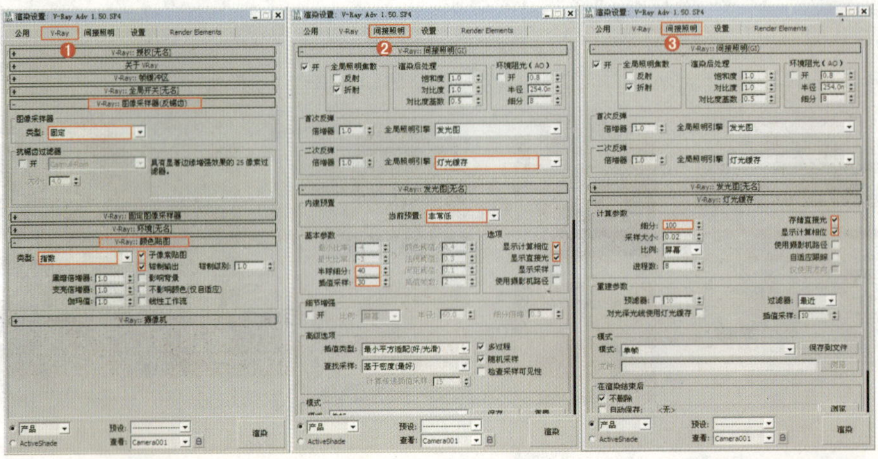

图 18-25　VRay 渲染器参数的设置

04 按Shift+Q组合键，快速渲染摄影机视图，其渲染效果如图18-26所示。

通过图18-26中的效果来看，场景的灯光效果基本满意，下面制作射灯的光源。

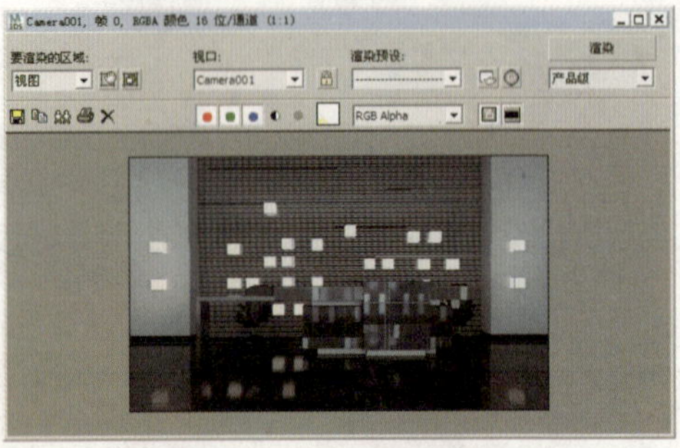

图 18-26　测试渲染的效果

18.4.2　制作室内射灯光源

01 单击（创建）|（灯光）| 目标灯光 按钮，在左视图中创建一盏目标灯光，使用Shift键

+移动工具复制两盏，具体的位置如图 18-27 所示。

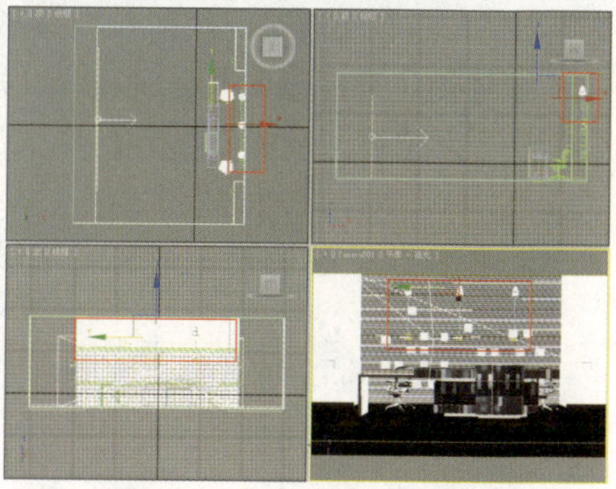

图 18-27 目标灯光的位置

02 选择刚创建的目标灯光，然后在【修改】命令面板下勾选【启用】复选框，设置【阴影类型】为“VRay 阴影”，设置【灯光分布（类型）】为“光度学 Web”，在通道上加载“13.ies”光域网文件，设置【强度】为 40000.0，展开【VRay 阴影参数】卷展栏，勾选【区域阴影】复选框，设置 U、V、W 的大小均为 50.0mm，如图 18-28 所示。

03 按 Shift+Q 组合键，快速渲染摄影机视图，其渲染效果如图 18-29 所示。

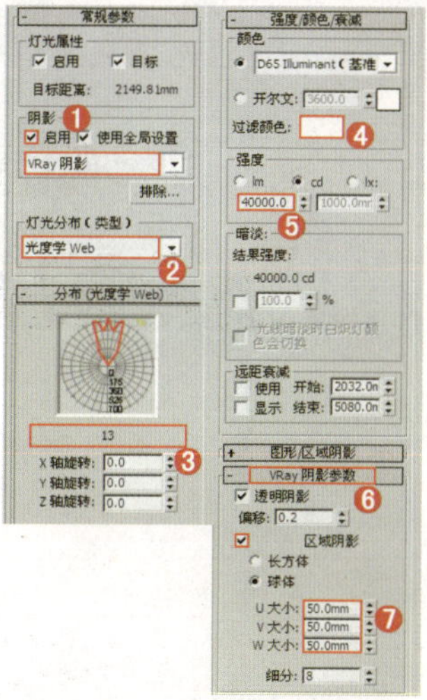

图 18-28 目标灯光的参数

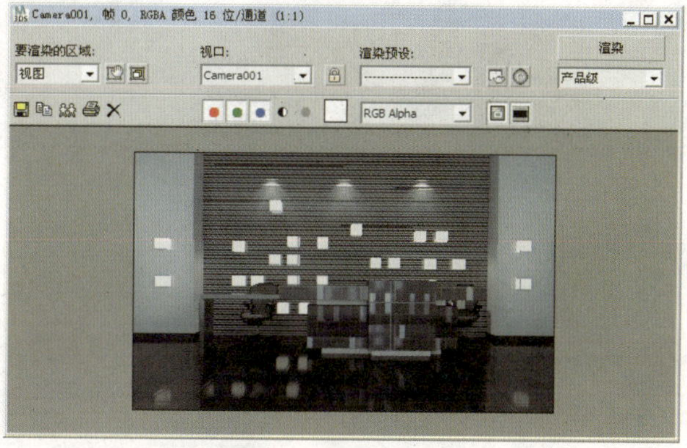

图 18-29 测试渲染效果

04 继续创建目标灯光并将其选择，如图 18-30 所示。然后在【修改】命令面板下勾选【启用】复选框，设置【阴影类型】为“VRay 阴影”，设置【灯光分布（类型）】为“光度学 Web”，在通道上加载“16.ies”光域网文件，设置【强度】为 2500.0，展开【VRay 阴影参数】卷展栏，勾选【区域阴影】，设置 U、V、W 的大小均为 50.0mm，如图 18-31 所示。

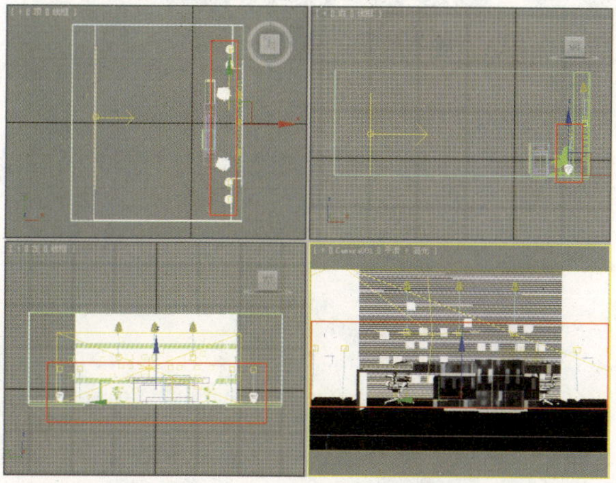

图 18-30 目标灯光的位置

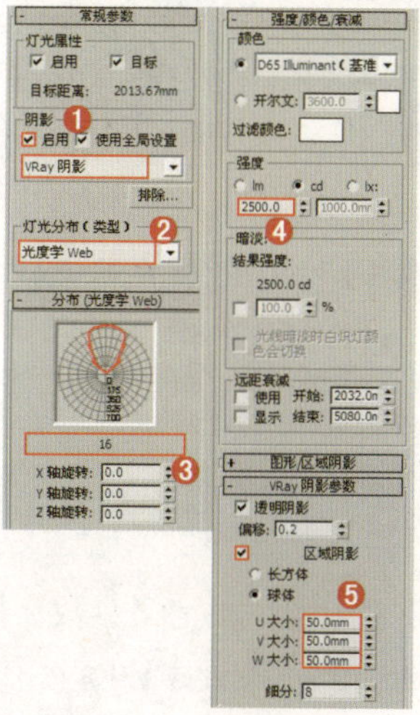

图 18-31 目标灯光的参数

05 按 Shift+Q 组合键，快速渲染摄影机视图，其渲染效果如图 18-32 所示。

06 继续创建目标灯光并将其选择，如图 18-33 所示。然后在【修改】命令面板下勾选【启用】复选框，设置【阴影类型】为“VRay 阴影”，设置【灯光分布（类型）】为“光度学 Web”，在通道上加载“13.ies”光域网文件，设置【强度】为 2000.0，展开【VRay 阴影参数】卷展栏，勾选【区域阴影】，设置 U、V、W 的大小均为 50.0mm，如图 18-34 所示。

07 按 Shift+Q 组合键，快速渲染摄影机视图，其渲染效果如图 18-35 所示。

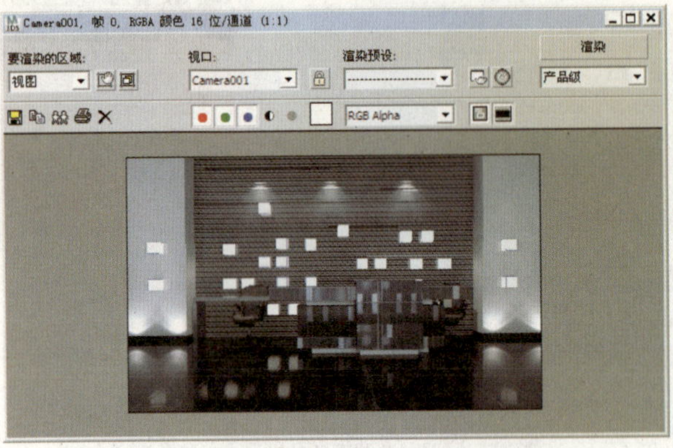

图 18-32　测试渲染效果

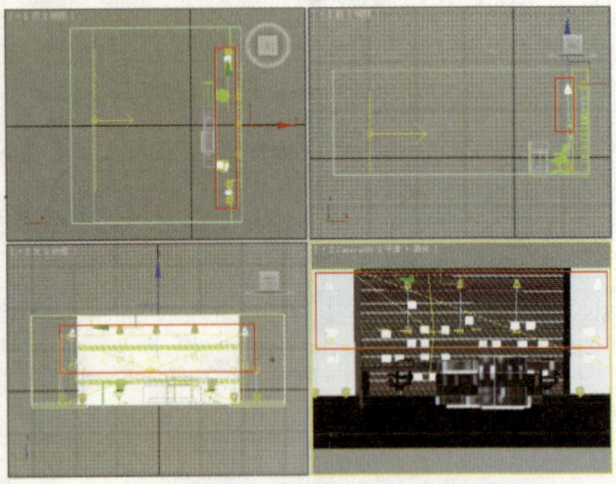

图 18-33　目标灯光的位置

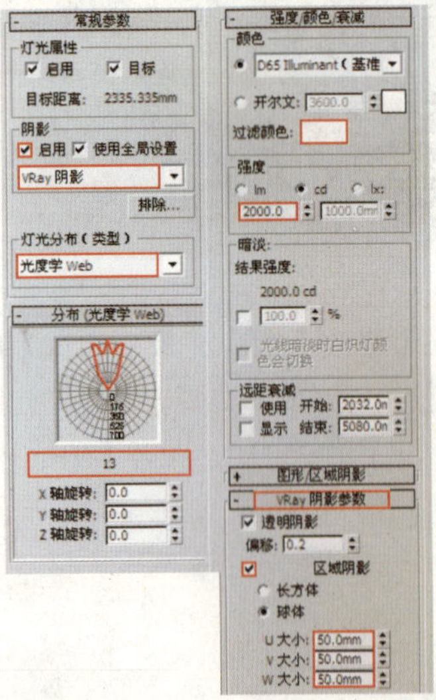

图 18-34　目标灯光的参数

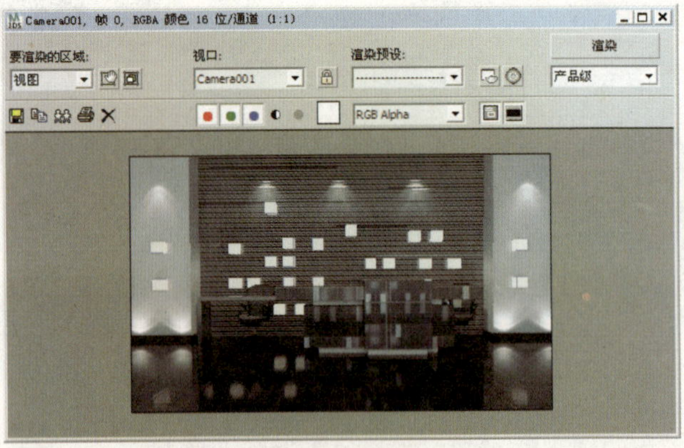

图 18-35　测试渲染效果

整个场景中的灯光就设置完成了，下面需要做的就是精细调整一下灯光细分参数及渲染参数，进行最终的渲染。

18.5 设置成图渲染参数

01 重新设置一下渲染参数，按 F10 键，在打开的【渲染设置】对话框中，选择【V-Ray】选项卡，展开【V-Ray:: 图像采样器（反锯齿）】卷展栏，设置【类型】为“自适应确定性蒙特卡洛”，接着在【抗锯齿过滤器】选项组下勾选【开】复选框，并选择

"Catmull-Rom"，展开【V-Ray:: 自适应确定性蒙特卡洛图像采样器】卷展栏，设置【最小细分】为 2，【最大细分】为 5，如图 18-36 所示。

02 展开【V-Ray:: 环境 [无名]】卷展栏，在【全剧照明环境（天光）覆盖】选项组下勾选【开】复选框，设置【倍增器】为 4，展开【V-Ray:: 颜色贴图】卷展栏，设置【类型】为"指数"，勾选【子像素贴图】和【钳制输出】复选框，如图 18-37 所示。

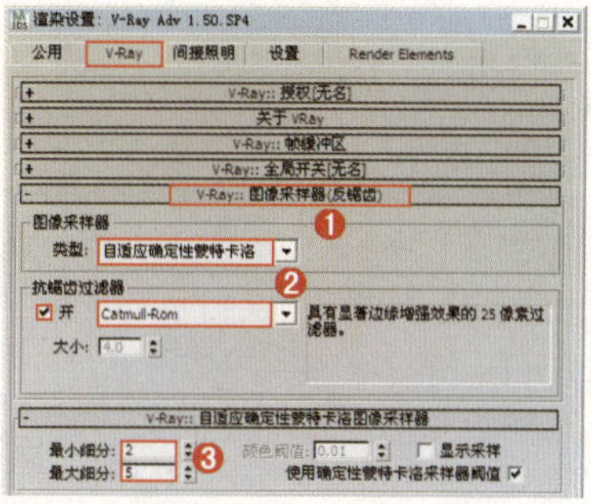

图 18-36 【V-Ray】选项卡的参数

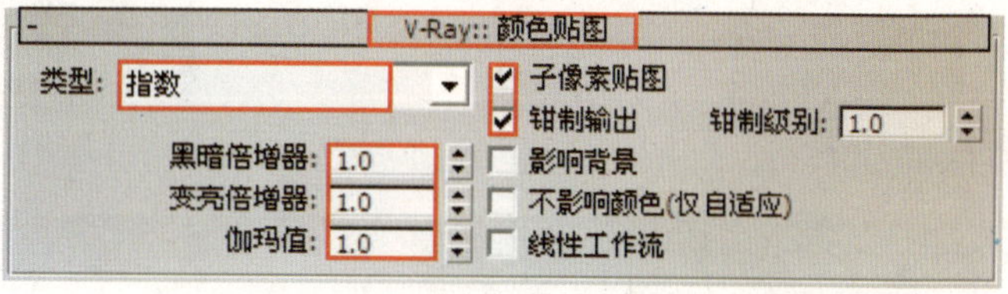

图 18-37 【V-Ray:: 颜色贴图】卷展栏参数

03 选择【间接照明】选项卡，展开【V-Ray:: 发光图 [无名]】卷展栏，设置【当前预置】为"低"，设置【半球细分】为 70，【插值采样】为 30，展开【V-Ray:: 灯光缓存】卷展栏，设置【细分】为 1000，取消勾选【存储直接光】复选框，如图 18-38 所示。

04 选择【设置】选项卡，展开【V-Ray:: 确定性蒙特卡洛采样器】卷展栏，设置【噪波阈值】为 0.005，【最小采样值】为 10，展开【V-Ray:: 系统】卷展栏，设置【区域排序】为"上→下"，最后取消勾选【显示窗口】复选框，如图 18-39 所示。

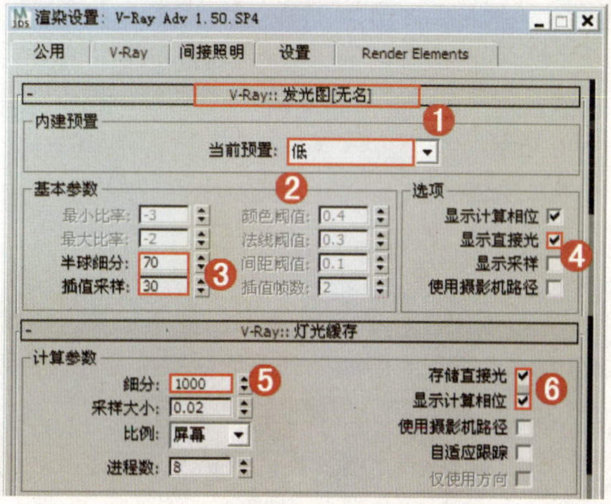

图 18-38 【间接照明】选项卡参数

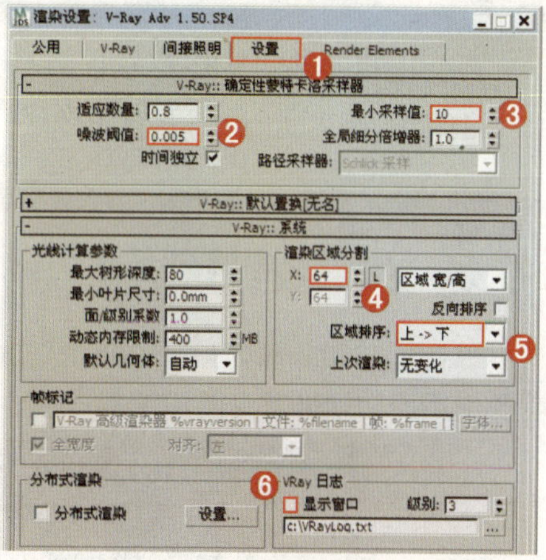

图 18-39 【设置】选项卡参数

05 选择【Render Elements】选项卡，单击【添加】按钮并在弹出的【渲染元素】面板中选择【VRay 线框颜色】选项，如图 18-40 所示。

06 选择【公用】选项卡，设置输出的尺寸为 1500×915，如图 18-41 所示。

07 等待一段时间后渲染完成，最终的效果如图 18-42 所示。

08 单击（保存位图）按钮，在弹出的【保存图像】对话框中选择一个路径，在【保存类型】下拉列表框中选择【BMP 图像文件（*.bmp）】格式，【文件名】为"接待大厅"，如图 18-43 所示。

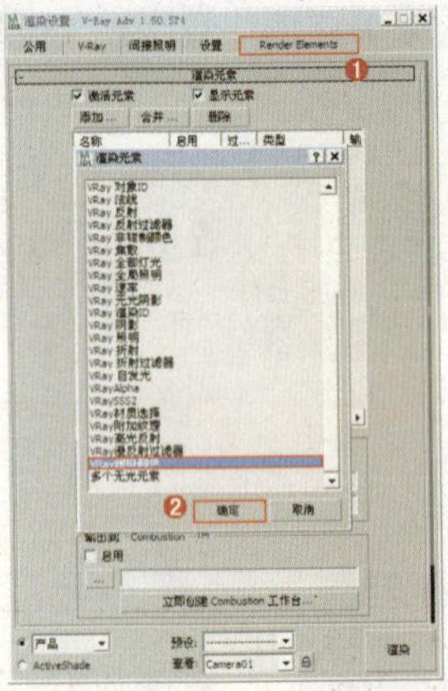

图 18-40 【Render Elements】选项卡参数

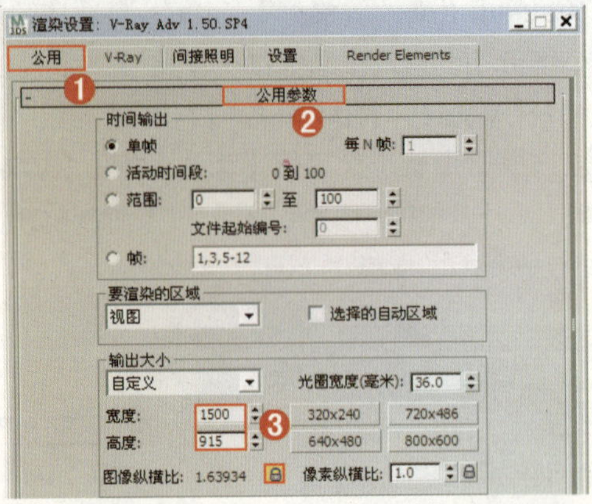

图 18-41 【公用】选项卡参数

图 18-42 渲染效果

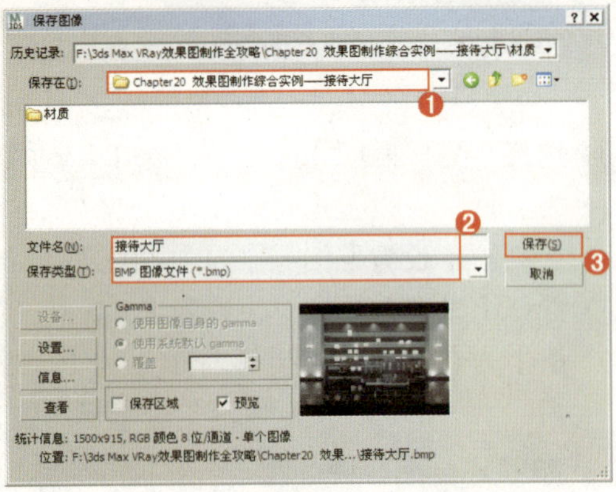

图 18-43 对渲染的文件进行保存

当渲染完成以后，就需要对图像进行后期处理，进行最后的调整。

18.6 效果图后期处理

现在观察和分析渲染的接待大厅效果，可以看出图稍微有些暗，并且带点灰，这就需要使用后期软件提高图像的对比度。如图 18-44 所示为后期处理前后效果。

图 18-44 处理前后的效果

01 启动 Photoshop 软件，打开上面输出的“接待大厅 .bmp”文件，效果如图 18-45 所示。

02 选择菜单【图像】|【调整】|【亮度 / 对比度】命令，如图 18-46 所示。在弹出的【亮度 / 对比度】对话框中调节亮度和对比度，调节后的效果如图 18-47 所示。

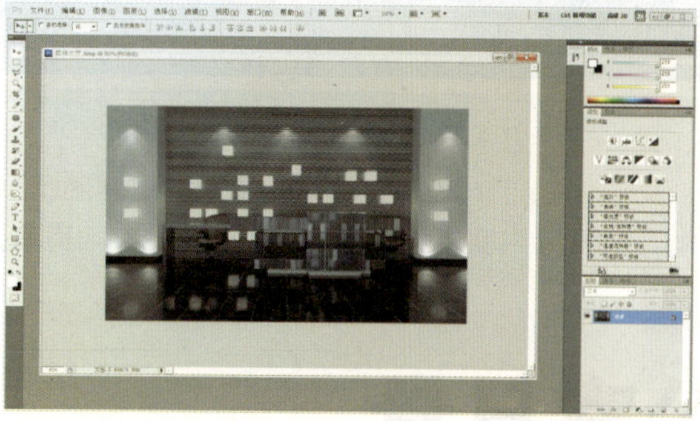

图 18-45 打开图像

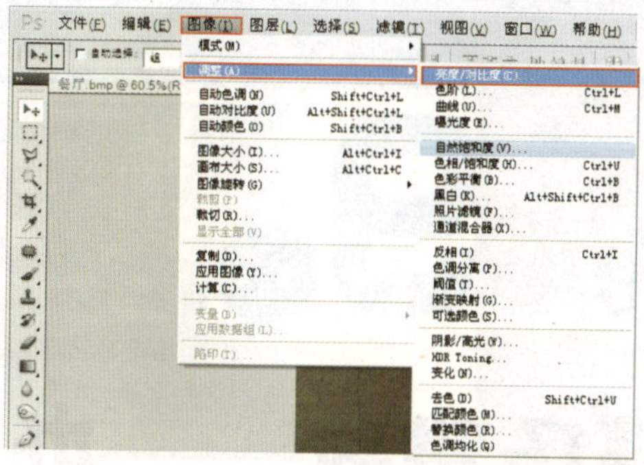

图 18-46 执行【亮度 / 对比度】命令

03 选择菜单【滤镜】|【锐化】|【智能锐化】命令，如图 18-48 所示。在弹出的【智能锐化】对话框中，设置【数量】为 35%、【半径】为 0.5 像素，如图 18-49 所示。

图 18-47 【亮度 / 对比度】调节

图 18-48 执行【智能锐化】命令

04 选择菜单【文件】|【存储为】命令，将处理后的文件另存为“接待大厅 01.bmp”，最终图像效果如图 18-50 所示。

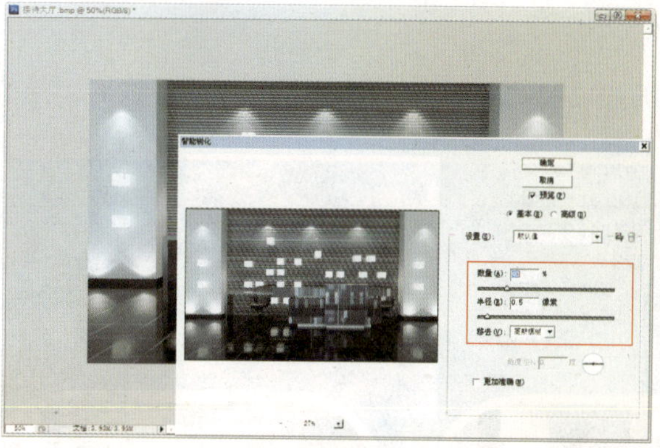

图 18-49 【智能锐化】调节

图 18-50 最终图像效果

20.3.2 屏幕材质的调制

01 按M键，打开【材质编辑器】对话框，选择一个空白材质球，单击 Arch & Design 按钮，在弹出的【材质/贴图浏览器】对话框中选择【VR材质包裹器】，如图20-10所示。

02 展开【VR材质包裹器参数】卷展栏，在基本材质后面的通道上加载【VR灯光材质】，设置【生成全局照明】和【接收全局照明】均为0.0，进入VR灯光材质，并进行调节，具体的参数设置如图20-11所示。

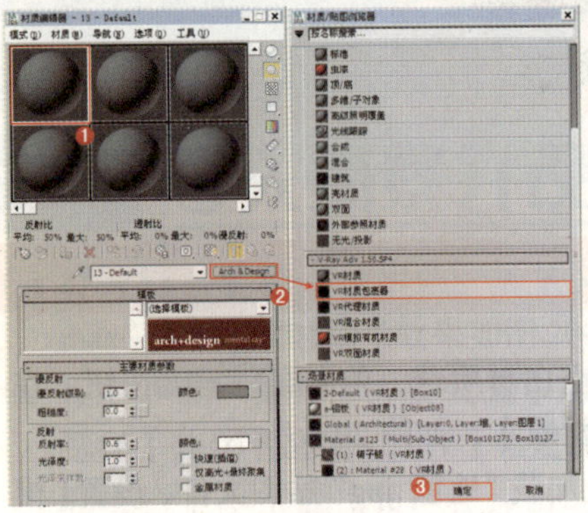

图20-10 选择VRay材质

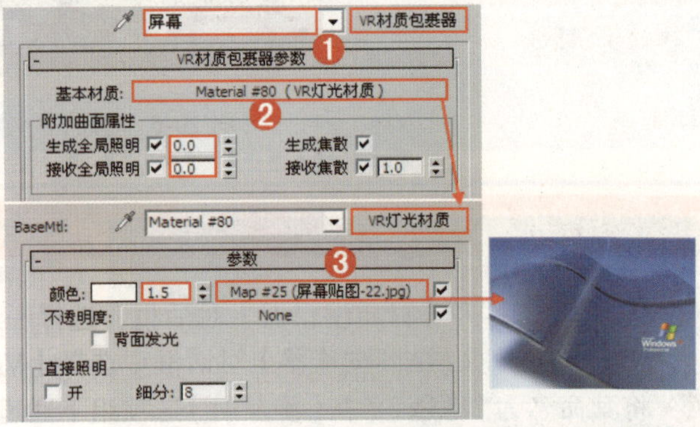

图20-11 屏幕材质的参数

03 将调制好的屏幕的材质赋予场景中影屏的屏幕模型，如图20-12所示。

图20-12 将材质赋予模型

20.3.3 椅子面材质的调制

01 选择一个空白材质球，然后将材质类型设置为【VR材质】，接着将其命名为"椅子面"，在【漫反射】选项组下调节颜色为R=15、B=15、B=15，在【反射】选项组下调节反射颜色为R=35、G=35、B=35，设置【高光光泽度】为0.7、【反射光泽度】为0.8、【细分】为12，如图20-13所示。

图20-13 椅子面材质的参数

02 展开【贴图】卷展栏，在【凹凸】后面的通道上加载"椅子面凹凸.jpg"贴图文件，

场景文件
案例文件
视频教学
视频长度
难易指数
灯光类型
材质类型
程序贴图
技术掌握

最后设置【凹凸】为 60.0，如图 20-14 所示。

03 将调制好的椅子面材质赋予场景中的椅子模型，如图 20-15 所示。

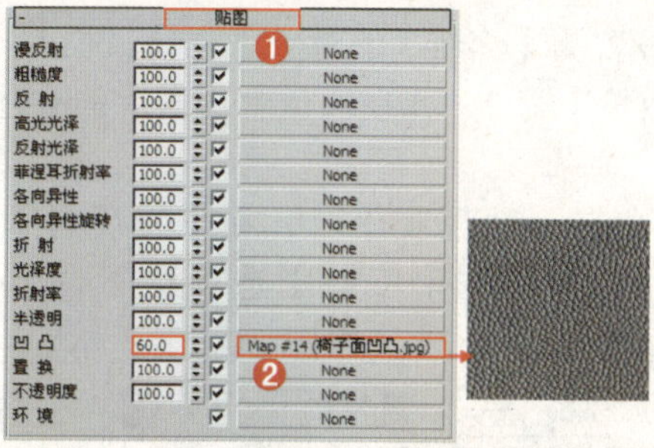

图 20-14　凹凸贴图

图 20-15　将材质赋予模型

20.3.4　地砖材质的调制

01 选择一个空白材质球，然后将材质类型设置为【VR 材质】，接着将其命名为“地砖”，在【漫反射】选项组下加载“地砖 .jpg”贴图文件，在【反射】选项组下加载“衰减”程序贴图，设置【衰减类型】为“Fresnel”，最后设置【高光光泽度】为 0.8、【反射光泽度】为 0.85、【细分】为 12，如图 20-16 所示。

02 将调制好的地砖材质赋予场景中的地面砖模型，如图 20-17 所示。

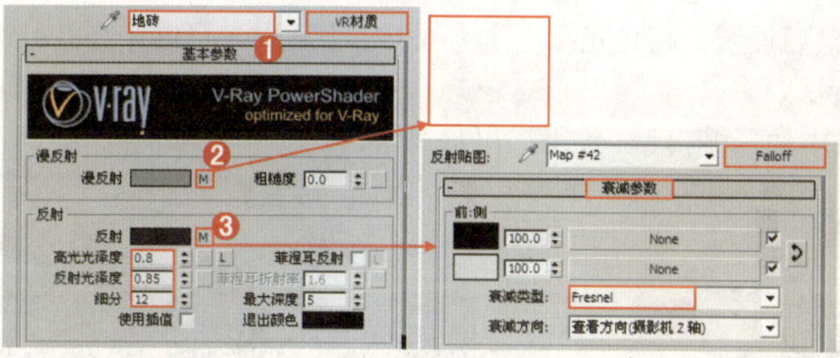

图 20-16　地砖材质的参数

图 20-17　将材质赋予模型

20.3.5　椅子腿金属材质的调制

01 选择一个空白材质球，然后将材质类型设置为【VR 材质】，接着将其命名为“椅子腿”，在【漫反射】选项组下调节颜色为 R=0、G=0、B=0，接着在【反射】选项组下调节颜色为 R=195、G=195、B=195，设置【高光光泽度】为 0.85、【反射光泽度】为 0.9、【细分】为 15，如图 20-18 所示。

02 将调制好的椅子腿材质赋予场景中的椅子腿模型，如图 20-19 所示。

图 20-18　椅子腿材质的参数

图 20-19　将材质赋予模型

20.3.6 顶棚材质的调制

01 选择一个空白材质球，然后将材质类型设置为【多维 / 子对象】材质，展开【多维 / 子对象基本参数】卷展栏，设置【设置数量】为 2，并在通道上加载 VRay 材质，如图 20-20 所示。

02 单击进入 ID 号为 1 的通道中，并将其命名为“乳胶漆”，在【漫反射】选项组下调节颜色为 R=245、G=245、B=245，接着在【反射】选项组下调节颜色为 R=15、G=15、B=15，设置【高光光泽度】为 0.25，如图 20-21 所示。

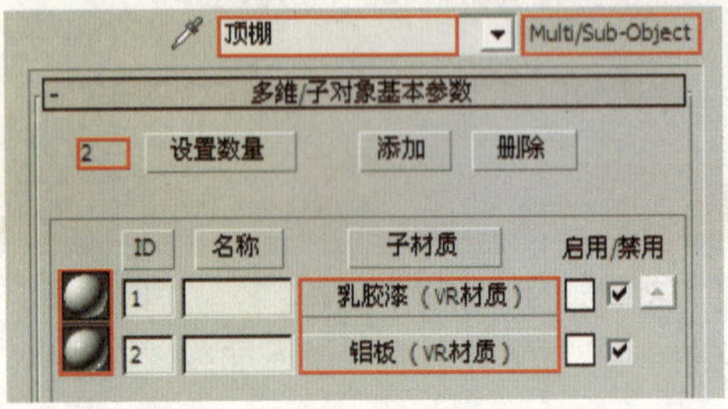

图 20-20 多维 / 子对象基本参数

图 20-21 乳胶漆材质的参数

03 单击进入 ID 号为 2 的通道中，并将其命名为“铝板”，在【漫反射】选项组下调节颜色为 R=245、G=245、B=245，接着在【反射】选项组下加载“衰减”程序贴图，设置【衰减类型】为“Fresnel”，最后设置【高光光泽度】为 0.85、【反射光泽度】为 0.9、【细分】为 15，如图 20-22 所示。

04 将调制好的顶棚材质赋予场景中的顶棚模型，如图 20-23 所示。

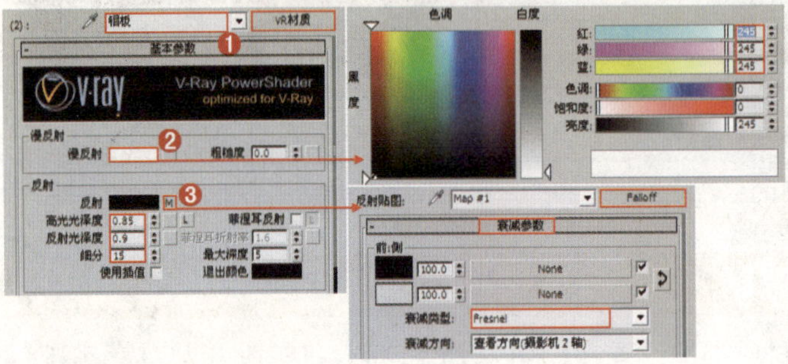

图 20-22 钻板材质的参数

图 20-23 将材质赋予模型

20.3.7 木纹材质的调制

01 选择一个空白材质球，然后将材质类型设置为【VR 材质】，接着将其命名为“木纹”，并在通道上加载“木纹.jpg”贴图文件，在【反射】选项组下加载“衰减”程序贴图，并设置【衰减类型】为“Fresnel”，最后设置【高光光泽度】为 0.85、【反射光泽度】为 0.9、【细分】为 15，如图 20-24 所示。

02 将调制好的木纹材质赋予场景中的会议桌桌面模型，如图 20-25 所示。

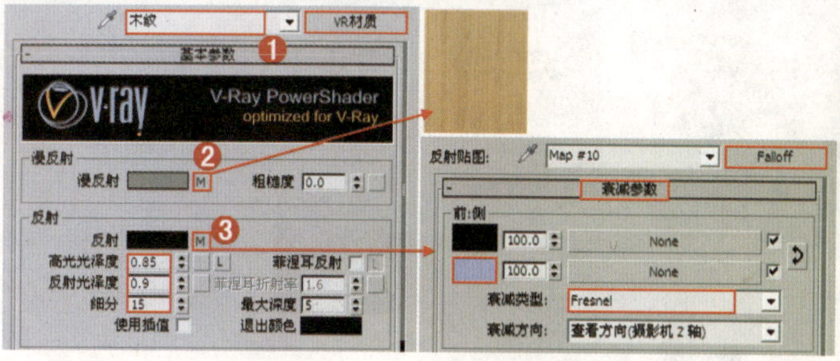

图 20-24　木纹材质的参数

图 20-25　将材质赋予模型

20.3.8　大花白材质的调制

01 选择一个空白材质球，然后将材质类型设置为【VR 材质】，接着将其命名为“大花白”，并在通道上加载“大花白 .jpg”贴图文件，在【反射】选项组下加载“衰减”程序贴图，并设置【衰减类型】为“Fresnel”，最后设置【高光光泽度】为 0.8、【反射光泽度】为 0.85、【细分】为 15，如图 20-26 所示。

02 将调制好的大花白材质赋予场景中的墙面装饰部分模型，如图 20-27 所示。

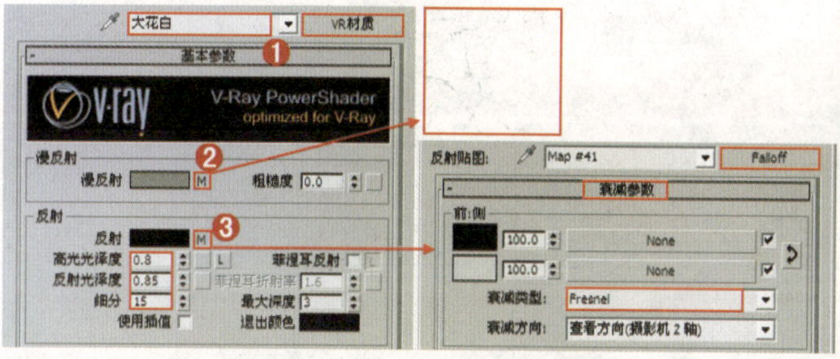

图 20-26　大花白材质的参数

图 20-27　将材质赋予模型

20.4 设置灯光并进行草图渲染

在本例公共空间会议室中，灯光分为 6 种类型，第一种使用目标平行光模拟阳光光源；第二种使用 VRay 灯光调制室外天光光源；第三种使用目标灯光模拟室内射灯光源；第四种使用 VR 灯光模拟室内会议桌上方的光源；第五种使用 VR 灯光模拟室内大屏幕的光源；第六种使用 VRay 灯光模拟顶棚灯带的光源。

20.4.1　调制阳光光源

01 单击（创建）|（灯光）| 目标平行光 按钮，在顶视图中单击并拖曳鼠标，创建一盏目标平行光，在各个视图中调整一下它的位置，具体的位置如图 20-28 所示。

02 选择创建的目标平行光灯光，然后在【修改】命令面板下调节其参数，如图 20-29 所示。

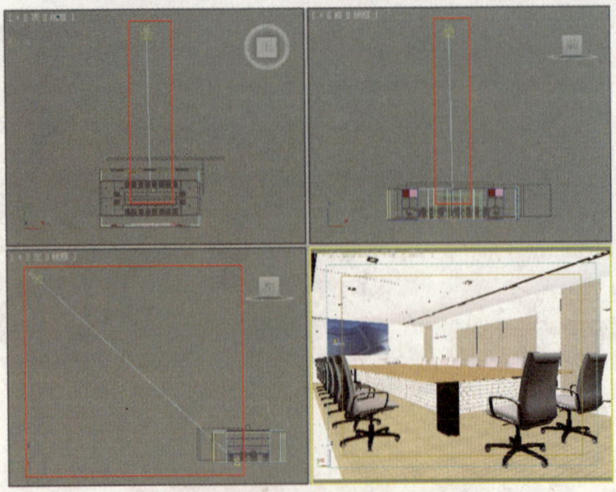

图 20-28　目标平行光的位置

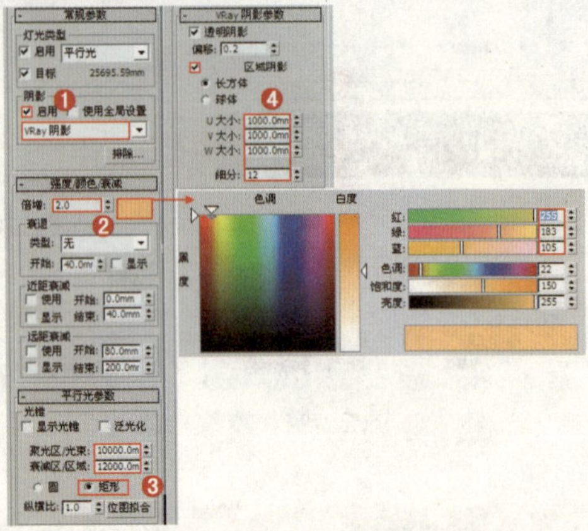

图 20-29　目标平行光的参数

设置完这盏目标平行光后，就可以设置一下简单的渲染参数。

03 按 F10 键，打开【渲染设置】对话框。首先设置一下【VRay】和【间接照明】选项卡下的参数，刚开始设置的是一个草图，目的是进行快速渲染，来观看整体的效果，参数设置如图 20-30 所示。

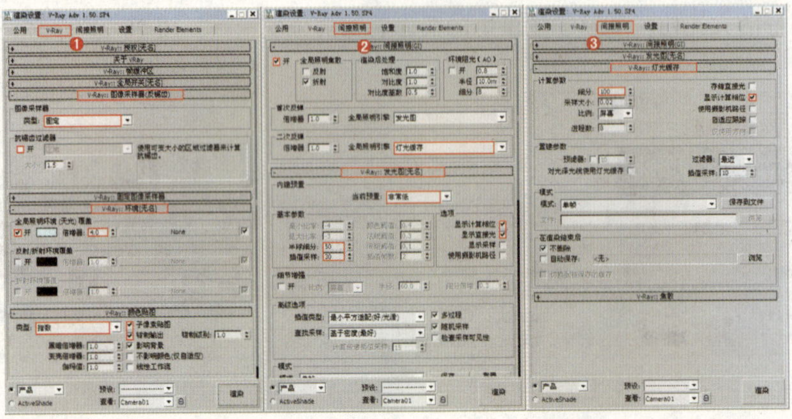

图 20-30　VRay 渲染器参数的设置

04 按 Shift+Q 组合键，快速渲染摄影机视图，其渲染效果如图 20-31 所示。

通过图 20-31 中的效果来看，对太阳光的位置基本满意。下面来创建 VR 灯光，放在玻璃窗的位置，主要模拟天光的效果。

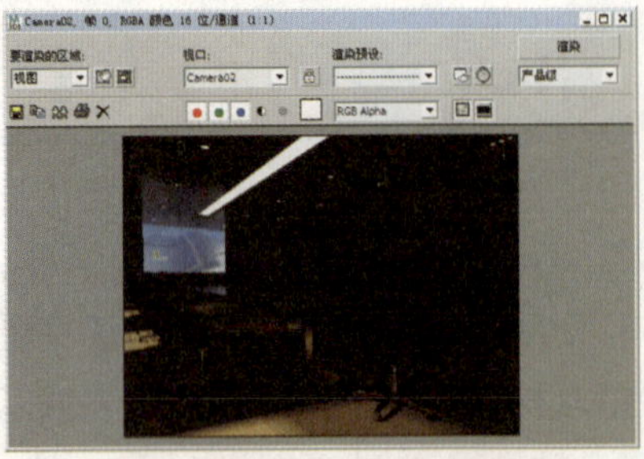

图 20-31　测试渲染的效果

20.4.2　调制室外天光光源

01 单击（创建）|（灯光）| VR灯光 按钮，在前视图中窗户的位置创建一盏 VRay 灯光，如图 20-32 所示。

02 选择创建的 VRay 灯光，然后在【修改】命令面板下设置【类型】为“平面”，设置【倍增器】为 8.0，调节【颜色】为 R=180、G=215、B=255，设置【1/2 长】为 4800.0mm、【1/2

宽】为 1100.0mm，勾选【不可见】复选框，最后设置【细分】为 20，如图 20-33 所示。

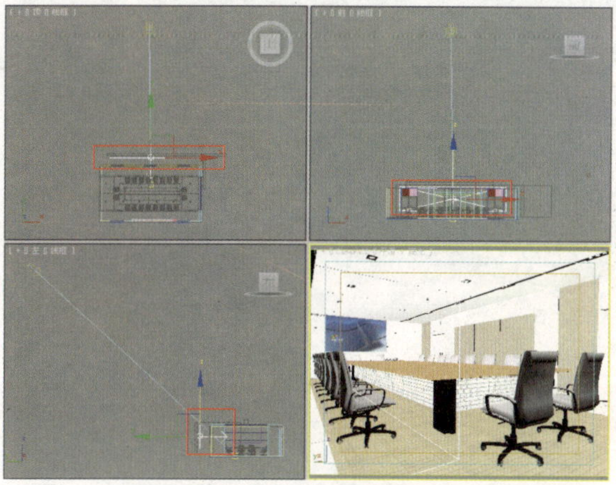

图 20-32 VRay 灯光的位置

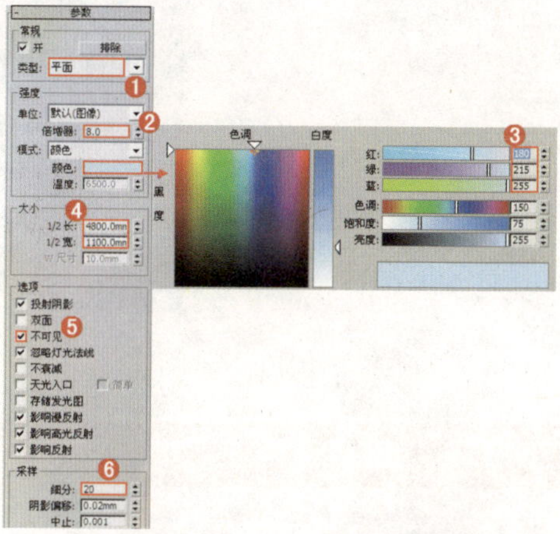

图 20-33 VRay 灯光的参数

03 按 Shift+Q 组合键，快速渲染摄影机视图，其渲染效果如图 20-34 所示。

图 20-34 测试渲染效果

20.4.3 调制室内射灯光源

01 单击（创建）|（灯光）| 目标灯光 按钮，在前视图中创建一盏目标灯光，然后使用 Shift 键 + 移动工具复制 15 盏，并将其拖曳到射灯下如图 20-35 所示位置。

02 选择创建的目标灯光，然后在【修改】命令面板下进行调节，具体的灯光参数如图 20-36 所示。

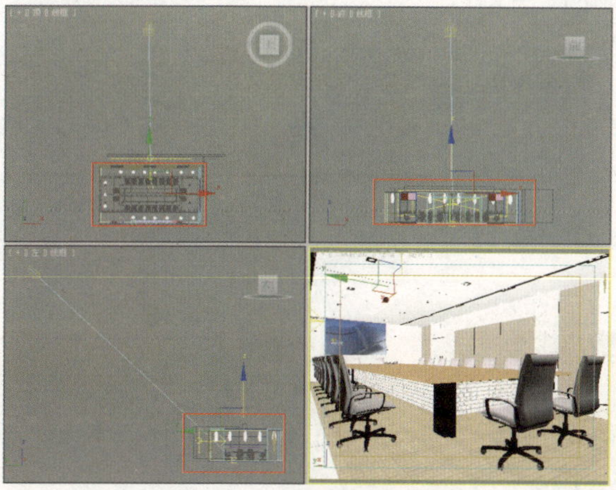

图 20-35 目标灯光的位置

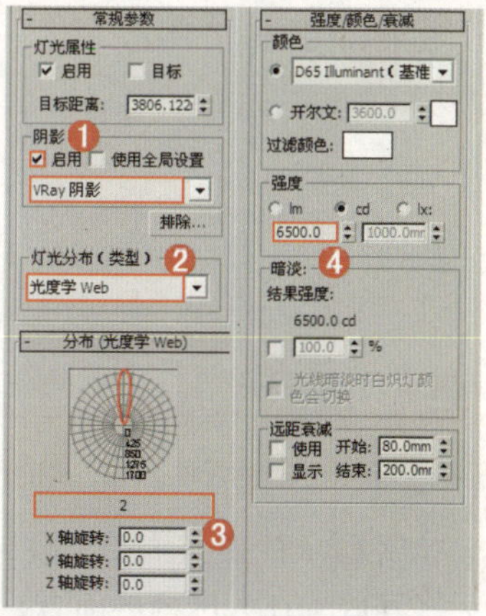

图 20-36 目标灯光的参数

03 按 Shift+Q 组合键，快速渲染摄影机视图，其渲染效果如图 20-37 所示。

图 20-37　测试渲染效果

20.4.4　调制室内会议桌上方光源

01 单击（创建）|（灯光）| VR灯光 按钮，在顶视图中创建，然后将其放置在会议桌的上方，位置如图 20-38 所示。

02 选择创建的目标灯光，然后在【修改】命令面板下进行调节，具体的灯光参数如图 20-39 所示。

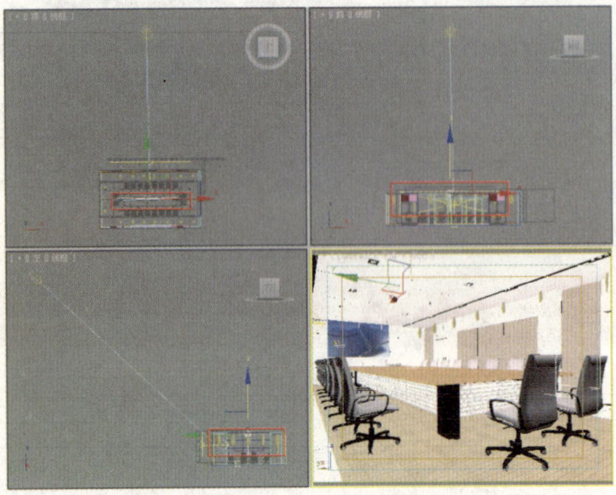

图 20-38　VRay 灯光的位置

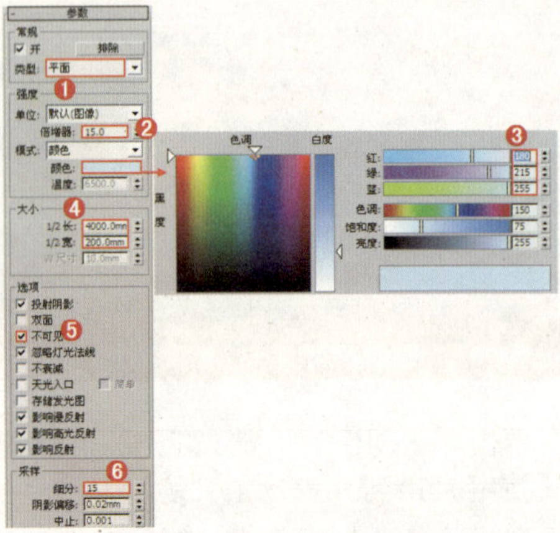

图 20-39　VRay 灯光的参数

03 按 Shift+Q 组合键，快速渲染摄影机视图，其渲染效果如图 20-40 所示。

图 20-40　测试渲染效果

20.4.5　调制室内大屏幕的光源

01 单击（创建）|（灯光）| VR灯光 按钮，在左视图中创建一盏 VRay 灯光，并将其放置在大屏幕的前方，位置如图 20-41 所示。

02 选择创建的 VRay 灯光，然后在【修改】命令面板下进行调节，具体的灯光参数如图 20-42 所示。

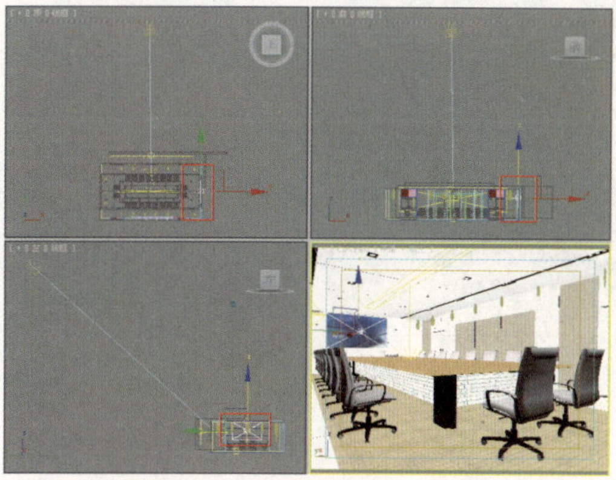

图 20-41　VRay 灯光的位置

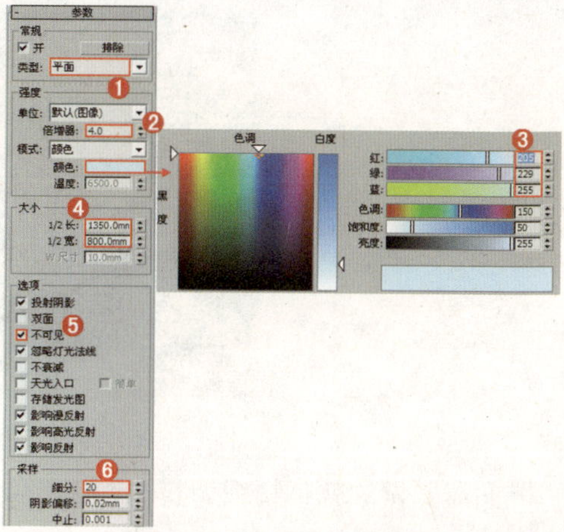

图 20-42　VRay 灯光的参数

03 按 Shift+Q 组合键，快速渲染摄影机视图，其渲染的效果如图 20-43 所示。

图 20-43　测试渲染效果

20.4.6　调制顶棚灯带的光源

01 单击 （创建）| （灯光）| VR灯光 按钮，在顶视图中创建一盏 VRay 灯光，并将其拖曳到顶棚灯槽的位置，如图 20-44 所示。

02 选择创建的 VRay 灯光，然后在【修改】命令面板下进行调节，具体的灯光参数如图 20-45 所示。

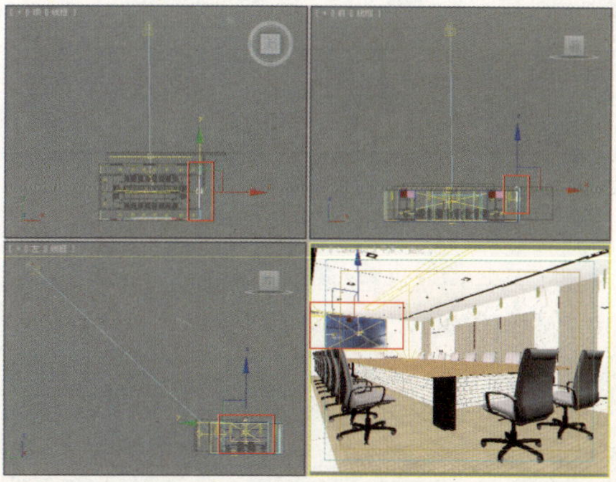

图 20-44　VRay 灯光的位置

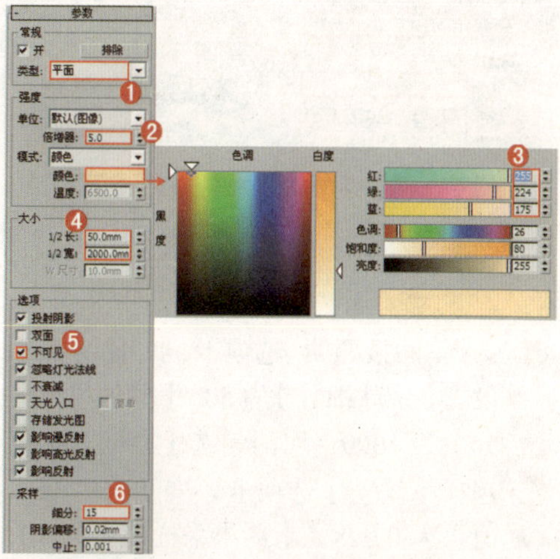

图 20-45　VRay 灯光的参数

03 按 Shift+Q 组合键，快速渲染摄影机视图，其渲染效果如图 20-46 所示。

图 20-46　测试渲染效果

下面需要做的就是精细调整一下灯光细分参数及渲染参数，进行最终的渲染。

20.5 设置成图渲染参数

01 重新设置一下渲染参数，按 F10 键，在打开的【渲染设置】对话框中，选择【V-Ray】选项卡，展开【V-Ray:: 图像采样器（反锯齿）】卷展栏，设置【类型】为“自适应确定性蒙特卡洛”，接着在【抗锯齿过滤器】选项组下勾选【开】复选框，并选择“Mitchell-Netravali”，展开【V-Ray:: 自适应确定性蒙特卡洛图像采样器】卷展栏，设置【最小细分】为 2，【最大细分】为 5，如图 20-47 所示。

02 展开【V-Ray:: 环境 [无名]】卷展栏，在【全剧照明环境（天光）覆盖】选项组下勾选【开】复选框，设置【倍增器】为 1.0，展开【V-Ray:: 颜色贴图】卷展栏，设置【类型】为“指数”，勾选【子像素贴图】和【钳制输出】复选框，如图 20-48 所示。

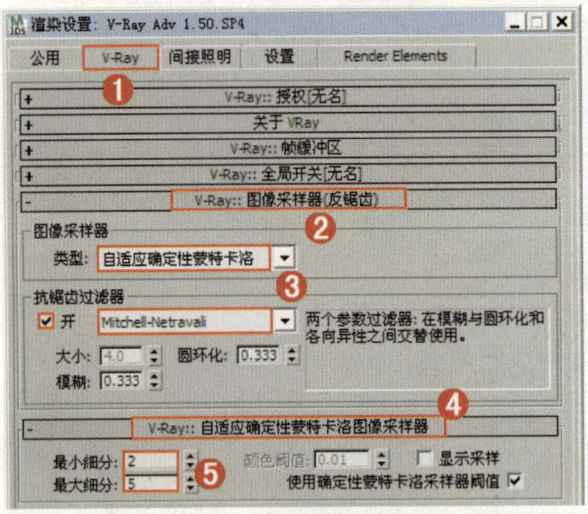

图 20-47　【V-Ray】选项卡的参数

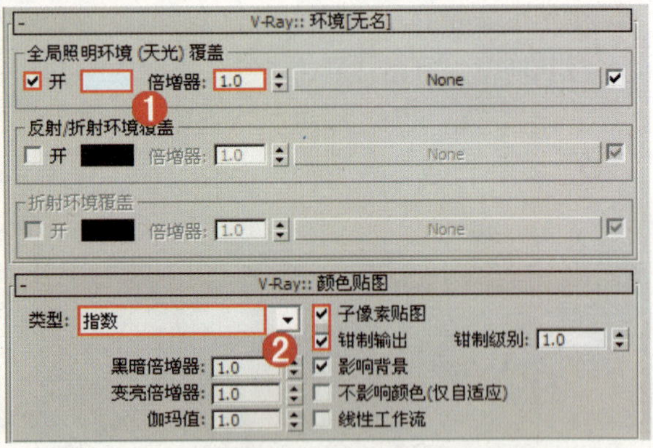

图 20-48　【环境】和【颜色贴图】参数

03 选择【间接照明】选项卡，展开【V-Ray:: 发光图 [无名]】卷展栏，设置【当前预置】为“低”，设置【半球细分】为 50、【插值采样】为 30，展开【V-Ray:: 灯光缓存】卷展栏，设置【细分】为 1000，取消勾选【存储直接光】复选框，如图 20-49 所示。

04 选择【设置】选项卡，展开【V-Ray:: 确定性蒙特卡洛采样器】卷展栏，设置【噪波阈值】为 0.008、【最小采样值】为 10，展开【V-Ray:: 系统】卷展栏，设置【区域排序】为“上→下”，最后取消勾选【显示窗口】复选框，如图 20-50 所示。

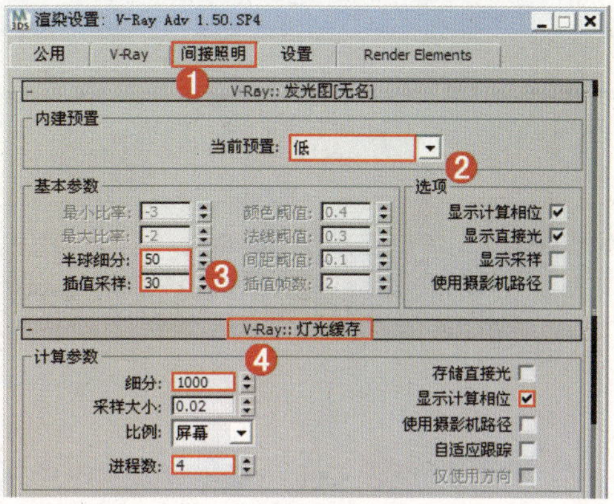

图 20-49 【间接照明】的参数

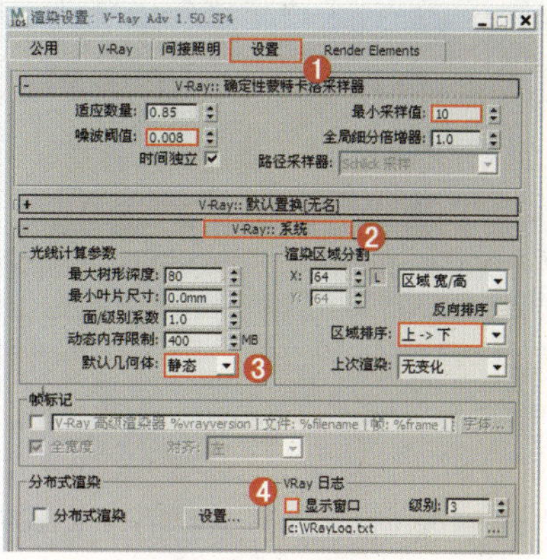

图 20-50 【系统】选项卡参数

05 选择【Render Elements】选项卡，单击【添加】按钮并在弹出的【渲染元素】面板中选择【VRay 线框颜色】选项，如图 20-51 所示。

06 选择【公用】选项卡，设置输出的尺寸为 1500 × 1125，如图 20-52 所示。

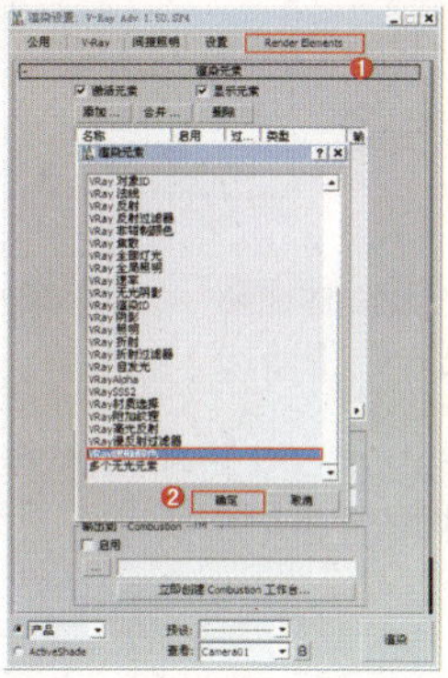

图 20-51 【Render Elements】选项卡参数

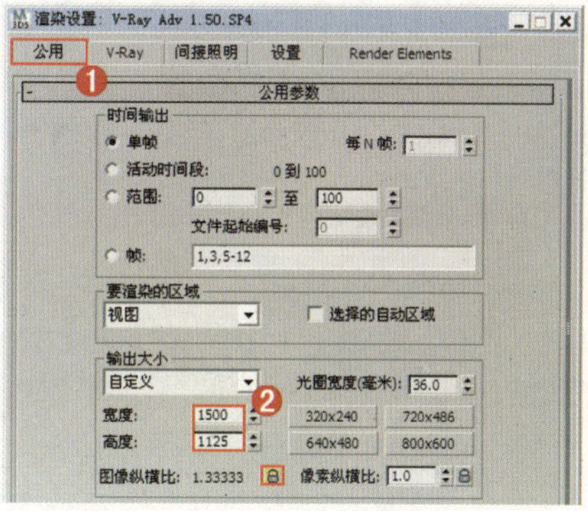

图 20-52 【公用】选项卡参数

07 等待一段时间后渲染完成，最终的效果如图 20-53 所示。

08 单击（保存位图）按钮，在弹出的【保存图像】对话框中选择一个路径，在【保存类型】下拉列表框中选择【BMP 图像文件（*.bmp）】格式，【文件名】为“会议室”，如图 20-54 所示。

图 20-53 渲染效果

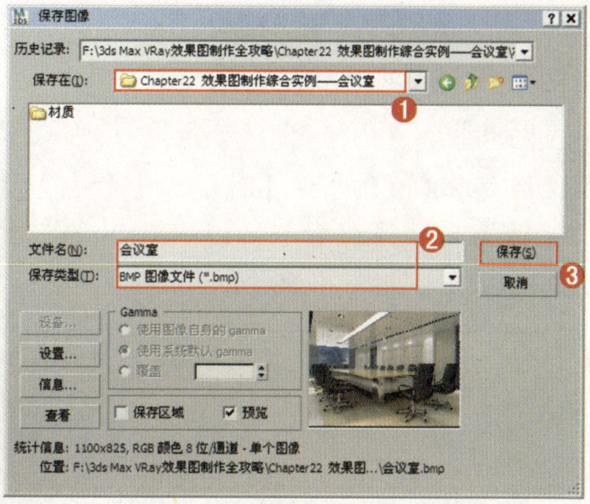

图 20-54 对渲染的文件进行保存

当渲染完成以后，就需要对图像进行后期处理，进行最后的调整。

20.6 效果图后期处理

现在观察和分析渲染的前厅效果，可以看出图稍微有些暗，并且带点灰，这就需要使用 Photoshop 先来调节该图像整体的亮度和对比度。如图 20-55 所示为后期处理前后效果。

图 20-55 处理前后的效果

01 启动 Photoshop 软件，打开上面输出的“会议室 .bmp”文件，效果如图 20-56 所示。按 Ctrl+M 组合键，打开【曲线】对话框，调整参数，如图 20-57 所示。

图 20-56 打开图像

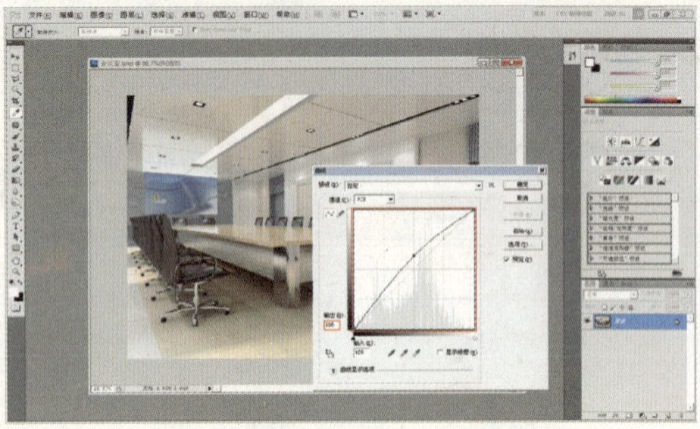

图 20-57 【曲线】调节

02 选择菜单【图像】|【调整】|【亮度 / 对比度】命令，如图 20-58 所示。在弹出的【亮度 / 对比度】对话框中调节亮度和对比度，调节后的效果如图 20-59 所示。

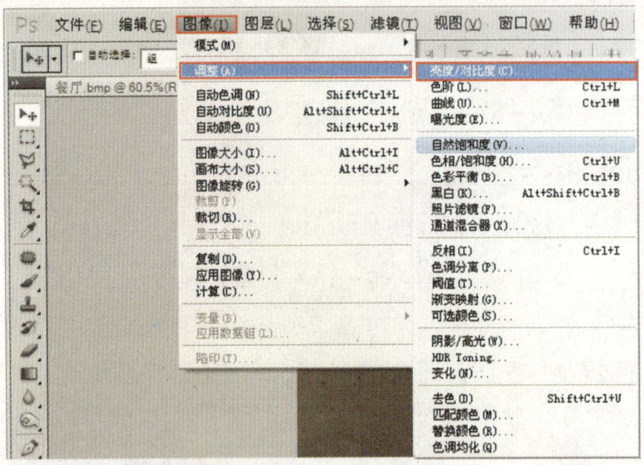

图 20-58 执行【亮度 / 对比度】命令

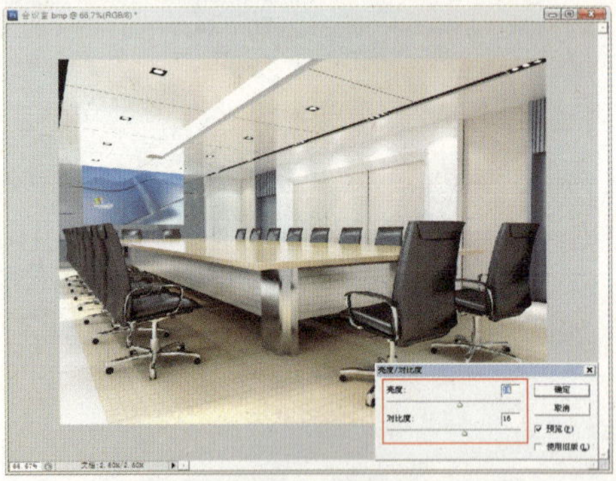

图 20-59 【亮度 / 对比度】调节

03 选择菜单【文件】|【存储为】命令，将处理后的文件另存为“会议室 01.bmp”，最终图像效果如图 20-60 所示。

图 20-60 最终图像效果

第21章

商业空间——现代简约健身馆

场景文件	场景文件\21.max
案例文件	最终文件\第21章\健身馆.max
视频教学	视频\现代简约健身馆.flv
视频长度	7分43秒
难易指数	★★★☆☆
灯光类型	VRay灯光
材质类型	VRayMtl材质、VR灯光材质、标准材质
程序贴图	平铺程序贴图、输出程序贴图、噪波程序贴图
技术掌握	掌握VRayMtl材质、VR灯光材质、标准材质、VRay灯光的使用方法

21.1 实例介绍

本例是一个公共区域健身馆空间，室内明亮灯光表现主要使用 VRay 灯光来制作，使用 VRayMtl 材质、VR 灯光材质、标准材质制作本例的材质，同时还使用到了平铺程序贴图、输出程序贴图和噪波程序贴图，程序贴图是本例的难点，制作完成后的最终渲染效果如图 21-1 所示。

图 21-1　最终渲染效果

21.2 导入场景并设置 VRay 渲染器

01 打开随书配套光盘中的“场景文件 \21.max”文件，此时场景效果如图 21-2 所示。

02 按 F10 键，打开【渲染设置】对话框，选择【公用】选项卡，在【指定渲染器】卷展栏下单击...按钮，在弹出的【选择渲染器】对话框中选择【V-Ray Adv 1.50 .SP4】，如图 21-3 所示。

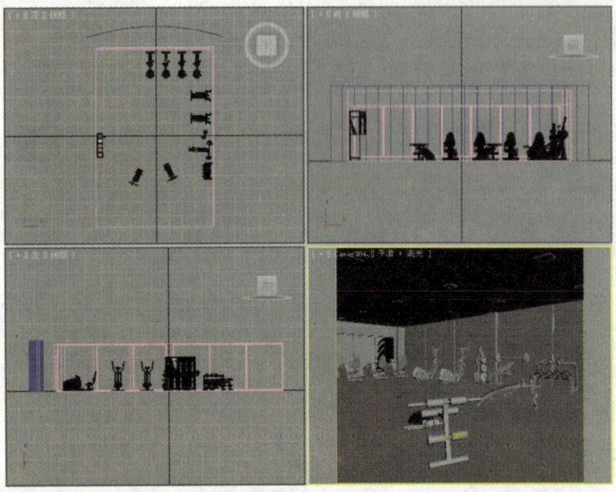

图 21-2　场景效果

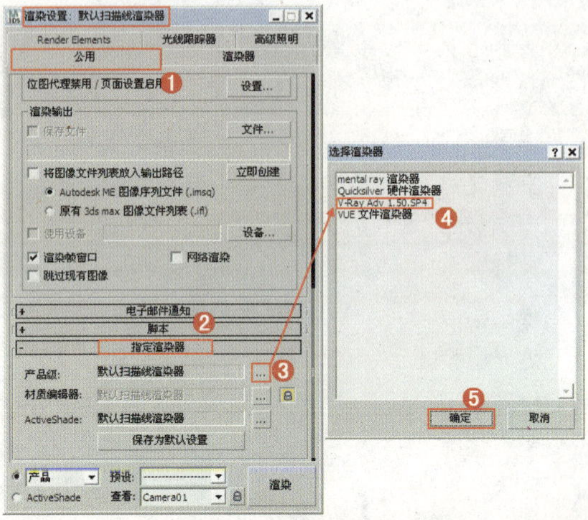

图 21-3　执行 VRay 渲染器

03 此时在【指定渲染器】卷展栏下的【产品级】后面显示了【V-Ray Adv 1.50 .SP4】，同时在【渲染设置】对话框中会出现【V-Ray】、【间接照明】、【设置】等选项卡，如图 21-4 所示。

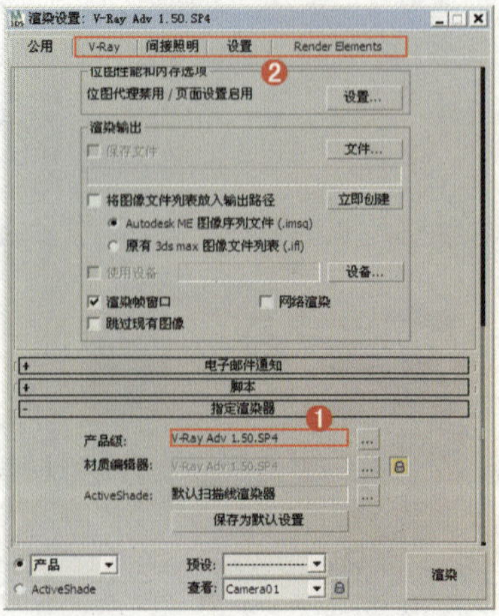

图 21-4　VRay 渲染器参数

21.3 材质的调制

下面来讲述场景中的主要材质的调制，包括乳胶漆、环境、黑漆、木地板、镜子、黑金属、灯光材质、金属材质等，效果如图 21-5 所示。

图 21-5 场景中主要材质

21.3.1 木地板材质的调制

01 按 M 键，打开【材质编辑器】对话框，选择一个空白材质球，单击 Arch & Design 按钮，在弹出的【材质 / 贴图浏览器】对话框中选择【VRay 材质】，如图 21-6 所示。

02 将其命名为“木地板”，在【漫反射】选项组下通道上加载“平铺”程序贴图，设置【预设类型】为“堆栈砌合”，设置【水平数】为 12、【垂直数】为 80、【淡出变化】为 0.05，在【砖缝设置】选项组下设置【水平间距】和【垂直间距】均为 0.005，在【反射】选项组下调节颜色为 R=56、G=56、B=56，设置【高光光泽度】为 0.8、【反射光泽度】为 0.82、【细分】为 20，如图 21-7 所示。

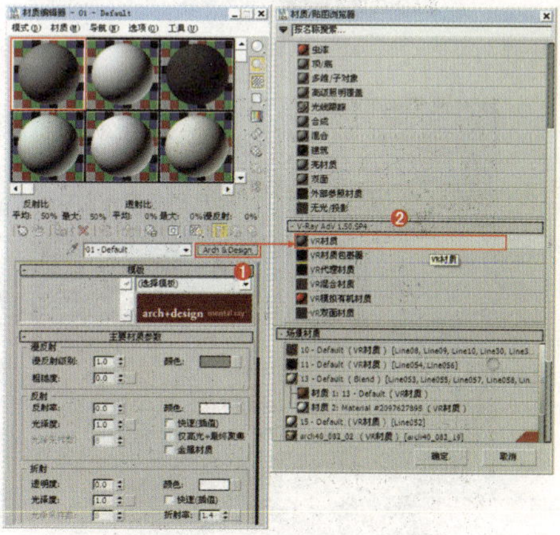

图 21-6 选择 VRay 材质

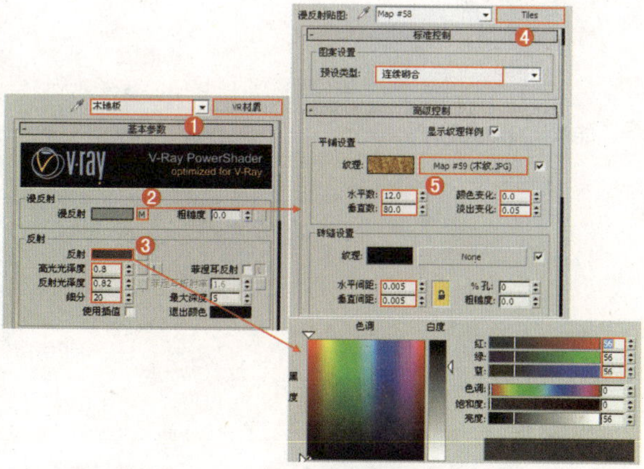

图 21-7 加载平铺程序贴图

03 展开【贴图】卷展栏，单击【漫反射】通道上的贴图文件并将其拖曳到【凹凸】通道上，设置【方法】为【复制】，最后设置【凹凸】为 70.0，在【环境】后面的通道上加载“输出”程序贴图，如图 21-8 所示。

04 将制作好的木地板材质赋予场景中的地面部分模型，如图 21-9 所示。

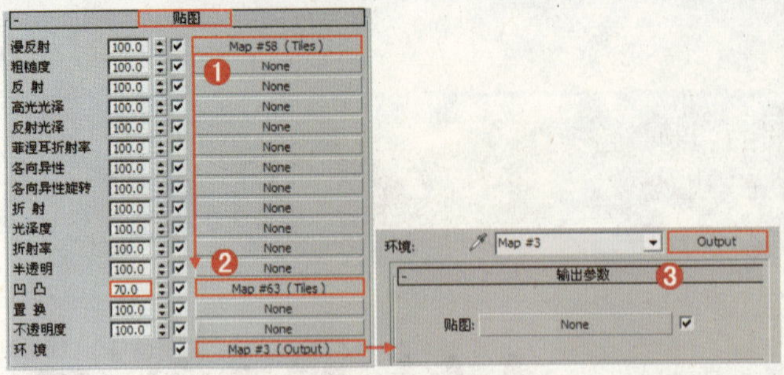

图 21-8 凹凸贴图

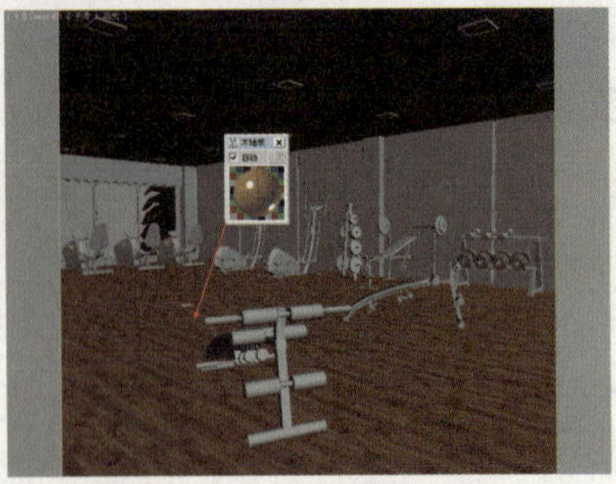

图 21-9 将材质赋予模型

21.3.2 镜子材质的调制

01 按 M 键，打开【材质编辑器】对话框，选择一个空白材质球，单击 Arch & Design 按钮，在弹出的【材质 / 贴图浏览器】对话框中选择【VRay 材质】，如图 21-10 所示。

02 将其命名为“镜子”，在【漫反射】选项组下调节颜色为 R=5、G=5、B=5，接着在【反射】选项组下调节颜色为 R=206、G=220、B=244，设置【细分】为 12，如图 21-11 所示。

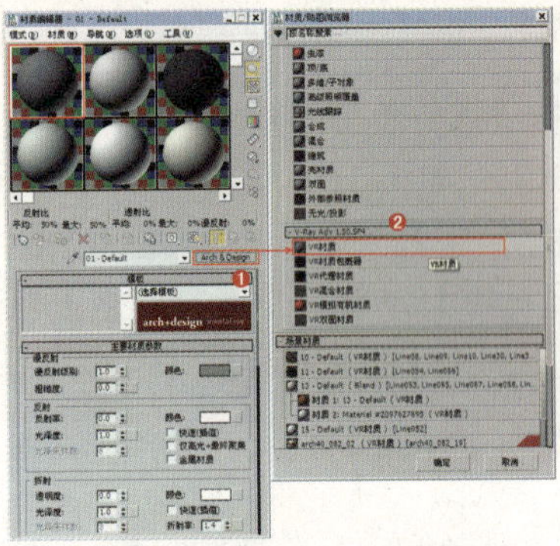

图 21-10 选择 VRay 材质

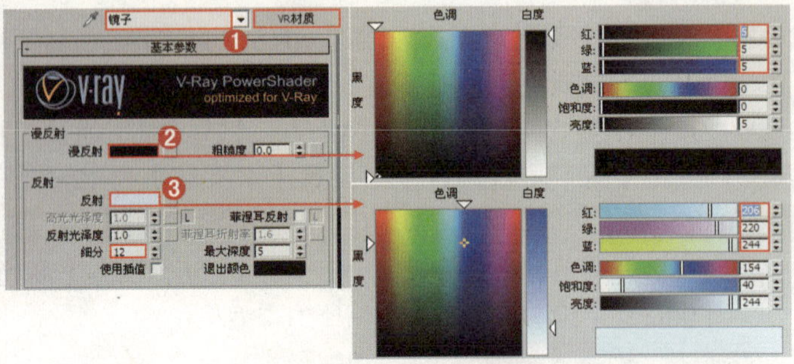

图 21-11 镜子材质的参数

03 将制作好的镜子材质赋予场景中的镜子模型，如图 21-12 所示。

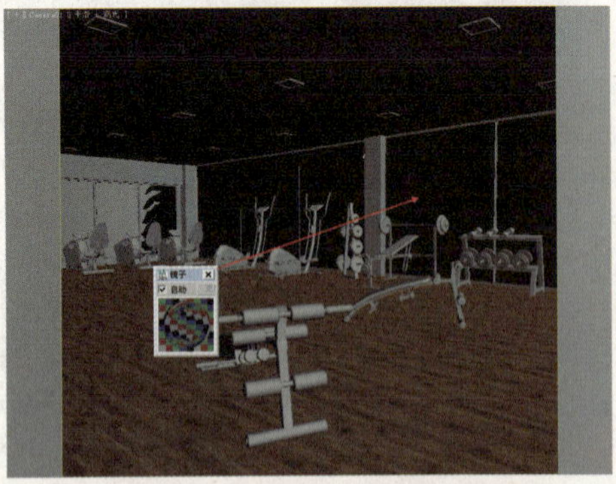

图 21-12 将材质赋予模型

21.3.3 环境材质的调制

01 选择一个空白材质球，然后将材质类型设置为【VR 灯光材质】，接着将其命名为“环境”，在【参数】卷展栏下加载“环境 .jpg”贴图文件，最后设置数值为 4.0，如图 21-13 所示。

02 将制作好的环境材质赋予场景中的室外环境的模型，如图 21-14 所示。

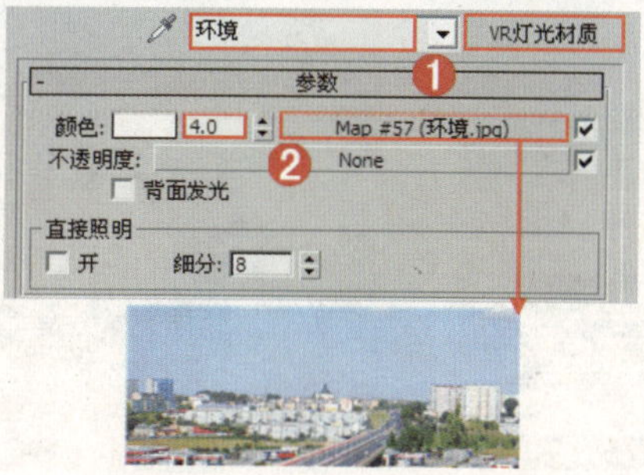

图 21-13 环境材质的参数

图 21-14 将材质赋予模型

21.3.4 黑漆材质的调制

01 选择一个空白材质球，然后将材质类型设置为【VR材质】，接着将其命名为“黑漆”，在【漫反射】选项组下加载“衰减”程序贴图，并设置【衰减类型】为“Fresnel”，在【反射】选项组下调节反射颜色为R=31、G=31、B=31，设置【反射光泽度】为0.6、【细分】为12，如图21-15所示。

02 展开【贴图】卷展栏，在【凹凸】后面的通道上加载“噪波”程序贴图，并进行调节，最后设置【凹凸】为15.0，如图21-16所示。

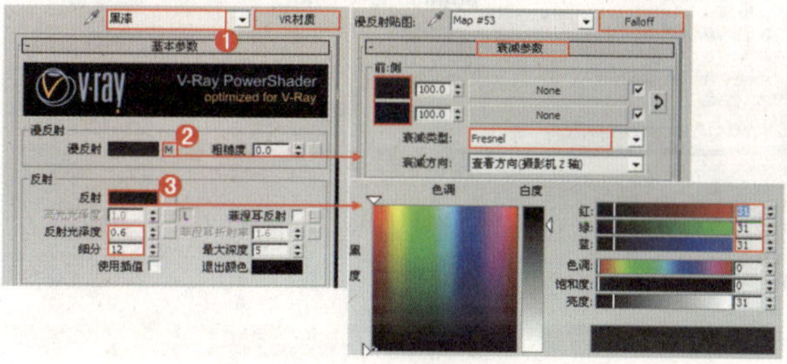

图 21-15 黑漆材质的参数

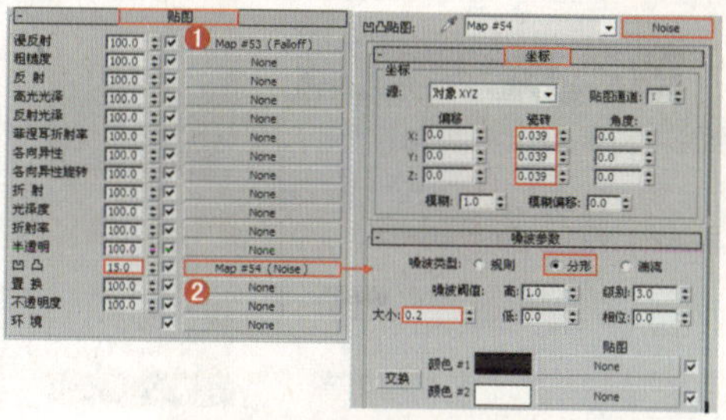

图 21-16 加载噪波程序贴图

03 将制作好的黑漆材质赋予场景中的运动器材结构模型，如图21-17所示。

图 21-17 将材质赋予模型

21.3.5 金属材质的调制

01 选择一个空白材质球，然后将材质类型设置为【VR材质】，接着将其命名为“金属”，在【漫反射】选项组下调节颜色为R=170、G=170、B=170，在【反射】选项组下调节颜色为R=49、G=49、B=49，设置【反射光泽度】为0.75、【细分】为15，如图21-18所示。

02 将制作好的金属材质赋予场景中的运动器材结构模型，如图21-19所示。

图 21-18　金属材质的参数

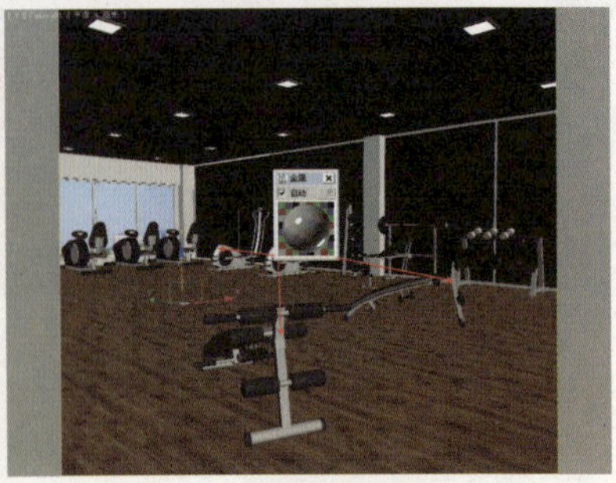

图 21-19　将材质赋予模型

21.3.6　黑色金属材质的调制

01 选择一个空白材质球，然后将材质类型设置为【VR 材质】，接着将其命名为“黑色金属”，在【漫反射】选项组调节颜色为 R=12、G=12、B=12，在【反射】选项组下调节反射颜色为 R=99、G=99、B=99，设置【反射光泽度】为 0.75、【细分】为 15，如图 21-20 所示。

02 将制作好的黑色金属材质赋予场景中的哑铃模型，如图 21-21 所示。

图 21-20　黑色金属材质的参数

图 21-21　将材质赋予模型

21.3.7　灯光材质的调制

01 选择一个空白材质球，然后将材质类型设置为【VR 灯光材质】，接着将其命名为“灯光材质”，在【参数】卷展栏下设置数值为 2.0，如图 21-22 所示。

02 将制作好的灯光材质赋予场景中的灯光模型，如图 21-23 所示。

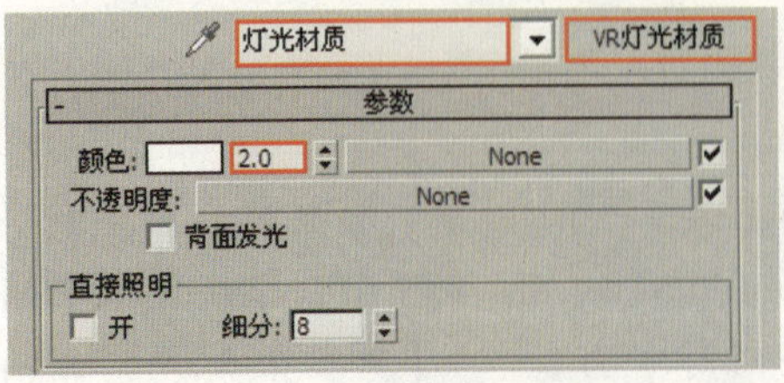

图 21-22　灯光材质的参数

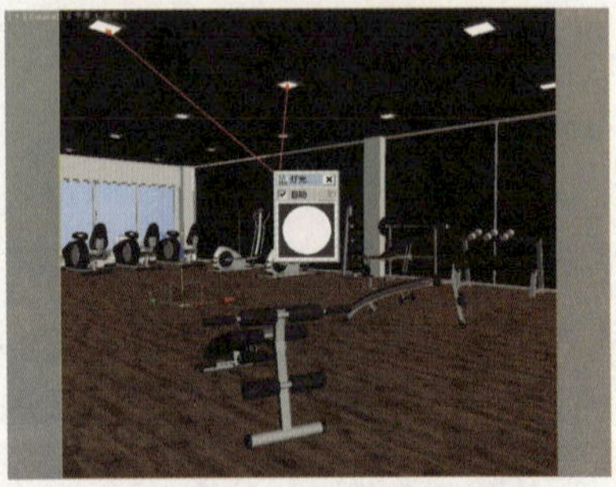

图 21-23　将材质赋予模型

21.3.8 乳胶漆材质的调制

01 按 M 键，打开【材质编辑器】对话框，选择一个空白材质球，将其命名为“乳胶漆”，展开【Blim 基本参数】卷展栏，调节【漫反射】颜色为 R=250、G=250、B=250，如图 21-24 所示。

02 将制作好的乳胶漆材质赋予场景中的顶棚模型，如图 21-25 所示。

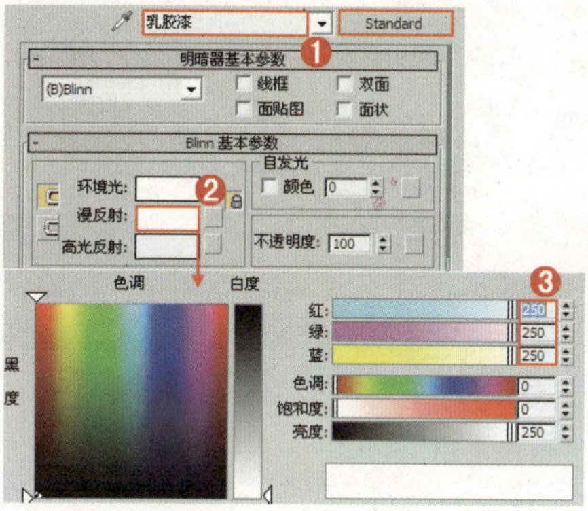

图 21-24 乳胶漆材质的参数

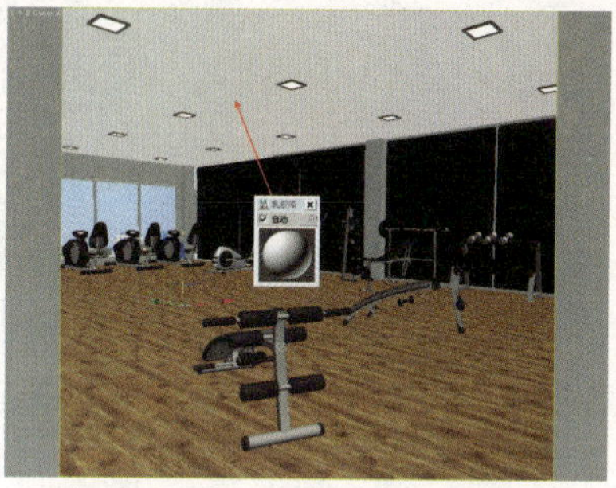

图 21-25 将材质赋予模型

21.4 设置灯光并进行草图渲染

在本例公共空间健身馆中，灯光主要分为两种类型，第一种是使用 VR 灯光模拟室外天光光源；第二种使用 VRay 灯光模拟室内射灯的光源。

21.4.1. 制作天光光源

01 单击（创建）|（灯光）| VR灯光 按钮，在前视图中拖曳创建一盏 VRay 灯光，并将其拖曳到室外，然后使用旋转工具旋转一定的角度，具体的旋转角度可以参照左视图的效果，如图 21-26 所示。

02 选择创建的 VRay 灯光，然后在【修改】命令面板下设置【类型】为“平面”，设置【倍增器】为 12.0，调节【颜色】为 R=195、G=213、B=248，设置【1/2 长】为 4300.0mm、【1/2 宽】为 1000.0mm，勾选【不可见】复选框，最后设置【细分】为 15，如图 21-27 所示。

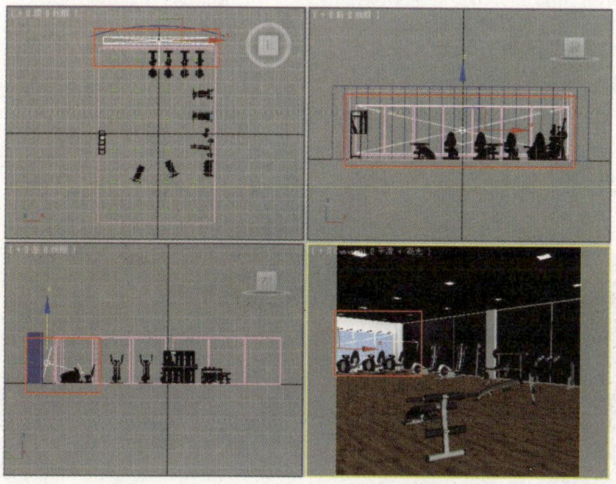

图 21-26 VRay 灯光的位置

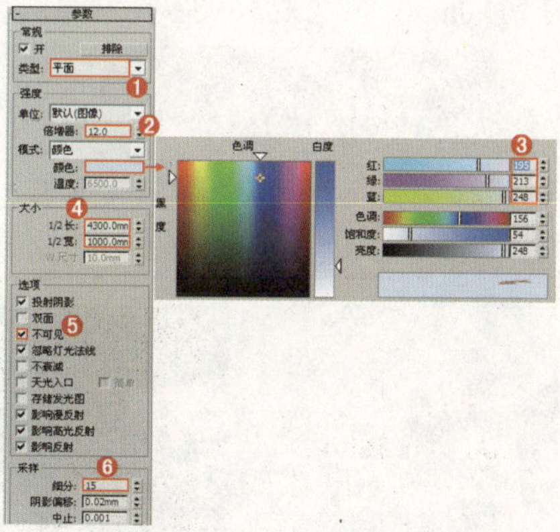

图 21-27 VRay 灯光的参数

03 按 F10 键，打开【渲染设置】对话框。首先设置一下【VRay】和【间接照明】选项卡下的参数，刚开始设置的是一个草图，目的是进行快速渲染，来观看整体的效果，参数设置如图 21-28 所示。

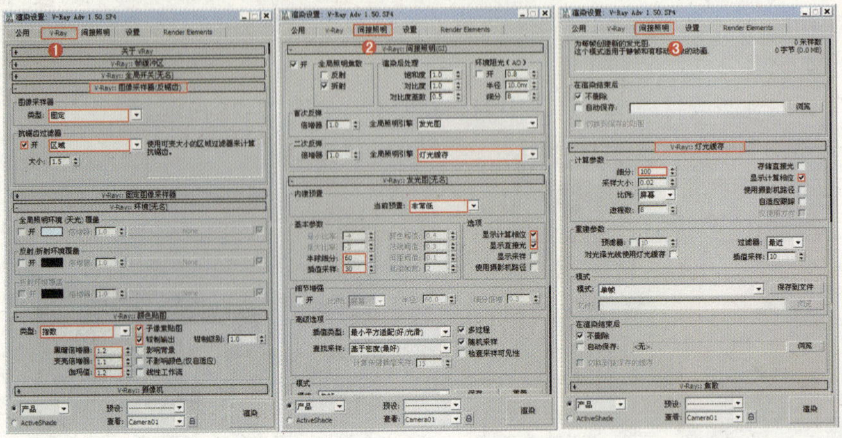

图 21-28　VRay 渲染器参数的设置

04 按 Shift+Q 组合键，快速渲染摄影机视图，其渲染效果如图 21-29 所示。

通过图 21-29 中的效果来看，窗口出的灯光效果还可以，但室内整体的亮度还不够，接下来制作室内的主要光源。

图 21-29　测试渲染的效果

21.4.2　制作顶棚射灯光源

01 继续使用 VRay 灯光在顶视图中创建一盏，接着使用 Shift 键 + 移动工具复制 23 盏（在复制时需要勾选【实例】方式），然后将其拖曳到射灯部分的位置，具体位置如图 21-30 所示。

02 选择创建的 VRay 灯光，然后在【修改】命令面板下设置【类型】为“平面”，设置【倍增器】为 55.0，调节【颜色】为 R=221、G=224、B=249，设置【1/2 长】为 105.0mm、【1/2 宽】为 105.0mm，勾选【不可见】，最后设置【细分】为 15，如图 21-31 所示。

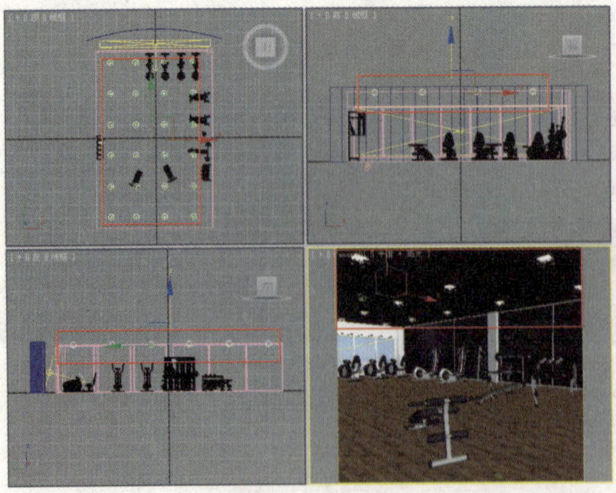

图 21-30　VRay 灯光的位置

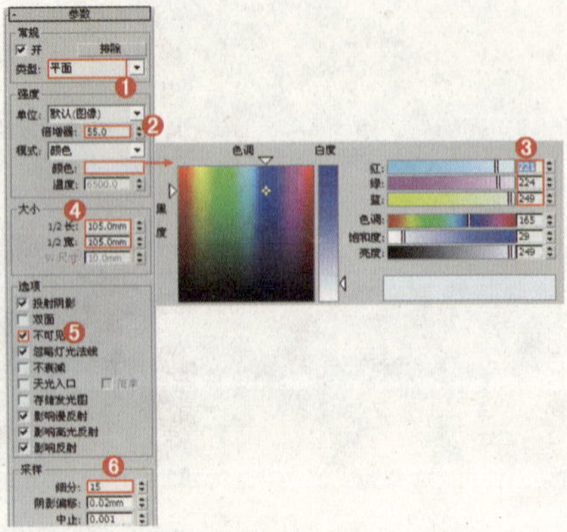

图 21-31　VRay 灯光的参数

03 按 Shift+Q 组合键，快速渲染摄影机视图，其渲染效果如图 21-32 所示。

下面需要做的就是精细调整一下灯光细分参数及渲染参数，进行最终的渲染。

图 21-32 测试渲染效果

21.5 设置成图渲染参数

01 重新设置一下渲染参数，按 F10 键，在打开的【渲染设置】对话框中，选择【V-Ray】选项卡，展开【V-Ray:: 图形采样器（反锯齿）】卷展栏，设置【类型】为“自适应确定性蒙特卡洛”，接着在【抗锯齿过滤器】选项组下勾选【开】复选框，并选择“Mitchell-Netravali”，展开【V-Ray:: 自适应确定性蒙特卡洛图像采样器】卷展栏，设置【最小细分】为 2、【最大细分】为 5，如图 21-33 所示。

02 展开【V-Ray:: 环境 [无名]】卷展栏，展开【V-Ray:: 颜色贴图】卷展栏，设置【类型】为“指数”，设置【黑暗倍增器】为 1.2、【变亮倍增器】为 1.1、【伽玛值】为 1.2，勾选【子像素贴图】和【钳制输出】复选框，如图 21-34 所示。

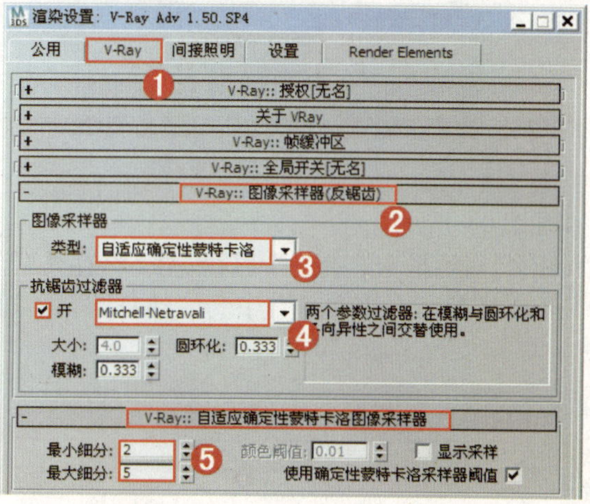

图 21-33 【V-Ray】选项卡参数

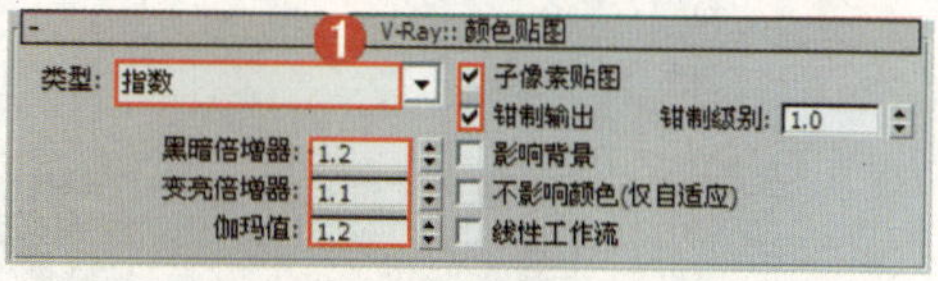

图 21-34 【V-Ray:: 颜色贴图】卷展栏参数

03 选择【间接照明】选项卡，展开【V-Ray:: 发光图 [无名]】卷展栏，设置【当前预置】为“低”，设置【半球细分】为 60、【插值采样】为 30，展开【V-Ray:: 灯光缓存】卷展栏，设置【细分】为 1000，取消勾选【存储直接光】复选框，如图 21-35 所示。

04 选择【设置】选项卡，展开【V-Ray:: 确定性蒙特卡洛采样器】卷展栏，设置【适应数量】为 0.7、【噪波阈值】为 0.008、【最小采样值】为 12，展开【V-Ray:: 系统】卷展栏，设置【区域排序】为“上→下”，最后取消勾选【显示窗口】复选框，如图 21-36 所示。

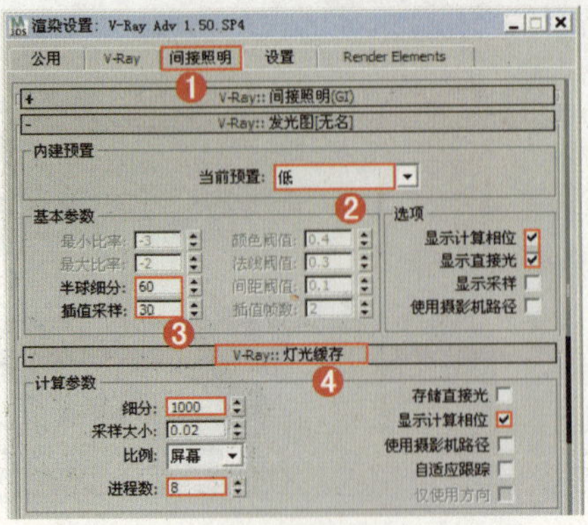

图 21-35 【间接照明】选项卡参数

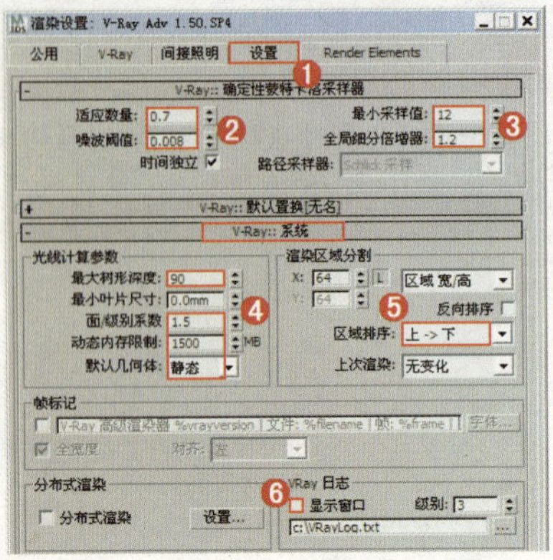

图 21-36 【设置】选项卡参数

05 选择【Render Elements】选项卡，单击【添加】按钮并在弹出的【渲染元素】面板中选择【VRay 线框颜色】选项，如图 21-37 所示。

06 选择【公用】选项卡，设置输出的尺寸为 1500 × 1416，如图 21-38 所示。

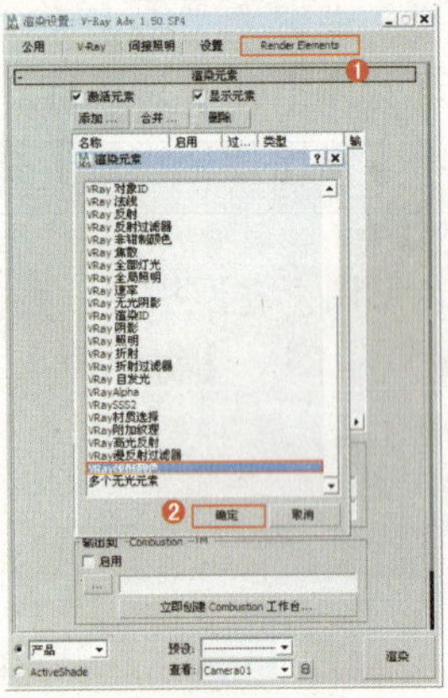

图 21-37 【Render Elements】选项卡参数

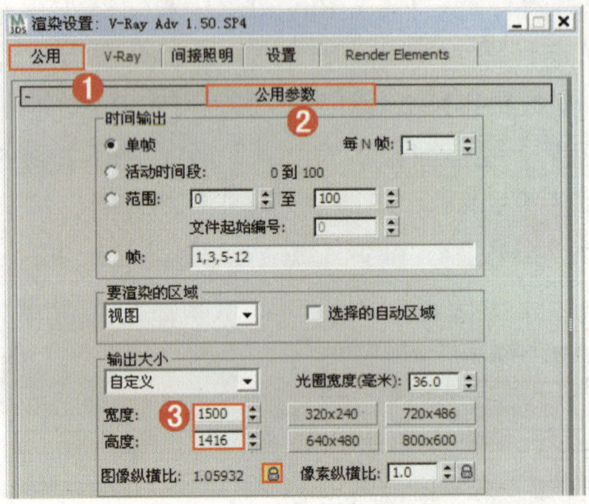

图 21-38 【公用】选项卡参数

07 等待一段时间后渲染完成，最终的效果如图 21-39 所示。

08 单击（保存位图）按钮，在弹出的【保存图像】对话框中选择一个路径，在【保存类型】下拉列表框中选择【BMP 图像文件（*.bmp）】格式，【文件名】为“健身馆”，如图 21-40 所示。

图 21-39 渲染效果

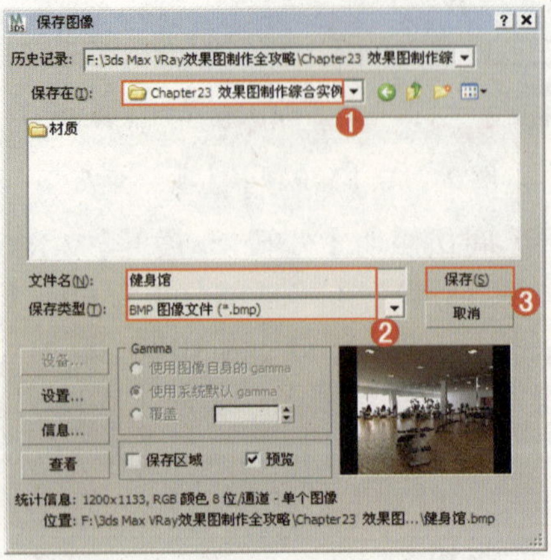

图 21-40 对渲染的文件进行保存

当渲染完成以后，就需要对图像进行后期处理，进行最后的调整。

21.6 效果图后期处理

现在观察和分析渲染的健身馆效果，可以看出图稍微有些暗，并且带点灰，这就需要使用 Photoshop 先来调节该图像整体的亮度和对比度。如图 21-41 所示为后期处理前后效果。

图 21-41　处理前后的效果

01 启动 Photosho 软件，打开上面输出的“健身馆 .bmp”文件，效果如图 21-42 所示。按 Ctrl+M 组合键，打开【曲线】对话框，调整参数，如图 21-43 所示。

图 21-42　打开图像

图 21-43　【曲线】调节

02 选择菜单【图像】|【调整】|【亮度 / 对比度】命令，如图 21-44 所示。在弹出的【亮度 / 对比度】对话框中调节亮度和对比度，调节后的效果如图 21-45 所示。

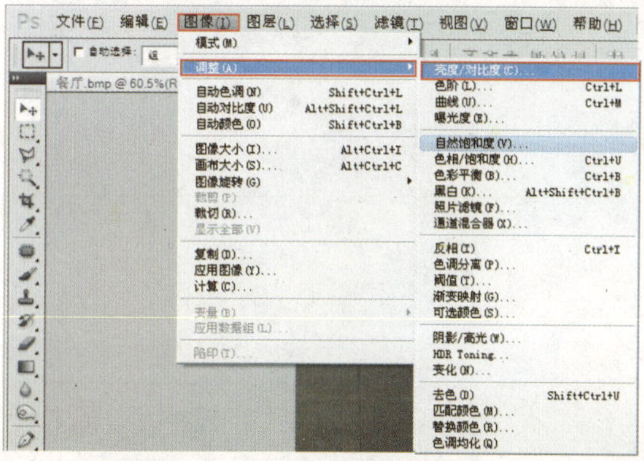

图 21-44　执行【亮度 / 对比度】命令

图 21-45　【亮度 / 对比度】调节

03 选择菜单【图像】|【调整】|【色相 / 饱和度】命令，如图 21-46 所示。在弹出的【色相 / 饱和度】对话框中，调节【饱和度】为 8，此时图像效果如图 21-47 所示。

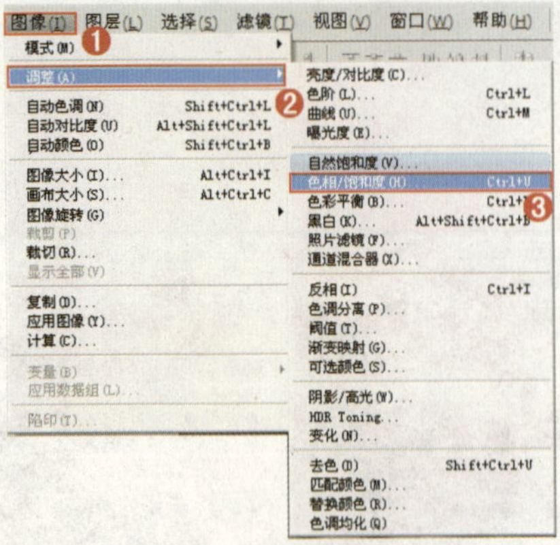

图 21-46　执行【色相 / 饱和度】命令

图 21-47　【色相 / 饱和度】调节

04 选择菜单【文件】|【存储为】命令，将处理后的文件另存为“健身馆 01. bmp”，最终图像效果如图 21-48 所示。

图 21-48　最终图像效果

第22章

别具一格——简约别墅夜景

场景文件	场景文件 \22.max
案例文件	最终文件 \ 第 22 章 \ 简约别墅夜景 .max
视频教学	视频 \ 简约别墅夜景 .flv
视频长度	11 分 05 秒
难易指数	★★★★☆
灯光类型	VRay 灯光
材质类型	VRayMtl 材质、多维 / 子对象材质
程序贴图	无
技术掌握	掌握 VRay 材质、VRay 灯光的使用方法

22.1 实例介绍

本例是一个简约别墅室外空间，室内明亮灯光表现主要使用 VRay 灯光模拟夜晚室外和别墅室内的光源，最后制作路灯光源，材质方面是使用 VRayMtl 材质制作镂空金属、金属、岩石地面等，制作完成后的最终渲染效果如图 22-1 所示。

图 22-1　最终渲染效果

22.2 导入场景并设置 VRay 渲染器

01 打开随书配套光盘中的“场景文件 \22.max”文件，此时场景效果如图 22-2 所示。

02 按 F10 键，打开【渲染设置】对话框，选择【公用】选项卡，在【指定渲染器】卷展栏下单击 ... 按钮，在弹出的【选择渲染器】对话框中选择【V-Ray Adv 1.50 .SP4】，如图 22-3 所示。

03 此时在【指定渲染器】卷展栏下的【产品级】后面显示了【V-Ray Adv 1.50 .SP4】，同时在【渲染设置】对话框中会出现【V-Ray】、【间接照明】、【设置】等选项卡，如图 22-4 所示。

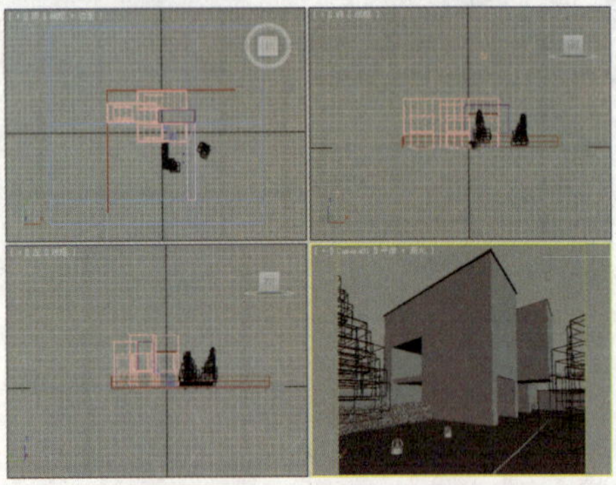

图 22-2　场景效果

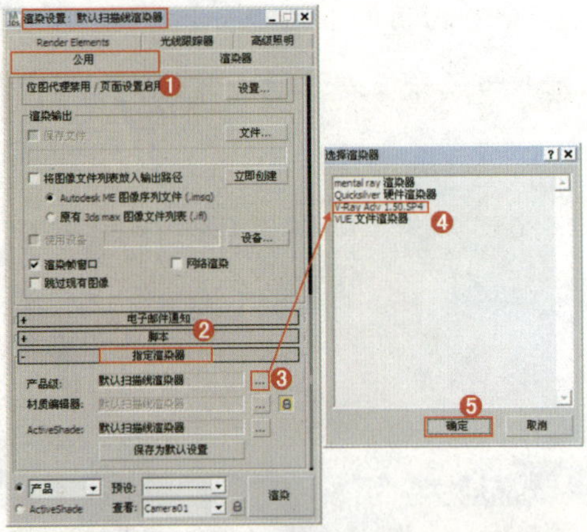

图 22-3　执行 VRay 渲染器

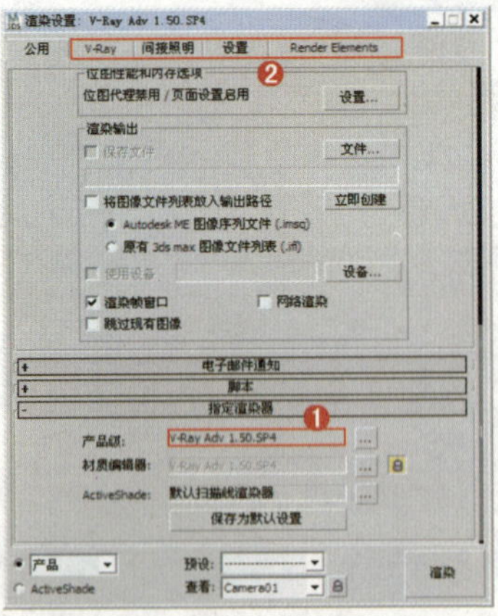

图 22-4　VRay 渲染器参数

22.3 材质的调制

下面来讲述场景中的主要材质的调制，包括金属、镂空的金属、墙漆、植物、黑漆、岩石地面、草地材质等，效果如图 22-5 所示。

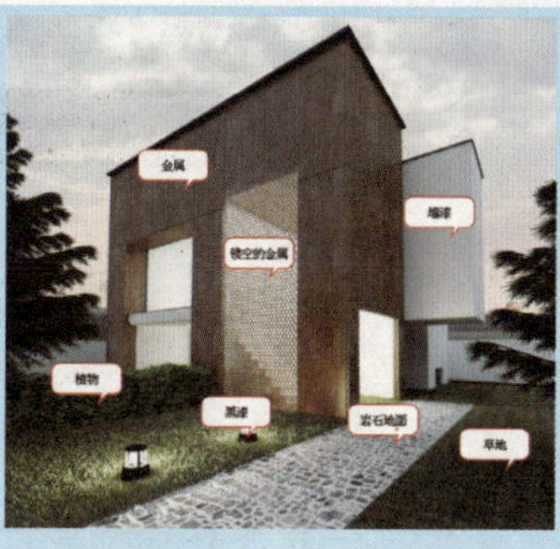

图 22-5 场景中主要材质

22.3.1 草地材质的调制

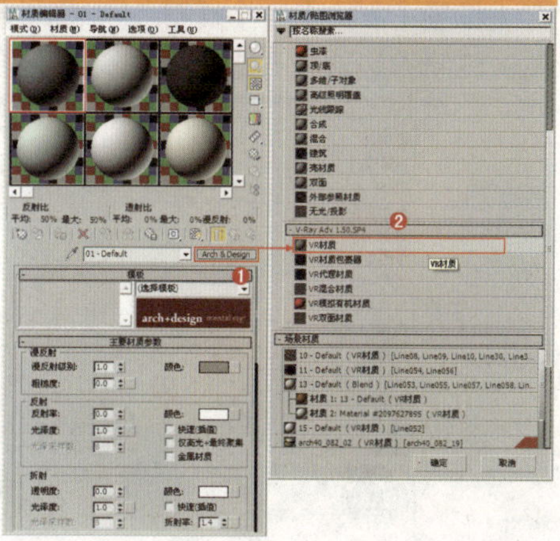

图 22-6 选择 VRay 材质

01 按 M 键，打开【材质编辑器】对话框，选择一个空白材质球，单击 Arch & Design 按钮，在弹出的【材质 / 贴图浏览器】对话框中选择【VR 材质】，如图 22-6 所示。

02 将其命名为“草地”，在【漫反射】选项组下加载“草地 .jpg”贴图文件，展开【坐标】卷展栏，设置【瓷砖】的 U、V 分别为 5.0，如图 22-7 所示。

03 将制作好的草地材质赋予场景中的草地部分模型，如图 22-8 所示。

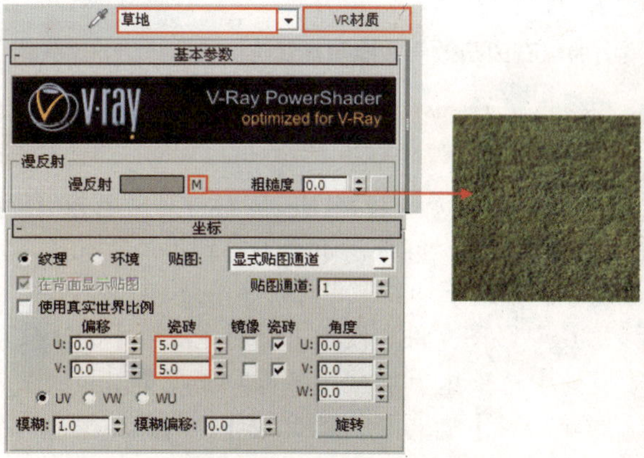

图 22-7 加载草地贴图

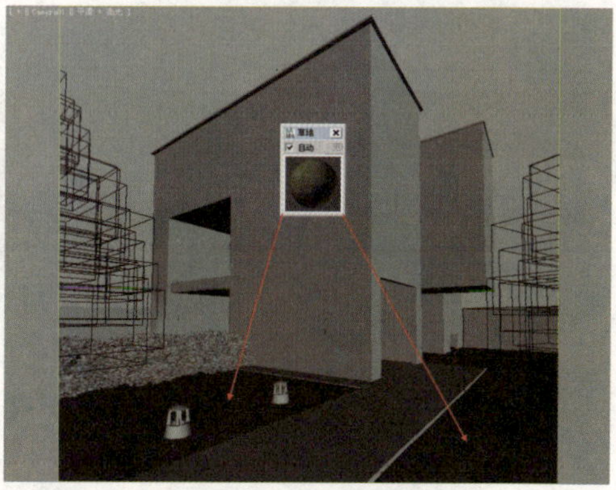

图 22-8 将材质赋予模型

22.3.2 岩石地面材质的调制

01 按 M 键，打开【材质编辑器】对话框，选择一个空白材质球，单击 Arch & Design 按钮，在弹出的【材质 / 贴图浏览器】对话框中选择【VR 材质】，如图 22-9 所示。

02 将其命名为“岩石地面”，在【漫反射】选项组下后面的通道上加载“岩石地面 .jpg”贴图文件，并设置【模糊】为 0.01，如图 22-10 所示。

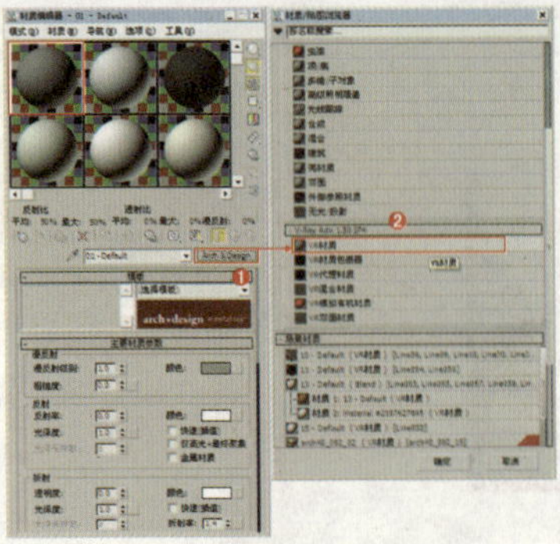

图 22-9　选择 VRay 材质

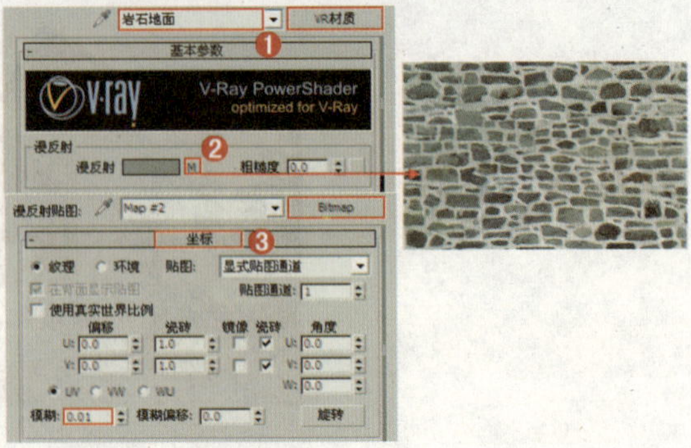

图 22-10　加载岩石地面贴图

03 展开【贴图】卷展栏，单击【漫反射】通道上的贴图文件并将其拖曳到【凹凸】通道上，设置【方法】为【复制】，最后设置【凹凸】为 180.0，如图 22-11 所示。

04 将制作好的岩石地面材质赋予场景中的地面模型，如图 22-12 所示。

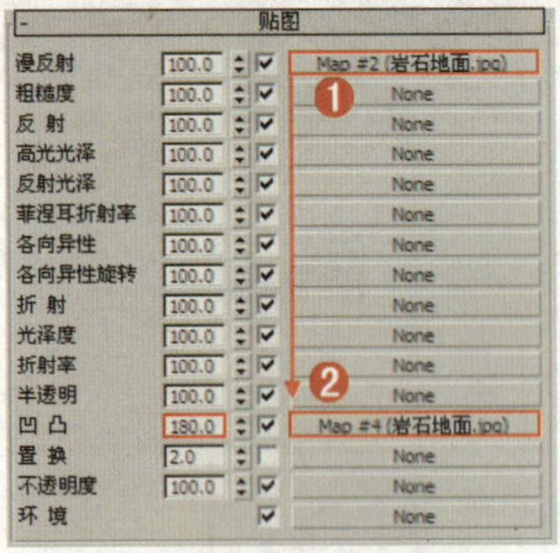

图 22-11　加载凹凸贴图

图 22-12　将材质赋予模型

>>> 技巧与提示

在【凹凸】通道上加载凹凸贴图，这样渲染出的岩石凹凸效果才能更加真实。

22.3.3　植物材质的调制

01 选择一个空白材质球，然后将材质类型设置为【多维/子对象】材质，接着将其命名为“植物”，设置【设置数量】为 2，并在通道上加载 VRay 材质，如图 22-13 所示。

02 单击进入 ID 号为 1 的通道中，在【漫反射】选项组下加载“冬青叶子.jpg”贴图文件，在【反射】选项组下加载“冬青叶子反射.jpg”贴图文件，设置【反射光泽度】为 0.6，勾选【菲涅耳反射】复选框，接着在【折射】选项组下加载“冬青叶子反射.jpg”贴图文件，设置【光泽度】为 0.6，勾选【影响阴影】复选框，如图 22-14 所示。

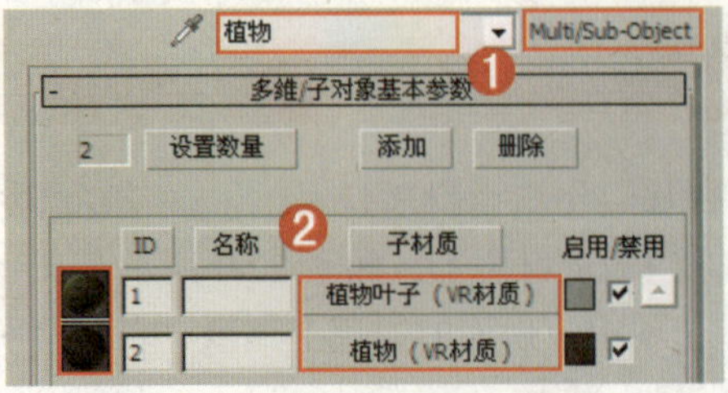

图 22-13　选择使用【多维/子对象】材质

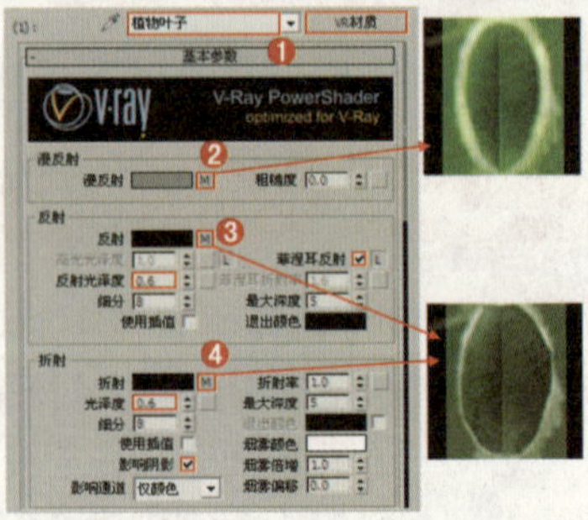

图 22-14　植物叶子材质的参数

03 展开【贴图】卷展栏，在【半透明】后面的通道上加载“冬青叶子 1.jpg”贴图文件，在【凹凸】后面的通道上加载“冬青叶子黑白 .jpg”贴图文件，最后设置【凹凸】为 30.0，如图 22-15 所示。

04 单击进入 ID 号为 2 的通道中，在【漫反射】选项组下调节颜色为 R=38、G=39、B=8，如图 22-16 所示。

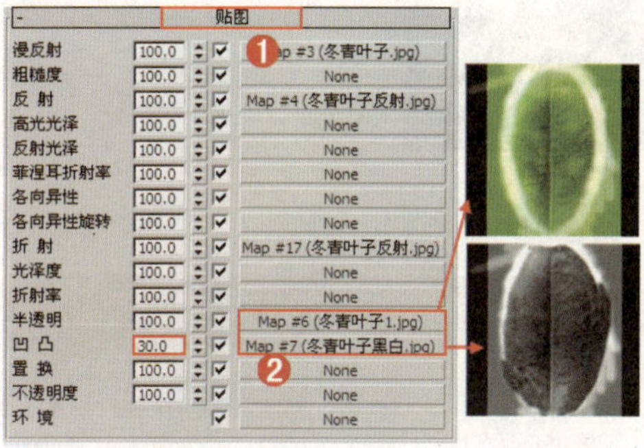

图 22-15 加载贴图文件

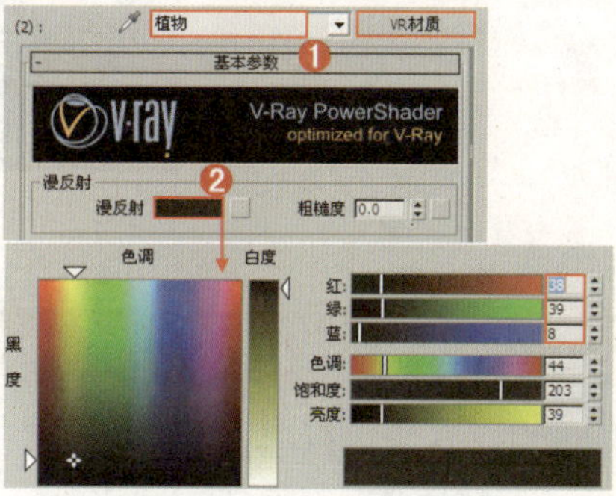

图 22-16 漫反射颜色设置

05 将制作好的植物材质赋予场景中冬青植物的模型，如图 22-17 所示。

图 22-17 将材质赋予模型

22.3.4 金属材质的调制

01 选择一个空白材质球，然后将材质类型设置为【VR 材质】，接着将其命名为“金属”，在【漫反射】选项组下加载“平铺”程序贴图，并调节其具体的参数，在【反射】选项组下调节反射颜色为 R=27、G=27、B=27，设置【高光光泽度】为 0.75、【反射光泽度】为 0.8、【细分】为 15，如图 22-18 所示。

02 展开【贴图】卷展栏，单击【漫反射】后面通道上的贴图文件并将其拖曳到【凹凸】通道上，最后设置【凹凸】为 60.0，如图 22-19 所示。

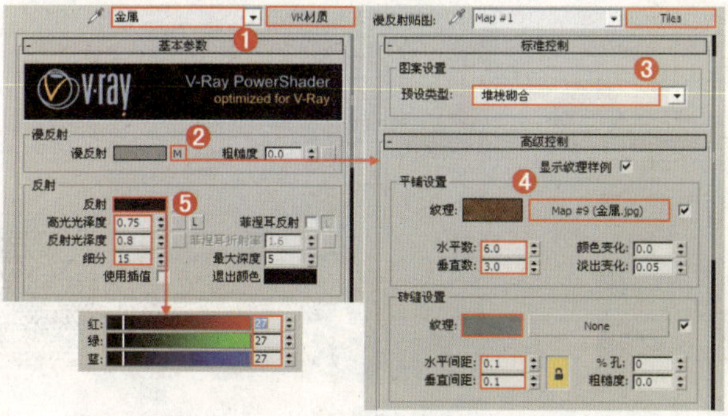

图 22-18 加载平铺程序贴图

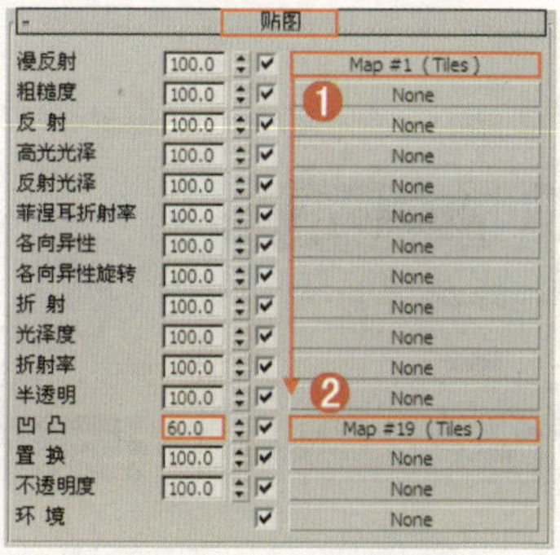

图 22-19 加载凹凸通道

03 将制作好的金属材质赋给予场景中简约别墅的金属结构模型，如图 22-20 所示。

图 22-20　将材质赋给模型

22.3.5　墙漆材质的调制

01 选择一个空白材质球，接着将其命名为“墙漆”，调节漫反射颜色为 R=255、G=255、B=255，如图 22-21 所示。

02 将制作好的墙漆材质赋给予场景中的墙面模型，如图 22-22 所示。

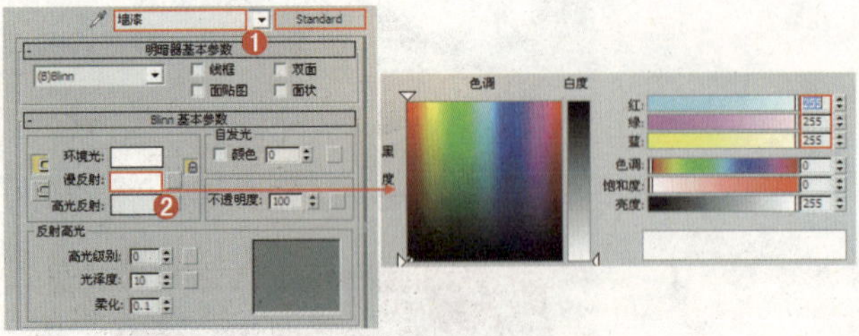

图 22-21　墙漆材质的参数

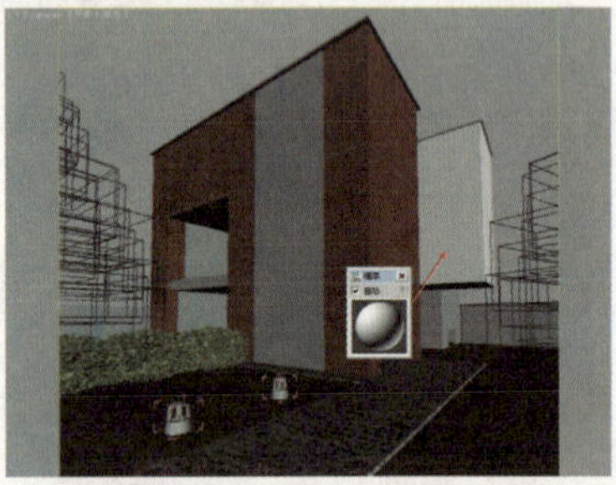

图 22-22　将材质赋予模型

22.3.6　镂空金属材质的调制

01 选择一个空白材质球，然后将材质类型设置为【VR 材质】，接着将其命名为“镂空的金属”，在【漫反射】选项组下加载“金属 .jpg”贴图文件，设置【模糊】为 0.01，在【反射】选项组下调节反射颜色为 R=27、G=27、B=27，设置【高光光泽度】为 0.6、【反射光泽度】为 0.65、【细分】为 15，如图 22-23 所示。

02 展开【贴图】卷展栏，在【不透明度】后面的通道上加载“镂空金属遮罩 .jpg”贴图文件，最后设置数值为 40.0，如图 22-24 所示。

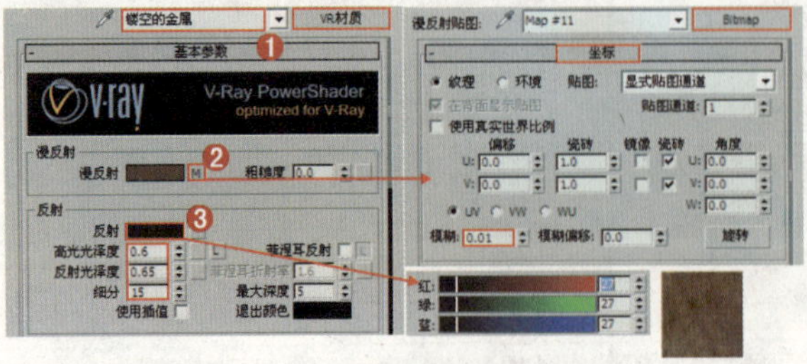

图 22-23　镂空金属材质的参数

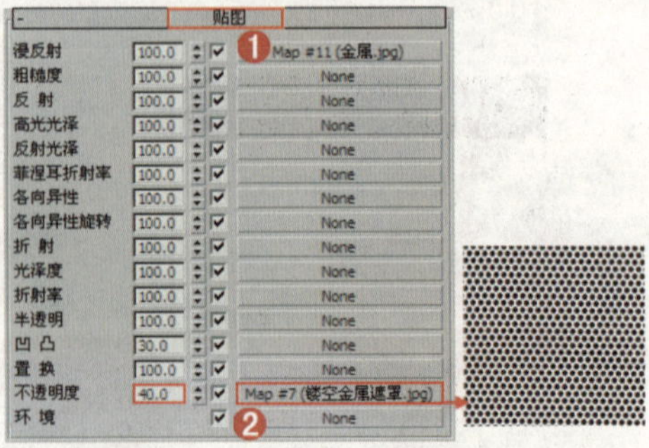

图 22-24　将材质赋予模型

03 将制作好的镂空金属材质赋予场景中的镂空金属部分模型，如图 22-25 所示。

图 22-25　将材质赋予模型

22.3.7　黑漆材质的调制

01 选择一个空白材质球，然后将材质类型设置为【VR 材质】，接着将其命名为“黑漆”，调节漫反射颜色和反射颜色均为 R=13、G=13、B=13，如图 22-26 所示。

02 将制作好的黑漆材质赋予场景中的地面路灯模型，如图 22-27 所示。

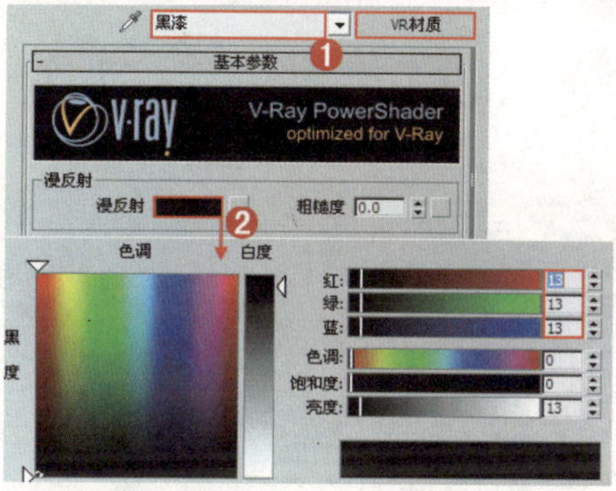

图 22-26　黑漆材质的参数

图 22-27　将材质赋予模型

至此场景中主要模型的材质已经制作完成，其他材质的制作方法就不再详述了。

22.4 设置灯光并进行草图渲染

在本例简约别墅场景中，灯光表现的方式有 3 种类型，第一种使用 VRay 灯光中的穹顶类型模拟夜晚室外天光光源；第二种使用 VRay 灯光模拟别墅室内主要光源；第三种使用 VRay 灯光模拟别墅室外路灯光源。

22.4.1　制作夜晚室外天光光源

01 单击（创建）|（灯光）| VR灯光 按钮，在顶视图中创建一盏 VRay 灯光，具体的位置如图 22-28 所示。

02 选择创建的 VRay 灯光，然后在【修改】命令面板下设置【类型】为“穹顶”，设置【倍增器】为 2.0，调节【颜色】为 R=96、G=112、B=150，勾选【不可见】复选框，最后设置【细分】为 15，如图 22-29 所示。

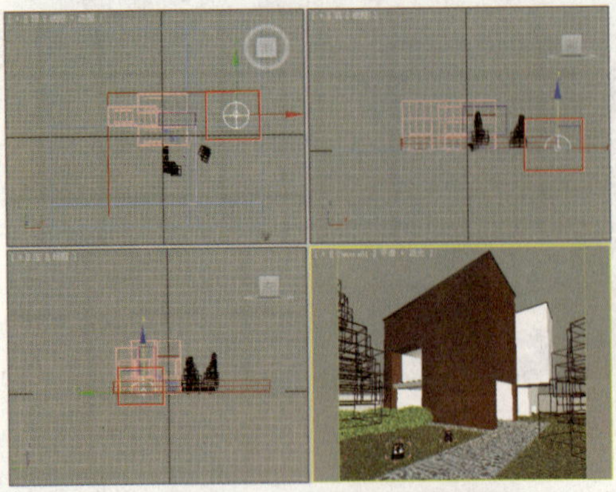

图 22-28　VRay 灯光的位置

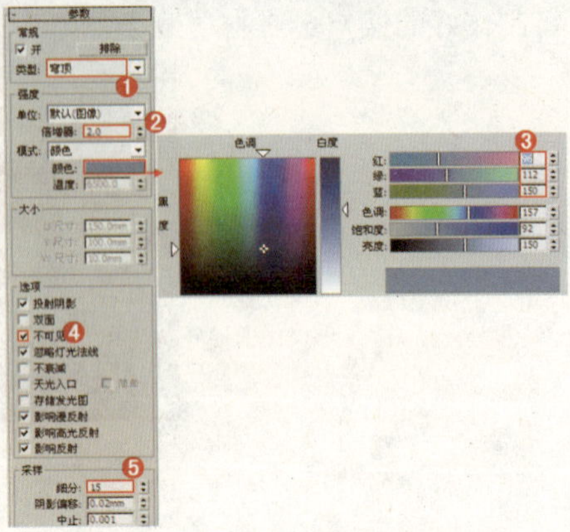

图 22-29　VRay 灯光的参数

>>> 技巧与提示

当灯光类型为【穹顶】时，可以发现在【修改】命令面板下的部分选项呈现灰色，为不可调节。

03 按 F10 键，打开【渲染设置】对话框。首先设置一下【VRay】和【间接照明】选项卡下的参数，刚开始设置的是一个草图，目的是进行快速渲染，来观看整体的效果，参数设置如图 22-30 所示。

04 按 Shift+Q 组合键，快速渲染摄影机视图，其渲染效果如图 22-31 所示。

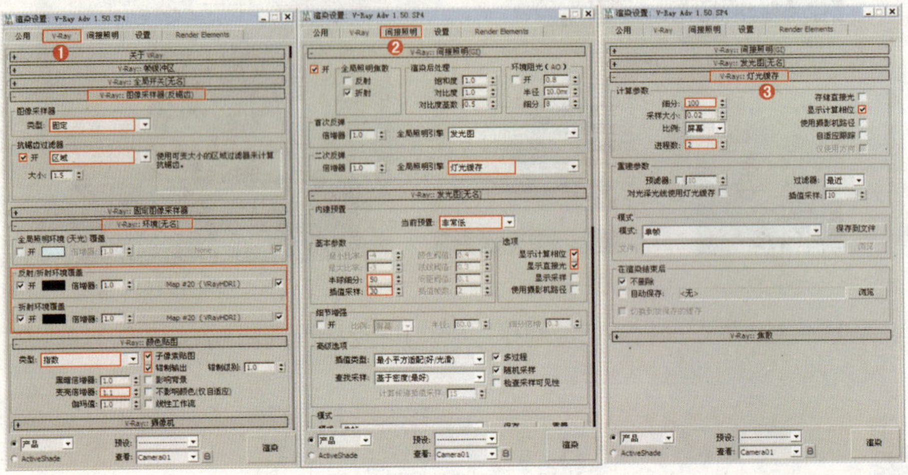

图 22-30　VRay 渲染器参数的设置

通过图 22-31 中的效果来看，简约别墅室外的傍晚效果基本满意，但是在别墅室内还是比较昏暗的，需要再创建室内的光源。

图 22-31　测试渲染的效果

22.4.2 制作别墅室内光源

01 单击（创建）|（灯光）| VR灯光 按钮，在顶视图中创建一盏 VRay 灯光，具体位置如图 22-32 所示。

02 选择创建的 VRay 灯光，然后在【修改】命令面板下设置【类型】为“平面”，设置【倍增器】为 8.0，调节【颜色】为 R=247、G=236、B=221，设置【1/2 长】为 1745.0mm、【1/2 宽】为 1300.0mm，勾选【不可见】复选框，如图 22-33 所示。

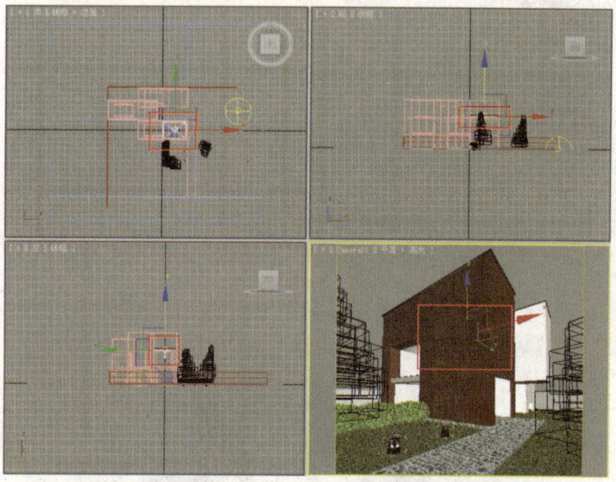

图 22-32 VRay 灯光的位置

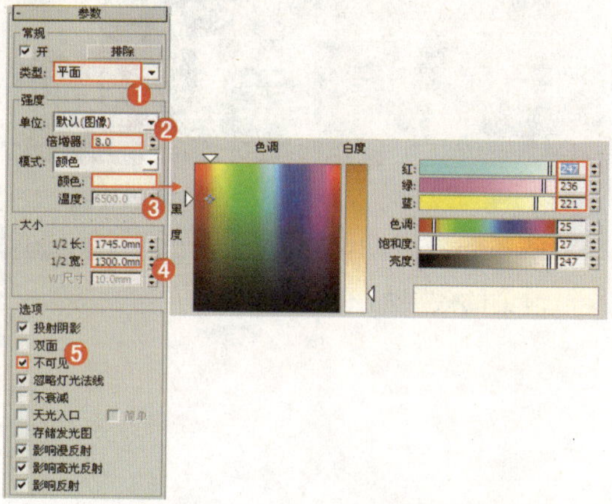

图 22-33 VRay 灯光的参数

03 继续使用 VRay 灯光在左视图中创建一盏，并将其拖曳到别墅室内，具体的位置如图 22-34 所示。

04 选择创建的 VRay 灯光，然后在【修改】命令面板下设置【类型】为“平面”，设置【倍增器】为 5.0，调节【颜色】为 R=247、G=236、B=221，设置【1/2 长】为 900.0mm、【1/2 宽】为 845.0mm，勾选【不可见】复选框，如图 22-35 所示。

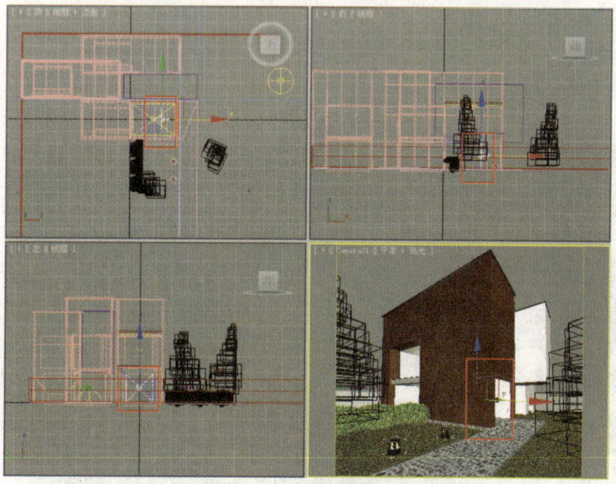

图 22-34 VRay 灯光的位置

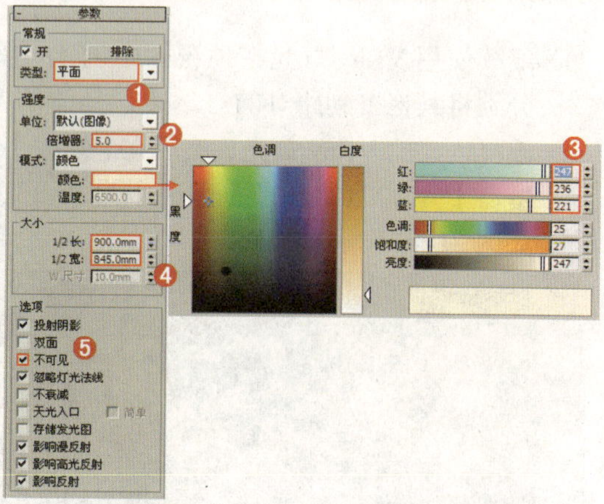

图 22-35 VRay 灯光的参数

05 继续使用 VRay 灯光进行创建，具体位置如图 22-36 所示。选择刚创建的 VRay 灯光，然后在【修改】命令面板下设置【类型】为“平面”，设置【倍增器】为 2.0，调节【颜色】为 R=247、G=236、B=221，设置【1/2 长】为 1180.0mm、【1/2 宽】为 1000.0mm，勾选【不可见】复选框，如图 22-37 所示。

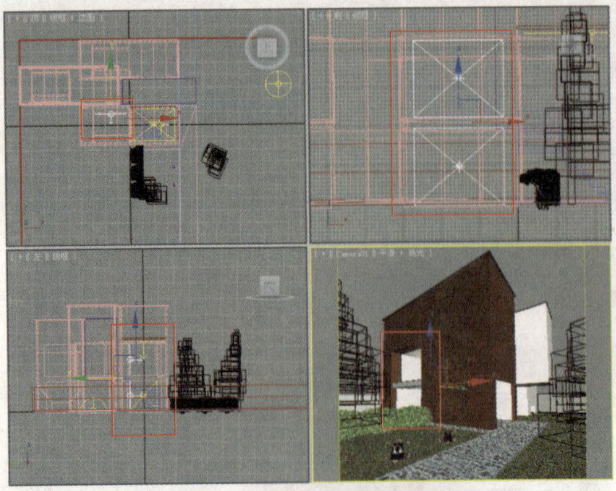

图 22-36　VRay 灯光的位置

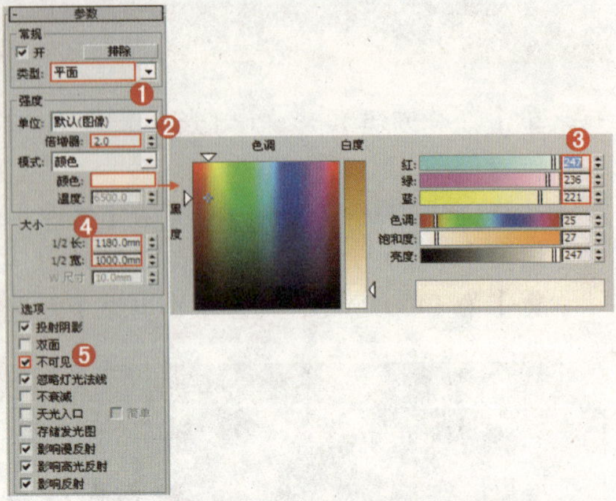

图 22-37　VRay 灯光的参数

06 按 Shift+Q 组合键，快速渲染摄影机视图，其渲染的效果如图 22-38 所示。

图 22-38　测试渲染的效果

22.4.3　制作别墅室外路灯光源

01 继续使用 VRay 灯光在顶视图中创建一盏，然后使用 Shift 键 + 移动工具复制 1 盏，并分别将其拖曳到路灯的灯罩中，具体位置如图 22-39 所示。

02 选择创建的 VRay 灯光，然后在【修改】命令面板下设置【类型】为“球体”，设置【倍增器】为 800.0，调节【颜色】为 R=231、G=190、B=154，设置【半径】为 60.0mm，如图 22-40 所示。

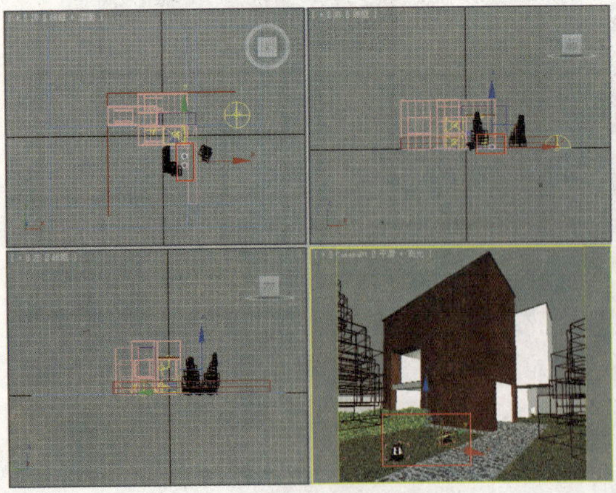

图 22-39　VRay 灯光的位置

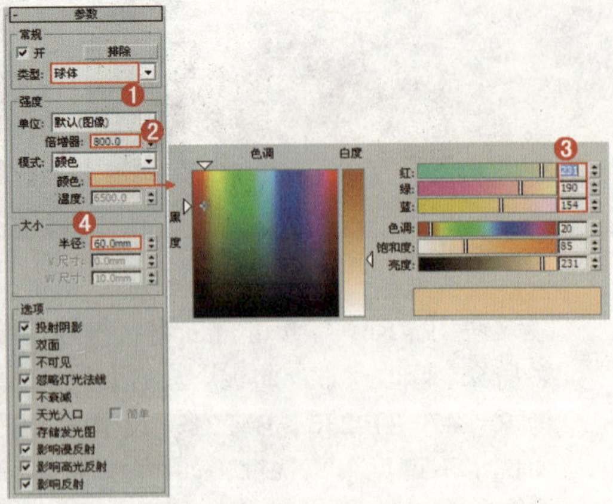

图 22-40　VRay 灯光的参数